Matemática Discreta:
Conjuntos, Recorrências,
Combinatória e Probabilidade.
Volume - 1.

Matemática Discreta: Conjuntos, Recorrências, Combinatória e Probabilidade. Volume - 1.

Carlos A. Gomes
cgomesmat@gmail.com

Iesus C. Diniz
iesus_diniz@yahoo.com.br

Roberto Teodoro
robteodoro@gmail.com

2ª edição revisada

2023

Copyright © 2023 os autores
2ª Edição

Direção editorial: José Roberto Marinho

Capa: Fabrício Ribeiro

Edição revisada segundo o Novo Acordo Ortográfico da Língua Portuguesa

Dados Internacionais de Catalogação na publicação (CIP)
(Câmara Brasileira do Livro, SP, Brasil)

Gomes, Carlos A.
Matemática discreta : conjuntos, recorrências, combinatória e probabilidade: volume 1 / Carlos A. Gomes, Iesus C. Diniz, Roberto Teodoro. -- 2. ed. rev. – São Paulo: Livraria da Física, 2023.

Bibliografia.
ISBN 978-65-5563-349-8

1. Exercícios 2. Matemática 3. Matemática - Estudo e ensino I. Diniz, Iesus C. II. Teodoro, Roberto. III. Título.

23-165255   CDD-510.7

Índices para catálogo sistemático:
1. Matemática: Estudo e ensino 510.7

Eliane de Freitas Leite - Bibliotecária - CRB 8/8415

Todos os direitos reservados. Nenhuma parte desta obra poderá ser reproduzida sejam quais forem os meios empregados sem a permissão da Editora.
Aos infratores aplicam-se as sanções previstas nos artigos 102, 104, 106 e 107 da Lei Nº 9.610, de 19 de fevereiro de 1998

Editora Livraria da Física
www.livrariadafisica.com.br
(11) 3815-8688 | Loja do Instituto de Física da USP
(11) 3936-3413 | Editora

Sumário

Prefácio ... v

Capítulo 1: Noções de lógica e conjuntos ... 1
1.1. Introdução ... 1
1.2. Noções de Lógica ... 2
1.3. Conjuntos ... 9
1.4. Igualdade de conjuntos ... 11
1.5. Princípio da inclusão e exclusão ... 16
1.6. Partição de um conjunto ... 22
1.7. Produto cartesiano ... 22
1.8. Relações binárias ... 23
1.9. Exercícios propostos ... 25

Capítulo 2: Técnicas de demonstração ... 33
2.1. Introdução ... 33
2.2. Demonstração direta ... 33
2.3. A contrapositiva ... 35
2.4. Redução ao absurdo (ou prova por contradição) ... 37
2.5. Demonstrando via um contraexemplo ... 40
2.6. Equivalência ... 46
2.7. Demonstração por indução e PBO ... 49
2.8. Continuidade discreta ... 63
2.9. Notações "O" e "o" de Landau ... 66
2.10. Exercícios propostos ... 67

Capítulo 3: Combinatória ... 85
3.1. O fatorial ... 85
3.2. Princípio Aditivo ... 87
3.3. Princípio Fundamental da Contagem ... 88
3.4. Permutações caóticas ... 105
3.5. Princípio de Dirichlet (ou da casa dos pombos) ... 112
3.6. Exercícios propostos ... 120

Capítulo 4: Números Combinatórios ... 133
4.1. Coeficientes Binomiais ... 133
4.2. Coeficientes Multinomiais e o Polinômio de Leibniz ... 164

4.3.	Número Catalan	170
4.4.	Números de Stirling	180
4.5.	Exercícios propostos	212

Capítulo 5: Probabilidade   221

5.1.	Espaço de Probabilidade $(\Omega, \mathcal{F}, \mathbb{P})$	221
5.2.	Propriedades da Probabilidade	228
5.3.	Probabilidade Condicional	247
5.4.	Esperança	261
5.5.	Exercícios propostos	264

Capítulo 6: Sequências numéricas e relações de recorrência   275

6.1.	Sequências numéricas	275
6.2.	A sequência de Fibonacci	278
6.3.	Progressões aritméticas	295
6.4.	Progressões aritméticas de ordem superior	314
6.5.	Progressões geométricas	329
6.6.	Recorrências	343
6.7.	Recorrências lineares	351
6.8.	Exercícios propostos	386

Capítulo 7: Funções geradoras   405

7.1.	Introdução	405
7.2.	Funções geradoras	406
7.3.	Funções geradoras; funções que contam!	419
7.4.	Função Geradora Exponencial	429
7.5.	Avaliando somas	434
7.6.	Funções Geradoras e Recorrências	437
7.7.	Funções geradoras × identidades combinatórias	441
7.8.	Partições de um inteiro	447
7.9.	Exercícios propostos	451

Apêndice A: Distribuição de bolas em urnas   459

A.1.	Introdução	459
A.2.	Bolas distintas em urnas distintas	459
A.3.	Bolas idênticas em urnas distintas	460
A.4.	Bolas distintas em urnas idênticas	460
A.5.	Bolas idênticas em urnas idênticas	461

Apêndice B: A fórmula de Stirling   **467**
  B.1. Introdução 467
  B.2. A fórmula de Stirling 469

Apêndice C: Paradoxos e Problemas Curiosos   **481**
  C.1. Paradoxo de Bertrand 481
  C.2. Problema dos dados 484
  C.3. Problema dos Aniversários 485
  C.4. O problema de Monty Hall 486
  C.5. Problema dos Casamentos Não Desfeitos 488
  C.6. Cinco prisioneiros e um dado 489
  C.7. Liberdade × Probabilidade 490
  C.8. Equação Quadrática e Probabilidade 491
  C.9. O Último Teorema de Fermat × Probabilidade 493
  C.10. Loteria e Probabilidade 494
  C.11. O Problema do Colecionador de Figurinhas 495
  C.12. O Problema da Agulha de Buffon 496

Sobre os autores   **503**

Prefácio

O presente livro tem como objetivo apresentar tópicos e técnicas de métodos discretos e análise combinatória. Destina-se a estudantes de Graduação e Mestrado, de diversas áreas como Matemática, Estatística, Ciência da Computação e Engenharias, assim como a alunos do Ensino Médio, particularmente aqueles interessados em princípios de contagem e resolução de problemas de Olimpíadas Matemáticas. Neste volume, incluem-se os seguintes temas: lógica e conjuntos, redação de demonstrações, fundamentos de combinatória e enumeração, probabilidade, relações de recorrência e funções geradoras. A teoria é entremeada com muitas aplicações e exemplos, além de interessantes notas históricas. No final de cada capítulo, é proposta uma coleção de exercícios, visando a complementar e revisar as definições e resultados apresentados.

O livro inicia com os conceitos e ideias importantes da Matemática Discreta: lógica, conjuntos e relações. No Capítulo 2, apresentam-se as principais técnicas de demonstração, permitindo ao leitor que se familiarize com a natureza de uma prova. O capítulo também possibilita aos estudantes aprenderem a construir provas matematicamente corretas, escritas de forma clara e completa.

O Capítulo 3 é dedicado aos elementos da análise combinatória: o Princípio Fundamental da Contagem, permutações, arranjos, combinações simples e completas, permutações caóticas e o Princípio das Gavetas de Dirichlet.

A jornada prossegue no Capítulo 4, com a apresentação de propriedades dos coeficientes binomiais e multinomiais e uma exposição sobre os números de Catalan e de Stirling. O próximo assunto naturalmente é a Teoria da Probabilidade, abordada no Capítulo 5. Aqui são tratadas a definição axiomática e propriedades de uma medida de probabilidade, probabilidade condicional e variáveis aleatórias discretas.

O Capítulo 6 traz um tratamento detalhado de sequências numéricas e fórmulas de recorrência, com destaque para a sequência de Fibonacci, progressões aritméticas, progressões geométricas e equações lineares de recorrência. O capítulo final do livro se centra em uma ferramenta essencial: as funções geradoras (séries formais de potência) e suas aplicações em problemas de contagem e enumeração.

Os autores ainda brindam o leitor com três apêndices, que explanam sobre a distribuição de bolas em urnas, a fórmula de Stirling e alguns paradoxos e problemas clássicos em Teoria da Probabilidade.

O livro *Matemática discreta – Volume 1* representa uma contribuição significativa ao estudo dos conceitos e ferramentas de métodos discretos e do raciocínio combinatório. Por meio da exposição da teoria, aplicações e exercícios, pretende, assim, colaborar para a aquisição de conhecimentos nessas áreas e para o desenvolvimento da criatividade matemática.

Março de 2021.

Élcio Lebensztayn.

Agradecimentos:

Aos amigos Élcio Lebensztayn e Marcelo Siqueira pelas muitas e oportunas contribuições ao texto.

Capítulo 1
Noções de lógica e conjuntos

1.1. Introdução

A Matemática é uma linguagem e como tal necessita de símbolos e regras bem estabelecidas para conectar e realacionar esses símbolos. Neste primeiro capítulo apresentaremos os rudimentos básicos da linguagem da lógica na qual se sustenta a Matemática, introduziremos a noção de conjunto que é um objeto conveniente para expressar e manipular as ideias Matemáticas. Praticamente toda a Matemática atual é formulada na linguagem de conjuntos. Portanto, a noção de conjunto é fundamental e a partir dela, os conceitos matemáticos podem ser expressos de maneira bastante precisa. Ela é também uma das mais simples das idéias matemáticas. No século XIX, alguns matemáticos e filósofos de grande porte, tais como Augustus De Morgan, David Boole, Bertrand Russel, entre tantos outros começaram a formalizar a lógica e usá-la para dar fundamentação teórica às bases da Matemática. Para esse propósito começaram a desenolver a chamada *Lógica Simbólica*, formada por símbolos e uma linguagem própria e universal, livre de contexto. Apesar de não haver uma definição formal do que vem a ser um conjunto, a palavra **conjunto** expressa a ideia de coleção de objetos.

No final do século XIX, o matemático russo Georg Cantor (1845 – 1918) desenvolveu uma rigososa teoria para tratar os conjuntos (A Teoria dos Conjuntos). Não vamos tratar dessa teoria aqui pelo fato de ela fugir ao nosso objetivo introdutório e pelo fato de estarmos interessados apenas em usar a liguagem proveniente dessa teoria. Por isso, no nosso caso seria mais adequado falar em noções sobre a **linguagem dos conjuntos** e é justamente isso que faremos a seguir.

Georg Cantor é muito conhecido por ter elaborado a moderna Teoria dos Conjuntos, foi a partir desta teoria que chegou ao conceito de número transfinito, incluindo as classes numéricas dos cardinais e ordinais e estabelecendo a diferença entre estes dois conceitos, que colocaram novos problemas quando se referem a conjuntos infinitos. Nasceu em São Petersburgo (Rússia), filho do comerciante dinamarquês, George Waldemar Cantor, e de uma musicista russa, Maria Anna Böhm. Em 1856 sua família mudou-se para a Alemanha, continuando aí os seus estudos. Estudou no Instituto Federal de Tecnologia de Zurique. Doutorou-se na Universidade de Berlim em 1867. Teve como professores Ernst Kummer (1810 – 1893), Karl Weierstrass (1815 – 1897) e Leopold Kronecker (1823 – 1891).

Figura 1.1: Georg Cantor (1845 – 1918)

1.2. Noções de Lógica

Antes de apresentarmos a linguagem básica da Teoria dos Conjuntos, faremos uma rápida incursão nos rudimentos básicos da Lógica Matemática. Simplificadamente, a Lógica é o estudo dos princípios e das técnicas do raciocínio. As suas origens remontam à Grécia antiga, tendo como seu principal representante Aristóteles (384 $a.C.$ – 322 $a.C.$), que é considerado o pai da Lógica. Entretando foi apenas no século XVII que uma linguagem simbólica começou a ser utilizada no estudo dessa ciência. O famoso matemático alemão Gottfried Liebniz (1646 – 1716) foi o responsável pela introdução desse linguagem simbólica para o estudo da Lógica como ciência formal. O matemático inglês Georg Boole (1815 – 1864) publicou um famoso trabalho, "An Investigation of the Laws of Thought", onde ofereceu importante contribuições para o tratamento formal da Lógica como ciência, particularmente do ponto de vista matemático. Atualmente a Lógica Matemática transcende as barreiras da própria Matemática e encontra muitas aplicações em muitas áreas afins como por exemplo na Ciência da Computação e Engenharias.

A seguir apresentaremos as ideias fundamentais usadas na linguagem da

Noções de Lógica

Figura 1.2: Aristóteles (384 a.C. − 322 a.C.)

Lógica Matemática, seus símbolos e suas leis que serão muito úteis para sistematizar a escrita e o pensamento matemático.

Proposição 1.1. *Uma sentença declarativa que pode ser classificada como verdadeira ou falsa, mas não ambas é chamada de uma proposição (ou declaração). Vamos representar as proposições por letras minúsculas do alfabeto $p, q, r, s, \ldots$ que chamaremos de variáveis Booleanas ou variáveis lógicas.*

Exemplo 1.1. *As seguintes sentenças são consideradas proposições:*

- Aristóteles foi um filósofo grego;
- $2 + 2 = 5$;
- Se $1 = 2$, então hoje vai chover;
- Todos os carros são azuis.

Já as sentenças a seguir não são consideradas proposições:

- Hoje vai chover? Nesse caso temos uma pergunta. Não consideraremos perguntas como sendo proposições.
- Hoje vai chover! Nesse caso temos uma exclamação. Não consideraremos exclamações como sendo proposições.
- $x + 2 = 3$. Não podemos afirmar se essa sentença é verdadeira ou falsa, pois não sabemos quem é o x.
- Eu acho os cearenses engraçados e inteligentes. Nesse caso temos uma opinião e não consideraremos opiniões como sendo proposições.

Definição 1.1. *A veracidade ou falsidade de um proposição é chamado de valor lógico da proposição que é denotado por* (V) *(verdadeiro) ou* (F) *(falso). Em Ciência da Computação, normalmente utiliza-se os símbolos 1 para verdadeiro e 0 para falso.*

Observação 1.1. *Há algumas sentenças que não podem ser classificadas como verdadeiras ou falsas. Por exemplo, a sentença: "Essa sentença é falsa". Assuma, por exemplo, que ela é verdadeira. Isso iria contradizer o que ela mesma diz. Caso você assumisse que ela é falsa, isso significaria que ela seria verdadeira, o que também nos levaria a uma contradição. Esse tipo de sentença autocontraditória não é considerada uma proposição e sim um* **paradoxo***.*

Observação 1.2. *O valor lógico de uma proposição pode não ser conhecido por alguma razão, mas mesmo assim ela ainda pode ser considerada uma proposição. Por exemplo, em 1637 o matemático francês Pierre de Fermat* $(1607 - 1665)$ *conjecturou que se* $n \in \mathbb{N}, n \geq 3$ *não existem três inteiros não nulos* x, y *e* z *tais que* $x^n + y^n = z^n$. *O valor lógico dessa afirmação é chamado de* **O último Teorema de Fermat** *só veio a ser conhecido 258 anos depois, quando o matemático inglês Andrew Wiles provou que realmente Fermat estava certo. Na Matemática há diversas conjecturas como essa cujo valor lógico ainda não é conhecido ainda hoje, tais como a* **Conjectura de Goldbach***, segundo a qual todo número par maior que 2 é soma de dois números primos (não necessariamente distintos) e a famosa* **Hipótese de Riemann***, segundo a qual todas as raízes complexas da função zeta de Riemann tem parte real igual a* $\frac{1}{2}$.

Definição 1.2 (Negação de uma proposição). *Dada uma proposição* p, *definimos a negação de* p *como sendo a proposição* $\sim p$, *lê-se não* p, *que tem valor lógico contrário ao de* p, *conforme ilustra a tabela a seguir:*

p	$\sim p$
V	F
F	V

Essa tabela é chamada de **tabela verdade** *da proposição* p.

1.2.1. Proposições compostas

No estudo e no uso da Lógica Matemática existem vários símbolos que resumimos na tabela a seguir:

Noções de Lógica

Conectivo	Símbolo	Denominação
e	$\wedge$	Conjunção
ou	$\vee$	Disjunção
Se...então	$\Rightarrow$	Condicional
Se, e somente se	$\Leftrightarrow$	Bicondicional
Não	$\sim$	Negação
Existe	$\exists$	Existência
Existe um único	$\exists!$	Unicidade
Para todo	$\forall$	Qualquer que seja

Definição 1.3 (Proposições compostas). *São sentenças formadas por duas ou mais proposições que estejam relacionas por conectivos lógicos.*

Exemplo 1.2. *Considere as seguintes proposições:*

- *p: Tomar banho.*

- *q: Usar sabonete.*

A partir delas podemos formular outras proposições compostas, vejamos:

- *$p \wedge q$: Tomar banho e usar sabonete;*

- *$p \vee q$: Tomar banho ou usar sabonete;*

- *$p \Rightarrow q$: Se tomar banho, então irá usar sabonete;*

- *$p \Leftrightarrow q$: Tomar banho se, e somente se, usar sabonete;*

- *$p \wedge \sim q$: Tomar banho e não usar sabonete.*

Para atribuirmos valores os lógicos verdeiro(V) ou falso (F) às proposições compostas utilizamos as chamadas tabelas-verdade. A seguir apresentaremos as tebelas verdade associadas aos tipos de proposições compostas mais comuns.

1. Conjunção: conectivo "e" ($\wedge$).

    A proposição $p \wedge q$ será considerada verdadeira (V) apenas no caso em que as proposições p e q foram ambas verdadeiras, noutras palavras, a proposição $p \wedge q$ é considerada falsa (F) quando pelo menos uma das proposições p ou q for falsa. Essas informações podem ser resumidas na seguinte tabela verdade:

p	q	$p \wedge q$
V	V	V
V	F	F
F	V	F
F	F	F

2. Disjunção: conectivo "ou" ($\vee$).

   A proposição $p \vee q$ será considerada verdadeira (V) quando pelo menos uma das proposições p ou q for verdadeira, noutras palavras, a proposição $p \vee q$ só será considerada falsa (F) quando as proposições p e q forem falsas. Essas informações podem ser resumidas na seguinte tabela verdade:

p	q	$p \vee q$
V	V	V
V	F	V
F	V	V
F	F	F

3. Condicional: conectivo "Se...então" ($\Rightarrow$).

   A proposição $p \Rightarrow q$ será considerada falsa (F) apenas no caso em que as proposições p for verdadeira (V) e q for falsa (F). Neste caso, teremos a seguinte tabela-verdade:

p	q	$p \Rightarrow q$
V	V	V
V	F	F
F	V	V
F	F	V

4. Bicondicional: conectivo "Se, e somente se" ($\Leftrightarrow$).

   Definição 1.4 (Equivalência de proposições). *Duas proposições p e q são* **equivalentes***, indica-se $p \Leftrightarrow q$, se têm a mesma tabela de valores lógicos.*

Exemplo 1.3 (Equivalência entre uma proposição e sua contrapositiva). *Mostre que uma proposição $p \Rightarrow q$ e sua contrapositiva $\sim q \Rightarrow \sim p$ são equivalentes.*

Noções de Lógica

Solução. De fato, as proposições $p \Rightarrow q$ e $\sim q \Rightarrow \sim p$ têm a mesma tabela de valores lógicos, última coluna das tabelas abaixo, conforme ilustramos a seguir:

p	q	$p \Rightarrow q$
V	V	V
V	F	F
F	V	V
F	F	V

$\sim q$	$\sim p$	$\sim q \Rightarrow \sim p$
F	F	V
V	F	F
F	V	V
V	V	V

∎

Por isso quando queremos demonstrar uma proposição do tipo $p \Rightarrow q$ temos a alternativa de demonstrar a proposição $\sim q \Rightarrow \sim p$, visto que ambas são equivalentes. Essa técnica é bastante comum em Matemática, pois às vezes ocorre que não se conhece uma demonstração direta a proposição, entretanto a sua contrapositiva apresenta uma demonstração mais simples.

Exemplo 1.4. *Mostre que a proposição a seguinte equivalência entre as proposições:*

$$(p \Leftrightarrow q) \Leftrightarrow ((p \Rightarrow q) \land (q \Rightarrow p)).$$

Solução. De fato, as duas últimas colunas da tabela verdade dessas duas proposições são iguais, conforme mostrado a seguir:

p	q	$p \Rightarrow q$	$q \Rightarrow p$	$p \Leftrightarrow q$	$(p \Rightarrow q) \land (q \Rightarrow p)$
V	V	V	V	V	V
V	F	F	V	F	F
F	V	V	F	F	F
F	F	V	V	V	V

∎

Observação 1.3. *Quando a proposição $p \Rightarrow q$ é verdadeira, diz-se que p é condição suficiente para q. Por outro lado, q é dita uma condição necessária para p. Portanto, no caso em que a proposição $p \Leftrightarrow q$ é verdadeira, segue que $p \Rightarrow q$ e $q \Rightarrow p$ são verdadeiras, portanto dizemos que p é uma condição necessária e suficiente para q e vice-versa.*

Definição 1.5 (Negação de uma proposição composta). *A negação de uma proposição composta p é a proposição $\sim p$ que possui valores lógicos contrários aos de p.*

Exemplo 1.5. *Mostre que a negação da proposição $p \wedge q$ é a proposição $\sim p \vee \sim q$, isto é, $\sim (p \wedge q) \Leftrightarrow \sim p \vee \sim q$.*

Solução. De fato, a seguir mostramos a tabela-verdade correspondente a essas duas proposições.

p	q	$p \wedge q$	$\sim (p \wedge q)$	$\sim p$	$\sim q$	$\sim p \vee \sim q$
V	V	V	F	F	F	F
V	F	F	V	F	V	V
F	V	F	V	V	F	V
F	F	F	V	V	V	V

Observando a 4^a e a 7ª colunas da tabela acima podemos ver que as proposições $\sim (p \wedge q)$ e $\sim p \vee \sim q$ têm os mesmos valores lógicos, revelando que uma é equivalente a outra.

■

Exemplo 1.6. *Mostre que a negação da proposição $p \vee q$ é a proposição $\sim p \wedge \sim q$, isto é, $\sim (p \vee q) \Leftrightarrow \sim p \wedge \sim q$.*

Solução. De fato, a seguir mostramos a tabela-verdade correspondente a essas duas proposições.

p	q	$p \vee q$	$\sim (p \vee q)$	$\sim p$	$\sim q$	$\sim p \wedge \sim q$
V	V	V	F	F	F	F
V	F	V	F	F	V	F
F	V	V	F	V	F	F
F	F	F	V	V	V	V

Observando a 4^a e a 7ª colunas da tabela acima podemos ver que as proposições $\sim (p \vee q)$ e $\sim p \wedge \sim q$ têm valores lógicos iguais, portanto sendo equivalentes.

■

1.2.2. Quantificadores

Definição 1.6. *Os quantificadores são termos que indicam a quantos elementos de uma dada coleção cumprem uma certa condição ou gozam de uma certa propriedade. Os principais quantificadores lógicos são:*

- *O universal:* $\forall$ *para todo.*

- *O existencial:* $\exists$ *existe ou* $\exists!$ *existe um único.*

Na linguagem corrente da Matemática é comum encontrarmos situações onde precisamos negar esses quantificadores. Chamamos a atenção para os seguintes fatos:

- A negação de "todos são" é "nem todos são", ou ainda, "existe um que não é" ou "pelo menos um não é". Ou seja, a negação de $\forall x$ tal que x tem a propriedade p é $\exists x$ tal que x não tem a propriedade p, isto é, o quantificador universal transforma-se no quantificador existencial e nega-se a proposição p.

    Por exemplo, a negação da proposição p "todos os nordestinos são simpáticos" é a proposição $\sim$p "existe pelo menos um nordestino que não é simpático".

- A negação de "pelo menos um é" é "todos não são" ou "nenhum é", ou seja, a negação de $\exists x$ tal que x tem a propriedade p é $\forall x$ tal que x não tem a propriedade p, ou seja, o quantificador existencial transforma-se no quantificador universal e nega-se a proposição p.

    Por exemplo, a negação de "pelo menos uma pessoa é magra" é "nenhuma pessoa é magra".

Observação 1.4. *É um erro comum pensar que a negação de "todos são" seja "todos não são". Por exemplo, olhando para o conjunto $A = \{1, 2, 3, 4\}$ considere as proposições: p "todos elementos do conjunto A são números pares". Tem-se p é falsa, pois 1 e 3 são ímpares.*
q: "todos os elementos do conjunto A não são números pares". Tem-se que q é falsa, pois 2 e 4 são pares.
As proposições p e q têm o mesmo valor lógico, ambas são falsas, portanto uma não é a negação da outra.

Feita essa breve introdução à linguagem básica da Lógica Matemática, vamos introduzir a linguagem básica dos conjuntos, sobre a qual toda a matemática moderna está escrita.

1.3. Conjuntos

Em Matemática existem alguns objetos que são considerados sem definição. Por exemplo: ponto. O que é um ponto? Você não consegue definir com palavras o que é um ponto, entretanto você mentalmente imagina o que ele seja. Geralmete quando se fala num ponto nós o imaginamos como uma pequena bolinha marcada num papel, numa tela ou numa lousa. Com relação à noção de conjunto ocorre o mesmo, isto é, quando mencionamos a palavra conjunto imaginamos uma coleção de objetos (que são denominados de elementos do conjunto) mas evidentemente isto não é uma definição, visto que estamos apenas trocando a palavra "conjunto" pela pelavra "coleção". Em Matemática, os objetos cuja existência é aceita, mas não há uma definição formal do que eles sejam são chamados de **entes primitivos**. Diante do exposto, admitiremos conjunto como um ente (objeto) primitivo. Geralmente representaremos os conjuntos por letras latinas maiúsculas; $A, B, C, \ldots$

1.3.1. Representações de um conjunto

Há muitas maneiras de representarmos um conjunto, mas sem sombra de dúvidas as mais usuais são:

- Por extenso. Neste caso, exibimos dentro de um par de chaves os elementos do conjunto. Assim, quando escrevemos $A = \{a, b, c, \ldots\}$ estamos dizendo que A é o conjunto cujos elementos são os objetos $a, b, c \ldots$. O conjunto $\{a\}$ é constituído por um único elemento que é o objeto a. O conjunto dos números naturais é representado por $\mathbb{N} = \{0, 1, 2, 3, \ldots\}$. Já o conjunto dos números inteiros é denotado por $\mathbb{Z} = \{\ldots, -2, -1, 0, 1, 2, \ldots\}$ e o conjunto dos números racionais é representado por $\mathbb{Q} = \{\frac{a}{b} \mid a, b \in \mathbb{Z}, b \neq 0\}$.

- Sentença matemática. Neste caso exibimos entre chaves uma propriedade que seja comum a todos os elementos do conjunto.

$$A = \{x : x \text{ goza da propriedade P}\}.$$

Um conjunto A fica definido (ou determinado, ou caracterizado) quando se dá uma regra que permita decidir se um objeto arbitrário x pertence ou não a A. Por exemplo o conjunto dos números pares, pode ser representado por

$$P = \{x : x = 2n \text{ com } n \in \mathbb{Z}\}.$$

Eventualmente pode ocorrer de nenhum objeto gozar da propriedade que define um conjunto A. Por exemplo, se $A = \{x : x \neq x\}$, claramente o conjunto A não possui elementos. Neste caso, dizemos que o conjunto A é vazio e é representado pelo símbolo $\emptyset$ ou $\{\}$, ou seja, o conjunto vazio, por definição, é o conjunto que não possui elementos.

- Diagramas de Euler-Venn são curvas planas fechadas em que no seu interior representaremos os elementos do conjunto.

Igualdade de conjuntos

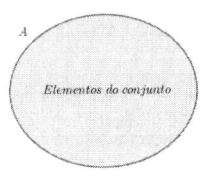

Figura 1.3: Diagrama de Eulen-Venn conjunto A

1.3.2. Relação de pertinência

Quando queremos expressar a ideia de que um objeto x é elemento de um conjunto A usamos o símbolo $\in$ (pertence) e no caso em que o objeto x não é elemento do conjunto A usamos o símbolo $\notin$ (não pertence). Assim,

- $x \in A \Leftrightarrow x$ é elemento do conjunto A;

- $x \notin A \Leftrightarrow x$ não é elemento do conjunto A;

Assim, por exemplo, escrevemos $2 \in \mathbb{N}$, $-5 \in \mathbb{Z}$, $\frac{1}{3} \in \mathbb{Q}\ldots$

1.3.3. Relação de inclusão

Dados dois conjuntos A e B, eventualmente pode ocorrer que todos os elementos do conjunto A sejam também elementos do conjunto B. Neste caso, dizemos que A é um *subconjunto* de B. Expressamos este fato pelo símbolo $\subset$ (está contido), ou seja, escrevemos $A \subset B$ para indicar que A é um subconjunto de B. Por outro lado, se ocorrer de pelo menos um elemento de A não ser elemento do conjunto B, dizemos que A não está contido em B. Assim,

$$A \subset B \Leftrightarrow \forall x \in A \Rightarrow x \in B.$$

Quando $A \subset B$, diz-se que A é parte de B. Assim, por exemplo, $\mathbb{N} \subset \mathbb{Z}$, $\mathbb{Z} \subset \mathbb{Q}$. Note que afirmar que $x \in A$ equivale a dizer que $\{x\} \subset A$.
No caso de conjuntos, escrever $A = B$, significa que A e B são o mesmo conjunto, ou seja A e B possuem os mesmos elementos. Sempre que tivermos que provar uma igualdade entre dois conjuntos A e B, devemos demonstrar que $A \subset B$ e $B \subset A$, formalmente, temos a seguinte definição:

1.4. Igualdade de conjuntos

Definição 1.7. *Dizemos que dois conjuntos A e B são iguais quando $A \subset B$ e $B \subset A$.*

Observação 1.5. *A relação de inclusão $A \subset B$ goza das seguinte propriedades:*

- *Reflexiva - $A \subset A$, seja qual for o conjunto A;*
- *Antissimétrica - se $A \subset B$ e $B \subset A$, então $A = B$;*
- *Transitiva - se $A \subset B$ e $B \subset C$ então $A \subset C$.*

Observação 1.6. *Ainda sobre a inclusão de conjuntos vale a pena observar que:*

- *Pela definição do conjunto vazio temos que $\emptyset \subset A, \forall A$. De fato, pois para que o vazio não estivesse contido em A seria preciso existir um elemento no conjunto vazio que não estivesse em A, mas isto é claramente impossível, pois o conjunto vazio por definição não possui elementos. Diante do exposto, tem-se que $\emptyset \subset A, \forall A$;*

- *Há um outro símbolo para expressar o fato que A é um subconjunto de B. Escrevemos, $B \supset A \Leftrightarrow A \subset B$. Este novo símbolo $\supset$, lê-se* **contém***;*

- *Para expressar o fato que A não é um subconjunto de B, escrevemos $A \not\subset B$ (A não está contido em B) ou ainda $B \not\supset A$ (B não contém A).*

1.4.1. Conjuntos das partes

Dado um conjunto A podemos construir um novo conjunto cujos elementos são os subconjuntos de A, que representaremos por $\mathcal{P}(A)$. Este novo conjunto é denominado de conjunto das partes de A, isto é, $\mathcal{P}(A) = \{X : X \subset A\}$.

Se $A = \{1, 2, 3\}$, então $\mathcal{P}(A) = \{\emptyset, \{1\}, \{2\}, \{3\}, \{1,2\}, \{1,3\}, \{2,3\}, A\}$.

Um conjunto A com n elementos possui 2^n subconjuntos. Por esta razão $\mathcal{P}(A)$ é também chamado de **conjunto potência de** A. De fato, sejam $A = \{x_1, x_2, x_3, \ldots, x_n\}$ e $B \subset A$, note que para para cada elemento do conjunto A temos duas opções (ele pode ou não ser elemento do subconjunto B), portanto, usando o Princípio Fundamenteal da Contagem, há $\underbrace{2 \times 2 \ldots 2 \times 2}_{n \text{ vezes}} = 2^n$ subconjuntos.

1.4.2. Operações com conjuntos

Neste ponto vamos definir as principais operações que podemos realizar com conjuntos: união, interseção, diferença e complementar de um conjunto em relação a outro.

- União (∪) - Dados dois conjuntos A e B, definimos a união desses conjuntos por:
$$A \cup B := \{x : x \in A \text{ ou } x \in B\}$$

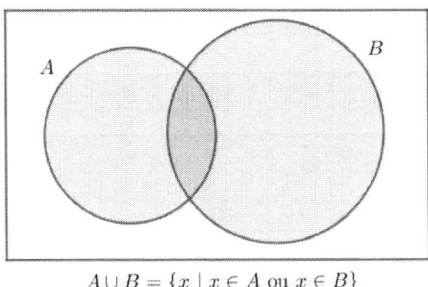

$A \cup B = \{x \mid x \in A \text{ ou } x \in B\}$

Figura 1.4: União dos conjuntos A e B

De modo completamente análogo definimos a união de uma família qualquer de conjuntos $(A_i)_{i \in I}$, onde I é um conjunto de índices, por

$$\bigcup_{i \in I} A_i = \{x \in A_i, \text{ para algum } i \in I\}.$$

- Interseção(∩) - Dados dois conjuntos A e B, definimos a interseção desses conjuntos por:
$$A \cap B = \{x : x \in A \text{ e } x \in B\}$$

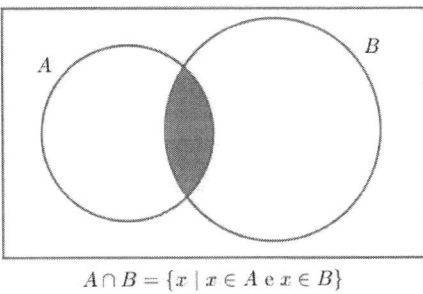

$A \cap B = \{x \mid x \in A \text{ e } x \in B\}$

De modo completamente análogo definimos a interseção de uma família qualquer de conjuntos $(A_i)_{i \in I}$, onde I é um conjunto de índices, por

$$\bigcap_{i \in I} A_i = \{x \in A_i, \text{ para todo } i \in I\}.$$

- Diferença $(A \setminus B) = A - B$. Dados dois conjuntos A e B, definimos a diferença entre os conjuntos por:

$$A \setminus B = A - B = \{x : x \in A \text{ e } x \notin B\}.$$

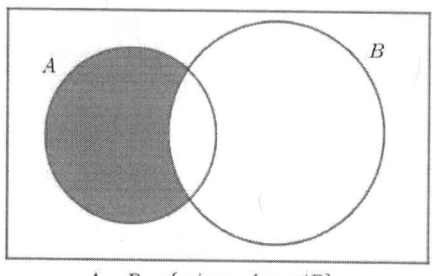

$A - B = \{x \mid x \in A \text{ e } x \notin B\}$

- Complementar de A em relação a B ($C_B A$). Dados dois conjuntos A e B tais que $A \subset B$, definimos $C_B A = B - A$. Num contexto mais geral, quando A é um subconjunto de um conjunto universo U definimos o complementar do conjunto A em relação a U como sendo o conjunto

$$A^c = \{x \in U : x \notin A\}$$

Também é comum usarmos a notação $\overline{A}$ para representar o complementar do conjunto A em relação a U.

- Diferença simétrica ($A \Delta B$): Dados os conjuntos A e B, definimos a diferença simétrica como sendo o conjunto

$$A \Delta B := (A - B) \cup (B - A).$$

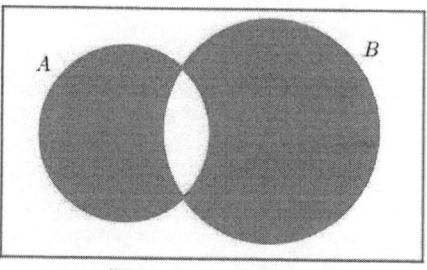

$A \Delta B = (A - B) \cup (B - A)$

Exemplo 1.7. *Sejam A, B e C conjuntos. Determine uma condição necessária e suficiente para que se tenha*

$$A \cup (B \cap C) = (A \cup B) \cap C$$

Solução. Inicialmente suponhamos que $A \subset C$ e daí vamos mostrar que $A \cup (B \cap C) = (A \cup B) \cap C$. De fato, inicialmente note que

$$A \subset C \Rightarrow A \cup C = C$$

Portanto, nestas condições segue que:

$$A \cup (B \cap C) = (A \cup B) \cap \underbrace{(A \cup C)}_{=C} = (A \cup B) \cap C$$

Reciprocamente, isto é, agora vamos supor que $A \cup (B \cap C) = (A \cup B) \cap C$ e daí vamos concluir que $A \subset C$. De fato,

$$A \subset A \cup (B \cap C) = (A \cup B) \cap C \subset C$$

Assim nestas condições temos $A \subset C$. Diante do exposto,

$$A \subset C \Leftrightarrow A \cup (B \cap C) = (A \cup B) \cap C.$$

∎

Observação 1.7. *Sendo A, B e C conjuntos contidos num conjunto universo U, podem ser verificadas as seguintes propriedades:*

- ∪1) $A \cup \emptyset = A$;
  ∪2) $A \cup A = A$;
  ∪3) $A \cup B = B \cup A$;
  ∪4) $(A \cup B) \cup C = A \cup (B \cup C)$;
  ∪5) $A \cup B = A \Leftrightarrow B \subset A$;
  ∪6) $A \subset B, A' \subset B' \Rightarrow A \cup A' \subset B \cup B'$;
  ∪7) $A \cup (B \cap C) = (A \cup B) \cap (A \cup C)$.

- ∩1) $A \cap \emptyset = \emptyset$;
  ∩2) $A \cap A = A$;
  ∩3) $A \cap B = B \cap A$;
  ∩4) $(A \cap B) \cap C = A \cap (B \cap C)$;
  ∩5) $A \cap B = A \Leftrightarrow A \subset B$;
  ∩6) $A \subset B, A' \subset B' \Rightarrow A \cap A' \subset B \cap B'$;
  ∩7) $A \cap (B \cup C) = (A \cap B) \cup (A \cap C)$.

- $C1)$ $(A^c)^c = A$;
  $C2)$ $A \subset B \Rightarrow B^c \subset A^c$;
  $C3)$ $A = \emptyset \Leftrightarrow A^c = U$;
  $C4)$ $(A \cup B)^c = A^c \cap B^c$;
  $C5)$ $(A \cap B)^c = A^c \cup B^c$.

1.5. Princípio da inclusão e exclusão

Representamos por $n(X)$ ou $|X|$ ou $\#X$ o número de elementos do conjunto X, também chamado cardinalidade de X. Quando A e B são conjuntos finitos vamos verificar que:

$$|A \cup B| = |A| + |B| - |A \cap B|.$$

De fato, note que o conjunto $A \cup B$ pode ser escrito como a união disjunta dos conjuntos A e $B - A$, ou seja,

$$A \cup B = A \cup (B - A) \Rightarrow |A \cup B| = |A| + |B - A|.$$

Por outro lado, podemos escrever o conjunto B como a seguinte união (disjunta):

$$B = (A \cap B) \cup (B - A) \Rightarrow |B| = |A \cap B| + |B - A|.$$

Subtraindo membro a membro as equações abaixo

$$\begin{cases} |A \cup B| = |A| + |B - A| \\ |B| = |A \cap B| + |B - A| \end{cases}$$

segue que

$$|A \cup B| - |B| = |A| - |A \cap B| \Rightarrow |A \cup B| = |A| + |B| - |A \cap B|.$$

A fórmula acima pode ser estendida para três conjuntos finitos A, B e C e assume a forma

$$|A \cup B \cup C| = |A| + |B| + |C| - |A \cap B| - |A \cap C| - |B \cap C| + |A \cap B \cap C|$$

Uma justificativa não rigorosa, intuitiva, para esta expressão é a seguinte: No diagrama abaixo $A \cup B \cup C$ corresponde a toda a região sombreada

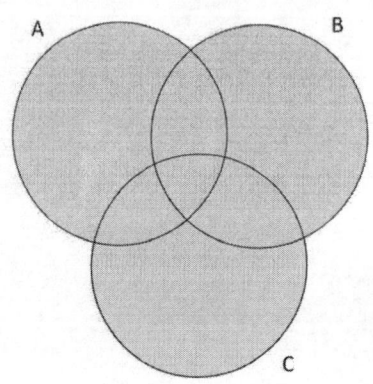

Princípio da inclusão e exclusão

Note que ao adicionarmos $|A|+|B|+|C|$ as regiões correspondentes a $|A\cap B|, |A\cap C|$ e $|B\cap C|$ são adicionadas duas vezes (por exemplo, $|A\cap B|$ já está incluída tanto em $|A|$ como em $|B|$). Assim, para obtermos $|A\cup B\cup C|$ devemos efetuar a adição $|A|+|B|+|C|$, em seguida descontanmos em $|A\cap B|, |A\cap C|$ e $|B\cap C|$, pois estas regiões foram contabilizadas duas vezes. Finalmente perceba que a esta altura a quantidade $|A\cap B\cap C|$ foi adicionada três vezes na soma $|A|+|B|+|C|$ e foi "descontada" três vezes em $-|A\cap B|-|A\cap C|-|A\cap C|$, assim para que a contagem de $|A\cup B\cup C|$ fique correta devemos acrescentar $|A\cap B\cap C|$, efetuadas estas operações segue que:

$$|A\cup B\cup C| = |A|+|B|+|C|-|A\cap B|-|A\cap C|-|B\cap C|+|A\cap B\cap C|.$$

Na verdade a fórmula acima pode ser generalizada para uma quantidade finita qualquer de conjuntos conforme o teorema a seguir.

Teorema 1.1 (Princípio da Inclusão e Exclusão). *Se $A_1, A_2, \ldots, A_k$ são conjuntos finitos, então*

$$|A_1 \cup A_2 \cup \ldots \cup A_k| = S_1 - S_2 + S_3 - \ldots + (-1)^{k-1} S_k \qquad (1.1)$$

onde

$$S_1 = \sum_{1\leq i \leq k} |A_i|$$

$$S_2 = \sum_{1\leq i < j \leq k} |A_i \cap A_j|$$

$$S_3 = \sum_{1\leq i < j < s \leq k} |A_i \cap A_j \cap A_s|$$

$$\vdots$$

$$S_k = |A_1 \cap A_2 \cap \ldots \cap A_k|$$

Demonstração. Vamos fazer uma prova por indução sobre k. No caso em que $k=2$ já provamos no ínicio desta seção que $|A_1 \cup A_2| = |A_1|+|A_2|-|A_1 \cap A_2|$, o que assegura que o teorema é verdadeiro para $k=2$.

Agora suponhamos que o teorema seja verdadeiro para uma coleção de $k \in \mathbb{N}, k > 2$ conjuntos finitos $A_1, A_2, \ldots, A_k$, ou seja,

$$\left|\bigcup_{j=1}^{k} A_j\right| = \sum_{X \subset \{1,\ldots,k\}} (-1)^{|X|-1} \left|\bigcap_{s\in X} A_s\right|, X \neq \emptyset.$$

Essa é a nossa hipótese de indução. (Note que no somatório acima, o termo $S_1 = \sum_{1 \leq i \leq k} |A_i|$ corresponde aos conjuntos unitátios $X \subset \{1, 2, \ldots, k\}$, o termo $S_2 = \sum_{1 \leq i < j \leq k} |A_i \cap A_j|$ aos conjuntos $X \subset \{1, 2, \ldots, k\}$ tais que $|X| = 2, \ldots$ até que o termo $S_k = |A_1 \cap A_2 \cap \ldots \cap A_k|$ corresponde ao conjunto $X = \{1, 2, \ldots, k\}$.

Por fim, vamos demonstrar que o resultado é válido para $k+1$ conjuntos finitos $A_1, A_2, \ldots, A_{k+1}$. Com efeito, usando a distributividade da interseção sobre a união, tem-se que:

$$\left(\bigcup_{j=1}^{k} A_j \right) \cap A_{k+1} = \bigcup_{j=1}^{k} (A_j \cap A_{k+1}).$$

Agora, aplicando a hipótese da indução aos k conjuntos finitos

$$(A_1 \cap A_{k+1}), (A_2 \cap A_{k+1}), \ldots, (A_k \cap A_{n+1})$$

segue-se que

$$-\left| \bigcup_{j=1}^{k} (A_j \cap A_{k+1}) \right| = - \sum_{X \subset \{1,\ldots,k\}} (-1)^{|X|-1} \left| \bigcap_{s \in X} (A_s \cap A_{k+1}) \right|$$

$$= \sum_{X \subset \{1,\ldots,k\}} (-1)^{|X|} \left| \bigcap_{s \in X \cup \{k+1\}} A_s \right|$$

$$= \sum_{X \subset \{1,\ldots,k\}} (-1)^{|X \cup \{k+1\}|-1} \left| \bigcap_{s \in X \cup \{k+1\}} A_s \right|.$$

Por fim, lembrando que $X \neq \emptyset$, segue que:

Princípio da inclusão e exclusão

$$\left|\bigcup_{j=1}^{k+1} A_j\right| = \left|\left(\bigcup_{j=1}^{k} A_j\right) \cup A_{k+1}\right|$$

$$= \left|\bigcup_{j=1}^{k} A_j\right| + |A_{k+1}| - \left|\left(\bigcup_{j=1}^{k} A_j\right) \cap A_{k+1}\right|$$

$$= \left|\bigcup_{j=1}^{k} A_j\right| + |A_{k+1}| - \left|\bigcup_{j=1}^{k} (A_j \cap A_{k+1})\right|$$

$$= \left|\bigcup_{j=1}^{k} A_j\right| + |A_{k+1}| + \sum_{X \subset \{1,\ldots,k\}} (-1)^{|X \cup \{k+1\}|-1} \left|\bigcap_{s \in X \cup \{k+1\}} A_s\right|$$

$$= \underbrace{\sum_{X \subset \{1,\ldots,k\}} (-1)^{|X|-1} \left|\bigcap_{s \in X} A_s\right|}_{\text{Hipótese da indução}} + |A_{k+1}|$$

$$+ \sum_{X \subset \{1,\ldots,k\}} (-1)^{|X \cup \{k+1\}|-1} \left|\bigcap_{s \in X \cup \{k+1\}} A_s\right|.$$

Neste ponto vamos separar os subconjuntos $\emptyset \neq X \subset \{1, 2, \ldots, n+1\}$ em dois tipos, a saber: os subconjuntos do tipo A que não tem $n+1$ como elemento e os subconjuntos do tipo B, que têm $n+1$ como elementos. Retomando a expressão de $\left|\bigcup_{j=1}^{k+1} A_j\right|$ acima, segue que:

$$\left|\bigcup_{j=1}^{k+1} A_j\right| = \sum_{X \subset \{1,\ldots,k\}} (-1)^{|X|-1} \left|\bigcap_{s \in X} A_s\right| + |A_{k+1}|$$

$$+ \sum_{X \subset \{1,\ldots,k\}} (-1)^{|X \cup \{k+1\}|-1} \left|\bigcap_{s \in X \cup \{k+1\}} A_s\right|$$

$$= \sum_{A \subset \{1,\ldots,k+1\}} (-1)^{|X|-1} \left|\bigcap_{s \in X} A_s\right|$$

$$+ \sum_{B \subset \{1,\ldots,k+1\}} (-1)^{|X|-1} \left|\bigcap_{s \in X} A_s\right|$$

$$= \sum_{X \subset \{1,\ldots,k+1\}} (-1)^{|X|-1} \left|\bigcap_{s \in X} A_s\right|, \ X \neq \emptyset,$$

o que demonstra que o resultado é verdadeiro para $k+1$ e portanto para todo inteiro $k \geq 2$.

Um resultado muito útil que decorre do Princípio da Inclusão e Exclusão é a *Desigualdade de Bonferroni* que enunciaremos em forma de teorema a seguir.

Teorema 1.2 (Desigualdade de Bonferroni). *Sendo $A_1, A_2, \ldots A_k$ (com $k \geq 2$) conjuntos finitos, então*

$$|A_1 \cap \ldots \cap A_k| \geq |A_1| + |A_2| + \ldots + |A_k| - (k-1)|A_1 \cup \ldots \cup A_k|.$$

Demonstração. Vamos demonstrar a desigualdade de Bonferroni fazendo uma indução sobre k (número de conjuntos envolvidos). Com efeito, para $k = 2$, temos que

$$|A_1 \cup A_2| = |A_1| + |A_2| - |A_1 \cap A_2| \Rightarrow |A_1 \cap A_2| = |A_1| + |A_2| - |A_1 \cup A_2|.$$

Nesse caso podemos escrever:

$$|A_1 \cap A_2| \geq |A_1| + |A_2| - (2-1)|A_1 \cup A_2|,$$

o que mostra que a desigualdade de Bonferroni é verdadeira no caso $k = 2$ (na verdade, neste caso ocorre a igualdade, que evidentemente podemos escrever como $\geq$).

Agora suponhamos que a desigualdade de Bonferroni seja verdadeira para $k \in \mathbb{N}, k > 2$ conjuntos finitos, ou seja, suponhamos que para quaisquer conjuntos finitos $A_1, A_2, \ldots, A_k$, tem-se como hipótese de indução que:

$$|A_1 \cap \ldots \cap A_k| \geq |A_1| + |A_2| + \ldots + |A_k| - (k-1)|A_1 \cup \ldots \cup A_k|.$$

Por fim vamos mostrar que a desigualdade de Bonferroni é verdadeira para qualquer coleção composta de $k+1$ conjuntos finitos, isto é, vamos demonstrar que:

$$|A_1 \cap \ldots \cap A_{k+1}| \geq |A_1| + |A_2| + \ldots + |A_{k+1}| - ((k+1)-1).|A_1 \cup \ldots \cup A_{k+1}|$$

Com efeito,

$|A_1 \cap \ldots \cap A_k \cap A_{k+1}| = |(A_1 \cap \ldots \cap A_k) \cap A_{k+1}| =$
$|A_1 \cap \ldots \cap A_k| + |A_{k+1}| - |(A_1 \cup \ldots \cup A_k) \cup A_{k+1}| \geq$ (hip. de indução)
$|A_1| + \ldots + |A_k| - (k-1).|A_1 \cup \ldots \cup A_k| + |A_{k+1}| - |A_1 \cup \ldots \cup A_k \cup A_{k+1}| =$
$|A_1| + \ldots + |A_k| + |A_{k+1}| - (k-1).|A_1 \cup \ldots \cup A_k| - |A_1 \cup \ldots \cup A_k \cup A_{k+1}|.$

Mas acontece que

Princípio da inclusão e exclusão

$$-(k-1)|A_1 \cup A_2 \cup \ldots \cup A_k| \geq -(k-1)|A_1 \cup A_2 \cup \ldots \cup A_k \cup A_{k+1}|.$$

E portanto,

$$|A_1 \cap \ldots \cap A_k \cap A_{k+1}| \geq |A_1| + \ldots + |A_k| + |A_{k+1}| - |A_1 \cup \ldots \cup A_k \cup A_{k+1}|$$
$$- (k-1).|A_1 \cup \ldots \cup A_k| \geq$$
$$|A_1| + \ldots + |A_k| + |A_{k+1}| - |A_1 \cup \ldots \cup A_k \cup A_{k+1}|$$
$$- (k-1)|A_1 \cup A_2 \cup \ldots \cup A_k \cup A_{k+1}| =$$
$$|A_1| + \ldots + |A_k| + |A_{k+1}| - (k+1-1)|A_1 \cup A_2 \cup \ldots \cup A_k \cup A_{k+1}|.$$

O que demonstra que o resultado é verdadeiro para todo inteiro positivo $k \geq 2$.

■

O exemplo a seguir tem a solução bastante simplificada com o uso da desigualdade de Bonferroni.

Exemplo 1.8. *Uma escola realizou uma pesquisa sobre as doenças adquiridas por seus alunos no ano de 2020. Alguns resultados dessa pequisa foram:*

- *80% do total de entrevistados adquiriram coronavívus;*
- *70% do total de entrevistados adquiriram turbeculose;*
- *90% do total de entrevistados adquiriram sarampo.*

Supondo que todos os alunos da escola foram acometidos por pelo menos uma dessas três efermidades, qual a porcentagem mínima do total de alunos que foram acometidos pelas três efermidades?

Solução. Sejam C, T e S os conjuntos dos alunos acomedidos por coronavírus, tuberculose e sarampo, respectivamente. Pela desigualdade de Bonferroni, segue que:

$$|C \cap T \cap S| \geq |C| + |T| + |S| - 2|C \cup T \cup S|$$
$$= 80\% + 70\% + 90\% - 2.100\% = 40\%.$$

Como $|C \cap T \cap S| \geq 40\%$, segue que pelo menos 40% do total de estudantes foram acomedidos pelas três efernidades.

■

Observação 1.8. *É muito comum perguntar se a questão acima poderia ser resolvida sem o auxílio da desigualdade de Bonferroni. A resposta é sim! Mas teríamos muito mais trabalho. Convidamos o leitor a tentar.*

1.6. Partição de um conjunto

Definição 1.8 (Partição). *Dado um conjunto não vazio A, uma partição do conjunto A é uma coleção $A_1, A_2, \ldots, A_k$ de subconjuntos de A tais que:*

(i) $A_i \cap A_j = \emptyset$, se $i \neq j$;

(ii) $A_1 \cup A_2 \cup \ldots \cup A_k = A$.

Se $A = \{1, 2, 3, 4, 5, 6\}$ então $A_1 = \{2\}, A_2 = \{1, 3, 4, 5, 6\}$ e $B_1 = \{1, 2\}, B_2 = \{3, 4\}, B_3 = \{5, 6\}$ são partições do conjunto A, visto que

$$A_1 \cap A_2 = \emptyset \quad \text{e} \quad A_1 \cup A_2 = A$$

$$B_1 \cap B_2 = B_1 \cap B_3 = B_2 \cap B_3 = \emptyset \quad \text{e} \quad B_1 \cup B_2 \cup B_3 = A$$

Um outro exemplo é que os conjuntos

$$P = \{2, 4, 6, \ldots, 2n, \ldots\} \quad \text{e} \quad I = \{1, 3, 5, \ldots, 2n-1, \ldots\}$$

constituem uma partição do conjuto dos números naturais $\mathbb{N} = \{1, 2, 3, \ldots\}$, visto que $P \cap I = \emptyset$ e $P \cup I = \mathbb{N}$.

1.7. Produto cartesiano

Definição 1.9. *Dados os conjntos A e B, o produto cartesiano de A por B é o conjunto $A \times B$ definido da seguinte forma:*

$$A \times B = \{(x, y) : x \in A \text{ e } y \in B\}$$

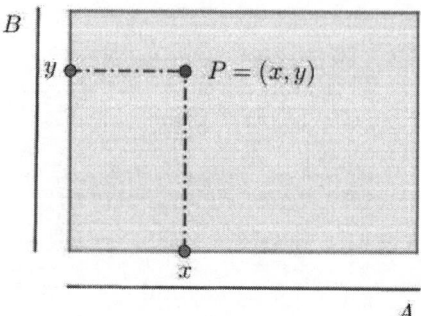

No caso em que $A = \emptyset$ ou $B = \emptyset$, definimos $A \times B = \emptyset$

Exemplo 1.9. *Se $A = \{1, 2\}$ e $B = \{3, 4, 5\}$, então*

$$A \times B = \{(1, 3), (1, 4), (1, 5), (2, 3), (2, 4), (2, 5)\}.$$

Exemplo 1.10. *Se $A = [0,1]$ e $B = (3,4)$, então*

$$A \times B = \{(x,y) : 0 \leq x \leq 1 \ \ e \ 3 < y < 4\}.$$

Observação 1.9. *Note que se A e B são conjuntos finitos, então número de elementos de $A \times B$ é dado por $n(A \times B) = n(A) \times n(B)$.*

Observação 1.10. *A definição que demos acima para produto cartesiano de dois conjuntos pode ser estendida para uma quantidade finita de conjuntos, ou seja, se $A_1, A_2, \ldots, A_n$ são conjuntos não vazios, então*

$$A_1 \times A_2 \times \ldots \times A_n = \{(x_1, x_2, \ldots, x_n) : x_i \in A_i, \ 1 \leq i \leq n\}.$$

Além disso, se $A_i = \emptyset$ para algum $1 \leq i \leq n$, definimos $A_1 \times \ldots \times A_n = \emptyset$.

Observação 1.11. *Sendo mais geral poderíamos definir o produto cartesiano para uma família infinita de conjuntos. Não o faremos aqui, pois para o que vem a segir não necessitaremos dessa definição.*

1.8. Relações binárias

Definição 1.10. *Dados dois conjuntos A e B, chamamos de relação de A em B qualquer subconjunto do produto cartesiano $A \times B$.*

Exemplo 1.11. *Se $A = \{1,2\}$ e $B = \{3,4,5\}$ então, como já vimos*

$$A \times B = \{(1,3), (1,4), (1,5), (2,3), (2,4), (2,5)\}$$

Assim, $R = \{(1,2), (2,3)\} \subset A \times B$ é uma relação de A em B.

Observação 1.12. *Quando R é uma relação de A em B, dizemos que A é o* **domínio** *da relação enquanto que B é o* **contradomínio** *da relação.*

Observação 1.13. *Quando $A = B$ e $R \subset A \times A$, dizemos que R é uma relação em A.*

Observação 1.14. *Quando o par (x,y) pertence a relação R, dizemos que o elemento x está relacionado com o elemento y, além disso indicamos este fato pela notação xRy, ou seja,*

$$xRy \Leftrightarrow (x,y) \in R.$$

1.8.1. Relações de equivalência

Definição 1.11. *Dado um conjunto $A \neq \emptyset$ e uma relação $R \subset A \times A$, dizemos que R é uma* **relação de equivalência** *em A quando R goza das seguintes propriedades, a saber:*

- xRx, $\forall \, x \in A$ *(Reflexiva)*.

- $xRy \Rightarrow yRx$, $\forall \, x, y \in A$ *(Simétrica)*.

- xRy e $yRz \Rightarrow xRz \, \forall \, x, y \in A$ *(Transitiva)*.

Definição 1.12 (Classes de equivalência). *Seja A um conjunto e R uma relação de equivalência em A, isto é, R é reflexiva, simétrica e transitiva. Chamamos de classe de equivalência de um elemento $x \in A$ como sendo o conjunto*

$$\overline{x} = \{y \in A \mid yRx\}.$$

Exemplo 1.12. *Em $\mathbb{Z}$, conjunto dos números inteiros definimos a seguinte relação:*

$$\forall a, b \in \mathbb{Z}, aRb \Leftrightarrow 2|a-b.$$

Mostre que R é uma relação de equivalência e determine as suas classes de equivalência.

Solução. De fato,

- Para todo $a \in \mathbb{Z}$, tem-se que aRa pois $2|\underbrace{a-a}_{=0}$, revelando que R é reflexiva.

- Quaisquer que sejam $a, b \in \mathbb{Z}$, tem-se que $2|a-b \Rightarrow 2|b-a$. Assim, $aRb \Rightarrow bRa$, o que revela que R é simétrica.

- Por fim, se $a, b, c \in \mathbb{Z}$ são tais que aRb e bRc, segue que aRc, pois

$$aRb \text{ e } bRc \Rightarrow 2|a-b \text{ e } 2|b-c.$$

Mas,

$$2|a-b \text{ e } 2|b-c \Rightarrow 2|\underbrace{(a-b)+(b-c)}_{=a-c} \Rightarrow 2|a-c \Rightarrow aRc,$$

o que revela que essa relação é transitiva.

Como a relação R é reflexiva, simétrica e transitiva, segue que R é uma relação de equivalência em $\mathbb{Z}$.

Note que dois inteiros quaisquer estão relacionados por R se, e somente se, têm a mesma paridade. Assim, as classes de equivalência dessa relação são

$$\overline{0} = \{2m \mid m \in \mathbb{Z}\} \text{ e } \overline{1} = \{2n+1 \mid n \in \mathbb{Z}\}.$$

■

Definição 1.13 (Conjunto quociente). *Dado um conjunto A com uma relação de equivalência R, definimos como o conjunto A/R quociente de A por R como sendo o conjunto cujos elementos são classes de equivalência dessa relação, isto é,*

$$A/R = \{\overline{x} \mid x \in A\}.$$

Exemplo 1.13. *Determine o conjunto quociente de $\mathbb{Z}$ pela relação de equivalência definida no exemplo anterior.*

Solução. Como as classes de equivalência da relação R em $\mathbb{Z}$ são os conjuntos

$$\overline{0} = \{2m \mid m \in \mathbb{Z}\} \text{ e } \overline{1} = \{2n+1 \mid n \in \mathbb{Z}\}.$$

■

1.9. Exercícios propostos

1. Se A e B são subconjuntos de um conjunto E, mostre que as seguintes afirmações são equivalentes:

   (i) $A \subset B$;   (ii) $A \cup B = B$;   (iii) $A \cap B = A$ (iv) $A - B = \emptyset$.

2. Construa um exemplo envolvendo conjuntos, B e C, para os quais se verifiquem as relações

   $$\emptyset \in C, \ B \in C \text{ e } B \subset C.$$

3. Descubra conjuntos A, B e C tais que $B \neq C$ e $A \cup B = A \cup C$.

4. Mostre com um exemplo que pode ocorrer $B \neq C$ e $A \cap B = A \cap C$.

5. Se A, B e C são conjuntos tais que $A \cup B = A \cup C$ e $A \cap B = A \cap C$, mostre que $B = C$.

6. Sejam A e B conjuntos tais que $A \cup B = A \cap B$. Mostre que $A = B$.

7. Sejam A e B subconjuntos de um conjunto U. Mostre que:

   (a) $A \cap B = \emptyset$ e $A \cup B = U \Rightarrow B = A^c$;
   (b) $A \cap B = \emptyset \Rightarrow B \subset A^c$ e $A \subset B^c$;
   (c) $A \subset B \Rightarrow B^c \subset A^c$.

8. Se A, B e C são conjuntos, mostre que:

   (a) $(A - B) \cap (A - C) = A - (B \cup C)$;
   (b) $(A - C) \cap (B - C) = (A \cap B) - C$;
   (c) $(A \cup B) - B = A \Leftrightarrow A \cap B = \emptyset$.

9. Se A, B e C são conjuntos encontre um exemplo para mostrar que
$$A \cup (B - C) \neq (A \cup B) - (A \cup C).$$

10. Mostre que:

    (a) Se $A \subset B$ e $C \subset D$, então $A \cap C \subset B \cap D$;
    (b) $A \cap B = A$ se, se somente se, $A \subset B$.

11. Mostre que se $B \subset A$, então

    (a) $B \cup C_A(B) = A$;
    (b) $B \cap C_A(B) = \emptyset$.

12. Dados os conjuntos A e B, seja X um conjunto com as seguintes propriedades:

    - $A \subset X$ e $B \subset X$;
    - Se $A \subset Y$ e $B \subset Y$ então $X \subset Y$.

    Mostre que $X = A \cup B$.

13. Enuncie e demonstre um resultado análogo ao anterior caracterizando $A \cap B$.

14. Definimos a **diferença simétrica** entre os conjuntos A e B como sendo o conjunto $A \triangle B := (A - B) \cup (B - A)$. Mostre que

$$A \triangle B = (A \cup B) - (A \cap B).$$

15. Seja $A \triangle B = (A - B) \cup (B - A)$. Mostre que $A \triangle B = A \triangle C \Rightarrow B = C$.

16. Mostre que $A = B$, se, e somente se, $(A \cap B^c) \cup (A^c \cap B) = \emptyset$.

17. É possível obter uma partição A_1, A_2 de $A = \{1, 2, 3, 4, 5, 6, 7, 8, 9, 10\}$ tal que a soma dos elementos de A_1 seja igual a soma dos elementos de A_2?

18. Se $A_1, A_2, \ldots, A_k$ são conjuntos finitos, mostre que

$$n(A_1 \cup A_2 \cup \ldots \cup A_k) \leq n(A_1) + n(A_2) + \ldots + n(A_k).$$

19. Um **Anel** de conjuntos é uma família $R = \{A_i\}_{i \in \mathbb{N}}$ de conjuntos tal que se $A_k, A_j \in \{A_i\}_{i \in \mathbb{N}}$ então $A_i \triangle A_j$ e $A_i \cup A_j (i, j \in \mathbb{N})$ são elementos de R. Se R é um anel de conjuntos que tem A e B como elementos, mostre que $\emptyset$, $A \cup B$ e $A - B$ também são elementos de R.

20. Seja U um conjunto. Uma família (não vazia) $\mathcal{B} = \{A_i\}_{i \in \mathbb{N}}$ de subconjuntos de U é dita uma **Álgebra Booleana** de subconjuntos de U quando:

    - $A, B \in \mathcal{B} \Rightarrow A \cup B \in \mathcal{B}$;
    - $A, B \in \mathcal{B} \Rightarrow A \cap B \in \mathcal{B}$;
    - $A \in \mathcal{B} \Rightarrow A^c \in \mathcal{B}$.

    Mostre que uma **Álgebra Booleana** de conjuntos é um **Anel** de conjuntos.

21. Mostre que a família de todos os subconjuntos finitos (incluindo o conjunto vazio) de um conjunto infinito é um **Anel** de conjuntos mas não é uma **Álgebra Booleana** de conjuntos.

22. Uma família $\mathcal{F}$ de subconjuntos de Ω é chamada de σ-**álgebra** quando:

    - $\Omega \in \mathcal{F}$;
    - $A \in \mathcal{F} \Rightarrow A^c \in \mathcal{F}$;
    - $A_i \in \mathcal{F}, \forall i \geq 1 \Rightarrow \bigcup_{i=1}^{\infty} A_i \in \mathcal{F}$.

Se $A_1, A_2, \ldots, A_n$ são elementos de uma σ-álgebra $\mathcal{F}$, então $\bigcap_{n=1}^{\infty} A_n$ também pertence a $\mathcal{F}$.

23. Sejam $A_1, A_2, \ldots, A_n, \ldots$ subconjuntos de Ω e defina B_n da seguinte forma

$$B_1 = A_1, \quad B_n = A_n \cap A_{n-1}^c \cap A_{n-2}^c \cap \ldots A_1^c, \quad n \geq 2.$$

Mostre que a sequência $\{B_n : n \in \mathbb{N}\}$ forma uma partição de $\cup_{n=1}^{\infty} A_n$.

24. O limite superior de uma sequência de conjuntos $\{A_n; n \in \mathbb{N}\} \subset \Omega$ é definido por

$$\limsup_{n \to \infty} A_n = \bigcap_{n=1}^{\infty} \bigcup_{k=n}^{\infty} A_k.$$

De modo similar, definimos o limite inferior por

$$\liminf_{n \to \infty} A_n = \bigcup_{n=1}^{\infty} \bigcap_{k=n}^{\infty} A_k.$$

Mostre que o $\limsup A_n$ é o conjunto dos elementos de Ω que pertencem a um número infinito dos A_n, e que o $\liminf A_n$ é o conjunto dos elementos de Ω que estão em todos os A_n a partir de um certo n.

25. Dado um conjunto finito com n elementos, $A = \{a_1, a_2, \ldots, a_n\}$, mostre que o número $S(n,k) = \left\{{n \atop k}\right\}$ de partições do conjunto A com $k \leq n$ subconjuntos é dado por:

$$S(n,1) = 1, \quad S(n,n) = 1, \quad S(n,k) = S(n-1, k-1) + kS(n-1, k).$$

Os números $S(n,k)$, definidos no enunciado, são chamados **números de Stirling tipo II**. Conclua que o número de partições de um conjunto finito com n elementos distintos é dado por $\sum_{k=1}^{n} \left\{{n \atop k}\right\}$.

26. Mostre que:

    (a) Se $A \subset B$ e $C \subset D$, então $A \cap C \subset B \cap D$;

    (b) $A \cap B = A$ se, se somente se, $A \subset B$.

27. Mostre que $A = B$ se, e somente se, $(A \cap B^c) \cup (A^c \cap B) = \emptyset$.

28. Em um grupo de 2000 pessoas, $70,0\%$ possuem geladeira, $85,0\%$ possuem aparelho celular e $45,2\%$ possuem automóvel. Qual o menor número possível de pessoas desse grupo que possuem geladeira, aparelho celular e automóvel?

29. Suponha que tenham sido colhidas 150 amostras de sangue, das quais 52 tinham o antígeno A, 45 tinham o antígeno B, 18 tinham os antígenos A e B, 117 tinham o antígeno Rh, 41 os antígenos A e Rh, 36 os antígenos B e Rh e 14 os três antígenos. De acordo com estas informações, qual o tipo de sangue mais raro nas 150 amostras?

30. (UFCG) Um grupo de estudantes resolveu fazer uma pesquisa sobre as preferências dos alunos quanto ao cardápio do Restaurante Universitário. Nove alunos optaram somente por carne de frango, 3 somente por peixes, 7 por carne bovina e frango, 9 por peixe e carne bovina e 4 pelos três tipos de carne. Considerando que 20 alunos manifestaram-se vegetarianos, 36 não optaram por carne bovina e 42 não optaram por peixe. Qual o número de alunos entrevistados?

31. Em um avião os passageiros são de quatro nacionalidades: argentina, brasileira, colombiana e dominicana, nas seguintes proporções: 20% de argentinos, 85% de não colombianos e 70% de não dominicanos. Quais as porcentagens de passageiros que são brasileiros, que são argentinos ou colombianos, e que não são brasileiros e não são dominicanos?

32. (UFMG) Uma escola realizou uma pesquisa sobre os hábitos alimentares de seus alunos. Alguns resultados dessa pesquisa foram:

    - 82% do total de entrevistados gostam de chocolate;
    - 78% do total de entrevistados gostam de pizza;
    - 75% do total de entrevistados gostam de batata frita.

    Do total de alunos entrevistados, qual a porcentagem mínima dos que gostam, ao mesmo tempo, de chocolate, de pizza e de batata frita?

33. (UFPE) Numa pesquisa sobre o consumo dos produtos A, B e C, obteve-se o seguinte resultado: 68% dos entrevistados consomem A, 56% consomem B, 66% consomem C e 15% não consomem nenhum dos produtos. Qual a percentagem mínima de entrevistados que consomem A, B e C?

34. Uma pessoa foi orientada pelo médico a fazer sessões de fisioterapia e pilates durante um determinado período após o qual passaria por uma

nova avaliação. Ela planejou fazer apenas uma dessas atividades por dia, sendo a fisioterapia no turno da manhã e o pilates no turno da tarde. Sabe-se que, no decorrer desse período:

- houve dias em que ela não fez qualquer das atividades;
- houve 24 manhãs em que ela não fez fisioterapia;
- houve 14 tardes em que ela não fez pilates;
- houve 22 dias em que ela não fez fisioterapia ou pilates.

Com base nesses dados, quantos dias durou o tratamento?

35. Numa sala com 60 alunos, 11 jogam xadrez, 31 são homens ou jogam xadrez e 3 mulheres jogam xadrez. Calcule o número de homens que não jogam xadrez.

36. Uma pesquisa realizada com os alunos do ensino médio de um colégio indicou que 221 alunos gostam da área de saúde, 244 da área de exatas, 176 da área de humanas, 36 da área de humanas e de exatas, 33 da área de humanas e de saúde, 14 da área de saúde e de exatas e 6 gostam das três áreas. Qual o número de alunos que gostam apenas de uma das três áreas?

37. (UERJ) Um grupo de alunos de uma escola deveria visitar o museu de ciências e o museu de história da cidade. Quarenta e oito alunos foram visitar pelo menos um desses museus. 20% dos que foram ao de ciências visitaram o de história e 25% dos que foram ao de história visitaram também o de ciências. Calcule o número de alunos que visitaram os dois museus.

38. (UFG) Numa cidade, do total de casais, 20% têm 2 meninos, 25% têm 3 crianças ou mais, sendo $\frac{2}{5}$ com dois meninos. Se 43% dos casais têm no máximo uma criança, qual a porcentagem de casais com exatamente 2 meninas ou um casal?

39. (ITA) Considere A um conjunto não vazio com um número finito de elementos. Dizemos que $F = \{A_1, \ldots, A_m\} \subset \mathcal{P}(A)$ é uma *partição* de A se as seguintes condições são satisfeitas:

(i) $A_i \neq \emptyset, i = 1, 2, \ldots, m$.

(ii) $A_i \cap A_j = \emptyset$, se $i \neq j$, para $i, j = 1, 2, \ldots, m$.

(iii) $A = A_1 \cup A_2 \cup \ldots \cup A_m$

Dizemos ainda que F é uma *partição de ordem* k se $n(A_i) = k$, $i = 1, 2, \ldots, m$. Supondo que $n(A) = 8$, determine:

(a) As ordens possíveis para uma partição de A;

(b) O número de partições de A que têm ordem 2.

40. Numa classe de 30 alunos, 16 gostam de Matemática e 20 de História. Mostre que o número de alunos que gostam de Matemática e História é no mínimo 6.

41. Numa escola existem 30 meninas, 21 crianças ruivas, 13 meninos não ruivos e 4 meninas ruivas. Qual o número de meninos que existem na escola?

42. (UFRJ-2002) Um clube oferece a seus associados aulas de três modalidades de esporte: natação, tênis e futebol. Nenhum associado pode se inscrever simultaneamente em tênis e futebol, pois, por problemas administrativos, as aulas destes dois esportes serão dadas no mesmo horário. Encerradas as inscrições, verificou-se que: dos 85 inscritos em natação, 50 só farão natação; o total de inscritos para as aulas de tênis foi de 17 e, para futebol, de 38; o número de inscritos só para as aulas de futebol excede em 10 o número de inscritos só para as aulas de tênis. Quantos associados se inscreveram simultaneamente para aulas de futebol e natação?

43. Em Porto Alegre, foi feita uma pesquisa com a população sobre suas bebidas prediletas e habituais, e os resultados foram os seguintes: 60% das pessoas tomam refrigerantes, 70% tomam vinho, 80% tomam café e 90% tomam chimarrão. Verificou-se, ainda, que nenhuma das pessoas consome as quatro bebidas. Qual é a percentagem de pessoas de Porto Alegre que consomem refrigerante ou vinho?

44. Carlos tem cinco grandes amigos: João, Paulo, Augusto, Naldo e Eduardo. Carlos Resolve que irá convidar um ou mais dos seus grandes amigos para uma reunião. De quantas maneiras distintas Carlos pode fazer este convite?

45. Uma empresa tem 180 funcionários. Dentre os funcionários que torcem pelo Flamengo, 25% também torcem pelo Cruzeiro. Dentre os funcionários que torcem pelo Cruzeiro, $\frac{1}{8}$ também torcem, simultaneamente, pelo Flamengo e pelo Rio Branco. Nestas condições:

(a) Mostre que, no máximo 16 funcionários da empresa torcem, simultaneamente, pelo Flamengo, pelo Cruzeiro e pelo Rio Branco;

(b) Admitindo que, dentre os funcionários da empresa: 80 torcem pelo Flamengo, 20 torcem pelo Rio Branco e não torcem nem pelo Flamengo nem pelo Cruzeiro e 60 não torcem nem pelo Flamengo, nem pelo Cruzeiro e nem pelo Rio Branco. Calcule o número de funcionários que torcem, simultaneamente, pelo Flamengo, pelo Cruzeiro e pelo Rio Branco.

46. Depois de n dias de férias, um estudante observa que: choveu 7 vezes, de manhã ou à tarde, quando chove de manhã não chove à tarde, houve 5 tardes sem chuva e houve 6 manhãs sem chuva. Qual valor de n?

47. (UFCG) Em um ciclo de três conferências, que ocorreram em horários distintos, havia sempre o mesmo número de pessoas assistindo a cada uma delas. Sabe-se que a metade dos que compareceram à primeira conferência não foi a mais nenhuma outra; um terço dos que compareceram à segunda conferência assistiu a apenas ela e um quarto dos que compareceram à terceira conferência não assistiu nem a primeira nem a segunda. Sabendo ainda que havia um total de 300 pessoas participando do ciclo de conferências, e que cada uma assistiu a pelo menos uma conferência, qual o número máximo de pessoas em cada conferência?

48. (UFRN) Seja X o conjunto dos números inteiros positivos menores ou iguais a 10.000, múltiplos de 10 ou 15 e que não são múltiplos de 6. Qual o número de elementos de X?

49. Um trem viajava com 242 passageiros, dos quais: 96 eram brasileiros, 64 eram homens, 47 eram fumantes, 51 eram homens brasileiros, 25 eram homens fumantes, 36 eram brasileiros fumantes e 20 eram homens brasileiros fumantes. Calcule:

   (a) O número de mulheres brasileiras não fumantes;

   (b) o número de homens fumantes não brasileiros;

   (c) o número de mulheres não brasileiras e não fumantes.

50. Sejam A, B e C conjuntos de números inteiros, tais que A tem 8 elementos, B tem 4 elementos, C tem 7 elementos e $A \cup B \cup C$ tem 16 elementos. Qual o número máximo de elementos que o conjunto $D = (A \cap B) \cup (B \cap C)$ pode ter?

Capítulo 2
Técnicas de demonstração

2.1. Introdução

Neste catítulo vamos explorar as principais técnicas de demosntração, a saber: demonstração direta, demonstração por contradição (redução ao absurdo), demonstração usando a contrapositiva, demonstração via um contraexemplo e as diversas formas da indução matemática. Essas são as técnicas de demonstração que normalmente são utilizadas para demonstrar boa parte dos resultados em Matemática, portanto julgamos interessante dar um destaque para cada uma delas nesse capítulo, oferecendo um bom número de exemplos onde cada uma delas pode ser utilizada, possibilitando dessa forma ao leitor menos experiente uma oportunidade de familiarizar-se com cada uma delas. Outro ponto de destaque é a variada lista de exercícios propostos apresentandos no final do capítulo.

2.2. Demonstração direta

Sejam A e B duas sentenças. Quando queremos mostrar que a sentença A implica na sentença B, em símbolos, $A \Rightarrow B$ (lê-se A implica B ou ainda se A então B), uma maneira é assumir a sentença A (chamada de hipótese) como verdadeira e através de uma sequência finita de passos logicamente coerentes chegarmos a demonstrar veracidade da sentança B (chamada de tese).

No caso em que $A \Rightarrow B$, dizemos que A é uma **condição suficiente** para B, ou seja, o fato de A ser verdadeira é o bastante (é o suficiente) para que B seja verdadeira, de modo mais explícito: se A for verdadeira, então B é verdadeira. Por outro lado, sentença B é uma **condição necessária** para A. Noutras palavras, é preciso que B seja verdadeira para que A seja verdadeira.

Observação 2.1. *Dizemos que a proposição $B \Rightarrow A$ é a recíproca da proposição $A \Rightarrow B$.*

Exemplo 2.1. *Mostre que se $n \in \mathbb{Z}$ é par, então n^2 é par.*

Solução. Nesse caso, definindo $A := n \in \mathbb{Z}$ é par e $B := n^2$ é par, precisamos demonstrar que $A \Rightarrow B$.

De fato, se $n \in \mathbb{Z}$ é par, existe $k \in \mathbb{Z}$ tal que $n = 2k$. Nesse caso,

$$n = 2k \Rightarrow n^2 = (2k)^2 = 4k^2 = 2.\underbrace{2k^2}_{=m} = 2m, \text{ com } m \in \mathbb{Z},$$

portanto n^2 é par, o que revela que $A \Rightarrow B$.

∎

Exemplo 2.2. Se $T_n = 1 + 2 + 3 + \ldots + n \ \forall n \in \mathbb{N}$, então $T_{n-1} + T_n = n^2$.

Solução. Nesse caso, podemos definir $A := T_n = 1 + 2 + 3 + \ldots + n$, $\forall n \in \mathbb{N}$ e $B := T_{n-1} + T_n$. Vamos mostrar que $A \Rightarrow B$. De fato,

$$\begin{cases} T_n = 1 + 2 + 3 + \ldots + n \\ T_{n-1} = 1 + 2 + 3 + \ldots + n - 1 \end{cases}$$

Adicionando membro a membro as igualdades acima, segue que

$$\begin{aligned} T_n + T_{n-1} &= 2.1 + 2.2 + \ldots + 2.(n-1) + n \\ &= 2(1 + 2 + \ldots + (n-1)) + n \\ &= 2\frac{(n-1)(1 + (n-1))}{2} + n \\ &= (n-1)n + n = n^2 - n + n \\ &= n^2, \end{aligned}$$

que revela que $A \Rightarrow B$.

∎

Exemplo 2.3. Se $a, b \in \mathbb{R}_+$, então $\sqrt{ab} = \sqrt{a}\sqrt{b}$.

Solução. Antes de mais nada lembre-se de que, por definição, para cada $x \in \mathbb{R}_+$, o símbolo $\sqrt{x}$ representa o número real não negativo cujo quadrado é igual a x, ou seja, $\sqrt{x} \geq 0$. Nesse caso, podemos definir $A := a, b \in \mathbb{R}_+$ e $B := \sqrt{a.b} = \sqrt{a}.\sqrt{b}$. Lembrando que se $x \in \mathbb{R}$, tem-se que $\sqrt{x^2} = |x|$. Ora, como $a, b \in \mathbb{R}_+$, segue que $|a| = a, |b| = b$ e $|ab| = ab$. Assim,

$$\begin{aligned} \sqrt{ab} &= \sqrt{|ab|} = \sqrt{|a|.|b|} \\ &= \sqrt{\sqrt{a^2}.\sqrt{b^2}} = \sqrt{(\sqrt{a})^2.(\sqrt{b})^2} \\ &= \sqrt{(\sqrt{a}.\sqrt{b})^2} = |\sqrt{a}.\sqrt{b}| \\ &= |\sqrt{a}|.|\sqrt{b}| \\ &= \sqrt{a}.\sqrt{b}, \text{ pois } \sqrt{a} \geq 0 \text{ e } \sqrt{b} \geq 0. \end{aligned}$$

Logo, $A \Rightarrow B$.

De modo completamente análogo, pode-se mostrar que se $a, b \in \mathbb{R}_+$, com $b \neq 0$, então $\sqrt{\frac{a}{b}} = \frac{\sqrt{a}}{\sqrt{b}}$ (você poderia demonstrar?).

■

Exemplo 2.4. *Se* $p(z) = a_n z^n + \ldots + a_1 z + a_0 \in \mathbb{C}[z]$ *com* $n \in \mathbb{N}$, *isto é, p é um polinômio na variável z e coeficientes complexos tal que $p(\alpha) = 0$, com $\alpha \in \mathbb{R}$, então $p(z) = (z - \alpha).q(z)$, onde $q(z) \in \mathbb{R}[z]$.*

Solução. Neste caso, defina $A := p(z) = a_n z^n + \ldots + a_1 z + a_0 \in \mathbb{C}[z]$ com $n \in \mathbb{N}$, isto é, p é um polinômio na variável z e coeficientes complexos tal que $p(\alpha) = 0$, com $\alpha \in \mathbb{R}$ e $B := p(z) = (z - \alpha).q(z)$, onde $q(z) \in \mathbb{R}[z]$. Vamos mostrar que $A \Rightarrow B$. De fato, pelo algoritmo de divisão, existem $q(z), r \in \mathbb{R}[z]$ tais que $p(z) = (x - \alpha)q(z) + r$. Ora, como $p(\alpha) = 0$, segue que

$$0 = p(\alpha) = (\alpha - \alpha)q(\alpha) + r \Rightarrow r = 0.$$

Então $p(z) = (x - \alpha)q(z) + r \Rightarrow p(z) = (x - \alpha)q(z)$, o que revela que $A \Rightarrow B$.

■

Exemplo 2.5 (IMO). *Se $n \in \mathbb{Z}$, então a fração $\frac{21n+4}{14n+3}$ é irredutível.*

Solução. Seja $A := n \in \mathbb{Z}$ e $B :=$ a fração $\frac{21n+4}{14n+3}$ é irredutível. Vamos mostrar que $A \Rightarrow B$. De fato, se $0 < d = mdc(21n + 4, 14n + 3)$ segue que $d \mid 21n + 4$ e $d \mid 14n + 3$. Portanto,

$$d \mid \underbrace{[(-2).(21n+4) + 3.(14n+3)]}_{=-42n-8+42n+9=1} \Rightarrow d \mid 1 \Rightarrow d = 1.$$

Como $mdc(21n + 4, 14n + 3) = 1$ para todo $n \in \mathbb{Z}$ podemos concluir que a fração $\frac{21n+4}{14n+3}$ é irredutível, ou seja, $A \Rightarrow B$.

■

2.3. A contrapositiva

A negação de uma afirmação A é representada por $\sim A$. Dado que $A \Rightarrow B$, dizemos que $\sim B \Rightarrow \sim A$ é a **contrapositiva** de $A \Rightarrow B$. Um fato importante é $A \Rightarrow B$ e que $\sim B \Rightarrow \sim A$ são equivalentes, isto é, possuem o mesmo valor lógico, ou seja, ou ambas são verdadeiras ou ambas são falsas. Assim, por exemplo, para mostrarmos que $A \Rightarrow B$ é verdadeira podemos mostrar que $\sim B \Rightarrow \sim A$ é verdadeira ou vice-versa. Há muitas situações em Matemática que a prova da contrapositiva de uma proposição é mais simples que a prova direta da própria proposição. Vejamos alguns exemplos onde essa técnica de demonstração se mostra eficiente.

Exemplo 2.6. *Qual a contrapositiva da proposição abaixo?*

"Se João é cearense, então João é brasileiro".

Solução. Defina $A :=$ João é cearense e $B :=$ João é brasileiro. A proposição "Se João é cearense, então João é brasileiro" é representa por $A \Rightarrow B$. Portanto, a sua contrapositiva é $\sim B \Rightarrow \sim A$, ou seja, se João não é brasileiro, então João não é cearense. ∎

Exemplo 2.7. *Mostre que se $n \in \mathbb{Z}$ é tal que n^2 é par, então n é par.*

Solução. Nesse caso, definimos $A := n \in \mathbb{Z}$ é tal que n^2 é par e $B := n$ é par. No lugar de mostrarmos que $A \Rightarrow B$, vamos mostrar que $\sim B \Rightarrow \sim A$, ou seja, vamos mostrar que se n ímpar, então n^2 é ímpar. De fato, se n for ímpar, existe $k \in \mathbb{Z}$ tal que $n = 2k + 1$. Nesse caso,

$$n^2 = (2k+1)^2 = 4k^2 + 4k + 1 = 2\underbrace{(2k^2 + 2k)}_{=m \in \mathbb{Z}} + 1 = 2m + 1 \text{ é ímpar.}$$

∎

Exemplo 2.8. *Mostre que se $x \in \mathbb{R}_+$ é tal que x é irracional, então $\sqrt{x}$ é irracional.*

Solução. Sejam $A := x \in \mathbb{R}_+$ é tal que x é irracional e $B := \sqrt{x}$ é irracional. Vamos provar que $\sim B \Rightarrow \sim A$. De fato, se $\sqrt{x}$ é racional, ou seja, $\sqrt{x} = \frac{m}{n}$, com $m, n \in \mathbb{Z}$ e $n \neq 0$, segue que:

$$\sqrt{x} = \frac{m}{n} \Rightarrow x = \frac{m^2}{n^2} \in \mathbb{Q}, \text{ ou seja, } \sim B \Rightarrow \sim A.$$

∎

Exemplo 2.9. *Prove que se um triângulo é escaleno, então nenhuma bissetriz interna é uma das suas alturas.*

Solução. Nesse caso, defina $A :=$ um triângulo é escaleno e $B :=$ nenhuma bissetriz interna é uma das suas alturas. Dessa forma, a proposição se um triângulo é escaleno, então nenhuma bissetriz interna é uma das suas alturas pode ser escrita como $A \Rightarrow B$. Para provar esse fato vamos provar a contrapositiva, isto é, $\sim B \Rightarrow \sim A$. Em palavras:

"Se pelo menos uma bissetriz interna é uma altura,
então o triângulo não é escaleno."

De fato, seja ABC um triângulo em que a bissetriz interna AD do ângulo do vértice A também seja altura partindo desse mesmo vértice, conforme ilustra a figura a seguir:

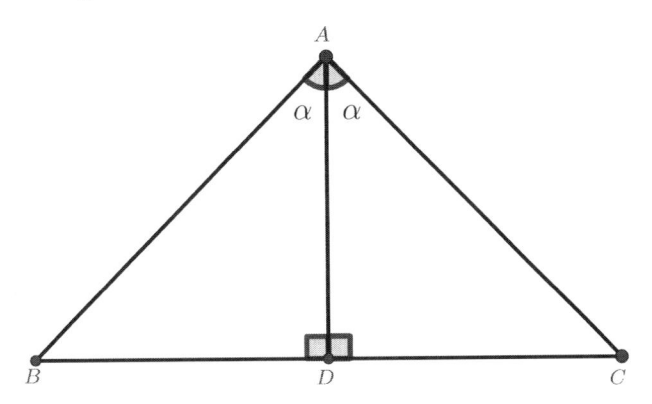

Nesse caso, como AD é bissetriz interna do ângulo do vértice A e altura relativa ao lado BC, segue que $\angle BAD = \angle CAD = \alpha, \angle BDA = \angle CDA = 90°$. Ora como lado AD é comum aos triângulos $\triangle ABD$ e $\triangle ACD$, segue que esses triângulos são congruentes (caso ALA), o que revela que $AB = AC$, o que nos permite concluir que o triângulo $\triangle ABC$ não é escaleno.

∎

Exemplo 2.10 (A irracionalidade de π.). *O matemático suíço Johann Heinrich Lambert (1728 − 1777) mostrou em 1761 que se x é racional não nulo, então $\tan(x)$ é irracional. Use esse fato para mostrar que π é irracional.*

Solução. Vamos usar a contrapositiva do Teorema de Lambert, ou seja, se $\tan(x)$ é racional, então x é irracional. Ora, como $\tan(\pi) = 0$ é racional, segue que π é irracional.

∎

2.4. Redução ao absurdo (ou prova por contradição)

Essa é uma técnica bastante eficiente para demonstrar diversos resultados em Matemática, desde fatos básicos até importantes teoremas. Nos livros mais antigos ela recebia o nome de "reductio ad absurdum" (em latim). Digamos que queremos mostrar a veracidade de uma afirmação A. Uma maneira de fazermos isso, é supor a veracidade de $\sim A$ (escreve-se normalmente assim:

suponha, por absurdo $\sim A$...) e através de uma sequência finita de passos logicamente coerentes chegarmos a algo que seja claramente contraditório com $\sim A$. Nesse caso, a afirmação $\sim A$ não pode ser verdadeira, sendo pois, verdadeira a afirmação original A. Alguns leitores menos experientes podem confundir essa técnica de demonstração com a demonstração da contrapositiva. Não é a mesma coisa; no caso da contrapositiva, quando queremos mostrar que a proposição $A \Rightarrow B$ é verdadeira, mostramos que a proposição $\sim B \Rightarrow \sim A$ é verdadeira. Já no caso de uma demonstração por redução ao absurdo, tem-se uma afirmação A que se quer provar e a técnica consiste em supor a negação de A, ou seja, supor $\sim A$ e a partir daí, via uma quandidade finita de passos logicamente coerentes, chegarmos a algo que seja evidentemente falso.

A seguir mostraremos alguns exemplos para ilustrar o uso dessa técnica de demonstração. Para começar não poderímos fazer diferente da maioria dos textos, mostrando que $\sqrt{2}$ é irracional.

Exemplo 2.11. *Mostre que $\sqrt{2}$ é irracional.*

Solução. Suponha, por absurdo que $\sqrt{2}$ seja um número racional. Nesse caso existiriam $m, n \in \mathbb{Z}, n \neq 0$, com $mdc(m, n) = 1$ tais que $\sqrt{2} = \frac{m}{n}$. Nesse caso,

$$\sqrt{2} = \frac{m}{n} \Rightarrow \left(\sqrt{2}\right)^2 = \left(\frac{m}{n}\right)^2 \Rightarrow 2 = \frac{m^2}{n^2} \Rightarrow m^2 = 2n^2,$$

o que implica que m^2 é par e portanto m é par. Nesse caso, existem $k \in \mathbb{Z}$ tal que $m = 2k$. Então,

$$m^2 = 2n^2 \Rightarrow (2k)^2 = 2n^2 \Leftrightarrow 4k^2 = 2n^2 \Leftrightarrow n^2 = 2k^2,$$

o que nos permite concluir que n^2 é par e portanto n é par, o que é uma contradição com o fato de que $mdc(m, n) = 1$, visto que se m e n são pares eles têm o fator 2 em comum (contadição!). Diante do exposto, a nossa suposição inicial de que $\sqrt{2}$ é racional não pode ser verdadeira, logo $\sqrt{2}$ é irracional.

■

Exemplo 2.12. *Mostre $\sqrt{2} - 1$ é irracional.*

Solução. De fato, suponha por absurdo que $\sqrt{2} - 1$ seja um número racional, ou seja, $\sqrt{2} - 1 = r \in \mathbb{Q}$. Nesse caso,

$$\sqrt{2} - 1 = r \Rightarrow \sqrt{2} = r + 1 \in \mathbb{Q},$$

Redução ao absurdo (ou prova por contradição) 39

o que é uma contradição, pois como mostramos no exemplo anterior, $\sqrt{2}$ é irracional. Portanto a nossa suposição inicial de que $\sqrt{2}-1$ fosse um número racional não pode ser verdadeira. Portanto, $\sqrt{2}-1$ é um número irracional.

■

Exemplo 2.13. *Se $x, y \in \mathbb{R}$ são tais que $|x-y| < \epsilon$ para todo $\epsilon > 0$, mostre que $x = y$.*

Solução. De fato, suponha, por absurdo que $|x-y| < \epsilon$ para todo $\epsilon > 0$ e que $x \neq y$. Nesse caso, temos duas opções, a saber: $x > y$ ou $x < y$. Se $x > y$ segue que $x - y > 0$. Tomando $\epsilon = \frac{x-y}{2}$, tem-se que:

$$|x-y| < \epsilon \Leftrightarrow -\epsilon < x - y < \epsilon \Leftrightarrow -\frac{x-y}{2} < x - y < \frac{x-y}{2} \Leftrightarrow$$

$$\begin{cases} -\frac{x-y}{2} < x - y \\ x - y < \frac{x-y}{2} \end{cases}$$

Analisando a primeira desigualdade,

$$-\frac{x-y}{2} < x - y \Leftrightarrow -x + y < 2x - 2y \Leftrightarrow 3y < 3x \Leftrightarrow y < x \text{ (Absurdo!)}.$$

De modo completamente análogo, podemos chegar a outra possibilidade $x < y$ também nos conduziria a uma contradição. Então a nossa suposição inicial de que $x \neq y$ não pode ser verdadeira. Portanto se $|x-y| < \epsilon$ para todo $\epsilon > 0$, então $x = y$.

■

Exemplo 2.14. *Se a, b e c são inteiros ímpares, mostre que a equação quadrática $aX^2 + bX + c = 0$ não possui raízes racionais.*

Solução. Com efeito, suponha, por absurdo que a equação quadrática $aX^2 + bX + c = 0$ possua uma raiz racional $\alpha = \frac{m}{n}$, com $m, n \in \mathbb{Z}, n \neq 0$ e $\text{mdc}(m, n) = 1$. Nesse caso,

$$aX^2 + bX + c = 0 \Rightarrow a\alpha^2 + b\alpha + c = 0 \Rightarrow$$

$$a\left(\frac{m}{n}\right)^2 + b\left(\frac{m}{n}\right) + c = 0 \Rightarrow am^2 + bmn + cn^2 = 0.$$

Ora, como $\text{mdc}(m, n) = 1$ não podemos ter m e n pares. Temos então três possibilidades, a saber: m e m são ímpares; m é ímpar e n é par ou a situação contrária: m é par e n é ímpar. Analisemos separadamente os três casos:

- Se m e n são ímpares, como por hipótese a, b e c são ímpares, segue que am^2, bmn e cn^2 são ímpares, o que faz com que $am^2 + bmn + cn^2$ seja ímpar (a soma de três númros ímpares é ímpar). Portanto, nesse caso não podemos ter $am^2 + bmn + cn^2 = 0$, o que é uma contradição.

- Se m é ímpar e n é par, como por hipótese a, b e c são ímpares, segue que am^2 é ímpar e bmn e cn^2 são pares, o que faz com que $am^2 + bmn + cn^2$ seja ímpar (a soma de um ímpar com dois pares é ímpar). Portanto, nesse caso não podemos ter $am^2 + bmn + cn^2 = 0$, o que é uma contradição.

- Se m é par e n é ímpar, como por hipótese a, b e c são ímpares, segue que am^2 e bmn são pares cn^2 é ímpar, o que faz com que $am^2 + bmn + cn^2$ seja ímpar (a soma dois pares com um ímpar é ímpar). Portanto, nesse caso não podemos ter $am^2 + bmn + cn^2 = 0$, o que é uma contradição.

Logo a nossa suposição inicial de que a equação quadrática $aX^2 + bX + c = 0$ possui uma raiz racional não pode ser verdadeira.

∎

Exemplo 2.15 (A irracionalidade de π). *Em 1947, o matemático canadense Ivan Niven publicou um artigo [1] no qual ele mostra que π^2 é irracional. Mostre que isso é suficiente para concluir que π é irracional.*

Solução. De fato, suponha por absurdo, que π fosse racional, ou seja, $\pi = \frac{m}{n}$, com $m, n \in \mathbb{Z}$ e $n \neq 0$. Nesse caso,

$$\pi = \frac{m}{n} \Rightarrow \pi^2 = \left(\frac{m}{n}\right)^2 \Rightarrow \pi^2 = \frac{m^2}{n^2} \in \mathbb{Q},$$

o que é uma contradição com o fato de que π^2 é irracional. Portanto, π é irracional.

∎

2.5. Demonstrando via um contraexemplo

Para provarmos que uma dada afirmação A é verdadeira é preciso oferecer um argumento geral que funcione em todos os casos. Já para mostrar que uma afirmação A não é verdadeira, é suficiente exibirmos uma situação em que tal afirmação não seja verdadeira. Essa tal situação é chamada de **contraexemplo**. Consiste de um caso em que a afirmação dada não é verdadeira e portanto tal afirmação não é verdadeira em geral. Na Matemática há diversas situações de conjecturas, afirmações feitas sem uma prova formal, que foram derrubadas via um contraexemplo. Ainda hoje há muitas conjecturas em aberto e muitos matemáticos profissionais tentando demonstrá-las ou derrubá-las via um contraexemplo. Uma das mais famosas é a chamada **Conjectura de Goldbach**, segundo a qual

"todo número par maior que 2 se escreve como a soma de dois primos, não necessariamente distintos".

Por exemplo,

$$4 = 2+2, 6 = 3+3, 8 = 3+5, 10 = 5+5, 12 = 5+7, \ldots$$

Figura 2.1: Leonhard Euler (1707 – 1783)

Figura 2.2: Christian Goldbach (1690 – 1764)

Essa conjectura foi proposta numa carta que o matemático prussiano Goldbach escreveu ao famoso Matemático suíço Leonhard Euler, em 7 de junho de 1742 e anda continua em aberto. Em 1938, Nils Pipping (1890−1982) testou todos os números até 10^5. Atualmente, já se sabe que a conjectura de Goldbach é verdadeira para todos os números pares $\leq 4 \cdot 10^{17}$, mas um argumento geral ainda não é conhecido.

Essa conjectura também é conhecida como a conjectura "forte" de Goldbach, distinta de seu corolário mais fraco. A conjectura forte de Goldbach implica a conjectura que todos os números ímpares maiores que 7 são a soma de três primos, que é conhecida atualmente como a conjectura "fraca" de Goldbach. Em 2012 e 2013, o matemático peruano Harald Helfgott publicou dois trabalhos alegando ter comprovado incondicionalmente a conjectura fraca de Goldbach. Em 2015, ganhou o prêmio de pesquisa Humboldt, concedido pela Fundação Alexander Van Humboldt.

Figura 2.3: Harald Helfgott (1977−)

Uma outra conjectura famosa que continua em aberto é a chamada **Hipótese de Riemann**, segundo a qual todos os zeros complexos de uma função, chamada de **função zeta de Riemann** têm parte real igual a $\frac{1}{2}$. Até hoje esse problema está em aberto e é considerado um dos principais problemas em aberto da Matemática contemporânea. A hipótese de Riemann foi proposta pela primeira vez por Bernhard Riemann em 1859 e foi apresentada em 1900, pelo famoso matemático alemão David Hilbert, no congresso internacional para Matemáticos de Paris como um dos seus famosos 23 problemas. Mais recentemente o Clay Institute dos Estados Unidos elegeu esse como um dos 7 problemas do Milênio e oferece um prêmio de 1.000.000,00 de dólares para quem o solucionar. Em meados de 2018, o matemático britânico Michael Atiyah, medalha Fields de 1966, anunciou um prova da referida conjectura. Meses depois, em janeiro de 2019 ele faleceu e a sua prova ainda não é reconhecida como correta pelos espacialistas no assunto.

Por fim, não pederíamos deixar de mencionar o "Último Teorema de Fermat". Esse resultado foi conjecturado pelo matemático francês Pierre de Fermat em 1637. Trata-se de uma generalização do famoso Teorema de Pitágoras, que afirma que num triângulo retângulo "a soma dos quadrados dos catetos é igual ao quadrado da hipotenusa", ou seja, sendo x e y as medidas dos catetos e z a medida da hipotenusa tem-se que $x^2 + y^2 = z^2$.

Ao propor seu teorema, Fermat substituiu o expoente 2 na fórmula de Pitágoras por um número natural maior do que 2 $(x^n + y^n = z^n)$, e afirmou que, nesse caso, a equação não tem solução, se n for um inteiro maior do que 2 e (x, y, z) inteiros positivos.

Fermat afirmou ter desenvolvido um teorema para provar essa hipótese, mas nunca o publicou. Assim, esta conjectura ficou por demonstrar e constituiu um verdadeiro desafio para os matemáticos ao longo dos tempos, apesar de parecer simples e o enunciado ser fácil de entender. Desta forma, ele passou a ser conhecido como o mais famoso e duradouro teorema matemático de seu tempo, sendo solucionado apenas em 1995, após 358 anos de sua formulação!,

Figura 2.4: Bernhard Riemann - (1826-1866)

Figura 2.5: David Hilbert - (1862-1943)

Figura 2.6: Michael Atiyah (1929 – 2019)

pelo britânico Andrew Wiles com a ajuda de Richard Taylor; por isso, este teorema passou a ser chamado também por Teorema de Fermat-Wiles.

Em 1995, o teorema foi incluído no "Guinness Book" como o mais intricado problema matemático da história.

A busca pela solução do teorema propiciou a criação da Teoria Algébrica dos Números, no século XIX, e do Teorema de Shimura-Taniyama-Weil no século XX.

A seguir oferecemos alguns exemplos onde um contraexemplo é dado para mostrar a falsidade de uma conjectura.

Exemplo 2.16. *Se $a, b \in \mathbb{R}$, mostre que nem sempre $(a+b)^2 = a^2 + b^2$.*

Figura 2.7: Pierre de Fermat
(1607 – 1665)

Figura 2.8: Andrew Wiles
(1953–)

Solução. De fato, se $a = 2$ e $b = 3$, segue que $(a+b)^2 = (2+3)^2 = 5^2 = 25$. Por outro lado, $a^2 + b^2 = 2^2 + 3^2 = 4 + 9 = 13$, o que revela que $(2+3)^2 \neq 2^2 + 3^2$.

∎

Exemplo 2.17 (Leonhard Euler). *O famoso matemático suíço Leonhard Euler conjecturou que o polinômio $p(x) = x^2 + x + 41$ assume valores primos quando x percorre os inteiros positivos. Mostre que essa conjectura é falsa.*

Solução. Para $x \in \{0, 1, 2, 3, \ldots, 39\}$ os valores assumidos pelo polinômio $p(x) = x^2 + x + 41$ são números primos como revela a tabela a seguir:

$p(0) = 41$	$p(1) = 43$	$p(2) = 47$	$p(3) = 53$	$p(5) = 71$
$p(6) = 83$	$p(7) = 97$	$p(8) = 113$	$p(9) = 131$	$p(10) = 151$
$p(11) = 173$	$p(12) = 197$	$p(13) = 223$	$p(14) = 251$	$p(15) = 281$
$p(16) = 313$	$p(17) = 347$	$p(18) = 383$	$p(19) = 421$	$p(20) = 461$
$p(21) = 503$	$p(22) = 547$	$p(23) = 593$	$p(24) = 641$	$p(25) = 691$
$p(26) = 743$	$p(27) = 797$	$p(28) = 853$	$p(29) = 911$	$p(30) = 971$
$p(31) = 1033$	$p(32) = 1097$	$p(33) = 1163$	$p(34) = 1231$	$p(35) = 1301$
$p(36) = 1373$	$p(37) = 1447$	$p(38) = 1523$	$p(39) = 1601$	

Entretanto para $x = 40$, tem-se que

$$p(40) = 40^2 + 40 + 41 = 40(40+1) + 41 = 40.41 + 41 = 41^2 = 1681,$$

que não é um número primo.

■

Exemplo 2.18 (Leonhard Euler). *Uma outra conjectura de Euler era que para se obter uma potência n-ésima era preciso adicionar pelo menos n potências n-ésimas. Mostre que essa conjectura é falsa.*

Solução. Em 1966, L. J. Lander e T. R. Parkin em [2] apresentaram um contraexemplo a essa conjectura:

$$27^5 + 84^5 + 110^5 + 133^5 = 144^5.$$

Note que escrevemos a quinta potência 144^5 como soma de apenas 4 outras quintas potências, derrubando a conjectura de Euler, segundo a qual para escrever uma quinta potência como soma de outras quintas potências seriam necessárias pelo menos cinco delas.

Esse é considerado o menor artigo já publicado em Matemática.

■

Exemplo 2.19 (Pierre de Fermat). *Os números da forma $F_k = 2^{2^k} + 1$, onde $k \in \mathbb{Z}_+$ são chamados números de Fermat. Pierre de Fermat lançou a conjectura, em uma carta escrita para Marin Mersenne, que estes números eram primos. Mostre que essa conjectura é falsa.*

Solução. Leonhard Euler, provou que $F_5 = 2^{2^5} + 1$ é composto. De fato,

$$2^{2^5} + 1 = 2^{32} + 1 = 4294967297 = 641 \cdot 6700417.$$

Até hoje só são conhecidos 5 números de Fermat que são primos, a saber:

$$F_0 = 2^{2^0} + 1 = 2^1 + 1 = 3.$$
$$F_1 = 2^{2^1} + 1 = 2^2 + 1 = 5.$$
$$F_2 = 2^{2^2} + 1 = 2^4 + 1 = 17.$$
$$F_3 = 2^{2^3} + 1 = 2^8 + 1 = 257.$$
$$F_4 = 2^{2^4} + 1 = 2^{16} + 1 = 65537.$$

■

2.6. Equivalência

Sejam A e B duas afirmações tais que $A \Rightarrow B$ e $B \Rightarrow A$. Nesse caso escrevemos $A \Leftrightarrow B$ (lê-se A se, e somente se, B). Note que A é condição suficiente para B, pois $A \Rightarrow B$ e também é condição necessária para B pois $B \Rightarrow A$, ou seja A é condição necessária e suficiente para B (e o mesmo oocorre com B, que é, nesse caso, condição necessária e suficiente para A). Nessas circunstâncias, dizemos que as afirmações A e B são equivalentes.

A seguir vamos ver alguns exemplos de proposições equivalentes.

Exemplo 2.20. *Mostre que um número real x é tal que $-2 \leq x < 1$, se, e somente se, $\dfrac{2x+1}{x-1} \leq 1$.*

Solução. ($\Rightarrow$) De fato, se $-2 \leq x < 1$, podemos escrever:

$$x \geq -2 \Rightarrow 2x - x \geq -1 - 1 \Rightarrow 2x + 1 \geq x - 1.$$

Por outro lado, como $x < 1$, segue que $x - 1 < 0$. Portanto dividindo os dois membros da desigualdade $2x + 1 \geq x - 1$ por $x - 1$ o sinal da desigualdade será invertido (pois $x - 1 < 0$). Então,

$$2x + 1 \geq x - 1 \Rightarrow \frac{2x+1}{x-1} \leq \frac{x-1}{x-1} \Rightarrow \frac{2x+1}{x-1} \leq 1.$$

($\Leftarrow$) Agora suponhamos que $\dfrac{2x+1}{x-1} \leq 1$. Nesse caso consideremos duas possibilidades:

- Se $x - 1 > 0 \Rightarrow x > 1$, segue que:

$$\frac{2x+1}{x-1} \leq 1 \Rightarrow 2x + 1 \leq x - 1 \Rightarrow x \leq -2.$$

Não há nenhum número real que cumpre simultaneamente as condições $x > 1$ e $x \leq -2$.

- Se $x - 1 < 0 \Rightarrow x < 1$, segue que:

$$\frac{2x+1}{x-1} \leq 1 \Rightarrow 2x + 1 \geq x - 1 \Rightarrow x \geq -2.$$

Nesse caso, $x < 1$ e $x \geq -2$, que podemos escrever resumidamente como $-2 \leq x < 1$.

■

Equivalência

Exemplo 2.21. *Um aluno foi solicitado para resolver a equação real*

$$\sqrt{x^2 - 5} = \sqrt{x + 1}.$$

Ele procedeu da seguinte forma:

$$\sqrt{x^2 - 5} = \sqrt{x + 1} \Rightarrow \left(\sqrt{x^2 - 5}\right)^2 = \left(\sqrt{x + 1}\right)^2 \Rightarrow$$

$$x^2 - 5 = x + 1 \Rightarrow x^2 - x - 6 = 0 \Rightarrow (x-3)(x+2) = 0 \Rightarrow x = 3 \text{ ou } x = -2$$

No entanto $x = -2$ não é uma raiz da equação real, pois ao tentarmos substituir $x = -2$ no segundo membro da equação, obtemos $\sqrt{-2 + 1} = \sqrt{-1}$ que não é um número real. Você poderia argumentar sobre o porquê do surgimento desse -2 ?

Solução. A raiz "estranha" $x = -2$ não é raiz da equação original porque nem todas as implicações que aparecem ao sairmos da equação original e chegarmos a equação $(x - 3)(x + 2) = 0$ são equivalências. Por exemplo,

$$\sqrt{x^2 - 5} = \sqrt{x + 1} \Rightarrow \left(\sqrt{x^2 - 5}\right)^2 = \left(\sqrt{x + 1}\right)^2$$

mas não é verdade que

$$\left(\sqrt{x^2 - 5}\right)^2 = \left(\sqrt{x + 1}\right)^2 \Rightarrow \sqrt{x^2 - 5} = \sqrt{x + 1}.$$

Pois se $a, b \in \mathbb{R}$ são tais que $a^2 = b^2 \Rightarrow a = b$ ou $a = -b$. Assim, todas as raízes da equação original são raízes da equação $(x - 3)(x + 2) = 0$, mas o contrário não ocorre. ∎

Exemplo 2.22. *Se A e B são subconjuntos de um conjunto E, mostre que as seguintes afirmações são equivalentes:*

(i) $A \subset B$;   (ii) $A \cup B = B$;   (iii) $A \cap B = A$;   (iv) $A - B = \emptyset$.

Solução. Quando temos várias afirmações que queremos mostrar que são equivalentes, devemos colocá-las numa certa ordem tal que partindo de uma delas podemos demonstrar todas as outras e a partir da última podemos demonstrar a primeira. No exemplo acima, vamos mostrar que

$$(i) \Rightarrow (ii) \Rightarrow (iii) \Rightarrow (iv) \Rightarrow (i).$$

$(i) \Rightarrow (ii)$ De fato, suponhamos que $A \subset B$. Ora, como $B \subset A \cup B$, resta mostrar que $A \cup B \subset B$. Se $x \in A \cup B$, tem-se que $x \in A \subset B$ ou $x \in B$.

Em qualquer dos casos tem-se que $x \in B$, revelando que $A \cup B \subset B$, o que nos permite concluir que $A \cup B = B$.

$(ii) \Rightarrow (iii)$ Agora suponhamos que $A \cup B = B$. Ora, como $A \cap B \subset A$, resta mostrar que $A \subset A \cap B$. De fato, se $x \in A$, segue que $x \in A \cup B = B$. Ora, se $x \in A$ e $x \in B$, segue que $x \in A \cap B$.

$(iii) \Rightarrow (iv)$ Suponhamos que $A \cap B = A$. Suponha, por absurdo, que $A - B \neq \emptyset$. Nesse caso existe $x \in A - B$, o que significa que $x \in A$ e $x \notin B$, o que implica que $x \notin A \cap B = A$, o que é uma contradição, pois $x \in A$.

$(iv) \Rightarrow (i)$ Suponhamos que $A - B = \emptyset$. Nesse caso, se $x \in A$ implica que $x \in B$, pois não existe nenhum elemento de A que não seja elemento de B, visto que estamos supondo que $A - B = \emptyset$.

■

Exemplo 2.23 (O Teorema de Pitágoras e a sua recíproca). *Considere o triângulo $\triangle ABC$ tal que $AB = c, AC = b$ e $BC = a$. Mostre que esse triângulo é retângulo se, e somente se, $a^2 = b^2 + c^2$.*

Solução.

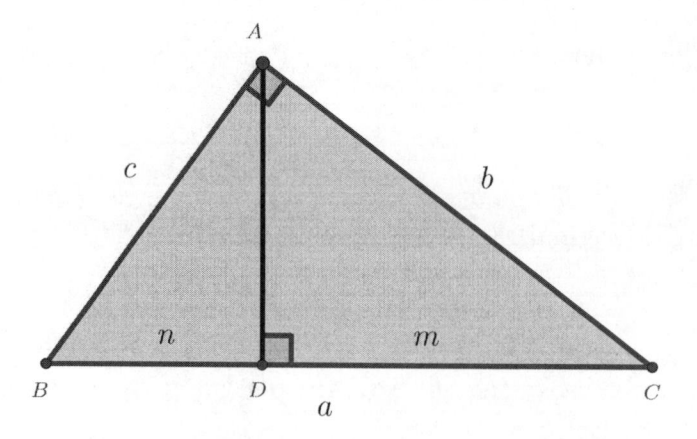

$(\Rightarrow)$ Suponhamos que o triângulo $\triangle ABC$ seja retângulo com o ângulo reto no vértice A. Nesse caso, se AD é a altura relativa à hipotenusa, se $BD = n$ e $CD = m$, pelas relações métricas num triângulo retângulo, tem-se que

$$\begin{cases} b^2 = am \\ c^2 = an \end{cases} \Rightarrow b^2 + c^2 = a\underbrace{(m+n)}_{=a} = a.a \Rightarrow a^2 = b^2 + c^2.$$

$(\Leftarrow)$ Se $a^2 = b^2 + c^2$, aplicando a lei dos cossenos no triângulo ABC, segue que

$$a^2 = \underbrace{b^2 + c^2}_{=a^2} - 2bc \cos \widehat{A} \Rightarrow a^2 = a^2 - 2bc \cos \widehat{A} \Rightarrow$$

$$2bc\cos\widehat{A} = 0 \Rightarrow \cos\widehat{A} = 0 \Rightarrow \widehat{A} = 90^o,$$

o que revela que o triângulo ABC é retângulo. ∎

2.7. Demonstração por indução e PBO

Para finalizar nossa breve abordagem sobre as técnicas de demonstração mais usuais, vamos apresentar o chamado **PBO-Princípio da Boa Ordenação (ou da Boa Ordem)** e duas versões do chamado **Princípio da Indução Matemática** (indução fraca e indução forte). Além de apresentar esses princípios vamos mostrar a equivalência entre eles. Para isso, comecemos definindo de modo mais formal o conjunto dos números naturais.

2.7.1. Conjunto dos números naturais

O conjunto $\mathbb{N} = \{1, 2, 3, \cdots, n, \cdots\}$, dos números naturais, é caracterizado pelos axiomas de Peano, ei-los:

1. existe uma função injetiva $s : \mathbb{N} \to \mathbb{N}$. A imagem $s(n)$ de cada número natural $n \in \mathbb{N}$ chama-se sucessor de n;

2. existe um número natural $1 \in \mathbb{N}$ tal que $1 \neq s(n)$ para todo $n \in \mathbb{N}$;

3. se existe um conjunto $X \subset \mathbb{N}$ tal que $1 \in X$ e $S(X) \subset X$ (isto é, $n \in X \Rightarrow s(n) \in X$), então $X = \mathbb{N}$.

O axioma 3 é conhecido como *o Princípio da Indução*. O princípio da indução serve de base para um método de demonstração de teoremas sobre números naturais, conhecido como *Método de Indução (ou Recorrência)*, o qual funciona assim: "se uma propriedade P é válida para o número 1 e se, supondo P válida para o número n daí resultar que P é válida também para o seu sucessor $s(n)$, então P é válida para todos os números naturais".

Sobre o conjunto dos números naturais $\mathbb{N}$ estão definidas duas operações fundamentais: a *adição*, que associa a cada par de números naturais (m, n) a sua soma $m + n$ e a *multiplicação*, que associa a cada par de números naturais (m, n) o seu produto $m.n$.

Propriedades da adição e da multiplicação:

- Associatividade: $(m + n) + p = m + (n + p)$;

- Distributividade: $m.(n + p) = m.n + m.p$;

- Comutatividade: $m+n = n+m$, $m.n = n.m$;

- Lei do cancelamento: $m+n = m+p \Rightarrow n = p$, $m.n = m.p \Rightarrow n = p$.

Dados números naturais m e n, escreve-se $m < n$ quando existe $p \in \mathbb{N}$ tal que $n = m + p$. Neste caso dizemos então que m é menor do que n. A notação $m \leq n$ significa que $m = n$ ou que $m < n$.

2.7.2. Princípio da boa ordenação e indução

A_0 **Princípio da boa ordenação (PBO):** Todo subconjunto não vazio de números naturais possui um menor elemento.

A_1 **Indução primeira forma (ou indução fraca):** Seja A um subconjunto dos números naturais $\mathbb{N}$. Se A goza das seguintes propriedades:

(i) $1 \in \mathbb{N}$ (ii) $n \in A \Rightarrow n+1 \in A$,   então $A = \mathbb{N}$.

A_2 **Indução segunda forma (ou indução forte):** Seja A um subconjunto dos números naturais $\mathbb{N}$. Se A goza das seguintes propriedades:

(i') $1 \in \mathbb{N}$ (ii') $1, 2, \ldots, n \in A \Rightarrow n+1 \in A$,   então $A = \mathbb{N}$.

Teorema 2.1. A_0, A_1 e A_2 são equivalentes.

Demonstração. Inicialmente vamos mostrar que $A_0 \Rightarrow A_1$.

De fato, suponhamos, por absurdo, que mesmo gozando das propriedades (i) e (ii) citadas em A_1, o conjunto A não seja igual $\mathbb{N}$. Seja X o conjunto dos números naturais não pertencentes a A, ou seja, $X = \mathbb{N} - A$. Como estamos supondo que $A \neq \mathbb{N}$, segue que $X = \mathbb{N} - A \neq \emptyset$. Pelo PBO, X possui um menor elemento n_0. Note que $n_0 \neq 1$, visto que $1 \in A$ e além disso pelo fato de n_0 ser o menor elemento de X segue que $n_0 - 1 \notin X$, o que implica que $n_0 - 1 \in A$. (pois os números naturais que não pertencem a X necessariamente pertencem a A). Ora, como $n_0 - 1 \in A$ por (ii) segue que $(n_0 - 1) + 1 = n_0 \in A$ e portanto $n_0 \notin X$, o que contradiz o fato de n_0 ser o menor elemento do conjunto X. Assim a nossa suposição inicial de que $A \neq \mathbb{N}$ é falsa, só restando então a outra possibilidade, a saber: $A = \mathbb{N}$, como queríamos demonstrar!

Agora vamos provar que $A_1 \Rightarrow A_2$.

Demonstração por indução e PBO

Com efeito, seja $A \subset \mathbb{N}$ satisfazendo as condições de (i') e (ii') impostas em A_2. Devemos mostrar que $A = \mathbb{N}$. De fato, vamos denotar por B_n a sentença "os naturais de 1 até n (inclusive) pertencem ao conjunto A". Como por (i') temos que $1 \in A$, segue que B_1 é verdadeira. Agora vamos assumir que B_n é verdadeira para algum $n \in \mathbb{N}$, ou seja, suponhamos que os naturais $1, 2, \ldots, n \in A$. Ora, como estamos supondo que A goza da propriedade (ii'), segue que $1, 2, \cdots n+1 \in A$, o que revela que B_{n+1} é verdadeira. Resumindo,

- B_1 é verdadeira;

- B_n verdadeira $\Rightarrow B_{n+1}$ verdadeira.

Assim, por (A_0), segue que B_n é verdadeira para todo $n \in \mathbb{N}$. Noutras palavras, para todo n natural os números $1, 2, \ldots n$ pertencem ao conjunto A, isso só é possível se $A = \mathbb{N}$, como queríamos demonstrar!.

Por fim, vamos provar que $A_2 \Rightarrow A_0$.

De fato, seja X um conjunto não vazio de números naturais. Devemos mostrar que X possui um elemento mínimo. Se $1 \in X$, não há o que demonstrar, visto que 1 é o menor número natural e portanto seria o menor elementos de X e portanto nesse caso X tem um menor elemento, como queríamos demonstrar!

Vamos então analisar o caso em que $1 \notin X$. Suponha, por absurdo, que X não possua elemento mínimo e denote por C_n a sentença "n não é um elemento de X". Note que C_1 é verdadeira, visto que C_1 significa que 1 não é um elemento de X, visto que estamos supondo que $1 \notin X$.

Agora suponhamos de B_k seja verdadeira para todo natural k de 1 até n (inclusive). Usando o item (ii') de (A_2) podemos concluir que B_{n+1} é verdadeira e portanto que B_n é verdadeira para todos os naturais n. Noutras palavras, todo n natural não é elemento de X, o que faz com que $X = \emptyset$, o que é um absurdo, pois estamos supondo que X é não vazio. Diante do exposto, é falsa a suposição que X não possui um menor elemento. Concluímos então que existe $n_0 = \min X$, como queríamos demonstrar!

Com isso, mostramos que $A_0 \Rightarrow A_1 \Rightarrow A_2 \Rightarrow A_0$, ou seja, que as proposições A_0, A_1 e A_2 são equivalentes. ∎

Observação 2.2. *Existem algumas proposições que não são verdadeiras para todos os números naturais, mas que são verdadeiras para todos os naturais a* *partir de um certo número natural n_0. Nesses casos, os dois princípios da indução assumem a seguinte forma:*

- **Indução primeira forma:** *seja $X \subset \mathbb{N}$ tal que:*
  (i) $n_0 \in X$;
  (ii) $n \in X \Rightarrow n+1 \in X$.
  então $X = \mathbb{N} \setminus \{1, 2, \ldots, n_0 - 1\}$.

- **Indução segunda forma:** *seja $X \subset \mathbb{N}$ tal que:*
  (i) $n_0 \in X$;
  (ii) $1, 2, \cdots, n \in X \Rightarrow 1, 2, \cdots, n+1 \in X$.
  então $X = \mathbb{N} \setminus \{1, 2, \ldots, n_0 - 1\}$.

Exemplo 2.24. *Mostre que todo número natural n pode ser representado como soma de potências de 2 distintas.*

Solução. Vamos vamos usar indução sobre n. Para $n = 1$, temos que $1 = 2^0$ o que revela que o número 1 pode ser escrito como uma potência de 2.

Suponha que os inteiros $1, 2, \ldots, n$ possam ser escritos como uma soma de potências de 2 distintas (hipótese da indução). Agora vamos mostrar que $n+1$ também pode ser escrito como uma soma de potências de 2 distintas. De fato, seja $k \in \mathbb{N}$ tal que

$$2^k \leq n+1 < 2^{k+1}.$$

Se $n + 1 = 2^k$ não há o que demonstrar. Se $2^k < n + 1 < 2^{k+1}$, seja $d = (n+1) - 2^k$.

Nesse caso, $d < n+1$, então pela hipótese da indução, segue que d pode ser escrito como uma soma de potências de 2 distintas.

Como $n + 1 = d + 2^k$, segue que $n+1$ pode ser escrito como potências de 2 distintas, como queríamos demonstrar.

∎

Exemplo 2.25. *Mostre que para $n > 1$, tem-se que $1 + 2^n < 3^n$.*

Solução. Para $n = 2$, temos $1 + 2^2 = 5 < 3^2 = 9$. Suponha verdadeiro para um certo n, i.e., $1 + 2^n < 3^n$. Vamos provar que é válido para $n+1$. De fato,

$$\begin{aligned}
1 + 2^{n+1} &= 1 + 2.2^n \\
&= 1 + 2^n + 2^n \\
&< 3^n + 2^n \\
&< 3^n + 3^n \\
&< 3.3^n = 3^{n+1}.
\end{aligned}$$

∎

Demonstração por indução e PBO 53

Exemplo 2.26. *Para todo inteiro positivo $n \geq 4$, mostre que $n! > 2^n$.*

Solução. Para $n = 4$ temos que $4! = 24$ e $2^4 = 16$. Nesse caso, $4! > 2^4$. Suponha que $n! > 2^n$ para algum $n \in \mathbb{N}$ (hipótese da indução). Vamos mostrar que $(n+1)! > 2^{n+1}$. De fato, se $n \geq 4$, segue que $n+1 > 2$. Assim,

$$(n+1)! = (n+1).n! > (n+1).2^n > 2.2^n = 2^{n+1}$$

■

Exemplo 2.27. *Se $x_0 = 2, x_1 = 3$ e $x_{n+1} = 3x_n - 2x_{n-1}$, então mostre que $x_n = 2^n + 1$ para todo inteiro $n \geq 0$.*

Solução. Na fórmula $x_n = 2^n + 1$, tem-se que se $n = 0$, então $x_0 = 2^0 + 1 = 1 + 1 = 2$. O que revela que a fórmula é verdadeira para $n = 0$. Agora suponha que a fórmula seja verdadeira para todos os inteiros $0, 1, 2, \cdots, n$. Vamos mostrar que que a mesma fórmula é verdadeira para $n+1$, ou seja, vamos provar que $x_{n+1} = 2^{n+1} + 1$. De fato, como estamos supondo que a fórmula $x_n = 2^n + 1$ é verdadeira para todos os inteiros $0, 1, 2, \cdots, n$, segue que,

$$x_n = 2^n + 1 \text{ e } x_{n-1} = 2^{n-1} + 1.$$

Assim,

$$\begin{aligned} x_{n+1} &= 3x_n - 2x_{n-1} \\ &= 3(2^n + 1) - 2(2^{n-1} + 1) \\ &= 3.2^n + 3 - 2.2^{n-1} - 2 \\ &= 3.2^n + 1 - 2^n \\ &= 2.2^n + 1 \\ &= 2^{n+1} + 1. \end{aligned}$$

■

Exemplo 2.28 (Sequência de Fibonacci). *A famosa sequência de Fibonacci $(f_n)_{n \geq 1}$ definida por $f_1 = f_2 = 1$ e $f_{n+1} = f_n + f_{n-1}$ para todo inteiro $n \geq 2$. Usando indução, mostre que*

$$f_n = \frac{1}{\sqrt{5}}\left[\left(\frac{1+\sqrt{5}}{2}\right)^n - \left(\frac{1-\sqrt{5}}{2}\right)^n\right].$$

Solução. Para $n = 1$, tem-se que:

$$f_1 = \frac{1}{\sqrt{5}}\left[\left(\frac{1+\sqrt{5}}{2}\right)^1 - \left(\frac{1-\sqrt{5}}{2}\right)^1\right]$$

$$= \frac{1}{\sqrt{5}}\left(\frac{1+\sqrt{5}-(1-\sqrt{5})}{2}\right)$$

$$= \frac{1}{\sqrt{5}}\left(\frac{2\sqrt{5}}{2}\right)$$

$$= 1,$$

o que revela que a fórmula é verdadeira para $n = 1$. Como cada termo a partir do terceiro é definido a partir dos dois termos imediatamente anteriores a ele, vamos utilizar a segunda forma do princípio da indução (indução forte). Suponha então que a fórmula proposta é verdadeira para $n = 2, 3, \ldots, k$ (hipótese da indução). Por fim vamos mostrar que a fórmula é verdadeira para $n = k + 1$. com efeito, fazendo $a = \frac{1+\sqrt{5}}{2}$ e $b = \frac{1-\sqrt{5}}{2}$, segue que

$$f_{k+1} = f_k + f_{k-1}$$

$$= \frac{1}{\sqrt{5}}(a^k - b^k) + \frac{1}{\sqrt{5}}(a^{k-1} - b^{k-1})$$

$$= \frac{1}{\sqrt{5}}(a^k + a^{k-1} - b^k - b^{k-1})$$

$$= \frac{1}{\sqrt{5}}(a^{k-1}(a+1) - b^{k-1}(b+1))$$

$$= \frac{1}{\sqrt{5}}(a^{k-1}a^2 - b^{k-1}b^2)$$

$$= \frac{1}{\sqrt{5}}(a^{k+1} - b^{k+1})$$

$$= \frac{1}{\sqrt{5}}\left[\left(\frac{1+\sqrt{5}}{2}\right)^{k+1} - \left(\frac{1-\sqrt{5}}{2}\right)^{k+1}\right].$$

Note que usamos os seguintes fatos:

$$a+1 = \frac{1+\sqrt{5}}{2}+1 = \frac{3+\sqrt{5}}{2} = a^2 \quad \text{e} \quad b+1 = \frac{1-\sqrt{5}}{2}+1 = \frac{3-\sqrt{5}}{2} = b^2.$$

∎

Exemplo 2.29. *Se $x \in \mathbb{R}$ é tal que $x + \frac{1}{x}$ é inteiro, então $x^n + \frac{1}{x^n}$ é inteiro para todo $n \in \mathbb{N}$.*

Solução. Nesse exemplo vamos usar a versão forte do princípio da indução. De fato, se $n = 1$, tem-se que

$$x^n + \frac{1}{x^n} = x^1 + \frac{1}{x^1} = x + \frac{1}{x} \in \mathbb{Z},$$

o que revela que a proposição é verdadeira para $n = 1$.

Suponhamos que $x^n + \frac{1}{x^n}$ é inteiro para $n = 2, 3, \ldots, k \in \mathbb{N}$ (hipótese da indução).

Por fim, vamos provar que $x^{k+1} + \frac{1}{x^{k+1}}$ é inteiro. Com efeito, como $x + \frac{1}{x}$ e $x^k + \frac{1}{x^k}$ são inteiros, segue que o produto entre eles também é inteiro, ou seja,

$$\left(x + \frac{1}{x}\right)\left(x^k + \frac{1}{x^k}\right) \in \mathbb{Z}.$$

Mas ocorre que:

$$\left(x + \frac{1}{x}\right)\left(x^k + \frac{1}{x^k}\right) = x^{k+1} + \frac{1}{x^{k-1}} + x^{k-1} + \frac{1}{x^{k+1}}$$
$$= \left(x^{k+1} + \frac{1}{x^{k+1}}\right) + \left(x^{k-1} + \frac{1}{x^{k-1}}\right),$$

o que nos permite escrever

$$x^{k+1} + \frac{1}{x^{k+1}} = \left(x + \frac{1}{x}\right)\left(x^k + \frac{1}{x^k}\right) - \left(x^{k-1} + \frac{1}{x^{k-1}}\right).$$

Ora, como $\left(x + \frac{1}{x}\right)\left(x^k + \frac{1}{x^k}\right)$ e $\left(x^{k-1} + \frac{1}{x^{k-1}}\right)$ são inteiros, segue que a soma $x^{k+1} + \frac{1}{x^{k+1}}$ é inteiro, por ser igual a diferença de dois inteiros. ∎

2.7.3. Alguns teoremas clássicos demonstrados por indução

Nesta seção vamos mostrar que alguns teoremas clássicos podem ser demonstrados utilizando-se indução ou o princípio da boa ordenação. Para começar vejamos o famoso **Teorema Fundamental da Aritmética**.

Teorema 2.2 (Teorema fundamental da Aritmética). *Todo número natural maior que 1 é primo ou é um produto de primos.*

Demonstração. De fato, suponhamos que o resultado seja verdadeiro para todos os inteiros positivos $2, 3, \cdots, n-1$ (hipótese de indução). Vamos provar que essa propriedade é válida para n. Seja $n \in \mathbb{N}$. Se n é primo não há o que demonstrar! Suponhamos que n não seja primo. Nesse caso, existem $r, s \in \mathbb{N}$ tais que $1 < r, s < n$ tais que $n = rs$ e como $1 < r, s < n$, pela hipótese de indução, r e s podem ser escritos como produtos de primos. Tendo-se que $n = rs$, segue que n pode ser escrito como produto de primos (os primos que aparecem na decomposição de r multiplicados pelos primos que aparecem na decomposição de s).

∎

Teorema 2.3 (Propriedade arquimediana em $\mathbb{R}$). *Se a e b são inteiros positivos, então existe $n \in \mathbb{N}$ tal que $na \geq b$.*

Demonstração. Suponha, por absurdo, que $na < b$ para todo $n \in \mathbb{N}$. Assim todos os elementos do conjunto

$$S = \{b - na \mid n \text{ é um inteiro positivo}\}$$

são inteiros positivos. Pelo princípio da boa ordenação, S possui um menor elemento. Seja $b - ma = \min S$. Note que $b - (m+1)a \in S$, pois o conjunto S possui todos os inteiros dessa forma. Por outro lado,

$$b - (m+1)a = (b - ma) - a < b - ma = \min S$$

o que é uma contradição. Assim não podemos ter $na < b$ para todo $n \in \mathbb{N}$. Portanto existe pelo menos um $n \in \mathbb{N}$ tal que $na \geq b$.

∎

Teorema 2.4. *Se $x_1, x_2, \ldots, x_n$ são números reais não negativos, então*

$$\sqrt{x_1 + x_2 + \cdots + x_n} \leq \sqrt{x_1} + \sqrt{x_2} + \ldots + \sqrt{x_n}.$$

Demonstração. Inicialmente vamos mostrar que o resultado é verdadeiro para dois números reais não negativos x_1 e x_2. De fato, como x_1 e x_2 são números reais não negativos, segue que $0 \leq 2\sqrt{x_1}\sqrt{x_2}$. Assim,

$$0 \leq 2\sqrt{x_1}\sqrt{x_2} \Leftrightarrow 0 + x_1 + x_2 \leq x_1 + x_2 + 2\sqrt{x_1}\sqrt{x_2} \Leftrightarrow x_1 + x_2 \leq (\sqrt{x_1} + \sqrt{x_2})^2$$

extraindo a raiz quadrada em ambos os membros (nesse caso o sinal da desigualdade não é alterado pois os números envolvidos são não negativos!), segue que:

$$\sqrt{x_1 + x_2} \leq \sqrt{(\sqrt{x_1} + \sqrt{x_2})^2} \Rightarrow \sqrt{x_1 + x_2} \leq \sqrt{x_1} + \sqrt{x_2}$$

o que prova que o resultado é verdadeiro para $n = 2$. Suponhamos que o resultado seja verdadeiro para um certo $n \in \mathbb{N}$, ou seja, se $x_1, x_2, \cdots, x_n$ são n números reais não negativos, então:

$$\sqrt{x_1 + x_2 + \cdots + x_n} \leq \sqrt{x_1} + \sqrt{x_2} + \ldots + \sqrt{x_n}. \quad \text{(Hipótese da indução)}$$

Por fim vamos provar que o resultado é verdadeiro para $n+1$ números reais não negativos, isto é, se $x_1, x_2, \ldots, x_n, x_{n+1}$ são números reais não negativos, então

$$\sqrt{x_1 + x_2 + \cdots + x_n + x_{n+1}} \leq \sqrt{x_1} + \sqrt{x_2} + \cdots + \sqrt{x_n} + \sqrt{x_{n+1}}.$$

Com efeito,

$$\begin{aligned}
\sqrt{x_1 + x_2 + \cdots + x_n + x_{n+1}} &= \sqrt{(x_1 + x_2 + \cdots + x_n) + x_{n+1}} \\
&\leq \sqrt{(x_1 + x_2 + \cdots + x_n)} + \sqrt{x_{n+1}} \\
&\leq \sqrt{x_1} + \sqrt{x_2} + \cdots + \sqrt{x_n} + \sqrt{x_{n+1}}
\end{aligned}$$

∎

Teorema 2.5 (Sistema de numeração - Base). *Sejam b um número natural maior que 1 e $M = \{0, 1, 2, \cdots, b-1\}$. Mostre que todo número inteiro positivo n não nulo pode ser representado de modo único da seguinte forma:*

$$n = a_r b^r + \ldots + a_2 b^2 + a_1 b^1 + a_0, \text{ onde } r \geq 0, a_i \in M, i = 1, 2, \ldots, r, a_r \neq 0.$$

Demonstração. A existência será provada por indução (forte) sobre n. Para $n = 1$, basta tomar $a_0 = 1$ e todos os demais a_i's iguais a 0, ou seja, o resultado funciona para $n = 1$. Agora suponhamos que o resultado funciona para todo inteiro positivo q tal que $1 \leq q < n$ (hipótese da indução). Nota que no caso em que $n < b$ a representação de n é obtida tomando $a_0 = n$ e todos os demais a_i's iguais a 0. Vamos então analisar o caso em que $n \geq b$. Nesse caso, pelo algoritmo da divisão, segue que

$$b = pq + a_0, \text{ com } a_0 \in M.$$

Note que não pode ocorrer $q \geq n$. De fato, se $q \geq n$, como $b > 1$ e $a_0 \in M$, teríamos que

$$n = bq + a_0 \geq bq > q \geq n$$

ou seja, $n > n$, o que é um absurdo! Assim, $1 \leq q < n$. Logo, pela hipótese da indução, segue que

$$q = a_r b^{r-1} + \cdots + a_2 b + a_1, \text{ com } a_i \in M, a_r \neq 0.$$

Portanto,
$$\begin{aligned} n &= bq + a_0 \\ &= b(a_r b^{r-1} + \cdots + a_2 b + a_1) + a_0 \\ &= a_r b^r + \cdots + a_2 b^2 + a_1 b + a_0. \end{aligned}$$

o que revela que o resultado é verdadeiro para o inteiro positivo n.

A unicidade também será provado por indução sobre n. Para $n < b$, a representação é única, tomando $a_0 = n$ a todos os demais $a_i's$ iguais a 0. Seja $n \geq b$ e suponhamos que a unicidade se verifique para todo q tal que $1 \leq q < n$. Suponhamos ainda que

$$n = a_r b^r + \ldots + a_1 b + a_0 = a'_s b^s + \ldots + a'_1 b + a'_0,$$

onde $a_r, \ldots, a_0, a'_s, \ldots, a'_0 \in M$. Assim,

$$b(a_r b^{r-1} + \cdots + a_1) + a_0 = b(a'_s b^{s-1} + \ldots + a'_1) + a'_0$$

ora, como a_0 e a'_0 são ambos menores que b, segue pela unicidade (assegurada pelo algarismo da divisão), segue que $a_0 = a'_0$. Cancelando esses dois elementos em $b(a_r b^{r-1} + \ldots + a_1) + a_0 = b(a'_s b^{s-1} + \ldots + a'_1) + a'_0$, segue que

$$b(a_r b^{r-1} + \ldots + a_1) = b(a'_s b^{s-1} + \ldots + a'_1) \Rightarrow$$

$$a_r b^{r-1} + \ldots + a_1 = a'_s b^{s-1} + \ldots + a'_1$$

chamando
$$a_r b^{r-1} + \ldots + a_1 = a'_s b^{s-1} + \ldots + a'_1$$
de q, tem-se $a_r b^{r-1} + \cdots + a_1 = a'_s b^{s-1} + \ldots + a'_1 = q < n$. Finalmente, pela hipótese da indução, segue que

$$r - 1 = s - 1 \Rightarrow r = s \text{ e } a_1 = a'_1, \cdots, a_r = a'_r.$$

como queríamos demonstrar! ∎

Teorema 2.6. *Dados os inteiros positivos $a_1, a_2, \ldots, a_n$, com $n \geq 2$, temos que:*

$$\sqrt[n]{a_1 a_2 \ldots a_n} \leq \frac{a_1 + a_2 + \ldots + a_n}{n}.$$

ou seja, a média geométrica de números reais positivos é sempre menor ou igual a média aritmética dos mesmos números. Além disso a igualdade ocorre se, e somente se, $a_1 = a_2 = \ldots = a_n$.

Demonstração por indução e PBO 59

Demonstração. Para $n = 2$, temos que

$$(\sqrt{a_1} - \sqrt{a_2})^2 \geq 0 \Leftrightarrow a_1 + a_2 - 2\sqrt{a_1}\sqrt{a_2} \geq 0 \Leftrightarrow \sqrt{a_1 a_2} \leq \frac{a_1 + a_2}{2}.$$

Além disso, note que $\sqrt{a_1 a_2} = \frac{a_1+a_2}{2}$ se, e somente se, $\left(\sqrt{a_1} - \sqrt{a_2}\right)^2 = 0 \Leftrightarrow a_1 = a_2$.

Suponhamos que o resultado seja verdadeiro para um certo n natural, i.e., dados n números reais positivos $a_1, \ldots, a_n$ temos que

$$\sqrt[n]{a_1 a_2 \ldots a_n} \leq \frac{a_1 + a_2 + \ldots + a_n}{n}.$$

Além disso a igualdade ocorre se, e somente se, $a_1 = a_2 = \ldots = a_n$.

Vamos mostrar que o resultado é verdadeiro para o inteiro positivo $2n$. Com efeito,

$$\begin{aligned}
\sqrt[2n]{a_1 a_2 \ldots a_{2n}} &= \sqrt{\sqrt[n]{a_1 a_2 \ldots a_n} \sqrt[n]{a_{n+1} \ldots a_{2n}}} \\
&\leq \frac{\sqrt[n]{a_1 a_2 \ldots a_n} + \sqrt[n]{a_{n+1} \ldots a_{2n}}}{2} \\
&\leq \frac{\frac{a_1+a_2\ldots+a_n}{n} + \frac{a_{n+1}+\ldots+a_{2n}}{n}}{2} \\
&= \frac{a_1 + \ldots + a_n + a_{n+1} \ldots + a_{2n}}{2n}.
\end{aligned}$$

Além disso, a igualdade ocorrre se, e somente se, $a_1 = a_2 = \ldots = a_{2n}$, o que revela que o resultado é válido para $2n$ números reais positivos. Ora, como o resultado é válido para $n = 2$, segue que o resultado é verdadeiro para $4, 8, 16, 32, \ldots$ (todos os números da forma 2^n, com n inteiro positivo).

Para finalizar vamos mostrar que o resultado é válido para $n-1$. Para isso, considere que $a_1, \ldots, a_{n-1}$ e λ sejam números reais positivos. Como estamos supondo que o resultado é válido para n números reais positivos, segue que:

$$\sqrt[n]{a_1 a_2 \ldots a_{n-1} \lambda} \leq \frac{a_1 + a_2 + \ldots + a_{n-1} + \lambda}{n}$$

Tomando
$$\lambda = \frac{a_1 + a_2 + \ldots + a_{n-1}}{n-1}$$

segue que:

$$\sqrt[n]{a_1 a_2 \ldots a_{n-1} \frac{a_1 + a_2 + \ldots + a_{n-1}}{n-1}} \leq \frac{a_1 + a_2 + \ldots + a_{n-1} + \frac{a_1+a_2+\ldots+a_{n-1}}{n-1}}{n}$$

$$\sqrt[n]{\frac{a_1 a_2 \ldots a_{n-1}(a_1 + a_2 + \ldots + a_{n-1})}{n-1}} \leq \frac{\frac{(n-1)(a_1+a_2+\ldots+a_{n-1})+a_1+a_2+\ldots+a_{n-1}}{n-1}}{n}$$

$$\sqrt[n]{\frac{a_1 a_2 \ldots a_{n-1}(a_1 + a_2 + \ldots + a_{n-1})}{n-1}} \leq \frac{n(a_1 + a_2 + \ldots + a_{n-1})}{n(n-1)}$$

$$\sqrt[n]{a_1 a_2 \ldots a_{n-1}} \sqrt[n]{\frac{(a_1 + a_2 + \ldots + a_{n-1})}{n-1}} \leq \frac{(a_1 + a_2 + \ldots + a_{n-1})}{n-1}$$

$$\left(\sqrt[n]{a_1 a_2 \ldots a_{n-1}} \sqrt[n]{\frac{(a_1 + a_2 + \ldots + a_{n-1})}{n-1}} \right)^n \leq \left(\frac{(a_1 + a_2 + \ldots + a_{n-1})}{n-1} \right)^n$$

$$a_1 a_2 \ldots a_{n-1} \frac{(a_1 + a_2 + \ldots + a_{n-1})}{n-1} \leq \left(\frac{a_1 + a_2 + \ldots + a_{n-1}}{n-1} \right)^n$$

$$a_1 a_2 \ldots a_{n-1} \leq \left(\frac{a_1 + a_2 + \ldots + a_{n-1}}{n-1} \right)^{n-1}$$

$$\sqrt[n-1]{a_1 a_2 \ldots a_{n-1}} \leq \frac{(a_1 + a_2 + \ldots + a_{n-1})}{n-1}$$

o que revela que o resultado é verdadeiro para $n-1$. Assim dado um inteiro positivo m, se ele for uma potência de 2 o resultado é válido, como já demonstramos anteriormente. Caso m não seja uma potência de 2 o resultado também é válido, pois podemos chegar a m partindo de uma potência de 2 e diminuindo de 1 em 1. Portanto o resultado desejado é válido para todo inteiro positivo $m \geq 2$.

∎

Teorema 2.7. *Se $a_1, a_2, \ldots, a_n \in \mathbb{R}$ e $n > 1$ é um inteiro positivo, então:*

$$(a_1 + a_2 + \ldots + a_n)^2 = a_1^2 + a_2^2 + \ldots + a_n^2 + 2(a_1 a_2 + a_1 a_3 + \ldots + a_{n-1} a_n).$$

Demonstração. De fato, para $n = 2$, tem-se que

$$(a_1 + a_2)^2 = a_1^2 + a_2^2 + 2 a_1 a_2$$

o que mostra que o resultado é verdadeiro para $n = 2$. Suponhamos que o resultado seja verdadeiro para um certo n natural, ou seja, temos a seguinte hipótese da indução:

$$(a_1 + a_2 + \ldots + a_n)^2 = a_1^2 + a_2^2 + \ldots + a_n^2 + 2(a_1 a_2 + a_1 a_3 + \ldots + a_{n-1} a_n).$$

Demonstração por indução e PBO

Por fim, vamos provar que o resultado funciona para $n+1$, ou seja,

$$(a_1 + a_2 + \ldots + a_{n+1})^2 = a_1^2 + a_2^2 + \ldots + a_{n+1}^2 + 2(a_1a_2 + a_1a_3 + \ldots + a_na_{n+1}).$$

De fato,

$$\begin{aligned}
(a_1 + \ldots + a_n + a_{n+1})^2 &= [(a_1 + \ldots + a_n) + a_{n+1}]^2 \\
&= (a_1 + \ldots + a_n)^2 + a_{n+1}^2 + 2(a_1 + \ldots + a_n)a_{n+1} \\
&= a_1^2 + \ldots + a_n^2 + 2(a_1a_2 + \ldots + a_{n-1}a_n) + \\
&+ a_{n+1}^2 + 2a_1a_{n+1} + \ldots + 2a_na_{n+1} \\
&= a_1^2 + \ldots + a_{n+1}^2 + 2(a_1a_2 + \ldots + a_na_{n+1}).
\end{aligned}$$

∎

Teorema 2.8. *Sejam $n \geq 2$ e $a_1, a_2, \ldots, a_n$ são inteiros. Então existem inteiros $x_1, x_2, \ldots, x_n$ tais que:*

$$mdc(a_1, a_2, \ldots, a_n) = a_1x_1 + a_2x_2 + \ldots + a_nx_n.$$

Demonstração. Para $n = 2$, pelo lema de Bachet-Bezout, segue que existem inteiros x_1 e x_2 tais que $mdc(a_1, a_2) = x_1a_1 + x_2a_2$, o que revela que o resultado é verdadeiro para $n = 2$. Suponhamos que o resultado seja verdadeiro para un certo n natural, ou seja, se $a_1, a_2, \ldots, a_n$ são inteiros, então existem inteiros $x_1, x_2, \ldots, x_n$ tais que:

$$mdc(a_1, a_2, \ldots, a_n) = a_1x_1 + a_2x_2 + \ldots + a_nx_n \quad \text{(hipótese da indução)}.$$

Por fim vamos provar que dados $n+1$ números inteiros $a_1, a_2 \ldots, a_{n+1}$, existem outros $n+1$ números inteiros $x_1, x_2 \ldots, x_{n+1}$ tais que

$$mdc(a_1, a_2, \ldots, a_{n+1}) = a_1x_1 + a_2x_2 + \ldots + a_{n+1}x_{n+1}.$$

De fato, se $d = mdc(a_1, a_2, \ldots, a_n)$, seque que

$$mdc(a_1, a_2, \ldots, a_{n+1}) = mdc(d, a_{n+1})$$

Pelo lema de Bachet-Bezout, segue que existem inteiros z_1 e z_2 tais que

$$mdc(a_1, a_2, \ldots, a_{n+1}) = mdc(d, a_{n+1}) = z_1d + z_2a_{n+1}.$$

Por outro lado, pela hipótese da indução, existem inteiros $y_1, \ldots, y_n$ tais que

$$d = a_1y_1 + a_2y_2 + \ldots + y_na_n$$

Assim,

$$\begin{aligned} mdc(a_1, a_2, \ldots, a_{n+1}) &= mdc(d, a_{n+1}) \\ &= z_1 d + z_2 a_{n+1} \\ &= z_1(a_1 y_1 + a_2 y_2 + \ldots + y_n a_n) + z_2 a_{n+1} \\ &= z_1 y_1 a_1 + z_1 y_2 a_2 + \ldots + z_1 y_n a_n + z_2 a_{n+1} \end{aligned}$$

Como $z_1 y_1, z_1 y_2, \ldots, z_1 y_n, z_2$ são inteiros, chamando esses inteiros de $x_1, x_2, \ldots, x_{n+1}$, respectivamente, segue que

$$mdc(a_1, a_2, \ldots, a_{n+1}) = a_1 x_1 + a_2 x_2 + \ldots + a_{n+1} x_{n+1}.$$

como queríamos demonstrar!

∎

Teorema 2.9. *Se um conjunto X possui n elementos, então o conjunto das partes de X, denotado por $P(X)$, possui 2^n elementos.*

Demonstração. Com efeito, se $n = 0$, isto é, se $X = \emptyset$, tem-se $2^0 = 1$ e nesse caso existe um único subconjunto, que é o próprio $\emptyset$, o que revela que a afirmação é verdadeira para $n = 0$. Suponhamos que a proposição seja verdadeira para um certo n natural, ou seja, que todo X conjunto com n elementos possui 2^n subconjuntos. Por fim, vamos provar que o resultado é verdadeiro para um conjunto X com $n+1$ elementos. Se $X = \{a_1, a_2, \cdots, a_{n+1}\}$, podemos escrever:

$$X = \{a_1, a_2, \cdots, a_n\} \cup \{a_{n+1}\}.$$

Pela a hipótese da indução, o conjunto $\{a_1, a_2, \cdots, a_n\}$ possui 2^n subconjuntos. Sejam $X_1, X_2, \cdots, X_{2^n}$ esses 2^n subconjuntos. Note que todos esses 2^n conjuntos são subconjuntos de X, além disso

$$X_1 \cup \{a_{n+1}\}, X_2 \cup \{a_{n+1}\}, \cdots X_{2^n} \cup \{a_{n+1}\}$$

são outros 2^n subconjuntos de X, o que revela que o conjunto X, que possui $n+1$ elementos, possui $2^n + 2^n = 2.2^n = 2^{n+1}$ subconjuntos, como queríamos demonstrar!

∎

2.8. Continuidade discreta

A noção de continuidade é tipicamente uma noção matemática do "mundo contínuo". Essa noção costuma ser estudada nos cursos de Cálculo e de modo mais preciso nos cursos de Análise Matemática. As discussões e conteúdos que estudamos no presente livro são do "mundo discreto". Apesar disso, dentro de certas condições bem específicas podemos adaptar a ideia de continuidade para o "mundo discreto". É exatamente isso que faremos neste final do presente capítulo. Essa ideia é uma poderosa ferramenta de demonstração, principalmente para problemas em que precisamos garantir a existência de uma certa configuração ou valor assumido por uma função.

2.8.1. Do mundo contínuo ao mundo discreto

Um dos mais famosos resultados sobre continuidade que é estudado nos cursos de Cálculo e Análise Matemática é o chamado **Teorema do Valor Intermediário**, cujo enunciado exibimos a seguir.

Teorema 2.10 (Teorema do Valor Intermediário). *Seja $f : [a,b] \subset \mathbb{R} \to \mathbb{R}$ uma função contínua. Se $d \in \mathbb{R}$ é tal que $f(a) < d < f(b)$, então existe $c \in (a,b)$ tal que $f(c) = d$.*

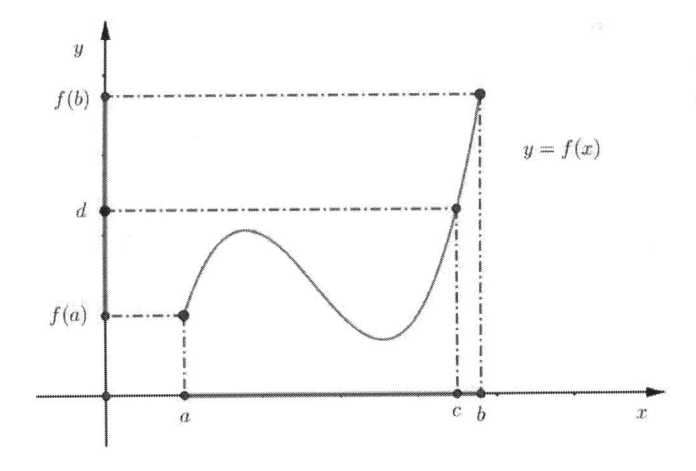

Não demonstraremos o resultado acima, visto que a sua demonstração, apesar de simples, requer conceitos tipicamente de Análise Matemática que não foram abordados ao longo do nosso texto. Os interessados podem encontrar uma demonstração em [3].

Usaremos esse resultado como inspiração para o que vamos falar a seguir. Para motivar a "versão discreta" do Teorema do Valor Intermediário apresentaremos alguns exemplos.

Exemplo 2.30. *Num certo momento do Campeonato Estadual de Futebol do RN de 2020, o time do ABC tinha sofrido 6 derrotas até aquele momento. Ao término do mesmo campeonato o ABC teve 13 derrodas. Podemos afirmar que em algum momento do campeonato o ABC havia sofrido exatamente 8 derrotas?*

Solução. Sim, pois o número de derrotas varia de 1 em 1. Ora, como ele saiu de 6 derrotas numa certo momento do campeonato para 13 derrotas no final, o número de derrotas sofridas pelo ABC necessariamente teve que passar pelos valores $7, 8, 9, 10, 11$ e 12. Note que apesar no número de derrotas não variar continuamente, varia apenas nos inteiros positivos, pudemos aplicar um argumento de "continuidade discreta" (análogo ao Teorema do Valor Intermediário) para concluir que o time do ABC em algum momento do Campeonato Estadual de Futebol do RN de 2020 havia sofrito 8 derrotas. ∎

Teorema 2.11 (Continuidade discreta). *Dados m e n inteiros com $m < n$. Seja $f : [m, n] \to \mathbb{Z}$ tal que $|f(x+1) - f(x)| \leq 1$. Se $f(m) \neq f(n)$, então $\forall c$ entre $f(m)$ e $f(n)$ existe $k \in [m, n]$ tal que $f(k) = c$.*

A demonstração pode ser encontrada em [4]. A seguir faremos alguns exemplos para ilustrar esse teorema.

Exemplo 2.31 (POTI). *Prove que existem 100 números inteiros consecutivos entre os quais há exatamente 15 números primos.*

Solução. Sabemos que entre 1 e 100 existem 25 primos, verifique! E entre os 100 números naturais consecutivos

$$101! + 2, 101! + 3, \ldots, 101! + 101$$

não há primos, pois: o primeiro é múltiplo de 2, o segundo é múltiplo de 3, ..., o último é múltiplo de 101. Agora imagine que você analisa a quantidade de primos existentes em cada bloco de 100 números naturais da seguinte forma: no primeiro passo você analisa os números de 1 até 100 (são 25 primos). Agora você analisa os números de 2 até 101, no passo seguinte de 3 até 102 e assim por diante até chegar em $101! + 2, 101! + 3, \ldots, 101! + 101$, onde você não encontra nenhum primo. Note que a cada passo que você dá a quantidade de primos do passo anterior pode permaner constante, pode aumentar 1 ou pode diminuir 1 da seguinte forma:

- Permanece constante quando o menor número do passo anterior (que será eliminado) era primo e o número que você acrescentou é primo (ou o eliminado não era primo e o que você acrescentou não era primo);

Continuidade discreta 65

- Aumenta 1 no caso em que menor número do passo anterior não era primo e o número que você acrescentou é primo;

- Dimiui 1 no caso em que o menor número do passo anterior era primo e o número que você acrescentou não é primo.

Diante do exposto, a quantidade de primos em intervalos de 100 números consecutivos vai aumentando ou diminuindo de no máximo 1 unidade a cada passo. Assim, como eram 25 primos inicialmente, e será igual a 0 na sequência $101!+2, 101!+3, \ldots, 101!+101$ segue que em algum momento há 100 números naturais consecutivos onde exatamente 15 deles são primos. Bonito, não?!
∎

Exemplo 2.32 (OBM). *Vamos chamar de garboso o número que possui um múltiplo cujas quatro primeiras casas de sua representação decimal é 2008. Por exemplo, 7 é garboso, pois 200858 é múltiplo de 7 e começa com 2008. Observe que $200858 = 28694 \times 7$.*

(a) Mostre que 17 é garboso;

Solução. De fato, $200804 = 17 \times 11812$. ∎

(b) Mostre que todos os inteiros positivos são garbosos;

Solução. Note que qualquer número inteiro é menor que alguma potência 10^k para algum inteiro positivo k, tome essa potência como referência, então certamente há um múltiplo de um inteiro positivo n entre $2008 \cdot 10^k$ e $2009 \cdot 10^k - 1 = 20089999\ldots 99$ já que os múltiplos de um número n se repetem na reta dos inteiros de n em n e nesse intervalo específico $n < 10^k$. Portanto há um múltiplo de n que começa com 2008.
∎

Exemplo 2.33. *Se numa linha temos 20 pontos, 10 pintados de azul e 10 de verde, sendo que numa das extremidades existem 5 pontos azuis e na outra 5 verdes. Prove que existe um conjunto de 5 pontos consecutivos na linha com 3 pontos azuis e 2 verdes.*

Solução. Sem perda de generalidade suponha que na extremidade da esquerda há 5 pontos azuis, note que se variarmos esse conjunto (tirando o ponto mais à esquerda e adicionando o próximo ponto à direita) em algum momento vamos atingir a outra extremidade com 5 pontos verdes. A cada vez que variamos o conjunto "um passo à direita" nós mantemos quatro pontos, retiramos um e adicionamos outro. Se adicionarmos um ponto da mesma cor que o retirado então a configuração de cores não muda, se a cor for diferente a quantidade da cor adicionada sobe uma unidade e a da retirada desce uma, a variação na quantidade de cores acontece de um em um. No começo há 5 azuis e 0 verdes e no final há 0 azuis e 5 verdes, logo em algum momento esse conjunto vai ter configuração: 3 pontos azuis e 2 verdes.

■

2.9. Notações "O" e "o" de Landau

Para finalizar este capítulo, apresentaremos duas famosas notações "O" (ozão) e "o" (ozinho) que foram introduzidas pelo matemático alemão Paul Bachmann (1837−1920) na segunda edição de seu livro sobre Teoria Analítica dos Números. Em 1894, essas notações ganharam bastante popularidade devido ao trabalho do matemático alemão Edmund Landau (1877 − 1938), especialista em Teoria dos Números. Nos tópicos que tradicionalmente se ocupa a Matemática Discreta, tais como Combinatória, Recorrências e Probabilidade é bastante comum o uso dessas notações. Apesar de não consistirem de uma técnica de demonstração, apenas uma notação, vamos introduzi-las aqui no final deste capítulo.

Dadas duas funções $f, g : \mathbb{N} \to \mathbb{R}$, dizemos que f é um $O(g)$ (ozão de g) ou $f(n)$ é $O(g(n))$ quando existem $c, N \in \mathbb{R}^+$ tais que

$$|f(n)| \leq c|g(n)|, \; \forall n \geq N.$$

Noutras palavras, para n suficientemente grande $|f(n)|$ é limitado por $c|g(n)|$. Em alguns textos usa-se a notação $n >> 0$ para indicar que n é suficientemente grande. Alguns autores escrevem $f(n) = O(g(n))$ para indicar que f é um "ozão" de g.

Por fim, diz-se que f é um "ozinho" de g e representa-se $f = o(g)$ (ou $f(n) = o(g(n))$) quando f cresce mais lentamente que g quando $n \to \infty$. Mais precisamente,

$$f(n) = o(g(n)) \Leftrightarrow \lim_{n \to \infty} \frac{f(n)}{g(n)} = 0.$$

Exemplo 2.34. *Sejam $f, g : \mathbb{N} \to \mathbb{R}$ definidas por $f(n) = 6n^4 + 2n^3 + 5$ e $g(n) = 13n^4$. Mostre que $f(n) = O(g(n))$.*

Solução. Com efeito,

$$\begin{aligned}|f(n)| &= |6n^4 + 2n^3 + 5| \leq |6n^4| + |2n^3| + |5| = 6n^4 + 2|n^3| + 5 \leq 6n^4 + 2n^4 + 5n^4 \\ &= 13n^4 = |13n^4| \\ &= |g(n)|.\end{aligned}$$

∎

Exemplo 2.35. *Mostre que $\sqrt{n} = o(n)$.*

Solução. De fato,

$$\lim_{n \to \infty} \frac{\sqrt{n}}{n} = \lim_{n \to \infty} \frac{1}{\sqrt{n}} = 0.$$

∎

Observação 2.3. *Apesar de termos definido as notações O e o para funções cujo domínio é $\mathbb{N}$, o que geralmente ocorre no contexto da Matemática Discreta, as mesmas definições podem ser feitas para funções cujo domínio é arbitrário.*

2.10. Exercícios propostos

1. O módulo de um números real a é definido por:

$$|a| = \begin{cases} a, & \text{se } a \geq 0; \\ -a, & \text{se } a < 0 \end{cases}$$

   Se $x, y \in \mathbb{R}$, mostre que:

   (a) $|x|^2 = x^2$;
   (b) $|x.y| = |x|.|y|$;
   (c) $\left|\frac{x}{y}\right| = \frac{|x|}{|y|}$, com $y \neq 0$;
   (d) $|x + y| \leq |x| + |y|$;
   (e) $||x| - |y|| \leq |x - y|$.

2. Mostre que se n é um número inteiro tal que n^2 é ímpar, então n é ímpar.

3. Se n é um número inteiro, mostre que se $3n$ é ímpar, então n é ímpar.

4. Sejam x e y números reais. Mostre que se $x \neq y$ e $x, y \geq 0$, então $x^2 \neq y^2$.

5. Seja x um número real positivo. Prove que se x é ímpar então $\sqrt{2x}$ não é um número inteiro.

6. Prove que se o produto de dois números inteiros m e n é ímpar, então m e n são ímpares.

7. Na declaração abaixo G é um grupo e H é um subgrupo normal de G (para fazer esse problema você não precisa conhecer os conceitos de grupo, subgrupo normal ou de p-grupo).

    "Se H e G/H são p-grupos, então G é um p-grupo."

    (a) Escreva a recíproca da afirmação acima;

    (b) Escreva a contrapositiva da afirmação acima;

    (c) Se a afirmação acima for verdadeira, podemos concluir que o fato de H e G/H serem p-subgrupos é uma condição necessária para que G seja um p-grupo?

    (d) Se a afirmação acima for verdadeira, podemos concluir que o fato de G ser um p-grupo é uma condição necessária para que H e G/H sejam p-subgrupos.

8. Mostre que não existem números reais x e y tais que $\dfrac{1}{x} + \dfrac{1}{y} = \dfrac{1}{x+y}$.

9. Mostre que o *número* de Euler, base dos logaritmos naturais ($e = 2,718281\ldots$) é irracional. (sugestão use o fato de que $e = \sum_{k=0}^{\infty} \dfrac{1}{k!} = 1 + \dfrac{1}{1!} + \dfrac{1}{2!} + \cdots + \dfrac{1}{k!} + \ldots$).

10. Mostre que $log 2$ é irracional.

11. (a) Se a e b são números racionais tais que $a < b$, mostre que $\alpha = a + \dfrac{(b-a)}{\sqrt{2}}$ é irracional;

    (b) Conclua do item anterior que entre dois racionais sempre há um irracional;

    (c) Mostre que entre dois números reais quaisquer sempre há um número irracional. (esse fato é expresso dizendo que os irracionais são densos em $\mathbb{R}$);

Exercícios propostos

12. Mostre que os únicos inteiros positivos e consecutivos a, b e c tais que $a^2 + b^2 = c^2$ são 3, 4 e 5;

13. Prove que a Conjectura de Goldbach é equivalente a seguinte afirmação: "Todo inteiro maior do que 5 pode ser escrito como a soma de três números primos".

14. Prove ou dê um contraexemplo: Para todo número real y, existe pelo menos um número real x tal que $e^{3x} + y = y^2 - 1$.

15. Seja $M = \begin{pmatrix} a & b \\ 0 & d \end{pmatrix}$ uma matriz triangular superior de ordem 2. Se a, b e c são números inteiros, mostre que as seguintes proposições são equivalentes:

    (a) $det M = 1$;
    (b) $a = d = \pm 1$;
    (c) $tr M = \pm 2$ e $a = d$.

16. Se $A \subset B$ e $C \subset D$, então $A \cap C \subset B \cap D$.

17. $A \cap B = A$ se, se somente se, $A \subset B$.

18. Mostre que $A = B$ se, somente se, $(A \cap B^c) \cup (A^c \cap B) = \phi$.

19. Prove, para $n \in \mathbb{N}$, as seguintes proposições:

    (a) $1 + 3 + 5 + \ldots + (2n - 1) = n^2$;
    (b) $1^2 + 2^2 + 3^2 + \ldots + n^2 = \dfrac{n(n+1)(2n+1)}{6}$;
    (c) $1^3 + 2^3 + 3^3 + \ldots + n^3 = [\dfrac{n(n+1)}{2}]^2$;
    (d) $1.2^0 + 2.2^1 + 3.2^2 + \ldots + n.2^{n-1} = 1 + (n-1).2^n$;
    (e) $1.1! + 2.2! + 3.3! + \ldots + n.n! = (n+1)! - 1$;
    (f) $1^2 + 3^2 + 5^2 + \ldots + (2n-1)^2 = \dfrac{n(2n-1)(2n+1)}{3}$;
    (g) $1.2 + 2.3 + 3.4 + \ldots + n(n+1) = \dfrac{n(n+1)(n+2)}{3}$;
    (h) $1.2.3 + 2.3.4 + 3.4.5 + \ldots + n(n+1)(n+2) = \dfrac{n(n+1)(n+2)(n+3)}{4}$;

(i) $\dfrac{1}{1.3} + \dfrac{1}{3.5} + \ldots + \dfrac{1}{(2n-1)(2n+1)} = \dfrac{n}{2n+1}$;

(j) $\dfrac{1^2}{1.3} + \dfrac{2^2}{3.5} + \ldots + \dfrac{n^2}{(2n-1).(2n+1)} = \dfrac{n(n+1)}{2(2n+1)}$;

(k) $\dfrac{1}{1.4} + \dfrac{1}{4.7} + \dfrac{1}{7.10} \ldots + \dfrac{1}{(3n-2).(3n+1)} = \dfrac{n}{3n+1}$;

(l) $\dfrac{1}{1.5} + \dfrac{1}{5.9} + \dfrac{1}{9.13} \ldots + \dfrac{1}{(4n-3).(4n+1)} = \dfrac{n}{4n+1}$;

(m) $\dfrac{1}{a(a+1)} + \dfrac{(a+1)(a+2)}{5.9} + \dfrac{1}{9.13} \ldots + \dfrac{1}{(a+n-1).(a+n)} = \dfrac{n}{a(a+n)}.$

20. **(Números Triangulares)** Os números $1, 3, 6, 10, 21, \ldots$ são os números triangulares. Para todo $n \in \mathbb{N}$, mostre que $T_n = \frac{n(n+1)}{2}$ é o n-ésimo número triangular.

21. Para todo inteiro $n \geq 5$, mostre que $2^n > n^2$.

22. Prove, usando indução, que o número de diagonais, d_n, de um polígono convexo de n lados é dado pela expressão:
$$d_n = \dfrac{n(n-3)}{2}, \text{ para } n \geq 3.$$

23. Prove que, se n é um inteiro maior do que 1, então temos:
$$1 \cdot 3 \cdot 5 \cdot \ldots \cdot (2n-1) < n^n.$$

24. Prove que, para cada número cada número natural n, vale a seguinte desigualdade:
$$\sqrt{2\sqrt{3\sqrt{4\sqrt{\ldots \sqrt{(n-1)\sqrt{n}}}}}} < 3.$$

25. **(Sequência de Lucas)** Seja (x_n) uma sequência de números naturais tais que $x_1 = 1, x_2 = 3$ e $x_n = x_{n-1} + x_{n-2}$ para $n \geq 3$. Os primeiros termos dessa sequência são:
$$1, 3, 4, 7, 11, 18, 29, 47, 76, \ldots$$
Mostre que $x_n < \left(\dfrac{7}{4}\right)^n$, para todo n natural.

26. Seja (x_n) uma sequência de números naturais tais que $x_1 = 1, x_2 = 2, x_3 = 3$ e $x_n = x_{n-1} + x_{n-2} + x_{n-3}$ para $n \geq 4$. Mostre que $x_n < 2^n$, para todo n natural.

27. Se p_n é o n-ésimo número primo, mostre que $p_n \leq 2^{2^{n-1}}$. Conclua que para cada inteiro $n \geq 1$ existem pelo menos $n+1$ primos menores que 2^{2^n}.

28. Seja p_n o n-ésimo número primo. Para $n > 3$, mostre que:
$$p_n < p_1 + p_2 + \ldots + p_{n-1}.$$
(Sugestão: use indução e o postulado de Bertrand também conhecido como teorema de Tchebychev, por ter sido demonstrado por Pafnuti Tchebychev, o qual estabelece: se $n > 3$ é um número natural, então existe pelo menos um número primo p tal que $n < p < 2n - 2$, que pode ser escrito elegantemente por $n < p < 2n$).

29. Mostre, por indução, que $n^3 < n!$, para todo inteiro positivo $n \geq 6$.

30. Mostre, por indução, que $n^2 < n!$, para todo inteiro positivo $n \geq 4$.

31. Se $a \geq 2$, é um inteiro fixado, mostre que $1 + a + a^2 + \ldots + a^n < a^{n+1}$ para todo número inteiro $n \geq 1$.

32. Sejam $\alpha, \beta, m, a \in \mathbb{R}$ tais que $\alpha + \beta = m, \alpha\beta = a$ e
$$A_2 = m - \frac{a}{m-1}, A_3 = m - \frac{a}{m - \frac{a}{m-1}}, A_4 = m - \frac{a}{m - \frac{a}{m - \frac{a}{m-1}}}, \ldots$$
ou seja, para todo inteiro positivo k tem-se que
$$A_{k+1} = m - \frac{a}{A_k}, (m \neq 1, \alpha \neq \beta).$$
Prove que
$$A_n = \frac{(\alpha^{n+1} - \beta^{n+1}) - (\alpha^n - \beta^n)}{(\alpha^n - \beta^n) - (\alpha^{n-1} - \beta^{n-1})}.$$

33. Prove que para todo inteiro $n \geq 0$, o número $A_n = 11^{n+2} + 12^{2n+1}$ é divisível por 133.

34. $n+1$ números são escolhidos aleatoriamente entre os $2n$ inteiros $1, 2, \ldots, 2n$. Mostre que entre os números escolhidos sempre existem pelo menos dois números tais que um seja divisível pelo outro.

35. Prove que n retas coplanares que possuem um ponto em comum dividem o plano em que elas estão em $2n$ partes.

36. n retas coplanares dividem o plano ao qual elas pertencem em um certo número de regiões. Prove que essas regiões podem ser pintadas com duas cores distintas, de modo que duas regiões vizinhas não possuam a mesma cor, i.e., duas regiões que possuam um segmento de reta (ou uma semirreta) em comum não possuem a mesma cor.

37. Prove que se $A_k = cos(k\theta)$, então para todo inteiro positivo $k > 2$, tem-se que:
$$A_k = 2cos\theta . A_{k-1} - A_{k-2}.$$

38. Mostre que:
$$sen x + sen(2x) + \ldots + sen(nx) = \frac{sen\frac{n+1}{2}x}{sen\frac{x}{2}} sen\frac{nx}{2}.$$

39. Mostre que:
$$\frac{1}{2} + cos x + cos(2x) + \ldots + cos(nx) = \frac{sen\frac{n+1}{2}x}{2sen\frac{x}{2}}.$$

40. Mostre que:
$$sen x + 2sen(2x) + \ldots + nsen(nx) = \frac{(n+1)sen(nx) - nsen(n+1)x}{4sen^2\frac{x}{2}}.$$

41. Mostre que:
$$cos x + 2cos(2x) + \ldots + ncos(nx) = \frac{(n+1)cos(nx) - ncos(n+1)x - 1}{4sen^2\frac{x}{2}}.$$

42. Se $x \neq k\pi$, com $k \in \mathbb{Z}$, mostre que:
$$\frac{1}{2}tg\frac{x}{2} + \frac{1}{2^2}tg\frac{x}{2^2} + \ldots + \frac{1}{2^n}tg\frac{x}{2^n} = \frac{1}{2^n}cotg\frac{x}{2^n} - cotg x.$$

43. Mostre que
$$cotg^{-1}3 + \ldots + cotg^{-1}(2n+1) = tg^{-1}2 + \ldots + tg^{-1}\frac{n+1}{n} - n tg^{-1}1.$$

Exercícios propostos

44. Sejam $\alpha, \beta \in \mathbb{R}$. Se
$$x_1 = \frac{\alpha^2 - \beta^2}{\alpha - \beta}, x_2 = \frac{\alpha^3 - \beta^3}{\alpha - \beta} \text{ e } x_n = (\alpha + \beta)x_{n-1} - \alpha\beta x_{n-2},$$
então para todo inteiro $n > 2$ tem-se que
$$x_n = \frac{\alpha^{n+1} - \beta^{n+1}}{\alpha - \beta}.$$

45. O produto $1.2.3\ldots n$ é denotado por $n!$ (diz-se n fatorial). Assim, $1! = 1, 2! = 2, 3! = 6, 4! = 24, 5! = 120$. Para todo $n \in \mathbb{N}$, mostre que:
$$1 \cdot 1! + 2 \cdot 2! + 3 \cdot 3! + \ldots + n \cdot n! = (n+1)! - 1$$

46. Sejam a e b números reais distintos. Mostre que, para todo $n \in \mathbb{N}$, vale a igualdade
$$b^n + ab^{n-1} + a^2b^{n-2} + \ldots + a^{n-1}b + a^n = \frac{b^{n+1} - a^{n+1}}{b - a}.$$
A partir daí conclua que:
$$a^n - 1 = (a-1)(a^{n-1} + a^{n-2} + a^{n-3} + \ldots + a + 1).$$

47. Sejam $A = 3^{3^{3^{\cdots}}}$ com 2017 algarismos 3 e $B = 4^{4^{4^{\cdots}}}$ com 2016 algarismos 4. Quem é maior, A ou B?

48. Se $n \in \mathbb{N}$, mostre usando o princípio da indução, que a derivada da função $f(x) = x^n$ é $f'(x) = nx^{n-1}$.

49. Para todo $n \in \mathbb{N}$, mostre que:
$$2.\cos\frac{\pi}{2^{n+1}} = \underbrace{\sqrt{2 + \sqrt{2 + \ldots + \sqrt{2 + \sqrt{2}}}}}_{n \ radicais}$$

50. Prove que para todo inteiro $n > 1$, tem-se que $\dfrac{4^n}{n+1} < \dbinom{2n}{n}$.

51. Prove que:
$$2^{n-1}(a^n + b^n) > (a+b)^n$$
onde $a + b > 0$, $a \neq b$ e n é um inteiro positivo maior que a unidade.

52. Prove que para todo $x > 0$ e para qualquer inteiro positivo n, tem-se que:
$$x^n + x^{n-2} + x^{n-4} + \ldots + \frac{1}{x^{n-4}} + \frac{1}{x^{n-2}} + \frac{1}{x^n} \geq n+1.$$

53. Um grupo de $n \geq 2$ pessoas está em uma fila para comprar entradas para o cinema. A primeira pessoa da fila é uma mulher e a última é um homem. Mostre que, em algum ponto da fila, uma mulher está diretamente na frente de um homem.

54. Prove que para qualquer inteiro $n > 1$, tem-se que:
$$\frac{1}{n+1} + \frac{1}{n+2} + \ldots + \frac{1}{2n} > \frac{13}{24}.$$

55. Sendo i a unidade imaginária dos números complexos, prove que para todo inteiro positivo n, tem-se que:
$$(cosx + isenx)^n = cos(nx) + isen(nx).$$

56. Para todo inteiro $n > 1$, mostre que:
$$1 - \frac{x}{1!} + \frac{x(x-1)}{2!} - \ldots$$
$$\ldots + (-1)^n \frac{x(x-1)\ldots(x-n+1)}{n!}$$
$$= (-1)^n \frac{(x-1)(x-2)\ldots(x-n)}{n!}.$$

57. Demonstre, por indução, que as identidades abaixo são válidas para todos os números naturais $n \geq 1$:

   (a) $1 - 2^2 + 3^2 - \ldots + (-1)^{n-1}n^2 = (-1)^{n-1}\frac{n(n+1)}{2}$;

   (b) $\frac{1}{1.5} + \frac{1}{5.9} + \frac{1}{9.13} + \ldots + \frac{1}{(4n-3)(4n+1)} = \frac{n}{4n+1}$.

58. Para todo $n \in \mathbb{N}$, mostre que:

   (a) 80 divide $3^{4n} - 1$;

   (b) 8 divide $3^{2n} + 7$;

   (c) 9 divide $4^n + 6n - 1$;

Exercícios propostos 75

    (d) 9 divide $n4^{n+1} - (n+1)4^n + 1$;

    (e) 21 divide $4^{n+1} + 5^{2n-1}$.

59. (Profmat-Exame-2019.1)

    (a) Prove, usando indução, que $11^{n+2} + 12^{2n+1}$ é divisível por 133, para qualquer número natural n;

    (b) Prove, usando congruências, que $11^{n+2} + 12^{2n+1}$ é divisível por 133, para qualquer número natural n.

60. Para todo $n \in \mathbb{N}$, mostre que:

    (a) $\dfrac{1}{1^2} + \dfrac{1}{2^2} + \dfrac{1}{3^2} + \ldots + \dfrac{1}{n^2} \leq 2 - \dfrac{1}{n}$;

    (b) $\dfrac{1}{2} + \dfrac{1}{2^2} + \dfrac{3}{2^3} + \ldots + \dfrac{n}{2^n} = 2 - \dfrac{n+2}{2^n}$.

61. Demonstre que todo subconjunto $A \subset \mathbb{N}$, não vazio e que é limitado superiormente possui um maior elemento.

62. Sejam a e m dois números naturais com $a > 1$. Mostre que existe um número natural n tal que $a^n > m$.

63. Seja a um número natural. Se X é tal que $a \in X$ e, além disso, $n \in X \Rightarrow n+1 \in X$, mostre que X contém todos os números naturais $\geq a$.

64. Seja X um conjunto com n elementos. Use indução para provar que o conjunto das bijeções (ou permutações) $f : X \to X$ tem $n!$ elementos.

65. Prove que todo número natural n pode ser representado como soma de várias potências distintas de 2.

66. Para todo n natural, mostre que:

$$cos(\alpha).cos(2\alpha).cos(4\alpha).\ldots.cos(2^n\alpha) = \dfrac{sen(2^{n+1}\alpha)}{2^{n+1}sen(\alpha)}.$$

67. Dada um número natural n, mostre que não existe um número natural m tal que $n < m < n+1$.

68. Sejam $a, b \in \mathbb{N}$. Se $a.b = 1$, mostre que $a = b = 1$.

69. Mostre que $\mathbb{N}$ goza da propriedade Arquimediana, ou seja, mostre que dados $a, b \in \mathbb{N}$ com $0 < a < b$, existe $n \in \mathbb{N}$ tal que $n.a > b$.

70. Seja
$$X = \left\{\frac{m}{2^n}; m, n \in \mathbb{N}\right\}.$$
Mostre que não existe em X um menor elemento.

71. Se $X \subset \mathbb{N}$ é finito, mostre que X possui um maior elemento.

72. Dados $m, n \in \mathbb{N}$ com $n > m$ prove que existem $q, r \in \mathbb{N}$ tais que $n = q.m + r$ com $0 \leq r < m$. Mostre ainda que se fixados m e n, então q e r são unicamente determinados.

73. **(Desigualdade de Bernoulli)** Mostre que para todo $x > -1$ e todo $n \in \mathbb{N}$ tem-se
$$(1+x)^n \geq 1 + nx.$$

74. Sejam $a_1, a_2, \ldots, a_n$ números reais positivos dados. Mostre que se $a_1 \cdot a_2 \cdot \ldots \cdot a_n = 1$, então $a_1 + a_2 + \ldots + a_n \geq n$. Ademais, ocorre a igualdade se, e semente se, $a_1 = a_2 = \ldots = a_n = 1$.

75. Sejam $a_1, a_2, \ldots, a_n$ números reais não negativos. Definimos as médias geométrica e aritmética deste números, respectivamente por $G = \sqrt[n]{a_1.a_2.\ldots.a_n}$ e $A = \frac{a_1+a_2+\ldots+a_n}{n}$. Use o resultado do problema anterior para mostrar que $G \leq A$ e que a igualdade ocorre se, e somente se, $a_1 = a_2 = \ldots = a_n$.

76. Mostre que $(3+\sqrt{5})^n + (3-\sqrt{5})^n$ é par para todo $n \in \mathbb{N}$.

77. Prove que
$$\int x^n e^x dx = x^n e^x - n \int x^{n-1} e^x dx \quad \forall n \in \mathbb{N}$$

78. Mostre que
$$|sen(nx)| \leq n|senx| \quad \forall x \in \mathbb{R} \ e \ n \in \mathbb{N}.$$

79. Se $n \in \mathbb{N}$ é um inteiro positivo, mostre usando o princípio da indução, que a derivada da função $f(x) = x^n$ é $f'(x) = nx^{n-1}$.

Exercícios propostos 77

80. Prove por indução que $2^n < n!$ para todo $n \geq 4$.

81. Prove que por indução que para todo n natural.
$$\int_0^\infty t^n e^{-t} dt = n!$$

82. Se $a_1 = \sqrt{2}$ e $a_{n+1} = \sqrt{2 + a_n}$ para $n = 2, 3, \ldots$. Prove, por indução que $a_n < 2$ para todo inteiro positivo n.

83. Prove que para todo n natural é válida a igualdade
$$\left(1 + \frac{1}{1}\right)^1 \cdot \left(1 + \frac{1}{2}\right)^2 \cdot \ldots \cdot \left(1 + \frac{1}{n-1}\right)^{n-1} = \frac{n^{n-1}}{(n-1)!}.$$

84. **(Teorema das linhas)** Mostre, por indução, que para todo $n \in \mathbb{N}$
$$\binom{n}{0} + \binom{n}{1} + \ldots + \binom{n}{n} = 2^n.$$

85. Desenha-se n círculos num dado plano. Eles dividem o plano em regiões. Mostre que é possível pintar o plano com duas cores; azul de verde, de modo que regiões com fronteira em comum tenham cores distintas.

86. Num longínquo país, a moeda oficial é o "cruzeiro". Nesse país, um banco tem uma quantidade ilimitada de cédulas de 3 e 5 cruzeiros. Prove, por indução, que o banco pode pagar uma quantidade qualquer (inteira) de cruzeiros maior que 7.

87. É permitido cortar uma folha de papel em 4 ou 6 pedaços. Prove que, aplicando essa regra, pode-se cortar uma folha de papel num número qualquer de pedaços maior do que 8.

88. **(O problema da pizza de Steiner)** O grande geômetra alemão Jacob Steiner (1796 – 1863) propôs e resolveu, em 1926, o seguinte problema: Qual é o maior número de partes em que se pode dividir o plano com n cortes retos? Pensando o plano como se fosse uma grande pizza, temos uma explicação para o nome do problema. Denotando o número máximo de pedaços obtidos a partir de n cortes por p_n, mostre por indução que
$$p_n = \frac{n(n+1)}{2} + 1.$$

89. **(O queijo de Steiner)** Para fazer a sua pizza, Steiner teve que cortar, primeiro, o queijo. imaginando que o espaço é um enorme queijo, você seria capaz de achar uma fórmula para o número máximo de pedaços que poderíamos obter ao cortá-lo por n planos?

90. **(Pólya)** Descubra o erro na demosntração, por indução, do seguinte resuldado: "Todos os objetos números naturais são iguais".

    Demonstração. Vamos provar o resultado mostrando que, para todo $n \in \mathbb{N}$ é verdadeira a sentença aberta: $P(n)$: Dado $n \in \mathbb{N}$, todos os números naturais menores do que ou iguais a n são iguais.

    (i) $P(1)$ é verdadeira, pois o único numero natural que é menor do que ou igual a 1 é o próprio 1.

    (ii) Suponha que $P(n)$ seja verdadeira, logo $n - 1 = n$ (pois sendo $P(n)$ verdadeira, todos os números naturais menores do que ou iguais do que n são iguais). Adicionando 1 a ambos os lados dessa igualdade, obtemos $n = n + 1$. Como n era igual a todos os naturais anteriores, segue que $P(n + 1)$ é verdadeira. Portanto, $P(n)$ é verdadeira para todo $n \in \mathbb{N}$.

    ■

91. Têm-se 2^n moedas de ouro, sendo uma delas falsa, com peso menor que as demais. Dispõe-se de uma balança de dois pratos, sem nenhum peso. Mostre, por indução, que é possível achar a moeda falsa com n pesagens.

92. Mostre que o problema da moeda falsa, acima citado, para 3^n moedas também se resolve com n pesagens.

93. Mostre, para $n, m \in \mathbb{N}$, que

$$1.2.\ldots.m + 2.3.\ldots m(m+1) + \ldots$$
$$\ldots + n(n+1)\ldots(n+m-1)$$
$$= \tfrac{1}{m+1}n(n+1)\ldots(n+m).$$

94. Mostre que a soma dos cubos de três números naturais consecutivos é sempre divisível por 9. Sugestão: considere a sentença aberta

$$P(n) : n^3 + (n+1)^3 + (n+2)^3 \text{ é divisível por } 9.$$

e mostre, por indução, que ela é verdadeira para todo $n \in \mathbb{N}$.

95. Sejam $a, b \in \mathbb{R}$ e $m, n \in \mathbb{N}$. Mostre que:

    (a) $a^m . a^n = a^{m+n}$;

    (b) $(a^m)^n = a^{mn}$;

    (c) $(a.b)^n = a^n . b^n$;

96. (**A Torre de Hanoi**) Você provavelmente já conhece esse jogo, pois trata-se de um jogo bstante popular que pode ser facilmente fabricado ou ainda encontrado em lojas de brinquedos de madeira. O jogo é formado por n discos de diâmetros distintos com um furo no seu centro e uma base onde estão fincadas três hastes. Numa das hastes, estão enfiados os discos, de modo que nenhum disco esteja sobre um outro de diâmetro menor, conforme ilustra figura a seguir

    O jogo consiste em transferir a pilha de discos para uma outra haste, deslocando um disco de cada vez, de modo que, a cada passo, a regra acima seja observada. Mostre, por indução, que o número de movimentos necessários para a transferência dos discos de uma haste para outra, respeitando as regras expostas, é $p_n = 2^n - 1$. Esse jogo foi idealizado e publicado pelo matemático françês Edouard Lucas, em 1882.

97. Mostre que a soma das medidas dos ângulos internos de um polígono convexo é dada por $S_i = (n-2).180^0$.

98. Sendo p_n o n-ésimo número primo, pode-se demonstrar que
$$p_n \leq p_1.p_2.\ldots.p_{n-1} + 1, \forall n \geq 2.$$

Com base nesta informação mostre que $p_n \leq 2^{2^{n-1}}$.

99. Mostre que $\dfrac{1}{n} + \dfrac{1}{n+1} + \ldots + \dfrac{1}{2n} \geq \dfrac{1}{2}, \forall n \in \mathbb{N}$.

100. Considere a sequência de Fibonacci (f_n) definida no exemplo 2.28. Mostre que

$$\Phi = \lim_{n \to \infty} \dfrac{f_{n+1}}{f_n} = \dfrac{1 + \sqrt{5}}{2}$$

onde Φ é conhecido como a razão aurea e é uma das raízes da equação quadrática $x^2 = x + 1$.

101. Para todo $n \in \mathbb{N}$, mostre que

$$arctg\dfrac{1}{2} + arctg\dfrac{1}{8} + \ldots + arctg\dfrac{1}{2n^2} = arctg\dfrac{n}{n+1}.$$

102. Para todo $n \in \mathbb{N}$, mostre que

$$\dfrac{1}{2} \cdot \dfrac{3}{4} \cdot \ldots \cdot \dfrac{2n-1}{2n} < \dfrac{1}{\sqrt{2n+1}}.$$

103. Para todo $n \in \mathbb{N}$, mostre que

$$|sen(x_1 + x_2 + \ldots + x_n)| \leq senx_1 + senx_2 + \ldots + senx_n.$$

104. Para todo $n \in \mathbb{N}$ com $n \geq 2$, mostre que

$$1 + \dfrac{1}{\sqrt{2}} + \dfrac{1}{\sqrt{3}} + \ldots + \dfrac{1}{\sqrt{n}} > \sqrt{n}.$$

105. Suponha que a sequência $a_1, a_2, a_3 \ldots$ é definida por $a_1 = 1, a_2 = 3$ e $a_n = 2a_{n-1} + a_{n-2}$ para $n \geq 3$. Mostre que para cada $n \geq 1$

$$a_n = \dfrac{1}{2}[(1 + \sqrt{2})^n + (1 - \sqrt{2})^n].$$

106. Por indução, mostre que para todo $n \in \mathbb{N}$ e $x \neq 1$,

$$1 + 2x + 3x^2 + \ldots + nx^{n-1} = \dfrac{nx^{n+1} - (n+1)x^n + 1}{(x-1)^2}.$$

107. Mostre que $(n+1)^4 < 4n^4$ quando $n \geq 3$.

108. Mostre, por indução, que $4^n > n^4$ para todo $n \in \mathbb{N}$, com $n \geq 5$.

109. Mostre que para todo $n \in \mathbb{N}$, a expressão $\frac{(2n)!}{2^n.n!}$ é um número inteiro.

110. Prove, que para todo $n \in \mathbb{N}$ e $cosx \neq 1$, tem-se que:

$$sen x + sen 2x + \ldots + sen(nx) = \frac{sen(n+1)x - sen(nx) - sen x}{2(cos x - 1)}.$$

111. Prove, que para todo $n \in \mathbb{N}$ e $sen x \neq 0$, tem-se que:

$$sen x + sen 3x + sen 5x + \ldots + sen[(2n-1)x] = \frac{1 - cos(2nx)}{2 sen x}.$$

112. Usando indução, para todo $n \in \mathbb{N}$, prove que:

$$sen \frac{x}{2} \sum_{k=1}^{n} cos(kx) = sen \frac{nx}{2} cos \frac{(n+1)x}{2}.$$

Conclua que $\sum_{k=1}^{567} cos \frac{k\pi}{7} = -1$.

113. A n-ésima potência generalizada de qualquer número real a é designada por $(a)_n$. Para todo n inteiro não negativo temos que $(a)_n$ pode ser calculado da seguinte maneira: $(a)_0 = 1$ e para $n > 0$,

$$(a)_n = a(a-1)\ldots(a-n+1).$$

Demonstre que para a potência generalizada da soma de dois números reais é válida a fórmula do binômio de Newton, a saber:

$$(a+b)_n = \binom{n}{0}(a)_0(b)_n + \binom{n}{1}(a)_1(b)_{n-1} + \ldots + \binom{n}{n}(a)_n(b)_0.$$

114. Demonstre que se os números reais $a_1, a_2, \ldots, a_n$ satisfazem a condição $-1 < a_i \leq 0$, $i = 1, 2, \ldots$, então para todo $n \in \mathbb{N}$, tem-se que:

$$(1+a_1)(1+a_2)\ldots(1+a_n) \geq 1 + a_1 + a_2 + \ldots + a_n.$$

115. Para todo $n \in \mathbb{N}$, mostre que $\frac{2}{\pi} \int_0^{\frac{\pi}{2}} (2 sen x)^{2n} \, dx = \binom{2n}{n}$.

116. Sejam $A = \{1, 2, \ldots n\}$ e $\mathcal{F}$ a família dos subconjuntos não vazios de A. Para cada $B = \{a_1, a_2, \ldots a_k\} \in \mathcal{F}$ considere o número $\frac{1}{a_1 a_2 \ldots a_k}$. Mostre que

$$\sum_{B \in \mathcal{F}} \frac{1}{a_1 a_2 \ldots a_k} = n.$$

117. Mostre que $\sum_{k=1}^{n} k 2^k = (n-1) 2^{n+1} + 2$.

118. (Profmat-Exame-2014.1) Para todo n inteiro positivo, seja

$$H_n = 1 + \frac{1}{2} + \frac{1}{3} + \ldots + \frac{1}{n}.$$

Prove, por indução em n, que $n + H_1 + \ldots + H_{n-1} = n H_n$, para todo $n \geq 2$.

119. (Profmat-Exame-2013.1) Uma sequência (a_n) é tal que $a_1 = 1$ e

$$a_{n+1} = \frac{a_1 + a_2 + \ldots + a_n}{n+1}, \text{ para todo } n \geq 1.$$

Mostre que os valores de a_n, para $n \geq 2$, são todos iguais.

120. Mostre que um conjunto com $n \geq 3$ elementos, possui $\frac{n(n-1)(n-2)}{6}$ subconjuntos com 3 elementos.

121. Suponha que A e B sejam matrizes quadradas tais que $A.B = B.A$. Mostre que $A.B^n = B^n.A$ para todo $n \in \mathbb{N}$.

122. Se $A_1, \ldots, A_n$ e B são conjuntos, mostre que:

$$(A_1 \cup \ldots \cup A_n) \cap B = (A_1 \cap B) \cup \ldots \cup (A_n \cap B).$$

123. Sejam $A_1, \ldots, A_n, B_1, \ldots, B_n$ são conjuntos tais que $A_k \subseteq B_k$, para $k = 1, 2, \ldots, n$. Mostre que:

(a) $\bigcup_{k=1}^{n} A_k \subseteq \bigcup_{k=1}^{n} B_k$ e (b) $\bigcap_{k=1}^{n} A_k \subseteq \bigcap_{k=1}^{n} B_k$.

124. Se $A_1, \ldots, A_n$ são subconjuntos de um conjunto U, e $\overline{A_1}, \ldots, \overline{A_n}$ são (respectivamente) seus complementares em relação a U, mostre que:

$$\overline{\bigcup_{k=1}^{n} A_k} = \bigcap_{k=1}^{n} \overline{A_k}.$$

Exercícios propostos 83

125. Seja $A = \begin{bmatrix} 1 & 1 \\ 0 & 1 \end{bmatrix}$. Mostre que $A^n = \begin{bmatrix} 1 & \frac{n(n+1)}{2} \\ 0 & 1 \end{bmatrix}, \forall\, n \in \mathbb{N}$.

126. Para cada $n \in \mathbb{N}$, difinimos o n-ésimo número harmônico
$$H_n = 1 + \frac{1}{2} + \frac{1}{3} + \ldots + \frac{1}{n}.$$
Mostre que:
$$(a)\ H_{2^n} \geq 1 + \frac{n}{2} \quad \text{e} \quad (b)\ H_{2^n} \leq 1 + n.$$

127. Dados os inteiros a, b e m, com $m > 1$, dizemos que $a \equiv b(mod\ m)$ quando $m \mid (a - b)$. Se $a \equiv b(mod\ m)$, mostre que $a^n \equiv b^n(mod\ m)$, para todo $n \in \mathbb{N}$.

128. Para todo n natural, mostre que:
$$1 + \frac{1}{\sqrt{2}} + \frac{1}{\sqrt{3}} + \ldots + \frac{1}{\sqrt{n}} > 2(\sqrt{n+1} - 1).$$

129. Um grupo de pessoas está em uma fila para comprar entradas para o cinema. A primeira pessoa da fila é uma mulher e a última é um homem. Mostre que, em algum ponto da fila, uma mulher está diretamente na frente de um homem.

130. **(Regra de Leibniz)** Se f e g são funções reais de variável real e de classe $\mathcal{C}^n$, mostre que
$$(f \cdot g)^{(n)}(x) = \sum_{k=0}^{n} \binom{n}{k} f^{(k)}(x) \cdot g^{(n-k)}(x),$$
onde $f^{(k)}$ e $g^{(k)}$ representam as derivadas de ordem k das funções f e g.

131. Desenham-se n círculo num plano π de acordo com o seguinte procedimento. Todos os círculos cortam-se sempre em dois pontos e três círculos não passam nunca pelo mesmo ponto. Mostre que os círculos dividem o plano π em $n^2 - n + 2$ regiões, incluindo a que é exterior a todos os círculos.

132. Dado um conjunto com n elementos, mostre que é possível fazer uma fila com seus subconjuntos de tal modo que cada subconjunto da fila pode ser obtido a partir do anterior pelo acréscimo ou pela supressão de um único elemento.

133. Seja $A = \begin{pmatrix} cos\theta & -sen\theta \\ sen\theta & cos\theta \end{pmatrix}$, para todo $n \in \mathbb{N}$, mostre que:

$$A^n = \begin{pmatrix} cos(n\theta) & -sen(n\theta) \\ sen(n\theta) & cos(n\theta) \end{pmatrix}.$$

134. Para $n \geq 3$, mostre que $(n+1)^n < n^{n+1}$.

135. **(Pequeno Teorema de Fermat)** Se p é um número primo prove que para qualquer inteiro positivo n o número $n^p - 1$ é divisível por p.

136. Há 2000 bolinhas enfileiradas numa linha finita. Sabemos que uma extremidade há 200 bolinhas vermelhas consecutivas e na outra há 150 bolinhas azuis consecutivas. Prove que existe um grupo de 100 bolinhas consecutivas nessa linha de tal modo que há exatamente 50 vermelhas e 50 azuis.

137. Prove que existe um conjunto de 100 números naturais consecutivos de tal maneira que no mesmo conjunto haja exatamente 7 primos.

138. (OBM) Sobre uma reta há um conjunto S de $6n$ pontos. Destes, $4n$ são escolhidos ao acaso e pintados de azul; os $2n$ demais são pintados de verde. Prove que existe um segmento que contém exatamente $3n$ pontos de S, sendo $2n$ pintados de azul e n pintados de verde.

139. (OBM) Considere todos os círculos cujas circunferências passam por três vértices consecutivos de um polígono convexo. Prove que um desses círculos contém todo o polígono.

Capítulo 3
Combinatória

Neste capítuto faremos um passeio através das principais técnicas de contagem. Partindo dos chamados **Princípio Fundamental da Contagem (ou multiplicativo)** e do **Princípio Aditivo** mostraremos como estabelcer muitas outras ideias que agilizam diversos problemas de contagem tais como arranjos, combinações simples, combinações completas, permutações simples e com repetição. Além disso, também estão preentes neste capítulo o Princípio da Inclusão e Exclusão e o famoso Princípio das Gavetas de Dirichelet.

3.1. O fatorial

Na resolução de problemas de contagem é bastante comum aparecer o produto de números naturias consecutivos. Com o intuito de facilitar a escrita é tradicional o uso da notação fatorial, cuja definição daremos a seguir.

Definição 3.1 (O fatorial). *Para cada inteiro não negativo n, definimos o fatorial de n da seguinte forma:*

$$n! := \begin{cases} 1, & se\ n = 0 \\ n(n-1)!, & se\ n \geq 1 \end{cases}.$$

Note que para todo inteiro positivo n tem-se que:

$$n! = n(n-1)(n-2)\ldots 2.1$$

Assim, por exemplo,

$1! = 1.2! = 2.1 = 2, 3! = 3.2.1 = 6, 4! = 4.3.2.1 = 24, 5! = 5.4.3.2.1 = 120,\ldots$

Exemplo 3.1. *O fatorial de 35, i.e., $35.34\ldots 2.1$ é um número com 41 algarismos:*

$$35! = 10333147966386144929\square 66651337523200000000.$$

No lugar do algarismo central está um quadrado. Qual o algarismo que teve seu lugar ocupado pelo quadrado?

Solução. Como o 11 é um dos fatores do número 35!, segue-se que 35! é um múltiplo de 11. Usando o critério de divisibilidade por 11, e notando que a soma dos algarismos que ocupam as posições ímpares é $66 + \square$ e a soma dos algarismos que ocupam as posições pares é 72, segue-se que $66 + \square - 72$ tem que ser um múltiplo de 11. Assim se $66 + \square - 72 = 0$, o que implica $\square = 6$. ∎

Exemplo 3.2. *Determine o menor valor do inteiro positivo n tal que $(n!)! > 2021$.*

Solução. Sabemos que $6! = 720$ e $7! = 5040$. Portanto,

$$(n!)! > 2021 \Rightarrow (n!)! > 2021 > 720 = 6! \Rightarrow (n!)! > 6! \Rightarrow n! > 6 \Rightarrow n > 3,$$

o que revela que o menor valor que n pode assumir é $n = 4$. ∎

Exemplo 3.3 (Deserto de primos). *Dado um inteiro positivo n, mostre que existem n números naturais consecutivos em que nenhum deles é um número primo.*

Solução. Com efeito, considere os n números naturais consecutivos a seguir:

$$(n+1)! + 2, (n+1)! + 3, \ldots, (n+1)! + (n+1).$$

Note que o primeiro deles, $(n+1)! + 2$ é divisível por 2, o segundo, $(n+1)! + 3$ é divisível por 3, e assim sucessivamente, até que o último $(n+1)! + (n+1)$ é divisível or $n+1$, o que revela que nenhum deles é um número primo (pois um número primo só possui dois divisores naturais, a saber: o 1 e ele próprio). Temos então uma lista de n números naturais consecutivos onde não há nunhum múmero primo. ∎

Exemplo 3.4. *Para todo inteiro positivo n, mostre que:*

(a) $2.4.6.8.\ldots.(2n) = 2^n.n!$;

Solução. De fato,

$$\begin{aligned}
2.4.6.8.\ldots.(2n) &= (2.1).(2.2).(2.3).(2.4).\ldots.(2.n) \\
&= \underbrace{2.2.2.2.\ldots.2}_{n \text{ fatores}}.(1.2.3.4.\ldots.n) \\
&= 2^n.n!
\end{aligned}$$

∎

(b) $1.3.5.\ldots.(2n-1) = \frac{(2n)!}{2^n.n!}$

Solução. Tem-se que

$$1.3.5.\ldots.(2n-1) = 1.3.5.\ldots.(2n-1)\frac{2.4.6.\ldots.(2n)}{2.4.6.\ldots.(2n)} = \frac{1.2.3.4.5.6.\ldots.(2n)}{2^n.n!}$$
$$= \frac{(2n)!}{2^n.n!}.$$

■

Exemplo 3.5. *Qual o resto da divisão do número $N = 1!+2!+3!+\ldots+2021!$ por 10?*

Solução. O resto da divisão de um inteiro por 10 é sempre igual ao seu algarismo das unidades. Temos que:

$$\begin{cases} 1! = 1 \\ 2! = 2 \\ 3! = 6 \quad 4! = 24 \\ 5! = 120 \\ 6! = 720 \\ \quad \vdots \end{cases}$$

A partir de $5! = 120$ todos os fatoriais são múltiplos de 10 (termimam em 0). Assim ao adicionarmos todos os fatorais de 1! até 2021! os únicos que não terminam em 0 são os quatro primeiros, cuja soma é $1! + 2! + 3! + 4! = 33$, o que revela que o algarismo das unidaddes de N também será 3, visto que apartir de 5! tosdos os fatoriais terminam em 0. ■

Feita essa breve introdução à notação fatorial, agora vamos aos princípios básicos da Combinatória.

3.2. Princípio Aditivo

A ideia básica do chamado **Princípio Aditivo** é sustentada pelo fato de que dois conjuntos finitos A e B são disjuntos, isto é, $A \cap B = \emptyset$, então $|A \cup B| = |A| + |B|$.

Exemplo 3.6. *João nunca toma líquidos quando come algum lanche durante suas refeições. Na hora do seu lanche vespertino, João vai a uma lanchonete* *que serve sucos de uva, morango e cajá. Além disso a mesma lanchonete vende quatro tipos de salgados: coxinhas, pastéis, empadas e folhados. De quantas formas distintas João pode escolher um suco ou um salgado nessa lanchonete.*

Solução. Sejam A e B os conjuntos cujos elementos são os sabores dos sucos e os tipos de salgados, respectivamente, ou seja, $A = \{$uva, morango, cajá$\}$ e $B = \{$coxinha, pastel, empada, folhado$\}$. Como $A \cap B = \emptyset$, segue que $|A \cup B| = |A| + |B| = 3 + 4 = 7$, o que revela que João pode escolher um suco ou um salgado de 7 modos distintos nessa lanchonete. ∎

A seguir apresentaremos o chamado **Princípio Fundamental da Contagem (ou multiplicativo)** no qual se apóiam praticamente todas as técnicas básicas de contagem, como veremos ao longo deste capítulo.

3.3. Princípio Fundamental da Contagem

Se um experimento é realizado em k etapas independentes, i.e., o resultado de cada etapa não depende das demais, com n_i possibilidades para a i-ésima etapa, então o total de possibilidades de o experimento ser realizado é $n_1 n_2 \ldots n_k$.

A partir do Princípio Fundamental da Contagem são definidas outras quantidades que comumente ocorrem em problemas combinatórios.

Exemplo 3.7 (Permutações, Arranjos e Combinações Simples). *Considere um conjunto com n elementos. Calcule:*

(a) (Permutações Simples) O total de amostras ordenadas de tamanho n, sem elementos repetidos.

Solução. O primeiro elemento pode ser escolhido de n maneiras, para cada uma dessas possibilidades, o segundo pode ser escolhido de $n-1$ maneiras, há $n-2$ escolhas para o terceiro e assim sucessivamente, restando $n-(n-1-1)$ possibilidades para o $(n-1)$-ésimo elemento escolhido e, finalmente, $n-(n-1)$ possibilidades para o n-ésimo elemento escolhido. Logo, pelo Princípio Fundamental da Contagem, o total de possibilidades é $n(n-1)\ldots 2.1$ que indicaremos por $n!$ ou P_n ou $(n)_n$. ∎

(b) (Arranjos Simples) O total de amostras ordenadas de tamanho p, com $p \leq n$, sem elementos repetidos.

Princípio Fundamental da Contagem

Solução. De maneira análoga ao item (a), há n possibilidades para o primeiro elemento escolhido, $n-1$ possibilidades para o segundo, ..., $n-(p-1)$ para o p-ésimo. Assim, pelo Princípio Fundamental da Contagem, o total de possibilidades é $n(n-1)\ldots n-(p-1)$ que indicaremos por $A_{n,p}$ ou $(n)_p$ ou $n^{\underline{p}}$.

∎

(c) (Combinações Simples) O total de amostras não-ordenadas de tamanho p, com $p \leq n$, sem elementos repetidos.

Solução. Cada amostra não-ordenada de tamanho p, gera $p!$ amostras ordenadas de tamanho p. Assim, o total de amostras não-ordenadas de tamanho p e sem repetição de elementos, extraídas a partir de um conjunto de n elementos é

$$\frac{(n)_p}{p!} = \frac{n(n-1)\ldots(n-p+1)}{p!} = \frac{n!}{p!(n-p)!}.$$

que indicaremos por $\binom{n}{p}$ ou $C_{n,p}$ que é chamado de *número binomial* ou *coeficiente binomial* e será estudado com mais detalhes e propriedades na seção 4.1 do capítulo 4.

∎

Exemplo 3.8 (MIT). *Encontre o total de triplas dos conjuntos (A, B, C) tais que:*

1. $A, B, C \subset \{1, \ldots, 8\}$;

2. $|A \cap B| = |B \cap C| = |C \cap A| = 2$;

3. $|A| = |B| = |C| = 4$.

Solução. Representemos por $n_1, \ldots, n_6$ e n cada uma das 7 regiões da figura 3.1. Da condição 2 dada no exercício, segue-se que n poderá assumir os valores 0, 1 ou 2. Consideremos cada um dos valores de n e determinemos o total de possibilidades para cada um deles.

Se $n = 2$, então da condição 3 segue-se que $n_1 = n_2 = n_6 = 2$ e portanto há um total de

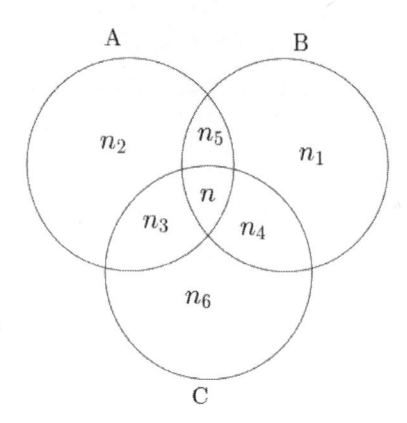

Figura 3.1: Diagramas de Venn

$$\binom{8}{2}\binom{6}{2}\binom{4}{2}\binom{2}{2} \tag{3.1}$$

possibilidades de escolhas, pois, os dois elementos comuns aos três conjuntos podem ser escolhidos de $\binom{8}{2}$ modos, em seguida podemos escolher $\binom{6}{2}$ elementos para o conjunto A, $\binom{4}{2}$ para o conjunto B e $\binom{2}{2}$ para o conjunto C.

Se $n = 1$, então da condição 2 segue-se que $n_3 = n_4 = n_5 = 1$, o que acarreta da condição 3 que $n_2 = n_6 = n_1 = 4 - 1 - 1 - 1 = 1$. Segue-se do Princípio Fundamental da Contagem que há

$$8.7.6.5.4.3.2 \tag{3.2}$$

possibilidades de escolhas de 8 elementos para 7 conjuntos unitários cujas cardinalidades são $n, n_1, \ldots, n_6$.

Se $n = 0$, então da condição 2 e 3 segue-se que $n_3 = n_5 = n_4 = 2$ e $n_2 = n_1 = n_6 = 0$. Há um total de

$$\binom{8}{2}\binom{6}{2}\binom{4}{2} \tag{3.3}$$

possibilidades de escolhas, pois há $\binom{8}{2}$ possibilidades da interseção de A e B, depois sobram $\binom{6}{2}$ possibilidades para a escolha dos elementos entre A e C e, finalmente, $\binom{4}{2}$ possibilidades para a escolha dos elementos da interseção de C e B.

Logo, pelo Princípio Aditivo, segue-se de (3.1), (3.2) e (3.3) que o total de possibilidades é

Princípio Fundamental da Contagem

$$\binom{8}{2}\binom{6}{2}\binom{4}{2}\binom{2}{2} + 8.7.6.5.4.3.2 + \binom{8}{2}\binom{6}{2}\binom{4}{2} = 45360.$$

■

Exemplo 3.9 (Número de Funções). *Seja $I_n := \{1, 2, \ldots, n\} := [n]$ o conjunto dos n primeiros inteiros positivos. Calcule:*

(a) O número de funções bijetoras $f : I_n \to I_n$;

Solução. Há n possibilidades de escolhas de imagens para o primeiro elemento a ser escolhido do domínio, $n-1$ para o segundo, $n-2$ para o terceiro e assim sucessivamente com $n-(n-1)$ para o n-ésimo elemento do domínio a ser escolhido. Assim, pelo Princípio Fundamental da Contagem, o número de funções bijetoras é $n(n-1)(n-2)\ldots 1 = n!$. ■

(b) O número de funções estritamente crescentes $f : I_p \to I_n$, com $p \leq n$;

Solução. Para cada escolha de p elementos em I_n, há $\binom{n}{p}$ delas, só há uma possibilidade de os elementos escolhidos estarem em ordem crescente. Logo, pelo Princípio Fundamental da Contagem, o total de possibilidades é $\binom{n}{p} 1 = \binom{n}{p}$. ■

Exemplo 3.10 (Permutação com Repetição). *Seja um total de n objetos em que n_1 deles são de um tipo 1, n_2 de um tipo 2,..., n_k de um tipo k. Determine o total de possibilidades em que eles podem ser perfilados?*

Solução. Há $\binom{n}{n_1}$ possibilidades de escolher as posições para colocarmos os objetos do tipo 1. Para cada uma dessas há $\binom{n-n_1}{n_2}$ possibilidades para perfilarmos os objetos do tipo 2, e assim sucessivamente, restando $\binom{n-n_1-\ldots-n_{k-2}}{n_{k-1}}$ possibilidades para os objetos do tipo $k-1$ e $\binom{n-n_1-\ldots-n_{k-1}}{n_k} = \binom{n_k}{n_k}$ possibilidade para o objeto do tipo k. Assim, pelo Princípio Fundamental da Contagem, o total de possibilidades é

$$\binom{n}{n_1}\binom{n-n_1}{n_2}\ldots\binom{n-n_1-\ldots-n_{k-2}}{n_{k-1}}\binom{n-n_1-\ldots-n_{k-1}}{n_k} = \frac{n!}{n_1!n_2!\ldots n_k!}.$$

que indicaremos por $\binom{n}{n_1,\ldots,n_k}$ ou $P_n^{n_1,\ldots,n_k}$ o qual é denominado de *coeficiente multinomial* e que será estudando com mais detalhes na seção 4.2 do capítulo 4.

■

Exemplo 3.11 (Permutações Circulares). *De quantas maneiras n crianças podem se alternar numa roda de ciranda, em que uma configuração é considerada diferente da outra apenas se houver mudança na posição relativa entre elas?*

Solução. Cada 1 permutação circular de n elementos gera n permutações simples dos mesmos (obtidas por simples rotação a partir da posição inicial sem alterar a posição relativa dos elementos). Assim, desde que há um total de $n!$ permutações simples de n elementos, o total de permutações circulares de n elementos é dado por

$$\frac{n!}{n} = (n-1)! := PC_n.$$

Podemos chegar a mesma conclusão a partir do Princípio Fundamental da Contagem; de fato, há apenas uma possibilidade para os dois primeiros elementos a serem colocados na roda de ciranda (o primeiro poderá ocupar qualquer uma das posições a partir de simples rotação e o segundo elemento também, pois com apenas dois elementos não é possível haver mudança de posição relativa entre eles), já para o terceiro elemento há 2 possibilidades, para o quarto elemento há 3 possibilidades e para o n-ésimo elemento há $n-1$ possibilidades. Assim, pelo Princípio Fundamental da Contagem segue-se que

$$1.1.2.3\ldots(n-1) = (n-1)! := PC_n.$$

∎

Exemplo 3.12 (Combinações Completas). *De quantos modos podemos distribuir $p > 0$ bolinhas idênticas para n crianças?*

Solução. Se representarmos por x_i a quantidade de bolinhas recebidas pela i-ésima criança, temos que o total de possibilidades é o número de soluções em inteiros não negativos de $x_1 + x_2 + \ldots + x_n = p$ que é $C_{n-1+p,p}$, em que esse número é chamado de *combinações completas*.

Imaginemos uma configuração de p bolinhas e $n-1$ barras de tal modo que barras e bolinhas sejam perfiladas com a seguinte convenção: x_1 é o total de bolinhas à esquerda da primeira barra, x_2 é o número de bolinhas entre a primeira e segunda barras, x_3 é o número de bolinhas entre a segunda e terceira barras,..., x_{n-1} é o número de bolinhas entre a $(n-2)$-ésima e $(n-1)$-ésima barras e x_n é o número de bolinhas após a $(n-1)$-ésima barra. Note que há uma correspondência biunívuca entre o número de soluções em inteiros não negativos de $x_1+x_2+\ldots+x_n = p$ e as permutações com repetição

Princípio Fundamental da Contagem

de $n - p + 1$ símbolos, nos quais há p símbolos de um tipo (bolinhas) e $n - 1$ símbolos de um outro tipo (barras). Segue-se então do exemplo 3.10 que o número de soluções em inteiros não negativos de $x_1 + \ldots + x_n = p$ é $\binom{n-1+p}{p}$.

∎

Exemplo 3.13. *O número de funções não decrescentes* $f : \{1, \ldots, p\} \to \{1, \ldots, n\}$, *com* $p \leq n$ *é* $\binom{n-1+p}{p}$.

Solução. Para todo $i \in \{1, 2 \ldots, n\}$ seja x_i o total de pré-imagens do elemento i da imagem. Assim, temos necessariamente que $x_1 + x_2 + \ldots + x_n = p$, com $0 \leq x_i \leq p$; ademais, para cada uma dessas escolhas das pré-imagens, que é o número de soluções inteiras não negativas da equação $x_1 + x_2 + \ldots + x_n = p$, só há uma maneira de que elas estejam associadas às suas imagens de maneira não-decrescente. Portanto, do exemplo 3.12, há $\binom{p+n-1}{p} 1 = \binom{p+n-1}{n-1}$.

∎

Exemplo 3.14. *Um dado de seis faces é lançado n vezes. De quantas maneiras é possível que ocorram apenas dois resultados diferentes?*

Solução. Sem perda de generalidade, suponhamos que os dois resultados diferentes sejam 1 e 2 e seja $j \in \{1, \ldots, n - 1\}$ o número de vezes que o número 1 aparece nos n lançamentos. Tem-se então que o número 2 deverá aparecer $n - j$ vezes nos n lançamentos e portanto, o total de possibilidades que ocorram j vezes o número 1 e $n - j$ vezes o número 2 é $P_n^{j,n-j}$. Desde que essa quantidade é a mesma para quaisquer uma das $\binom{6}{2}$ escolhas possíveis de pares, tem-se que o total de possibilidades é dado por

$$\sum_{j=1}^{n-1} \binom{6}{2} P_n^{j,n-j}.$$

∎

Exemplo 3.15. *Numa eleição há dois candidatos e cada um dos votos é dado a um dos dois candidatos, sem a existência de votos nulos ou brancos. Se o candidato A recebeu a votos e o candidato B recebeu b votos, quantas são as apurações possíveis?*

Solução. Cada uma das sequências de a votos para o candidato A e b votos para o candidato B representa uma apuração, logo o total de apurações possíveis é o total de permutações de $a+b$ elementos com a elementos idênticos e outros b idênticos, ou seja,

$$P_{a+b}^{a,b} = \frac{(a+b)!}{a!b!}.$$

∎

Observação 3.1. *Se $a = b = n$, então o número de apurações possíveis é $\binom{2n}{n}$. Esse número é chamado de binomial médio (veja definição 4.4).*

Observação 3.2 (Modelo gráfico das apurações). *Pode-se modelar cada uma das apurações (apenas votos válidos para um dos dois candidatos) com um grafo em*

$$Z_{\{0,\ldots,2n\}\times\{-n,\ldots,n\}} := \{0,\ldots,2n\} \times \{-n,\ldots,n\}$$

no qual define-se para qualquer ponto $P(x,y)$ com x o total de votos apurados e y a vantagem de um dos candidatos, A por exemplo, até o x-ésimo voto apurado. Assim, o ponto $P(x,y)$ do grafo nos diz que após o i-ésimo voto apurado o candidato A tem uma vantagem de y votos em relação ao candidato B; ademais, só é possível haver um elo com o ponto $Q_1(x+1, y+1)$, se o $x+1$-ésimo voto é para o candidato A, ou para o ponto $Q_2(x+1, y-1)$, se o $x+1$-ésimo voto é para o candidato B, veja figura 3.2. Do exemplo 3.15 tem-se que há $\binom{2n}{n}$ apurações em que os candidatos terminam empatados.

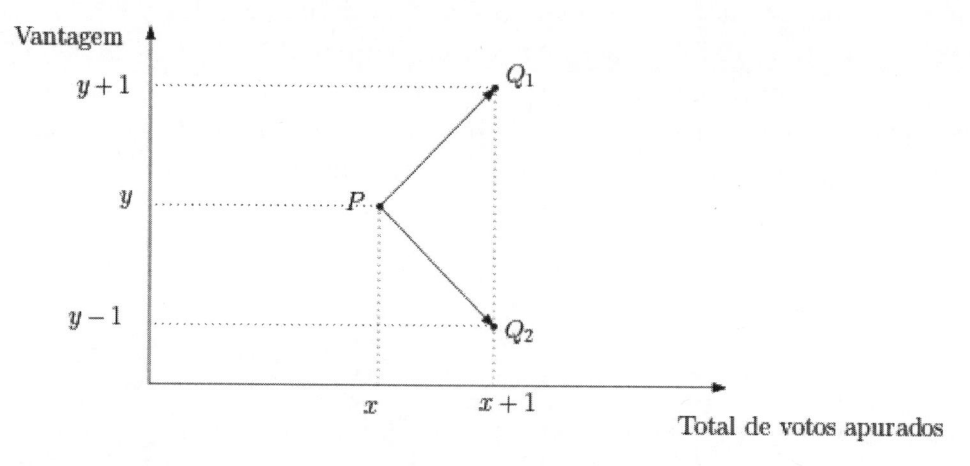

Figura 3.2

Já as apurações nas quais o candidato A nunca está em desvantagem em relação ao candidato B podem ser representadas por grafos $Z_{\{0,\ldots,2n\}\times\{0,\ldots,n\}}$, sendo estes a diferença entre o conjunto de todos os $\binom{2n}{n}$ grafos (representando todas as possíveis apurações) menos os grafos que têm ao menos um elo abaixo do eixo das abscissas (o candidato A está em desvantagem em algum momento da apuração).

Salvo menção contrária, nos exercícios estaremos sempre considerando este modelo relacionado ao problema de eleições ou situações de equivalência envolvendo o problema das eleições.

Teorema 3.1 (Princípio da Reflexão). *O número de grafos do ponto $O(0,0)$ até $F(2n,0)$ que intercepta o eixo $y = -1$ é igual ao número de grafos, sem qualquer restrição, de $O'(0,-2)$ até $F(2n,0)$.*

Demonstração. Sejam $\Gamma(A(a_1,a_2) \leadsto B(b_1,b_2)) := \{$o conjunto dos grafos com nó origem em A e nó terminal em $B\}$ e $\Gamma_{S(x,y)}(A(a_1,a_2) \leadsto B(b_1,b_2) := \{$o conjunto dos grafos com nó origem em A e nó terminal em B e que tocam $S(x,y)\}$, em que $S(x,y)$ é um nó intermediário do caminho com nó inicial em A e terminal em B.

Considere a seguinte construção a partir da qual será estabelecida uma correspondência biunívoca entre cada caminho $\gamma \in \Gamma_{S(x,-1)}(O(0,0) \leadsto F(2n,0)) := \{$conjunto dos caminhos de $O(0,0)$ até $F(2n,0)$ que cruzam ou tocam o eixo $y = -1$ em algum ponto $S(x,-1)$ em que $x \in \{1, \ldots, 2n-1\}\}$ e $\gamma' \in \Gamma(O'(0,-2) \leadsto F(2n,0)) := \{$conjunto dos caminhos de $O'(0,-2)$ até $F(2n,0)\}$ sem qualquer restrição.

Seja $\gamma \in \Gamma_{S(x,y)}(O(0,0) \leadsto F(2n,0))$ partindo de $O(0,0)$ até $F(2n,0)$ e considere o ponto $P(x,-1) \in \gamma$ tal que $x \in \{1, \ldots, 2n-1\}$ é mínimo, i.e., $P(x,-1)$ é o primeiro ponto que o caminho γ intercepta o eixo $y = -1$. Para este primeiro trecho de γ de $O(0,0)$ até $P(x,-1)$ considere o caminho γ' de $O'(-2,0)$ a $P(x,y)$ dado pelo trecho simétrico (veja figura 3.3) a γ em relação ao eixo $y = -1$. Do ponto $P(x, y = -1)$ a $F(2n,0)$ definimos $\gamma' = \gamma$. Esta contrução faz a correspondência entre os caminhos γ e γ' biunívoca, pois o primeiro trecho de um é obtido por reflexão do outro e o segundo trecho de ambos são iguais por definição. Assim,

$$|\Gamma_{S(x,-1)}(O(0,0) \leadsto F(2n,0)| = |\Gamma(O'(-2,0) \leadsto F(2n,0))|.$$

∎

Observação 3.3. *O Princípio da Reflexão é de grande valia ao permitir calcular a quantidade de caminhos possíveis dada uma restrição a partir de uma outra configuração em que não há restrições;*

A quantidade de caminhos sem restrição depende somente dos pontos: $O'(-2,0)$ (este ponto depende do eixo que determina a restrição $(y = -1)$ e do ponto de origem do caminho sem restrição) e $F(2n,0)$;

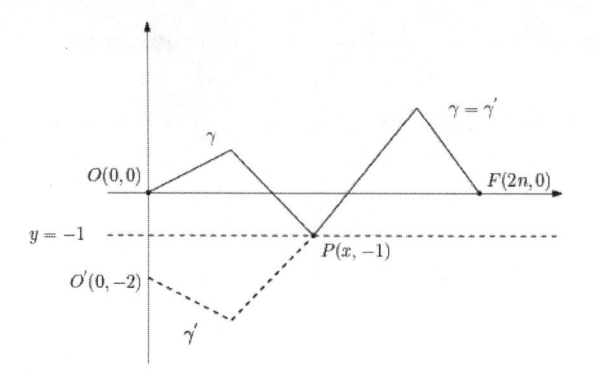

Figura 3.3

O ponto $P(x, y = -1)$ foi usado na construção para mostrar a igualdade entre as quantidas de caminhos de $\Gamma_{S(x,-1)}(O(0,0) \rightsquigarrow F(2n,0)$ e $\Gamma(O'(-2,0) \rightsquigarrow F(2n,0))$.

Exemplo 3.16. *Nas condições do exemplo 3.15, mostre que o total de apurações que terminam empatadas e que o candidato A nunca está em desvantagem em relação ao candidato B é*

$$\frac{\binom{2n}{n}}{n+1}.$$

Solução. O total de grafos do ponto $O(0,0)$ até o ponto $F(2n,0)$ tais que o grafo não está abaixo do eixo das abscissas é a diferença entre o total de grafos de $O(0,0)$ até $F(2n,0)$ sem qualquer restrição e o total de grafos de $(0,0)$ até $(2n,0)$ que interceptam (tocam ou cruzam) a reta $y = -1$ em pontos $S(x,y)$ para $x \in \{1,\ldots,2n-1\}$, isto é,

$$\begin{aligned}&\Gamma(O(0,0) \rightsquigarrow F(2n,0) : y \geq 0) = \\ &\Gamma(O(0,0) \rightsquigarrow F(2n,0)) - \Gamma_{S(x,y)}(O(0,0) \rightsquigarrow F(2n,0) : y = -1).\end{aligned} \qquad (3.4)$$

Do exemplo 3.15 tem-se que

$$|\Gamma(O(0,0) \rightsquigarrow F(2n,0))| = \binom{2n}{n}. \qquad (3.5)$$

Para se determinar $|\Gamma_{S(x,y)}(O(0,0) \rightsquigarrow F(2n,0) : y = -1)|$ faremos uso do *Princípio da Reflexão* dado no teorema 3.1 que nos garante que

$$|\Gamma_{S(x,y)}(O(0,0) \rightsquigarrow F(2n,0) : y = -1)| = |\Gamma(O'(0,-2) \rightsquigarrow F(2n,0))|.$$

Princípio Fundamental da Contagem

Para determinar $|\Gamma(O'(0,-2) \rightsquigarrow F(2n,0))|$ é suficiente notar que a soma dos votos $a + b = 2n$ e o candidato A recebeu dois votos a mais que b, i.e., $a - b = 2$, donde resulta que $a = n+1$ e $b = n-1$ e o total de possibilidades é

$$|\Gamma(O'(0,-2) \rightsquigarrow F(2n,0))| = P_{n+1,n-1}^{n+1+n-1} = \binom{2n}{n-1} = \binom{2n}{n+1}. \qquad (3.6)$$

De (3.5) e (3.6) em 3.4 segue-se que

$$|\Gamma(O(0,0) \rightsquigarrow F(2n,0) : y \geq 0)| = \binom{2n}{n} - \binom{2n}{n+1}$$
$$= \frac{1}{n+1}\binom{2n}{n}.$$

∎

Na seção 4.2 estudaremos os números da forma $\dfrac{1}{n+1}\dbinom{2n}{n}$ em que $n \in \mathbb{N}$, os chamados *Números Catalan*.

Exemplo 3.17 (MIT 2016). *De quantas formas distintas podemos inserir sinais "+" entre os algarismos* 111111111111111, *são 15 algarismos iguais a 1, de modo que a soma obtida seja um múltiplo de 30, como por exemplo,*

$$1 + 1 + 1 + 1 + 1 + 1 + 1 + 1 + 1 + 111111 = 111120 = 3.704 \times 30.$$

Solução. Para ser múltiplo de 30 basta ser múltiplo de 3 e de 10. Note que a soma dos números gerados após a adição dos sinais "+", nas 14 posições possíveis entre os algarismos "1", será múltiplo de 3. De fato, sem perda de generalidade, considere k sinais + colocados em algumas das 14 posições

$$M = M_1 + \ldots + M_k = \underbrace{1\ldots1}_{a_1} + \underbrace{1\ldots1}_{a_2} + \ldots + \underbrace{1\ldots1}_{a_k}.$$

Escrevendo na base 10 temos:

$$M_1 = \underbrace{1\ldots1}_{a_1} = 1 \cdot 10^{a_1-1} + 1 \cdot 10^{a_1-2} + \ldots + 1 \cdot 10^1 + 1.$$

$$M_2 = \underbrace{1\ldots1}_{a_2} = 1 \cdot 10^{a_2-1} + 1 \cdot 10^{a_2-2} + \ldots + 1 \cdot 10^1 + 1.$$

...

$$M_k = \underbrace{1\ldots 1}_{a_k} = 1\cdot 10^{a_k-1} + 1\cdot 10^{a_k-2} + \ldots + 1\cdot 10^1 + 1.$$

Note que cada um dos termos da forma 10^n, em que

$$n \in \{1, \ldots, \max\{a_1 - 1, \ldots, a_k - 1\}\}$$

pode ser escrito como um múltiplo de 9, e portanto de 3, mais 1; pois

$$10^j = (9+1)^j = \sum_{w=1}^{j} \binom{j}{w} 9^w + 1 = \text{múltiplo}(3) + 1. \quad \text{Assim,}$$

$$M_1 = \text{múltiplo}(3) + \underbrace{1 + \ldots + 1}_{a_1 - 1} + 1 = \text{múltiplo}(3) + a_1.$$

$$M_2 = \text{múltiplo}(3) + \underbrace{1 + \ldots + 1}_{a_2 - 1} + 1 = \text{múltiplo}(3) + a_2.$$

$$\ldots$$

$$M_k = \text{múltiplo}(3) + \underbrace{1 + \ldots + 1}_{a_k - 1} + 1 = \text{múltiplo}(3) + a_k.$$

Logo

$$M_1 + M_2 + \ldots + M_k = \text{múltiplo}(3) + a_1 + \ldots + a_k = \text{múltiplo}(3).$$

A fim de termos um múltiplo de 10, é suficiente que tenhamos 10 parcelas, pois em cada parcela o algarismo das unidades vale 1, e somando as 10 parcelas teremos um múltiplo de 10. Para "gerarmos" 10 parcelas basta escolhermos 9 das 14 posições possíveis para inserir os sinais "+". Logo, o total de possibilidades é $\binom{14}{9} = 2002$.

∎

Exemplo 3.18 (Veja [5]). *Em uma pequena cidade há $n+1$ habitantes. Se qualquer habitante pode contar o boato para uma única pessoa, de quantas maneiras o boato pode ser contado r vezes sem que:*

(a) Retorne ao primeiro habitante que o contou?;

Solução. Sem perda de generalidade, suponhamos que os habitantes sejam numerados de 1 a $n+1$ e o habitante 1 foi o que contou o boato pela primeira vez. Há n possibilidades de o boato ser enviado pela primeira vez e $n-1$ possibilidades de ser enviado em cada uma das etapas 2 até r, pois em cada uma destas etapas são excluídos o habitante 1 e a pessoa que conta o boato. Assim, pelo Princípio Fundamental da Contagem, o total de possibilidades é $n(n-1)^{r-1}$.

∎

(b) Retorne a qualquer um dos habitantes que o contaram?;

Solução. O primeiro boato pode ser enviado de n maneiras, o segundo de $n-1$ maneiras, o terceiro de $n-2$,..., o $r-1$-ésimo de $n-(r-2)$ e o r-ésimo de $n-(r-1)$. Assim, pelo Princípio Fundamental da Contagem, o total de possibilidades é $n(n-1)\ldots(n-r+1) = (n)_r$.

∎

(c) Qual o total de possibilidades do item (a), se em cada etapa o boato puder ser contado a N pessoas?

Solução. O primeiro boato pode ser contado de $n(n-1)\ldots(n-(N-1))$ maneiras, a qualquer uma de N pessoas de um conjunto de n. Do segundo até o r-ésimo boato, o total de possibilidades de cada um deles serem contados é $(n-1)(n-2)\ldots(n-N)$. Segue-se pelo Princípio Fundamental da Contagem que o total de possibilidades é

$$(n\ldots(n-(N-1))) \times \underbrace{((n-1)\ldots(n-N))\ldots((n-1)\ldots(n-N))}_{(r-1) \text{ vezes}} =$$

$$(n(n-1)\ldots(n-N+1))\,((n-1)\ldots(n-N))^{r-1} = (n)_N\,[(n-1)_N]^{r-1}.$$

∎

(d) Qual o total de possibilidades do item (b) se em cada etapa o boato puder ser contado a N pessoas?

Solução. O primeiro boato pode ser enviado a $n(n-1)\ldots(n-(N-1)) = (n)_N$ pessoas. O segundo boato, satisfazendo às restrições do item (b), pode ser contado a um grupo de $n+1-1-N = n-N$ (total menos o primeiro emissor e o grupo de N pessoas que recebeu o boato pela primeira vez, ao qual pertence o segundo emissor); assim, o total de possibilidades de contá-lo é $(n-N)_N$. De maneira análoga, o terceiro boato pode ser contado de $(n-2N)_N$ ... e o r-ésimo de $(n-(r-1)N)_N = (n-rN+N)\ldots(n-rN+N-(N-1)) = (n-(rN-1))$. Assim, segue-se do Princípio Fundamental da Contagem que o total de possibilidade de se contar o boato r vezes, cada uma delas a um grupo de N pessoas, sem que nenhuma das anteriores tomem conhecimento é

$$(n)_N(n-N)_N(n-2N)_N \ldots (n-(r-1)N)_N =$$
$$n(n-1)\ldots(n-(rN-1)) = (n)_{rN}.$$

∎

Proposição 3.1 (Primeiro Lema de Kaplansky). *O número de subconjuntos de tamanho p de $\{1,\ldots,n\}$ cujos elementos são não consecutivos é*

$$C_{n-p+1,p} := f(n,p).$$

Demonstração. Para cada um dos elementos de $\{1,\ldots,n\}$, representemos por um sinal $+$ ou $-$, respectivamente, se o elemento pertence ou não ao subconjunto de tamanho p. Assim, para que os elementos do subconjunto sejam não consecutivos, uma condição necessária e suficiente é que haja pelo menos um sinal $-$ entre dois sinais $+$; ademais, desde que há p sinais $+$ e $n-p$ sinais $-$, estes determinam $n-p+1$ posições das quais devemos escolher p delas para colocar os sinais $+$, havendo portanto $C_{n-p+1,p} := f(n,p)$ possibilidades.

∎

Exemplo 3.19 (Primeiro Lema de Kaplansky - Generalização). *O número de subconjuntos de tamanho p de $\{1,\ldots,n\}$ tal que entre dois elementos do subconjunto há pelo menos r elementos não escolhidos de $\{1,\ldots,n\}$ é*

$$C_{n-(p-1)r,p} := f(n,p,r).$$

Solução. Usando a mesma representação do exemplo 3.1, temos p sinais $+$ (p elementos que comporão os subconjuntos) que determinam $p+1$ posições. Seja x_1 a quantidade de elementos não selecionados de $\{1,\ldots,n\}$ antes do primeiro elemento selecionado do subconjunto, x_2 a quantidade de elementos não selecionados de $\{1,\ldots,n\}$ entre o primeiro e o segundo elemento do subconjunto, $\ldots$, x_p a quantidade de elementos não selecionados de $\{1,\ldots,n\}$ entre o $(p-1)$-ésimo e o p-ésimo elemento do subconjunto e x_{p+1} o número

Princípio Fundamental da Contagem

de elementos não selecionados de $\{1, \ldots, n\}$ maiores que o p-ésimo elemento do subconjunto. Temos que o número de subconjuntos deve satisfazer

$$\begin{cases} x_1 + x_2 + \ldots + x_p + x_{p+1} = n - p; \\ x_2, x_3, \ldots, x_p \geq r. \end{cases} \quad (3.7)$$

Para todo $i \in \{2, \ldots, p\}$ e fazendo $x_i = r + y_i$, segue-se que o número de soluções de (3.7) é dado pelo número de soluções em valores inteiros e não negativos de

$$x_1 + y_2 + r + \ldots + y_p + r + x_{p+1} = n - p$$
$$\Leftrightarrow \quad (3.8)$$
$$x_1 + y_2 + \ldots + y_p + x_{p+1} = n - p - (p-1)r$$

que pelo exemplo 3.12 vale

$$P_{n-p-(p-1)r+p}^{n-p-(p-1)r,p} = \frac{(n-p-(p-1)r+p)!}{p!(n-p-(p-1)r)!} = C_{n-(p-1)r,p} := f(n,p,r).$$

∎

Proposição 3.2 (Segundo Lema de Kaplansky). *O número de subconjuntos de tamanho p de $\{1, \ldots, n\}$ cujos elementos são não consecutivos e nos quais o 1 e n são considerados consecutivos é*

$$\frac{n}{n-p} C_{n-p,p} := g(n,p).$$

Demonstração. Particionemos os subconjuntos de tamanho p em relação a um elemento específico, o "1", por exemplo. Assim, há somente duas possibilidades para os subconjuntos de tamanho p:

Os subconjuntos de tamanho p que contém o 1 cujos elementos são não consecutivos, neste caso, como o 1 e n são considerados consecutivos, devemos escolher $p-1$ elementos não consecutivos de $\{3, \ldots, n-1\}$, há portanto

$$f(n-1-3+1, p-1) = C_{n-3-(p-1)+1, p-1} = C_{n-p-1, p-1}. \quad (3.9)$$

Os subconjuntos de tamanho p que não contém o 1 cujos elementos são não consecutivos, neste caso, devemos escolher p elementos não consecutivos de $\{2, \ldots, n\}$, há portanto

$$f(n-1, p) = C_{n-1-p+1, p} = C_{n-p, p}. \quad (3.10)$$

Logo, de (3.9) e (3.10) o total de possibilidades é

$$f(n-1-3+1, p-1) + f(n-1, p) = \frac{n}{n-p} C_{n-p,p} := g(n,p).$$

∎

Exemplo 3.20 (Segundo Lema de Kaplansky - Generalização). *O número de subconjuntos de tamanho p de $\{1, \ldots, n\}$ nos quais o 1 e n são considerados consecutivos e entre dois elementos do subconjunto há pelo menos r elementos não selecionados de $\{1, \ldots, n\}$ é*

$$\frac{n}{n-pr} C_{n-pr,p} := g(n,p,r).$$

Solução. Particionemos os subconjuntos em: (i) se não contém nenhum elemento de $\{1, \ldots, r\}$ ou (ii) se contém ao menos um dos elementos de $\{1, \ldots, r\}$, note que para satisfazer a condição inicial de que há pelo menos r elementos não escolhidos do conjunto $\{1, \ldots, n\}$ entre dois elementos do subconjunto, a escolha de qualquer elemento de $\{1, \ldots, r\}$ para o suconjunto implicará a exclusão de r elementos consecutivos à sua direita e outros r elementos consecutivos à sua esquerda. O total de p-subconjuntos satisfazendo a condição de que entre dois elementos haja ao menos r elementos não selecionados de $\{1, \ldots, n\}$ será a soma dos que satisfazem às condições (i) e (ii).

Na condição (i) tem-se apenas os subconjuntos em que nenhum dos elementos de $\{1, \ldots, r\}$ estão presentes, ou seja, devemos escolher p elementos de $\{r+1, \ldots, n\}$ tal que entre dois elementos do subconjunto haja ao menos r elementos não selecionados de $\{r+1, \ldots, n\}$, que do exemplo 3.19 é dado por

$$f(n-(r+1)+1, p, r) = f(n-r, p, r) = C_{n-r-(p-1)r, p} = C_{n-pr, p}. \quad (3.11)$$

Na condição (ii) tem-se que pode haver no máximo um único elemento de $\{1, \ldots, r\}$; de fato, se supusermos o elemento 1 pertence ao subconjunto, então deveremos excluir de qualquer subconjunto os elementos de $\{2, \ldots, r+1\} \cup \{n+1-r, \ldots, n\}$, e de maneira geral, se escolhermos $i \in \{1, \ldots, r\}$ para o p-subconjunto, então deveremos excluir dos p-subconjuntos aqueles que contém os elementos de $\{i+1, \ldots, i+r\} \cup \{i-r, \ldots, i-1\}$, isto é, devemos escolher selecionar $p-1$ elementos de um total de $n-2r-1$ possíveis, em que n (total de elementos do conjunto inicialmente dado) - $2r$ (quantidade

Princípio Fundamental da Contagem

de vizinhos consecutivos à direita e à esquerda do elemento i) - 1 (elemento já escolhido para o subconjunto), que de acordo com o exemplo 3.19 é dado por $f(n - 2r - 1, p - 1, r)$. Desde que há r possíveis escolhas cada uma delas com $f(n - 2r - 1, p - 1, r)$ possibilidades, do Princípio Aditivo e Princípio Fundamental da Contagem, segue-se que o total de maneiras possíveis é

$$r.f(n - 2r - 1, p - 1, r) = rC_{n-2r-1-(p-1-1)r, p-1} = rC_{n-1-pr, p-1}. \quad (3.12)$$

De (3.11) e (3.12) tem-se que o total de p-subconjuntos nos quais entre dois elementos desses há pelo menos r elementos não selecionados do conjunto é dado por

$$C_{n-pr, p} + rC_{n-1-pr, p-1} = \frac{n}{n - pr} C_{n-pr, p}.$$

■

Exemplo 3.21 (Número de funções sobrejetoras). *Seja $T(n, k)$ o número de funções sobrejetoras $f : A \to B$ tais $|A| = n \geq k = |B|$. Mostre que*

$$T(n, k) = \sum_{i=0}^{k} (-1)^i \binom{k}{i} (k - i)^n. \quad (3.13)$$

Solução. Sem perda de generalidade, suponhamos que $A = \{x_1, x_2, \ldots, x_n\}$ e $B = \{y_1, y_2, \ldots, y_k\}$. Para determinarmos uma função $f : A \to B$ basta determinarmos os valores para $f(x_1), f(x_2), \ldots, f(x_n)$. Assim, pelo Princípio Fundamental da Contagem, existem $\underbrace{k \times k \times \ldots k}_{n \text{ vezes}} = k^n$ funções de A em B. Neste caso, temos a restrição de que f seja sobrejetiva. Para tal, consideremos os conjuntos, a saber:

$$A_1 = \{f : A \to B \ ; \ f(x) \neq y_1 \ \forall x \in A\}.$$

$$A_2 = \{f : A \to B \ ; \ f(x) \neq y_2 \ \forall x \in A\}.$$

$$\vdots$$

$$A_k = \{f : A \to B \ ; \ f(x) \neq y_k \ \forall x \in A\}.$$

Para ser sobrejetiva $f : A \to B$ não pode pertencer a nenhum dos conjuntos acima, ou seja, o conjunto das funções sobrejetivas é exatamente

$$(A_1 \cup A_2 \cup \ldots \cup A_k)^c = A_1^c \cap A_2^c \cap \ldots \cap A_k^c.$$

Pelo Princípio da Inclusão-Exclusão, segue-se que:

$$|A_1 \cup A_2 \cup \ldots \cup A_k| = \sum_{1 \leq i_1 \leq k} |A_i| - \sum_{1 \leq i_1 < i_2 \leq k} |A_{i_1} \cap A_{i_2}| + \ldots$$
$$\ldots + (-1)^{k-1} |A_1 \cap A_2 \cap \ldots \cap A_k|.$$

Note que para definirmos uma função $f : A \to B$ em que $f(x) \neq y_i$ para todo $x \in A$, basta escolhermos os valores $f(x_1), f(x_2), \ldots, f(x_n)$ entre os valores $y_1, \ldots y_{i-1}, y_{i+1}, \ldots y_k$, o que, pelo Princípio Fundamental da Contagem, pode ser feito de $\underbrace{(k-1) \times (k-1) \times \ldots \times (k-1)}_{n \text{ fatores}} = (k-1)^n$ modos distintos.

Seguindo este mesmo raciocínio, segue que:

$$|A_{i_1} \cap A_{i_2}| = |k-2|^n.$$
$$|A_{i_1} \cap A_{i_2} \cap A_{i_3}| = |k-3|^n.$$
$$\ldots$$
$$|A_{i_1} \cap A_{i_2} \cap \ldots \cap A_{i_k}| = |k-k|^n.$$

Portanto,

$$|A_1 \cup A_2 \cup \ldots \cup A_k| = \binom{k}{1}(k-1)^n - \binom{k}{2}(k-2)^n + \binom{n}{3}(k-3)^n + \ldots$$
$$\ldots + (-1)^{k-1}\binom{k}{k}(k-k)^n,$$

ou seja, a quantidade de funções $f : A \to B$ que não são sobrejetivas é dada por

$$|A_1 \cup A_2 \cup \ldots \cup A_k| = \sum_{i=1}^{k} (-1)^{i-1} \binom{k}{i} (k-i)^n.$$

Como a quantidade total de funções $f : A \to B$ é k^n, segue-se que a quantidade de funções sobrejetivas $f : A \to B$, $T(n,k)$, é dada por:

$$T(n,k) = k^n - \sum_{i=1}^{k} (-1)^{i-1} \binom{k}{i} (k-i)^n = \sum_{i=0}^{k} (-1)^{i} \binom{k}{i} (k-i)^n.$$

∎

3.4. Permutações caóticas

Definição 3.2. *Dados n objetos distintos em n posições inicialmente fixadas. Uma permutação desses objetos é dita* **caótica** *quando nenhum deles permanece em sua posição original.*

Por exemplo, entre as 4! = 24 permutações dos algarismos do número 1234, as permutações 4321 e 2341 são caóticas. Nese ponto é natural a seguinte pergunta: Dados n objetos distintos, quantas são as permutações caóticas desses n objetos? O teorema a seguir responde a essa questão.

Teorema 3.2 (Permutações Caóticas). *O número de permutações caóticas de n objetos distintos é dado por:*

$$D_n = n! \sum_{k=0}^{n} \frac{(-1)^k}{k!}. \tag{3.14}$$

Demonstração. Para todo $i \in \{1, \ldots, n\}$ seja A_i o total de configurações em que a i-ésima pessoa seleciona o presente que ela mesma trouxe, então o evento $A_1 \cup \ldots \cup A_n$ representa o total de configurações em que ao menos uma pessoa seleciona o próprio presente. O evento de interesse, que nenhuma pessoa receba o seu próprio presente, é então $A_1^c \cap \ldots \cap A_n^c = (A_1 \cup \ldots \cup A_n)^c$, e portanto,

$$D_n = |A_1^c \cap \ldots \cap A_n^c| = n! - |A_1 \cup \ldots \cup A_n|. \tag{3.15}$$

Pelo Princípio da Inclusão e Exclusão, exemplo 1.1, tem-se que

$$\begin{aligned} |A_1 \cup \ldots \cup A_n| &= S_1 - S_2 + \ldots + (-1)^{n-1} S_n = \\ \sum_{i=1}^{n} |A_i| - \sum_{1 \leq i_1 < i_2 \leq n}^{n} |A_{i_1} A_{i_2}| + \ldots + (-1)^{n-1}|A_1 \ldots A_n| &= \\ \binom{n}{1}(n-1)! - \binom{n}{2}(n-2)! + \ldots + (-1)^{n-1}\binom{n}{n}(n-n)!. & \end{aligned} \tag{3.16}$$

De (3.15) e (3.16), escrevendo-se $n! = (-1)^0 \binom{n}{0}(n-0)!$, segue-se que

$$\begin{aligned} D_n &= (-1)^0 \binom{n}{0}(n-0)! - \binom{n}{1}(n-1)! + \ldots + (-1)^n \binom{n}{n}(n-n)! \\ &= (-1)^0 \frac{n!}{0!} + (-1)^1 \frac{n!}{1!} + \ldots + (-1)^n \frac{n!}{n!} \\ &= n! \sum_{k=0}^{n} \frac{(-1)^k}{k!}. \end{aligned}$$

Observação 3.4 (Outra forma de calcular D_n). *Para finalizar este capítulo, vamos mostrar uma outra (e interessantíssima) maneira de calcularmos o número de permutações caóticas de n objetos distintos. Denotando por D_n o número de permutações caóticas de n objetos distintos, vamos provar que D_n é igual ao número inteiro mais próximo do número $\frac{n!}{e}$, onde e é o número de Euler, cujo valor aproximado é $2,71$. De fato, se $n = 1$ não há nenhuma permutação caótica com apenas um objeto e, portanto, neste caso, $D_1 = 0$, por outro lado, $\frac{1!}{e} \approx 0,3$ e, portanto, o inteiro mais próximo de $\frac{1!}{e}$ é o 0, o que demonstra que o resultado funciona para $n = 1$.*

No caso em que $n = 2$ temos apenas uma permutação caótica de 2 objetos distintos (aquela que inverte a posição original dos 2 objetos), ou seja, quando $n = 2$ temos $D_1 = 1$. Por outro lado, $\frac{2!}{e} \approx 0,7$ e portanto o inteiro mais próximo de $\frac{2!}{e}$ é o 1, o que demonstra que o resultado funciona para $n = 2$. Para $n > 2$, vejamos a demonstração geral. Do Cálculo, sabe-se que

$$e^x = \sum_{k=0}^{\infty} \frac{x^k}{k!} = \frac{1}{0!} + \frac{x}{1!} + \frac{x^2}{2!} + \frac{x^3}{3!} + \cdots$$

Fazendo $x = -1$ obtém-se:

$$e^{-1} = \frac{1}{0!} - \frac{1}{1!} + \frac{1}{2!} - \frac{1}{3!} + \cdots$$

Multiplicando ambos os membros por $n!$, segue-se que:

$$n!e^{-1} = n!\left(\frac{1}{0!} - \frac{1}{1!} + \frac{1}{2!} - \frac{1}{3!} + \cdots\right)$$

$$\frac{n!}{e} = n!\left(\frac{1}{0!} - \frac{1}{1!} + \frac{1}{2!} - \frac{1}{3!} + \cdots\right).$$

Para mostrarmos que D_n é o inteiro mais próximo do número $\frac{n!}{e}$, basta perceber que D_n é inteiro e que a distância de D_n ao número $\frac{n!}{e}$ é sempre menor que $\frac{1}{2}$ para todo $n \in \mathbb{N}$ e $n > 2$. De fato, isto ocorre, pois

Permutações caóticas

$$\left|D_n - \frac{n!}{e}\right| = \left|n!\left(\frac{1}{0!} - \frac{1}{1!} + \ldots + (-1)^n \frac{1}{n!}\right) - n!\left(\frac{1}{0!} - \frac{1}{1!} + \ldots\right)\right|$$

$$= n!\left|\frac{(-1)^{n+1}}{(n+1)!} + \frac{(-1)^{n+2}}{(n+2)!} + \ldots\right|$$

$$\leq n!\left(\frac{1}{(n+1)!} + \frac{1}{(n+2)!} + \ldots\right)$$

$$= \frac{1}{(n+1)} + \frac{1}{(n+1)(n+2)} + \frac{1}{(n+1)(n+2)(n+3)} + \ldots$$

$$\leq \frac{1}{(n+1)} + \frac{1}{(n+1)^2} + \frac{1}{(n+1)^3} + \ldots$$

$$= \frac{\frac{1}{n+1}}{1 - \frac{1}{n+1}}$$

$$= \frac{1}{n} < \frac{1}{2}.$$

O que mostra que, para $n \in \mathbb{N}$ e $n > 2$, tem-se $\left|D_n - \frac{n!}{e}\right| < \frac{1}{2}$.

Como D_n é um número inteiro (pois é uma quantidade de permutações) e D_n está a uma distância menor do que $\frac{1}{2}$ do número $\frac{n!}{e}$, segue que D_n é o número inteiro mais próximo do número real $\frac{n!}{e}$, para todo $n \in \mathbb{N}$, visto que nos casos $n = 1$ e $n = 2$ já tínhamos verificado este fato separadamente.

Exemplo 3.22. *Prove que para todo $n \geq 3$*

$$D_n = (n-1)(D_{n-1} + D_{n-2}). \tag{3.17}$$

Solução. Consideremos o conjunto de n pessoas e n brindes numerados de 1 a n em que a i-ésima pessoa trouxe o i-ésimo brinde. Particionemos o conjunto das configurações possíveis do amigo secreto em relação aos presentes trocados pelo elemento 1 nos dois seguintes casos:

- O elemento 1 escolhe o presente trazido por $j \in \{2, \ldots, n-1\}$ e o elemento j escolhe o presente trazido por 1.

  Suponhamos, sem perda de generalidade, $j = 2$. Neste caso, o total de maneiras de realizar o amigo secreto em que 1 e 2 trocam presentes entre si é D_{n-2}, correspondente ao número de permutações caóticas de $\{3, \ldots, n\}$. A mesma quantidade D_{n-2} ocorre para qualquer outro valor

de j, e portanto, o total de possibilidades de realizar o amigo secreto em que o elemento 1 e outro elemento qualquer trocam presentes entre si é
$$\sum_{j=2}^{n} D_{n-2} = (n-1)D_{n-2}.$$

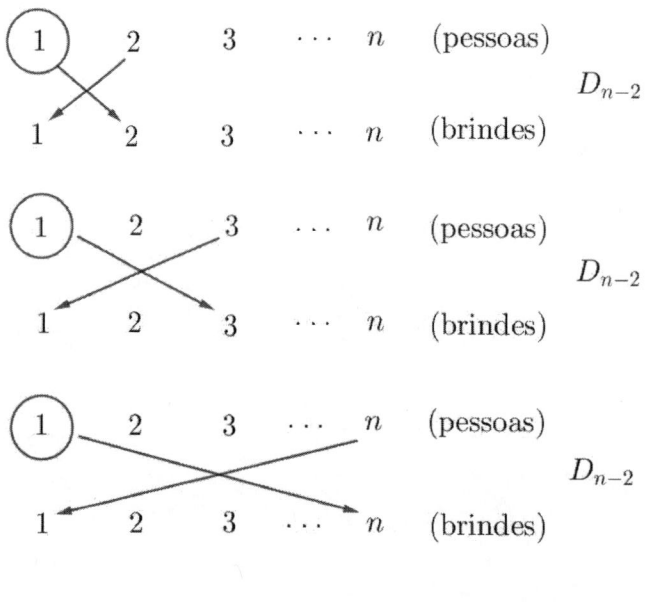

Figura 3.4

- O elemento 1 escolhe o presente trazido por $j \in \{2, \ldots, n-1\}$ e o elemento j **não** escolhe o presente trazido por 1.

  Suponhamos, sem perda de generalidade, $j = 2$ como representado na situação (A) da figura 3.5. Assim, o elemento 1 escolhe o presente 2 e o elemento 2 não pode escolher o presente 1. Devemos determinar então o número de permutações caóticas entre os conjuntos $\{2, 3, \ldots, n\}$ e $\{1, 3, \ldots, n\}$ com a restrição de o elemento 2 não poder se associar ao 1 (o elemento 2 não escolhe o brinde 1), cujo total de possibilidades é igual ao número de permutações caóticas, **sem restrições**, do conjunto $\{2, 3, \ldots, n\}$ representado pela situação (B) na figura 3.5, que é D_{n-1}. Assim, o total de possibilidades de o elemento 1 trocar presente com qualquer outro elemento j e este **não** selecionar o presente trazido pelo elemento 1 é
  $$\sum_{j=2}^{n} D_{n-1} = (n-1)D_{n-1}.$$

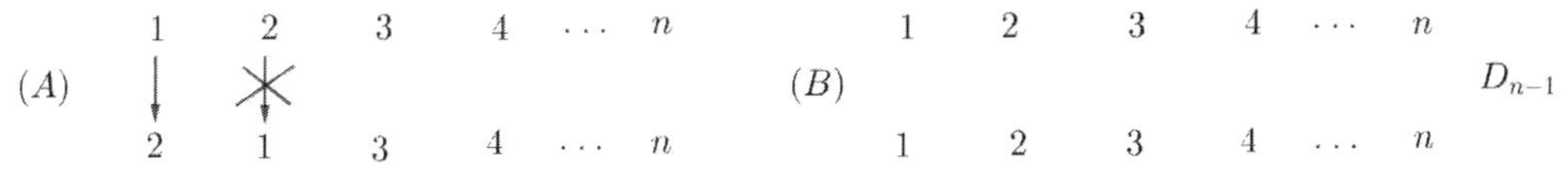

Permutações caóticas

```
      1   2   3   4  ...  n              1   2   3   4  ...  n
(A)   ↓   ✕                    (B)                                    D_{n-1}
      2   1   3   4  ...  n              1   2   3   4  ...  n
```

Figura 3.5

■

Exemplo 3.23. *Prove que para todo* $n \geq 2$

$$D_n = nD_{n-1} + (-1)^n. \tag{3.18}$$

Solução. De 3.14 tem-se que

$$D_n = n! \sum_{k=0}^{n} \frac{(-1)^k}{k!}$$

$$= n(n-1)! \left[\sum_{k=0}^{n-1} \frac{(-1)^k}{k!} + \frac{(-1)^n}{n!} \right]$$

$$= n\underbrace{(n-1)! \sum_{k=0}^{n-1} \frac{(-1)^k}{k!}}_{D_{n-1}} + n(n-1)!\frac{(-1)^n}{n!}$$

$$= nD_{n-1} + (-1)^n.$$

■

Exemplo 3.24. *Prove que* $\forall n \geq 1$

$$n! = \sum_{k=0}^{n} \binom{n}{k} D_k = \sum_{k=0}^{n} \binom{n}{n-k} D_k, \quad D_0 := 1. \tag{3.19}$$

Solução. Particionemos o conjunto de todas as $n!$ permutações de um conjunto de n elementos, por exemplo $\{1, \ldots, n\}$, com relação à quantidade k deles que se encontram fora de sua posição natural (o elemento i está fora de sua posição natural quando não se encontra na posição i). Assim, o total de possibilidades que de escolhermos k elementos dentre n é $\binom{n}{k}$ e para cada uma destas escolhas cada um deles pode figurar de D_k maneiras fora de suas posições naturais. Pelo Princípio Fundamental da Contagem e Princípio Aditivo, há um total de

$$\sum_{k=0}^{n}\binom{n}{k}D_k = \sum_{k=0}^{n}\binom{n}{n-k}D_k = n!$$

possibilidades de permutar os n elementos.

∎

Exemplo 3.25 (China National Competition-2001 [6]). *Defina a sequência infinita $a_1, a_2, \ldots$ recursivamente como segue: $a_1 = 0$, $a_2 = 1$ e*

$$a_n = \frac{1}{2}na_{n-1} + \frac{1}{2}n(n-1)a_{n-2} + (-1)^n\left(1 - \frac{n}{2}\right) \quad \forall n \geq 3.$$

Encontre uma fórmula explícita para

$$f_n = a_n + 2\binom{n}{1}a_{n-1} + 3\binom{n}{2}a_{n-2} + \ldots + n\binom{n}{n-1}a_1.$$

Solução. Do exemplo 3.23 tem-se que $D_n = nD_{n-1} + (-1)^n$, com $D_1 := 0$ e $D_2 = 1$, segue-se que:

$$\begin{aligned}
D_n &= nD_{n-1} + (-1)^n \\
&= \frac{1}{2}nD_{n-1} + \frac{1}{2}nD_{n-1} + (-1)^n \\
&= \frac{1}{2}nD_{n-1} + \frac{1}{2}n\left[(n-1)D_{n-2} + (-1)^{n-1}\right] + (-1)^n \\
&= \frac{1}{2}nD_{n-1} + \frac{1}{2}n(n-1)D_{n-2} + \frac{1}{2}n(-1)^n \cdot \frac{1}{(-1)} + (-1)^n \\
&= \frac{1}{2}nD_{n-1} + \frac{1}{2}n(n-1)D_{n-2} - \frac{1}{2}n(-1)^n + (-1)^n \\
&= \frac{1}{2}nD_{n-1} + \frac{1}{2}n(n-1)D_{n-2} + (-1)^n\left(1 - \frac{n}{2}\right)
\end{aligned}$$

Isso revela que as leis de recorrência definidas nas sequências $\{a_n\}$ e $\{D_n\}$ são iguais, e portanto,

$$f_n = D_n + 2\binom{n}{1}D_{n-1} + 3\binom{n}{2}D_{n-2} + \ldots + n\binom{n}{n-1}D_1. \qquad (3.20)$$

De 3.19, com $D_0 := 1$, tem-se que

$$\sum_{k=1}^{n}\binom{n}{n-k}D_k = \binom{n}{n-1}D_1 + \binom{n}{n-2}D_2 + \ldots \\
\ldots + \binom{n}{n-k}D_k + \ldots + \binom{n}{0}D_n = n! - 1. \qquad (3.21)$$

Note que

$$\sum_{k=1}^{n}(n-k)\binom{n}{n-k}D_k = (n-1)\binom{n}{n-1}D_1 + (n-2)\binom{n}{n-2}D_2 + \ldots +$$
$$+ \ldots + (n-(n-1))\binom{n}{n-(n-1)}D_{n-1} + D_n - D_n =$$

$$n\binom{n}{n-1}D_1 + (n-1)\binom{n}{n-2}D_2 + \ldots + 2\binom{n}{1}D_{n-1} + \binom{n}{0}D_n -$$
$$\sum_{k=1}^{n}\binom{n}{n-k}D_k \stackrel{(3.20)}{=} f_n - \sum_{k=1}^{n}\binom{n}{n-k}D_k \stackrel{(3.21)}{=} f_n - (n!-1) \Rightarrow$$

$$\sum_{k=1}^{n}(n-k)\binom{n}{n-k}D_k = f_n - (n!-1). \tag{3.22}$$

Por outro lado, como

$$(n-k)\binom{n}{n-k} = (n-k)\frac{n!}{k!(n-k)!} = (n-k)\frac{n(n-1)!}{k!(n-k)(n-k-1)!}$$
$$= n\frac{(n-1)!}{[(n-1)-k]!k!}$$
$$= n\binom{n-1}{k},$$

segue-se que:

$$\sum_{k=1}^{n}(n-k)\binom{n}{n-k}D_k = \sum_{k=1}^{n}n\binom{n-1}{k}D_k = n\sum_{k=1}^{n}\binom{n-1}{k}D_k =$$
$$= n\left[\binom{n-1}{1}D_1 + \binom{n-1}{2}D_2 + \ldots + \binom{n-1}{n-1}D_{n-1} + \underbrace{\binom{n-1}{n}}_{=0}D_n\right]$$
$$\stackrel{(3.19)}{=} n[(n-1)! - 1] = n(n-1)! - n = n! - n \Rightarrow$$

$$\sum_{k=1}^{n}(n-k)\binom{n}{n-k}D_k = n! - n. \tag{3.23}$$

De (3.22) e (3.23) tem-se que

$$f_n - n! - 1 = n! - n \Rightarrow f_n = 2n! - n - 1.$$

∎

3.5. Princípio de Dirichlet (ou da casa dos pombos)

Em algumas ocasiões podemos estar interessados em garantir a existência de uma certa configuração entre uma quantidade finita de possibilidades sem necessariamente ter que exibir tal configuração. Por exemplo, numa sala de aula com 13 alunos, podemos garantir a existência de pelo menos dois alunos que fazem aniversário no mesmo mês do ano. De fato, como são 13 alunos, não pode ocorrer de todos eles fazerem aniversário em meses distintos, visto que em cada ano só existem 12 meses. Se 10 pombos voam para 9 casas, então haverá pelo menos uma casa com mais que um pombo.

A mesma situação poderia ser refraseada da seguinte forma: se 10 camisetas são guardadas em 9 gavetas, então haverá pelo menos uma gaveta com mais que uma camiseta. Essa ideia foi formalizada em 1834 pelo matemático alemão Johann Peter Gustav Lejeune Dirichlet (1805 – 1859) da seguinte forma:

Figura 3.6: Dirichlet

Princípio de Dirichlet (ou da casa dos pombos) 113

Princípio de Dirichlet: Se n pombos devem ser postos em m casas, e se $n > m$, então pelo menos uma casa irá conter mais de um pombo.

Outros matemáticos que se destacaram por usarem essa ideia para resolver diversos problemas foram os húngaros Paul Erdös (1913 − 1996) e George Szekeres (1911 − 2005).

Figura 3.7: Paul Erdös

Figura 3.8: George Szekeres

Motivado pelo exemplo dos pombos que vimos acima, esse princípio também é conhecido como princípio da casa dos pombos (ou ainda como princípio das gavetas de Dirichlet), pois supõe-se que o primeiro relato deste princípio feito por Dirichlet, com o nome de "Schubfachprinzip" ("princípio das gavetas").

Embora se trate de uma evidência extremamente elementar, o princípio é útil para resolver problemas que, pelo menos à primeira vista, não são imediatos. Para aplicá-lo, devemos identificar, na situação dada, quem faz o papel dos objetos e quem faz o papel das gavetas.

3.5.1. Três versões do Princípio de Dirichlet

Princípio das Gavetas de Dirichlet parece tão óbvio que é até difícil falar algo introdutório sobre ele. Vejamos, a seguir, as três versões que são apresentadas em relação a ele.

Teorema 3.3 (Primeira versão). *Se n objetos forem colocados em no máximo $n - 1$ gavetas, então pelo menos uma das gavetas conterá 2 ou mais objetos.*

Demonstração. Suponhamos, por absurdo, que cada gaveta contenha, no máximo, 1 objeto. Ora, como existem $n-1$ gavetas segue que o número máximo de objetos seria $n-1$, o que contradiz o fato de termos n objetos. Assim, a nossa suposição inicial de que cada gaveta contém no máximo 1 objeto não pode ser verdadeira. Portanto há pelo menos uma gaveta com 2 ou mais objetos.

∎

Exemplo 3.26. *Mostre que num conjunto de 13 pessoas, pelo menos 2 delas aniversariam no mesmo mês.*

Solução. De fato, temos 12 gavetas, que são os meses do ano, e 13 objetos, que são os meses dos aniversários das pessoas, para colocar nas gavetas. Pelo Princípio das Gavetas de Dirichlet, uma gaveta conterá pelo menos 2 objetos, ou seja, em um dado mês, teremos pelo menos 2 pessoas aniversariando.

∎

Exemplo 3.27. *Uma roleta de cassino possui 50 casas numeradas. A brincadeira é: rodar a roleta e soltar uma bolinha que irá parar em uma das casas. Quantas jogadas são necessárias a fim de garantir que a bolinha cairá mais de uma vez em alguma das casas?*

Solução. Temos 50 gavetas, que são as 50 casas numeradas. Queremos saber quantos objetos (cada jogada será considerada como um objeto), ou seja, quantas jogadas serão necessárias para que a bolinha caia mais de uma vez em alguma das casas. Pela Primeira Versão do Princípio das Gavetas de Dirichlet, se tivermos n gavetas e $n+1$ objetos então uma gaveta conterá pelo menos 2 objetos. Assim para que tenhamos a garantia que uma casa será visitada mais de uma vez, ou seja, pelo menos 2 vezes, serão necessárias 51 jogadas $(50+1)$.

∎

Exemplo 3.28. *Se marcarmos aleatoriamente 5 pontos no interior de um triângulo equilátero de lado 2, mostre que existem pelo menos dois pontos que estão separados por no máximo uma distância de 1.*

Solução. De fato, se tomarmos os pontos médios dos lados do triângulo original e os ligarmos, o triângulo original ficará dividido em 4 triângulos equiláteros de lado 1, conforme ilustra a figura a seguir: ora, como são tomados 5 pontos no interior do triângulo original e o mesmo está dividido em 4 triângulos menores (gavetas), segue que teremos um desses triângulos menores com pelo menos 2 pontos e evidentemente a distância entre eles

Princípio de Dirichlet (ou da casa dos pombos) 115

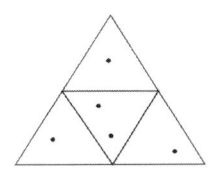

Figura 3.9

é no máximo de 1, que é justamente a medida do lado de cada um desses triângulos menores. ∎

Exemplo 3.29. *Dado um conjunto $A = \{a_1, a_2, \cdots, a_n\}$, em que $a_1, a_2, \cdots, a_n \in \mathbb{Z}_+^*$, ou seja, são inteiros positivos, mostre que existem números naturais r, l com $1 \leq r \leq l \leq n$ tais que $a_r + a_{r+1} + \cdots + a_l$ é múltiplo de n.*

Solução. Considere as somas
$$S_1 = a_1$$
$$S_2 = a_1 + a_2$$
$$S_3 = a_1 + a_2 + a_3$$
$$\vdots$$
$$S_n = a_1 + a_2 + \cdots + a_n$$

Se alguma dessas somas, digamos $a_1 + a_2 + \cdots + a_k$ for um múltiplo de n, acabou nossa procura, já que $r = 1$ e $l = k$ são os índices cuja soma resulta em múltiplo de n.

Suponha, então, que nenhuma das somas anteriores dê múltiplo de n. Logo, os possíveis restos da divisão das somas por n serão $1, 2, \cdots, n-1$. Temos, então, $n-1$ gavetas que guardarão os restos das divisões das somas por n. Como temos n somas, teremos n restos e temos $n-1$ gavetas. Pelo Princípio das Gavetas de Dirichlet, uma das gavetas possui mais que um objeto. O que isso está dizendo é que existem p e q com $(p < q)$ tais que a divisão de S_p e de S_q por n produz o mesmo resto t, ou seja,
$$S_p = q_1 n + t$$
$$S_q = q_2 n + t$$

Subtraindo membro a membro, segue que:
$$S_q - S_p = (q_2 - q_1)n$$

Mas ocorre que
$$S_p = a_1 + a_2 + \cdots + a_p$$
$$S_q = a_1 + a_2 + \cdots + a_q$$

Assim, considerando-se $q > p$, segue-se que

$$S_q - S_p = (q_2 - q_1)n \Rightarrow a_1 + a_2 + \cdots + a_q - (a_1 + a_2 + \cdots + a_p) = (q_2 - q_1)n$$

$$a_{p+1} + a_{p+2} + \cdots + a_q = (q_2 - q_1)n.$$

Tomando $r = p+1$ e $l = q$, vemos que existem r e l tais que $a_r + a_{r+1} + \cdots + a_l$ é múltiplo de n.

∎

Teorema 3.4 (Segunda versão). *Se m objetos são colocados em n gavetas ($m > n$), então, pelo menos uma gaveta contém no mínimo $\left\lfloor \frac{m-1}{n} \right\rfloor + 1$ objetos, onde $\lfloor x \rfloor$ representa o maior inteiro menor ou igual a x.*

Demonstração. Novamente, a demonstração será feita por absurdo. A prova é bem parecida com a anterior. Suponha, por absurdo, que todas as gavetas têm no máximo $\left\lfloor \frac{m-1}{n} \right\rfloor$ objetos. Assim a quantidade máxima de objetos seria

$$n \cdot \left\lfloor \frac{m-1}{n} \right\rfloor \leq n \cdot \frac{m-1}{n} = m - 1$$

o que contradiz o fato de que existem m objetos. Assim a suposição inicial de que todas as gavetas contêm no máximo $\left\lfloor \frac{m-1}{n} \right\rfloor$ objetos não pode ser verdadeira. Portanto, existe pelo menos uma gaveta que contém no mínimo $\left\lfloor \frac{m-1}{n} \right\rfloor + 1$ objetos.

∎

Exemplo 3.30. *Num grupo de 40 pessoas, podemos garantir que pelo menos 4 delas têm o mesmo signo.*

Solução. Existem 12 signos, ou seja, existem 12 gavetas (n) nas quais devemos colocar 40 objetos (m), que são os signos das pessoas do grupo. Pela segunda versão do Princípio de Dirichlet, temos que, pelo menos uma gaveta terá

$$\left\lfloor \frac{40-1}{12} \right\rfloor + 1 = \lfloor 3,25 \rfloor + 1 = 3 + 1 = 4 \text{ objetos,}$$

ou seja, pelo menos 4 pessoas têm o mesmo signo.

∎

Princípio de Dirichlet (ou da casa dos pombos)

Exemplo 3.31. *Num campo de golfe (por ser muito grande), ficou combinado de só retirar as bolas dos buracos quando pelo menos um deles contivesse mais 5 bolinhas. Sabendo que existem 10 buracos num campo de golfe e que cada bolinha morre quando cai num deles, pergunta-se: depois de quantas bolinhas mortas, os boleiros (meninos que coletam as bolinhas) devem sair para esvaziar os buracos?*

Solução. Nesta questão, para garantirmos que pelo menos um dos buracos contenha mais de 5 bolinhas, adaptaremos o problema para usarmos a Segunda Versão do Princípio das Gavetas de Dirichlet da seguinte forma: queremos garantir que pelo menos um dos buracos contenha pelo menos 6 bolinhas. Assim, temos m objetos, que são as bolas mortas e serão colocadas em 10 gavetas, que são os buracos. De acordo com a Segunda Versão do Princípio das Gavetas de Dirichlet, o número de bolas mortas necessárias para que pelo menos um buraco contenha pelo menos 6 bolinhas é:

$$\left\lfloor \frac{m-1}{10} \right\rfloor + 1 = 6 \Rightarrow \left\lfloor \frac{m-1}{10} \right\rfloor = 5 \Rightarrow m - 1 = 50 \Rightarrow m = 51$$

Portanto, depois de 51 bolinhas mortas, os boleiros devem esvaziar os buracos. ∎

Teorema 3.5 (Terceira versão). *Seja n o número de gavetas e seja μ um número inteiro positivo dado, coloquemos a_1 objetos na gaveta 1, a_2 objetos na gaveta 2, ... , a_n objetos na gaveta n. Se a média aritmética $\frac{a_1 + a_2 + \cdots + a_n}{n} > \mu$, então uma das gavetas conterá pelo menos $\mu + 1$ objetos.*

Demonstração. A demonstração mais uma vez será por absurdo. Suponha, por absurdo, que em cada uma das n gavetas existisse no máximo μ objetos, ou seja,

$$a_1 \leq \mu$$
$$a_2 \leq \mu$$
$$a_3 \leq \mu$$
$$\vdots$$
$$a_n \leq \mu$$

Adicionando membro a membro essas desigualdades, segue que:

$$a_1 + a_2 + \cdots + a_n \leq \underbrace{\mu + \mu + \cdots + \mu}_{n \text{ parcelas}}$$

ou seja,

$$a_1 + a_2 + \cdots + a_n \leq n\mu \Rightarrow \frac{a_1 + a_2 + \cdots + a_n}{n} \leq \mu$$

o que é um absurdo, pois por hipótese, estamos supondo que $\frac{a_1+a_2+\cdots+a_n}{n} > \mu$. Portanto a suposição inicial de que em cada uma das n gavetas exista no máximo μ objetos, não pode ser verdadeira. Portanto uma das gavetas conterá pelo menos $\mu + 1$ objetos.

∎

Exemplo 3.32. *A companhia de trânsito de uma dada cidade determinou que os transportes designados por alternativos deveriam sair do terminal com o número máximo de passageiros não ultrapassando 15 pessoas. Após um dia, o fiscal foi até o representante da companhia e pediu para ver a lista com a quantidade de passageiros embarcados. O representante disse que saíram 10 veículos e que a média do número de passageiros embarcados foi 16. O fiscal deve multar a empresa ou não?*

Solução. O fiscal multará a empresa se tiver saído algum alternativo com mais de 15 pessoas. O representante da companhia não informou a quantidade embarcada em cada transporte, logo, o fiscal não pode multar diretamente a empresa. Entretanto, o fiscal tinha ouvido falar da terceira versão do Princípio das Gavetas de Dirichlet e construiu o seguinte raciocínio:

Vou fazer $\mu = 15$, os alternativos serão as gavetas e os passageiros os objetos que vão ser postos nas gavetas. Se a média aritmética do número de objetos de cada gaveta for maior que μ, então, pelo menos uma gaveta (alternativo) conterá pelo menos $\mu + 1$ objetos (passageiros). Como a média foi 16, isso implica que pelo menos uma gaveta conterá pelo menos $\mu + 1 = 15 + 1 = 16$ elementos, o que vai significar que pelo menos um alternativo saiu com mais do que a capacidade máxima permitida e, portanto, posso multar a empresa com a consciência tranquila.

∎

Exemplo 3.33. *Em uma floresta existem 1 milhão de árvores com espinhos em todo o caule. Sabe-se que não há mais de 600.000 espinhos em cada árvore. Prove que duas árvores dessa floresta têm o mesmo número de espinhos.*

Solução. Podemos pensar nas árvores como "pombos", e os espinhos como as "gavetas", numeradas com

$$0, 1, 2, \cdots, 600.000$$

ou seja, 600.001 gavetas. Como

$$M_A = \frac{1.000.000}{600.001} \approx 1,66 > 1$$

Tomando $\mu = 1$, segue que há uma "gaveta" com pelo menos $\mu + 1 = 1 + 1 = 2$ árvores, ou seja, há pelo menos duas árvores com o mesmo número de espinhos.

∎

Exemplo 3.34 (USAMO 1985 [7]). *Em uma festa há n pessoas. Prove que existem duas pessoas tais que, das $n-2$ pessoas restantes é possível achar $\left\lfloor \frac{n}{2} \right\rfloor - 1$ pessoas em que cada uma delas conhece ou não conhecem ambas.*

Solução. Num plano, considere n pontos distintos $P_1, P_2, \ldots, P_n$ (de modo que não haja 3 deles alinhados) onde cada um desses pontos representará exatamente uma das n pessoas.

Agora consideremos o número de pares $(X, \{Y, Z\})$, onde X, Y e Z são pontos distintos do conjunto $\{P_1, P_2, \ldots, P_n\}$ tais que X está conectado a apenas um dos pontos Y ou Z. Note que se X estiver conectado a exatamente k pontos do conjunto $\{P_1, P_2, \ldots, P_n\}$, existirão k pssibilidades de escolher um elemento para o conjunto $\{Y, Z\}$ e $n - k - 1$ maneiras distindas para escolhermos o outro elemento desse mesmo conjunto (uma vez escolhido um elemento para o conjunto $\{Y, Z\}$ que esteja conectado com o X, o outro elemento do conjunto $\{Y, Z\}$ não estará conectado com o X, pois estamos supondo que X conecta-se a apenas um dos elementos do conjunto $\{Y, Z\}$) não podemos escolher nem o X nem os k elementos que o X está conectado, restando então $n - k - 1$ possibilidades para a escolha do segundo elemento do conjunto $\{Y, Z\}$. Pelo princípio multiplicativo, segue que o número de pares $(X, \{Y, Z\})$, em que o X conecta-se apenas a Y ou apenas a Z, é dado por

$$f(k) = k(n - k - 1) = -k^2 + nk - 1,$$

que é uma função quadrática em k cujo ponto de máximo é

$$k = k_v = -\frac{b}{2a} = -\frac{n}{2.(-1)} = \frac{n}{2}.$$

Ora, como n é um inteiro positivo (que pode ser par ou ímpar) e k é inteiro, segue que $k = \left\lfloor \frac{n}{2} \right\rfloor$. Isso significa que X pode se ligar a no máximo $\left\lfloor \frac{n}{2} \right\rfloor$

conjuntos do tipo $\{Y, Z\}$, (onde X está conectado a apenas um dos seus elementos). Diante do exposto, se tomarmos o número $\left\lfloor \frac{n}{2} \right\rfloor - 1$ existe pelo menos um conjunto do tipo $\{Y, Z\}$ tal que X está conectado aos dois elementos desse conjunto ou não está conectado a nenhum dos elementos desse conjunto, o que finaliza a solução!

■

3.6. Exercícios propostos

1. Detemine maior valor de $k \in \mathbb{Z}$ tal que 2021! seja divisível por 10^k.

2. Detemine o útimo algarismo não nulo do número
$$N = 19! + 20! + 21! + \ldots + 97!.$$

3. Calcule a soma
$$S = \frac{3}{1! + 2! + 3!} + \frac{4}{2! + 3! + 4!} + \ldots + \frac{1999}{1999! + 2000! + 2001!}.$$

4. Em quantos zeros termina o número $\dfrac{2002!}{(1001!)^2}$?

5. (ENC-PROFMAT-2021) Quantos números de três algarismos possuem pelo menos dois dígitos consecutivos iguais?

6. (ENC-PROFMAT-2021) De quantas maneiras é possível posicionar duas peças (um triângulo branco e um círculo preto) sobre um tabuleiro 8×8 como o da figura se o triângulo branco só pode ocupar casas pretas, o círculo preto só pode ocupar casas brancas e as duas peças não podem ocupar casas adjacentes?

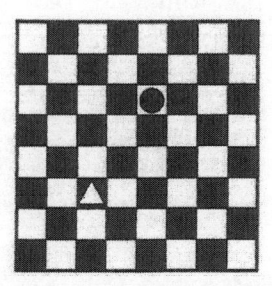

7. Dispondo-se de 10 bolas, 7 apitos e 12 camisas, de quantas maneiras distintas estes objetos podem ser distribuídos entre duas pessoas, de modo que cada uma receba, ao menos, 3 bolas, 2 apitos e 4 camisas?

Exercícios propostos 121

8. De quantos modos um salão com 5 portas pode ficar aberto?

9. (UFRN-2003) Um fenômeno raro em termos de data ocorreu às $20h02min$ de 20 de fevereiro de 2002. No caso, 200220022002 forma uma seqüência de algarismos que permanece inalterada se reescrita de trás para frente. A isso denominamos CAPICUA ou PALÍNDROMO. Desconsiderando as capicuas começadas por zero, qual a quantidade de capicuas formadas com cinco algarismos não necessariamente diferentes?

10. (FUVEST-Adaptada) Uma lotação possui três bancos para passageiros, cada um com três lugares, e deve transportar os três membros da família Sousa, o casal Lúcia e Mauro e mais quatro pessoas. Além disso:

    (a) A família Sousa quer ocupar um mesmo banco;
    (b) Lúcia e Mauro querem sentar-se lado a lado.

    Nessas condições, qual o número de maneiras distintas de dispor os nove passageiros na lotação?

11. Cinco cantores, **A, B, C, D** e **E**, se apresentam num teatro, numa mesma noite, apresentando-se um por vez no palco.

    (a) De quantas maneiras distintas a direção do espetáculo pode programar a ordem de apresentação dos cantores?
    (b) De quantas maneiras a direção do espetáculo pode programar a ordem de apresentação dos cantores, se o cantor **B** deve apresenta-se antes do cantor **A**?

12. Uma turma tem aulas às segundas, quartas e sextas, de 13 h às 14 h e de 14 h às 15 h. As matérias são Matemática, Física e Química, cada uma com duas aulas semanais em dias diferentes. De quantos modos pode ser feito o horário dessa turma?

13. (ITA-SP) Quantos números de 6 algarismos distintos podemos formar, usando os dígitos 1, 2, 3, 4, 5 e 6, nos quais o 1 e o 2 nunca ocupem posições adjacentes, mas o 3 e o 4 sempre ocupem posições adjacentes?

14. De quantas formas distintas podemos pintar o mapa do Brasil com 5 cores distintas sem que duas regiões vizinhas (que tenham uma linha fronteira em comum) tenham a mesma cor?

15. Uma prova de um concurso público engloba as disciplinas de Matemática e Inglês, contendo 10 questões cada uma. Segundo o edital do concurso, para ser aprovado, o candidato precisa acertar no mínimo 70% das questões da prova, além de obter acerto maior ou igual a 60% em cada disciplina. Em relação às questões da prova, quantas possibilidades diferentes tem o candidato de alcançar, exatamente, o índice mínimo para a aprovação?

16. (UFRJ) Em todos os 53 finais de semanas do ano 2000, Júlia irá convidar duas de suas amigas para sua casa em Teresópolis, sendo que nunca o mesmo par de amigas se repitirá durante o ano.

    (a) Determine o maior número possível de amigas que Júlia poderá convidar;

    (b) determine o menor número possível de amigas que ela poderá convidar.

17. Cada peça de um dominó apresenta um par de números de 0 a 6, não necessariamente distintos. Quantas são essas peças? E se os números forem de 0 a 8?

18. Um trem com m passageiros tem de fazer n paradas. De quantas maneiras distintas os passageiros podem saltar dos trens nas paradas?

19. (UFRJ) Uma partícula desloca-se sobre uma reta, percorrendo $1cm$ para a esquerda, ou para a direita, a cada movimento. Calcule de quantas maneiras diferentes a partícula pode realizar uma seqüência de 10 movimentos terminando na posição de partida.

20. Numa pizzaria, ficou determinado que as pizzas seriam cortadas em 6 fatias. Se a pizzaria oferece 10 sabores de recheio, quantos tipos de pizza diferentes podem ser criados sendo todas as suas fatias de um tipo diferente de recheio? Explicando melhor: uma pizza não tem duas fatias de mesmo sabor; uma pizza é considerada igual à outra, se, rodando uma delas, consigo uma configuração de sabores igual à da outra na

mesma posição. (Dica: use o Princípio Multiplicativo com duas decisões: primeiro, escolher os recheios; segundo, montar a pizza.)

21. (ITA 2016) Pintam-se N cubos iguais utilizando-se 6 cores diferentes, uma para cada face. Considerando que cada cubo pode ser perfeitamente distinguido dos demais, qual o maior valor possível de N?

22. (ITA) Quantos anagramas com 4 letras distintas podemos formar com as 10 primeiras letras do alfabeto e que contenham 2 das letras a, b, c?

23. De quantas maneiras r pessoas podem sair de um elevador num prédio de n andares?

24. Em relação ao número 360, pergunta-se:

    (a) Qual a soma dos seus divisores inteiros e positivos?
    (b) De quantos modos 360 pode ser decomposto em um produto de dois inteiros positivos?
    (c) De quantos modos 360 pode ser decomposto em um produto de três inteiros positivos?

25. Quantos números de 1 a 100000 tem exatamente um 2, um 3 e um 8?

26. Quantas são as permutações de $xxxyyyzzz$ em que não há duas letras iguais juntas?

27. Quantas são as soluções inteiras de $x_1 + x_2 + x_3 + x_4 + x_5 = 65$ em que $x_i \geq 0$ e $x_1 \leq 7$?

28. Numa sorveteria há 10 diferentes tipos de sabores. Se mais de um tipo de sabor pode ser repetido, de quantas maneiras um cliente pode escolher quatro sorvetes?

29. (IME 2016) Um hexágono é dividido em 6 triângulos equiláteros. De quantas formas podemos colocar os números de 1 a 6 em cada triângulo, sem repetição, de maneira que a soma dos números em três triângulos adjacentes seja sempre múltiplo de 3? Soluções obtidas por rotação ou reflexão são diferentes, portanto as figuras abaixo mostram duas soluções distintas.

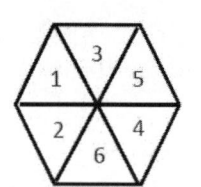

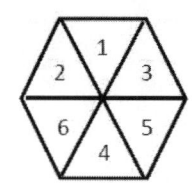

30. Um amigo secreto é realizado entre n amigos. De quantas maneiras um grupo de exatamente k pessoas, $k \leq n$, podem selecionar seus próprios presentes?

31. Quantas sequências simétricas podem ser formadas utilizando-se m bolas pretas e n bolas brancas?

32. Quantos são os subconjuntos de $A = \{1, \ldots, 100\}$ com 4 elementos tais que a soma deles é um múltiplo de 4?

33. De quantas maneiras pode-se colocar m moças e r rapazes em c cadeiras, $c > r + m$, tal que os rapazes sentem juntos uns dos outros e as moças também?

34. De quantas maneiras é possível formar uma sequência de três letras usando as letras a, b, c, d, e, f em que letras podem ser repetidas e a letra f sempre esteja presente?

35. Quantas vezes o número três é escrito quando listamos todos os números de 1 a 100.000?

36. Quantos anagramas da palavra **CEBOLA** apresentam as vogais em ordem alfebética?

37. (UFRN) Numa caixa, são colocadas 10 bolas, que têm a mesma dimensão. Três dessas bolas são brancas, e cada uma das outras sete é de uma cor diferente. Qual o número total de maneiras de se escolher um subconjunto de três bolas, dentre essas dez?

38. O Jogo da MEGA-SENA consiste no sorteio de 6 números distintos, escolhidos ao acaso, entre os números $1, 2, 3, \cdots, 60$. Uma aposta consiste na escolha (pelo apostador) de 6 números distintos entre os 60 possíveis, sendo premiados aqueles que acertarem 4 (quadra), 5 (quina) ou todos os 6 (sena) números sorteados. Um apostador que dispõe de muito dinheiro para jogar, escolhe 20 números e faz todos os $C(20,6) = 38.760$ jogos possíveis de serem realizados com esses 20 números. Realizado o sorteio, ele verifica que TODOS os 6 números sorteados estão entre

os 20 números que ele escolheu. Além de uma aposta premiada com a sena,

(a) Quantas apostas premiadas com a quina este apostador conseguiu?

(b) Quantas apostas premiadas com a quadra este apostador conseguiu?

39. (UFCG) Um farmacêutico dispõe de 14 comprimidos de substâncias distintas, solúveis em água e incapazes de reagir entre si. Qual é a quantidade de soluções distintas que podem ser obtidas pelo farmacêutico, dissolvendo-se dois ou mais desses comprimidos em um recipiente com água?

40. Quantos são os anagramas da palavra **TIKTAK** tais que em cada um deles não há duas letras iguais vizinhas?

41. Quantos são os números naturais de 7 dígitos nos quais o dígito 4 figura exatamente 3 vezes e o dígito 8 exatamente 2 vezes?

42. Quantos são os anagramas da palavra **URUBURETAMA** nas quais as vogais estão em ordem alfabética?

43. Quantas sequências de comprimento 20 formada com os dígitos pertencentes a $\{1, 2, 3, 4\}$ não apresentam dígitos iguais em posições consecutivas?

44. De quantas maneiras podemos formar uma roda de ciranda com m moças e r rapazes, $r > m$, sem que haja duas meninas em posições adjacentes?

45. Quantos hexágonos podemos formar a partir de n vértices numerados de 1 a n fixados em uma circunferência de tal forma que haja pelo menos três vértices entre quaisquer dois vétrices do hexágono?

46. Em uma reunião da **ONU** estão presentes os representes de 15 países em uma mesa circular, entre eles: Rússia, Estados Unidos, Irã, Síria e Israel. Quantas configurações são possíveis se:

(a) entre cada um dos representantes dos 5 países citados deve haver ao menos outros dois representantes?

(b) os representantes do Irã e Síria devem ficar em posições adjacentes e cada um deles separados por ao menos outros três representantes da delegação de Israel?

(c) nas condições do item (b), com Estados Unidos e Israel em posições também adjacentes?

(d) nas condições dos itens (b) e (c), com a Rússia e Estados Unidos não podendo figurar em posições adjacentes?

47. (A função φ de Euler) A função $\varphi : \mathbb{N}^* \to \mathbb{N}^*$ tal que que conta o número de naturais não superiores a n e que são primos com n, i.e.,

$$\varphi(x) := |\{n \in \mathbb{N}^* : n \leq x, \mathrm{mdc}(x,n) = 1\}|.$$

Prove que se $n = p_1^{j_1} p_2^{j_2} \ldots p_r^{j_r}$, então

$$\varphi(n) = n\left(1 - \frac{1}{p_1}\right)\left(1 - \frac{1}{p_2}\right)\ldots\left(1 - \frac{1}{p_r}\right).$$

48. Determine o número de permutações de $(1,\ldots,n)$ nas quais não figuram em posições consecutivas e nessa ordem as sequências $(1,\ldots,k)$, $(2,\ldots,k+1)$,..., $(n-k+1,\ldots,n)$.

49. Quantos são os subconjuntos de $A = \{1,\ldots,30\}$ com 3 elementos de modo que a diferença entre dois elementos de quaisquer um dos subconjuntos seja no mínimo 4?

50. n pessoas encontram-se sentadas num auditório de $n+k$ cadeiras. Elas vão para uma outra sala e quando retornam ao auditório, sentam-se novamente e é observado que nenhuma delas ocupa a mesma cadeira que antes. Mostre que o número de maneiras que isto pode ocorrer é $D_{n+k}^k = \sum_{j=0}^{k}\binom{k}{j}D_{n+k-j}$, em que D_{n+k}^k representa o número de permutações caóticas entre dois conjuntos com $n+k$ elementos e cuja interseção deles tem n elementos.

51. (veja [8]) De quantas maneiras n famílias com 5 membros cada podem se sentar em uma mesa circular tal que cada pessoa sente ao lado de um membro de sua família?

52. De quantas maneiras n casais podem se sentar numa mesa circular sem que

    (a) nenhum marido fique ao lado de sua esposa?

    (b) nenhum marido fique ao lado de sua esposa e pessoas de mesmo sexo não se sentem juntas?

53. Quantos inteiros positivos menores ou iguais a 2000 são múltiplos de 3 ou 4, mas não de 5?

54. Uma revendedora de uma certa indústria automobilística coloca à disposição dos clientes quatro modelos de carros. Para cada tipo escolhido, podem ser feitas as seguintes opções: seis cores diferentes; três tipos de estofamento; dois modelos distintos de pneus; vidros brancos ou verdes. **OPCIONALMENTE** é ainda possível adquirir os seguintes acessórios: duas marcas de CD-player; ar condicionado; direção hidráulica, vidros elétricos. Quantas opções de escolhas diferentes essa revendedora está oferecendo aos seus clientes?

55. (Provão-99) Os clientes de um banco devem escolher uma senha, formada por 4 algarismos de 0 a 9, de forma que não haja algarismos repetidos em posição consecutivas (assim, a senha 0120 é válida, mas 2114 não é). Qual o número de senhas válidas?

56. (HMITMT-2002) De quantas maneiras os números $1; 2; 3; \cdots ; 2002$ podem ser colocados nos vértices de um polígono regular de 2002 lados, com um número em cada vértice, de modo que nenhum par de números adjacentes tenha diferença, em valor absoluto, maior do que 2?

57. (Profmat-Exame-2019.1) Sejam A e B conjuntos finitos e não vazios com, respectivamente, a e b elementos.

    (a) Qual a relação entre a e b para que exista alguma função bijetiva de A em B? Nesta condição, quantas funções bijetivas existem?

    (b) Qual a relação entre a e b para que exista alguma função injetiva de A em B? Nesta condição, quantas funções injetivas existem?

58. (OBM) Cinco amigos, Arnaldo, Bernaldo, Cernaldo, Dernaldo e Ernaldo, devem formar uma fila com outras 30 pessoas. De quantas maneiras podemos formar essa fila de modo que Arnaldo fique a frente aos seus 4 amigos?

59. Permutando-se os algarismos do número 123456, podemos formar $6! = 720$ números. Qual a soma de todos eles?

60. (Profmat-Exame-2013.1)

    (a) Maria tem 10 anéis idênticos e quer distribuí-los pelos 10 dedos de suas mãos. De quantas maneiras diferentes ela pode fazer isto? Suponha que é possível colocar todos os anéis em qualquer um dos dedos.

(b) Suponha agora que os 10 anéis sejam todos distintos. De quantas maneiras Maria pode distribuí-los em seus dedos? Aqui também, suponha que é possível colocar todos os anéis em qualquer um dos dedos e que a ordem dos anéis nos dedos é relevante.

61. (Profmat-Exame-2014.2) Considere que foram efetuadas todas as permutações possíveis dos algarismos que compõem o número 78523, listando os números obtidos em ordem crescente.

(a) Determine a posição ocupada pelo número 78523.

(b) Calcule a soma de todos os números listados.

62. (OPM) Sete pessoas estão esperando, em fila, para entrar em uma sala onde sentarão em sete cadeiras arrumadas em linha, uma do lado da outra. As pessoas entrarão e, enquanto for possível, irão sentar-se isoladas, isto é, em uma cadeira cujas cadeiras vizinhas (à esquerda e à direita ou só de um dos lados caso seja uma cadeira de uma das pontas) estejam ambas vazias. De quantas maneiras distintas as pessoas podem se distribuir pelas cadeiras? Dica: considere em separado o caso em que a quarta pessoa a entrar na sala encontra uma cadeira isolada para sentar-se e os casos em que ela não encontra.

63. De quantos modos é possível colocar 8 pessoas em fila de modo que duas dessas pessoas, Vera e Paulo, não fiquem juntas?

64. De quantos modos é possível colocar 8 pessoas em fila de modo que duas dessas pessoas, Vera e Paulo, não fiquem juntas e duas outras, Helena e Pedro, permaneçam juntas?

65. Um partícula encontra-se originalmente na origem $(0,0,0)$ do $\mathbb{R}^3$. Essa partícula move-se no espaço $\mathbb{R}^3$ dando a cada instante passos unitários na direção (e no mesmo sentido) dos vetores $(1,0,0), (0,1,0)$ ou $(0,0,1)$. De quantas formas distintas essa partícula pode chegar ao ponto $(10, 15, 20)$.

66. (OBM-99) Um gafanhoto pula exatamente 1 metro. Ele está num ponto A de uma reta, só pula sobre ela, e deseja atingir um ponto B dessa mesma reta que está a 5 metros de distância de A com exatamente 9 pulos. De quantas maneiras ele pode fazer isso?

67. (Profmat-Exame-2017.1) Uma permutação de n elementos é dita caótica quando nenhum elemento está na posição original. Por exemplo, $(2;1;4;5;3)$ e $(3;4;5;2;1)$ são permutações caóticas de $(1;2;3;4;5)$, mas $(3;2;4;5;1)$ não é, pois 2 está no lugar original. O número de permutações caóticas de n elementos é denotado por D_n.

(a) Determine D_4 listando todas as permutações caóticas de $(1;2;3;4)$.

(b) Quantas são as permutações de $(1;2;3;4;5;6;7)$ que têm exatamente três números em suas posições originais?

68. (IME) 12 cavaleiros estão sentados em torno de uma mesa redonda. Cada um dos 12 cavaleiros considerea seus dois vizinhos como rivais. Deseja-se formar um grupo de 5 cavaleiros para libertar uma princesa, nesse grupo não poderá haver cavaleiros rivais. Determine de quantas maneiras é possível escolher esse grupo.

69. Quantos anagramas da palavra **URUBURETAMA** nos quais há duas letras **U** consecutivas?

70. De quantos modos podemos distribuir r bolas distintas em n urnas diferentes tal que

(a) Nenhuma urna fique vazia?

(b) Exatamente uma urna fique vazia?

71. (IME - 1987) n equipes concorrem numa competição automobilística, em que cada equipe possui 2 carros. Para a largada são formadas 2 colunas de carros lado a lado, de tal forma que cada carro da coluna da direita tenha ao seu lado, na coluna da esquerda, um carro de outra equipe. Determine o número de formações possíveis para a largada.

72. Considere n pontos distribuídos sobre uma circunferência de tal modo que o segmento ligando dois quaisquer desses pontos não passe pelo ponto de intersecção de outros dois segmentos; queremos calcular, em função de n, o número R_n de regiões obtidas no círculo quando todos os n pontos são ligados.

Examinando os casos $n = 2, 3, 4$ e 5, temos:

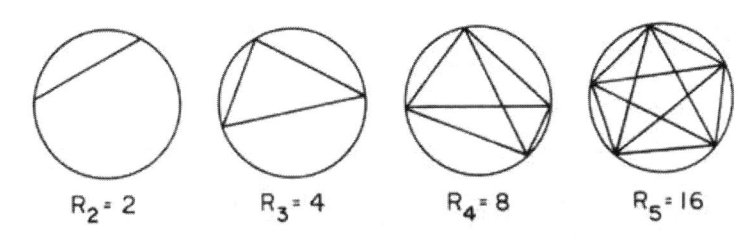

$R_2 = 2$ $R_3 = 4$ $R_4 = 8$ $R_5 = 16$

O próximo caso, $n = 6$, mostra que $R_6 = 31$, não sendo, portanto, a potência de $2^5 = 32$, como poderia ser indicado pelos casos anteriores. Mostre que, para $n > 4$, vale a seguinte fórmula:

$$R_n = \binom{n}{0} + \binom{n}{2} + \binom{n}{4}.$$

73. Dado um círculo, marque 11 pontos distintos sobre ele e desenhe as cordas determinadas por estes pontos, conforme ilustra a figura abaixo:

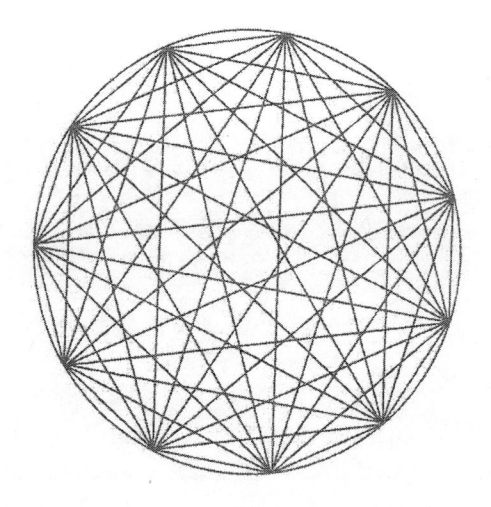

Se nenhum terno de cordas possui um ponto em comum, determine:

(a) Quantos são os pontos de interseção destas cordas que ficam na região interior do círculo?

(b) Quantos triângulos existem com os vértices no interior da região cercada pelo círculo?

74. Quantas soluções inteiras e não negativas possui a equação

$$5x_1 + x_2 + x_3 + x_4 = 14?$$

75. Quantas são as soluções inteiras não negativas da equação $x+y+z+w = 20$ em que $x > y$?

76. Se dispomos de 10 sucos de abacaxi, 1 suco de limão e 1 suco de uva, de quantas maneiras distintas podemos distribuir esses 12 sucos para 4 pessoas de modo que cada pessoa receba pelo menos um suco e que os sucos de limão e uva sejam dados para pessoas diferentes?

Exercícios propostos 131

77. Considere n pontos sobre a linha de uma circunferência e todas as cordas possíveis com extremidades nesses pontos. Suponha que não existem três dessas cordas intersectando-se num mesmo ponto. Com vértices nesses pontos e nos pontos de interseção das referidas cordas podemos construir triângulos dos quatro tipos sugeridos pela figua abaixo:

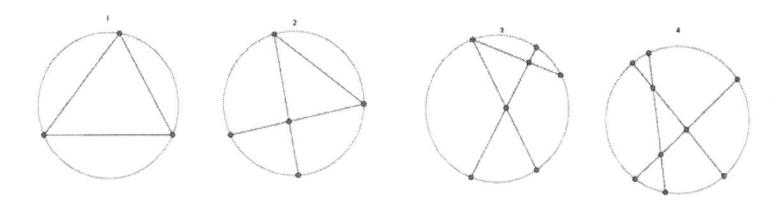

Mostre que a quantidade Q_n de triângulos que podemos formar, com vértices nesses pontos é dada por:

$$Q_n = \binom{n}{3} + 4\binom{n}{4} + 5\binom{n}{5} + \binom{n}{6}.$$

78. (a) Quantos triângulos distintos podem ser formados unindo-se 3 dos n vértices de um polígono convexo de n lados?

    (b) Quantos triângulos distintos podem ser formados unindo-se 3 dos n vértices de um polígono convexo de n lados de modo que nenhum lado do triângulo seja lado do polígono?

79. (veja [9]) Mostre que em todo subconjunto de tamanho $n + 1$ de $\{1, \ldots, 2n\}$ há um par de elementos tais que um deles divide o outro.

80. (IMO 1972 [10]) Mostre que em qualquer conjunto de 10 inteiros positivos de dois dígitos cada, é possível obter dois subconjuntos disjuntos cujos elementos têm a mesma soma.

81. Em um grupo de 20 pessoas, prove que existem pelo menos duas com o mesmo número de amigos.

82. Em uma sapataria existem 200 botas de tamanho 41, 200 botas de tamanho 42, e 200 botas de tamanho 43. Dessas 600 botas, 300 são para o pé esquerdo e 300 para o pé direito. Prove que existem ao menos 100 pares de botas usáveis.

83. (Rússia 2004 [11]) Cada ponto de coordenadas inteiras é pintado de uma de três cores, sendo cada cor usada pelo menos uma vez. Prove

que podemos encontrar um triângulo retângulo cujos vértices são de cores distintas.

84. Um paciente estava muito doente e seu patrão lhe deu 7 dias de folga para o seu tratamento. Ele foi ao médico e este receitou um remédio composto por 3 comprimidos. Entretanto, a bula chamava atenção para o fato de que esses comprimidos, de modo algum, deveriam ser ingeridos em dias consecutivos. Quantas possibilidades o doente tem de nos 7 dias tomar toda a medicação atendendo precisamente ao que a bula adverte?

Capítulo 4
Números Combinatórios

No capítulo de combinatória, entre várias coisas estudamos as combinações simples e estabelecemos uma fórmula para determiná-las. Neste capítulo vamos expandir aquela fórmula para contextos mais gerais, definindo os chamados **números (ou coeficientes) binomiais** e as configurações associadas ao chamado *Triângulo de Pascal*. No decorrer deste capítulo veremos várias propriedades dos números binomiais a partir de como estes se dispõem no Triângulo de Pascal a partir de linhas, colunas e diagonais. Ademais, veremos que os coeficientes binomiais também aparecem no desenvolvimento de termos da forma $(a+b)^n$ em que n é um número natural, o chamado *Binômio de Newton*. Em seguida vamos estudar outros "números combinatórios"(números de Catalan, números de Stirling, números de Bell, entre outros), assim chamados por serem ferramentas úteis para a resolução de diversos problemas de contagem.

4.1. Coeficientes Binomiais

Definição 4.1 (Números Binomiais). *Sejam n e k inteiros não negativos. Chamamos números binomiais ou coeficientes binomiais aos números representados por*

$$\binom{n}{k} := \begin{cases} \dfrac{(n)_k}{k!} = \dfrac{n(n-1)\ldots(n-k+1)}{k!} & \text{se } n \geq k > 0; \\ 1 & \text{se } k = 0; \\ 0 & \text{se } n < k. \end{cases}$$

Definição 4.2 (Triângulo de Pascal). *O quadro abaixo formado pelos números binomiais com a contagem das linhas e colunas a partir do zero em que $\binom{n}{k}$ é um elemento da linha n e coluna k.*

$$\binom{0}{0}$$

$$\binom{1}{0} \quad \binom{1}{1}$$

$$\binom{2}{0} \quad \binom{2}{1} \quad \binom{2}{2}$$

$$\binom{3}{0} \quad \binom{3}{1} \quad \binom{3}{2} \quad \binom{3}{3}$$

$$\binom{4}{0} \quad \binom{4}{1} \quad \binom{4}{2} \quad \binom{4}{3} \quad \binom{4}{4}$$

$$\binom{5}{0} \quad \binom{5}{1} \quad \binom{5}{2} \quad \binom{5}{3} \quad \binom{5}{4} \quad \binom{5}{5}$$

$$\binom{6}{0} \quad \binom{6}{1} \quad \binom{6}{2} \quad \binom{6}{3} \quad \binom{6}{4} \quad \binom{6}{5} \quad \binom{6}{6}$$

$$\binom{7}{0} \quad \binom{7}{1} \quad \binom{7}{2} \quad \binom{7}{3} \quad \binom{7}{4} \quad \binom{7}{5} \quad \binom{7}{6} \quad \binom{7}{7}$$

$$\vdots \quad \vdots \quad \vdots \quad \vdots \quad \vdots \quad \vdots \quad \vdots \quad \vdots$$

Definição 4.3 (Binômio de Newton). *É o polinômio resultante da expansão de $(x+y)^n$ em que $x, y \in \mathbb{R}$ e $n \in \mathbb{N}$.*

Considere o desenvolvimento de $(1+\alpha)^n$ para $n = 0, \ldots, 5$. Tem-se que

$$\begin{pmatrix} 1 \\ (1+\alpha)^1 \\ (1+\alpha)^2 \\ (1+\alpha)^3 \\ (1+\alpha)^4 \\ (1+\alpha)^5 \end{pmatrix} = \underbrace{\begin{pmatrix} 1 & 0 & 0 & 0 & 0 & 0 \\ 1 & 1 & 0 & 0 & 0 & 0 \\ 1 & 2 & 1 & 0 & 0 & 0 \\ 1 & 3 & 3 & 1 & 0 & 0 \\ 1 & 4 & 6 & 4 & 1 & 0 \\ 1 & 5 & 10 & 10 & 5 & 1 \end{pmatrix}}_{\text{Matriz de Pascal}} \cdot \begin{pmatrix} 1 \\ \alpha \\ \alpha^2 \\ \alpha^3 \\ \alpha^4 \\ \alpha^5 \end{pmatrix}$$

Enumerando as linhas e as colunas da matriz acima a partir do 0, o elemento que aparece na quarta linha e na segunda coluna é $\binom{4}{2} = 6$, o que figura na quinta linha e terceira coluna é $\binom{5}{3} = 10$ e, conforme veremos no decorrer do capítulo, para qualquer k e $n \in \mathbb{N}$ o elemento que aparece na linha n e coluna k é o *coeficiente binomial* $\binom{n}{k}$.

Observação 4.1. *Na sequência do capítulo serão apresentadas generalizações das definições 4.1 e 4.3 para, respectivamente, números binomiais e expansões binomiais da forma $\binom{r}{k}$ e $(a+b)^r$ em que $r \in \mathbb{R}$ e $k \in \mathbb{Z}$.*

Segundo Stillwell [12], alguns resultados importantes da *teoria dos números* foram descobertos na Idade Média, mas não conseguiram firmar raízes até serem redescobertos a partir do século XVII. Dentre esses resultados está o Triângulo de Pascal, redescoberto por matemáticos chineses e utilizado como meio de gerar coeficientes binomiais, isto é, os coeficientes que aparecem nas fórmulas $(a+b)^2, (a+b)^3, (a+b)^4$, e assim por diante. Outros resultados importantes descobertos na Idade Média e redescobertos posteriormente por Levi Ben Gershon (1321) foram as fórmulas para permutações e combinações.

Os chineses usavam o Triângulo de Pascal como meio de gerar coeficientes binomiais, isto é, os coeficientes que aparecem nas fórmulas

$$(a+b)^2 = a^2 + 2ab + b^2$$

$$(a+b)^3 = a^3 + 3a^2b + 3ab^2 + b^3$$

$$(a+b)^4 = a^4 + 4a^3b + 6a^2b^3 + 4ab^3 + b^4$$

e assim por diante, e o tabelavam como segue:

```
                    1                  → coeficientes de (a+b)^0
                  1   1                → coeficientes de (a+b)^1
                1   2   1              → coeficientes de (a+b)^2
              1   3   3   1            → coeficientes de (a+b)^3
            1   4   6   4   1          → coeficientes de (a+b)^4
          1   5  10  10   5   1        → coeficientes de (a+b)^5
        1   6  15  20  15   6   1      → coeficientes de (a+b)^6
```

Nessa figura, as duas linhas extras adicionadas no topo correspondem aos coeficientes das potências 0 e 1 de $(a+b)$. O triângulo aparece com seis linhas em Yáng Hui (1261) e com oito em Zhú Shìjié (1303). Yáng Hui atribui o triângulo a Jia Xiàn, que viveu no século XI. Baseados nesses resultados, por que chamamos a tabela dos coeficientes binomiais de Triângulo de Pascal? Claro que não é o único exemplo de um conceito matemático que foi nomeado depois da redescoberta ao invés de depois da descoberta, mas de qualquer forma Pascal merece mais crédito do que apenas por ter redescoberto tal conceito. No seu "Traité du Triangle Arithmétique" (1654), Pascal unificou as teorias Aritmética e Combinatória mostrando que os elementos do triângulo aritmético podiam ser interpretados de duas maneiras: como os coeficientes de $a^k b^{n-k}$ em $(a+b)^n$ e como o número de combinações de n coisas tomadas k a k. De fato, ele mostrou que $(a+b)^n$ é a *função geradora* para os coeficientes binomiais. Pascal juntamente com Fermat desenvolveram muitos estudos em problemas de probabilidade.

Uma das teorias de como surgiu o Triângulo de Pascal é que à época em que Pitágoras viveu, eram atribuídos aos números e às figuras, qualidades; por exemplo, o número 1 era considerado a fonte de todos os outros números e a esfera era considerada a figura mais perfeita. Em particular, o triângulo retângulo possuía toda uma mística em torno dele. Existiam até os chamados *números triangulares*, em que o n-ésimo número triangular poderia ser visto como o número de pontos de uma forma triangular com lado formado por n pontos, o que equivale à soma dos n primeiros números naturais, sendo definido por $T_n = \sum_{k=1}^{n} k = \binom{n+1}{2}$.

Já que existia uma adoração, digamos até religiosa, aos números triangulares e ao triângulo na sociedade pitagórica secreta, é natural que se tentasse conseguir um símbolo que representasse toda a essência de sua crença. A idéia é começar com um triângulo formado apenas com o número fonte de todos os números e ir montando triângulos formados a partir dos resultados obtidos das somas das linhas dos triângulos já conseguidos. Ilustramos esse procedimento a seguir.

Triângulo inicial:

$$
\begin{array}{ccccccccc}
 & & & & & & 1 & = & 1 \\
 & & & & & 1 & 1 & = & 2 \\
 & & & & 1 & 1 & 1 & = & 3 \\
 & & & 1 & 1 & 1 & 1 & = & 4 \\
 & & 1 & 1 & 1 & 1 & 1 & = & 5 \\
 & 1 & 1 & 1 & 1 & 1 & 1 & = & 6 \\
1 & 1 & 1 & 1 & 1 & 1 & 1 & = & 7 \\
\end{array}
$$

A partir desse triângulo, montaremos outro, cujas colunas sejam iguais aos resultados das somas obtidas no triângulo anterior:

$$
\begin{array}{ccccccccc}
 & & & & & & 1 & = & 1 \\
 & & & & & 1 & 2 & = & 3 \\
 & & & & 1 & 2 & 3 & = & 6 \\
 & & & 1 & 2 & 3 & 4 & = & 10 \\
 & & 1 & 2 & 3 & 4 & 5 & = & 15 \\
 & 1 & 2 & 3 & 4 & 5 & 6 & = & 21 \\
1 & 2 & 3 & 4 & 5 & 6 & 7 & = & 28 \\
\end{array}
$$

Observemos o que está acontecendo: com o primeiro triângulo, conseguimos os números naturais, com o segundo, os números triangulares. Isso pode ter sido considerado um aviso para que eles continuassem e, assim, conseguissem o que foi chamado de números triangulares de segunda, terceira, quarta,... ordens.

Coeficientes Binomiais

Números triangulares de segunda ordem:

						1	=	1
					1	3	=	4
				1	3	6	=	10
			1	3	6	10	=	20
		1	3	6	10	15	=	35
	1	3	6	10	15	21	=	56
1	3	6	10	15	21	28	=	84

Números triangulares de terceira ordem:

						1	=	1
					1	4	=	5
				1	4	10	=	15
			1	4	10	20	=	35
		1	4	10	20	35	=	70
	1	4	10	20	35	56	=	126
1	4	10	20	35	56	84	=	210

Números triangulares de quarta ordem:

				1	=	1
			1	5	=	6
		1	5	15	=	21
	1	5	15	35	=	56
1	5	15	35	70	=	126

Continuando dessa forma, eles estariam com a coleção dos números triangulares de qualquer ordem e, para finalizar, se montarmos um triângulo com esses números tão preciosos, obteremos:

1							
1	1						
1	2	1					
1	3	3	1				
1	4	6	4	1			
1	5	10	10	5	1		
1	6	15	20	15	6	1	
1	7	21	35	35	21	7	1

que são as oito primeiras linhas e colunas do Triângulo de Pascal, apenas numa forma diferente. Se observarmos mais detalhadamente, poderemos reescrever o triângulo anterior na forma como ele é mais conhecido:

$$\binom{0}{0}$$

$$\binom{1}{0} \quad \binom{1}{1}$$

$$\binom{2}{0} \quad \binom{2}{1} \quad \binom{2}{2}$$

$$\binom{3}{0} \quad \binom{3}{1} \quad \binom{3}{2} \quad \binom{3}{3}$$

$$\binom{4}{0} \quad \binom{4}{1} \quad \binom{4}{2} \quad \binom{4}{3} \quad \binom{4}{4}$$

$$\binom{5}{0} \quad \binom{5}{1} \quad \binom{5}{2} \quad \binom{5}{3} \quad \binom{5}{4} \quad \binom{5}{5}$$

$$\binom{6}{0} \quad \binom{6}{1} \quad \binom{6}{2} \quad \binom{6}{3} \quad \binom{6}{4} \quad \binom{6}{5} \quad \binom{6}{6}$$

$$\binom{7}{0} \quad \binom{7}{1} \quad \binom{7}{2} \quad \binom{7}{3} \quad \binom{7}{4} \quad \binom{7}{5} \quad \binom{7}{6} \quad \binom{7}{7}$$

A seguir apresentamos algumas propriedades do Triângulo de Pascal envolvendo coeficientes binomiais.

Teorema 4.1 (Binomiais Complementares). *Se n e p são naturais, então*

$$\binom{n}{p} = \binom{n}{n-p}. \tag{4.1}$$

Demonstração. De fato,

$$\binom{n}{n-p} = \frac{n!}{(n-(n-p))!(n-p)!} = \frac{n!}{p!(n-p)!} = \binom{n}{p}.$$

∎

O teorema 4.1 nos diz que em uma mesma linha do Triângulo de Pascal, elementos equidistantes dos extremos são iguais.

Teorema 4.2 (Relação de Stifel). *Se n e p são naturais, então*

$$\binom{n}{p-1} + \binom{n}{p} = \binom{n+1}{p}.$$

Demonstração. Tem-se que

$$\binom{n}{p-1} + \binom{n}{p} = \frac{n!}{(n-p+1)!(p-1)!} + \frac{n!}{(n-p)!p!}$$

$$= \frac{n!}{(n-p+1)(n-p)!(p-1)!} + \frac{n!}{(n-p)!p(p-1)!}$$

$$= \frac{n!}{(n-p)!(p-1)!}\left[\frac{1}{n-p+1} + \frac{1}{p}\right]$$

$$= \frac{n!}{(n-p)!(p-1)!}\left[\frac{p+n-p+1}{(n-p+1)p}\right]$$

$$= \frac{n!}{(n-p)!(p-1)!}\frac{n+1}{(n-p+1)p}$$

$$= \frac{(n+1)n!}{(n-p+1)(n-p)!p(p-1)!}$$

$$= \frac{(n+1)!}{(n-p+1)!p!} = \binom{n+1}{p}.$$

∎

Visualmente, adicionando dois elementos consecutivos de uma mesma linha do Triângulo de Pascal, obtemos o elemento situado abaixo da última parcela.

$$\binom{0}{0}$$

$$\binom{1}{0} \quad \binom{1}{1}$$

$$\binom{2}{0} \quad \binom{2}{1} \quad \binom{2}{2}$$

$$\binom{3}{0} \quad \binom{3}{1} \quad \binom{3}{2} \quad \binom{3}{3}$$

$$\binom{4}{0} \quad \binom{4}{1} \quad \binom{4}{2} \quad \binom{4}{3} \quad \binom{4}{4}$$

$$\vdots \quad \vdots \quad \vdots \quad \vdots \quad \vdots \quad \vdots$$

$$\cdots \quad \cdots \quad \binom{n}{p-1} + \binom{n}{p} \quad \cdots \quad \cdots$$

$$\downarrow$$

$$\cdots \quad \cdots \quad \cdots \quad \binom{n+1}{p} \quad \cdots \quad \cdots$$

Teorema 4.3 (Teorema das colunas). *Se k e p são naturais, então a soma dos elementos de uma coluna do Triângulo de Pascal, começando do primeiro elemento da coluna, é igual ao elemento situado numa coluna após e numa linha abaixo do último elemento da soma, i.e.,*

$$\sum_{j=0}^{k} \binom{p+j}{p} = \binom{p+k+1}{p+1}. \tag{4.2}$$

Demonstração. Usando a relação de Stiefel pedemos escrever:

$$\binom{p+1}{p} + \binom{p+1}{p+1} = \binom{p+2}{p+1}$$

$$\binom{p+2}{p} + \binom{p+2}{p+1} = \binom{p+3}{p+1}$$

$$\binom{p+3}{p} + \binom{p+3}{p+1} = \binom{p+4}{p+1}$$

$$\vdots$$

$$\binom{p+k}{p} + \binom{p+k}{p+1} = \binom{p+k+1}{p+1}$$

Adicionando membro a membro as igualdades acima e cancelando os termos iguais de lados opostos da igualdade, segue que:

$$\binom{p+1}{p+1} + \binom{p+1}{p} + \binom{p+2}{p} + \binom{p+3}{p} \cdots + \binom{p+k}{p} = \binom{p+k+1}{p+1}$$

Mas ocorre que $\binom{p+1}{p+1} = \binom{p}{p}$. Portanto,

$$\binom{p}{p} + \binom{p+1}{p} + \binom{p+2}{p} + \binom{p+3}{p} \cdots + \binom{p+k}{p} = \binom{p+k+1}{p+1}.$$

∎

Visualmente,

$$\binom{0}{0}$$

$$\binom{1}{0} \quad \binom{1}{1}$$

$$\binom{2}{0} \quad \binom{2}{1} \quad \binom{2}{2}$$

$$\vdots \quad \vdots \quad \vdots \quad \vdots \quad \binom{p}{p} \quad \vdots$$

$$\cdots \quad \cdots \quad \cdots \quad \cdots \quad \binom{p+1}{p} \quad \cdots$$

$$\vdots \quad \vdots \quad \vdots \quad \vdots \quad \vdots \quad \vdots$$

$$\cdots \quad \cdots \quad \cdots \quad \cdots \quad \binom{p+k}{p} \quad \cdots$$

$$\searrow$$

$$\cdots \quad \cdots \quad \cdots \quad \cdots \quad \cdots \quad \binom{p+k+1}{p+1} \quad \cdots \quad \cdots$$

Exemplo 4.1. *Sabendo-se que para todo $i \in \mathbb{N}$ tem-se que $i^2 = 2.\binom{i}{2} + \binom{i}{1}$, então prove que*

$$\sum_{i=0}^{n} i^2 = \frac{n(n+1)(2n+1)}{6}.$$

Solução. Do enunciado do exercício e do teorema 4.3 segue-se que

$$\sum_{i=0}^{n} i^2 = \sum_{i=0}^{n} \left[2.\binom{i}{2} + \binom{i}{1} \right]$$

$$= 2\sum_{i=0}^{n} \binom{i}{2} + \sum_{i=0}^{n} \binom{i}{1}$$

$$= 2\sum_{i=2}^{n} \binom{i}{2} + \sum_{i=1}^{n} \binom{i}{1} \quad \left(\binom{i}{p} = 0 \text{ se } i < p \right)$$

$$\stackrel{(teo\ 4.3)}{=} 2\binom{n+1}{3} + \binom{n+1}{2} = \frac{n(n+1)(2n+1)}{6}.$$

∎

Teorema 4.4 (Teorema das linhas). *Se n é natural, então a soma dos elementos da n-ésima linha vale 2^n, i.e.,*

$$\binom{n}{0} + \binom{n}{1} + \binom{n}{2} + \cdots + \binom{n}{n} = 2^n. \tag{4.3}$$

Demonstração. Utilizaremos o *Princípio da Indução Finita* para demonstrar sua validade.

Para $n = 0$, tem-se que o lado esquerdo se resume a $\binom{0}{0} = 1$ e o lado direito, $2^0 = 1$. Logo, a igualdade é verdadeira.

Hipótese de indução: suponha que a igualdade seja verdadeira para $n = k$, ou seja,

$$\binom{k}{0} + \binom{k}{1} + \binom{k}{2} + \cdots + \binom{k}{k} = 2^k.$$

Mostremos agora, utilizando a hipótese de indução, que a proposição continua válida quando temos $n = k + 1$, ou seja,

$$\binom{k+1}{0} + \binom{k+1}{1} + \binom{k+1}{2} + \cdots + \binom{k+1}{k} + \binom{k+1}{k+1} = 2^{k+1}.$$

Aplicando a relação de Stiefel, podemos reescrever:

$$\binom{k+1}{1} = \binom{k}{0} + \binom{k}{1}$$

$$\binom{k+1}{2} = \binom{k}{1} + \binom{k}{2}$$

$$\binom{k+1}{3} = \binom{k}{2} + \binom{k}{3}$$

$$\vdots$$

$$\binom{k+1}{k} = \binom{k}{k-1} + \binom{k}{k}.$$

Além disso,

$$\binom{k+1}{0} = \binom{k}{0} \quad e \quad \binom{k+1}{k+1} = \binom{k}{k}.$$

Assim,

$$\binom{k+1}{0} = \binom{k}{0}$$

$$\binom{k+1}{1} = \binom{k}{0} + \binom{k}{1}$$

$$\binom{k+1}{2} = \binom{k}{1} + \binom{k}{2}$$

Coeficientes Binomiais 143

$$\binom{k+1}{3} = \binom{k}{2} + \binom{k}{3}$$

$$\vdots$$

$$\binom{k+1}{k} = \binom{k}{k-1} + \binom{k}{k}$$

$$\binom{k+1}{k+1} = \binom{k}{k}.$$

Adicionando as igualdades acima membro a membro, segue-se que

$$\binom{k+1}{0} + \binom{k+1}{1} + \cdots + \binom{k+1}{k+1} = 2 \cdot \underbrace{\left[\binom{k}{0} + \binom{k}{1} + \cdots + \binom{k}{k}\right]}_{=2^k \text{(hipótese da indução)}} \Rightarrow$$

$$\binom{k+1}{0} + \binom{k+1}{1} + \binom{k+1}{2} + \cdots + \binom{k+1}{k} + \binom{k+1}{k+1} = 2 \cdot 2^k = 2^{k+1}.$$

Portanto, a proposição continua válida para $n = k+1$ e pelo Princípio da Indução Finita, temos que a fórmula é válida para qualquer n natural. ∎

Exemplo 4.2. *Considere o conjunto $S = \{(a,b) \in \mathbb{Z}^+ \times \mathbb{Z}^+ : a+b = 2020\}$. Calcule a soma dos números da forma $\frac{2020!}{a!b!}$, para todo $(a,b) \in S$.*

Solução. Note que se $a + b = 2020$, então $\frac{2020!}{a!b!} = \frac{2020!}{a!(2020-a)!} = \binom{2020}{a}$. Assim, pelo teorema 4.4 segue-se que

$$\sum_{(a,b):a+b=2020} \frac{2020!}{a!b!} = \sum_{a=0}^{2020} \binom{2020}{a} = 2^{2020}.$$

∎

Exemplo 4.3. *Calcule a soma*

$$S = \frac{\binom{11}{0}}{1} + \frac{\binom{11}{1}}{2} + \frac{\binom{11}{2}}{3} + \cdots + \frac{\binom{11}{11}}{12}.$$

Solução. Do exercício 1 item 1a tem-se que

$$\binom{12}{k+1} = \frac{12}{k+1}\cdot\binom{11}{k} \Rightarrow \frac{\binom{11}{k}}{k+1} = \frac{\binom{12}{k+1}}{12}.$$

Assim,

$$k=0 \Rightarrow \frac{\binom{11}{0}}{1} = \frac{\binom{12}{1}}{12};$$

$$k=1 \Rightarrow \frac{\binom{11}{1}}{2} = \frac{\binom{12}{2}}{12};$$

$$k=2 \Rightarrow \frac{\binom{11}{2}}{3} = \frac{\binom{12}{3}}{12};$$

$$\vdots$$

$$k=11 \Rightarrow \frac{\binom{11}{11}}{12} = \frac{\binom{12}{12}}{12}.$$

Adicionando membro a membro as iguadades acima, segue-se que:

$$\begin{aligned}
S &= \frac{\binom{11}{0}}{1} + \frac{\binom{11}{1}}{2} + \frac{\binom{11}{2}}{3} + \cdots + \frac{\binom{11}{11}}{12} \\
&= \frac{\binom{12}{1}}{12} + \frac{\binom{12}{2}}{12} + \frac{\binom{12}{3}}{12} + \cdots + \frac{\binom{12}{12}}{12} \\
&= \frac{1}{12}\left[\binom{12}{1} + \binom{12}{2} + \binom{12}{3} + \cdots + \binom{12}{12}\right] \\
&= \frac{1}{12}\left[2^{12} - \binom{12}{0}\right] \quad \text{(teorema 4.4)} \\
&= \frac{1}{12}\left[2^{12} - 1\right].
\end{aligned}$$

∎

Teorema 4.5 (Teorema das Diagonais). *Se n e p são naturais, então a soma dos elementos de uma diagonal do Triângulo de Pascal, começando do primeiro elemento de cada linha, é igual ao elemento situado na mesma coluna e na linha abaixo do último elemento somado, i.e.,*

$$\sum_{j=0}^{p}\binom{n+j}{j} = \binom{n+p+1}{p}. \tag{4.4}$$

Coeficientes Binomiais

Demonstração. Reescrevendo a soma dada em (4.4) e usando o fato que binomiais complementares são iguais (teorema 4.1) mais o teorema das colunas (teorema 4.3) segue-se que

$$\binom{n}{0} + \binom{n+1}{1} + \binom{n+2}{2} + \ldots + \binom{n+p}{p} \stackrel{(teo\ 4.1)}{=}$$
$$\binom{n}{n} + \binom{n+1}{n} + \binom{n+2}{n} + \ldots + \binom{n+p}{n} \stackrel{(teo\ 4.4)}{=} \binom{n+p+1}{n+1} = \binom{n+p+1}{p}.$$

∎

Visualmente,

$\binom{0}{0}$

$\binom{1}{0}$ $\binom{1}{1}$

$\binom{2}{0}$ $\binom{2}{1}$ $\binom{2}{2}$

⋮   ⋮   ⋮   ⋮   ⋮   ⋮

$\binom{n}{0}$ …   …   …   …   …

… $\binom{n+1}{1}$ …   …   …   …

⋮   ⋮   ⋱   ⋮   ⋮

…   …   … $\binom{n+p}{p}$ …   …

↓

…   …   … $\binom{n+p+1}{p}$.   …   …

Definição 4.4 (Binomial Médio). *Para todo $n \in \mathbb{N}$, chamamos o coeficiente binomial $\binom{2n}{n}$ de binomial médio.*

Exemplo 4.4. *Prove que para todo $n \geq 1$ $\binom{2n}{n}$ é par.*

Solução. Tem-se que

$$\binom{2n}{n} = \frac{(2n)!}{n!n!} = \frac{2n(2n-1)!}{n(n-1)!n!} = 2\frac{(2n-1)!}{(n-1)!n!} = 2\binom{2n-1}{n}.$$

∎

Exemplo 4.5 (Fórmula de Lagrange). *Mostre que*

$$\sum_{k=0}^{n}\binom{n}{k}^2 = \binom{2n}{n}. \qquad (4.5)$$

Solução. Faremos a prova a partir de um argumento combinatório, para tanto, considere um grupo formado por n homens, n mulheres e que se queira formar uma comissão de n pessoas. O total de possibilidades é $\binom{2n}{n}$. Por outro lado, podemos particionar o conjunto das partições em relação ao total de homens e mulheres presentes em cada uma delas e pelo princípio aditivo e multiplicativo, tem-se que o total de possibilidades é dado por

$$\binom{2n}{n} = \binom{n}{0}\binom{n}{n} + \binom{n}{1}\binom{n}{n-1} + \ldots + \binom{n}{n-1}\binom{n}{1} + \binom{n}{n}\binom{n}{0} \stackrel{(teo\ 4.1)}{=}$$

$$\binom{n}{0}\binom{n}{0} + \binom{n}{1}\binom{n}{1} + \ldots + \binom{n}{n-1}\binom{n}{n-1} + \binom{n}{n}\binom{n}{n} = \sum_{k=0}^{n}\binom{n}{k}^2.$$

∎

Exemplo 4.6 (OLIMPÍADA DE MAIO). *Esmeralda passeia pelos pontos de coordenadas inteiras do plano. Se, num dado momento, ela está no ponto (a, b), com um passo ela pode ir para um dos seguintes pontos:*

$$(a+1, b), (a-1, b), (a, b+1) \text{ ou } (a, b-1).$$

De quantas maneiras Esmeralda pode sair do ponto $(0, 0)$ e andar 2008 passos terminando no ponto $(0, 0)$?

Solução. Note que os movimentos permitidos a cada passo são: uma unidade para cima, uma unidade para baixo, uma unidade para esquerda ou uma unidade para a direita. Como Esmeralda quer sair do ponto $(0, 0)$ e retornar ao mesmo ponto após 2008 passos, durante todo o movimento o número de passos para cima (m) tem de ser igual ao número de passos para baixo, assim como o número de passos para a direita (n), tem de ser igual ao número de passos para a esquerda. Ora, como o total de passos é 2008, segue-se que

$$m + m + n + n = 2008 \Rightarrow m + n = 1004.$$

Cada passo dado para cima vamos representar por (C); cada passo para baixo vamos representar por (B); cada passo para a direita vamos representar por (D) e finalmente cada passo para a esquerda vamos representar por (E). Como estamos supondo que no movimento completo foram dados m passos para cima, m passos para baixo, n passos para a direita e n passos para a esquerda, para cada caminho possível formaremos uma sequência de m letras C, m letras B, n letras D e n letras E. (e reciprocamente, i.e., cada sequência de m letras C, m letras B, n letras D e n letras E também correspondem a um único caminho). Diante do exposto há uma bijeção entre o conjunto dos possíveis caminhos e o conjunto das sequências formadas com m letras C, m letras B, n letras D e n letras E. O número de sequências possíveis de formarmos com m letras C, m letras B, n letras D e n letras E é dado pela permutação com elementos repetidos, a saber:

$$\frac{(2m+2n)!}{m!m!n!n!} = \frac{2008!}{(m!)^2(n!)^2}.$$

Portanto, o número de caminnhos possíveis é igual ao número dessas sequências, que pode ser obtido por

$$\sum_{m+n=1004} \frac{2008!}{(m!)^2 \cdot (n!)^2} = \sum_{n=0}^{1004} \frac{2008!}{((1004-n)!)^2 \cdot (n!)^2}$$

$$= \sum_{n=0}^{1004} \frac{(1004!)^2}{(1004!)^2} \frac{2008!}{((1004-n)!)^2 \cdot (n!)^2}$$

$$= \frac{2008!}{(1004!)^2} \sum_{n=0}^{1004} \frac{(1004!)^2}{((1004-n)!)^2 \cdot (n!)^2}$$

$$= \frac{2008!}{(1004!)^2} \sum_{n=0}^{1004} \binom{1004}{n}^2$$

$$= \frac{2008!}{(1004!)^2} \left[\binom{1004}{0}^2 + \binom{1004}{1}^2 + \cdots + \binom{1004}{1004}^2 \right]$$

$$\stackrel{\text{(eq (4.5))}}{=} \frac{2008!}{(1004!)^2} \cdot \binom{2008}{1004}.$$

Na última igualdade acima usou-se a Fórmula de Lagrange demonstrada no exemplo 4.5.
∎

Exemplo 4.7. *Dada a série* $S = \sum_{k=1}^{\infty} \frac{1}{\binom{2k}{k}}$:

(a) *mostre que a série é convergente, i.e.,* $S < \infty$;

(b) prove também que $\dfrac{2}{3} < S < \dfrac{8}{9}$;

(c) finalmente, prove que $0,73639 < S < 0,73641$.

Solução.

(a) A partir da Fórmula de Lagrange, apresentada no exemplo 4.5, tem-se que

$$\binom{2n}{n} = \sum_{j=0}^{n} \binom{n}{j}^2 > \binom{n}{1}^2 = n^2, \qquad (4.6)$$

e portanto, segue de (4.6) que

$$\sum_{n=1}^{\infty} \dfrac{1}{\binom{2n}{n}} < \sum_{n=1}^{\infty} \dfrac{1}{n^2} = \dfrac{\pi^2}{6}.$$

Ou ainda, tem-se que para $n > 1$,

$$\binom{2n}{n} > 2^n, \text{donde segue que } \dfrac{1}{\binom{2n}{n}} < \dfrac{1}{2^n}, \text{ e se } n = 1, \text{ resulta que } \dfrac{1}{\binom{2n}{n}} = \dfrac{1}{2^n}.$$

Logo

$$\sum_{n=1}^{\infty} \dfrac{1}{\binom{2n}{n}} < \sum_{n=1}^{\infty} \dfrac{1}{2^n} = 1.$$

(b) Tem-se que

$$\dfrac{\prod_{i=1}^{n}(2i-1)}{n!} = \dfrac{\binom{2n}{n}}{2^n}, \text{ logo, para } n > 1,$$

$$\dfrac{2^{n-1}}{n} = \dfrac{1.2.4\ldots(2n-2)}{1.2.3\ldots n} < \dfrac{\binom{2n}{n}}{2^n} < \dfrac{1.4.6\ldots(2n)}{1.2.3\ldots n} = 2^{n-1}. \qquad (4.7)$$

De (4.7) resulta que

$$\dfrac{1}{2^{2n-1}} < \dfrac{1}{\binom{2n}{n}} < \dfrac{n}{2^{2n-1}},$$

Coeficientes Binomiais

e portanto,

$$\sum_{n=1}^{\infty} \frac{1}{2^{2n-1}} < \sum_{n=1}^{\infty} \frac{1}{\binom{2n}{n}} < \sum_{n=1}^{\infty} \frac{n}{2^{2n-1}}. \tag{4.8}$$

Os limitantes são obtidos a partir do cálculo das somas dadas em (4.8).

$$\sum_{n=1}^{\infty} \frac{1}{2^{2n-1}} = 2\sum_{n=1}^{\infty} \frac{1}{2^{2n}} = 2\left(\frac{\frac{1}{4}}{1-\frac{1}{4}}\right) = \frac{2}{3} \quad \text{e}$$

$$\sum_{n=1}^{\infty} \frac{n}{2^{2n-1}} = 2\sum_{n=1}^{\infty} \frac{n}{2^{2n}} = 2\left\{\left[\frac{1}{2^2}\right] + \left[\frac{1}{2^4} + \frac{1}{2^4}\right] + \left[\frac{1}{2^6} + \frac{1}{2^6} + \frac{1}{2^6}\right] + \ldots\right\} =$$

$$2\left\{\left[\frac{1}{2^2} + \frac{1}{2^4} + \frac{1}{2^6} + \ldots\right] + \left[\frac{1}{2^4} + \frac{1}{2^6} + \ldots\right] + \left[\frac{1}{2^6} + \frac{1}{2^8} + \ldots\right]\right\} =$$

$$2\left\{\frac{\frac{1}{2^2}}{1-\frac{1}{2^2}} + \frac{\frac{1}{2^4}}{1-\frac{1}{2^2}} + \frac{\frac{1}{2^6}}{1-\frac{1}{2^2}} + \ldots\right\} = \frac{8}{3}\left\{\frac{1}{2^2} + \frac{1}{2^4} + \frac{1}{2^6} + \ldots\right\} =$$

$$\frac{8}{3}\left\{\frac{\frac{1}{2^2}}{1-\frac{1}{2^2}}\right\} = \frac{8}{9}.$$

(c) Das desigualdades estabelecidas em (4.8), resulta que $\forall k \in \mathbb{N}^*$

$$\sum_{n=1}^{k} \frac{1}{\binom{2n}{n}} + \sum_{n=k+1}^{\infty} \frac{1}{2^{2n-1}} < \sum_{n=1}^{\infty} \frac{1}{\binom{2n}{n}} < \sum_{n=1}^{k} \frac{1}{\binom{2n}{n}} + \sum_{n=k+1}^{\infty} \frac{n}{2^{2n-1}}. \tag{4.9}$$

Analogamente ao que foi feito no item (b), tem-se que:

$$\sum_{n=k+1}^{\infty} \frac{1}{2^{2n-1}} = \frac{1}{2^{2k+1}} + \frac{1}{2^{2k+3}} + \ldots = \frac{1}{3}\left(\frac{1}{2^{2k-1}}\right) \tag{4.10}$$

e também

$$\sum_{n=k+1}^{\infty} \frac{n}{2^{2n-1}} = \left(\frac{k}{3} + \frac{4}{9}\right)\left[\frac{1}{2^{2k-1}}\right]. \tag{4.11}$$

Pois,

$$\sum_{n=k+1}^{\infty} \frac{n}{2^{2n-1}} = \frac{k+1}{2^{2k+1}} + \frac{k+2}{2^{2k+3}} + \frac{k+3}{2^{2k+5}} \ldots =$$

$$(k+1)\left[\frac{1}{2^{2k+1}}+\frac{1}{2^{2k+3}}+\ldots\right]+\left[\frac{1}{2^{2k+3}}+\frac{1}{2^{2k+5}}+\ldots\right]+$$
$$\left[\frac{1}{2^{2k+5}}+\frac{1}{2^{2k+7}}+\ldots\right]+\ldots=$$

$$(k+1)\left[\frac{\frac{1}{2^{2k+1}}}{1-\frac{1}{4}}\right]+\left[\frac{\frac{1}{2^{2k+3}}}{1-\frac{1}{4}}\right]+\left[\frac{\frac{1}{2^{2k+5}}}{1-\frac{1}{4}}\right]+\ldots=$$
$$\frac{4}{3}(k+1)\left[\frac{1}{2^{2k+1}}\right]+\frac{4}{3}\left[\frac{1}{2^{2k+3}}+\frac{1}{2^{2k+5}}+\ldots\right]=$$
$$\frac{1}{3}(k+1)\left[\frac{1}{2^{2k-1}}\right]+\frac{4}{3}\left[\frac{\frac{1}{2^{2k+3}}}{1-\frac{1}{4}}\right]=$$
$$\frac{1}{3}(k+1)\left[\frac{1}{2^{2k-1}}\right]+\frac{1}{9}\left[\frac{1}{2^{2k-1}}\right]=$$
$$\left(\frac{k}{3}+\frac{4}{9}\right)\left[\frac{1}{2^{2k-1}}\right].$$

De (4.10) e (4.11) resulta que

$$\sum_{n=1}^{k}\frac{1}{\binom{2n}{n}}+\frac{1}{3}\left(\frac{1}{2^{2k-1}}\right)<\sum_{n=1}^{\infty}\frac{1}{\binom{2n}{n}}<\sum_{n=1}^{k}\frac{1}{\binom{2n}{n}}+\left(\frac{k}{3}+\frac{4}{9}\right)\left[\frac{1}{2^{2k-1}}\right]. \qquad (4.12)$$

Para se estabelecer o resultado no item (c), é suficiente tomar $k=10$ em (4.12).

■

Observação 4.2. *A série* $\displaystyle\sum_{n=1}^{\infty}\frac{1}{\binom{2n}{n}}$ *pode ser estimada por*

$$\sum_{n=1}^{k}\frac{1}{\binom{2n}{n}}+\left(\frac{3k+7}{9}\right)\left(\frac{1}{2^{2k}}\right) \text{ com um erro de no máximo } \left(\frac{3k+1}{9}\right)\left(\frac{1}{2^{2k}}\right).$$

Assim, se quisermos um erro não superior a ϵ em nossa estimativa da série, é suficiente escolhermos $k=\min\left\{m\in\mathbb{N}:\left(\frac{3m+1}{9}\right)\left(\frac{1}{2^{2m}}\right)\leq\epsilon\right\}.$

Coeficientes Binomiais

Exemplo 4.8 (Número de Euler no Triângulo de Pascal). *Para todo $n \in \mathbb{N}$ seja $s_n = \prod_{k=0}^{n} \binom{n}{k}$. Mostre que*

$$\lim_{n \to \infty} \frac{s_{n-1} s_{n+1}}{s_n^2} = e.$$

Solução. Note-se inicialmente que

$$\frac{s_{n+1}}{s_n} = \frac{\prod_{k=0}^{n+1} \binom{n+1}{k}}{\prod_{k=0}^{n} \binom{n}{k}} = \frac{1 \cdot \prod_{k=0}^{n} \binom{n+1}{k}}{\prod_{k=0}^{n} \binom{n}{k}}. \qquad (4.13)$$

Ademais,

$$\binom{n+1}{k} = \frac{(n+1)!}{k!(n+1-k)!} = \frac{(n+1)n!}{k!(n+1-k)(n-k)!} = \frac{n+1}{n+1-k}\binom{n}{k}. \qquad (4.14)$$

De (4.14) em (4.13) segue-se que

$$\frac{s_{n+1}}{s_n} = \frac{1 \cdot \prod_{k=0}^{n} \frac{n+1}{n+1-k} \binom{n}{k}}{\prod_{k=0}^{n} \binom{n}{k}} = \frac{(n+1)^{n+1}}{(n+1)n \ldots 2.1} = \frac{(n+1)^n}{n!}. \qquad (4.15)$$

De (4.15) tem-se que para todo $n \geq 1$ que

$$\frac{\frac{s_{n+1}}{s_n}}{\frac{s_n}{s_{n-1}}} = \frac{\frac{(n+1)^n}{n!}}{\frac{(n)^{n-1}}{(n-1)!}} = \left(1+\frac{1}{n}\right)^{n-1} = \left(1+\frac{1}{n}\right)^n \left(1+\frac{1}{n}\right)^{-1} \Rightarrow$$

$$\lim_{n \to \infty} \frac{s_{n+1} s_{n-1}}{s_n^2} = \lim_{n \to \infty} \left(1+\frac{1}{n}\right)^n \lim_{n \to \infty} \left(1+\frac{1}{n}\right)^{-1} = e.$$

∎

Teorema 4.6 (Teorema Binomial). *Se $x, y \in \mathbb{R}$ e $n \in \mathbb{N}$, então*

$$(x+y)^n = \sum_{k=0}^{n} \binom{n}{k} x^{n-k} y^k, \quad com \quad \binom{n}{k} = \frac{n!}{(n-k)!k!}. \qquad (4.16)$$

Demonstração. A demonstração será feita pelo Princípio da Indução Finita. Para $n = 1$ temos que (4.16) é verdadeira pois

$$(x+y)^1 = \sum_{k=0}^{1} \binom{n}{k}^n x^{n-k} y^k = \binom{1}{0} x^{1-0} y^0 + \binom{1}{1} x^{1-1} y^1$$
$$= 1x^1 y^0 + 1x^0 y^1 = x + y.$$

Hipótese de indução: Suponhamos que (4.16) seja verdadeira para um certo n, i.e.,

$$(x+y)^n = \sum_{k=0}^{n} \binom{n}{k} x^{n-k} y^k.$$

Agora vamos provar que (4.16) é válida para $n+1$, i.e.,

$$(x+y)^{n+1} = \sum_{k=0}^{n+1} \binom{n+1}{k} x^{n+1-k} y^k.$$

De fato,

$$(x+y)^{n+1} = (x+y)^n (x+y)$$
$$= \left[\sum_{k=0}^{n} \binom{n}{k} x^{n-k} y^k\right](x+y)$$
$$= \sum_{k=0}^{n} \binom{n}{k} x^{n-k} y^k x + \sum_{k=0}^{n} \binom{n}{k} x^{n-k} y^k y$$
$$= \sum_{k=0}^{n} \binom{n}{k} x^{n+1-k} y^k + \sum_{k=0}^{n} \binom{n}{k} x^{n-k} y^{k+1}$$
$$= \sum_{k=0}^{n} \binom{n}{k} x^{n+1-k} y^k + \sum_{\ell=1}^{n+1} \binom{n}{\ell-1} x^{n+1-\ell} y^\ell \quad (\ell = k+1)$$
$$= \binom{n}{0} x^{n+1-0} y^0 + \sum_{k=1}^{n} \binom{n}{k} x^{n+1-k} y^k + \sum_{\ell=1}^{n} \binom{n}{\ell-1} x^{n+1-\ell} y^\ell + \binom{n}{n} x^0 y^{n+1}$$
$$= \binom{n}{0} x^{n+1-0} y^0 + \sum_{k=1}^{n} \left[\binom{n}{k} + \binom{n}{k-1}\right] x^{n+1-k} y^k + \binom{n}{n} x^0 y^{n+1}$$
$$= \binom{n+1}{0} x^{n+1-0} y^0 + \sum_{k=1}^{n} \binom{n+1}{k} x^{n+1-k} y^k + \binom{n+1}{n+1} x^0 y^{n+1-0} \quad \text{(teo 4.2)}$$
$$= \sum_{k=0}^{n+1} \binom{n+1}{k} x^{n+1-k} y^k.$$

∎

Coeficientes Binomiais

Observação 4.3. *Na demonstração usamos a relação de Stifel (teorema 4.2) e a igualdade entre as somas*

$$\sum_{k=1}^{n} \binom{n}{k} a^{n+1-k} b^k = \sum_{\ell=1}^{n} \binom{n}{\ell-1} a^{n+1-\ell} b^\ell.$$

Observação 4.4. *(Soma dos Coeficientes e Termo Geral da Expansão Binomial)*

- *Para obter o valor da soma dos coeficientes de $(x+y)^n$ é suficiente tomarmos $x = y = 1$. De fato, pelo teorema 4.6, fazendo-se $x = y = 1$ em $(x+y)^n$ tem-se que*

$$(1+1)^n = \sum_{k=0}^{n} \binom{n}{k} 1^k 1^{n-k} = \sum_{k=0}^{n} \binom{n}{k}. \qquad (4.17)$$

- *Também do teorema 4.6 tem-se que o desenvolvimento de $(x+y)^n$ apresenta $n+1$ termos em que o $(p+1)$-ésimo termo, T_{p+1}, é da forma*

$$T_{p+1} = \binom{n}{p} x^p y^{n-p} \quad \forall p \in \{0, \ldots, n\}. \qquad (4.18)$$

Exemplo 4.9. *Determine o coeficiente de x^5 no desenvolvimento de*

$$(1+x)^5 + (1+x)^6 + (1+x)^7 + \cdots + (1+x)^{100}.$$

Solução. Para cada $n \in \mathbb{N}$, a fórmula 4.18 do termo geral aplicada ao binômio $(1+x)^n$ é

$$T_{p+1} = \binom{n}{p} 1^{n-p} x^p = \binom{n}{p} x^p.$$

Como estamos interessados no coeficiente do x^5, basta fazer $p = 5$ na fórmula acima. Assim,

$$T_6 = \binom{n}{5} x^5.$$

Para obtermos o coeficiente do x^5 em $(1+x)^5 + (1+x)^6 + (1+x)^7 + \cdots + (1+x)^{100}$, basta obter o coeficiente de x^5 em cada um desses binômios e depois adicioná-los. Conforme já explicamos acima, para cada $n \in \mathbb{N}$, o coeficiente de x^5 em $(1+x)^n$ é $\binom{n}{5}$. Assim o coeficiente do x^5 em $(1+x)^5 + (1+x)^6 + (1+x)^7 + \ldots + (1+x)^{100}$ é

$$\binom{5}{5} + \binom{6}{5} + \binom{7}{5} + \cdots + \binom{100}{5}$$

que pelo teorema 4.3, teorema das colunas do Triângulo de Pascal, é igual a $\binom{101}{6} = 1.267.339.920$.

■

Exemplo 4.10 (ITA). *Sejam os números reais α e x onde $0 < \alpha < \frac{\pi}{2}$ e $x \neq 0$. Se no desenvolvimento de $\left((cos\alpha)x + (sen\alpha)\frac{1}{x}\right)^8$ o termo independente de x vale $\frac{35}{8}$, determine o valor de α.*

Solução. Segue-se da fórmula 4.18 do termo geral aplicada ao binômio

$$\left((cos\alpha)x + (sen\alpha)\frac{1}{x}\right)^8$$

que

$$T_{p+1} = \binom{8}{p}[(cos\alpha)x]^{8-p}\left[(sen\alpha)\frac{1}{x}\right]^p = \binom{8}{p}(cos\alpha)^{8-p}(sen\alpha)^p x^{8-2p}.$$

O valor de p correspondente ao termo independente de x é aquele tal que $8 - 2p = 0$, ou seja, $p = 4$. Assim, o termo independente de x é

$$\begin{aligned}
T_5 &= \binom{8}{4}(cos\alpha)^{8-4}(sen\alpha)^4 x^{8-2.4} \\
&= \binom{8}{4}(cos\alpha)^4(sen\alpha)^4 x^0 \\
&= \frac{8!}{4!4!}(cos\alpha)^4(sen\alpha)^4 \\
&= 70(cos\alpha)^4(sen\alpha)^4.
\end{aligned}$$

Por outro lado, de acordo com o enunciado, sabemos que o termo independente de x no desenvolvimento do binômio $\left((cos\alpha)x + (sen\alpha)\frac{1}{x}\right)^8$ é $\frac{35}{8}$. Assim,

$$70(cos\alpha)^4(sen\alpha)^4 = \frac{35}{8} \Rightarrow (cos\alpha)^4(sen\alpha)^4 = \frac{1}{16}$$

$$[(cos\alpha)(sen\alpha)]^4 = \frac{1}{16} \Rightarrow cos\alpha.sen\alpha = \sqrt[4]{\frac{1}{16}}$$

$$cos\alpha.sen\alpha = \frac{1}{2} \Rightarrow 2cos\alpha.sen\alpha = 1 \Rightarrow sen(2\alpha) = 1.$$

Como $0 < \alpha < \frac{\pi}{2}$, segue-se que:
$$sen(2\alpha) = 1 \Rightarrow 2\alpha = \frac{\pi}{2} \Rightarrow \alpha = \frac{\pi}{4}.$$

■

Exemplo 4.11 (AHSME). *Quantos fatores primos possui o número abaixo?*
$$N = 69^5 + 5.69^4 + 10.69^3 + 10.69^2 + 5.69 + 1$$

Solução. Note que
$$N = 69^5 + 5.69^4 + 10.69^3 + 10.69^2 + 5.69 + 1 = (69+1)^5 = 70^5.$$
Como $70 = 2 \times 5 \times 7$, segue-se que
$$N = 69^5 + 5.69^4 + 10.69^3 + 10.69^2 + 5.69 + 1 = (69+1)^5 = 70^5 = 2^5 \times 5^5 \times 7^5,$$
e portanto, os únicos fatores primos do número $N = 69^5 + 5.69^4 + 10.69^3 + 10.69^2 + 5.69 + 1$ são $2, 5$ e 7.

■

Exemplo 4.12. *Na figura abaixo estão exibidas as potências de expoentes inteiros e não negativos do número* 11. *Atenção! Os coeficientes binomiais que estão representados à direita de cada uma das igualdades estão apenas justapostos, não estão sendo multiplicados.*

$$11^0 = 1 = \binom{0}{0};$$

$$11^1 = 11 = \binom{1}{0}\binom{1}{1};$$

$$11^2 = 121 = \binom{2}{0}\binom{2}{1}\binom{2}{2};$$

$$11^3 = 1331 = \binom{3}{0}\binom{3}{1}\binom{3}{2}\binom{3}{3};$$

$$11^4 = 14641 = \binom{4}{0}\binom{4}{1}\binom{4}{2}\binom{4}{3}\binom{4}{4};$$

$$\vdots$$

É verdade que para todo n inteiro e não negativo, ocorre a igualdade abaixo?

$$11^n = \binom{n}{0}\binom{n}{1}\binom{n}{2}\cdots\binom{n}{n-1}\binom{n}{n}.$$

Solução. Não, pois

$$11^n = (10+1)^n = \binom{n}{0}10^n + \binom{n}{1}10^{n-1} + \binom{n}{2}10^{n-2} + \ldots + \binom{n}{n-1}10^1 + \binom{n}{n}10^0.$$

Assim, quando os coeficientes binomiais $\binom{n}{0}, \binom{n}{1}, \binom{n}{2}, \cdots, \binom{n}{n-1}, \binom{n}{n}$ são todos menores que 10, eles representam os algarismos do número 11^n na base 10 (lembre-se de que os algarismos na base 10 são $0, 1, 2, \ldots, 9$, que são todos menores que 10). Mas, já para $n = 5$ temos $\binom{5}{2} = \binom{5}{3} = 10$, que já não é menor que 10. Portanto $n = 4$ é o maior valor de n para o qual a representação $11^n = \binom{n}{0}\binom{n}{1}\binom{n}{2}\cdots\binom{n}{n-1}\binom{n}{n}$ funciona.

∎

Exemplo 4.13. *Prove que:*

$$\binom{n}{0} - \binom{n}{2} + \binom{n}{4} - \ldots = (\sqrt{2})^n \cos\left(\frac{n\pi}{4}\right).$$

Solução. Sendo i a unidade imaginária dos números complexos ($i^2 = -1$), segue-se que

$$(1+i)^n = \binom{n}{0}1 + \binom{n}{1}i + \binom{n}{2}i^2 + \binom{n}{3}i^3 + \binom{n}{4}i^4 + \cdots + \binom{n}{n}i^n.$$

Lembrando que as potências naturais de i são cíclicas módulo 4 (repetem-se ciclicamente de 4 em 4), e que

$$i^1 = 1, i^2 = -1, i^3 = -i, i^4 = 1,$$

segue-se que

$$(1+i)^n = \left[\binom{n}{0} - \binom{n}{2} + \binom{n}{4} - \cdots\right] + i\left[\binom{n}{1} - \binom{n}{3} + \binom{n}{5} - \cdots\right].$$

Por outro lado,

$$Z = 1 + i = \sqrt{2}\left[\cos\frac{\pi}{4} + i.sen\frac{\pi}{4}\right].$$

Aplicando a fórmula da potenciação de Abraham de Moivre (1667 – 1754),

$$(1+i)^n = (\sqrt{2})^n\left[\cos\frac{n\pi}{4} + i.sen\frac{n\pi}{4}\right].$$

Assim,

$$\left[\binom{n}{0} - \binom{n}{2} + \binom{n}{4} - \cdots\right] + i\left[\binom{n}{1} - \binom{n}{3} + \binom{n}{5} - \cdots\right] =$$
$$= \left(\sqrt{2}\right)^n \cos\frac{n\pi}{4} + i\left(\sqrt{2}\right)^n sen\frac{n\pi}{4}.$$

Finalmente, igualando-se as partes reais e as partes imaginárias dos dois membros, segue-se que:

$$\binom{n}{0} - \binom{n}{2} + \binom{n}{4} - \cdots = \left(\sqrt{2}\right)^n \cos\frac{n\pi}{4}$$

$$\binom{n}{1} - \binom{n}{3} + \binom{n}{5} - \cdots = \left(\sqrt{2}\right)^n sen\frac{n\pi}{4}.$$

■

Definição 4.5 (Coeficiente Binomial Generalizado). *Para todo $r \in \mathbb{R}$ e $k \in \mathbb{Z}$ define-se*

$$\binom{r}{k} = \begin{cases} \dfrac{(r)_k}{k!} = \dfrac{r(r-1)\ldots(r-k+1)}{k!} & se\ k > 0; \\ 1 & se\ k = 0; \\ 0 & se\ k < 0. \end{cases}$$

Observação 4.5 (Binômio de Newton Generalizado). *É possível estender o resultado do teorema 4.6 para todo $r \in \mathbb{R}$ com x e $y \in \mathbb{R}$ tais que $\left|\frac{x}{y}\right| < 1$, de tal modo que $(x+y)^r = \sum_{k=0}^{\infty} \binom{r}{k} x^k$ em que $\binom{r}{k}$ são os coeficientes binomiais generalizados definidos em 4.5.*

Observação 4.6. *O teorema 4.2 (Relação de Stifel) e o teorema 4.5 (teorema das Diagonais) podem ser estendidos para $r \in \mathbb{R}$ e $k \in \mathbb{Z}$. Vejamos a prova a partir de um argumento polinomial para o teorema 4.2 (Relação de Stifel).*

$$\binom{r-1}{k-1} + \binom{r-1}{k} = \binom{r}{k} \quad \forall k \in \mathbb{Z},\ r \in \mathbb{N}. \tag{4.19}$$

De fato se um polinômio é do grau k, então ele apresenta no máximo k raízes. Suponhamos, inicialmente, r inteiro positivo.

Se $k < 0$ ou $k = 0$, então ambos os lados de (4.19) valem, respectivamente, 0 ou 1. Se k e r forem inteiros positivos, então ambos os lados de (4.19) são polinômios de grau k em r, e portanto o polinômio $p_k(r) := \binom{r}{k} - \left(\binom{r-1}{k-1} + \binom{r-1}{k}\right)$ poderia ter no máximo k raízes, a menos do caso de ser identicamente nulo. Se $r \geq k$ é inteiro positivo, tem-se pela relação de Stifel que $p_k(r)$ é válida para todo r, e portanto apresenta mais que k raízes (qualquer $r > k$ é raiz de $p_k(r)$), devendo portanto $p_k(r)$ ser identicamente nulo, ou seja, a equação (4.19) passa a ser válida para todo $r \in \mathbb{R}$.

Algumas relações entre coeficientes binomiais como o teorema 4.4 (teorema das linhas), teorema 4.3 (teorema das colunas) e teorema 4.1 (teorema dos binomiais complementares) são na maioria das vezes utilizadas num contexto combinatório, em que p, k e n são números naturais. Entretanto tais teoremas podem não serem válidos no caso geral da definição 4.5 se em lugar de números naturais considerarmos números reais quaisquer. Se no teorema 4.3 pudéssemos tomar $p = -1$, então a equação (4.2) deixaria de ser verificada para qualquer k. O exemplo 4.14 mostra que o teorema 4.1 (teorema dos binomiais complementares) pode não ser verdadeiro se na equação (4.1) n não for natural.

Exemplo 4.14. *Mostre que $\binom{-1}{k} \neq \binom{-1}{-1-k}$ para todo $k \in \mathbb{N}$.*

Solução. Note que

$$\binom{-1}{k} = \frac{(-1)(-2)\ldots(-k)}{k!} = \frac{(-1)^k k!}{k!} = (-1)^k. \quad (4.20)$$

Por outro lado, tem-se da definição 4.5 que

$$\binom{-1}{-1-k} = 0, \ \forall k \in \mathbb{N}. \quad (4.21)$$

Logo, de (4.20) e (4.21) segue-se o resultado.

∎

Exemplo 4.15. *Mostre que para todo $x \in \mathbb{R}$ tem-se que:*

$$\binom{x}{k} = \begin{cases} (-1)^k \binom{k-x-1}{k} & \text{se } k \in \mathbb{N}_+; \\ 0 & \text{se } k < 0. \end{cases}$$

Solução. Da definição 4.5 tem-se que o resultado é imediato para $k \leq 0$. Para $k > 0$ tem-se que

$$\binom{x}{k} = \frac{x(x-1)(x-2)\ldots(x-(k-1))}{k!}$$
$$= \frac{(-1)(-x)(-1)(1-x)(-1)(2-x)\ldots(-1)((k-1)-x)}{k!}$$
$$= \frac{(-1)^k(-x+(k-1))\ldots(-x+2)(-x+1)(-x)}{k!}$$
$$= (-1)^k \frac{(-x+(k-1))_k}{k!} = (-1)^k \binom{-x+k-1}{k}.$$

∎

Exemplo 4.16. *Mostre que para todo $n \in \mathbb{Z}$ tem-se que:*

(a) $\binom{n-\frac{1}{2}}{n} = \frac{\binom{2n}{n}}{2^{2n}}$.

(b) $\binom{-\frac{1}{2}}{n} = \left(-\frac{1}{4}\right)^n \binom{2n}{n}$.

Solução.

(a) Seja $r \in \mathbb{R}$. Tem-se que

$$(r)_k \left(r - \frac{1}{2}\right)_k = r(r-1)\ldots(r-k+1)\left(r-\frac{1}{2}\right)\left(r-\frac{3}{2}\right)\ldots\left(r-\frac{1}{2}-k+1\right)$$
$$= r\left(r-\frac{1}{2}\right)(r-1)\left(r-\frac{3}{2}\right)\ldots(r-k+1)\left(r-\frac{1}{2}-k+1\right)$$
$$= \frac{2r}{2}\left(\frac{2r-1}{2}\right)\left(\frac{2r-2}{2}\right)\ldots\left(\frac{2r-2k+2}{2}\right)\left(\frac{2r-2k+1}{2}\right) = \frac{(2r)_{2k}}{2^{2k}}.$$

Assim, segue-se que

$$(r)_k \left(r - \frac{1}{2}\right)_k = \frac{(2r)_{2k}}{2^{2k}}. \tag{4.22}$$

Dividindo-se ambos os lados de (4.22) por $k!k!$ e da definição 4.5 tem-se que

$$\binom{r}{k}\binom{r-\frac{1}{2}}{k} = \frac{(2r)_{2k}}{k!k!2^{2k}} = \frac{(2r)_{2k}}{(2k)!}\frac{(2k)!}{k!k!2^{2k}} = \frac{\binom{2r}{2k}\binom{2k}{k}}{2^{2k}}. \qquad (4.23)$$

O resultado segue-se então de (4.23) com $k = r = n \in \mathbb{Z}$, ou seja,

$$\binom{n-\frac{1}{2}}{n} = \frac{\binom{2n}{n}}{2^{2n}}. \qquad (4.24)$$

(b) Do exemplo 4.15 tem-se que

$$\binom{n-\frac{1}{2}}{n} = (-1)^n \binom{n-(n-\frac{1}{2})-1}{n} = (-1)^n \binom{-\frac{1}{2}}{n}. \qquad (4.25)$$

De (4.25) e (4.24) segue-se o resultado, pois

$$\binom{-\frac{1}{2}}{n} = \frac{1}{(-1)^n}\frac{\binom{2n}{n}}{2^{2n}} = \left(-\frac{1}{4}\right)^n \binom{2n}{n}.$$

■

Exemplo 4.17. *Mostre que para todo* $m \in \mathbb{Z}$

$$\sum_{k \leq m} \binom{r}{k} \left[\frac{r}{2} - k\right] = \frac{m+1}{2}\binom{r}{m+1}.$$

Solução. A prova será feita por indução. Note inicialmente que se $m \leq -1$ o resultado é trivialmente verdadeiro pois todos os termos são identicamente nulos. Se $m = 0$, então tem-se que $\binom{r}{0}\left[\frac{r}{2} - 0\right] = \frac{0+1}{2}\binom{r}{1}$. Suponha que se o resultado é válido para um certo $m \in \mathbb{N}^*$, i.e.,

$$\sum_{k \leq m} \binom{r}{k} \left[\frac{r}{2} - k\right] = \frac{m+1}{2}\binom{r}{m+1} \quad \text{(h.i.)},$$

e mostremos que é válido para $m+1$, de fato,

Coeficientes Binomiais 161

$$\sum_{k\leq m+1}\binom{r}{k}\left[\frac{r}{2}-k\right] = \sum_{k\leq m}\binom{r}{k}\left[\frac{r}{2}-k\right] + \binom{r}{m+1}\left[\frac{r}{2}-(m+1)\right]$$

$$\stackrel{\text{(h.i.)}}{=} \frac{m+1}{2}\binom{r}{m+1} + \binom{r}{m+1}\left[\frac{r}{2}-(m+1)\right]$$

$$= \binom{r}{m+1}\left[\frac{r-(m+1)}{2}\right]$$

$$= \binom{r}{m+1}\left[\frac{r-(m+1)}{2}\right]\frac{(m+2)}{(m+2)}$$

$$= \frac{r!}{(m+1)!(r-m-1)!}\left[\frac{r-m-1}{2}\right]\frac{(m+2)}{(m+2)}$$

$$= \frac{r!}{(m+2)!(r-m-2)!}\frac{(m+2)}{2}$$

$$= \frac{(m+2)}{2}\binom{r}{m+2}.$$

∎

Exemplo 4.18. *Para todo* $r \in \mathbb{R}$ *e* $k \in \mathbb{Z}$, *mostre que*

(a) *se* $S_m := \sum_{k\leq m}\binom{m+r}{k}x^k y^{m-k}$, *então* $S_m = (x+y)S_{m-1} + \binom{-r}{m}(-x)^m$;

(b) $\sum_{k\leq m}\binom{m+r}{k}x^k y^{m-k} = \sum_{k\leq m}\binom{-r}{k}(-x)^k(x+y)^{m-k}$.

Solução.

(a) Do Teorema 4.2, tem-se que

$$S_m = \sum_{k\leq m}\binom{m-1+r}{k}x^k y^{m-k} + \sum_{k\leq m}\binom{m-1+r}{k-1}x^k y^{m-k} \quad (4.26)$$

Note que:

$$\sum_{k\leq m}\binom{m-1+r}{k}x^k y^{m-k} = \sum_{k\leq m-1}\binom{m-1+r}{k}x^k y^{m-k} + \binom{m-1+r}{m}x^m$$

$$= y\sum_{k\leq m-1}\binom{m-1+r}{k}x^k y^{m-1-k} + \binom{m-1+r}{m}x^m \qquad (4.27)$$

$$= yS_{m-1} + \binom{m-1+r}{m}x^m.$$

e fazendo-se a mudança de variável $w = k - 1$ no segundo termo de (4.26), tem-se que

$$\sum_{k\leq m}\binom{m-1+r}{k-1}x^k y^{m-k} \stackrel{(w=k-1)}{=}$$
$$\sum_{w\leq m-1}\binom{m-1+r}{w}xx^w y^{m-1-w} := xS_{m-1}. \qquad (4.28)$$

De (4.28) e (4.27) em (4.26) tem-se que

$$S_m = (x+y)S_{m-1} + \binom{m-1+r}{m}x^m. \qquad (4.29)$$

Ademais, do exemplo 4.15 tem-se que

$$\binom{m-1+r}{m} = (-1)^m\binom{-(m-1+r)+m-1}{m} = (-1)^m\binom{-r}{m}. \qquad (4.30)$$

Finalmente, de (4.30) em (4.29) segue-se o resultado, pois

$$S_m = (x+y)S_{m-1} + (-1)^m\binom{-r}{m}x^m = (x+y)S_{m-1} + (-x)^m\binom{-r}{m}. \qquad (4.31)$$

(b) Seja

$$Q_m := \sum_{k\leq m}\binom{-r}{k}(-x)^k(x+y)^{m-k} \qquad (4.32)$$

Coeficientes Binomiais

Vamos mostrar que

$$Q_m = (x+y)Q_{m-1} + \binom{-r}{m}(-x)^m.$$

De fato, tem-se que

$$\begin{aligned}
Q_m &= \sum_{k \leq m-1} \binom{-r}{k}(-x)^k(x+y)^{m-k} + \binom{-r}{m}(-x)^m(x+y)^0 \\
&= (x+y)\underbrace{\sum_{k \leq m-1}\binom{-r}{k}(-x)^k(x+y)^{m-1-k}}_{Q_{m-1}} + \binom{-r}{m}(-x)^m. \quad (4.33)
\end{aligned}$$

Para todo $k < 0$, tem-se que $\binom{m+r}{k} = \binom{-r}{k} = 0$, e portanto, $S_m = Q_m = 0$ para todo $m \leq 0$. Ademais, de (4.31) e (4.33) tem-se que S_m e Q_m satisfazem a mesma relação de recorrência, segue-se então que $Q_m = S_m$ para todo m, ou seja,

$$\sum_{k \leq m}\binom{m+r}{k}x^k y^{m-k} = \sum_{k \leq m}\binom{-r}{k}(-x)^k(x+y)^{m-k}.$$

∎

Exemplo 4.19. *Mostre que para todo $m \in \mathbb{Z}_+$ tem-se que*

$$\sum_{k \leq m}\binom{m+k}{k}2^{-k} = 2^m.$$

Solução. Do exemplo 4.18, item (b), tem-se para $x = 1$, $y = 1$ e $r = m+1$ que

$$\sum_{k \leq m}\binom{2m+1}{k} = \sum_{k \leq m}\binom{-(m+1)}{k}(-1)^k 2^{m-k} \quad (4.34)$$

Do exemplo 4.15 tem-se que

$$\binom{-(m+1)}{k} = (-1)^k\binom{k+m+1-1}{k} = (-1)^k\binom{k+m}{k}. \quad (4.35)$$

De (4.35) no lado direito de (4.34) tem-se que

$$\sum_{k\leq m}\binom{-(m+1)}{k}(-1)^k 2^{m-k} = \sum_{k\leq m}(-1)^k\binom{k+m}{k}(-1)^k 2^{m-k}$$
$$= \sum_{k\leq m}\binom{k+m}{k}2^{m-k}. \qquad (4.36)$$

De (4.36) e (4.34) tem-se que

$$\sum_{k\leq m}\binom{2m+1}{k} = \sum_{k\leq m}\binom{k+m}{k}2^{m-k}. \qquad (4.37)$$

Ademais, do exercício 1, item 1j, tem-se que

$$\sum_{k\leq m}\binom{2m+1}{k} = 2^{2m}. \qquad (4.38)$$

Finalmente, de (4.38) e (4.37) tem-se que

$$\sum_{k\leq m}\binom{2m+1}{k} = 2^{2m} = \sum_{k\leq m}\binom{k+m}{k}2^{m-k} \Rightarrow$$
$$\sum_{k\leq m}\binom{k+m}{k}2^{-k} = 2^m.$$

■

4.2. Coeficientes Multinomiais e o Polinômio de Leibniz

Definição 4.6 (Coeficiente Multinomial). *Sejam $n, n_1, \ldots, n_k$ números naturais tais que $n_1 + \ldots + n_k = n$. Definimos o coeficiente multinomial por*

$$\binom{n}{n_1, \ldots, n_k} = \frac{n!}{n_1! \ldots n_k!}$$

Exemplo 4.20 (Partições de um Conjunto). *Seja $\mathcal{P}$ o conjunto das partições de Ω, um conjunto com N elementos dos quais f_1 subconjuntos de tamanho*

Coeficientes Multinomiais e o Polinômio de Leibniz

$n_1,\ldots$, f_k subconjuntos de tamanho n_k, em que $n_1,\ldots,n_k$ são inteiros positivos distintos. Então

$$|\mathcal{P}| = \frac{\binom{N}{\underbrace{n_1\ldots n_1}_{f_1}\ldots\underbrace{n_k\ldots n_k}_{f_k}}}{\prod_{i=1}^{k}(f_i)!} = \frac{N!}{\prod_{i=1}^{k}[(n_i)!]^{f_i}(f_i)!} \qquad (4.39)$$

Solução. Há $\binom{N}{n_1}$ maneiras de formar o primeiro subconjunto com n_1 elementos, $\binom{N-(i-1)n_1}{n_1}$ maneiras de formar o i-ésimo subconjunto com n_1 elementos e $\binom{N-(f_1-1)n_1}{n_1}$ maneiras de formar o último subconjunto com n_1 elementos. Assim, existem $\prod_{i=1}^{f_1}\binom{N-(i-1)n_1}{n_1}$ maneiras de escolhermos *ordenadamente* os primeiros f_1 subconjuntos. Analogamente, há $\prod_{i=1}^{f_j}\binom{N-\sum_{r=1}^{j-1}n_r f_r - (i-1)n_j}{n_j}$ maneiras de escolher *ordenadamente* os primeiros f_j subconjuntos com n_j elementos, $1 \leq j \leq k$. Assim, o total de *partições ordenadas* é

$$\prod_{j=1}^{k}\prod_{i=1}^{f_j}\binom{N-(\sum_{r=1}^{j-1}n_r f_r)-(i-1)n_j}{n_j} = $$
$$\binom{N}{\underbrace{n_1\ldots n_1}_{f_1}\ldots\underbrace{n_k\ldots n_k}_{f_k}} = \frac{N!}{\prod_{i=1}^{k}[(n_i)!]^{f_i}}. \qquad (4.40)$$

Desde que qualquer um dos f_k subconjuntos de tamanho n_k podem permutar entre eles $f_k!$ vezes, segue-se que o número de *partições não ordenadas* é dada por (4.39).
∎

Observação 4.7. *No exemplo 4.20 foram estabelecidos dois resultados: o que considera as partições não ordenadas dado em (4.39) e o das partições ordenadas dado em (4.40).*

No caso particular de todos os subconjuntos apresentarem tamanhos diferentes, isto é, se $f_1 = f_2 = \ldots = f_k = 1$, então de (4.39) e (4.40) tem-se que o total de partições não ordenadas é igual ao total de partições ordenadas e ambas são dadas pelo coeficiente multinomial.

O total de anagramas de uma palavra com n letras, em que há n_1 de um tipo 1, n_2 de um tipo 2,..., n_k de um tipo k pode ser pensado como o número de partições ordenadas de um conjunto com n elementos em subconjuntos de tamanhos $n_1, n_2,..., n_k$ e obtido por (4.40). Ademais, se $n_1 \neq n_2 \neq \ldots \neq n_k$ (o que implica $f_1 = f_2 = \ldots = f_k = 1$), então por (4.40) ou (4.39), o total de anagramas é dado pelo coeficiente multinomial. No capítulo 4 tínhamos visto no exemplo 3.10 que o número de anagramas correspondia ao número de permutações com repetições.

Exemplo 4.21 (Distribuição de bolas distinguíveis em urnas distinguíveis). *De quantas maneiras é possível distribuir n bolas numeradas de 1 a n em k urnas numeradas de 1 a k de modo que a i-ésima urna contenha n_i bolas.*

Solução. O total de possibilidades em que se pode distribuir n_1 bolas na urna 1 é $\binom{n}{n_1}$, para cada uma destas há $\binom{n-n_1}{n_2}$ possibilidades para colarmos em n_2, $\binom{n-n_1-n_2}{n_3}$, e assim sucessivamente até haver uma única possibilidade para colocarmos as $n - n_1 - \ldots - n_{k-1} = n_k$ bolas restantes na k-ésima urna. Pelo Princípio Fundamental da Contagem o resultado é

$$\binom{n}{n_1}\binom{n-n_1}{n_2}\cdots\binom{n-n_1-\ldots-n_{k-1}}{n_k} = \binom{n}{n_1,\ldots,n_k}.$$

∎

Exemplo 4.22 (British Mathematical Olympiad). *Prove que*

$$\{[mn]!\}^2 \text{ é divisível por } (m!)^{n+1}(n!)^{m+1} \text{ para todo } m, n \in \mathbb{Z}_+^*.$$

Solução. Considere um grupo de mn pessoas que será particionado de duas maneiras, ei-las: Sejam $\mathcal{P}_1$ e $\mathcal{P}_2$, respectivamente, uma partição em que há n grupos de m pessoas cada e uma segunda partição há m grupos de n pessoas cada. O total de partições de cada uma das maneiras é um inteiro positivo, e portanto o produto também o é, implicando o resultado.

$$|\mathcal{P}_1| = \frac{[mn]!}{(m!)^n n!} \quad \text{e} \quad |\mathcal{P}_2| = \frac{[mn]!}{(n!)^m m!}$$

∎

Uma generalização do teorema 4.6 (teorema binomial) é o *Teorema Multinomial*, também chamado de *Polinômio de Leibniz* ou *Fórmula do Multinômio de Newton*.

Coeficientes Multinomiais e o Polinômio de Leibniz

Teorema 4.7 (Teorema Multinomial). *Se $n, k, n_1, \ldots, n_k$ são inteiros não negativos tais que $n_1 + \ldots + n_k = n$, então*

$$(x_1 + \ldots + x_k)^n = \sum_{\substack{n_1,\ldots n_k \geq 0 \\ n_1+\ldots+n_k=n}} \binom{n}{n_1, n_2, \ldots, n_k} x_1^{n_1} x_2^{n_2} \ldots x_k^{n_k}. \qquad (4.41)$$

Demonstração. Note que os termos do desenvolvimento de

$$(x_1 + \ldots + x_k)^n = \underbrace{(x_1 + \ldots + x_k) \ldots (x_1 + \ldots + x_k)}_{n \text{ vezes}} \qquad (4.42)$$

são da forma $C(n_1, n_2, \ldots, n_k) x_1^{n_1} x_2^{n_2} \ldots x_k^{n_k}$ em que $n_1 + \ldots + n_k = n$ e $C(n_1, \ldots, n_k)$ indica quantas vezes o termo $x_1^{n_1} x_2^{n_2} \ldots x_k^{n_k}$ aparece. Tem-se que o polinômio de Leibniz será dado por

$$\sum_{\substack{n_1,\ldots n_k \geq 0 \\ n_1+\ldots+n_k=n}} C(n_1, \ldots, n_k) x_1^{n_1} x_2^{n_2} \ldots x_k^{n_k}. \qquad (4.43)$$

Resta, então, determinar o valor de $C(n_1, n_2, \ldots, n_k)$ e, para tanto, consideremos o produto dos n termos dados entre parenteses em (4.42). Para gerar o termo $x_1^{n_1}$ devemos escolher n_1 vezes x_1 entre n parenteses dados, o que pode ser feito de $\binom{n}{n_1}$. Em seguida há $\binom{n-n_1}{n_2}$ possibilidades para a escolha de termos iguais a x_2 entre os $n - n_1$ parenteses restantes, e assim sucessivamente, até que haja $\binom{n-n_1-\ldots-n_{k-2}}{n_{k-1}}$ possíveis escolhas entre os parenteses para escolha de termos iguais a x_{k-1} e apenas uma, $\binom{n-n-n_1-\ldots-n_{k-1}}{n_k}$, possibilidade (os parenteses não previamente já escolhidos) para o termo x_k. Logo,

$$\begin{aligned} C(n_1, \ldots, n_k) &= \binom{n}{n_1} \binom{n-n_1}{n_2} \ldots \binom{n-n_1-\ldots-n_{k-2}}{n_{k-1}} \\ &\cdot \binom{n-n-n_1-\ldots-n_{k-1}}{n_k} = \frac{n!}{n_1! \ldots n_k!} = \binom{n}{n_1, \ldots, n_k}. \end{aligned} \qquad (4.44)$$

De (4.44) em (4.43) segue-se o resultado estabelecido em (4.41). ∎

Observação 4.8 (Soma dos Coeficientes do Polinômio de Leibniz). *De maneira análoga ao que vimos na seção 4.1, para obter a soma dos coeficientes* do polinômio de Leibniz é suficiente tomar $x_1 = x_2 = \ldots = x_k = 1$. Assim, de (4.41) e (4.42) segue-se que

$$\sum_{\substack{n_1,\ldots,n_k \geq 0 \\ n_1+\ldots+n_k=n}} \binom{n}{n_1, n_2, \ldots, n_k} = k^n. \tag{4.45}$$

Uma segunda maneira de obter (4.45) é a partir da observação 4.7, na qual vimos que o coeficiente multinomial $\binom{n}{n_1,n_2,\ldots,n_k}$ corresponde ao número de maneiras de distribuir n objetos (com n_1 do tipo 1,..., n_k do tipo k) em k gavetas (com n_1 objetos na gaveta 1,..., n_k objetos na gaveta k). Segue-se então, pelo Princípio Aditivo que a soma dada em (4.45) representa o total de configurações para distribuir os n objetos (bolas) em k gavetas (urnas). Por outro lado há k possibilidades de escolha de urna para cada bola, assim, pelo Princípio Fundamental da Contagem o total de possibilidades é k^n.

No apêndice A são comentados casos gerais de distribuição de bolas em urnas sem necessariamente predeterminar a quantidade de bolas por urna.

Exemplo 4.23 (Número de Parcelas do Polinômio de Leibniz). *O número de parcelas no desenvolvimento de $(x_1 + \ldots + x_k)^n$ é $P_{n+k-1}^{n,k-1}$.*

Solução. Do teorema 4.7 tem-se que as parcelas são da forma $\binom{n}{n_1,\ldots,n_k}x_1^{n_1} \ldots x_k^{n_k}$ com $n_1 + \ldots n_k = n$. Assim, o total de parcelas é o número de soluções inteiras e não negativas de $n_1 + \ldots n_k = n$, que do exemplo 3.12, vale

$$\binom{n+k-1}{k-1} = \frac{n!}{(k-1)!n!} = P_{n+k-1}^{n,k-1}.$$

∎

Teorema 4.8 (Recorrência de Coeficientes Multinomiais). *Se $n, n_1, \ldots, n_k$ são inteiros não negativos tais que $n_1 + \ldots + n_k = n$, então*

$$\binom{n}{n_1, n_2, \ldots, n_k} = \binom{n-1}{n_1-1, n_2, \ldots, n_k} + \ldots + \binom{n-1}{n_1, n_2, \ldots, n_k-1}.$$

Demonstração. A prova será por um argumento combinatório, para tanto considere n objetos e k gavetas numeradas de 1 a k, que conterão, respectivamente, $n_1, \ldots, n_k$ objetos. O número de maneiras possíveis de distribuir os n objetos em k gavetas com a configuração dada é

$$\binom{n}{n_1, \ldots, n_k} \tag{4.46}$$

Coeficientes Multinomiais e o Polinômio de Leibniz

Por outro lado, contemos o total de possibilidades em relação à presença de um objeto especial, se ele está ou não numa gaveta específica. Assim, se o objeto especial estiver presente na i-ésima gaveta, há $n-1$ objetos agora a serem distribuídos em k gavetas, sendo $n_i - 1$ objetos na i-ésima gaveta, pois esta já conta com o objeto especial. Logo, o total de possibilidades de distribuir n objetos com o objeto especial na caixa i é $\binom{n-1}{n_1, n_2, \ldots, n_i - 1, \ldots, n_k}$. Desde que o objeto especial pode ocupar qualquer uma das k caixas, pelo *Princípio Aditivo* tem-se que o total de possibilidades é

$$\binom{n-1}{n_1 - 1, n_2, \ldots, n_k} + \binom{n-1}{n_1, n_2 - 1, \ldots, n_k} + \ldots + \binom{n-1}{n_1, n_2, \ldots, n_k - 1}. \tag{4.47}$$

De (4.46) e (4.47) segue-se o resultado. ∎

Exemplo 4.24. Se $(1 + x + x^2)^n = a_0 + a_1 x + a_2 x^2 + \ldots + a_{2n} x^{2n}$, determine, em função de n o valor das somas:

(a) $S = a_0 + a_2 + a_4 + \cdots + a_{2n}$;

Solução. Fazendo $x = 1$ em $(1 + x + x^2)^n = a_0 + a_1 x + a_2 x^2 + \cdots + a_{2n} x^{2n}$, segue-se que:

$(1 + 1 + 1^2)^n = a_0 + a_1.1 + a_2.1^2 + \cdots + a_{2n}.1^{2n} \Rightarrow a_0 + a_1 + a_2 + \cdots + a_{2n} = 3^n.$

Fazendo $x = -1$ em $(1 + x + x^2)^n = a_0 + a_1 x + a_2 x^2 + \cdots + a_{2n} x^{2n}$, segue-se que:

$(1 + (-1) + (-1)^2)^n = a_0 + a_1.(-1) + a_2.(-1)^2 + \cdots + a_{2n}.(-1)^{2n} \Rightarrow$
$$a_0 - a_1 + a_2 - \cdots + a_{2n} = 1.$$

Assim,

$$\begin{cases} a_0 + a_1 + a_2 + \cdots + a_{2n} = 3^n \\ a_0 - a_1 + a_2 - \cdots + a_{2n} = 1. \end{cases}$$

Adicionando membro a membro as duas últimas igualdades acima, resulta que:

$2a_0 + 2a_2 + 2a_4 \cdots + 2a_{2n} = 3^n + 1 \Rightarrow 2. (a_0 + a_2 + a_4 + \cdots + a_{2n}) = 3^n + 1.$

Portanto,
$$a_0 + a_2 + a_4 + \cdots + a_{2n} = \frac{3^n + 1}{2}.$$

■

(b) $S = a_1 + a_3 + a_5 + \cdots + a_{2n-1}$.

Solução. Subtraindo membro a membro as expressões
$$\begin{cases} a_0 + a_1 + a_2 + \cdots + a_{2n} = 3^n \\ a_0 - a_1 + a_2 - \cdots + a_{2n} = 1, \end{cases}$$

segue-se que

$2a_1 + 2a_3 + 2a_5 + \cdots + 2a_{2n-1} = 3^n - 1 \Rightarrow 2. (a_1 + a_3 + a_5 + \cdots + a_{2n-1}) = 3^n - 1$

Assim,
$$a_1 + a_3 + a_5 + \cdots + a_{2n-1} = \frac{3^n - 1}{2}.$$

■

4.3. Número Catalan

Definição 4.7 (Número Catalan). *O n-ésimo número Catalan é definido para todo $n \in \mathbb{N}$ por $C_n = \dfrac{1}{n+1}\dbinom{2n}{n}$.*

Exemplo 4.25. *Mostre que para todo $n \in \mathbb{N}$, o n-ésimo número Catalan C_n é inteiro.*

Solução. Do exemplo 3.16 e da definição 4.7 tem-se que o n-ésimo número Catalan $C_n = \dfrac{\binom{2n}{n}}{n+1}$ corresponde ao número de possíveis apurações com $2n$ votantes em que cada um dos candidatos obtém n votos e um dos candidatos permanece sempre em vantagem ou empatado em relação ao outro.

Uma outra meneira de perceber que o número de Catalan $C_n = \dfrac{\binom{2n}{n}}{n+1}$ é inteiro é perceber que podemos escrevê-lo como a diferença de dois números binomiais (que sempre são números inteiros). Vejamos:

$$
\begin{aligned}
\binom{2n}{n} - \binom{2n}{n+1} &= \frac{(2n)!}{n!.n!} - \frac{(2n)!}{(n-1)!(n+1)!} = \frac{(2n)!}{n!n!} - \frac{(2n)!}{(n-1)!(n+1)n!} \\
&= \frac{(2n)!}{n!n!} - \frac{n(2n)!}{n(n-1)!(n+1)n!} = \frac{(2n)!}{n!n!} - \frac{n(2n)!}{n!(n+1)n!} \\
&= \binom{2n}{n}\left(1 - \frac{n}{n+1}\right) \\
&= \frac{1}{n+1}\binom{2n}{n} = C_n.
\end{aligned}
$$

∎

A partir do modelo dado no exemplo 3.15 (cada voto é dado somente a um dos candidatos) e já sabendo que C_n é a cardinalidade do conjunto de grafos com origem $O(0,0)$ e nó terminal em $F(2n,0)$ cujos elos não estão abaixo do eixo das abscissas, pode-se contruir bijeções desse conjunto com outros conjuntos resultando em interpretações combinatórias deveras interessantes para o número Catalan.

Na figura 4.1 são mostradas todas as configurações de cordilheiras e parenteses para para C_1, C_2 e C_3.

Na figura 4.2 mostramos a equivalência entre diferentes interpretações combinatórias (cordilheira, parêntese, "Dyck word", caminhos leste-norte) para uma apuração específica $AABBABAAABABBB$ da sequência de 14 votos, sendo 7 no candidato A e 7 votos no candidato B. Para quaisquer uma das $C_7 = \frac{\binom{14}{7}}{7+1}$ possíveis apurações obtêm-se as correspondentes equivalências.

1. (parenteses) C_n é o número de associações válidas entre n pares de parenteses.

    Considere-se os votos para o candidato A como um parêntese aberto, (, e os votos para o candidato B como um parêntese fechado,); o número Catalan correponde ao total de configurações válidas de parenteses, i.e, total de configurações em que para cada parêntese aberto há um correspondente parêntese fechado.

    De fato, observe que há uma correspondência biunívoca entre cada gráfico de apuração e uma configuração de parenteses. Nesta dinâmica, o primeiro parêntese é sempre aberto (primeiro voto é do candidato A) e o último parêntese é sempre fechado (último voto é do candiato B). Note também que no gráfico vantagem de votos do candidato A versus total de votos; cada diagonal para baixo ou voto em B ou

$n=0$:	*
$n=1$:	()
$n=2$:	()(), (())
$n=3$:	()()(), ()(()), (())(), (()()), ((()))

$n=0$:	*
$n=1$:	/\
$n=2$:	/\ /\/\, / \
$n=3$:	/\ /\ /\ /\/\ / \ /\/\/\, /\/ \, / \/\, / \, / \

Figura 4.1

parêntese), formará uma configuração válida de parenteses, (), com um parêntese imediatamente anterior aberto (, pois se em um dado instante o candidato B recebeu um voto, é porque no instante anterior o candidato A tinha ao menos um voto a mais que B.

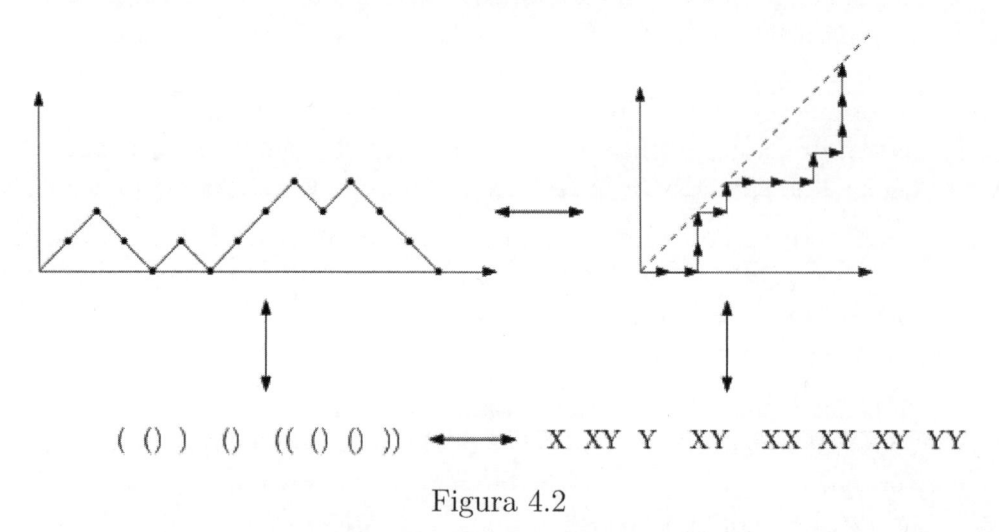

(()) () ((() ())) ⟷ X XY Y XY XX XY XY YY

Figura 4.2

2. (Cordilheiras) Considere-se os votos para o candidato A como um "/" e os votos para o candidato B como um símbolo "\", o número de Catalan correponde ao número de "montanhas/ cordilheiras" formadas;

3. ("Dyck words") Considere-se os votos para o candidato A como um "X" e os votos para o candidato B como um "Y", o número de Catalan corresponde ao total de palavras formadas com n letras X e n letras

Y onde em qualquer posição $p \in \{1, \ldots, 2n\}$ da palavra, o número de letras X até esta posição p é maior ou igual que o número de letras Y;

4. (Caminhos Leste-Norte) Seja $\mathbb{N}_n \times \mathbb{N}_n = \{0, \ldots, n\} \times \{0, \ldots, n\}$ e o grafo cujos elos são horizontais ou verticais com nós, respectivamente, de $P(x,y)$ a $Q(x+1,y)$ ou de $P(x,y)$ a $Q_1(x,y+1)$. Para cada um dos três exemplos anteriores considere os símbolos "(", "/" ou X a um elo horizontal do grafo e os símbolos ")", "\" ou Y a um elo vertical do grafo. O número Catalan representa o total de grafos que não estão acima da reta $y = x$.

5. (Apertos de Mão) O número de maneiras que $2n$ pessoas podem se cumprimentar em uma mesa circular sem haver cruzamento dos braços é C_n.

Sem perda de generalidade, consideremos a já mencionada sequência

$$XXYYXYXXXYXYYY \leftrightarrow (\;()\;)\quad()\quad((\;()\;()\;))$$

cuja equivalência também entre cordilheiras e caminhos leste norte foi mostrada nos itens anteriores. O problema que temos agora é como encontrar uma bijeção entre $XXYYXYXXXYXYYY$ e uma representação de apertos de mão sem cruzamento de braços, ou de maneira maneira geral, mostrar que há uma bijeção entre o conjunto das C_7 sequências de "Dyck words" (ou configurações válidas de parenteses ou caminhos leste norte) e o conjunto dos apertos de mão sem cruzamento de braços. Para tanto, considere os elementos da sequência numerados da esquerda para a direita e com a representação circular de que a corda $(i,j), i < j$, signficando um cumprimento entre um elemento X da i-ésima posição da sequência e um elemento Y da j-ésima posição da sequência. Assim, dada uma representação gráfica de cordas representando os cumprimentos sem cruzamento de braços obtém-se de maneira imediata a "Dyck word" (ou sequência de parenteses, ou montanhas, ou caminho leste norte) correspondente. Veja a figura 4.3

Agora imaginemos a situação em que dada a sequência

$$XXYYXYXXXYXYYY \leftrightarrow (())()((()()))$$

e a partir de uma delas temos que definir uma única configuração de apertos de mão em que não há cruzamento de braços? Da definição tem-se que em qualquer posição da sequência, o total de letras X é sempre maior ou igual que o total de letras Y e também da definição a primeira e última letras são, respectivamente, X (parêntese aberto) e Y (parêntese

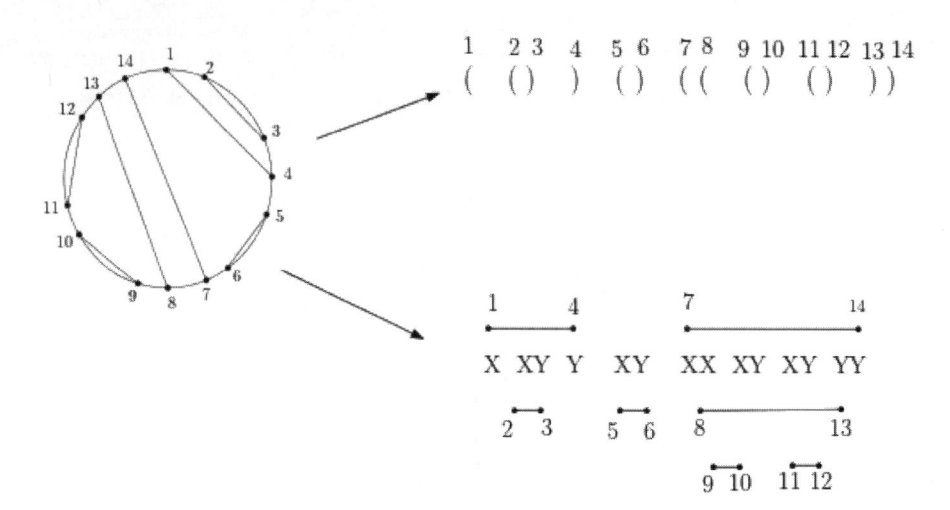

Figura 4.3

fechado). Definamos então a seguinte regra. Percorrendo a sequência da esquerda para a direita, o primeiro Y que aparecer formará uma corda com o X que o precede. O segundo Y que aparecer formará uma corda com o último X que o precede e que não pertence a nenhuma corda, e assim sucessivamente. Assim, na sequência $XXYYXYXXXYXYYY$ dada formaríamos as cordas (representação dos cumprimentos) conforme mostrado na figura 4.4.

Primeiro elo: (2,3)
$XXYYXYXXXYXYYY$

Segundo elo: (1,4)
$XXYYXYXXXYXYYY$

Terceiro elo: (5,6)
$XXYYXYXXXYXYYY$

Quarto elo: (9,10)
$XXYYXYXXXYXYYY$

Quinto elo: (11,12)
$XXYYXYXXXYXYYY$

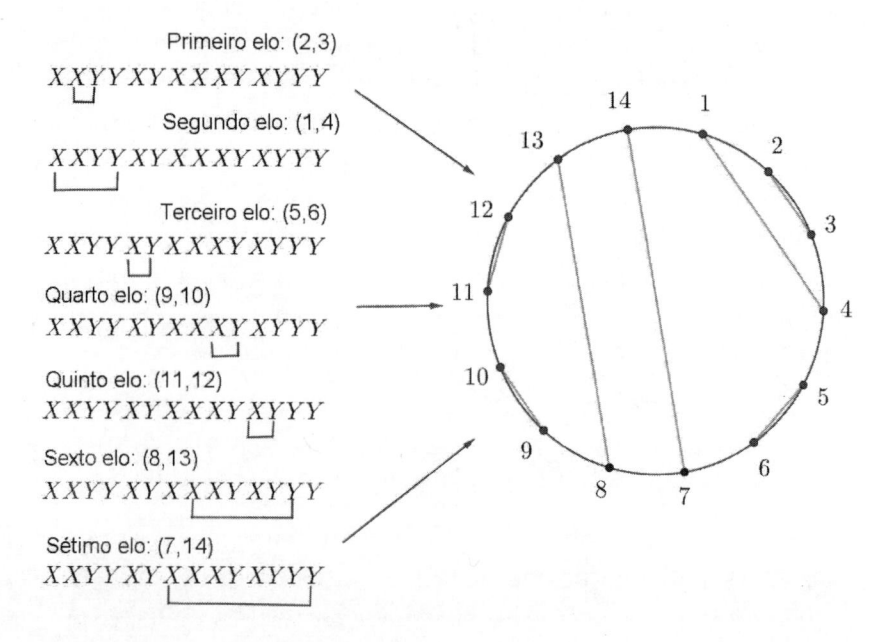

Sexto elo: (8,13)
$XXYYXYXXXYXYYY$

Sétimo elo: (7,14)
$XXYYXYXXXYXYYY$

Figura 4.4

Número Catalan

O teorema a seguir nos dá uma condição suficiente para determinar o número de Catalan a partir de uma relação de recorrência.

Teorema 4.9. *Seja* $\{a_n\}_{n\in\mathbb{N}}$ *uma sequência de números reais com* $a_0 = 1$.

$$\text{Se } a_n = \sum_{k=0}^{n-1} a_{n-1-k}a_k, \text{ então } a_n = \frac{1}{n+1}\binom{2n}{n}.$$

Demonstração. Seja $f(z)$ a função geradora (veja definição 7.1) da sequência $\{a_n\}_{n\in\mathbb{N}}$, i.e.,

$$f(z) = \sum_{i=0}^{\infty} a_i z^i = a_0 + a_1 z^1 + a_2 z^2 + \ldots \qquad (4.48)$$

De (4.48) segue-se que

$$(f(z))^2 = a_0 a_0 + (a_1 a_0 + a_0 a_1)z + (a_2 a_0 + a_1 a_1 + a_0 a_2)z^2 + \ldots$$
$$\stackrel{\text{(hipótese)}}{=} a_0 a_0 + a_2 z + a_3 z^2 + \ldots \qquad (4.49)$$

Multiplicando (4.49) por z e adicionando a_0, obtém-se que

$$a_0 + z(f(z))^2 = a_0 + a_1 z + a_2 z^2 + a_3 z^3 + \ldots \stackrel{(4.48)}{=} f(z), \qquad (4.50)$$

e portanto, de (4.50), desde que $a_0 = 1$, multiplicando por $4z$ e completando os quadrados, segue-se que

$$1 + z(f(z))^2 = f(z) \Rightarrow 4z^2(f(z))^2 - 4zf(z) + 4z = 0 \Rightarrow$$
$$(2zf(z))^2 - 2(2zf(z)).1 + 1 - 1 + 4z = 0 \Rightarrow (2zf(z) - 1)^2 = 1 - 4z \Rightarrow$$

$$2zf(z) = 1 + \sqrt{1-4z} \; (\star) \quad \text{ou} \quad 2zf(z) = 1 - \sqrt{1-4z} \qquad (4.51)$$

e desde que $(\star)$ de (4.51) não satisfaz a condição $f(0) = a_0 = 1$, tem-se que

$$f(z) = \frac{1 - \sqrt{1-4z}}{2z} \; \forall z \neq 0 \text{ e } f(0) = 1. \qquad (4.52)$$

Da definição 4.5 e de 4.5 tem-se que

$$(1-4z)^{\frac{1}{2}} = \sum_{k=0}^{\infty} \binom{\frac{1}{2}}{k}(-4z)^k$$

$$= 1 - \frac{\left(\frac{1}{2}\right)}{1}4z + \frac{\frac{1}{2}\left(-\frac{1}{2}\right)}{2.1}(4z)^2 - \frac{\left(\frac{1}{2}\right)\left(-\frac{1}{2}\right)\left(-\frac{3}{2}\right)}{3.2.1}(4z)^3 + \ldots \quad (4.53)$$

$$= 1 - \frac{1}{1!}2^1 z - \frac{1}{2!}2^2 z^2 - \frac{3.1}{3!}2^3 z^3 - \frac{5.3.1}{4!}2^4 z^4 - \ldots$$

De (4.53) em (4.52) tem-se que

$$f(z) = 1 + \frac{1}{2!}2^1 z + \frac{3.1}{3!}2^2 z^2 + \frac{5.3.1}{4!}2^3 z^3 + \ldots$$

$$= 1 + \frac{1}{2}\left(\frac{2^1}{1!}\right)z^1 + \frac{1}{3}\left(\frac{3.1.2^2}{2!}\right)z^2 + \frac{1}{4}\left(\frac{5.3.1.2^3}{3!}\right)z^3 + \ldots \quad (4.54)$$

Note que $\forall K \in \mathbb{N}^*$

$$(2k)! = \prod_{j=1}^{k}(2j-1)2^k k! \iff \prod_{j=1}^{k}(2j-1)2^k = \frac{(2k)!}{k!} \quad (4.55)$$

Finalmente de (4.55) em (4.54) segue-se que

$$f(z) = 1 + \frac{1}{2}\binom{2}{1}z^1 + \frac{1}{3}\binom{4}{2}z^2 + \frac{1}{4}\binom{6}{3}z^3 + \ldots = \sum_{k=0}^{\infty}\frac{1}{k+1}\binom{2k}{k}z^k. \quad (4.56)$$

De (4.56), (4.48) e da definição 4.7 tem-se que a_n é o n-ésimo número de Catalan, i.e., é $a_n = C_n = \frac{1}{n+1}\binom{2n}{n}$.

∎

Mostraremos a seguir duas aplicações da recorrência estabelecida no teorema 4.9.

- (parenteses) Sejam $2n$ parenteses nas condições já definidas anteriormente de configurações válidas. Desde que toda configuração válida dos n pares de parenteses, necessariamente, começa com um parêntese aberto, (, e termina com um parêntese fechado,), podemos particionar o conjunto das configurações válidas em relação a posição do parêntese fechado correspondente ao primeiro parêntese aberto, ao qual poderá ser qualquer posição $p \in \{2, 4, \ldots, 2n\}$. Assim, todas as configurações válidas poderão ser representadas da forma $(A)B$, em que A e B são subconjuntos de configurações válidas de parenteses com, respectivamente, k e $n - k - 1$ pares, em que $k \in \{0, \ldots, n-1\}$. Assim, se $|A| = k$ e $|B| = n - k - 1$, então o parêntese que "fecha" o primeiro parêntese aberto está na posição $2k + 2$, havendo C_k possiblidades de configurações válidas para os k pares de parenteses de A que podem ser combinadas com outras C_{n-k-1} pares de configurações válidadas de parenteses de B, havendo então pelo Princípio Fundamental da Contagem $C_k.C_{n-k-1}$ possibilidades. Pelo Principio Aditivo segue-se que o total de configurações válidas para os n pares de parenteses é

$$\sum_{k=0}^{n-1} C_k C_{n-1-k} \stackrel{(teo\ 4.9)}{=} C_n.$$

- (Triangulações de um polígono) As triangulações de um polígono convexo de $n + 2$ lados correspondem ao número de partições do polígono em n triângulos, i.e., os interiores dos triângulos têm interseção vazia e a soma das áreas dos triângulos é a área do polígono. Se um polígono convexo tem $n + 2$ lados, então há C_n triangulações possíveis.

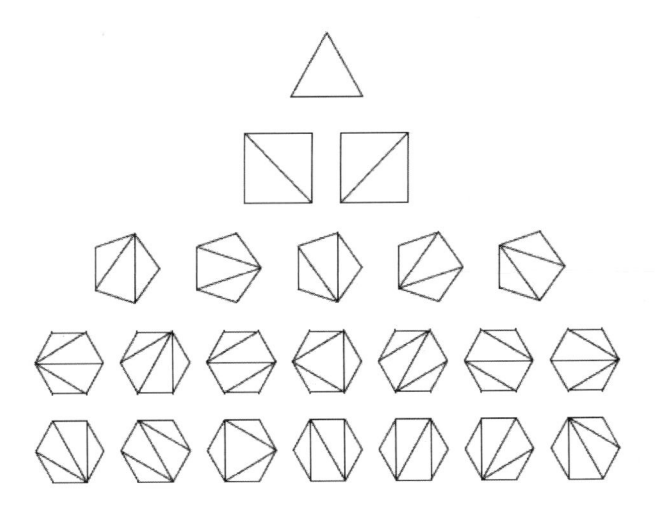

Figura 4.5: triangulações de polígonos com $n = 3, 4, 5$ e 6 lados.

Na figura 4.5 tem-se que o número de triângulações para um triângulo, quadrado, pentágono e hexágono são, respectivamente, $C_1 = 1$, $C_2 = 2$, $C_3 = 5$ e $C_4 = 14$. Na figura 4.6 contamos o número de triangulações para o heptágono a partir do total de triangulações já conhecidas para

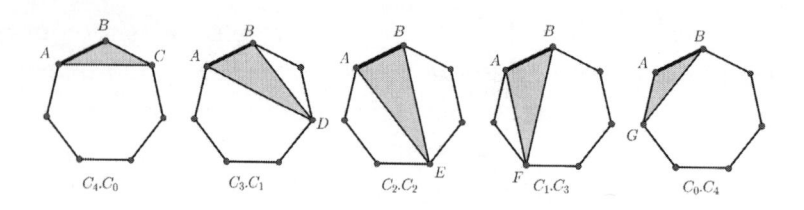

Figura 4.6: $C_5 = C_4C_0 + C_3C_1 + C_2C_2 + C_1C_3 + C_0C_4$.

o triângulo, quadrado, pentágono e hexágono. Cada um dos triângulos formados com o lado AB do heptágono divide este em até duas regiões cujo número de triangulações é conhecido.

No caso geral de um polígono de $n+2$ lados, o número de triangulações é obtido seguindo-se o mesmo procedimento descrito para o heptágono, donde resulta que o número de triangulações é dado por

$$C_{n-1}C_0 + C_{n-2}C_1 + \ldots + C_1C_{n-2} + C_0C_{n-1} \stackrel{(teo\ 4.9)}{=} C_n.$$

Outras interpretações combinatórias para o número Catalan determinadas a partir da recorrência estabelecida no teorema 4.9:

- (Árvores Binárias) Considere uma árvore (grafo conexo e sem ciclos) com um nó especial (raiz) e a partir dele todos os nós estão ligados a nenhum ou a dois elos. O número de diferentes árvores desse tipo com n nós internos (a raiz e mais aqueles que não estão nas extremdiades das folhas) é C_n;

- (Poliminós Inclinados) Um poliminó é um conjunto de quadrados e que são conectados por lados comuns. Um poliminó inclinado é tal que cada linha horizontal ou vertical intercepta um conjunto de quadrados com arestas comuns e que as colunas da esquerda para a direita são tais que o quadrado da base da coluna à esquerda está à mesma altura ou abaixo do quadrado da base da coluna à direita. Se consideramos o lado de cada quadrado igual a 1, o número de poliminós de perímetro de $2n+2$ é C_n.

Em [13] são apresentadas 214 diferentes interpretações combinatórias do número Catalan determinadas a partir de problemas de contagem.

Definição 4.8 (Supercatalan). *Para todo $m, n \in \mathbb{N}$ define-se o supercatalan $C(m,n)$ por*

$$C_{m,n} = \frac{(2m)!(2n)!}{m!n!(m+n)!}.$$

Número Catalan

Observação 4.9. *Historicamente falando o número supercatalan foi apontado por Gessel [14] como sendo estudado em 1874 por E. Catalan, o qual provou que estes números são inteiros, entretanto Aguiar e Hsiao [15] citaram estudos anteriores em que aparecem tais números.*

Se na definição 4.8 fizermos $m = 0$, então $C_{0,n} = \frac{(2n)!}{n!n!}$ que é o binomial médio definido em 4.4 e se $m = 1$, então $C_{1,n} = 2C_n$. Exceto para $m = n = 0$, os números $C_{m,n}$ são pares.

Apesar de muitas propriedades do número Supercatalan já terem sido descobertas, veja Dickson [16] e Gessel [14], ainda não se tem uma prova por *Argumento Combinatório* que $C_{m,n}$ é inteiro. Gessel e Xin [17] mostraram via um argumento combinatório que para $m = 2$ e $m = 3$ que $C_{m,n}$ é inteiro, mas para m e n quaisquer o problema via argumento combinatório ainda segue em aberto.

Exemplo 4.26 (XIV Olimpíada Internacional de Matemática - [10]). *Quaisquer que sejam os inteiros naturais m e n, temos:*

$$\frac{(2m)!(2n)!}{m!n!(m+n)!} \in \mathbb{N}.$$

Solução. Seja p um primo arbitrário. A maior potência de p que divide o numerador da fração acima é p^a na qual

$$a = \sum_{i=1}^{\infty} \left(\lfloor \frac{2m}{p^i} \rfloor + \lfloor \frac{2n}{p^i} \rfloor \right)$$

ao passo que a maior potência de p que divide seu denominador é p^b com

$$b = \sum_{i=1}^{\infty} \left(\lfloor \frac{m}{p^i} \rfloor + \lfloor \frac{n}{p^i} \rfloor + \lfloor \frac{m+n}{p^i} \rfloor \right).$$

Basta mostrar que $a \geq b$.

Para qualquer k inteiro maior ou igual a 1 podemos escrever $m = m_1 k + r$ e $n = n_1 k + s$ em que $0 \leq r \leq k-1$, $0 \leq s \leq k-1$, m_1 e n_1 são inteiros.

Assim,

$$\lfloor \frac{2m}{k} \rfloor + \lfloor \frac{2n}{k} \rfloor = 2m_1 + 2n_1 + \lfloor \frac{2r}{k} \rfloor + \lfloor \frac{2s}{k} \rfloor \qquad (4.57)$$

e

$$\lfloor \frac{m}{k} \rfloor + \lfloor \frac{n}{k} \rfloor + \lfloor \frac{m+n}{k} \rfloor = m_1 + n_1 + (m_1 + n_1) + \lfloor \frac{r}{k} \rfloor + \lfloor \frac{s}{k} \rfloor + \lfloor \frac{r+s}{k} \rfloor$$

$$= 2m_1 + 2n_1 + \lfloor \frac{r+s}{k} \rfloor. \qquad (4.58)$$

Como
$$\lfloor \frac{r+s}{k} \rfloor \leq \lfloor \frac{2\max\{r,s\}}{k} \rfloor \leq \lfloor \frac{2r}{k} \rfloor + \lfloor \frac{2s}{k} \rfloor,$$
por (4.57) e (4.58) temos
$$\lfloor \frac{2m}{k} \rfloor + \lfloor \frac{2n}{k} \rfloor \geq \lfloor \frac{m}{k} \rfloor + \lfloor \frac{n}{k} \rfloor + \lfloor \frac{m+n}{k} \rfloor$$
para todo $k \geq 1$ e, em particular, para k da forma $k = p^i$, donde segue imediatamente que $a \geq b$.

∎

4.4. Números de Stirling

Os números de Stirling foram introduzidos pelo matemático escocês James Stirling (1692 − 1770) em 1730 na sua obra "Methodus Differentialis" [18]. Os números de Stirling, permutações de Stirling e aproximações de Stirling são alguns dos objetos matemáticos que levam o seu nome. Ele também provou com exatidão a classificação das cúbicas que havia sido iniciada por Newton (1642 − 1727). Coube ao matemático dinamarquês Niels Nielsen (1865 − 1931) denominá-los por Números de Stirling, veja [19]. As notações $\begin{bmatrix} n \\ k \end{bmatrix}$ e $\begin{Bmatrix} n \\ k \end{Bmatrix}$, respectivamente, para os números de stirling do primeiro e do segundo tipo foram introduzidas pelo matemático sérvio Jovan Karamata em 1935. No clássico livro "Enumerative Combinatorics" [20] de Peter Stanley são usadas as notações $c(n,k)$ e $S(n,k)$ para, respectivamente, os números de Stirling de primeira e segunda ordem.

Definição 4.9. *Dados $\alpha \in \mathbb{R}$ e o inteiro $n \geq 0$, definimos a n-ésima potência decrescente de α como sendo*

$$\alpha^{\underline{n}} := \begin{cases} 1, & \text{se } n = 0; \\ (\alpha)_n = \alpha(\alpha-1)(\alpha-2)\ldots(\alpha-n+1), & \text{se } n > 0. \end{cases}$$

Assim, por exemplo,
$$10^{\underline{4}} = 10(10-1)(10-2)(10-3) = 10.9.8.7 = 5040.$$

Definição 4.10. *Dados $\alpha \in \mathbb{R}$ e o inteiro $n \geq 0$, definimos a n-ésima potência crescente de α como sendo*

$$\alpha^{\overline{n}} := \begin{cases} 1, & \text{se } n = 0; \\ \alpha(\alpha+1)(\alpha+2)\ldots(\alpha+n-1), & \text{se } n > 0. \end{cases}$$

Números de Stirling 181

Assim, por exemplo,

$$10^{\overline{4}} = 10(10+1)(10+2)(10+3) = 10.11.12.13 = 17160.$$

Exemplo 4.27. *Mostre que para todo inteiro m, tem-se que:*

(a) $x^{\overline{m}} = (-1)^m(-x)^{\underline{m}}$;

Solução. Tem-se que $x^{\overline{m}} = x(x+1)\ldots(x+m-1)$, ademais

$$\begin{aligned}(-x)^{\underline{m}} &= (-x)(-x-1)\ldots(-x-(m-1)) \\ &= (-1)^m(x)(x+1)\ldots(x+(m-1)) = (-1)^m x^{\overline{m}}\end{aligned}$$

Multiplicando-se por $(-1)^m$ o primeiro e último termos das igualdades acima, tem-se o resultado.

∎

(b) $(x)^{\underline{m}} = (-1)^m(-x)^{\overline{m}}$.

Solução. Basta substituir x por $-x$ no resultado do item anterior.

∎

Exemplo 4.28. *Sejam m e n inteiros positivos tais que* $(x-n)^{\underline{m}} \neq 0 \neq (x-m)^{\underline{n}}$, *então mostre que*

$$\frac{(x)^{\underline{m}}}{(x-n)^{\underline{m}}} = \frac{(x)^{\underline{n}}}{(x-m)^{\underline{n}}} \tag{4.59}$$

Solução. Sejam $a_1 := (x)^{\underline{m}}$, $a_2 := (x-n)^{\underline{m}}$, $b_1 := (x)^{\underline{n}}$ e $b_2 := (x-m)^{\underline{n}}$, então para mostrar (4.59) é suficiente verificarmos que $a_1 b_2 = b_1 a_2$. De fato,

$$a_1 b_2 = x \ldots (x-m+1) \ldots (x-m-n+1) := (x)^{\underline{m+n}} \tag{4.60}$$

e

$$b_1 a_2 = x \ldots (x-n+1).(x-n) \ldots (x-n-m+1) := (x)^{\underline{m+n}}. \tag{4.61}$$

De (4.60) e (4.61) segue o resultado dado em (4.59).

∎

4.4.1. Números de Stirling Tipo I

Nesta subseção estudaremos algumas propriedades dos números de Stirling do tipo I, além de uma interpretação combinatória e da teoria dos números.

De maneira similar ao que foi feito na seção 4.1, em que a partir da definição 4.3 de Número Binomial, vimos que para $n \in \{0, \ldots, 5\}$, pôde-se relacionar $(1+\alpha)^n$ e α^n através da matriz de Pascal (matriz cujas entradas são os coeficientes binomiais) e que na sequência do capítulo, a partir do teorema 4.6, vimos que tal matriz poderia ser estendida para quaisquer n e k naturais com $k \leq n$. Consideraremos agora, para $n = 0, \ldots, 5$, a relação existente entre $\alpha^{\overline{n}}$ e as potências de α.

Fazendo $n = 0, 1, 2, 3, 4, 5$, podemos representar as identidades

$$\alpha^{\overline{n}} = \alpha(\alpha+1)(\alpha+2)\ldots(\alpha+n-1).$$

da seguinte forma:

$$\begin{pmatrix} 1 \\ \alpha^{\overline{1}} \\ \alpha^{\overline{2}} \\ \alpha^{\overline{3}} \\ \alpha^{\overline{4}} \\ \alpha^{\overline{5}} \end{pmatrix} = \begin{pmatrix} 1 & 0 & 0 & 0 & 0 & 0 \\ 0 & 1 & 0 & 0 & 0 & 0 \\ 0 & 1 & 1 & 0 & 0 & 0 \\ 0 & 2 & 3 & 1 & 0 & 0 \\ 0 & 6 & 11 & 6 & 1 & 0 \\ 0 & 24 & 50 & 35 & 10 & 1 \end{pmatrix} \cdot \begin{pmatrix} 1 \\ \alpha \\ \alpha^2 \\ \alpha^3 \\ \alpha^4 \\ \alpha^5 \end{pmatrix}$$

em que $C(n,k)$ é o coeficiente da k-ésima potência de α que aparece na expansão de $\alpha^{\overline{n}}$ é dado por $\sum_{k=0}^{n} C(n,k)\alpha^k$. Na situação acima tem-se $\begin{bmatrix} n \\ n \end{bmatrix} = 1$, $\begin{bmatrix} n \\ 0 \end{bmatrix} = 0 \; \forall n \in \{1, \ldots, 5\}$, $\begin{bmatrix} 2 \\ 1 \end{bmatrix} = \begin{bmatrix} 2 \\ 2 \end{bmatrix} = 1$, $\begin{bmatrix} 3 \\ 1 \end{bmatrix} = 2$, $\begin{bmatrix} 3 \\ 2 \end{bmatrix} = 3$, $\begin{bmatrix} 4 \\ 1 \end{bmatrix} = 6$, $\begin{bmatrix} 4 \\ 2 \end{bmatrix} = 11$, $\begin{bmatrix} 4 \\ 3 \end{bmatrix} = 6$, $\begin{bmatrix} 5 \\ 1 \end{bmatrix} = 24$, $\begin{bmatrix} 5 \\ 2 \end{bmatrix} = 50$, $\begin{bmatrix} 5 \\ 3 \end{bmatrix} = 35$, $\begin{bmatrix} 5 \\ 4 \end{bmatrix} = 10$.

Sem perda de generalidade, pode-se construir uma matriz enumerando as linhas e colunas a partir do 0, para um $n \in \mathbb{N}$ qualquer. As entradas desta matriz serão definidas como os números de Stirling do primeiro tipo e os denotaremos por $\begin{bmatrix} n \\ k \end{bmatrix}$.

Definição 4.11 (Números de Stirling tipo I). *Dados os inteiros $n, k \geq 0$ e $k \leq n$, definimos os números de Stirling tipo I como sendo os números $\begin{bmatrix} n \\ k \end{bmatrix}$ que cumprem a seguinte condição*

$$\alpha^{\overline{n}} := \alpha(\alpha+1)(\alpha+2)\ldots(\alpha+n-1) = \sum_{k=0}^{n} \begin{bmatrix} n \\ k \end{bmatrix} \alpha^k. \tag{4.62}$$

com $\begin{bmatrix} 0 \\ n \end{bmatrix} = \begin{bmatrix} n \\ 0 \end{bmatrix} = \begin{bmatrix} n \\ k \end{bmatrix} = 0$ se $k > n > 0$.

Números de Stirling

Exemplo 4.29. *Mostre que*

$$n! = \sum_{k=0}^{n} \begin{bmatrix} n \\ k \end{bmatrix}.$$

Solução. Se $n = 0$, o resultado é trivialmente verdadeiro pois da definição 4.11 $0! = 1 = (\alpha)^{\overline{0}} = \begin{bmatrix} 0 \\ 0 \end{bmatrix}$.

Se $n \geq 1$, segue-se da definição 4.11 que

$$(x)^{\overline{n}} = (x)(x+1)\ldots(x+(n-1)) = \sum_{k=0}^{n} \begin{bmatrix} n \\ k \end{bmatrix} x^k, \qquad (4.63)$$

e portanto, o resultado segue fazendo-se $x = 1$ em (4.63). ∎

Teorema 4.10 (Relação de Recorrência Números de Stirling Tipo I)**.** *Sejam $n \geq 0$ e $k \geq 1$ inteiros para os quais $k \leq n$, tem-se que*

$$\begin{bmatrix} n+1 \\ k \end{bmatrix} = \begin{bmatrix} n \\ k-1 \end{bmatrix} + n \begin{bmatrix} n \\ k \end{bmatrix}. \qquad (4.64)$$

Demonstração. Notemos, primeiramente, que $\alpha^{\overline{n+1}} = \alpha^{\overline{n}}(\alpha + n)$ e comparemos o coeficiente de α^k em $\alpha^{\overline{n+1}}$ e $\alpha^{\overline{n}}(\alpha + n)$.

Da definição 4.11 tem-se que o coeficiente de α^k em $\alpha^{\overline{n+1}}$ é $\begin{bmatrix} n+1 \\ k \end{bmatrix}$.

Calculemos agora o coeficiente de α^k em $\alpha^{\overline{n}}(\alpha + n)$. Tem-se que

$$\alpha^{\overline{n}}(\alpha+n) = \left(\begin{bmatrix} n \\ 0 \end{bmatrix} \alpha^0 + \ldots + \begin{bmatrix} n \\ k-1 \end{bmatrix} \alpha^{k-1} + \begin{bmatrix} n \\ k \end{bmatrix} \alpha^k + \ldots + \begin{bmatrix} n \\ n \end{bmatrix} \alpha^n \right)(\alpha + n),$$

e portanto, os termos contendo α^k serão

$$\begin{bmatrix} n \\ k-1 \end{bmatrix} \alpha^{k-1} \alpha + \begin{bmatrix} n \\ k \end{bmatrix} \alpha^k n = \left(\begin{bmatrix} n \\ k-1 \end{bmatrix} + n \begin{bmatrix} n \\ k \end{bmatrix} \right) \alpha^k,$$

como queríamos demonstrar. ∎

Observação 4.10. *Com a recorrência (4.64) e dadas as condições da definição 4.11, conseguimos determinar todos os números de stirling $\begin{bmatrix} n \\ k \end{bmatrix}$, com $1 \leq k \leq n \in \mathbb{N}$.*

Exemplo 4.30. *Mostre que*

$$\begin{bmatrix} n \\ n \end{bmatrix} = 1 \quad \forall n \geq 0. \tag{4.65}$$

Solução. Vimos no exemplo 4.29 tem-se que o resultado é verdadeiro para $n = 0$.

Se $n \geq 1$, então o resultado (4.65) segue da recorrência (4.64) com $k = n+1$ e do fato que $\begin{bmatrix} n \\ n+1 \end{bmatrix} = 0$ e $\begin{bmatrix} 0 \\ 0 \end{bmatrix} = 1$, de fato

$$\begin{bmatrix} n+1 \\ n+1 \end{bmatrix} = \begin{bmatrix} n \\ n \end{bmatrix} + n \begin{bmatrix} n \\ n+1 \end{bmatrix} = \begin{bmatrix} n \\ n \end{bmatrix} \quad \forall n \geq 0.$$

∎

Exemplo 4.31. *Mostre que*

$$\begin{bmatrix} n \\ n-1 \end{bmatrix} = \binom{n}{2} \quad \forall\, n \geq 1.$$

Solução. Da recorrência (4.64) com $k = n - 1$ e de (4.65), tem-se que

$$\begin{bmatrix} n \\ n-1 \end{bmatrix} = (n-1)\begin{bmatrix} n-1 \\ n-1 \end{bmatrix} + \begin{bmatrix} n-1 \\ n-2 \end{bmatrix}$$

$$\begin{bmatrix} n \\ n-1 \end{bmatrix} = (n-1).1 + \begin{bmatrix} n-1 \\ n-2 \end{bmatrix}. \tag{4.66}$$

Aplicando sucessivamente a recorrência (4.66) tem-se que

$$\begin{bmatrix} n \\ n-1 \end{bmatrix} = (n-1) + (n-2) + \begin{bmatrix} n-2 \\ n-3 \end{bmatrix}$$

$$= (n-1) + (n-2) + \ldots + 2 + \begin{bmatrix} 2 \\ 1 \end{bmatrix}$$

$$= (n-1) + (n-2) + \ldots + 2 + 1 + \begin{bmatrix} 1 \\ 0 \end{bmatrix}$$

$$= (n-1) + (n-2) + \ldots + 2 + 1 + 0 = \frac{(n-1)n}{2} = \binom{n}{2}.$$

∎

Números de Stirling

Exemplo 4.32. *Mostre que*

$$\begin{bmatrix} n \\ 1 \end{bmatrix} = (n-1)! \quad \forall\, n \geq 1.$$

Solução. Se $n = 1$, então do exemplo 4.65 tem-se que $\begin{bmatrix} 1 \\ 1 \end{bmatrix} = 1 = (1-1)!$.
Se $n \geq 2$, então da recorrência (4.64) aplicada a $\begin{bmatrix} n \\ 1 \end{bmatrix}$ resulta que

$$\begin{bmatrix} n \\ 1 \end{bmatrix} = (n-1)\begin{bmatrix} n-1 \\ 1 \end{bmatrix} + \begin{bmatrix} n-1 \\ 0 \end{bmatrix} = (n-1)\begin{bmatrix} n-1 \\ 1 \end{bmatrix}. \tag{4.67}$$

Iterando a recorrência (4.67) resulta que

$$\begin{aligned}
\begin{bmatrix} n \\ 1 \end{bmatrix} &= (n-1)\begin{bmatrix} n-1 \\ 1 \end{bmatrix} \\
&= (n-1)(n-2)\begin{bmatrix} n-2 \\ 1 \end{bmatrix} \\
&= (n-1)(n-2)(n-3)\begin{bmatrix} n-3 \\ 1 \end{bmatrix} \\
&= (n-1)(n-2)(n-3)\ldots 2\begin{bmatrix} 2 \\ 1 \end{bmatrix} \\
&= (n-1)(n-2)(n-3)\ldots 2.1.\begin{bmatrix} 1 \\ 1 \end{bmatrix} \\
&= (n-1)(n-2)(n-3)\ldots 2.1.1 = (n-1)!.
\end{aligned}$$

∎

Exemplo 4.33. *Sejam m e n números naturais, então mostre que*

$$\begin{bmatrix} n+m+1 \\ m \end{bmatrix} = \sum_{k=0}^{m}(n+k)\begin{bmatrix} n+k \\ k \end{bmatrix}. \tag{4.68}$$

Solução. Faremos a prova por indução em m. Os casos $m = n = 0$ e $n > 0, m = 0$ são trivialmente verdadeiros, de fato; se $m = n = 0$, então tem-se que $\begin{bmatrix} 1 \\ 0 \end{bmatrix} = 0\begin{bmatrix} 0 \\ 0 \end{bmatrix}$ e se $n > 0$ e $m = 0$, então $\begin{bmatrix} n+1 \\ 0 \end{bmatrix} = (n+0)\begin{bmatrix} n \\ 0 \end{bmatrix} = 0$.
Se $n > 0$ e $m = 1$, então tem-se que (4.68) é verdadeira, pois

$$\sum_{k=0}^{m}(n+k)\begin{bmatrix}n+k\\k\end{bmatrix} = n\begin{bmatrix}n\\0\end{bmatrix} + (n+1)\begin{bmatrix}n+1\\1\end{bmatrix} =$$

$$\stackrel{(4.32)}{=} (n+1)n! = (n+1)! = \begin{bmatrix}n+2\\1\end{bmatrix} = \begin{bmatrix}n+m+1\\m\end{bmatrix}.$$

Admitamos como hipótese de indução que

$$\begin{bmatrix}n+j+1\\j\end{bmatrix} = \sum_{k=0}^{j}(n+k)\begin{bmatrix}n+k\\k\end{bmatrix} \quad \forall j \in \{1, \ldots, m\} \qquad (4.69)$$

e mostremos que (4.69) é válida para $j+1$. Substituindo j por $j+1$ no lado esquerdo de (4.69) tem-se que

$$\begin{bmatrix}n+j+1+1\\j+1\end{bmatrix} \stackrel{(4.64)}{=} \begin{bmatrix}n+j+1\\j\end{bmatrix} + (n+j+1)\begin{bmatrix}n+j+1\\j+1\end{bmatrix} =$$

$$\stackrel{(4.69)}{=} \sum_{k=0}^{j}(n+k)\begin{bmatrix}n+k\\k\end{bmatrix} + (n+j+1)\begin{bmatrix}n+j+1\\j+1\end{bmatrix} =$$

$$= \sum_{k=0}^{j+1}(n+k)\begin{bmatrix}n+k\\k\end{bmatrix}.$$

∎

Uma interpretação combinatória para os números de Stirling do tipo I é o número de permutações em ciclos. Por exemplo, $\begin{bmatrix}4\\2\end{bmatrix} = 11$, significa que em 11 das $4! = 24$ permutações dos elementos do conjunto $1, 2, 3, 4$ existem exatamente 2 ciclos. De fato, essas 11 permutações são: $(12)(34)$, $(13)(24)$, $(14)(32)$, $(124)(3)$, $(142)(3)$, $(123)(4)$, $(132)(4)$, $(134)(2)$, $(143)(2)$, $(1)(234)$, $(1)(243)$.

Note também que cada permutação dos elementos de um conjunto pode ser representada de forma única a partir de uma configuração em ciclos destes mesmos elementos. Seja, por exemplo, $I_4 := \{1, 2, 3, 4\}$ e uma permutação $\sigma : I_4 \to I_4$ dada por $\sigma(1) = 2$, $\sigma(2) = 1$, $\sigma(3) = 4$ e $\sigma(4) = 3$ cuja representação em ciclos seria $(1,2)(3,4)$.

Teorema 4.11 (Interpretação Combinatória). *Sendo n e k inteiros não-negativos para os quais $k \leq n$, tem-se que $\begin{bmatrix}n\\k\end{bmatrix}$ é o número de permutações dos elementos do conjunto $\{1, 2, \ldots, n\}$ com exatamente k ciclos.*

Números de Stirling

Demonstração. A prova será feita por indução em n, considerando-se um $0 \leq k \leq n$ fixo qualquer. Admitamos como hipótese de indução que o resultado é válido para um certo n, fixado k, e mostremos que é válido para $n+1$. Consideremos um conjunto com $n+1$ elementos, $\{a_1, a_2, \ldots, a_{n+1}\}$ e vamos particionar o conjunto A das partições com k ciclos, no conjunto A_1 das partições em que o elemento a_1 é o único elemento de um ciclo e A_1^c. Segue-se então, pelo Princípio Aditivo, que $|A| = |A_1 \cup A_1^c| = |A_1| + |A_1^c|$.

Acontece que A_1 ocorre se, e somente se, há um único ciclo contendo o elemento a_1 e os demais n elementos são distribuídos em outros $k-1$ ciclos, que pela hipótese de indução pode acontecer de $\left[\begin{array}{c}n\\k-1\end{array}\right]$. Assim,

$$|A_1| = \left[\begin{array}{c}n\\k-1\end{array}\right]. \tag{4.70}$$

Por outro lado A_1^c ocorre se, e somente se, há k ciclos contendo os n elementos $a_2, \ldots, a_{n+1}$ e o elemento a_1 pertence a um desses k ciclos. Pela hipótese de indução há $\left[\begin{array}{c}n\\k\end{array}\right]$ partições dos n elementos $\{a_2, \ldots, a_{n+1}\}$ em k ciclos. Resta agora determinar de quantas maneiras possível o elemento a_1 pode ser distribuído em cada uma dessas partições. Para tanto, considere para todo $j = 1, \ldots, k$ n_j a quantidade de elementos no j-ésimo ciclo, em que $n_1 + \ldots + n_k = n$. Há n_1 configurações possíveis para o elemento a_1 ocupar o ciclo de n_1 elementos, n_2 possibilidades para a_1 ocupar o ciclo com n_2 elementos,..., e n_k possibilidades para a_1 ocupar o ciclo com n_k elementos, logo o total de possibilidades de a_1 figurar em um dos k ciclos é $n_1 + \ldots + n_k = n$. Assim, pelo Princípio Fundamental da Contagem,

$$|A_1^c| = \left[\begin{array}{c}n\\k\end{array}\right] n. \tag{4.71}$$

De (4.70) e (4.71) segue-se que o número de permutações de $n+1$ elementos em k ciclos é dado por

$$\left[\begin{array}{c}n\\k-1\end{array}\right] + \left[\begin{array}{c}n\\k\end{array}\right] n \stackrel{(4.64)}{=} \left[\begin{array}{c}n+1\\k\end{array}\right].$$

∎

Exemplo 4.34. *Mostre via argumento combinatório que*

(a) $\left[\begin{array}{c}n\\n-1\end{array}\right] = \binom{n}{2}$ $\forall n \geq 1$;

Solução. No exemplo 4.31 já apresentamos uma solução via recorrência.

É possível distribuirmos n elementos em $n-1$ ciclos não vazios se, e somente se, um ciclo contiver 2 elementos (há $\binom{n}{2}$ possibilidades de escolha) e os demais $n-2$ elementos cada um deles ficar em um único ciclo (há uma única maneira de distribuí-los, uma vez que não há ordenação entre os ciclos). Logo o total de possibilidades é $\binom{n}{2}$.

∎

(b) $\left[\begin{smallmatrix} n \\ n-3 \end{smallmatrix}\right] = \binom{n}{2}\binom{n}{4}$ $\forall n \geq 4$;

Solução. Notemos inicialmente as seguintes condições necessárias e conjuntamente suficientes para que haja $n-3$ ciclos:

(b1) Devemos ter um ciclo com no máximo 4 elementos, pois assim os outros $n-4$ elementos formariam outros $n-4$ ciclos e teríamos $n-3$ ciclos (1 ciclo com 4 elementos e $n-4$ ciclos com um único elemento). Se houvesse um ciclo com 5 ou mais elementos, então teríamos no máximo, $n-4$ ciclos entre os n elementos. Logo, uma das possibilidades é **um ciclo com 4 elementos e outros $n-4$ ciclos** com um único elemento cada um deles.

Há $\binom{n}{4}$ possibilidades de escolhas para os 4 elementos que comporão o ciclo de 4 elementos, e para cada uma destas escolhas há $(4-1)! = 6$ possibilidades de eles alterarem a posição relativa entre eles. Aos demais $n-4$ elementos há apenas uma possibilidade de formarem $n-4$ ciclos. Assim, pelo Princípio Fundamental da Contagem, o total de possibilidades é

$$\binom{n}{4} \times (4-1)! \times 1. \qquad (4.72)$$

(b2) Devemos ter mais de 2 ciclos com apenas 2 elementos, pois se houvesse apenas 2 ciclos com 2 elementos e outros $n-4$ ciclos com 1 elemento cada, teríamos um total de $n-2$ ciclos que é maior que $n-3$. Por outro lado não podemos ter mais que 3 ciclos com dois elementos cada; pois, por exemplo, se houvesse 4 ciclos com 2 elementos em cada ciclo, teríamos no máximo outros $n-8$ ciclos formados por um único elemento e o total de ciclos seria $n-4 = 4+(n-8)$, sendo menor que $n-3$. Assim, uma das possibilidades é existir 3 **ciclos com 2 elementos cada e outros $n-6$ ciclos** de um único elemento cada um deles;

Há $\binom{n}{6}$ possíveis escolhas dos 6 elementos que comporão os 3 ciclos de tamanho 2. Para cada uma dessas escolhas de 6 elementos, esses formam $\binom{6}{2}\binom{4}{2}\binom{2}{2} = \frac{6!}{2!2!2!}$ **partições ordenadas** de conjuntos de 3 ciclos de tamanho 2; assim, por exemplo, estaríamos contando $\{(1,2),(3,4),(5,6)\} \neq \{(3,4),(1,2),(5,6)\}$, vamos então dividir por 3! para considerar apenas as **partições não ordenadas** dos 3 ciclos de tamanho 2, ou seja, $\frac{\frac{6!}{2!2!2!}}{3!}$ e, finalmente, há somente uma possibilidade para os $n - 6$ elementos formarem $n - 6$ ciclos. Segue-se pelo Princípio Fundamental da Contagem que o total de possibilidades é

$$\binom{n}{6} \times \frac{\frac{6!}{2!2!2!}}{3!} \times 1. \tag{4.73}$$

($b3$) Há ainda uma terceira configuração relativa à quantidade de ciclos que contém mais de um elemento, em vez de 1 ou 3 ciclos contendo mais de um elemento, itens ($b1$) e ($b2$) respectivamente. Os $n - 3$ ciclos podem ser formados a partir de 1 **ciclo com 3 elementos, 1 ciclo com 2 elementos e** $n-5$ **ciclos com um único elemento em cada um deles**.

Há $\binom{n}{5}$ maneiras de escolher 5 elementos entre os n elementos dados que comporão os ciclos com 3 e 2 elementos. Para cada uma dessas $\binom{n}{5}$ escolhas há $\binom{5}{3}$ escolhas para os 3 elementos que comporão o ciclo de 3 elementos, estes podendo alterar a configuração deles de $(3 - 1)!$ maneiras e depois $\binom{2}{2} \times (2 - 1)!$ maneira de os outros dois elementos ocuparem o ciclo que contém 2 elementos e, finalmente, cada um dos $n - 5$ elementos restantes há uma única possibilidade de formar $n - 5$ ciclos. Pelo Princípio Fundamental da Contagem, o total de possibilidades é

$$\binom{n}{5} \times \binom{5}{3}(3-1)!\binom{2}{2}(2-1)! \times 1 \tag{4.74}$$

Como as situações descritas nos itens (b_1), (b_2) e (b_3) são mutuamente exclusivas, segue-se pelo Princípio Aditivo que o total de permutações de n elementos em que há $n - 3$ ciclos é dada pela soma das possibilidades em cada um dos itens. Logo,

$$\begin{bmatrix} n \\ 3 \end{bmatrix} = \binom{n}{4}6 + \binom{n}{6}\frac{\frac{6!}{2!2!2!}}{3!} + \binom{n}{5}\binom{5}{3}2 = \binom{n}{2}\binom{n}{4}.$$

∎

(c) $\begin{bmatrix} n \\ n-2 \end{bmatrix} = \dfrac{1}{4}(3n-1)\binom{n}{3}$.

Solução. De maneira similar ao item anterior, há duas situações em que poderemos ter $n-2$ ciclos com n elementos.

(c1) Um ciclo com 3 elementos e $n-3$ ciclos de 1 elemento cada. O total de possibilidades é

$$\binom{n}{3} \times (3-1)! \times 1.$$

(c2) Dois ciclos de 2 elementos cada e $n-4$ ciclos de 1 elemento, cujo total de maneiras possíveis é

$$\binom{n}{4} \times \frac{\binom{4}{2}1!\binom{2}{2}1!}{2!} \times 1.$$

Segue-se então dos itens (c1) e (c2) que o total de permutações de n elementos com $n-2$ ciclos é

$$\begin{aligned}
\begin{bmatrix} n \\ n-2 \end{bmatrix} &= \binom{n}{3} \times (3-1)! \times 1 + \binom{n}{4} \times \frac{\binom{4}{2}1!\binom{2}{2}1!}{2!} \times 1 \\
&= \binom{n}{3}2 + \frac{3!}{3!}\frac{n(n-1)(n-2)(n-3)}{2!2!2} \\
&= \binom{n}{3}\frac{3n-1}{4}.
\end{aligned}$$

∎

(d) Mostre que

$$n! = \sum_{k=0}^{n} \begin{bmatrix} n \\ k \end{bmatrix}.$$

Solução. Já apresentamos uma solução desta identidade no exemplo 4.29. Desde que cada permutação está associada a uma única configuração em ciclos, o total de permutações, $n!$, será a soma do total de configurações em k ciclos, $\sum_{k=0}^{n} \begin{bmatrix} n \\ k \end{bmatrix}$.

∎

(e) Para todo $n, k \geq 1$,

$$\begin{bmatrix} n \\ k \end{bmatrix} = \sum_{i=k-1}^{n-1} (n-1-i)! \binom{n-1}{i} \begin{bmatrix} i \\ k-1 \end{bmatrix}. \tag{4.75}$$

Solução. Seja um elemento especial do conjunto $\{1, \ldots, n\}$, sem perda de generalidade, digamos o "1" e que este elemento ocupe um ciclo especial, digamos o ciclo 1, assim temos o elemento 1 no ciclo 1 e outros $n-1$ elementos a serem distribuídos em $k-1$ ciclos. Desde que os $k-1$ ciclos devem ser não vazios, devemos ter necessariamente uma quantidade $i \in \{k-1, \ldots, n-1\}$ de elementos distribuídos nesses $k-1$ ciclos. Assim, há $\binom{n-1}{i}$ possibilidades para a escolha destes i elementos que ocuparão os $k-1$ ciclos, estes i elementos podem ser distribuídos nos $k-1$ ciclos de $\begin{bmatrix} i \\ k-1 \end{bmatrix}$ e os $n-1-i$ elementos restantes juntamente com o elemento 1 que estava no ciclo 1 podem permutar de $(n-1-i)!$. Assim, pelo Princípio Fundamental da Contagem e pelo Princípio Aditivo, tem-se o resultado.

∎

Vimos na definição 4.11 que os números de Stirling do primeiro tipo $\begin{bmatrix} n \\ k \end{bmatrix}$ foram definidos a partir da condição $x^{\overline{n}} = \sum_{k=0}^{n} \begin{bmatrix} n \\ k \end{bmatrix} x^k$. Pode-se mostrar pelo Princípio da Indução Finita este mesmo resultado a partir da recorrência (4.64).

Teorema 4.12. *Seja $n, k \in \mathbb{N}$ satisfazendo a recorrência (4.64), então*

$$x^{\overline{n}} = \sum_{k=0}^{n} \begin{bmatrix} n \\ k \end{bmatrix} x^k.$$

Demonstração. O resultado já foi verificado no início da seção para $n \in \{0, \ldots, 5\}$. Admitamos como hipótese de indução que

$$x^{\overline{n-1}} = \sum_{k=0}^{n-1} \begin{bmatrix} n-1 \\ k \end{bmatrix} x^k. \tag{4.76}$$

Note que $x^{\overline{n}} = x(x+1)\ldots(x+(n-2))(x+n-1) = x^{\overline{n-1}}(x+n-1)$, e portanto,

$$x^{\overline{n}} = x.x^{\overline{n-1}} + (n-1)x^{\overline{n-1}}. \tag{4.77}$$

Substituindo em 4.77 a hipótese de indução (4.76) segue-se que

$$x^{\overline{n}} = x \sum_{k=0}^{n-1} \begin{bmatrix} n-1 \\ k \end{bmatrix} x^k + (n-1) \sum_{k=0}^{n-1} \begin{bmatrix} n-1 \\ k \end{bmatrix} x^k$$

$$= \sum_{k=0}^{n-1} \begin{bmatrix} n-1 \\ k \end{bmatrix} x^{k+1} + \sum_{k=0}^{n-1} (n-1) \begin{bmatrix} n-1 \\ k \end{bmatrix} x^k$$

$$= \begin{bmatrix} n-1 \\ 0 \end{bmatrix} x^1 + \begin{bmatrix} n-1 \\ 1 \end{bmatrix} x^2 + \ldots + \begin{bmatrix} n-1 \\ n-1 \end{bmatrix} x^n + \sum_{k=0}^{n-1} (n-1) \begin{bmatrix} n-1 \\ k \end{bmatrix} x^k$$

$$= \sum_{k=1}^{n} \begin{bmatrix} n-1 \\ k-1 \end{bmatrix} x^k + \sum_{k=1}^{n} (n-1) \begin{bmatrix} n-1 \\ k \end{bmatrix} x^k \quad \left(\text{pois } \begin{bmatrix} n-1 \\ 0 \end{bmatrix} = 0, \begin{bmatrix} n-1 \\ n \end{bmatrix} = 0 \right)$$

$$= \sum_{k=1}^{n} \left\{ \begin{bmatrix} n-1 \\ k-1 \end{bmatrix} + (n-1) \begin{bmatrix} n-1 \\ k \end{bmatrix} \right\} x^k = \sum_{k=1}^{n} \begin{bmatrix} n \\ k \end{bmatrix} x^k = \sum_{k=0}^{n} \begin{bmatrix} n \\ k \end{bmatrix} x^k.$$

∎

Definição 4.12 (Número de Stirling tipo I Sinalizado). *Definimos para todo $n \geq 0$ e $k \geq 0$, números naturais, o número de Stirling tipo I sinalizado $s(n,k)$ por*

$$s(n,k) := (-1)^{n-k} \begin{bmatrix} n \\ k \end{bmatrix}. \tag{4.78}$$

Exemplo 4.35. *Mostre que para $n \geq 1$ e $k \geq 1$*

$$s(n,k) = s(n-1, k-1) - (n-1)s(n-1, k). \tag{4.79}$$

Números de Stirling

Solução. Multiplicando ambos os lados da recorrência (4.64) por $(-1)^{n-k}$ resulta que

$$(-1)^{n-k}\begin{bmatrix}n\\k\end{bmatrix} = (-1)^{n-k}\begin{bmatrix}n-1\\k-1\end{bmatrix} + (-1)^{n-k}(n-1)\begin{bmatrix}n-1\\k\end{bmatrix}. \qquad (4.80)$$

Da definição 4.12 em (4.80), segue-se

$$s(n,k) = (-1)^{n-1-(k-1)}\begin{bmatrix}n-1\\k-1\end{bmatrix} + (-1)^1(-1)^{n-1-k}(n-1)\begin{bmatrix}n-1\\k\end{bmatrix}$$
$$s(n,k) = s(n-1,k-1) - (n-1)s(n-1,k).$$

∎

Exemplo 4.36. *Mostre que para* $n \geq 0$, *então*

$$x^{\underline{n}} = (x)_n = \sum_{k=0}^n s(n,k)x^k = \sum_{k=0}^n (-1)^{n-k}\begin{bmatrix}n\\k\end{bmatrix}x^k. \qquad (4.81)$$

Solução. Se $n = 0$ ou $n = 1$, o resultado é trivialmente verdadeiro pois

$$x^{\underline{0}} := 1 = (-1)^{0-0}\begin{bmatrix}0\\0\end{bmatrix}x^0 = s(0,0)x^0$$

e

$$x^{\underline{1}} = x = \underbrace{(-1)^{1-0}\begin{bmatrix}1\\0\end{bmatrix}}_{=0}x^0 + \underbrace{(-1)^{1-1}\begin{bmatrix}1\\1\end{bmatrix}}_{=1}x^1 = s(1,0)x^0 + s(1,1)x^1.$$

Se $n \geq 2$, então

$$(x)_n = (x)_{n-1}(x - (n-1)) = (x)_{n-1}x - (n-1)(x)_{n-1} \qquad (4.82)$$

Seja $\psi(n,k)$ o coeficiente de x^k em $(x)_n$. De (4.82) tem-se que

$$\psi(n,k) = \psi(n-1,k-1) - (n-1)\psi(n-1,k) \qquad (4.83)$$

De (4.83) e (4.79) tem-se que os números $\psi(n,k)$ e $s(n,k)$ são iguais, pois satisfazem a mesma recorrência com a mesma condição inicial de que $\psi(1,1) = 1 = s(1,1) = (-1)^{1-1}\begin{bmatrix}1\\1\end{bmatrix}$ e $\psi(1,0) = 0 = s(1,0) = (-1)^{1-0}\begin{bmatrix}1\\0\end{bmatrix}$.

∎

Exemplo 4.37 (Conversão entre $x^{\underline{n}}$ e $x^{\overline{n}}$). *Obtenha, sem usar recorrências ou quaisquer outras propriedades dos números de Stirling tipo I:*

(a) $x^{\underline{n}}$ a partir de $x^{\overline{n}}$;

Solução. Do exemplo 4.27 tem-se que $x^{\underline{n}} = (-1)^n(-x)^{\overline{n}}$ e via definição 4.11 ou teorema 4.12 (sob a hipótese da recorrência (4.64)) que $x^{\overline{n}} = \sum_{k=0}^{n} \begin{bmatrix} n \\ k \end{bmatrix} x^k$. Assim,

$$x^{\overline{n}} = (-1)^n(-x)^{\underline{n}} = \sum_{k=0}^{n} \begin{bmatrix} n \\ k \end{bmatrix} x^k \Rightarrow (-1)^n(x)^{\underline{n}} = \sum_{k=0}^{n} \begin{bmatrix} n \\ k \end{bmatrix}(-x)^k \Rightarrow$$

$$(x)^{\underline{n}} = \sum_{k=0}^{n} \begin{bmatrix} n \\ k \end{bmatrix}(-x)^k(-1)^n \stackrel{((-1)^{2k}=1)}{\Rightarrow} (x)^{\underline{n}} = \sum_{k=0}^{n} \begin{bmatrix} n \\ k \end{bmatrix}(-x)^k(-1)^n \frac{1}{(-1)^{2k}} \Rightarrow$$

$$(x)^{\underline{n}} = \sum_{k=0}^{n} \begin{bmatrix} n \\ k \end{bmatrix}(-1)^{k-2k}(-1)^n x^k, \text{ e portanto,}$$

$$(x)^{\underline{n}} = \sum_{k=0}^{n} \begin{bmatrix} n \\ k \end{bmatrix}(-1)^{n-k} x^k.$$

■

(b) $x^{\overline{n}}$ a partir de $x^{\underline{n}}$,

Solução. Novamente do exemplo 4.27 e do item (a) segue-se que

$$x^{\underline{n}} = (-1)^n(-x)^{\overline{n}} = \sum_{k=0}^{n} \begin{bmatrix} n \\ k \end{bmatrix}(-1)^{n-k}x^k \Rightarrow (-x)^{\overline{n}} = \sum_{k=0}^{n} \begin{bmatrix} n \\ k \end{bmatrix}(-1)^{n-k}x^k(-1)^n \Rightarrow$$

$$(x)^{\overline{n}} = \sum_{k=0}^{n} \begin{bmatrix} n \\ k \end{bmatrix}(-1)^{n-k}(-x)^k(-1)^n \Rightarrow (x)^{\overline{n}} = \sum_{k=0}^{n} \begin{bmatrix} n \\ k \end{bmatrix}(-1)^{2n-k}(-1)^k x^k \Rightarrow$$

$$(x)^{\overline{n}} = \sum_{k=0}^{n} \begin{bmatrix} n \\ k \end{bmatrix} x^k.$$

■

Exemplo 4.38. *Mostre que para todo $n, k \geq 1$*

$$s(n,k) = \sum_{i=k-1}^{n-1}(-1)^{n-1-i}s(i,k-1)(n-1-i)!\binom{n-1}{i}. \qquad (4.84)$$

Números de Stirling 195

Solução. Multiplicando ambos os lados de (4.75) por $(-1)^{n-k}$ e da definição 4.12, segue-se que

$$(-1)^{n-k}\begin{bmatrix}n\\k\end{bmatrix} = (-1)^{n-k}\sum_{i=k-1}^{n-1}(n-1-i)!\binom{n-1}{i}\begin{bmatrix}i\\k-1\end{bmatrix}$$

$$s(n,k) = \sum_{i=k-1}^{n-1}(n-1-i)!\binom{n-1}{i}(-1)^{n-k}s(i,k-1)(-1)^{k-1-i}$$

$$s(n,k) = \sum_{i=k-1}^{n-1}(n-1-i)!\binom{n-1}{i}s(i,k-1)(-1)^{n-1-i}.$$

∎

Exemplo 4.39. *O que significa:*

(a) $\sum_{k=0}^{n}\begin{bmatrix}n\\k\end{bmatrix}$, para todo $n \geq 0$;

Solução. Conforme vimos na definição 4.11, tem-se que $\sum_{k=0}^{n}\begin{bmatrix}n\\k\end{bmatrix}$ representa a soma dos coeficientes de $x^{\overline{n}}$. ∎

(b) $\sum_{k=0}^{n}s(n,k) = \sum_{k=0}^{n}(-1)^{n-k}\begin{bmatrix}n\\k\end{bmatrix}$, para todo $n \geq 0$;

Solução. Na equação 4.81 tem-se que $\sum_{k=0}^{n}(-1)^{n-k}\begin{bmatrix}n\\k\end{bmatrix}$ representa a soma dos coeficientes de $x^{\underline{n}}$. ∎

(c) Se $n \geq 2$, mostre que

$$\sum_{k=0}^{n}(-1)^k\begin{bmatrix}n\\k\end{bmatrix} = 0 \qquad (4.85)$$

Solução. Da definição 4.11 e substituindo-se x por $-x$, tem-se que

$$x^{\overline{n}} = \sum_{k=0}^{n}\begin{bmatrix}n\\k\end{bmatrix}x^k \Rightarrow (-x)^{\overline{n}} = \sum_{k=0}^{n}\begin{bmatrix}n\\k\end{bmatrix}(-x)^k \qquad (4.86)$$

Do exemplo 4.27 ($x^{\underline{n}} = (-1)^n(-x)^{\overline{n}}$) no lado direito de 4.86 segue-se que

$$(-1)^n x^{\underline{n}} = \sum_{k=0}^{n} \begin{bmatrix} n \\ k \end{bmatrix} (-1)^k x^k. \tag{4.87}$$

Fazendo $x = 1$ em (4.87), tem-se que $\sum_{k=0}^{n} \begin{bmatrix} n \\ k \end{bmatrix} (-1)^k x^k = 0$ para todo $n \geq 2$.

∎

Observação 4.11. *Desde que assumimos $n \geq 2$, o somatório em (4.85) pode ser tomado a partir de $k = 1$ ou $k = 0$.*

Prova por indução.

Solução. Admitamos como hipótese de indução que (4.85) seja válida para um certo $n \in \mathbb{N}$ e verifiquemos que o mesmo é válido para $n+1$, de fato desde que $\begin{bmatrix} n \\ 0 \end{bmatrix} = \begin{bmatrix} n \\ n+1 \end{bmatrix} = 0$ e fazendo-se a mudança de variável $w = k - 1$, tem-se que

$$\sum_{k=0}^{n+1} (-1)^k \begin{bmatrix} n+1 \\ k \end{bmatrix} \stackrel{(4.64)}{=} \sum_{k=0}^{n+1} (-1)^k \left(\begin{bmatrix} n \\ k-1 \end{bmatrix} + n \begin{bmatrix} n \\ k \end{bmatrix} \right)$$

$$= \sum_{k=0}^{n+1} (-1)^k \begin{bmatrix} n \\ k-1 \end{bmatrix} + \sum_{k=0}^{n+1} (-1)^k n \begin{bmatrix} n \\ k \end{bmatrix}$$

$$=$$

$$= \sum_{k=1}^{n+1} (-1)^k \begin{bmatrix} n \\ k-1 \end{bmatrix} + n \underbrace{\sum_{k=1}^{n} (-1)^k \begin{bmatrix} n \\ k \end{bmatrix}}_{=0 \text{ hip. indução}}$$

$$= \sum_{w=0}^{n} (-1)^{w+1} \begin{bmatrix} n \\ w \end{bmatrix} = -1 \underbrace{\sum_{w=0}^{n} (-1)^w \begin{bmatrix} n \\ w \end{bmatrix}}_{=0 \text{ hip. indução}} = 0.$$

∎

Teorema 4.13 (Interpretação em Teoria dos Números). *Sendo n e k inteiros não negativos para os quais $k \leq n$, tem-se que $\begin{bmatrix} n \\ k \end{bmatrix}$ é igual a soma de todos os produtos de $n - k$ elementos do conjunto $\{1, 2, \ldots, n-1\}$.*

Demonstração. Da definição 4.11 tem-se que o coeficiente de x^k na expansão de $x^{\overline{n}}$ é $\begin{bmatrix} n \\ k \end{bmatrix}$ e desde que

$$x^{\overline{n}} = (x+0)(x+1)(x+2)\ldots(x+n-1) \qquad (4.88)$$

resulta que para obtermos o coeficiente do termo x^k devemos escolher em (4.88) o termo em x em quaisquer k dos n parenteses e dos $n-k$ parenteses restantes os termos independentes. Observe que o termo independente do primeiro parêntese vale zero, assim os produtos com $n-k$ elementos serão escolhidos em $\{1,\ldots,n-1\}$.

∎

Exemplo 4.40. *Determine* $\begin{bmatrix} 4 \\ 1 \end{bmatrix}, \begin{bmatrix} 4 \\ 2 \end{bmatrix}, \begin{bmatrix} 4 \\ 3 \end{bmatrix}$ *e* $\begin{bmatrix} 5 \\ 2 \end{bmatrix}$ *a partir do teorema 4.13.*

Solução. $\begin{bmatrix} 4 \\ 1 \end{bmatrix} = 1.2.3 = 6$;
$\begin{bmatrix} 4 \\ 2 \end{bmatrix} = 1.2 + 1.3 + 2.3 = 11$;
$\begin{bmatrix} 4 \\ 3 \end{bmatrix} = 1 + 2 + 3 = 6$;
$\begin{bmatrix} 5 \\ 2 \end{bmatrix} = 1.2.3 + 1.2.4 + 1.3.4 + 2.3.4 = 50$.

∎

4.4.2. Números de Stirling Tipo II

Definição 4.13 (Números de Stirling Tipo II). *O número de Stirling tipo II, $\left\{ {n \atop k} \right\}$, é o número de maneiras distintas de particionar um conjunto de n elementos em k subconjuntos não vazios, com a convenção de que $\left\{ {0 \atop 0} \right\} := 1$ e $\left\{ {n \atop k} \right\} = \left\{ {n \atop 0} \right\} = \left\{ {0 \atop n} \right\} = 0$ se $k > n > 0$.*

Exemplo 4.41. *Seja $I_3 = \{1,2,3\}$. Determine $\left\{ {3 \atop 1} \right\}, \left\{ {3 \atop 2} \right\}$ e $\left\{ {3 \atop 3} \right\}$?*

Solução. $\{\{1,2,3\}\}$ é a única partição de $\{1,2,3\}$ em um único subconjunto, assim $\left\{ {3 \atop 1} \right\} = 1$. Já com dois subconjuntos há 3 partições de I_3: $\{\{1,2\},\{3\}\}, \{\{1,3\},\{2\}\}, \{\{2,3\},\{1\}\}$ e uma partição com 3 subconjuntos $\{\{1\},\{2\},\{3\}\}$.

∎

Definição 4.14 (Número de Bell). *Para todo $n \in \mathbb{N}$ definimos o n-ésimo número de Bell B_n ao total de partições de um conjunto com n elementos, com $B_0 := 1$.*

Exemplo 4.42. *Calcule B_3. Mostre que para todo $n \in \mathbb{N}$*

$$B_n = \sum_{k=0}^{n} \left\{ {n \atop k} \right\}. \tag{4.89}$$

Solução. B_3 é o número de partições de um conjunto com 3 elementos, a qual conterá partições com 1, 2 ou 3 subconjuntos. Segue-se portanto do exemplo 4.41 que $B_3 = \left\{ {3 \atop 1} \right\} + \left\{ {3 \atop 2} \right\} + \left\{ {3 \atop 3} \right\} = 5$.

O número de partições de um conjunto de n elementos pode ser obtido a partir da soma do total de partições contendo exatamente k suconjuntos, em que $k \in \{1, \ldots, n\}$. Assim, pelo Princípio Aditivo e da definição 4.13, segue-se que

$$B_n = \left\{ {n \atop 1} \right\} + \ldots + \left\{ {n \atop n} \right\} = \sum_{k=1}^{n} \left\{ {n \atop k} \right\} = \sum_{k=0}^{n} \left\{ {n \atop k} \right\}.$$

∎

Observação 4.12. *Na equação (4.89) pode-se ter o somatório variando de $k = 0$; pois se $n > 0$, então $\left\{ {n \atop k} \right\} = 0$ e se $n = 0$, então $B_0 := 1 = \left\{ {0 \atop 0} \right\}$.*

Uma partição não é considerada diferente de outra pela simples mudança na ordem dos subconjuntos. Assim, no exemplo 4.41, se considerarmos as partições de I_3 com 3 subconjuntos, por exemplo, tem-se que $\{\{1\},\{2\},\{3\}\} = \{\{1\},\{3\},\{2\}\} = \ldots = \{\{3\},\{2\},\{1\}\}$.

Em alguns problemas combinatórios a ordem dos subconjuntos é levada em conta em cada uma das partições, neste caso, define-se por $a(n)$ o n-ésimo número de Bell ordenado que pode ser obtido a partir da soma dos números de Stirling do tipo II e o fatorial da quantidade de subconjuntos em cada uma das partições.

$$a(n) := \sum_{k=0}^{n} k! \left\{ {n \atop k} \right\}. \tag{4.90}$$

Exemplo 4.43. *Uma empresa possui n funcionários e todos estes serão distribuídos em diretorias de diferentes setores. Determine:*

(a) *De quantas maneiras é possível distribuir 4 funcionários, previamente escolhidos, em 3 diretorias?*

(b) *De quantas maneiras é possível distribuir os n funcionários em k diretorias?*

(c) De quantas maneiras é possível distribuir os funcionários sem qualquer restrição à quantidade de diretorias?

Solução.

(a) Consideremos, então, um conjunto de $n = 4$ elementos e queremos formar todas as partições ordenadas com 3 subconjuntos. Assim, por exemplo, a partição $\{\{1\}, \{2\}, \{3,4\}\}$ significa o funcionário 1 na diretoria 1, o funcionário 2 na diretoria 2 e os funcionários 3 e 4 na diretoria 3. Já a partição $\{\{2\}, \{1\}, \{3,4\}\}$ representa o funcionário 2 na diretoria 1, o funcionário 1 na diretoria 2 e os funcionários 3 e 4 na diretoria 3, que é diferente da primeira configuração formada. Assim, há um total de $\left\{{4 \atop 3}\right\} = 6$ conjuntos de diretorias em que a ordem não importa, para cada uma destas há 3! diretorias em que a ordem de escolha é relevante. Assim, o total de possibilidades é

$$\left\{{4 \atop 3}\right\} 3!.$$

(b) É possível escolher $\left\{{n \atop k}\right\}$ possíveis diretorias sem considerar a ordem de escolha de cada uma delas. Cada uma dessas $\left\{{n \atop k}\right\}$ escolhas não ordenadas produz $k!$ configurações ordenadas. Logo, pelo Princípio Fundamental da Contagem, o total de maneiras de particionar os n funcionários em k diretorias em que a ordem de escolha é levada em consideração vale

$$\left\{{n \atop k}\right\} k!. \qquad (4.91)$$

(c) Do item anterior, equação (4.91), tem-se que o total de possibilidades de distribuir os n funcionários em k diretorias é $\left\{{n \atop k}\right\} k!$ e desde que $k \in \{1, \ldots, n\}$, pelo Princípio Aditivo tem-se que o total de maneiras possíveis é

$$\sum_{k=1}^{n} \left\{{n \atop k}\right\} k!.$$

∎

Teorema 4.14 (Interpretação Combinatória). $\left\{{n \atop k}\right\}$ *é o número de maneiras de distribuir n objetos distintos em $k \leq n$ urnas idênticas, sem que nenhuma urna fique vazia.*

Demonstração. Segue imediatamente da definição 4.13 com os objetos sendo os elementos do conjunto e cada uma das k urnas idênticas fazendo o papel de cada um dos elementos da partição.

■

O próximo teorema nos mostra a relação entre o número de funções sobrejetoras e os números de Stirling do tipo II.

Teorema 4.15 (Números de Stirling Tipo II e Funções Sobrejetoras). *Sejam $0 \leq k \leq n$ números naturais, então*

$$\left\{ {n \atop k} \right\} = \frac{1}{k!} \sum_{i=0}^{k} (-1)^i \binom{k}{i} (k-i)^n. \qquad (4.92)$$

Demonstração.
Cada partição de n elementos em k subconjuntos não vazios, gera $k!$ funções sobrejetoras. Assim, $\left\{ {n \atop k} \right\}$ nada mais é que o número de funçoes sobrejetoras $f : A \to B$ em que que $|A| = n$ e $|B| = k$ (exemplo 3.21 do capítulo 3) dividido por $k!$, ou seja,

$$\left\{ {n \atop k} \right\} = \frac{T(n,k)}{k!} = \frac{1}{k!} \sum_{i=0}^{k} (-1)^i \binom{k}{i} (k-i)^n.$$

■

Observação 4.13. *No apêndice A são comentados todas as situações de distribuições de bolas em urnas. No caso particular de as bolas serem distinguíveis e as urnas serem indistinguíveis, se tomarmos os elementos dos conjuntos como as bolas distinguíveis e as urnas indistinguíveis como os subconjuntos da partição, tem-se que $\left\{ {n \atop k} \right\}$ corresponde ao número de maneiras de distribuir n bolas em k urnas, sem que nenhuma urna fique vazia. Segue-se então, ver apêndice, que o número de maneiras de distribuir n bolas em r urnas é dado por*

$$B_r = \sum_{k=1}^{r} \left\{ {n \atop k} \right\} \stackrel{(4.92)}{=} \sum_{k=1}^{r} \frac{1}{k!} \sum_{i=0}^{k} (-1)^i \binom{k}{i} (k-i)^n.$$

Teorema 4.16 (Relação de Recorrência Números de Stirling Tipo II). *Sejam $n \geq 0$ e $k \geq 1$ inteiros para os quais $k \leq n$, tem-se que*

$$\left\{ {n+1 \atop k} \right\} = \left\{ {n \atop k-1} \right\} + k \left\{ {n \atop k} \right\}. \qquad (4.93)$$

Números de Stirling 201

Demonstração. Consideremos um elemento especial do conjunto de $n+1$ elementos e particionemos o conjunto de todas as partições $\mathcal{P}$ nos dois seguintes conjuntos de partições: $\mathcal{P}_1 :=$ {partições nas quais o elemento especial forma um subconjunto unitário} e $\mathcal{P}_1^c :=$ {partições nas quais o elemento especial **não** forma um subconjunto unitário}, com $\mathcal{P} = \mathcal{P}_1 \cup \mathcal{P}_1^c$. Segue-se, imediatamente, da definição 4.13 que

$$|\mathcal{P}| = \left\{ {n+1 \atop k} \right\} \quad \text{(distribuir } n+1 \text{ elementos em } k \text{ subconjuntos).} \tag{4.94}$$

$$|\mathcal{P}_1| = \left\{ {n \atop k-1} \right\} \quad \text{(distribuir } n \text{ elementos em } k-1 \text{ subconjuntos).} \tag{4.95}$$

e para o cálculo de $|\mathcal{P}_1^c|$ note que devemos ter n elementos distribuídos em k subconjuntos, o que pode ser feito de $\left\{ {n \atop k} \right\}$ maneiras e para cada uma dessas há k possibilidades de escolha para o subconjunto ao qual o elemento especial pertence. Assim, pelo Princípio Fundamental da Contagem segue-se que

$$|\mathcal{P}_1^c| = k \left\{ {n \atop k} \right\}. \tag{4.96}$$

Desde que $|\mathcal{P}| = |\mathcal{P}_1| + |\mathcal{P}_1^c|$, o resultado dado em (4.93) segue de (4.94), (4.95) e (4.96).
∎

Observação 4.14. *A partir da recorrência (4.93) com as condições iniciais dadas na definição 4.13, podemos obter todos os números de Stirling do segundo tipo $\left\{ {n \atop k} \right\}$, com $n \geq k \geq 0$.*

Exemplo 4.44. *Mostre as seguintes identidades via argumento combinatório:*

(a) $\left\{ {n \atop n} \right\} = \left\{ {n \atop 1} \right\} = 1 \quad \forall n \geq 1;$

(b) $\left\{ {n \atop n-1} \right\} = \binom{n}{2} \quad \forall n \geq 1;$

(c) $\left\{ {n \atop 2} \right\} = 2^{n-1} - 1 \quad \forall n \geq 1;$

(d) $\left\{ {n \atop n-2} \right\} = \binom{n}{3} + 3\binom{n}{4} \quad \forall n \geq 2;$

(e) Para todo $n \geq 0$ e $k \geq 0$

$$\left\{ {n+1 \atop k+1} \right\} = \sum_{j=k}^{n} \binom{n}{j} \left\{ {j \atop k} \right\}.$$

Solução.

(a) Imediato, desde que dado um conjunto com n elementos, só há uma maneira de particioná-los em um único subconjunto ou em n subconjuntos.

(b) O caso $n = 1$ é trivialmente verdadeiro, pois $\left\{ {1 \atop 0} \right\} = \binom{1}{2} = 0$. Vejamos o caso para um $n \in \mathbb{N}$ tal que $n > 1$. Tem-se que $\left\{ {n \atop n-1} \right\}$ é o número de maneiras de particionarmos n elementos em $n - 1$ subconjuntos e isto ocorre se, e somente se, há um subconjunto com 2 elementos (há $\binom{n}{2}$ escolhas possíveis para isso) e os demais $n - 2$ elementos cada um deles forma um subconjunto unitário (há uma única possibilidade para isso). Logo, pelo Princípio Fundamental da Contagem, o resultado segue.

(c) O caso $n = 1$ é verdadeiro, pois $0 = \left\{ {1 \atop 2} \right\} = 2^{1-1} - 1$. Para o caso $n > 1$, inicialmente para fixarmos as ideias, consideremos o caso $n = 3$ e o conjunto P das partes de $I_3 = \{1, 2, 3\}$, ou seja,

$$P = \{\emptyset, \{1,2,3\}, \{1\}, \{2,3\}, \{2\}, \{1,3\}, \{3\}, \{1,2\}\}.$$

As partições de I_3 com 2 subconjuntos não vazios são apenas 3 : $\{\{1\},\{2,3\}\}, \{\{2\},\{1,3\}\}$ e $\{\{3\},\{1,2\}\}$. Observe que, excetuando-se o $\emptyset$ e o próprio conjunto $\{1,2,3\}$, cada subconjunto $A \in P$ tem um único correspondente $A^c \in P$ ao qual formam uma única partição $\{A, A^c\}$ de I_3. Desde que $\{A, A^c\}$ e $\{A^c, A\}$ formam a mesma partição, segue-se que o total de partições de I_3 com dois subconjuntos não vazios é $\frac{2^3 - 2}{2} = 2^{3-1} - 1$.

De maneira geral, se um conjunto C tem n elementos, então ele tem $2^n - 2$ subconjuntos excluindo-se o $\emptyset$ e o próprio conjunto C. Desses $2^n - 2$ subconjuntos, desde que para cada $A \in P$, existe um único $A^c \in C$ tal que $\{A, A^c\}$ e $\{A^c, A\}$ formam a mesma partição, segue-se que o total de partições de tamanho 2 de C é

$$\left\{ {n \atop 2} \right\} = \frac{2^n - 2}{2} = 2^{n-1} - 1. \tag{4.97}$$

(d) Se $n = 2$ ou $n = 3$, então o resultado é imediato, pois $\left\{{2 \atop 0}\right\} = 0$ e $\left\{{3 \atop 1}\right\} = 1$. Consideremos o caso $n \geq 4$. Para existir uma partição de um conjunto de n elementos em $n-2$ subconjuntos devemos ter, necessariamente, na partição: um conjunto com 3 elementos e $n-3$ outros conjuntos unitários ou dois conjuntos da partição com 2 elementos e $n-4$ conjuntos unitários. A primeira situação ocorre de $\binom{n}{3}.1$ maneiras e para a segunda situação há $\frac{\binom{n}{2}\binom{n-2}{2}}{2}.1$ possibilidades (Note que quando fazemos o produto das combinações para a escolha dos dois pares de subconjuntos, contamos de forma ordenada cada escolha de par, mas isto deve ser desconsiderado, uma vez que na partição a ordem dos subconjuntos não a altera). Segue-se do Princípio Aditivo que

$$\left\{{n \atop n-2}\right\} = \binom{n}{3} + \frac{\binom{n}{2}\binom{n-2}{2}}{2!} = \binom{n}{3} + 3\binom{n}{4}.$$

(e) Particionemos o conjunto $\mathcal{P}$ de todas as partições de I_{n+1} em $k+1$ subconjuntos com relação à quantidade j de elementos presentes em k dos $k+1$ suconjuntos, sendo $n+1-j$ a quantidade remanescente no $(k+1)$-ésimo subconjunto. Sem perda de generalidade, desde que cada um dos subconjuntos necessariamente conterá ao menos um elemento, consideremos que o $n+1$-ésimo elemento se encontra no subconjunto $k+1$. Segue-se então que devemos escolher j dentre n elementos, $\binom{n}{j}$ possibilidades, a serem distribuídos em k subconjuntos, $\left\{{j \atop k}\right\}$, em que $k \leq j \leq n$, e os restantes $n-j$ sendo distribuídos no subconjunto que já continha o elemento $n+1$. O resultado segue do Princípio Fundamental da Contagem e Princípio Aditivo.

∎

Exemplo 4.45. *Sejam m e n números naturais, então mostre que*

$$\left\{{n+m+1 \atop m}\right\} = \sum_{k=0}^{m} k \left\{{n+k \atop k}\right\}. \qquad (4.98)$$

Demonstração. Faremos a prova por indução em m. De maneira similar ao exemplo 4.33, tem-se que (4.98) é verdadeira para $(m = n = 0)$ e $(n > 0, m = 0)$.

Se $n > 0$ e $m = 1$, então (4.98) também é verdadeira pois

$$\left\{{n+1+1 \atop 1}\right\} \stackrel{(4.93)}{=} \left\{{n+1 \atop 0}\right\} + 1\left\{{n+1 \atop 1}\right\} = \sum_{k=0}^{1} k\left\{{n+k \atop k}\right\}.$$

Admitamos como hipótese de indução que

$$\left\{{n+j+1 \atop j}\right\} = \sum_{k=0}^{j} k\left\{{n+k \atop k}\right\} \quad \forall j \in \{1,\ldots,m\} \tag{4.99}$$

e mostremos que o resultado é válido para $j+1$. Substituindo j por $j+1$ no lado direito de (4.99) tem-se que

$$\left\{{n+j+1+1 \atop j+1}\right\} \stackrel{(4.93)}{=} \left\{{n+j+1 \atop j}\right\} + (j+1)\left\{{n+j+1 \atop j+1}\right\} =$$
$$\stackrel{(4.99)}{=} \sum_{k=0}^{j} k\left\{{n+k \atop k}\right\} + (j+1)\left\{{n+j+1 \atop j+1}\right\} =$$
$$= \sum_{k=0}^{j+1} k\left\{{n+k \atop k}\right\}.$$

∎

Observação 4.15. *Os resultados encontrados em (4.68) e (4.98) mostram duas versões, respectivamente, para os números de Stirling tipos I e II do teorema 4.5 das Diagonais no Triângulo de Pascal.*

Algumas propriedades importantes surgem quando olhamos os números de Stirling tipo II e suas congruências com um primo p.

Teorema 4.17. *Se p é primo, então $p \mid \left\{{p \atop k}\right\} \ \forall \ k \in \{2,\ldots,p-1\}$.*

Demonstração. Tem-se para $k \in \{1,p\}$ que $p \nmid \left\{{p \atop k}\right\}$, pois $\left\{{p \atop 1}\right\} = \left\{{p \atop p}\right\} = 1$.
Seja $k \in \{2,\ldots,p-1\}$ e desde que $k \leq p-1$, tem-se que

$$p \nmid k!. \tag{4.100}$$

Do teorema 4.15 tem-se que $\left\{{n \atop k}\right\} = \frac{1}{k!}\sum_{i=0}^{k}(-1)^{i}\binom{k}{i}(k-i)^{n}$ e de (4.100), tem-se que

Números de Stirling

$$p \mid \left\{ {p \atop k} \right\} \Leftrightarrow p \mid \sum_{i=0}^{k} (-1)^i \binom{k}{i} (k-i)^p. \tag{4.101}$$

Devemos mostrar que

$$\sum_{i=0}^{k} (-1)^i \binom{k}{i} (k-i)^p \equiv 0 (mod\ p). \tag{4.102}$$

Do pequeno teorema de Fermat, veja [21], tem-se para todo $a \in \mathbb{Z}$, p primo com $(a,p) = 1$ que $a^{p-1} \equiv 1(mod\ p) \Leftrightarrow a^p \equiv a(mod\ p)$, assim com $a = k - i$ tem-se que

$$\sum_{i=0}^{k} (-1)^i \binom{k}{i} (k-i)^p \equiv \sum_{i=0}^{k} (-1)^i \binom{k}{i} (k-i) (mod\ p). \tag{4.103}$$

Do fato que $\binom{k}{i}(k-i) = \binom{k-1}{i}$, veja exercício 1m, em (4.103) segue-se que

$$\begin{aligned}
\sum_{i=0}^{k} (-1)^i \binom{k}{i} (k-i)^p &\equiv \sum_{i=0}^{k} (-1)^i k \binom{k-1}{i} (mod\ p) \\
&\equiv k \sum_{i=0}^{k} (-1)^i \binom{k-1}{i} (mod\ p)
\end{aligned} \tag{4.104}$$

De (4.102) e (4.104) resta provar que

$$k \sum_{i=0}^{k} (-1)^i \binom{k-1}{i} = 0.$$

De fato, desde que $\binom{k-1}{k} = 0$, tem-se que

$$k \sum_{i=0}^{k} (-1)^i \binom{k-1}{i} = k \sum_{i=0}^{k-1} \binom{k-1}{i} (-1)^i (1)^{k-1-i} = (1 + (-1))^{k-1} = 0.$$

∎

Exemplo 4.46. *Mostre que se p é primo, então*

(a) $p \mid \left\{{p+1 \atop k+1}\right\}$ $\forall k \in \{2, \ldots, p-1\}$;

(b) $\left\{{p+1 \atop 2}\right\} \equiv 1 \pmod{p}$;

(c) $p \mid \left\{{p+2 \atop k+2}\right\}$ $\forall k \in \{2, \ldots, p-2\}$

Solução. Da recorrência dada em (4.93) tem-se que

$$\left\{{p+1 \atop k+1}\right\} = (k+1)\left\{{p \atop k+1}\right\} + \left\{{p \atop k}\right\}. \tag{4.105}$$

(a) Do teorema 4.17 tem-se que $p \mid \left\{{p \atop k}\right\} \forall k \in \{2, \ldots, p-1\}$. Com relação ao primeiro termo $(k+1)\left\{{p \atop k+1}\right\}$, se $k \in \{2, \ldots, p-2\}$ então, novamente pelo teorema 4.17, tem-se que $p \mid \left\{{p \atop k+1}\right\}$ e se $k = p-1$, então $p = k+1$ e $p \mid (k+1)\left\{{p \atop k+1}\right\}$. Logo, $\forall k \in \{2, \ldots, p-1\}$ tem-se que $p \mid (k+1)\left\{{p \atop k+1}\right\}$ e $p \mid \left\{{p \atop k}\right\}$, e portanto de (4.105), segue-se que $p \mid \left\{{p+1 \atop k+1}\right\}$.

(b) Da recorrência (4.93) tem-se que

$$\left\{{p+1 \atop 2}\right\} = 2\left\{{p \atop 2}\right\} + \left\{{p \atop 1}\right\}.$$

(c) Do teorema 4.17 tem-se que $p \mid \left\{{p \atop 2}\right\}$ e como $\left\{{p \atop 1}\right\} = 1$, segue-se o resultado. Do item (a) tem-se que

$$p \mid \left\{{p+1 \atop 3}\right\}, \left\{{p+1 \atop 4}\right\}, \ldots, \left\{{p+1 \atop p-1}\right\}, \left\{{p+1 \atop p}\right\}. \tag{4.106}$$

Ademais, da recorrência (4.93) tem-se que

$$\left\{{p+2 \atop k+2}\right\} = \left\{{p+1 \atop k+1}\right\} + (k+2)\left\{{p+1 \atop k+2}\right\}. \tag{4.107}$$

De (4.106) e (4.107) segue-se que $p \mid \left\{{p+2 \atop k+2}\right\}$ $\forall k \in \{2, \ldots, p-2\}$.

∎

Números de Stirling

Teorema 4.18. *Se p é primo, então*

$$p \mid \begin{Bmatrix} p+j \\ k+j \end{Bmatrix} \quad \forall k \in \{2,\ldots,p-j\},\ j \in \{1,\ldots,p-2\}. \tag{4.108}$$

Demonstração. A prova será feita por indução em j condiderando-se um k fixo; ademais, note que nos itens (a) e (c) do exemplo 4.46 o teorema 4.18 foi verificado, respectivamente, para $(j = 1, k = \{2,\ldots,p-1\})$ e $(j = 2, k = \{2,\ldots,p-2\})$ onde obtivemos que:

$$p \mid \begin{Bmatrix} p+1 \\ 3 \end{Bmatrix}, \begin{Bmatrix} p+1 \\ 4 \end{Bmatrix}, \ldots \begin{Bmatrix} p+1 \\ p \end{Bmatrix};$$

$$p \mid \begin{Bmatrix} p+2 \\ 4 \end{Bmatrix}, \begin{Bmatrix} p+2 \\ 5 \end{Bmatrix}, \ldots \begin{Bmatrix} p+2 \\ p \end{Bmatrix};$$

Amitamos, como hipótese de indução, que (4.108) é válido para um certo $j = l$, isto é,

$$p \mid \begin{Bmatrix} p+l \\ k+l \end{Bmatrix} \quad \forall k \in \{2,\ldots,p-l\},\ j \in \{1,\ldots,l-2\},\ \text{i.e.,}$$
$$p \mid \begin{Bmatrix} p+l \\ 2+l \end{Bmatrix}, \begin{Bmatrix} p+l \\ 3+l \end{Bmatrix}, \ldots, \begin{Bmatrix} p+l \\ p \end{Bmatrix}. \tag{4.109}$$

Da recorrência (4.93) tem-se que:

$$\begin{Bmatrix} p+l+1 \\ k+l+1 \end{Bmatrix} = \begin{Bmatrix} p+l \\ k+l \end{Bmatrix} + (k+l+1)\begin{Bmatrix} p+l \\ k+l+1 \end{Bmatrix}. \tag{4.110}$$

Assim, da hipótese de indução dada em (4.109) tem-se que $\forall k \in \{2,\ldots,p-(l+1)\}$ que $p \mid \begin{Bmatrix} p+l+1 \\ k+l+1 \end{Bmatrix}$.

∎

Teorema 4.19. *Se $0 \leq k \leq n \in \mathbb{N}$, então*

$$x^n = \sum_{k=0}^{n} \begin{Bmatrix} n \\ k \end{Bmatrix} x^{\underline{k}}. \tag{4.111}$$

Demonstração. A prova será feita por indução. Desde que $\left\{{n \atop k}\right\} = 0$ se $n > k = 0$ e $\left\{{n \atop n}\right\} = 1$ se $n \geq 0$, tem-se para $n \in \{0,1,2,3\}$ que (4.111) é verdadeira, pois

$$x^{\underline{0}} = 1.x^{\underline{0}} = \left\{{0 \atop 0}\right\}x^{\underline{0}}.$$

$$x^{\underline{1}} = 1.x^{\underline{1}} = \left\{{1 \atop 0}\right\}x^{\underline{0}} + \left\{{1 \atop 1}\right\}x^{\underline{1}}.$$

$$x^{\underline{2}} = 1.x^{\underline{1}} + 1.x^{\underline{2}} = \left\{{2 \atop 0}\right\}x^{\underline{0}} + \left\{{2 \atop 1}\right\}x^{\underline{1}} + \left\{{2 \atop 2}\right\}x^{\underline{2}}.$$

$$x^{\underline{3}} = 1.x^{\underline{1}} + 3.x^{\underline{2}} + 1.x^{\underline{3}} = \left\{{3 \atop 0}\right\}x^{\underline{0}} + \left\{{3 \atop 1}\right\}x^{\underline{1}} + \left\{{3 \atop 2}\right\}x^{\underline{2}} + \left\{{3 \atop 3}\right\}x^{\underline{3}}.$$

Suponhamos como hipótese de indução que (4.111) é verdadeira para $n - 1$, i.e.,

$$x^{n-1} = \sum_{k=0}^{n-1} \left\{{n-1 \atop k}\right\} x^{\underline{k}}. \tag{4.112}$$

Precisamos mostrar que

$$x^n = \sum_{k=0}^{n} \left\{{n \atop k}\right\} x^{\underline{k}}. \tag{4.113}$$

Note que $x^{\underline{k+1}} = x^{\underline{k}}(x - k)$, e portanto

$$x x^{\underline{k}} = x^{\underline{k+1}} + k x^{\underline{k}}. \tag{4.114}$$

Da hipótese de indução dada em (4.112) e de (4.114) como $k = n - 1$, tem-se que

Números de Stirling

$$x^n = xx^{n-1} \stackrel{(4.112)}{=} x\sum_{k=0}^{n-1}\begin{Bmatrix}n-1\\k\end{Bmatrix}x^{\underline{k}} = \sum_{k=0}^{n-1}\begin{Bmatrix}n-1\\k\end{Bmatrix}xx^{\underline{k}} =$$

$$\stackrel{(4.114)}{=} \sum_{k=0}^{n-1}\begin{Bmatrix}n-1\\k\end{Bmatrix}\left(x^{\underline{k+1}} + kx^{\underline{k}}\right) =$$

$$= \sum_{k=0}^{n-1}\begin{Bmatrix}n-1\\k\end{Bmatrix}x^{\underline{k+1}} + \sum_{k=0}^{n-1}\begin{Bmatrix}n-1\\k\end{Bmatrix}kx^{\underline{k}} \quad \left(\begin{Bmatrix}n-1\\n\end{Bmatrix} = 0 \ \forall n > 0\right)$$

$$= \begin{Bmatrix}n-1\\0\end{Bmatrix}x^{\underline{1}} + \ldots + \begin{Bmatrix}n-1\\n-1\end{Bmatrix}x^{\underline{n}} + \sum_{k=1}^{n}\begin{Bmatrix}n-1\\k\end{Bmatrix}kx^{\underline{k}}$$

$$= \sum_{k=1}^{n}\begin{Bmatrix}n-1\\k-1\end{Bmatrix}x^{\underline{k}} + \sum_{k=1}^{n}\begin{Bmatrix}n-1\\k\end{Bmatrix}kx^{\underline{k}}$$

$$= \sum_{k=1}^{n}\left[\begin{Bmatrix}n-1\\k-1\end{Bmatrix} + k\begin{Bmatrix}n-1\\k\end{Bmatrix}\right]x^{\underline{k}}$$

$$\stackrel{(4.93)}{=} \sum_{k=1}^{n}\begin{Bmatrix}n\\k\end{Bmatrix}x^{\underline{k}} \quad \left(\begin{Bmatrix}n\\0\end{Bmatrix} = 0 \ \forall n > 0\right)$$

$$= \sum_{k=0}^{n}\begin{Bmatrix}n\\k\end{Bmatrix}x^{\underline{k}}.$$

∎

Exemplo 4.47. *Mostre que:*

$$x^n = \sum_{k=0}^{n}\begin{Bmatrix}n\\k\end{Bmatrix}x^{\underline{k}} = \sum_{k=0}^{n}\begin{Bmatrix}n\\k\end{Bmatrix}(-1)^{n-k}x^{\overline{k}}. \tag{4.115}$$

Solução. A primeira igualdade é o teorema 4.19. A segunda parte segue do exemplo 4.27. De fato,

$$x^n \stackrel{(teo\ 4.19)}{=} \sum_{k=0}^{n}\begin{Bmatrix}n\\k\end{Bmatrix}x^{\underline{k}} = \sum_{k=0}^{n}\begin{Bmatrix}n\\k\end{Bmatrix}(-1)^k(-x)^{\overline{k}} \Rightarrow (-x)^n = \sum_{k=0}^{n}\begin{Bmatrix}n\\k\end{Bmatrix}(-1)^k(x)^{\overline{k}} \Rightarrow$$

$$(-1)^n x^n = \sum_{k=0}^{n}\begin{Bmatrix}n\\k\end{Bmatrix}(-1)^k(x)^{\overline{k}}\frac{1}{(-1)^{2k}} \Rightarrow x^n = \sum_{k=0}^{n}\begin{Bmatrix}n\\k\end{Bmatrix}(-1)^k(x)^{\overline{k}}\frac{1}{(-1)^{2k}}(-1)^n \Rightarrow$$

$$x^n = \sum_{k=0}^{n}\begin{Bmatrix}n\\k\end{Bmatrix}(-1)^{n-k}x^{\overline{k}}.$$

∎

Definição 4.15 (Delta de Kronecker $\delta_{(m,n)}$). *Definimos para todo $m \geq 0$ e $n \geq 0$ o Delta de Kronecker $\delta_{(m,n)}$ por*

$$\delta(m,n) := \begin{cases} 1 & se\ m = n; \\ 0 & se\ m \neq n. \end{cases}$$

Exemplo 4.48 (Fórmulas de Inversão). *Sejam $m, n \in \mathbb{N}$, então*

(a)
$$\sum_{k=0}^{n} (-1)^{n-k} \begin{bmatrix} n \\ k \end{bmatrix} \begin{Bmatrix} k \\ m \end{Bmatrix} = \delta(n,m). \qquad (4.116)$$

(b)
$$\sum_{k=0}^{n} \begin{Bmatrix} n \\ k \end{Bmatrix} (-1)^{n-k} \begin{bmatrix} k \\ m \end{bmatrix} = \delta_{n,m}. \qquad (4.117)$$

Solução.

(a) Faremos a prova por indução em n nos dois itens. Se $n = 0$, então (4.116) é verdadeira pois

$$\sum_{k=0}^{n} \begin{bmatrix} n \\ k \end{bmatrix} (-1)^{n-k} \begin{Bmatrix} k \\ m \end{Bmatrix} = \begin{bmatrix} 0 \\ 0 \end{bmatrix} (-1)^{0-0} \begin{Bmatrix} 0 \\ m \end{Bmatrix} = \delta(0,m).$$

Admitamos como hipótese de indução que (4.116) é válida para todo $n \in \{1, \ldots, r\}$, isto é,

$$\sum_{k=0}^{j} (-1)^{j-k} \begin{bmatrix} j \\ k \end{bmatrix} \begin{Bmatrix} k \\ m \end{Bmatrix} = \delta(j,m) \quad \forall\, j \in \{0, \ldots, r\}. \qquad (4.118)$$

e devemos mostrar que

$$\sum_{k=0}^{r+1} (-1)^{r+1-k} \begin{bmatrix} r+1 \\ k \end{bmatrix} \begin{Bmatrix} k \\ m \end{Bmatrix} = \delta(r+1,m). \qquad (4.119)$$

De fato,

Números de Stirling

$$\sum_{k=0}^{r+1}(-1)^{r+1-k}\begin{bmatrix}r+1\\k\end{bmatrix}\begin{Bmatrix}k\\m\end{Bmatrix}=$$

$$\stackrel{(4.64)}{=}\sum_{k=0}^{r+1}(-1)^{r+1-k}\left(\begin{bmatrix}r\\k-1\end{bmatrix}+r\begin{bmatrix}r\\k\end{bmatrix}\right)\begin{Bmatrix}k\\m\end{Bmatrix}=$$

$$\sum_{k=0}^{r+1}(-1)^{r+1-k}\begin{bmatrix}r\\k-1\end{bmatrix}\begin{Bmatrix}k\\m\end{Bmatrix}-r\sum_{k=0}^{r+1}(-1)^{r-k}\begin{bmatrix}r\\k\end{bmatrix}\begin{Bmatrix}k\\m\end{Bmatrix}=$$

$$\stackrel{(4.118)}{=}\sum_{k=1}^{r+1}(-1)^{r+1-k}\begin{bmatrix}r\\k-1\end{bmatrix}\begin{Bmatrix}k\\m\end{Bmatrix}-r\underbrace{\sum_{k=0}^{r}(-1)^{r-k}\begin{bmatrix}r\\k\end{bmatrix}\begin{Bmatrix}k\\m\end{Bmatrix}}_{=\delta(r,m)}=$$

$$\stackrel{(4.93)}{=}\sum_{k=1}^{r+1}(-1)^{r+1-k}\begin{bmatrix}r\\k-1\end{bmatrix}\left(\begin{Bmatrix}k-1\\m-1\end{Bmatrix}+m\begin{Bmatrix}k-1\\m\end{Bmatrix}\right)-r\delta(r,m)=$$

$$=\sum_{k=1}^{r+1}(-1)^{r+1-k}\begin{bmatrix}r\\k-1\end{bmatrix}\begin{Bmatrix}k-1\\m-1\end{Bmatrix}+m\sum_{k=1}^{r+1}(-1)^{r+1-k}\begin{bmatrix}r\\k-1\end{bmatrix}\begin{Bmatrix}k-1\\m\end{Bmatrix}$$

$$-r\delta(r,m)$$

$$\stackrel{(w=k-1)}{=}\underbrace{\sum_{w=0}^{r}(-1)^{r-w}\begin{bmatrix}r\\w\end{bmatrix}\begin{Bmatrix}w\\m-1\end{Bmatrix}}_{=\delta(r,m-1)}+m\underbrace{\sum_{w=0}^{r}(-1)^{r-w}\begin{bmatrix}r\\w\end{bmatrix}\begin{Bmatrix}w\\m\end{Bmatrix}}_{=\delta(r,m)}$$

$$-r\delta(r,m)$$
$$=\delta(r,m-1)+m\delta(r,m)-r\delta(r,m)=$$
$$=\delta(r+1,m).$$

A última igualdade se deve ao fato que para todo m e n tem-se que $m\delta(r,m)-r\delta(r,m)=0$ e $\delta(r,m-1)=\delta(r,m+1)$; de fato, se $r\neq m-1$, então $\delta(r,m-1)=\delta(r+1,m)=0$ e se $r=m-1$, então $\delta(r,m-1)=\delta(r+1,m)=1$.

(b) Se $n=0$, então (4.117) é verdadeira pois

$$\sum_{k=0}^{n}\begin{Bmatrix}n\\k\end{Bmatrix}(-1)^{n-k}\begin{bmatrix}k\\m\end{bmatrix}=\begin{Bmatrix}0\\0\end{Bmatrix}\begin{bmatrix}0\\m\end{bmatrix}(-1)^{0-0}=\delta(0,m).$$

Admitamos como hipótese de indução que (4.117) é válida para todo $n\in\{1,\ldots,r\}$, isto é,

$$\sum_{k=0}^{n} \left\{ {n \atop k} \right\} (-1)^{n-k} \left[{k \atop m} \right] = \delta(n,m). \tag{4.120}$$

E devemos mostrar que

$$\sum_{k=0}^{r+1} \left\{ {r+1 \atop k} \right\} (-1)^{r+1-k} \left[{k \atop m} \right] = \delta(r+1,m). \tag{4.121}$$

De fato,

$$\sum_{k=0}^{r+1} \left\{ {r+1 \atop k} \right\} (-1)^{r+1-k} \left[{k \atop m} \right] \stackrel{(4.93)}{=} \sum_{k=0}^{r+1} \left(k \left\{ {r \atop k} \right\} + \left\{ {r \atop k-1} \right\} \right) (-1)^{r+1-k} \left[{k \atop m} \right] =$$

$$= \sum_{k=0}^{r+1} k \left\{ {r \atop k} \right\} \left[{k \atop m} \right] (-1)^{r+1-k} + \sum_{k=0}^{r+1} \left\{ {r \atop k-1} \right\} (-1)^{r+1-k} \left[{k \atop m} \right]$$

$$\stackrel{(4.64)}{=} \sum_{k=0}^{r+1} k \left\{ {r \atop k} \right\} \frac{\left(\left[{k+1 \atop m} \right] - \left[{k \atop m-1} \right] \right)}{k} (-1)^{r+1-k} + \sum_{k=0}^{r+1} \left\{ {r \atop k-1} \right\} (-1)^{r+1-k} \left[{k \atop m} \right] =$$

$$= \sum_{k=0}^{r} \left\{ {r \atop k} \right\} \left(\left[{k+1 \atop m} \right] - \left[{k \atop m-1} \right] \right) (-1)^{r-(k-1)} + \sum_{k=1}^{r+1} \left\{ {r \atop k-1} \right\} (-1)^{r-(k-1)} \left[{k \atop m} \right] =$$

$$\stackrel{(w=k-1)}{=} \sum_{k=0}^{r} \left\{ {r \atop k} \right\} \left(\left[{k+1 \atop m} \right] - \left[{k \atop m-1} \right] \right) (-1)^{r-(k-1)} + \sum_{w=0}^{r} \left\{ {r \atop w} \right\} \left[{w+1 \atop m} \right] (-1)^{r-w} =$$

$$= \sum_{k=0}^{r} \left\{ {r \atop k} \right\} \left[{k+1 \atop m} \right] (-1)^{r-k+1} - \sum_{k=0}^{r} \left\{ {r \atop k} \right\} \left[{k \atop m-1} \right] (-1)^{r+1-k}$$

$$- \sum_{w=0}^{r} \left\{ {r \atop w} \right\} \left[{w+1 \atop m} \right] (-1)^{r-w+1}$$

$$= - \sum_{k=0}^{r} \left\{ {r \atop k} \right\} \left[{k \atop m-1} \right] (-1)^{r+1-k} = \sum_{k=0}^{r} \left\{ {r \atop k} \right\} \left[{k \atop m-1} \right] (-1)^{r-k} \stackrel{(4.120)}{=} \delta(r, m-1) =$$

$$= \delta(r+1, m).$$

∎

4.5. Exercícios propostos

1. Demonstre as seguintes identidades combinatórias (se possível demonstre via argumento combinatório): (veja [22], [20] e [23]).

(a) $\binom{r}{k} = \frac{r}{k}\binom{r-1}{k-1}$ $\forall k \in \mathbb{Z}^*$.

(b) $k\binom{r}{k} = r\binom{r-1}{k-1}$ $\forall k \in \mathbb{Z}$.

(c) $(r-k)\binom{r}{k} = r\binom{r-1}{k}$ $\forall k \in \mathbb{Z}$.

(d) $\sum_{k \leq n}\binom{r+k}{k} = \binom{r+n+1}{n}$ $\forall k \in \mathbb{Z}$.

(e) $\sum_{0 \leq k \leq n}\binom{k}{m} = \binom{n+1}{m+1}$ $\forall m, n \in \mathbb{Z}_+$.

(f) $(-1)^m\binom{-n-1}{m} = (-1)^n\binom{-m-1}{n}$ $\forall m, n \in \mathbb{Z}_+$.

(g) $\sum_{k \leq m}\binom{r}{k}(-1)^k = \binom{m-r}{m}$ $\forall m \in \mathbb{Z}$.

(h) $\sum_{k=0}^{p}\binom{m}{k}\binom{n}{p-k} = \binom{m+n}{p}$ $\forall m, n, p \in \mathbb{Z}$ (Fórmula de Euler).

(i) $\left[\binom{n}{0} + \binom{n}{1} + \ldots + \binom{n}{n}\right]^2 = \sum_{k=0}^{2n}\binom{2n}{k}$.

(j) $\sum_{k \leq m}\binom{2m+1}{k} = 2^{2m}$.

(k) $\binom{r}{m}\binom{m}{k} = \binom{r}{k}\binom{r-k}{m-k}$.

(l) $\sum_{k}\binom{r}{m+k}\binom{s}{n-k} = \binom{r+s}{m+n}$ $\forall m, n, \in \mathbb{Z}$ e $r, s \in \mathbb{R}$.

(m) $\binom{k}{i}(k-i) = k\binom{k-1}{i}$.

2. Mostre que:

(a) $S = \sum_{k \geq 0}(2k+1)\binom{n}{2k+1} = n2^{n-2}$.

(b) $W = \sum_{k \geq 0}2k\binom{n}{2k} = n2^{n-2}$.

3. Se $n \in \mathbb{N}$, mostre que:

$$\binom{n}{0} + \binom{n}{6} + \binom{n}{12} + \ldots = \frac{1}{3}\left[2^{n-1} + \cos\frac{n\pi}{3} + (\sqrt{3})^n \cdot \cos\frac{n\pi}{6}\right].$$

4. (IMO-1981 [24]) (veja [25]) Seja $1 \leq r \leq n$ e considere todos os subconjuntos de tamanho r do conjunto $\{1,\ldots,n\}$. Cada um desses subconjuntos tem o menor elemento. Seja $F(n,r)$ a média aritmética destes mínimos. Prove que
$$F(n,r) = \frac{n+1}{r+1}.$$

5. Determine o coeficiente de $x^{12}y^{24}$ em $(x^3 + 2xy^2 + y + 3)^{18}$.

6. Seja $p(x)$ um polinômio cujos coeficientes são números reais, i.e. $p(x) \in \mathbb{R}[x]$, tal que $\forall k \in \mathbb{Z}$ tem-se que $p(k) \in \mathbb{Z}$. Mostre que existem $C_0, C_1, \ldots, C_n \in \mathbb{Z}$ tal que
$$p(x) = C_n \binom{x}{n} + C_{n-1}\binom{x}{1} + \ldots + C_0 \binom{x}{0}.$$

7. Prove que $\sum_{n=1}^{\infty} \frac{1}{\binom{2n}{n}} = \frac{2\pi\sqrt{3}+36}{27}$.

8. Prove que para todo $n \in \mathbb{N}$, tem-se que:

    (a) $\binom{n+2}{3} - \binom{n}{3} = n^2$.

    (b) Use o item anterior e mostre que $1^2+2^2+3^2+\cdots+n^2 = \frac{n(n+1)(2n+1)}{6}$.

9. Prove que quatro números binomiais consecutivos
$$\binom{n}{r}, \binom{n}{r+1}, \binom{n}{r+2}, \binom{n}{r+3}$$
não podem ser termos consecutivos de uma progressão aritmética.

10. Prove que para qualquer inteiro não negativo n a quantidade de números ímpares na lista
$$\binom{n}{0}, \binom{n}{1}, \binom{n}{2}, \ldots, \binom{n}{n}$$
é uma potência de 2.

11. Determine, para cada inteiro não negativo n, a soma
$$\binom{2n}{0}^2 - \binom{2n}{1}^2 + \binom{2n}{2}^2 - \cdots + \binom{2n}{2n}^2.$$

Exercícios propostos

12. Determine o valor do inteiro não negativo m tal que $\sum_{i=0}^{m}\binom{10}{i}\binom{20}{m-i}$ seja máxima.

13. Calcule a soma
$$S = \binom{30}{0}\binom{30}{10} - \binom{30}{1}\binom{30}{11} + \binom{30}{2}\binom{30}{12} - \cdots + \binom{30}{20}\binom{30}{30}.$$

14. Se n é um inteiro não negativo e par, determine
$$S = \frac{2\left(\frac{n}{2}\right)!\left(\frac{n}{2}\right)!}{n!}\left[\binom{2}{0} - 2\binom{2}{1} + 3\binom{2}{2} - \cdots + (-1)^n(n+1)\binom{n}{2}\right].$$

15. Para qualquer inteiro positivo n, prove que:
$$\sum_{k=0}^{m} \frac{\binom{2n-k}{k}}{\binom{2n-k}{n}} \frac{(2n-4k+1)}{(2n-2k+1)} 2^{n-2k} = \frac{\binom{n}{m}}{\binom{2n-2m}{n-m}} 2^{n-2m}.$$

16. Prove que:
$$\binom{n}{m} + 2\binom{n-1}{m} + 3\binom{n-2}{m} + \cdots + (n-m+1)\binom{n}{m} = \binom{n+2}{m+2}.$$

17. Prove que:
$$2^k\binom{n}{0}\binom{n}{k} - 2^{k-1}\binom{n}{1}\binom{n-1}{k-1} - \cdots + (-1)^k\binom{n}{k}\binom{n-k}{0} = \binom{n}{k}.$$

18. Mostre que:
$$\binom{n}{0} - 2^2\binom{n}{1} + 3^2\binom{n}{2} - \cdots + (-1)^n(n+1)^2\binom{n}{n} = 0.$$

19. Seja
$$s_n := 1 + q + q^2 + \cdots + q^n \text{ e}$$
$$S_n = 1 + \frac{q+1}{2} + \left(\frac{1+q}{2}\right)^2 + \cdots + \left(\frac{1+q}{2}\right)^n, \quad q \neq 1.$$

Prove que:
$$\binom{n+1}{1} + \binom{n+1}{2}s_1 + \binom{n+1}{3}s_2 + \cdots + \binom{n+1}{n}s_n = 2^n S_n.$$

20. Se $\sum_{k=0}^{n} \frac{1}{\binom{n}{k}} = \alpha_n$, calcule, em função de α_n, a soma $\sum_{k=0}^{n} \frac{k}{\binom{n}{k}}$.

21. Seja $\{f_n\}_{n\in\mathbb{N}}$ a sequência de Fibonacci. Prove que:

$$\binom{n}{0} + \binom{n-1}{1} + \binom{n-2}{2} + \ldots = f_{n+1}.$$

22. Mostre que se $|x| < 1$, então

$$(1+x)^{-n} = \sum_{k=0}^{\infty} (-1)^k \binom{n+k-1}{k} x^k.$$

23. Se $1 \le k \le n-1$, então prove que:

$$\binom{n}{k}^2 \ge \binom{n}{k-1}\binom{n}{k+1}.$$

24. Se f_n é o n-ésimo número de Fibonacci, mostre que:

$$f_{n+1} = \binom{n}{0} + \binom{n-1}{1} + \binom{n-2}{2} + \ldots + \binom{0}{n}.$$

25. Se $m, n \in \mathbb{N}$ são tais que $n \ge m$, mostre que:

$$\sum_{k=0}^{n} \binom{n}{k}\binom{k}{m} = 2^{n-m}\binom{m}{k}.$$

26. Prove que:

(*a*)

$$\frac{n!}{x(x+1)(x+2)\cdots(x+n)} = \frac{\binom{n}{0}}{x} - \frac{\binom{n}{1}}{x+1} + \frac{\binom{n}{2}}{x+2} - \cdots \pm \frac{\binom{n}{n}}{x+n}.$$

(*b*) A identidade acima pode ser provada pelo teorema binomial em $(1-x)^{n+1}$ quando $x = 1$.

27. Mostre que todo coeficiente multinomial $\binom{n}{k_1, k_2, \ldots, k_m}$ pode ser escrito como um produto de coeficientes binomiais.

28. Sendo n, k_1, k_2 e k_3 são inteiros não negativos, definimos o coeficiente multinomial
$$\binom{n}{k_1, k_2, k_3} := \frac{n!}{k_1! k_2! k_3!}.$$
Mostre que:
$$\binom{n}{k_1, k_2, k_3} = \binom{n}{k_1-1, k_2, k_3} + \binom{n}{k_1, k_2-1, k_3} + \binom{n}{k_1, k_2, k_3-1}.$$

29. Prove que:
$$\sum_{j=0}^{n}\sum_{k=0}^{n} \binom{n+j+k}{n,j,k} \left(\frac{1}{3}\right)^{j+k} = 3^n.$$

30. Para cada inteiro $k \geq 0$, defina
$$S_k(n) = \sum_{i=1}^{n} i^k.$$

(a) Obtenha fórmulas fechadas para $S_0(n), S_1(n), S_2(n), S_3(n)$.

(b) Prove que $S_k(n)$ é um polinômio de grau $k+1$ em n cujo coeficiente dominante é $\frac{1}{k+1}$.

31. Para m, n, i, j, p e $k \in \mathbb{N}^*$, prove que:

(a) $\left(\prod_{i=1}^{k} i!\right) \mid \dfrac{\{\binom{k+1}{2}[n+\frac{(2k+1)r}{3}]\}!}{\prod_{i=1}^{k}[(n+ir)!]^i}$

(b) $\prod_{i=1}^{k}[(i!)!] \mid \dfrac{\left[\sum_{i=1}^{k} i(i!)\right]!}{\prod_{i=1}^{k}(i!)^{i!}}$

(c) $p! \mid \dfrac{(np)!}{(n!)^p}$

(d) $\prod_{i=1}^{k}(i^j)! \mid \left[\sum_{i=1}^{k} i^j\right]!$

(e) $\prod_{i=1}^{k}(i)! \mid \binom{k+1}{2}!$

(f) $\prod_{i=1}^{k}(i^2)! \mid \left[\dfrac{k(k+1)(2k+1)}{6}\right]!$

32. Seja $\{C_n\}_{n\in\mathbb{N}}$ a sequência dos números de Catalan. Mostre que todas as matrizes da sequência

   (a) $a_{i,j} := C_{i+j-2}$ têm determinantes iguais a 1.

$$\begin{bmatrix} 1 & 1 \\ 1 & 2 \end{bmatrix}, \begin{bmatrix} 1 & 1 & 2 \\ 1 & 2 & 5 \\ 2 & 5 & 14 \end{bmatrix}, \begin{bmatrix} 1 & 1 & 2 & 5 \\ 1 & 2 & 5 & 14 \\ 2 & 5 & 14 & 42 \\ 5 & 14 & 42 & 132 \end{bmatrix} \cdots$$

   (b) $a_{i,j} := C_{i+j-1}$ têm determinantes iguais a 1;

$$\begin{bmatrix} 1 & 2 \\ 2 & 3 \end{bmatrix}, \begin{bmatrix} 1 & 2 & 5 \\ 2 & 5 & 14 \\ 5 & 14 & 42 \end{bmatrix}, \begin{bmatrix} 1 & 2 & 5 & 14 \\ 2 & 5 & 14 & 42 \\ 5 & 14 & 42 & 132 \\ 14 & 42 & 132 & 429 \end{bmatrix} \cdots$$

   (c) $a_{i,j} := C_{i+j}$ com $i,j \in \{1,\ldots,n-1\}$ e de ordem $n-1$ têm determinantes iguais a n.

$$\begin{bmatrix} 2 & 5 \\ 5 & 14 \end{bmatrix}, \begin{bmatrix} 2 & 5 & 14 \\ 5 & 14 & 42 \\ 14 & 42 & 132 \end{bmatrix}, \begin{bmatrix} C_2 & C_3 & \ldots & C_n \\ C_3 & C_4 & \ldots & C_{n+1} \\ \vdots & \vdots & \vdots & \vdots \\ C_n & C_{n+1} & \ldots & C_{2n-2} \end{bmatrix} \cdots$$

33. Mostre que o total de permutações de $(1,2,\ldots,n)$ que não contém qualquer subsequência crescente de comprimento 3 é C_n.

34. Quantas são as permutações de $(x_1, x_2, \ldots, x_n)$ tais que $x_i \in \mathbb{Z}, x_i < i$ e $x_1 \leq x_2 \leq \ldots \leq x_n$?

35. Seja um polígono com 28 lados cujos vértices são numerados consecutivamente por $P_1, P_2, \ldots, P_{28}$.

   (a) Quantas são as triangulações nas quais $\triangle P_1 P_8 P_{12}$ está presente?

   (b) Quantas são as triangulações do polígono em que os lados $P_1 P_8$, $P_1 P_5$ e $P_{16} P_{22}$ figuram?

Exercícios propostos

36. Mostre que C_n pode ser dado por:
$$C_n = \frac{1}{n+1}\binom{2n}{n} \quad \text{ou} \quad C_n = \frac{1}{2n+1}\binom{2n+1}{n}.$$

37. Mostre que para todo $n \in \mathbb{N}$, tem-se que:

    (a) $(x+y)^{\underline{n}} = \sum_{k=0}^{n} \binom{n}{k} x^{\underline{k}} y^{\underline{n-k}}$;

    (b) $(x+y)^{\overline{n}} = \sum_{k=0}^{n} \binom{n}{k} x^{\overline{k}} y^{\overline{n-k}}$.

38. Prove que $\begin{bmatrix} n \\ k \end{bmatrix} \geq \begin{Bmatrix} n \\ k \end{Bmatrix}$.

39. Para todo $n \in \mathbb{N}$ calcule
$$\sum_{k=0}^{n}(-1)^k \begin{Bmatrix} n \\ k \end{Bmatrix} 2^{-k} k!$$
e mostre que é zero quando n é par.

40. Prove as identidades (veja [22]):

    (a) $\begin{Bmatrix} n+k+1 \\ k \end{Bmatrix} = \sum_{j=0}^{k} j \begin{Bmatrix} n+j \\ j \end{Bmatrix}$;

    (b) $\begin{bmatrix} n+k+1 \\ k \end{bmatrix} = \sum_{j=0}^{k} (n+j) \begin{bmatrix} n+j \\ j \end{bmatrix}$;

    (c) $\begin{Bmatrix} n \\ l+m \end{Bmatrix} \binom{l+m}{l} = \sum_{l \leq k \leq n-m} \begin{Bmatrix} k \\ l \end{Bmatrix} \begin{Bmatrix} n-k \\ m \end{Bmatrix} \binom{n}{k}$;

    (d) $\begin{bmatrix} n \\ l+m \end{bmatrix} \binom{l+m}{l} = \sum_{l \leq k \leq n-m} \begin{bmatrix} k \\ l \end{bmatrix} \begin{Bmatrix} n-k \\ m \end{Bmatrix} \binom{n}{k}$;

    (e) $\begin{Bmatrix} n \\ n-m \end{Bmatrix} = \sum_{0 \leq k \leq m} \binom{m-n}{m+k} \binom{m+n}{n+k} \begin{bmatrix} m+k \\ k \end{bmatrix}$;

    (f) $\begin{bmatrix} n \\ n-m \end{bmatrix} = \sum_{0 \leq k \leq m} \binom{m-n}{m+k} \binom{m+n}{n+k} \begin{Bmatrix} m+k \\ k \end{Bmatrix}$.

Capítulo 5
Probabilidade

5.1. Espaço de Probabilidade $(\Omega, \mathcal{F}, \mathbb{P})$

A medida de probabilidade ou simplesmente probabilidade, foi formalizada pela primeira vez em 1933 por Andrei Kolmogorov (veja [26]) a partir de três axiomas. Para tanto, qualquer que seja o **experimento aleatório**, i.e., um experimento que não conseguimos determinar previamente o seu resultado, definimos: o *espaço amostral* Ω como sendo o conjunto de todos os resultados possíveis do experimento aleatório, uma classe $\mathcal{F}$ de subconjuntos de Ω chamada σ-álgebra e uma medida de probabilidade, ou simplesmente uma probabilidade que é definida nos subconjuntos de Ω que pertencem a classe $\mathcal{F}$, os quais chamaremos de **eventos**. A tripla $(\Omega, \mathcal{F}, \mathbb{P})$ é chamada de *espaço de probabilidade*.

Definição 5.1 (σ-Álgebra). *Uma classe não vazia $\mathcal{F}$ de subconjuntos de Ω é dita ser uma σ-álgebra de Ω se:*

(a) $\Omega \in \mathcal{F}$;

(b) Se $A \in \mathcal{F}$, então $A^c \in \mathcal{F}$;

(c) Se $A_i \in \mathcal{F} \; \forall i \in \mathbb{N}$, então $\cup_{i=1}^{\infty} A_i \in \mathcal{F}$.

Observação 5.1 (σ-álgebra trivial). *A classe $\mathcal{F} = \{\Omega, \emptyset\}$ é chamada σ-álgebra trivial.*

Definição 5.2 (Medida de Probabilidade). *Seja $\mathcal{F}$ uma σ-álgebra de eventos de Ω. Uma função $\mathbb{P} : \mathcal{F} \to \mathbb{R}$ é chamada de medida de probabilidade ou simplesmente uma probabilidade se:*

(a1) $\mathbb{P}(\Omega) = 1$;

(a2) $0 \leq \mathbb{P}(A) \leq 1, \; \forall A \in \mathcal{F}$;

(a3) $\mathbb{P}(\cup_{i=1}^{\infty} A_i) = \sum_{i=1}^{\infty} \mathbb{P}(A_i), \; \forall A_n \in \mathcal{F}$ com $A_n \cap A_m = \emptyset$ e $n \neq m$.

Exemplo 5.1 (Modelo Probabilístico Discreto). *Seja* $\Omega = \{\omega_1, \omega_2, \ldots\}$, $\mathcal{F} = \mathcal{P}(\Omega)$ *e* $\forall i \geq 1$ *associamos a probabilidade* $p_i \geq 0$ *ao evento elementar* $\{\omega_i\}$, *isto é*, $\mathbb{P}(\{\omega_i\}) = p_i$ *com:*

(a) $\sum_{i=1}^{\infty} p_i = 1$ (consequência do axioma (a1));

(b) se $A = \{\omega_1, \omega_2, \ldots\}$, então
$$\mathbb{P}(A) = \sum_{\omega_i \in A} p_i \text{ (consequência do axioma (a3)).}$$

Observação 5.2. *Neste livro consideraremos espaços amostrais discretos, isto é, o conjunto Ω apresenta uma quantidade finita ou infinita enumerável de pontos. Se Ω apresenta, no máximo, uma quantidade infinita enumerável, tem-se que o conjunto das partes de Ω, $\mathcal{P}(\Omega)$, é uma σ-álgebra, $\mathcal{F} = \mathcal{P}(\Omega)$, e portanto, podemos atribuir uma probabilidade a qualquer subconjunto de Ω, i.e., todos os subconjuntos de Ω são mensuráveis.*

Se tivermos um espaço amostral com uma quantidade infinita não-enumerável de pontos, a nem todos os subconjuntos de Ω podem ser atribuídos uma probabilidade satisfazendo aos axiomas da definição 5.2, estes são os eventos não-mensuráveis, isto é, que não pertencem a uma σ-álgebra de Ω.

Os três próximos exemplos são relativos a propriedades relacionadas ao fechamento para uniões, complementações e intersecções enumeráveis de elementos de uma σ-álgebra, em seguida são apresentados outros dois exemplos nos quais classes de conjuntos formadas a partir de uma σ-álgebra podem ou não formar uma nova σ-álgebra.

Exemplo 5.2. *Sejam A e B eventos pertencentes a uma σ-álgebra $\mathcal{F}$. Mostre que:*

(a) $A \cap B^c \in \mathcal{F}$;

Solução. Se $B \in \mathcal{F}$, então $B^c \in \mathcal{F}$. Logo, por $A \in \mathcal{F}$ e $B^c \in \mathcal{F}$ segue-se que $A \cap B^c \in \mathcal{F}$.

∎

(b) $A \Delta B$ *pertence a $\mathcal{F}$.*

Solução. A diferença simétrica entre os conjuntos A e B, $A \Delta B := (A \setminus B) \cup (B \setminus A)$, é tal que: $A \setminus B = A \cap B^c \in \mathcal{F}$ e $B \setminus A = B \cap A^c \in \mathcal{F}$, assim $A \Delta B \in \mathcal{F}$.

∎

Espaço de Probabilidade $(\Omega, \mathcal{F}, \mathbb{P})$

Exemplo 5.3. *Seja $\mathcal{F}$ uma σ-álgebra. Mostre que se $A_i \in \mathcal{F}$ para todo $i \in \mathbb{N}$, mostre que:*

(a) $\bigcup_{i=1}^{\infty} A_i^c \in \mathcal{F}$;

Solução. Tem-se da definição 5.1 que se $A_i \in \mathcal{F}$ $\forall i \in \mathbb{N}$, então $A_i^c \in \mathcal{F}$ (pelo item 5.1), e portanto segue-se que $\bigcup_{i=1}^{\infty} A_i^c \in \mathcal{F}$ (pelo item 5.1). ∎

(b) $\bigcap_{i=1}^{\infty} A_i \in \mathcal{F}$.

Solução. Do item (a) deste exercício tem-se que $\bigcup_{i=1}^{\infty} A_i^c \in \mathcal{F}$, e portanto (do item 5.1 da definição 5.1) segue-se que $\bigcap_{i=1}^{\infty} A_i = \left(\bigcup_{i=1}^{\infty} A_i^c \right)^c \in \mathcal{F}$. ∎

Observação 5.3. *Segue-se dos itens (a) e (b) do exemplo 5.3 que os eventos que pertencem a uma dada σ-álgebra são fechados em relação a complementações, uniões e intersecções enumeráveis. Ademais, em muitas ocasiões é mais direto verificar que a intersecção dos eventos pertence a σ-álgebra, item (b) do exemplo 5.3, em lugar da união dos eventos estabelecida no item (c) da definição 5.1.*

Exemplo 5.4 (Contáveis/co-contáveis σ-álgebra). *Seja $\Omega = \mathbb{R}$ e a classe $\mathcal{F}$ de subconjuntos de Ω assim definida $\mathcal{F} := \{A \subset \mathbb{R}: A \text{ é contável}\} \cup \{A \subset \mathbb{R}: A^c \text{ é contável}\}$. Mostre que a classe $\mathcal{F}$ é uma σ-álgebra.*

Solução. Do exemplo 5.3 é suficiente verificarmos que (a) $\Omega \in \mathcal{F}$, (b) $A \in \mathcal{F} \Rightarrow A^c \in \mathcal{F}$ e (c1) $A_i \in \mathcal{F}$ $\forall i \in \mathbb{N} \Rightarrow \bigcap_{i=1}^{\infty} A_i \in \mathcal{F}$:

(a) $\Omega^c = \emptyset$ e $\emptyset$ é contável, logo $\Omega \in \mathcal{F}$;

(b) $(A^c)^c = A$ e $A \in \mathcal{F}$, implicam que $(A^c)^c$ é contável ou $((A^c)^c)^c = A^c$ é contável, e portanto, $A^c \in \mathcal{F}$.

(c1) Por último verifiquemos que se $A_i \in \mathcal{F}$ $\forall i \in \mathbb{N}$, então $\bigcap_{i=1}^{\infty} A_i \in \mathcal{F}$.

Particionemos os conjuntos A_i pertencentes à classe $\mathcal{F}$ segundo o critério de serem ou não contáveis. Há, então, duas possibilidades:

(i) Se ao menos um deles é contável, digamos A_1, neste caso segue-se que $\bigcap_{i=1}^{\infty} A_i$ é um conjunto contável, pois $\bigcap_{i=1}^{\infty} A_i \subset A_1$;

(ii) Se nenhum dos $A_i \in \mathcal{F}$ é contável, segue-se que A_i^c é contável $\forall i \in \mathbb{N}$, e desde que a união contável de conjuntos contáveis ainda é um conjunto contável, tem-se que $\bigcup_{i=1}^{\infty} A_i^c = \left(\bigcap_{i=1}^{\infty} A_i \right)^c$ é contável, logo $\bigcap_{i=1}^{\infty} A_i \in \mathcal{F}$.

∎

Exemplo 5.5. *Seja $f : \Omega_1 \to \Omega_2$ e $\mathcal{F}_2$ uma σ-álgebra em Ω_2. Prove que:*

(a) Prove que $f^{-1}(\mathcal{F}_2) := \{f^{-1}(A) : A \in \mathcal{F}_2\}$ é uma σ-álgebra em Ω_1;

Solução.

(a1) $\Omega_1 \in f^{-1}(\mathcal{F}_2)$, pois $\Omega_1 = f^{-1}(\Omega_2)$ em que $\Omega_2 \in \mathcal{F}_2$;

(a2) Se $A \in f^{-1}(\mathcal{F}_2)$, então $A^c \in f^{-1}(\mathcal{F}_2)$. De fato, pois se $A \in f^{-1}(\mathcal{F}_2)$, então $A = f^{-1}(B)$ para algum $B \in \mathcal{F}_2$, e portanto, $A^c = f^{-1}(B^c)$ com $B^c \in \mathcal{F}_2$;

(a3) Se $A_n \in f^{-1}(\mathcal{F}_2)$ para todo $n \in \mathbb{N}$, então $\bigcup_{n=1}^{\infty} A_n \in f^{-1}(\mathcal{F}_2)$.

Precisamos mostrar que $\bigcup_{n=1}^{\infty} A_n$ é pré-imagem de algum elemento de $\mathcal{F}_2$, no caso $\bigcup_{n=1}^{\infty} B_n \in \mathcal{F}_2$. De fato, se $A_n \in f^{-1}(\mathcal{F}_2)$, então $A_n = f^{-1}(B_n)$ com $B_n \in \mathcal{F}_2$. Assim,

$$B_n \in \mathcal{F}_2 \Rightarrow \bigcup_{n=1}^{\infty} B_n \in \mathcal{F}_2$$

$$\bigcup_{n=1}^{\infty} A_n = \bigcup_{n=1}^{\infty} f^{-1}(B_n) = f^{-1}\left(\bigcup_{n=1}^{\infty} B_n\right), \text{ logo } \bigcup_{n=1}^{\infty} A_n \in f^{-1}(\mathcal{F}_2).$$

∎

(b) Se $\mathcal{F}_1$ é uma σ-álgebra em Ω_1, então $f(\mathcal{F}_1) := \{f(A) : A \in \Omega_1\}$ é uma σ-álgebra em Ω_2?

Solução. Não necessariamente. Por exemplo, considere $f : \Omega_1 \to \Omega_2$, $\mathcal{F}_1$ a σ-álgebra das partes de Ω_1 e $f(A) = \Omega_2, \forall A \in \Omega_1$.

∎

Exemplo 5.6. *Seja $\mathcal{F}$ uma σ-álgebra de Ω e $B \in \mathcal{F}$. Mostre que $\mathcal{G} := \{A \cap B : A \in \mathcal{F}\}$ é σ-álgebra de B.*

Solução. Verifiquemos as três condições dadas na definição 5.1:

(a) $B \in \mathcal{G}$. De fato tem-se que $\Omega \in \mathcal{F}$ e $B = \Omega \cap B$, implicando que $B \in \mathcal{G}$;

(b) Se $E \in \mathcal{G}$, então $E^c \in \mathcal{G}$. Seja $E = A \cap B$, em que $A \in \mathcal{F}$. Assim,

$$E^c = B \setminus E = B \setminus (A \cap B) = B \cap (\Omega \setminus A) = A^c \cap B \in \mathcal{G}, \text{ pois } A^c \in \mathcal{F}$$

em que a penúltima igualdade segue de $A, B \subset \Omega$ e $(A \cap B) \subset B$.

(c) Se $E_n \in \mathcal{G}$ para todo $n \in \mathbb{N}$, então $\cup_{n \geq 1} E_n \in \mathcal{G}$.
Seja $E_n = A_n \cap B$, em que $A_n \in \mathcal{F}$. Assim,

$$\bigcup_{n \geq 1} E_n = \bigcup_{n \geq 1} (A_n \cap B) = \left(\bigcup_{n \geq 1} A_n \right) \cap B \in \mathcal{G}, \text{ desde que } \bigcup_{n \geq 1} A_n \in \mathcal{F}.$$

∎

Definição 5.3 (Limite de uma sequência de eventos). *O limite superior e inferior de uma sequência de eventos $\{A_n\}_{n \geq 1}$ são definidos, respectivamente, por*

$$\limsup_{n \to \infty} A_n := \bigcap_{n=1}^{\infty} \bigcup_{k=n}^{\infty} A_k \text{ e } \liminf_{n \to \infty} A_n := \bigcup_{n=1}^{\infty} \bigcap_{k=n}^{\infty} A_k.$$

Se $\limsup_{n \to \infty} A_n = \liminf_{n \to \infty} A_n = A$, então dizemos que A é o limite de $\{A_n\}_{n \geq 1}$ e indicaremos $A_n \to A$ ou $\lim_{n \to \infty} A_n = A$.

Observação 5.4. *Representamos por $A_n \uparrow$ ($A_n \downarrow$) se a sequência $\{A_n\}_{n \geq 1}$ for crescente (decrescente). Ademais, usaremos a notação $A_n \uparrow A$ ou $A_n \downarrow A$ para dizermos que A é o limite da sequência monótona $\{A_n\}_{n \geq 1}$.*

Exemplo 5.7. *Prove que:*

(a) $\liminf_{n \to \infty} A_n \subset \limsup_{n \to \infty} A_n$;

Solução. Seja $C_n := \bigcap_{k=n}^{\infty} A_k \; \forall n \geq 1$. Desde que a interseção de um número qualquer de eventos é sempre um subconjunto de cada um deles, segue-se que $\{C_n\}_{n \geq 1}$ é uma sequência crescente de eventos, isto é, $C_n \subset C_{n+1} \; \forall n \geq 1$. Da definição de limite inferior da sequência $\{A_n\}_{n \geq 1}$, podemos escrever $\liminf_{n \to \infty} A_n$ como a união enumerável formada por eventos de uma sequência crescente, isto é, $\liminf_{n \to \infty} A_n = \bigcup_{n=1}^{\infty} C_n$. O limite inferior da sequência será não vazio se, e somente se, pelo menos um dos C_n for não vazio, ou seja, existe $n_0 \in \mathbb{N}$ tal que $C_{n_0} := \bigcap_{k=n_0}^{\infty} A_k \neq \emptyset$, o que significa $A_n \neq \emptyset \ \forall n \geq n_0$, ou simplesmente, **a ocorrência de A_n para todo n suficientemente grande**.

Considere agora $D_n := \bigcup_{k=n}^{\infty} A_k \ \forall n \geq 1$. Desde que a união de um número qualquer de eventos contém sempre qualquer um deles, segue-se que $\{D_n\}_{n\geq 1}$ é uma sequência decrescente de eventos, isto é, $D_n \supset D_{n+1} \ \forall n \geq 1$. Da definição de limite superior da sequência $\{A_n\}_{n\geq 1}$, podemos escrever $\limsup_{n\to\infty} A_n$ como a interseção enumerável formada por eventos de uma sequência decrescente, isto é, $\limsup_{n\to\infty} A_n = \bigcap_{n=1}^{\infty} D_n$. O limite superior da sequência será não vazio se, e somente se, todos os D_n forem não vazios, ou seja, existe uma subsequência $\{A_{n_k}\}, k \in \mathbb{N}$ da sequência $\{A_n\}_{n\geq 1}$ tal que $A_{n_k} \neq \emptyset$, isto é, **um número infinito dos A_n ocorre**.

∎

(b) $\left(\liminf_{n\to\infty} A_n\right)^c = \limsup_{n\to\infty} A_n^c$.

Solução. Tem-se que $\liminf_{n\to\infty} A_n = \bigcup_{n=1}^{\infty} \bigcap_{k=n}^{\infty} A_k$, logo

$$(\liminf_{n\to\infty} A_n)^c = \bigcap_{n=1}^{\infty} \bigcup_{k=n}^{\infty} A_k^c = \limsup_{n\to\infty} A_n^c.$$

∎

Exemplo 5.8 (Limite de sequências monótonas). *Prove que sequências monótonas de eventos admitem limites, isto é:*

(a) Se $A_n \uparrow$, então $\lim_{n\to\infty} A_n = \bigcup_{n=1}^{\infty} A_n$;

Solução. Devemos mostrar que $\limsup_{n\to\infty} A_n = \liminf_{n\to\infty} A_n = \bigcup_{n=1}^{\infty} A_n$.

Sejam as sequências de conjuntos $\{D_n\}_{n\geq 1}$ e $\{C_n\}_{n\geq 1}$ definidas no exemplo 5.7. A intersecção de um número qualquer de conjuntos é sempre um subconjunto de qualquer um deles, em particular, $\bigcap_{n=1}^{\infty} D_n \subset D_1$. Por último notemos que se $\{A_n\}_{n\geq 1}$ é uma sequência crescente, então $\bigcap_{k=n}^{\infty} A_k = A_n$. Segue-se portanto que:

Espaço de Probabilidade $(\Omega, \mathcal{F}, \mathbb{P})$

$$\liminf_{n\to\infty} A_n = \bigcup_{n=1}^{\infty} \bigcap_{k=n}^{\infty} A_k = \bigcup_{n=1}^{\infty} A_n \tag{5.1}$$

$$\limsup_{n\to\infty} A_n = \bigcap_{n=1}^{\infty} \underbrace{\bigcup_{k=n}^{\infty} A_k}_{D_n} = \bigcap_{n=1}^{\infty} D_n \subset D_1 = \bigcup_{k=n}^{\infty} A_k = \bigcup_{n=1}^{\infty} A_n \tag{5.2}$$

Da definição 5.3, exemplo 5.7 item (a), (5.1) e (5.2) segue-se que

$$\bigcup_{n=1}^{\infty} A_n = \liminf_{n\to\infty} A_n = \limsup_{n\to\infty} A_n \iff \lim_{n\to\infty} A_n = \bigcup_{n=1}^{\infty} A_n.$$

∎

(b) Se $A_n \downarrow$, então $\lim_{n\to\infty} A_n = \bigcap_{n=1}^{\infty} A_n$.

Solução. Mostremos que $\liminf_{n\to\infty} A_n = \limsup_{n\to\infty} A_n = \bigcap_{n=1}^{\infty} A_n$.

Se $\{A_n\}_{n\geq 1}$ é uma sequência decrescente de eventos, então $\bigcup_{k=n}^{\infty} A_k = A_n$. Segue-se então que:

$$\limsup_{n\to\infty} A_n = \bigcap_{n=1}^{\infty} \bigcup_{k=n}^{\infty} A_k = \bigcap_{n=1}^{\infty} A_n \tag{5.3}$$

$$\liminf_{n\to\infty} A_n = \bigcup_{n=1}^{\infty} \underbrace{\bigcap_{k=n}^{\infty} A_k}_{C_n} = (C_1 \cup C_2 \cup ...) \supset C_1 = \bigcap_{n=1}^{\infty} A_n \tag{5.4}$$

Da definição 5.3, exemplo 5.7 item (a), (5.3) e (5.4) segue-se que

$$\liminf_{n\to\infty} A_n = \limsup_{n\to\infty} A_n = \bigcap_{n=1}^{\infty} A_n \iff \lim_{n\to\infty} A_n = \bigcap_{n=1}^{\infty} A_n.$$

∎

5.2. Propriedades da Probabilidade

Sejam $A_1, A_2, \ldots$ eventos de uma σ-álgebra $\mathcal{F}$ e uma probabilidade $\mathbb{P}$ definida em $\mathcal{F}$. A partir da definição 5.2, seguem-se as seguintes propriedades:

P1. $\mathbb{P}(A^c) = 1 - \mathbb{P}(A)$;

Demonstração. Desde que $\Omega = A \cup A^c$, segue-se dos axiomas $(a1)$ e $(a3)$ que

$$1 \stackrel{(a1)}{=} \mathbb{P}(\Omega) = \mathbb{P}(A \cup A^c) \stackrel{(a3)}{=} \mathbb{P}(A) + \mathbb{P}(A^c).$$

∎

Observação 5.5. *Se $A = \Omega$, então $A^c = \emptyset$ e $\mathbb{P}(\emptyset) \stackrel{(P1.)}{=} 1 - \mathbb{P}(\Omega) \stackrel{(a1)}{=} 0$.*

P2. (Aditividade Finita) Se $A_1, \ldots, A_n$ são *dois a dois disjuntos*, $A_i \cap A_j = \emptyset \ \forall i \neq j$, então

$$\mathbb{P}\left(\sum_{i=1}^{n} A_i\right) = \sum_{i=1}^{n} \mathbb{P}(A_i). \tag{5.5}$$

Demonstração. É suficiente considerar $A_j = \emptyset \ \forall j \geq n+1$ e usar o axioma $(a3)$, pois

$$\mathbb{P}\left(\cup_{i=1}^{n} A_i\right) = \mathbb{P}\left(\cup_{i=1}^{n} A_i \cup A_{n+1} \cup A_{n+2} \cup \ldots\right)$$
$$= \mathbb{P}\left(\cup_{i=1}^{\infty} A_i\right)$$
$$\stackrel{(a3)}{=} \sum_{i=1}^{n} \mathbb{P}(A_i) + \mathbb{P}(\emptyset) + \mathbb{P}(\emptyset) + \ldots$$
$$= \sum_{i=1}^{n} \mathbb{P}(A_i).$$

∎

P3. Se $A_1 \subset A_2$, então $\mathbb{P}(A_1) \leq \mathbb{P}(A_2)$;

Demonstração. Notemos inicialmente que $(A_2 \setminus A_1) = (A_2 \cap A_1^c) \in \mathcal{F}$, pois $A_2 \in F$ e $A_1 \in \mathcal{F} \Rightarrow A_1^c \in \mathcal{F}$. Tem-se que $A_2 = A_1 \cup (A_2 \setminus A_1)$, e portanto, $\mathbb{P}(A_2) \stackrel{(a3)}{=} \mathbb{P}(A_1) + \mathbb{P}(A_2 \setminus A_1) \stackrel{(a2)}{\geq} \mathbb{P}(A_1)$.

∎

P4. (Subaditividade Finita) $\mathbb{P}\left(\bigcup_{k=1}^{n} A_k\right) \leq \sum_{k=1}^{n} \mathbb{P}(A_k)$.

Demonstração. Faremos a prova usando o princípio da indução finita.

(1) Se $n = 1$, então tem-se a igualdade.

(2) Se $n = 2$, então $\mathbb{P}(A_1 \cup A_2) = \mathbb{P}(A_1) + \mathbb{P}(A_2) - \mathbb{P}(A_1 \cap A_2) \leq \mathbb{P}(A_1) + \mathbb{P}(A_2)$, pois $\mathbb{P}(A_1 \cap A_2) \geq 0$.

(3) Suponhamos, como hipótese de indução, que (5.6) vale para um certo $n \in \mathbb{N}$.

$$\mathbb{P}(\bigcup_{k=1}^{n} A_k) \leq \sum_{k=1}^{n} \mathbb{P}(A_k) \tag{5.6}$$

Assim, usando (2) e a hipótese de indução dada em (5.6), segue-se que

$$\mathbb{P}(\bigcup_{k=1}^{n+1} A_k) = \mathbb{P}(\bigcup_{k=1}^{n} A_k \cup A_{n+1}) \leq \mathbb{P}(\bigcup_{k=1}^{n} A_k) + \mathbb{P}(A_{n+1})$$
$$\leq \sum_{k=1}^{n} \mathbb{P}(A_k) + \mathbb{P}(A_{n+1}) = \sum_{k=1}^{n+1} \mathbb{P}(A_k).$$

∎

P5. (Continuidade da Probabilidade) Se $A_1, A_2, \ldots$ é uma sequência de eventos em Ω com limite A, i.e, $\lim_{n \to \infty} A_n = A$, então

$$\lim_{n \to \infty} \mathbb{P}(A_n) = \mathbb{P}(\lim_{n \to \infty} A_n) = \mathbb{P}(A).$$

A demonstração será feita em três etapas: (a) sequências monótonas crescentes, (b) sequências monótonas decrescentes e (c) caso geral.

(a) sequências monótonas crescentes.

Demonstração. Consideremos inicialmente $\{A_n\}_{n \geq 1}$ uma sequência monótona crescente, ou seja, $A_n \subset A_{n+1}$ $\forall n \geq 1$. Pelo exemplo 5.8 item (a), tem-se que $A = \lim_{n \to \infty} A_n = \bigcup_{n=1}^{\infty} A_n$.

Seja $\{B_n\}_{n \geq 1}$ a sequência de eventos definida por:

$$B_1 = A_1, \quad B_2 = A_1^c \cap A_2 \quad \ldots \quad B_n = A_{n-1}^c \cap A_n$$

Tem-se que os eventos da sequência $\{B_n\}_{n \geq 1}$ são: (a1) disjuntos; (a2) $\bigcup_{n=1}^{\infty} A_n = \bigcup_{n=1}^{\infty} B_n$ e (a3) $\bigcup_{j=1}^{n} B_j = A_n$.

Assim,

$$\mathbb{P}(A) = \mathbb{P}(\lim_{n\to\infty} A_n) = \mathbb{P}(\bigcup_{n=1}^{\infty} A_n) \stackrel{(a2)}{=} \mathbb{P}(\bigcup_{n=1}^{\infty} B_n) \stackrel{(a1)}{=} \sum_{n=1}^{\infty} \mathbb{P}(B_n) =$$

$$= \lim_{n\to\infty} \sum_{j=1}^{n} \mathbb{P}(B_j) \stackrel{(P2.)}{=} \lim_{n\to\infty} \mathbb{P}(\bigcup_{j=1}^{n} B_j) \stackrel{(a3)}{=} \lim_{n\to\infty} \mathbb{P}(A_n).$$

∎

(b) sequências monótonas decrescentes

Demonstração. Se $\{A_n\}_{n\geq 1} \downarrow A$, então $\{A_n^c\}_{n\geq 1} \uparrow A^c$. Da continuidade da probabilidade para sequências monótonas crescentes segue-se que $\lim_{n\to\infty} \mathbb{P}(A_n^c) = \mathbb{P}(A^c)$, ou seja, $\lim_{n\to\infty} (1 - \mathbb{P}(A_n)) = 1 - \mathbb{P}(A)$, e portanto,

$$\lim_{n\to\infty} \mathbb{P}(A_n) = \mathbb{P}(A).$$

∎

(c) caso geral

Demonstração. Verifiquemos o caso geral:

se $\lim_{n\to\infty} A_n = A$, então $\lim_{n\to\infty} \mathbb{P}(A_n) = \mathbb{P}(\lim_{n\to\infty} A_n) = \mathbb{P}(A)$.

Pela continuidade da probabilidade para sequências monótonas de eventos, verificada nos item (a) e (b) deste exercício e da hipótese dada que $A_n \to A$, i.e., $\liminf_{n\to\infty} A_n = \limsup_{n\to\infty} A_n = A$ segue-se que

$$\lim_{n\to\infty} \mathbb{P}(\bigcap_{k=n}^{\infty} A_k) = \mathbb{P}(\lim_{n\to\infty} \bigcap_{k=n}^{\infty} A_k) \quad [\text{item (a)}]$$
$$= \mathbb{P}(\cup_{n=1}^{\infty} \cap_{k=n}^{\infty} A_k) := \mathbb{P}(\liminf_{n\to\infty} A_n) = \mathbb{P}(A). \tag{5.7}$$

$$\lim_{n\to\infty} \mathbb{P}(\bigcup_{k=n}^{\infty} A_k) = \mathbb{P}(\lim_{n\to\infty} \bigcup_{k=n}^{\infty} A_k) \quad [\text{item (b)}]$$
$$= \mathbb{P}(\cap_{n=1}^{\infty} \cap_{k=n}^{\infty} A_k) := \mathbb{P}(\limsup_{n\to\infty} A_n) = \mathbb{P}(A). \tag{5.8}$$

Note também que

$$\mathbb{P}(\bigcap_{k=n}^{\infty} A_k) \leq \mathbb{P}(A_n) \leq \mathbb{P}(\bigcup_{k=n}^{\infty} A_k) \Rightarrow$$

Propriedades da Probabilidade 231

$$\lim_{n\to\infty} \mathbb{P}(\bigcap_{k=n}^{\infty} A_k) \overset{(5.7)}{=} \mathbb{P}(\liminf_{n\to\infty} A_n) \leq \lim_{n\to\infty} \mathbb{P}(A_n)$$

$$\leq \lim_{n\to\infty} \mathbb{P}(\bigcup_{k=n}^{\infty} A_k) \overset{(5.8)}{=} \mathbb{P}(\limsup_{n\to\infty} A_n).$$

Da hipótese $A_n \to A$ e do teorema do confronto segue-se que.

$$\lim_{n\to\infty} \mathbb{P}(A_n) = \mathbb{P}(\lim_{n\to\infty} A_n) = \mathbb{P}(A).$$

∎

P6. (Desigualdade de Boole) $\mathbb{P}(\bigcup_{k=n}^{\infty} A_k) \leq \sum_{k=1}^{\infty} \mathbb{P}(A_k)$.

Demonstração. Seja $B_n := \cup_{k=1}^{n} A_k$, então B_n é uma sequência crescente de eventos e $\bigcup_{k=n}^{\infty} A_k = \bigcup_{k=n}^{\infty} B_k$. Pela continuidade da probabilidade e do item (a) segue-se que

$$\mathbb{P}(\bigcup_{k=n}^{\infty} A_k) = \mathbb{P}(\bigcup_{k=n}^{\infty} B_k) = \lim_{k\to\infty} \mathbb{P}(B_k) = \lim_{k\to\infty} \mathbb{P}(\cup_{j=1}^{k} A_j)$$

$$\leq \lim_{k\to\infty} \sum_{j=1}^{k} \mathbb{P}(A_j) = \sum_{j=1}^{\infty} \mathbb{P}(A_j) = \sum_{k=1}^{\infty} \mathbb{P}(A_k).$$

∎

P7. (Princípio da Inclusão e Exclusão) Para todo $k \in \{1,\ldots,n\}$ e $\{i_1,\ldots,i_k\} \subset \{1,\ldots,n\}$, os subconjuntos de $\{1,\ldots,n\}$ de tamanho k, com

$$S_k(n) := \sum_{1 \leq i_1 < i_2 < \ldots < i_k \leq n} \mathbb{P}(A_{i_1} \cap A_{i_2} \cap \ldots \cap A_{i_k}).$$

Mostre que:

$$\begin{aligned}\mathbb{P}(\bigcup_{i=1}^{n} A_i) = & \sum_{i=1}^{n} \mathbb{P}(A_i) - \sum_{1\leq i_1<i_2\leq n} \mathbb{P}(A_{i_1} \cap A_{i_2}) + \\ & + \sum_{1\leq i_1<i_2<i_3\leq n} \mathbb{P}(A_{i_1} \cap A_{i_2} \cap A_{i_3}) + \ldots \\ & \ldots + (-1)^{n-1} \mathbb{P}(A_1 \cap A_2 \cap \ldots \cap A_n) \\ = & S_1 - S_2 + S_3 + \ldots + (-1)^{n-1} S_n.\end{aligned} \quad (5.9)$$

Demonstração. A prova será feita por indução em n.

Se $n = 1$, tem-se que $\mathbb{P}(\bigcup_{i=1}^{1} A_i) = \mathbb{P}(A_1) = S_1$.

Tem-se que $A_1 \cup A_2 = (A_1 \cap A_2^c) \cup (A_1 \cap A_2) \cup (A_1^c \cap A_2)$. Assim, para $n = 2$

$$\mathbb{P}(\bigcup_{i=2}^{2} A_i) = \mathbb{P}(A_1 \cap A_2^c) + \mathbb{P}(A_1 \cap A_2) + \mathbb{P}(A_1^c \cap A_2)$$
$$= \mathbb{P}(A_1) - \mathbb{P}(A_1 \cap A_2) + \mathbb{P}(A_1 \cap A_2) + \mathbb{P}(A_2) - \mathbb{P}(A_1 \cap A_2)$$
$$= \mathbb{P}(A_1) + \mathbb{P}(A_2) - \mathbb{P}(A_1 \cap A_2)$$
$$= \sum_{i=1}^{2} \mathbb{P}(A_i) - \sum_{1 \leq i_1 < i_2 \leq 2} \mathbb{P}(A_{i_1} A_{i_2})$$
$$= S_1 - S_2.$$

Como hipótese de indução, admitamos que o resultado vale para $k = n$, isto é:

$$\mathbb{P}(\bigcup_{i=1}^{n} A_i) = \sum_{k=1}^{n} (-1)^{k-1} S_k = S_1 - S_2 + S_3 + \ldots + (-1)^{n-1} S_n \qquad (5.10)$$

Consideremos agora $k = n + 1$. Tem-se que $\bigcup_{i=1}^{n+1} A_i = \left(\bigcup_{i=1}^{n} A_i \right) \cup A_{n+1}$. Assim, do caso $n = 2$ segue-se que:

$$\mathbb{P}(\bigcup_{i=1}^{n+1} A_i) = \mathbb{P}(\bigcup_{i=1}^{n} A_i) + \mathbb{P}(A_{n+1}) - \mathbb{P}\left(\left(\bigcup_{i=1}^{n} A_i \right) \cap A_{n+1} \right) \qquad (5.11)$$

Da hipótese de indução em (5.11) e do fato que $(\bigcup_{i=1}^{n} A_i) A_{n+1} = \bigcup_{i=1}^{n} (A_i \cap A_{n+1})$ tem-se que:

$$\mathbb{P}(\bigcup_{i=1}^{n+1} A_i) = \sum_{i=1}^{n} \mathbb{P}(A_i) - \sum_{1 \leq i_1 < i_2 \leq n} \mathbb{P}(A_{i_1} \cap A_{i_2}) + \sum_{1 \leq i_1 < i_2 < i_3 \leq n} \mathbb{P}(A_{i_1} \cap A_{i_2} \cap A_{i_3})$$
$$+ \ldots + (-1)^{n-2} \sum_{1 \leq i_1 < i_2 \ldots < i_{n-1} \leq n} \mathbb{P}(A_{i_1} \cap A_{i_2} \cap \ldots \cap A_{i_{n-1}}) +$$

$$(-1)^{n-1} \sum_{1 \leq i_1 < i_2 \ldots < i_n \leq n} \mathbb{P}(A_{i_1} \cap A_{i_2} \cap \ldots \cap A_{i_n}) + \mathbb{P}(A_{n+1}) - \mathbb{P}\left(\bigcup_{i=1}^{n} (A_i \cap A_{n+1}) \right) =$$

$$\sum_{i=1}^{n}\mathbb{P}(A_i)+\mathbb{P}(A_{n+1})+$$

$$-\sum_{1\le i_1<i_2\le n}\mathbb{P}(A_{i_1}\cap A_{i_2})-\sum_{1\le i\le n}\mathbb{P}(A_i\cap A_{n+1})+$$

$$\sum_{1\le i_1<i_2<i_3\le n}\mathbb{P}(A_{i_1}\cap A_{i_2}\cap A_{i_3})+\sum_{1\le i_1<i_2\le n}\mathbb{P}(A_{i_1}\cap A_{i_2}\cap A_{n+1})+$$

$$\vdots$$

$$(-1)^{n-2}\sum_{1\le i_1<i_2\ldots<i_{n-1}\le n}\mathbb{P}(A_{i_1}\cap A_{i_2}\ldots A_{i_{n-1}})-$$
$$(-1)^{n-3}\sum_{1\le i_1<i_2\ldots<i_{n-2}\le n}\mathbb{P}(A_{i_1}\cap A_{i_2}\ldots A_{i_{n-2}}\cap A_{n+1})+$$

$$(-1)^{n-1}\sum_{1\le i_1<i_2\ldots<i_n\le n}\mathbb{P}(A_{i_1}\cap A_{i_2}\cap\ldots\cap A_{i_n})-$$
$$(-1)^{n-2}\sum_{1\le i_1<i_2\ldots<i_{n-1}\le n}\mathbb{P}(A_{i_1}\cap A_{i_2}\cap\ldots A_{i_{n-1}}\cap A_{n+1})+$$

$$-(-1)^{n-1}\sum_{1\le i_1<i_2\ldots<i_n\le n}\mathbb{P}(A_{i_1}\cap A_{i_2}\cap\ldots\cap A_{i_n}\cap A_{n+1})=$$

$$\sum_{i=1}^{n+1}\mathbb{P}(A_i)-\sum_{1\le i_1<i_2\le n+1}\mathbb{P}(A_{i_1}\cap A_{i_2})+\sum_{1\le i_1<i_2<i_3\le n+1}\mathbb{P}(A_{i_1}\cap A_{i_2}\cap A_{i_3})\cap+\ldots$$

$$\ldots+(-1)^{n-2}\sum_{1\le i_1<i_2\ldots<i_{n-1}\le n+1}\mathbb{P}(A_{i_1}\cap A_{i_2}\cap\ldots\cap A_{i_{n-1}})+$$

$$(-1)^{n-1}\sum_{1\le i_1<i_2\ldots<i_n\le n+1}\mathbb{P}(A_{i_1}\cap A_{i_2}\cap\ldots\cap A_{i_n})+$$
$$(-1)^n\mathbb{P}(A_1\cap A_2\cap\ldots\cap A_{n+1})=$$
$$S_1-S_2+\ldots+(-1)^n S_{n+1}.$$

∎

Exemplo 5.9. *(veja [27]) Sabe-se que com probabilidade 1 ao menos um dos eventos A_i, $1 \leq i \leq n$, ocorre, e que não mais que dois ocorrem simultaneamente. Se $\mathbb{P}(A_i) = p$ e $\mathbb{P}(A_i \cap A_j) = q, i \neq j$, mostre que $p \geq \frac{1}{n}$ e $q \leq \frac{2}{n}$.*

Solução. Do exemplo é dado que $\mathbb{P}(\cup_{i=1}^n A_i) = 1$ e da propriedade P4. (subaditividade de probabilidade) tem-se que $\mathbb{P}(\cup_{i=1}^n A_i) \leq \sum_{i=1}^n \mathbb{P}(A_i) = np$. Assim,

$$1 = \mathbb{P}(\bigcup_{i=1}^n A_i) \leq \sum_{i=1}^n \mathbb{P}(A_i) \leq np \Rightarrow p \geq \frac{1}{n}.$$

Desde que não mais que dois eventos ocorrem simultaneamente, tem-se que $\mathbb{P}(A_i \cap A_j \cap A_k) = 0 \; \forall \, \{i,j,k\} \subset \{1,\ldots,n\}$. Da desigualdade de Bonferroni, exercício 6, tem-se que

$$1 = \mathbb{P}(\bigcup_{i=1}^n A_i) \leq \sum_{i=1}^n \mathbb{P}(A_i) - \sum_{1 \leq i < j \leq n} \mathbb{P}(A_i \cap A_j) + \sum_{1 \leq i < j < k \leq n} \mathbb{P}(A_i \cap A_j \cap A_k) \Rightarrow$$

$$1 \leq np - \binom{n}{2} q \Rightarrow \binom{n}{2} q \leq np - 1 \leq n - 1 \Rightarrow q \leq \frac{n-1}{\binom{n-1}{2}} = \frac{2}{n}.$$

∎

Exemplo 5.10 (Lema de Fatou). *[28] Mostre que para qualquer sequência de eventos $\{A_n\}_{n \geq 1}$ tem-se*

$$\mathbb{P}(\liminf_{n \to \infty} A_n) \leq \liminf_{n \to \infty} \mathbb{P}(A_n) \leq \limsup_{n \to \infty} \mathbb{P}(A_n) \leq \mathbb{P}(\limsup_{n \to \infty} A_n).$$

Solução. Para toda sequência real $\{x_n\}_{n \in \mathbb{N}}$, tem-se que $\liminf_{n \to \infty} x_n \leq \limsup_{n \to \infty} x_n$. Logo, basta tomar $x_n = \mathbb{P}(A_n)$ e segue-se que

$$\liminf_{n \to \infty} \mathbb{P}(A_n) \leq \limsup_{n \to \infty} \mathbb{P}(A_n). \tag{5.12}$$

Do exemplo 5.8 e da propriedade P5. (continuidade da probabilidade) tem-se que:

$$\mathbb{P}(\liminf_{n \to \infty} A_n) = \mathbb{P}(\bigcup_{n=1}^\infty \bigcap_{k=n}^\infty A_k) =$$
$$\mathbb{P}(\lim_{n \to \infty} \bigcap_{k=n}^\infty A_k) = \lim_{n \to \infty} \mathbb{P}(\bigcap_{k=n}^\infty A_k). \tag{5.13}$$

Propriedades da Probabilidade 235

Seja $a_n := \mathbb{P}(\bigcap_{k=n}^{\infty} A_k)$. Então $\{a_n\}_{n\in\mathbb{N}}$ é uma sequência crescente e limitada superiormente, portanto tem limite e

$$\lim_{n\to\infty} \mathbb{P}(\bigcap_{k=n}^{\infty} A_k) = \lim_{n\to\infty} a_n = \limsup_{n\to\infty} a_n = \liminf_{n\to\infty} a_n = \liminf_{n\to\infty} \mathbb{P}(\bigcap_{k=n}^{\infty} A_k). \tag{5.14}$$

De (5.13), (5.14) e do fato de $\mathbb{P}(\bigcap_{k=n}^{\infty} A_k) \leq \mathbb{P}(A_n)$ segue-se que

$$\mathbb{P}(\liminf_{n\to\infty} A_n) = \liminf_{n\to\infty} \mathbb{P}(\bigcap_{k=n}^{\infty} A_k) \leq \liminf_{n\to\infty} \mathbb{P}(A_n). \tag{5.15}$$

Similarmente,

$$\mathbb{P}(\limsup_{n\to\infty} A_n) = \mathbb{P}(\bigcap_{n=1}^{\infty} \bigcup_{k=n}^{\infty} A_k) = \mathbb{P}(\lim_{n\to\infty} \bigcup_{k=n}^{\infty} A_k) = \lim_{n\to\infty} \mathbb{P}(\bigcup_{k=n}^{\infty} A_k) = \limsup_{n\to\infty} \mathbb{P}(\bigcup_{k=n}^{\infty} A_k) \geq \limsup_{n\to\infty} \mathbb{P}(A_n). \tag{5.16}$$

O resultado segue de (5.15), (5.12) e (5.16). ∎

Exemplo 5.11. *Considere uma urna com n bolas distintas, das quais k são azuis e n − k vermelhas. Dessa urna, k bolas são retiradas ao acaso, sem reposição e sem consideração de ordem. Determine:*

(a) A probabilidade de que a i-ésima bola azul seja retirada, em que $i \in \{1, \ldots, k\}$;

Solução. Seja A_i o evento de que a i-ésima bola azul é retirada, em que $i \in \{1, \ldots, k\}$. O evento A_i ocorre se, e somente se, para qualquer $i = 1, \ldots, k$ fixado, escolhemos $k - 1$ outras bolas de um total de $n - 1$ bolas, o que pode ser feito de $\binom{n-1}{k-1}$. O total de possibilidades de escolher k bolas dentre n é $\binom{n}{k}$. Assim,

$$\mathbb{P}(A_i) = \frac{\binom{n-1}{k-1}}{\binom{n}{k}} = \frac{k}{n}.$$

(b) A probabilidade de que uma amostra de k bolas, contenha ao menos uma bola azul.

Solução. O evento completar ao evento $A := \{$há ao menos uma bola azul na amostra$\}$ é o evento $A^c = \{$todas as bolas da amostra são vermelhas$\}$. Assim,

$$\mathbb{P}(A) = 1 - \mathbb{P}(A^c) = 1 - \frac{\binom{n-k}{k}}{\binom{n}{k}} = \frac{\binom{n}{k} - \binom{n-k}{k}}{\binom{n}{k}}.$$

∎

Exemplo 5.12. *Prove que para quaisquer k, n inteiros tais que $1 \leq k \leq n/2$,*

$$\binom{n}{k} - \binom{n-k}{k} \leq \binom{n}{k} k^2 n^{-1}.$$

Solução. Considere A e A_i como definidos no exemplo 5.11 e note que $A \subset \bigcup_{i=1}^{k} A_i$, da desigualdade de Boole segue-se

$$\mathbb{P}(A) \leq \sum_{i=1}^{k} \mathbb{P}(A_i) = \sum_{i=1}^{k} \frac{k}{n} = \frac{k^2}{n} = k^2 n^{-1}. \tag{5.17}$$

A desigualdade desejada segue substituindo-se $\mathbb{P}(A)$, obtido no exemplo 5.11, em (5.17).

∎

Exemplo 5.13. *Uma urna contém n bolas brancas e m bolas pretas. As bolas são retiradas uma de cada vez até que restem todas de uma mesma cor. Qual a probabilidade que só restem bolas brancas?*

Solução. Sejam $\Omega = \{$conjunto das extrações das $m+n$ bolas da urna$\}$, $A = \{$restam apenas bolas brancas na urna$\}$ e $A_k = \{$na (n+m-k)-ésima extração obtemos uma bola preta e nas extrações de $n+m-k+1$ a $n+m$ temos somente bolas brancas$\}$ para todo $k \in \{1, \ldots, n\}$. Os eventos A_k, restam exatamente k bolas brancas na urna, formam uma partição do evento A com relação à extração da última bola preta. Assim,

$$\mathbb{P}(A) = \frac{|A|}{|\Omega|} = \frac{|\bigcup_{k=1}^{n} A_k|}{|\Omega|} = \frac{\sum_{k=1}^{n} |A_k|}{|\Omega|}. \tag{5.18}$$

Propriedades da Probabilidade

A cardinalidade de Ω corresponde ao número de permutações de $n+m$ elementos, nos quais n são de um tipo, bolas brancas, e m do outro, bolas pretas. Para todo $k \in \{1, \ldots, n\}$ o evento A_k ocorre se, e somente se, na $(n+m-k)$-ésima retirada tivermos uma bola preta e as k bolas seguintes forem brancas, ou seja, nas $n+m-k-1$ primeiras extrações antes da última bola preta selecionada tivermos extraído $n-k$ brancas e $m-1$ pretas. Logo,

$$|\Omega| = \binom{n+m}{m} \quad \text{e} \quad |A_k| = \binom{n-k+m-1}{m-1} \qquad (5.19)$$

De (5.19) em (5.18) segue-se que

$$\mathbb{P}(A) = \frac{\sum_{k=1}^{n} \binom{n-k+m-1}{m-1}}{\binom{n+m}{m}}$$

$$= \frac{\binom{n+m-2}{m-1} + \binom{n+m-3}{m-1} + \ldots + \binom{m-1}{m-1}}{\binom{n+m}{m}}.$$

∎

Exemplo 5.14. *Nas mesmas condições definidas no exemplo 5.13, qual a probabilidade de a última bola extraída ser branca?*

Solução. Sejam os eventos Ω e A como definidos no exemplo 5.13 e $B =$ {a última bola extraída é branca}. Se A ocorre, então só restam bolas brancas na urna e isto garante a ocorrência de B. Notemos também que se B ocorre, então a última bola preta extraída deve ser sucedida de uma ou mais bolas brancas, ou equivalentemente, algum dos A_k ocorre, o que implica a ocorrência de A. Assim, tem-se que os eventos A e B são iguais. Logo,

$$\mathbb{P}(A) = \mathbb{P}(B) \text{ e } \mathbb{P}(B) = \frac{\binom{n+m-1}{m}}{\binom{n+m}{m}} = \frac{n}{n+m} \quad \Rightarrow \quad \mathbb{P}(A) = \frac{n}{n+m}.$$

∎

Observação 5.6 (Teorema das Colunas). *Dos exemplos 5.13 e 5.14 temos uma prova por um argumento probabilístico para o teorema das colunas do triângulo de Pascal, teorema 4.3 do capítulo 4. De fato, tem-se que*

$$\frac{\sum_{k=1}^{n}\binom{n-k+m-1}{m-1}}{\binom{n+m}{m}} = \frac{\binom{n+m-1}{m}}{\binom{n+m}{m}} \Rightarrow$$

$$\sum_{k=1}^{n}\binom{n-k+m-1}{m-1} = \binom{n+m-1}{m} \Leftrightarrow$$

$$\binom{m-1}{m-1} + \binom{m}{m-1} + \ldots + \binom{n+m-3}{m-1} + \binom{n+m-2}{m-1} = \binom{n+m-1}{m}.$$

Exemplo 5.15. *Paulinho arremessa aleatoriamente uma moeda em que numa face há "cara" e na outra "coroa". A cada lançamento ele anota o resultado num papel e ele promete parar a brincadeira quando ocorrerem duas "caras" consecutivas. Qual a probabilidade de que Paulinho faça exatamente n-lançamentos até parar a brincadeira?*

Solução. Consideremos, inicialmente, que o número n de lançamentos seja par. Seja o evento A_n o conjunto de todas as sequências de lançamentos nas quais o jogo acaba no n-ésimo lançamento e notemos que A_n ocorre se, e somente se, as duas condições ocorrem:

- não ocorrem duas caras consecutivas nos lançamentos de 1 a $n-3$;

- ocorrem, respectivamente, coroa, cara e cara nos lançamentos $n-2$, $n-1$ e n.

O conjunto de todas as sequências de caras e coroas nas quais o jogo acaba no n-ésimo lançamento, é finito e equiprovável, segue-se que

$$\mathbb{P}(A_n) = \frac{|A_n|}{|A|} \quad \text{em que } |A| = 2^n.$$

Para calcularmos a cardinalidade de A_n, particionemos o evento A_n nos eventos $B_k := \{\text{nos } n-3 \text{ primeiros lançamentos ocorrem k caras, com duas quaisquer delas não consecutivas}\}$.

Observe que o número máximo de caras nos $n-3$ lançamentos a fim de que não apareçam duas caras em posições consecutivas é no máximo o número de coroas mais um. Assim, $k \in \{0, \ldots, \frac{n}{2} - 1\}$, e portanto, pelo primeiro lema de Kaplansky dado no exemplo 3.1, segue-se que

Propriedades da Probabilidade 239

$$A_n = B_0 \cup B_1 \cup \ldots \cup B_{\frac{n}{2}-1} \text{ com } |B_k| = \binom{n-3-k+1}{k} \qquad (5.20)$$

Assim, desde que os eventos B_k são disjuntos, segue-se de (5.20) que

$$\mathbb{P}(A_n) = \frac{\sum_{k=0}^{\frac{n}{2}-1} \binom{n-2-k}{k}}{2^n}.$$

Se o número de lançamentos é ímpar, tem-se as mesmas condições do caso n par, notemos apenas que a quantidade máxima de caras que pode ocorrer nos $n-3$ primeiros lançamentos a fim de que não ocorram duas caras consecutivas é no máximo $\frac{n-3}{2}$. Assim,

$$\mathbb{P}(A_n) = \frac{\sum_{k=0}^{\frac{n-3}{2}} \binom{n-2-k}{k}}{2^n}.$$

■

Exemplo 5.16. *Um moeda honesta é arremessada $2n$ vezes. Seja P_{2n} a probabilidade de que nesses $2n$ lançamentos saiam exatamente n caras e n coroas. Mostre que $\lim_{n \to \infty} P_{2n} = 0$.*

Solução. Seja A_n o evento de interesse, isto é, que ocorram n caras e n coroas em $2n$ lançamentos. Tem-se que

$$\mathbb{P}(A_n) = \binom{2n}{n}\left(\frac{1}{2}\right)^{2n} = \frac{(2n)!}{n!n!}\left(\frac{1}{2}\right)^{2n} \qquad (5.21)$$

Usando a relação de Stirling, veja apêndice B:

$$n! \approx \sqrt{2\pi}\,(n)^{n+\frac{1}{2}} e^{-n} \qquad (5.22)$$

De (5.22) em (5.21) resulta que

$$\lim_{n \to \infty} \mathbb{P}(A_n) = \lim_{n \to \infty} \frac{1}{\sqrt{\pi n}} = 0.$$

■

Exemplo 5.17. *Uma moeda honesta é arremessada* 20 *vezes. Determine:*

(a) A probabilidade de que tenham saido exatamente 10 caras e 10 coroas;

Solução. Considere o experimento em que consiste observar o resultado obtido na moeda em cada um dos 20 lançamentos. Tem-se que para todo $i \in \{1, \ldots, 20\}$ $\Omega_i = \{c, k\}$ em que "c" e "k" representam, respectivamente, cara e coroa. O espaço amostral é dado por

$$\Omega = \prod_{i=1}^{20} \Omega_i = \Omega_1 \times \Omega_2 \times \ldots \Omega_{20}.$$

O evento de interesse A:= {número de caras igual ao de coroas nos 20 lançamentos} é tal que $|A| = \binom{20}{10}$. Assim,

$$\mathbb{P}(A) = \frac{|A|}{|\Omega|} = \frac{\binom{20}{10}}{2^{20}}.$$

∎

(b) A probabilidade de que o número de caras seja maior que o número de coras;

Solução. Sejam os eventos relativos ao número de caras e coroas nos 20 lançamentos. A:={número de caras igual ao de coroas}, C:={número de caras é maior que o número de coroas} e K:={número de coroas é maior que o número de caras}. Tem-se que os eventos A, K e C são disjuntos com K e C equiprováveis, logo

$$\mathbb{P}(K \cup A \cup C) = 1 \Rightarrow 2\mathbb{P}(C) = 1 - \mathbb{P}(A) \Rightarrow \mathbb{P}(C) = \frac{1}{2} - \frac{\binom{20}{10}}{2^{21}}.$$

∎

(c) E se fossem 21 arremessos, qual seria a probabilidade de que o número de caras fosse maior que o número de coroas?

Solução. Desde que a quantidade de arremessos é ímpar, tem-se que a probabilidade de o número de caras ser igual ao de coroas vale zero; ademais, desde que a moeda é honesta, a probabilidade de se ter mais caras é igual a de se ter mais coroas nos 21 lançamentos, assim a probabilidade pedida vale $\frac{1}{2}$.

∎

Exemplo 5.18. Seja $A = \{10^1 + 1, 10^2 + 1, \ldots, 10^{2017} + 1\}$. Escolhendo-se aleatoriamente um elemento do conjunto A, mostre que a probabilidade p de que ele não seja um número primo é tal que $p \geq \frac{2007}{2017}$.

Solução. Se n é um inteiro positivo que não é uma potência de 2, segue que n possui um fator ímpar s. Nesse caso podemos escrever $n = rs$, com r inteiro positivo. Sob essas condições podemos escrever:

$$\begin{aligned} 10^n + 1 &= 10^{rs} + 1 \\ &= (10^r)^s + 1^s \\ &= (10^r + 1)(10^{r(s-1)} - 10^{r(s-2)} + \ldots + 1). \end{aligned}$$

O que revela que nos casos em que n não é uma potência de 2, o número $10^n + 1$ é composto (pois é o produto de dois fatores inteiros positivos diferentes de 1 e menores que ele). Ora, como de 1 até 2017 as únicas potências de 2 são

$$2^1, 2^2, 2^3, \cdots, 2^{10},$$

concluímos então que de 1 até 2017 existem $2017 - 10 = 2007$ números inteiros positivos que não são potências de 2, e portanto, na lista $10^1 + 1, 10^2 + 1, \cdots, 10^{2017} + 1$ existem pelo menos 2007 números que não são primos, ou seja, se n é a quantidade de números que não são primos e que pertencem ao conjunto A, segue que $n \geq 2007$ (não sabemos o que ocorre no caso em que n é uma potência de 2, por isso afirmamos que a quantidade de não primos em A é pelo menos 2007). Portanto a probabilidade de sortearmos ao acaso um número do conjunto A e ele não ser primo é $p = \frac{n}{2017} \geq \frac{2007}{2017}$.
∎

Exemplo 5.19. *Um estudante envia aleatoriamente um "SMS" a um outro estudante da sua sala de aula. O estudande que recebeu o "SMS", escolhe, também aleatoriamente um outro estudande da sua sala e reencaminha a mensagem e assim o processo continua para sempre. Sendo N o número de estudantes na sala, se a mensagem foi enviada exatamente n vezes, pergunta-se:*

(a) Qual a probabilidade que a mensagem não tenha sido reenviada ao primeiro que a enviou?

Solução. Sem perda de generalidade, suponhamos que os estudantes estejam numerados de 1 a N e que a primeira mensagem foi enviada pelo estudante 1. Há $N - 1$ possibilidades de o estudante 1 enviar a mensagem. Para cada um dos demais $N - 1$ estudantes há $N - 2$ possibilidades de envio de mensagem, pois esta não pode ser enviada ao próprio estudante que a emitiu e também ao estudante 1, resultando num total de $(N-2)^{n-1}$ possibilidades de envios após a primeira mensagem ser enviada. O total de possibilidades de as n mensagens serem enviadas é $(N-1)^n$, pois há $N-1$ possibilidades para cada um dos n envios. Assim, a probabilidade pedida é

$$\mathbb{P} = \frac{(N-1)(N-2)^{n-1}}{(N-1)^n} = \left(\frac{N-2}{N-1}\right)^{n-1}.$$

∎

(b) Se $N > n$, qual a probabilidade que a mensagem não tenha sido recebida mais que uma vez por qualquer uma das pessoas que receberam a mensagem?

Solução. Novamente, sem perda de generalidade, suponhamos que o i-ésimo estudante enviou a i-ésima mensagem. Assim, há $N-1$ possibilidades de envio para o estudante 1; já para o estudante 2 há $N-2$ possibilidades, pois poderá enviar a todos exceto a ele mesmo e o estudante 1; para o estudante 3 há $N-3$ possibilidades e, finalmente, para o n-ésimo estudante há $N-n$ possibilidades. Assim, o total de possibilidades de envio de n mensagens em um grupo de N pessoas em que cada um receba apenas uma mensagem é $(N-1)(N-2)\ldots(N-n)$. Igualmente ao item a, há $(N-1)^n$ possibilidades de se enviar as n mensagens entre as N pessoas. Logo

$$\mathbb{P} = \frac{(N-1)(N-2)\cdots(N-n)}{(N-1)^n} = \frac{(N-2)(N-3)\cdots(N-n)}{(N-1)^{n-1}}.$$

∎

(c) Qual a probabilidade de que a mensagem tenha sido reenviada exatamente uma vez ao primeiro que a enviou?

Solução. Para $2 \le k \le n$ seja o evento $A_k := \{$O "SMS" retorna a primeira e única vez ao estudante que foi o primeiro a enviá-lo no k-ésimo envio em n "SMS" enviados$\}$.

O número de possibilidades de A_k ocorrer é

$$\underbrace{(N-1)}_{\text{envio 1}} \cdot \underbrace{(N-2)\ldots(N-2)}_{\text{envios 2 até }(k-1)} \cdot \underbrace{1}_{\text{envio }k} \cdot \underbrace{(N-2)\ldots(N-2)}_{\text{envios }(k+1)\text{ até }n} =$$

$$(N-1)(N-2)^{n-2}, \text{ com } \mathbb{P}(A_k) = \frac{(N-1)(N-2)^{n-2}}{(N-1)^n}.$$

Assim, a probabilidade pedida é

$$\mathbb{P} = P(A_2) + P(A_3) + \cdots + P(A_n)$$
$$= (n-1)P(A_k)$$
$$= \frac{(n-1)(N-1)(N-2)^{n-2}}{(N-1)^n}.$$

∎

Exemplo 5.20. *Um confeiteiro põe à venda na sua confeitaria 2 tortas de morango e 3 tortas de chocolate. Ele sabe que a probabilidade de qualquer cliente preferir as tortas de morango é p, com $0 < p < 1$. Se 4 clientes chegam na confeitaria e vão escolher uma torta, qual é a probabilidade $\mathbb{P}$ de que cada um deles escolha a torta de suas preferências individuais?*

Solução. Para todo $i \in \{1, 2, 3, 4\}$ seja $c_i = M$ ou $c_i = C$ se o i-ésimo cliente comprou torta de morango ou chocolate, respectivamente, e o espaço amostral $\Omega = \{c_1, c_2, c_3, c_4\}$. Note que há na confeitaria uma quantidade limitada de tortas de cada tipo; sendo 2 tortas de morango e 3 tortas de chocolate. Isso impossibilita de fatisfazer as preferências dos clientes em 3 casos, de acordo com os eventos: A:={todos os 4 clientes preferem tortas de chocolate}, B:={entre os 4 clientes, 3 preferem tortas de morango e 1 prefere torta de chocolate}, C:={todos os 4 clientes preferem tortas de morango} e o evento de interesse E:={cada um dos quatro clientes escolheu a torda da sua preferência}.

Tem-se que

$$\mathbb{P}(E^c) = \mathbb{P}(A \cup B \cup C) \Rightarrow \mathbb{P}(E) = 1 - \mathbb{P}(A) - \mathbb{P}(B) - \mathbb{P}(C)$$
$$= 1 - (1-p)^4 - \binom{4}{3}p^3(1-p) - p^4.$$

∎

Exemplo 5.21. *(MIT-2016) Sejam a, b, c, d, e, f inteiros selecionados aleatoriamente com reposição do conjunto $\{1, 2, \cdots, 100\}$. Se*

$$M = a + 2b + 4c + 8d + 16e + 32f,$$

então qual é a probabilidade de que M seja divisível por 64?

Solução. Escrevendo os coeficientes "a", "b", "c", "d", "e" e "f" na base 2, tem-se

$$a = a_0 + a_1 2^1 + a_2 2^2 + \ldots + a_6 2^6;$$

$$b = b_0 + b_1 2^1 + b_2 2^2 + \ldots + b_6 2^6;$$

$$\ldots$$

$$f = f_0 + f_1 2^1 + f_2 2^2 + \ldots + f_6 2^6.$$

Assim,

$$M = \sum_{i=0}^{6} a_i 2^i + 2 \sum_{i=0}^{6} b_i 2^i + \ldots + 2^5 \sum_{i=0}^{6} f_i 2^i.$$

Escrevendo M na base 2, segue-se que $M = \sum_{k=0}^{11} \alpha_k 2^k$, e portanto, podemos reescrever M

$$M = \alpha_0 2^0 + \alpha_1 2^1 + \alpha_2 2^2 + \alpha_3 2^3 + \alpha_4 2^4 + \alpha_5 2^5 + \beta_6 2^6 \quad \beta_6 \in \mathbb{N} \setminus \{0, 1\}.$$

Desde que $\alpha_0 2^0 + \alpha_1 2^1 + \alpha_2 2^2 + \alpha_3 2^3 + \alpha_4 2^4 + \alpha_5 2^5 \in \{0, \ldots, 63\}$, tem-se que M será múltiplo de 64, se e somente se, $\alpha_0 = \alpha_1 = \alpha_2 = \alpha_3 = \alpha_4 = \alpha_5 = 0$, cuja probabilidade é $\frac{1}{64}$.

∎

Exemplo 5.22. *Existe um jogo de dados praticado em cassinos que possui a seguinte regra: um apostador joga dois dados comuns e soma os pontos obtidos. Ele ganha se tirar 7 ou 11 e perde se tirar 2, 3 ou 12 logo no primiro lançamento dos dois dados. Caso ocorra outro resultado, ele continua jogando dois dados até tirar 7, caso em que ele perde, ou sair 2, 3 ou 12, caso em que ganha. Qual a Probabilidade do jogador ganhar esse jogo?*

Solução. Temos as seguintes possibilidades:

$$7 \to (1,6), (6,1), (2,5), (5,2), (3,4), (4,3).$$
$$11 \to (5,6), (6,5).$$
$$2 \to (1,1).$$
$$3 \to (1,2), (2,1).$$
$$12 \to (6,6)$$

Como inicialmente ele ganha tirando 7 ou 11, a probabilidade de que ele ganhe logo no primeiro lançamento é $\frac{8}{36}$, pois dos 36 pares possível em 8 é gerada soma 7 ou 11.

Mas ele pode retirar uma soma distinta de $7, 11, 2, 3$ ou 12, o que ocorre com probabilidade $\frac{24}{36}$ no primeiro lançamento. Tirando uma dessas somas, ele poderia ganhar na ridade seguinte, ou seja tirar $2, 3$ ou 12, o que ocorre com probabilidade $\frac{4}{36}$. Para essa possibilidade a probabilidade seria então $\frac{24}{36} \cdot \frac{4}{36}$.

Uma outra possibilidade seria tirar uma soma distinta de $7, 11, 2, 3$ ou 12, o que ocorre com probabilidade $\frac{24}{36}$ no primeiro lançamento, uma soma distinta de $7, 11, 2, 3, 11$ ou 12, o que ocorre com probabilidade $\frac{26}{36}$ no segundo lançamento e tirar uma soma $2, 3$ ou 12 na etapa seguinte o que ocorre com probabilidade $\frac{24}{36} \cdot \frac{26}{36} \cdot \frac{4}{36}$.

Seguindo esse raciocínio a probabilidade dele ganhar é:

$$P = \frac{8}{36} + \frac{24}{36}\frac{4}{36} + \frac{24}{36}\frac{26}{36}\frac{4}{36} + \frac{24}{36}\left(\frac{26}{36}\right)^2 \frac{4}{36} + \cdots$$

Assim,

$$P = \frac{8}{36} + \frac{2}{3}\frac{4}{36}\left(1 + \frac{26}{36} + \left(\frac{26}{36}\right)^2 + \cdots\right) \Rightarrow$$

$$P = \frac{8}{36} + \frac{2}{3}\frac{4}{36}\left(\frac{1}{1 - \frac{26}{36}}\right) = \frac{528}{1080} \approx 0,488 (48,8\%).$$

∎

5.2.1. Lei Binomial das Probabilidades

Em muitos experimentos aleatórios podem ocorrer apenas dois resultados possíveis, como por exemplo, na observação da face que fica voltada para cima no lançamento de uma moeda honesta, na observação do sexo de uma criança que acabou de nascer, na escolha da alternativa certa ou errada numa questão de múltipla escolha, etc. Nos experimentos aleatórios desta natureza, um dos resultados é definido como "**sucesso**" e o outro como "**fracasso**". Supondo que o "**sucesso**" ocorra com uma probabilidade p e que o "**fracasso**" ocorra com probabilidade $q = 1 - p$, em n repetições desse experimento estaremos interessados em calcular a probabilidade de que ocorram $0 \leq k \leq n$ sucessos. Essa probabilidade pode ser calculada pelo seguinte teorema:

Proposição 5.1 (Lei binomial das probabilidades). *Seja E um experimento aleatório em que há dois resultados possíveis, a saber: (S) sucesso e (F) fracasso que ocorrem com probabilidades p e $q = 1 - p$. Sendo X o número de* *sucessos que ocorrem em n repetições independentes do experimento aleatório E, então*

$$P(X=k) = \binom{n}{k} p^k q^{n-k}, \quad \forall \ 0 \leq k \leq n$$

Demonstração. De fato, representando cada sucesso por S e cada fracasso por F quando $X = k$, ou seja, quando ocorrem k sucessos e portanto $n - k$ fracassos, em n repetições independentes do experimento E, existirão $\frac{n!}{k!(n-k)!}$ permutações possíveis das n letras, sendo k iguais a S e $n - k$ iguais a F. Além disso cada uma dessas permutações ocorre com probabilidade $p^k q^{n-k}$, pois a probabilidade de que o S ocorra k vezes é $\underbrace{p.p.\cdots.p}_{k \text{ vezes}}$ e a probabilidade de que o F ocorra $n - k$ vezes é $\underbrace{q.q.\cdots.q}_{n-k \text{ vezes}}$. Finalmente como $\binom{n}{k} = \frac{n!}{k!(n-k)!}$, segue que

$$P(X=k) = \binom{n}{k} p^k q^{n-k}, \quad \forall \ 0 \leq k \leq n$$

∎

Exemplo 5.23. *Um casal pretende ter 4 filhos. Qual a probabilidade de nascerem exatamente 3 homens e 1 mulher?*

Solução. Neste caso vamos considerar que o "sucesso" é nascer um homem e que o "fracasso" seja nascer uma mulher. Considerando que numa gestação normal a probabilidade de nascer um homem ou uma mulher seja a mesma, segue que $p = q = \frac{1}{2}$. Sendo X o número de homens, tem-se que

$$P(X=3) = \binom{4}{3}\left(\frac{1}{2}\right)^3\left(\frac{1}{2}\right)^1 = \frac{4!}{3!1!} \cdot \frac{1}{16} = \frac{1}{4}.$$

Nesta mesma situação, qual seria a probabilidade de que os 3 primeiros filhos fossem homens e que na última gestação nascesse uma mulher?

Agora, há uma diferença em relação a primeira pergunta; aqui estamos fixando a ordem dos nascimentos, lembrando mais uma vez que estamos considerando o nascimento de um homem como sucesso (S) e o nascimento de uma mulher como um fracasso (F), neste caso estamos querendo saber a probabilidade de ocorrência da sequência $SSSF$ (nesta ordem), que é $\frac{1}{2}\frac{1}{2}\frac{1}{2}\frac{1}{2} = \frac{1}{16}$, pois estamos considerando que as gestações distintas são eventos independentes. Assim, quando a ordem dos sucessos e fracassos é fixada e é considerada a independência, basta simplesmente multiplicar as probabilidades de cada um dos sucessos e fracassos, sem ter que multiplicar pelo coeficiente binomial presente na fórmula da lei binomial.

Probabilidade Condicional

Exemplo 5.24. *Um dado honesto é lançado 5 vezes e em cada uma das 5 vezes é observado o número da face voltada para cima. Qual a probabilidade de que o número 2 tenha saído exatamente em 3 dos 5 lançamentos?*

Solução. Vamos considerar que o aparecimento da face 2 para cima como sucesso (S) e o aparecimento de uma face diferente de 2 como fracasso (F). Assim, as probabilidades de sucesso e de fracasso são, respectivamente:

$$p = \frac{1}{6} \text{ e } q = 1 - p = 1 - \frac{1}{6} = \frac{5}{6}$$

Sendo X o número de vezes que a face 2 fica voltada para cima nos 5 lançamentos, segue que

$$P(X = 3) = \binom{5}{3}\left(\frac{1}{6}\right)^3\left(\frac{5}{6}\right)^2 = \frac{5!}{3!2!}\frac{1}{216}\frac{25}{36} = \frac{125}{3888}.$$

■

5.3. Probabilidade Condicional

Na maior parte das situações práticas calculamos a probabilidade de eventos dada a ocorrência de um ou mais outros eventos, isto é, o valor da probabilidade que se deseja calcular é feito considerando-se um novo espaço amostral que contém as informações dos eventos aos quais condicionamos.

Definição 5.4 (Probabilidade Condicional). *Sejam A e B eventos de uma σ-álgebra $\mathcal{F}$ tal que $\mathbb{P}(B) > 0$. A probabilidade condicional de A dado B é definida por* $\mathbb{P}(A|B) = \dfrac{\mathbb{P}(A \cap B)}{\mathbb{P}(B)}$.

Em algumas situações a ocorrência de um dado evento B, com $\mathbb{P}(B) > 0$, não altera a probabilidade de um outro evento A, neste caso dizemos que A e B são *eventos independentes* e $\mathbb{P}(A|B) = \mathbb{P}(A)$. Assim, segue-se da definição 5.4 que

$$\mathbb{P}(A|B) = \mathbb{P}(A) \Rightarrow \mathbb{P}(A \cap B) = \mathbb{P}(A)\mathbb{P}(B). \tag{5.23}$$

Note que se A e B são independentes a condição $\mathbb{P}(A \cap B) = \mathbb{P}(A)\mathbb{P}(B)$ é válida mesmo que $B = \emptyset$, assim, se n eventos $A_1, \ldots, A_n$ pertencem a uma mesma σ-álgebra $\mathcal{F}$, dizemos que eles são *mutuamente independentes* ou simplesmente *independentes* se a probabilidade da intersecção de qualquer subfamília deles fatora no produto das probabilidades.

Definição 5.5 (Eventos Independentes). *Se* $A_1, \ldots, A_n \in \mathcal{F}$ *e* $\forall \{i_1, \ldots, i_k\} \subset \{1, 2, \ldots, n\}$ *em que* $i_1 < \ldots < i_k$ *e* $k \in \{2, \ldots, n\}$ *tivermos*

$$\mathbb{P}(A_{i_1} \cap \ldots \cap A_{i_k}) = \prod_{j=1}^{k} \mathbb{P}(A_{i_j}) = \mathbb{P}(A_{i_1}) \ldots \mathbb{P}(A_{i_k}). \qquad (5.24)$$

Em particular, três eventos $A_1, A_2, A_3 \subset \Omega$ são ditos independentes quando

- $\mathbb{P}(A_1 \cap A_2) = \mathbb{P}(A_1)\mathbb{P}(A_2)$;
- $\mathbb{P}(A_1 \cap A_3) = \mathbb{P}(A_1)\mathbb{P}(A_3)$;
- $\mathbb{P}(A_2 \cap A_3) = \mathbb{P}(A_2)P(A_3)$;
- $\mathbb{P}(A_1 \cap A_2 \cap A_3) = \mathbb{P}(A_1)\mathbb{P}(A_2)\mathbb{P}(A_3)$.

Ao contrário do que possa parecer, é possível que $\mathbb{P}(A_1 \cap A_2) = \mathbb{P}(A_1)\mathbb{P}(A_2)$, $\mathbb{P}(A_1 \cap A_3) = \mathbb{P}(A_1)\mathbb{P}(A_3)$ e $\mathbb{P}(A_2 \cap A_3) = \mathbb{P}(A_2)\mathbb{P}(A_3)$, mas $\mathbb{P}(A_1 \cap A_2 \cap A_2) \neq \mathbb{P}(A_1)\mathbb{P}(A_2)\mathbb{P}(A_3)$, conforme ilustra o exemplo a seguir:

Exemplo 5.25. *Seja* $\Omega = \{a, b, c, d\}$ *um espaço amostral equiprovável e considere os eventos:*

$$A_1 = \{a, d\}, A_2 = \{b, d\} \text{ e } A_3 = \{c, d\}.$$

Mostre que A_1, A_2 *e* A_3 *são independentes aos pares, mas não simultanemanete independentes, i.e.,*

$$\mathbb{P}(A_1 \cap A_2) = \mathbb{P}(A_1)\mathbb{P}(A_2) \ \mathbb{P}(A_1 \cap A_3) = \mathbb{P}(A_1)\mathbb{P}(A_3) \ \mathbb{P}(A_2 \cap A_3) = \mathbb{P}(A_2)\mathbb{P}(A_3).$$

mas A_1, A_2 *e* A_3 *não são independentes.*

Solução. De fato, como $\Omega = \{a, b, c, d\}$ é equiprovável, segue que

$$\mathbb{P}(A_1) = \mathbb{P}(A_2) = \mathbb{P}(A_3) = \frac{2}{4} = \frac{1}{2}$$

Além disso,

$$\mathbb{P}(A_1 \cap A_2) = \mathbb{P}(\{d\}) = \frac{1}{4} = \frac{1}{2}\frac{1}{2} = \mathbb{P}(A_1)\mathbb{P}(A_2)$$

$$\mathbb{P}(A_1 \cap A_3) = \mathbb{P}(\{d\}) = \frac{1}{4} = \frac{1}{2}\frac{1}{2} = \mathbb{P}(A_1)\mathbb{P}(A_3)$$

$$\mathbb{P}(A_2 \cap A_3) = \mathbb{P}(\{d\}) = \frac{1}{4} = \frac{1}{2}\frac{1}{2} = \mathbb{P}(A_2)\mathbb{P}(A_3)$$

mas,

$$\mathbb{P}(A_1 \cap A_2 \cap A_3) = \mathbb{P}(\{d\}) = \frac{1}{4} \neq \frac{1}{2}\frac{1}{2}\frac{1}{2} = \mathbb{P}(A_1)\mathbb{P}(A_2)\mathbb{P}(A_3)$$

Como $\mathbb{P}(A_1 \cap A_2 \cap A_3) \neq \mathbb{P}(A_1)\mathbb{P}(A_2)\mathbb{P}(A_3)$, segue que A_1, A_2 e A_3 não são independentes.

∎

Exemplo 5.26. *Prove que se A e B são independentes, então A e B^c, A^c e B, A^c e B^c também o são.*

Solução. Mostremos primeiramente que a independência entre A e B, implica que A e B^c também são independentes. Da igualdade $A = (A \cap B) \cup (A \cap B^c)$ e da independência entre A e B segue-se que

$$\mathbb{P}(A) = \mathbb{P}(A \cap B) + \mathbb{P}(A \cap B^c) = \mathbb{P}(A)\mathbb{P}(B) + \mathbb{P}(A \cap B^c). \text{ Logo}$$
$$\mathbb{P}(A \cap B^c) = \mathbb{P}(A) - \mathbb{P}(A)\mathbb{P}(B) = \mathbb{P}(A)(1 - \mathbb{P}(B)) = \mathbb{P}(A)\mathbb{P}(B^c).$$

De maneira inteiramente análoga obtém-se a independência entre B e A^c, bastando tomar A em lugar de B.

Mostremos agora a independência dos eventos A^c e B^c

$$\mathbb{P}(A^c \cap B^c) = \mathbb{P}((A \cup B)^c) = 1 - \mathbb{P}(A \cup B). \text{ Assim,}$$

$$\mathbb{P}(A^c \cap B^c) = 1 - \mathbb{P}(A) - \mathbb{P}(B) + \mathbb{P}(A)\mathbb{P}(B)$$
$$= 1 - \mathbb{P}(A) - \mathbb{P}(B)(1 - \mathbb{P}(A))$$
$$= (1 - \mathbb{P}(A))(1 - \mathbb{P}(B))$$
$$= \mathbb{P}(A^c)\mathbb{P}(B^c).$$

∎

Exemplo 5.27. *Sejam $B_1, B_2,...,B_n$ eventos independentes. Mostre que*

$$\mathbb{P}(\bigcup_{i=1}^{n} B_i) = 1 - \prod_{i=1}^{n}(1 - \mathbb{P}(B_i)).$$

Solução. Desde que $B_1, B_2,...,B_n$ são eventos independentes, segue-se do exemplo 5.26 que $B_1^c, B_2^c,...,B_n^c$ também o são. Logo

$$\mathbb{P}(\bigcap_{i=1}^{n} B_i^c) = \prod_{i=1}^{n} \mathbb{P}(B_i^c). \tag{5.25}$$

O complementar da união é a interseção dos complementares. Assim, de (5.25) segue-se que

$$\begin{aligned}
\mathbb{P}(\bigcup_{i=1}^{n} B_i) &= 1 - \mathbb{P}\left(\left(\bigcup_{i=1}^{n} B_i\right)^c\right) \\
&= 1 - \mathbb{P}\left(\bigcap_{i=1}^{n} B_i^c\right) \\
&= 1 - \prod_{i=1}^{n} \mathbb{P}(B_i^c) \\
&= 1 - \prod_{i=1}^{n} (1 - \mathbb{P}(B_i)).
\end{aligned}$$

∎

Exemplo 5.28. *Seja* $\{A_n\}_{n \in \mathbb{N}}$ *uma sequência de eventos independentes. Mostre que*

$$\mathbb{P}\left(\bigcap_{n=1}^{\infty} A_n\right) = \prod_{n=1}^{\infty} \mathbb{P}(A_n).$$

Solução. Seja $D_n := \bigcap_{i=1}^{n} A_i$ e observe que

$$\bigcap_{n=1}^{\infty} D_n = \bigcap_{n=1}^{\infty} A_n \tag{5.26}$$

Da propriedade P5. (continuidade da probabilidade para sequências decrescentes), de (5.26) e da independência dos A_n, segue-se que

$$\begin{aligned}
\mathbb{P}(\bigcap_{n=1}^{\infty} A_n) &= \mathbb{P}(\bigcap_{n=1}^{\infty} D_n) \\
&= \mathbb{P}(\lim_{n \to \infty} D_n) \\
&= \lim_{n \to \infty} \mathbb{P}(D_n) = \lim_{n \to \infty} \mathbb{P}(\bigcap_{i=1}^{n} A_i) = \lim_{n \to \infty} \prod_{i=1}^{n} \mathbb{P}(A_i) = \prod_{n=1}^{\infty} \mathbb{P}(A_n).
\end{aligned}$$

Probabilidade Condicional

Assim obtemos

$$\mathbb{P}(\bigcap_{n=1}^{\infty} A_n) = \prod_{n=1}^{\infty} \mathbb{P}(A_n).$$

∎

Exemplo 5.29 (Limite de sequências de eventos independentes). *Sejam $\{A_n\}_{n\geq 1}$ e $\{B_n\}_{n\geq 1}$ sequências crescentes de eventos tendo limites A e B. Prove que se A_n é independente de B_n para todo n, então A é independente de B.*

Solução. Observemos os seguintes fatos:

(a) $\{A_n \cap B_n\}_{n\in\mathbb{N}}$ é uma sequência crescente, pois $A_n \subset A_{n+1}$ e $B_n \subset B_{n+1}$, segue-se que $(A_n \cap B_n) \subset (A_{n+1} \cap B_{n+1})$;

(b) $A \cap B = \bigcup_{n=1}^{\infty} (A_n \cap B_n)$.

($b1$) Mostremos primeiramente que $(A\cap B) \subset \bigcup_{n=1}^{\infty} (A_n \cap B_n)$. Se $x \in (A\cap B)$, então $x \in A_{n_1}$ e $x \in B_{n_2}$ para algum n_1 e $n_2 \in \mathbb{N}$, logo como $\{A_n\}_{n\geq 1}$ e $\{B_n\}_{n\geq 1}$ são sequências crescentes, $x \in (A_{n_3} \cap B_{n_3})$ em que $n_3 = \max\{n_1, n_2\}$, implicando que $x \in \bigcup_{n=1}^{\infty} (A_n \cap B_n)$.

($b2$) Verifiquemos agora a inclusão de que $\bigcup_{n=1}^{\infty}(A_n \cap B_n) \subset (A \cap B)$. Se $x \in \bigcup_{n=1}^{\infty}(A_n \cap B_n)$, então existe n_1 tal que $x \in A_{n_1}$ e $x \in B_{n_1}$, que implica $x \in A$ e $x \in B$, ou equivalentemente, $x \in (A \cap B)$.

De (a) e (b) segue-se que

$$\mathbb{P}(A \cap B) = \lim_{n\to\infty} \mathbb{P}(A_n \cap B_n). \qquad (5.27)$$

Da independência entre os eventos A_n e B_n, tem-se que $\mathbb{P}(A_n \cap B_n) = \mathbb{P}(A_n)\mathbb{P}(B_n)$ e usando o fato de que $\{A_n\}_{n\geq 1}$ e $\{B_n\}_{n\geq 1}$ são sequências crescentes com limites A e B, respectivamente, segue-se de (5.27) que:

$$\mathbb{P}(A \cap B) = \lim_{n\to\infty} \mathbb{P}(A_n \cap B_n) = \lim_{n\to\infty} \mathbb{P}(A_n) \lim_{n\to\infty} \mathbb{P}(B_n) =$$
$$\mathbb{P}(\lim_{n\to\infty} A_n)\mathbb{P}(\lim_{n\to\infty} B_n) = \mathbb{P}(A)\mathbb{P}(B).$$

∎

Observação 5.7. *O resultado do exemplo 5.29 pode ser estabelecido num contexto mais geral, continua válido para sequências* $\{A_n\}_{n\geq 1}$ *e* $\{B_n\}_{n\geq 1}$ *não necessariamente monótonas, bastando apenas que tenham limite:* $A_n \to A$ *e* $B_n \to B$. *De fato,*

$$A_n \to A \text{ e } B_n \to B \Rightarrow A_n \cap B_n \to A \cap B \; (exercício \; 4)$$
$$\Rightarrow \lim_{n\to\infty} \mathbb{P}(A_n \cap B_n) = \mathbb{P}(A \cap B) \; (continuidade \; da \; probabilidade \; P5.)$$
$$\Rightarrow \lim_{n\to\infty} \mathbb{P}(A_n) \lim_{n\to\infty} \mathbb{P}(B_n) = \mathbb{P}(A \cap B) \; independência \; entre \; A_n \; e \; B_n$$
$$\Rightarrow \mathbb{P}(\lim_{n\to\infty} A_n)\mathbb{P}(\lim_{n\to\infty} B_n) = \mathbb{P}(A \cap B) \; desde \; que \; A_n \to A \; e \; B_n \to B.$$

Exemplo 5.30. *Seja* $(\Omega, \mathcal{F}, \mathbb{P})$ *um espaço de probabilidade e* $A \in \mathcal{F}$ *tal que* $0 < \mathbb{P}(A) < 1$. *Mostre que* A *e* B *são independentes, se e somente se,* $\mathbb{P}(B|A) = \mathbb{P}(B|A^c)$.

Solução. ($\Rightarrow$) Mostremos primeiramente a suficiência da condição de independência entre A e B para que $\mathbb{P}(B|A) = \mathbb{P}(B|A^c)$. Do exemplo 5.26 tem-se que se B é independente de A, então B é independente de A^c. Assim, da independência entre eventos resulta que $\mathbb{P}(B|A) = \mathbb{P}(B)$ e $\mathbb{P}(B|A^c) = \mathbb{P}(B)$, e portanto, $\mathbb{P}(B|A) = \mathbb{P}(B|A^c)$.

($\Leftarrow$) Provemos agora que a condição é necessária, isto é, se $\mathbb{P}(B|A) = \mathbb{P}(B|A^c)$, então A e B são independentes. Desde que $\Omega = A \cup A^c$, tem-se $B = (B \cap A) \cup (B \cap A^c)$. Logo

$$\mathbb{P}(B) = \mathbb{P}(B \cap A) + \mathbb{P}(B \cap A^c) = \mathbb{P}(A)\mathbb{P}(B|A) + \mathbb{P}(A^c)\mathbb{P}(B|A^c) \quad (5.28)$$

Usando a hipótese de que $\mathbb{P}(B|A) = \mathbb{P}(B|A^c)$ em (5.28), segue-se que A e B são independentes, pois

$$\mathbb{P}(B) = \mathbb{P}(A)\mathbb{P}(B|A) + (1 - \mathbb{P}(A))\mathbb{P}(B|A) = \mathbb{P}(B|A).$$

∎

Teorema 5.1 (Teorema da Probabilidade Total). *Sejam* $A_1, A_2, \ldots, A_n, B$ *eventos contidos em um mesmo espaço amostral* Ω. *Se* $B \subset A_1 \cup A_2 \cup \cdots \cup A_n$ *com os eventos* $A_1, A_2, \ldots, A_n$ *dois a dois disjuntos e* $P(A_1) > 0, P(A_2) > 0, \ldots, P(A_n) > 0$, *então*

$$P(B) = P(A_1)P(B|A_1) + P(A_2)P(B|A_2) + \ldots + P(A_n)P(B|A_n).$$

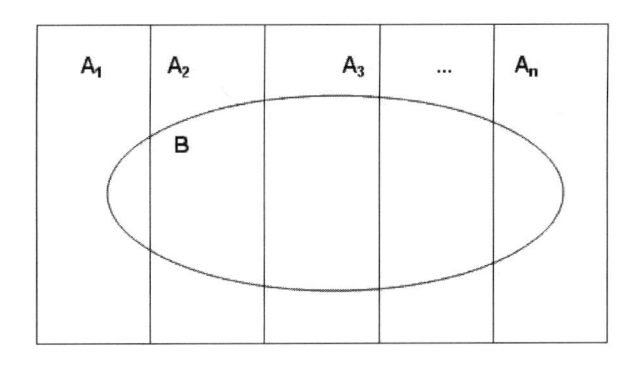

Figura 5.1

Demonstração. Como $B \subset A_1 \cup A_2 \cup \cdots \cup A_n$, segue que
$$B \cap (A_1 \cup A_2 \cup \cdots \cup A_n) = B.$$
Assim,
$$B = B \cap (A_1 \cup A_2 \cup \cdots \cup A_n) = (B \cap A_1) \cup (B \cap A_2) \cup \cdots \cup (B \cap A_n)$$
Observe que essa união é disjunta, já que $A_1, A_2, \cdots, A_n$ são disjuntos. Portanto,
$$\begin{aligned}P(B) &= P\left[(B \cap A_1) \cup (B \cap A_2) \cup \ldots \cup (B \cap A_n)\right] \\ &= P(B \cap A_1) + P(B \cap A_2) + \ldots + P(B \cap A_n) \\ &= P(A_1 \cap B) + P(A_2 \cap B) + \ldots + P(A_n \cap B).\end{aligned}$$

Como $P(A_1) > 0, P(A_2) > 0, \ldots, P(A_n) > 0$, segue que:
$$P(A_1 \cap B) + P(A_2 \cap B) + \ldots + P(A_n \cap B) = P(A_1)P(B|A_1) + \ldots + P(A_n)P(B|A_n),$$
portanto,
$$P(B) = P(A_1)P(B|A_1) + P(A_2)P(B|A_2) + \ldots + P(A_n)P(B|A_n).$$
como queríamos demonstrar. ∎

Proposição 5.2 (Fórmula de Bayes). *Se $B_1, B_2, \ldots, B_n$ formam uma partição de Ω, tal que $\mathbb{P}(B_i) > 0$ para todo $i \in \{1, 2, \ldots, n\}$, então para todo $A \in \mathcal{F}$ com $\mathbb{P}(A) > 0$*
$$\mathbb{P}(B_j|A) = \frac{\mathbb{P}(B_j)\mathbb{P}(A|B_j)}{\sum_{j=1}^{n}\mathbb{P}(B_j)\mathbb{P}(A|B_j)}.$$

Demonstração. Desde que os B_j formam uma partição de Ω, segue-se que

$$A = A \cap (B_1 \cup B_2 \cup \ldots \cup B_n) = (A \cap B_1) \cup (A \cap B_2) \cup \ldots \cup (A \cap B_n),$$

e portanto,

$$\mathbb{P}(A) = \mathbb{P}(A \cap B_1) + \mathbb{P}(A \cap B_2) + \ldots + \mathbb{P}(A \cap B_n) = \sum_{j=1}^{n} \mathbb{P}(B_j)\mathbb{P}(A|B_j). \quad (5.29)$$

Da definição de probabilidade condicional e de (5.29) segue-se que

$$\mathbb{P}(B_j|A) = \frac{\mathbb{P}(B_j \cap A)}{\mathbb{P}(A)} = \frac{\mathbb{P}(B_j)\mathbb{P}(A|B_j)}{\sum_{j=1}^{n} \mathbb{P}(B_j)\mathbb{P}(A|B_j)}.$$

■

Observação 5.8. *A fórmula de Bayes continua válida para uma sequência que particiona Ω com $\mathbb{P}(B_i) > 0 \; \forall i \in \mathbb{N}$ e $\mathbb{P}(A) > 0$. Com estas hipóteses tem-se*

$$\mathbb{P}(B_j|A) = \frac{\mathbb{P}(B_j)\mathbb{P}(A|B_j)}{\sum_{j=1}^{\infty} \mathbb{P}(B_j)\mathbb{P}(A|B_j)}.$$

Exemplo 5.31. *Seja $(\Omega, \mathcal{F}, \mathbb{P})$ um espaço de probabilidade e $B \in \mathcal{F}$ tal que $\mathbb{P}(B) > 0$. Seja $\mathbb{P}_B : \mathcal{F} \to \mathbb{R}$ definida por $\mathbb{P}_B(A) := \mathbb{P}(A|B)$. Mostre que:*

(a) *O trio $(\Omega, \mathcal{F}, \mathbb{P}_B)$ é um espaço de probabilidade;*

Solução. Devemos mostrar que $\mathbb{P}_B$ é uma probabilidade, ou seja, satisfaz aos três axiomas dados na definição 5.2. De fato,

$\mathbb{P}_B(\Omega) = 1$, pois $\mathbb{P}_B(\Omega) = \mathbb{P}(\Omega|B) = \frac{\mathbb{P}(\Omega \cap B)}{\mathbb{P}(B)} = \frac{\mathbb{P}(B)}{\mathbb{P}(B)} = 1$;

Se $A \in \mathcal{F}$, então $\mathbb{P}_B(A) \geq 0$. Pela definição de $\mathbb{P}_B$ segue-se que

$$\mathbb{P}_B(A) = \mathbb{P}(A|B) = \frac{\mathbb{P}(A \cap B)}{\mathbb{P}(B)} \geq 0;$$

Se $A_1, A_2, \ldots \in \mathcal{F}$ e disjuntos, então

$$\mathbb{P}_B(\cup_{i=1}^{\infty} A_i) = \sum_{i=1}^{\infty} \mathbb{P}_B(A_i).$$

Tem-se pela definição de $\mathbb{P}_B$ que

$$\mathbb{P}_B\left(\cup_{i=1}^\infty A_i\right) = \mathbb{P}\left(\cup_{i=1}^\infty A_i | B\right) = \frac{\mathbb{P}\left((\cup_{i=1}^\infty A_i) \cap B\right)}{\mathbb{P}(B)}$$

$$= \frac{\mathbb{P}\left(\cup_{i=1}^\infty (A_i \cap B)\right)}{\mathbb{P}(B)} = \frac{\sum_{i=1}^\infty \mathbb{P}(A_i \cap B)}{\mathbb{P}(B)}$$

$$= \sum_{i=1}^\infty \mathbb{P}(A_i|B) = \sum_{i=1}^\infty \mathbb{P}_B(A_i).$$

∎

(b) se $C \in \mathcal{F}$ e $\mathbb{P}_B(C) > 0$, então $\mathbb{P}_B(A|C) = \mathbb{P}(A|B \cap C)$.

Solução. Do item (a) segue-se que $\mathbb{P}_B$ é uma medida de probabilidade, assim

$$\mathbb{P}_B(A|C) = \frac{\mathbb{P}_B(A \cap C)}{\mathbb{P}_B(C)} = \frac{\mathbb{P}((A \cap C)|B)}{\mathbb{P}(C|B)} =$$

$$\frac{\frac{\mathbb{P}(A \cap C \cap B)}{\mathbb{P}(B)}}{\frac{\mathbb{P}(C \cap B)}{\mathbb{P}(B)}} = \frac{\mathbb{P}(A \cap C \cap B)}{\mathbb{P}(C \cap B)} = \mathbb{P}(A|(C \cap B)).$$

∎

Exemplo 5.32. *Seja Ω o conjunto das partes de um conjunto de n elementos. São escolhidos, aleatoriamente e com reposição, dois subconjuntos A e B de Ω. Mostre que:*

(a) $\mathbb{P}(A \subset B) = \left(\frac{3}{4}\right)^n$.

Solução. Calculemos $\mathbb{P}(A \subset B)$ via teorema da probabilidade total condicionando na cardinalidade de B, $n(B)$. Assim,

$$\mathbb{P}(A \subset B) = \sum_{i=0}^n \mathbb{P}(A \subset B | |B| = i)\mathbb{P}(|B| = i) \quad (5.30)$$

Desde que há um total de 2^n subconjuntos, dos quais $\binom{n}{i}$ tem tamanho i e que o total de subconjuntos de um conjunto de tamanho i é 2^i, segue-se que

$$\mathbb{P}(A \subset B | |B| = i) = \frac{2^i}{2^n} \quad \text{e} \quad \mathbb{P}(|B| = i) = \frac{\binom{n}{i}}{2^n} \quad (5.31)$$

De (5.31) em (5.30) obtém-se

$$\mathbb{P}(A \subset B) = \sum_{i=0}^{n} \frac{2^i \binom{n}{i}}{2^n \; 2^n} = \frac{1}{4^n} \sum_{i=0}^{n} \binom{n}{i} 2^i (1)^{n-i} = \frac{1}{4^n}(2+1)^n = \left(\frac{3}{4}\right)^n.$$

∎

(b) $\mathbb{P}(A \cap B = \emptyset) = \left(\frac{3}{4}\right)^n$.

Solução. Notemos que $A \cap B = \emptyset$, se e somente se, $A \subset B^c$; logo pelo resultado do item (a) que estabelece que a probabilidade de qualquer conjunto está contido num outro é $(\frac{3}{4})^n$, segue-se que

$$\mathbb{P}\left((A \cap B) = \emptyset)\right) = \mathbb{P}(A \subset B^c) = \left(\frac{3}{4}\right)^n.$$

∎

Exemplo 5.33. *Considere uma moeda honesta na qual os jogadores A e B fazem $n+1$ e n lançamentos, respectivamente, em que os n primeiros lançamentos são simultâneos. Mostre que a probabilidade de o jogador A obter mais caras que B é $\frac{1}{2}$.*

Solução. Sejam os eventos:
- F = {o jogador A obtém mais caras que B};
- N = {o jogador A obteve mais caras que B nos n primeiros lançamentos};
- M = {o jogador A obteve menos caras que B nos n primeiros lançamentos};
- E = {os jogadores A e B obtiveram o mesmo número de caras nos n primeiros lançamentos}.

Se N ocorre, então F ocorre, pois o jogador A ainda terá mais um lançamento e a vantagem já obtida não diminuirá, portanto $\mathbb{P}(F|N) = 1$. Se M ocorre, no lançamento de número $n+1$ o jogador A poderá no máximo empatar com B em relação ao número de caras, logo, $\mathbb{P}(F|M) = 0$. Desde que a moeda é honesta, tem-se que nos n primeiros lançamentos a probabilidade $p = \mathbb{P}(N)$ de A obter mais caras que B é igual a probabilidade $p = \mathbb{P}(M)$ de A obter menos caras que B, assim a probabilidade de empate $\mathbb{P}(E) = 1 - 2p$ e $\mathbb{P}(F|E) = \frac{1}{2}$, pois A terá mais caras que B dado que nos n primeiros lançamentos houve a mesma quantidade de caras, se e somente se, o lançamento $n+1$ resultar em cara. Pelo teorema da probabilidade total tem-se que

$$\mathbb{P}(F) = \mathbb{P}(N)\mathbb{P}(F|N) + \mathbb{P}(M)\mathbb{P}(F|M) + \mathbb{P}(E)\mathbb{P}(F|E)$$
$$= p \cdot 1 + p \cdot 0 + (1 - 2p) \cdot \frac{1}{2} = \frac{1}{2}.$$

Probabilidade Condicional

Exemplo 5.34. *Em um determinado lago, a probabilidade de se pegar um peixe é constante e independente ao longo do tempo. Se a probabilidade de você pegar pelo menos um peixe em uma hora é de 64%, qual é a probabilidade de você pegar pelo menos um peixe em meia hora?*

Solução. Seja p a probabilidade de que ao menos um peixe seja capturado em meia hora, assim, a probabilidade que nenhum peixe seja capturado em uma hora é

$$(1-p)(1-p) = 36\% \Rightarrow p = 40\%.$$

Exemplo 5.35 (MIT-2016). *Kelvin possui no total três dados idênticos de 10 faces as quais são numeradas utilizando os algarismos $0, 1, 2, \cdots, 9$. Inicialmente Kelvin lança dois dados e calcula a soma S dos números das faces voltadas para cima. Em seguida, Kelvin lança o terceiro dado e obtém um resultado R. Qual é a probabilidade de que $S = R$?*

Solução. Sejam os eventos: S:= {soma dos resultados obtidos nos dois primeiros lançamentos} e R:= {resultado obtido no terceiro dado}. Os eventos S e R são independentes, assim para qualquer $s \in \{0, 1, \ldots, 18\}$ e $r \in \{0, 1, \ldots, 9\}$ tem-se que

$$\mathbb{P}(S=s|R=r) = \mathbb{P}(S=s) \quad \text{ou} \quad \mathbb{P}(S=s, R=r) = \mathbb{P}(S=s)\mathbb{P}(R=r).$$

Assim,

$$\mathbb{P}(S=R) = \sum_{k=0}^{9} \mathbb{P}(S=k, R=k) = \sum_{k=0}^{9} \mathbb{P}(S=k)\mathbb{P}(R=k) =$$
$$= \frac{1}{10}\left[\frac{1}{100} + \frac{2}{100} + \ldots + \frac{10}{100}\right] = \frac{11}{200}.$$

Exemplo 5.36 (OBMU). *Um rato, que ocupa inicialmente uma sala A, está treinado para que toda vez que um alarme toque ele mude de sala. Toda vez que ele ouve o som de alarme ele escolhe (com igual probabilidade) um dos túneis partindo da sala em que ele se encontra e vai para uma outra sala que se encontra na outra extremidade do túnel escolhido. Após o alarme ter soado 23 vezes, qual a probabilidade de que o rato encontre-se na sala B?*

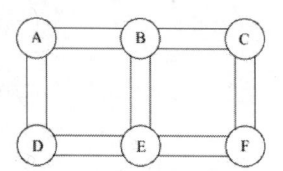

Figura 5.2

Solução. Seja o evento M_n o rato está nos sítios B ou E após n sinais dado que partiu do sítio A, com $p_n = \mathbb{P}(M_n)$. Pelo teorema da probabilidade total tem-se que

$$p_{n+1} = \mathbb{P}(M_{n+1}) = \mathbb{P}(M_n)\mathbb{P}(M_{n+1}|M_n) + \mathbb{P}(M_n^c)\mathbb{P}(M_{n+1}|M_n^c)$$
$$= p_n \cdot \frac{1}{3} + (1-p_n) \cdot \left(\frac{1}{4}\frac{1}{2} + \frac{1}{4}\frac{1}{2} + \frac{1}{4}\frac{1}{2} + \frac{1}{4}\frac{1}{2}\right). \text{ Assim,}$$

$$p_{n+1} = -\frac{1}{6} \cdot p_n + \frac{1}{2} \qquad (5.32)$$

Determinemos uma constante c tal que possamos escrever a recorrência (5.32) como uma Progressão Geométrica. Isto é,

$$p_{n+1} - c = -\frac{1}{6}(p_n - c), \quad \text{com } a_n := p_n - c \text{ e } p_1 = \frac{1}{2}. \qquad (5.33)$$

De (5.32) e (5.33) resulta que

$$-\frac{1}{6}p_n + \frac{1}{6}c + c = -\frac{1}{6}p_n + \frac{1}{2} \Rightarrow c = \frac{3}{7}. \qquad (5.34)$$

De (5.34) e (5.33) resulta que

$$a_1 = \frac{1}{2} - \frac{3}{7} = \frac{1}{14}, \quad a_{23} = \frac{1}{14} \cdot \left(-\frac{1}{6}\right)^{22} \quad \text{e} \quad p_{23} = a_{23} + \frac{3}{7} = \frac{1}{14} \cdot \left(-\frac{1}{6}\right)^{22} + \frac{3}{7}.$$

Note que nos instantes ímpares o rato não pode estar no sítio "E" e a probabilidade pedida é

$$\frac{1}{14} \cdot \left(-\frac{1}{6}\right)^{22} + \frac{3}{7}.$$

∎

Probabilidade Condicional

Exemplo 5.37. *Quando uma determinada moeda é arremessada a face cara sai com probabilidade p e coroa, com probabilidade $q = 1 - p$. Essa moeda é arremessada até sair uma sequência cara-coroa em dois lançamentos consecutivos. Qual a probabilidade de que tenham saido duas caras consecutivas antes de sair pela primeira vez uma sequência cara-coroa?*

Solução. Representemos por "c" ou "k" se o resultado de um lançamento da moeda for cara ou coroa, respectivamente. Notemos que o número mínimo de tentativas para a ocorrência do evento de interesse é 2, entretanto não há uma limitação superior para o máximo de tentativas; ademais, note que a primeira vez que aparecem duas caras consecutivas nas tentativas i e $i+1$ antes de sair pela primeira vez a sequência cara-coroa, se e somente se, nas tentativas 1 até $i-1$ só aparecem coroas e nas tentativas i e $i+1$ aparecem duas caras.

Seja $E = \{cc, kcc, kkcc, kkkcc, \ldots\}$ o evento de interesse, então

$$\mathbb{P}(E) = p^2 + (1-p)p^2 + (1-p)^2 p^2 + (1-p)^3 p^2 + \ldots$$
$$= p^2 \left[\frac{1}{1-(1-p)}\right] = p.$$

∎

Exemplo 5.38. *Considere duas moedas A e B tais que na moeda A a probabilidade de sair cara é $\frac{1}{4}$, enquanto que na moeda B a probabilidade de sair cara é $\frac{1}{2}$. Escolhe-se uma dessas duas moedas ao caso e a arremessa. Se sair cara essa mesma moeda será arremessada novamente, caso contrário será arremessada a outra moeda. Para cada inteiro positivo n, seja p_n a probabilidade de que a moeda lançada no n-ésimo arremesso seja a moeda A.*

(a) Mostre que $p_{n+1} = \frac{1}{2} - \frac{1}{4}p_n$;

Solução. Seja o evento $A_n := \{$A moeda lançada no arremesso n seja "A"$\}$. Assim,

$$\mathbb{P}(A_{n+1}) = \mathbb{P}(A_n)\mathbb{P}(A_{n+1}|A_n) + \mathbb{P}(A_n^c)\mathbb{P}(A_{n+1}|A_n^c)$$
$$= p_n \cdot \frac{1}{4} + (1-p_n) \cdot \frac{1}{2} \Rightarrow$$

$$p_{n+1} = \frac{1}{2} - \frac{1}{4}p_n. \tag{5.35}$$

(b) A partir do item anterior, mostre que $p_n = \frac{2}{5} + \frac{1}{10}\left(-\frac{1}{4}\right)^{n-1}$;

Solução. Seja c tal que

$$p_{n+1} - c = -\frac{1}{4}(p_n - c) \quad \text{com} \quad a_n := p_n - c \tag{5.36}$$

De (5.35) e (5.36) segue-se

$$\frac{1}{2} - \frac{1}{4}p_n - c = -\frac{1}{4}(p_n - c) \Rightarrow c = \frac{2}{5}. \tag{5.37}$$

De (5.36) tem-se para $n = 1$ que $a_1 = p_1 - \frac{2}{5} = \frac{1}{2} - \frac{2}{5} = \frac{1}{10}$.
Assim,

$$a_n = a_1 \cdot \left(-\frac{1}{4}\right)^{(n-1)} \Rightarrow p_n - \frac{2}{5} = \frac{1}{10}\left(-\frac{1}{4}\right)^{(n-1)} \Rightarrow$$

$$p_n = \frac{2}{5} + \frac{1}{10}\left(-\frac{1}{4}\right)^{(n-1)}.$$

(c) Calcule $\lim_{n\to\infty} p_n$;

Solução.

$$\lim_{n\to\infty} p_n = \lim_{n\to\infty}\left[\frac{2}{5} + \frac{1}{10}\left(-\frac{1}{4}\right)^{(n-1)}\right]$$
$$= \lim_{n\to\infty}\frac{2}{5} + \lim_{n\to\infty}\frac{1}{10}\left(-\frac{1}{4}\right)^{(n-1)}$$
$$= \frac{2}{5} + 0$$
$$= \frac{2}{5}.$$

(d) Determine a probabilidade de obtermos uma cara no n-ésimo lançamento.

Solução. Seja P_n a probabilidade pedida do evento $E :=$ {cara no n-ésimo lançamento}. Condicionando o evento de interessente na moeda escolhida, tem-se

Esperança

$$P_n = \mathbb{P}(A_n)\mathbb{P}(E|A_n) + \mathbb{P}(A_n^c)\mathbb{P}(E|A_n^c)$$
$$= p_n \cdot \frac{1}{4} + (1-p_n) \cdot \frac{1}{2}. \tag{5.38}$$

Do item (b) e (5.38) tem-se que

$$P_n = \frac{2}{5} + \frac{1}{10}\left(\frac{1}{4}\right)^n.$$

∎

5.4. Esperança

Muitos experimentos aleatórios apresentam resultados não-numéricos: observar a face em dois lançamentos de uma moeda, realizar lançamentos independentes de uma moeda, cuja probabilidade de resultar cara em cada lançamento é p, até ocorrer a face cara; realizar lançamentos independentes de uma moeda, cuja probabilidade de resultar cara em cada lançamento é p, até ocorrer k vezes a face cara... Para se estabelecer um tratamento matemático adequado a tais experimentos cujos resultados (pontos do espaço amostral) são característicos não-numéricos introduz-se o conceito de *variável aleatória* a qual associa a cada ponto do espaço amostral um número real.

Definição 5.6 (Variável Aleatória Discreta). *Sejam $(\Omega, \mathcal{F}, \mathbb{P})$ um espaço de probabilidade e $X : \Omega \to \mathbb{R}$ tal que a imagem de X é contável. A função X a valores reais definida em Ω é uma variável aleatória discreta se*

$$\{\omega \in \Omega : X(\omega) = x\} \in \mathcal{F}, \text{ para todo } x \in \mathbb{R}.$$

Exemplo 5.39. *Considere o experimento de lançar uma moeda, cujas faces cara e coroa são equiprováveis, duas vezes e observar o resultado de cada lançamento. Seja X o número de vezes que a face cara ocorreu. Mostre que X é uma variável aleatória discreta.*

Solução. Representemos, respectivamente, por c_i (k_i) se no i-ésimo lançamento ocorreu cara (coroa). Os resultados possíveis são $\Omega = \{\omega_1, \omega_2, \omega_3, \omega_4\}$ com $\omega_1 = c_1c_2$, $\omega_2 = c_1k_2$, $\omega_3 = k_1c_2$, $\omega_4 = k_1k_2$ e seja $\mathcal{F} = \mathcal{P}(\Omega)$.

Tem-se que: $\{\omega : X(\omega) = 2\} = \{c_1c_2\} \in \mathcal{F}$, $\{\omega : X(\omega) = 1\} = \{c_1k_2, k_1c_2\} \in \mathcal{F}$, $\{\omega : X(\omega) = 0\} = \{k_1k_2\} \in \mathcal{F}$ e se $x \in \{0,1,2\}^c$, então $\{\omega : X(\omega) = x\} = \emptyset \in \mathcal{F}$.

∎

Definição 5.7 (Função de Probabilidade). *A função que a cada $x \in \mathbb{R}$ associa o número real $\mathbb{P}(X = x)$ é a função de probabilidade da variável aleatória X.*

Se B é um subconjunto *qualquer* de $\mathbb{R}$, então

$$\mathbb{P}(X \in B) = \sum_{x_i \in B} \mathbb{P}(X = x_i).$$

Observação 5.9. *Se uma variável aleatória X é discreta, qualquer que seja $B \subset \mathbb{R}$, teremos que a pré-imagem de B pela variável aleatória X será um conjunto de elementos que pertence a uma σ-álgebra de Ω, e portanto sempre poderemos calcular a probabilidade de X assumir valores em B.*

Se a variável aleatória não for discreta, nem todos subconjuntos de $\mathbb{R}$ podem ter pré-imagem pertencente a uma σ-álgebra de Ω, e portanto não lhes é possível atribuir probabilidades. Considera-se, então, uma classe de subconjuntos de $\mathbb{R}$, a a σ-álgebra de borel, em que todas as pré-imagens de elementos desta classe pela variável aleatória X pertencem a uma σ-álgebra de Ω.

Definição 5.8 (Valor esperado). *Seja X uma variável aleatória discreta assumindo valores em $\{x_1, x_2, \ldots\}$. O valor esperado (esperança ou média) da variável aleatória X é definido para todo $i \in \mathbb{N}$ por*

$$\mathbb{E}(X) = \sum_{x_i > 0} x_i \mathbb{P}(X = x_i) - \sum_{x_i < 0} (-x_i)\mathbb{P}(X = x_i) \tag{5.39}$$

desde que ao menos um dos somatórios seja finito.

Observação 5.10. *A definição 5.8 pode parecer um tanto artificial, a saber uma definição mais "natural" seria $\sum_{i \in \mathbb{N}} x_i \mathbb{P}(X = x_i)$, entretanto dessa forma a unicidade de (5.39) poderia não ser garantida, uma vez que se a série $\sum x_i \mathbb{P}(X = x_i)$ for condicionalmente convergente, então pelo teorema de Riemann podemos reordená-la de tal modo que convirja para qualquer valor escolhido "a priori" (veja [3]).*

Observação 5.11. *Desde que uma série convergente de termos positivos é sempre comutativamente convergente, veja [3], tem-se que (5.39) estará bem definida desde que ambos os somatórios não sejam infinitos.*

Se a série $\sum x_i \mathbb{P}(X = x_i)$ for condicionalmente convergente, então ambos os termos de (5.39) divergem, e portanto, $\mathbb{E}(X)$ não está definida.

Definição 5.9 (Variável Indicadora). *Seja $(\Omega, \mathcal{F}, \mathbb{P})$ um espaço de probabilidade e $A \in \mathcal{F}$. A variável aleatória $\mathbb{1}_A : \Omega \to \{0, 1\}$ definida por*

$$\mathbb{1}_A(\omega) := \begin{cases} 1 & se\ \omega \in A \\ 0 & se\ \omega \in A^c \end{cases}$$

é chamada de indicadora de A.

Exemplo 5.40. *Seja a variável aleatória X com valores em $\left\{\frac{(-1)^n 2^n}{n} : n \in \mathbb{N}^*\right\}$ com $\mathbb{P}\left(X = \frac{(-1)^n 2^n}{n}\right) = \frac{1}{2^n}$. Mostre que $\mathbb{E}(X)$ não está definido.*

Solução. Sejam X^+ e X^-, respectivamente, o conjunto de valores positivos e negativos assumidos por X. Tem-se que

$$\mathbb{E}(X^+) = \sum_{k=1}^{\infty} \frac{(-1)^{2k} 2^{2k}}{2k} \frac{1}{2^{2k}} = \sum_{k=1}^{\infty} \frac{1}{2k} = \infty. \tag{5.40}$$

De maneira similar, $\mathbb{E}(X^-) = \infty$. Logo, $\mathbb{E}(X)$ não está definido. ∎

Exemplo 5.41. *Se X é a variável aleatória indicadora de um evento A, isto é, $X = \mathbb{1}_A$, então $\mathbb{E}(X) = \mathbb{P}(A)$.*

Solução. Segue-se da definição 5.9, que

$$\mathbb{E}(X) = 1.\mathbb{P}(X = 1) = 1.\mathbb{P}(A) = \mathbb{P}(A).$$

∎

Exemplo 5.42. *Se X é uma variável aleatória discreta assumindo valores inteiros não negativos, então*

$$\mathbb{E}(X) = \sum_{j=1}^{\infty} \mathbb{P}(X \geq j) = \sum_{j=0}^{\infty} \mathbb{P}(X > j).$$

Solução. Segue-se da definição 5.8 que

$$\mathbb{E}(X) = \sum_{k=0}^{\infty} k\mathbb{P}(X = k) = \sum_{k=1}^{\infty} k\mathbb{P}(X = k) = \sum_{k=1}^{\infty} \sum_{j=1}^{k} \mathbb{P}(X = k)$$

$$= \sum_{j=1}^{\infty} \sum_{k=j}^{\infty} \mathbb{P}(X = k) = \sum_{j=1}^{\infty} \mathbb{P}(X \geq j) = \sum_{j=0}^{\infty} \mathbb{P}(X > j).$$

∎

5.5. Exercícios propostos

1. Dado um conjunto não vazio Ω de cardinalidade n. Mostre que o número de σ-álgebras de Ω é ao menos 2^{n-1}, em que n é a cardinalidade de Ω.

2. Seja $\mathcal{F}$ a família dos subconjuntos A de $\mathbb{R}$ que satisfazem a seguinte propriedade: se $x \in A$, então $x + q \in A$ para todo $q \in \mathbb{Z}$. Verifique que $\mathcal{F}$ é uma σ-álgebra.

3. Sejam A_n e B_n subconjuntos de Ω. Prove que

$$\left(\liminf_{n\to\infty} A_n \cup \liminf_{n\to\infty} B_n\right) \subset \liminf_{n\to\infty}(A_n \cup B_n),$$

mas que a igualdade não é, necessariamente, verdadeira.

4. Sejam A_n, A, B_n e B subconjuntos de Ω, tais que $A_n \to A$ e $B_n \to B$. Prove que:

   (a) $\limsup_{n\to\infty}(A_n \cup B_n) = \limsup_{n\to\infty} A_n \cup \limsup_{n\to\infty} B_n$;

   (b) $\liminf_{n\to\infty}(A_n \cap B_n) = \liminf_{n\to\infty} A_n \cap \liminf_{n\to\infty} B_n$;

   (c) $(A_n \cup B_n) \to (A \cup B)$;

   (d) $(A_n \cap B_n) \to (A \cap B)$;

   (e) $\liminf_{n\to\infty}(A_n \cup B_n) = \liminf_{n\to\infty} A_n \cup \liminf_{n\to\infty} B_n$;

   (f) $\limsup_{n\to\infty}(A_n \cap B_n) = \limsup_{n\to\infty} A_n \cap \limsup_{n\to\infty} B_n$.

5. Seja $f : \Omega_1 \to \Omega_2$ e ψ_2 uma família de subconjuntos de Ω_2. Mostre que $\sigma(f^{-1}(\psi_2)) = f^{-1}(\sigma(\psi_2))$.

6. (Desigualdade de Bonferroni) Para todo $j \in \{1, ..., n\}$ seja

$$S_j(n) := \sum_{1 \leq i_1 < ... < i_j \leq n} \mathbb{P}(A_{i_1}...A_{i_j}).$$

   Mostre que:

$$\mathbb{P}(\cup_{j=1}^n A_j) \leq \sum_{j=1}^k (-1)^{j-1} S_j \text{ se k for ímpar.} \qquad (5.41)$$

$$\mathbb{P}(\cup_{j=1}^n A_j) \geq \sum_{j=1}^k (-1)^{j-1} S_j \text{ se k for par.} \qquad (5.42)$$

Observação 5.12. *Se $k = n$, então pelo Princípio da Inclusão e Exclusão tem-se a igualdade em (5.41) e (5.42).*

7. (Fórmula de Waring) Seja um espaço de probabilidade $(\Omega, \mathcal{F}, \mathbb{P})$ com $A_1, \ldots, A_n \in \mathcal{F}$. Com a notação dada no exercício 6, Verifique que:

    (a) A probabilidade de ocorrer exatamente p dos conjuntos $A_1, \ldots, A_n$ é
    $$a_p = \sum_{k=0}^{n-p} (-1)^k \binom{p+k}{k} S_{p+k}.$$

    (b) A probabilidade de ocorrer ao menos p dos conjuntos $A_1, \ldots, A_n$ é
    $$b_p = \sum_{k=0}^{n-p} (-1)^k \binom{p+k-1}{k} S_{p+k}.$$

8. Prove as seguintes desigualdades:

    (a) $\mathbb{P}\left(\cap_{i=1}^n A_i\right) \geq 1 - \sum_{i=1}^n \mathbb{P}(A_i^c);$

    (b) $\mathbb{P}\left(\cap_{i=1}^n A_i\right) \geq \sum_{i=1}^n \mathbb{P}(A_i) - (n-1);$

    (c) (Desigualdade de Kounias)
    $$\mathbb{P}\left(\cup_{i=1}^n A_i\right) \leq \min_k \left\{ \sum_{i=1}^n \mathbb{P}(A_i) - \sum_{i \neq k} \mathbb{P}(A_i \cap A_k) \right\}. \qquad (5.43)$$

    (d) (Desigualdade de Chung-Erdos)
    $$\mathbb{P}(\cup_{i=1}^n A_i) \leq \frac{\left(\sum_{i=1}^n \mathbb{P}(A_i)\right)^2}{\sum_{i=1}^n \mathbb{P}(A_i)}. \qquad (5.44)$$

9. (veja [5]) Distribuem-se n bolas em n urnas. Qual a probabilidade de que exatamente uma urna fique vazia se:

    (a) As bolas são distinguíveis e as urnas são distinguíveis;

(b) As bolas são indistinguíveis e as urnas são distinguíveis;

(c) As bolas são distinguíveis e as urnas são indistinguíveis;

(d) As bolas são indistinguíveis e as urnas são indistinguíveis.

10. Considere um "pegavaretas" com n peças tal que cada uma delas é dividida em uma parte maior e outra menor. Qual a probabilidade de que:

    (a) as peças sejam pareadas formando a configuração inicial?;

    (b) todas as partes maiores fiquem pareadas com as menores?

11. (veja [27]) Uma urna contém a bolas azuis e b bolas brancas. As bolas são retiradas uma a uma da urna, ao acaso e sem reposição, até que a urna fique vazia. Calcule a probabilidade de que a última bola retirada seja azul nos seguintes casos:

    (a) as bolas são todas distintas;

    (b) as bolas são distinguíveis apenas pela cor.

12. Um homem possui n chaves as quais todas são igualmente prováveis de serem selecionados e apenas uma abre a porta. Chaves são sorteadas, aleatoriamente, sem reposição até que a porta seja aberta. Para todo $i \in \{1, \ldots, n\}$, qual a probabilidade de que a porta seja aberta na i-ésima etapa?

13. Três dados são lançados duas vezes. Qual a probabilidade de ocorrer a mesma configuração se

    (a) os dados são indistinguíveis?

14. Mostre que se $\mathbb{P}(A_n) = 1$ para todo $n \in \mathbb{N}$, então $\mathbb{P}(\bigcap_{n=1}^{\infty} A_n) = 1$.

15. Sejam $\{A_n\}_{n \geq 1}$ e $\{B_n\}_{n \geq 1}$ duas sequências de eventos definidos em Ω tais que $\lim_{n \to \infty} \mathbb{P}(A_n) = 0$ e $\lim_{n \to \infty} \mathbb{P}(B_n) = p$. Mostre que $\lim_{n \to \infty} \mathbb{P}(A_n \cup B_n) = p$.

16. Sejam $A_1, \ldots, A_n$ eventos independentes em um espaço de probabilidade $(\Omega, \mathcal{F}, \mathbb{P})$ tais que $\forall k \in \{1, \ldots, n\}$ $\mathbb{P}(A_k) = p_k$. Em função de p_k, determine a probabilidade de ocorrência dos seguintes eventos:

    (a) nenhum dos A_k;

(b) pelo menos um dos A_k;

(c) exatamente um dos A_k;

(d) exatamente dois dos A_k;

(e) todos os A_k;

(f) no máximo $n-1$ dos A_k.

17. Seja $(\Omega, \mathcal{F}, \mathbb{P})$ um espaço de probabilidade e suponha que A e $B \in \mathcal{F}$. Mostre que se $\mathbb{P}(A) < 1$, $\mathbb{P}(B) > 0$ e $\mathbb{P}(A|B) = 1$, então $\mathbb{P}(B^c|A^c) = 1$.

18. Seja $(\Omega, \mathcal{F}, \mathbb{P})$ um espaço de probabilidade e suponha A_n, B e $C \in \mathcal{F}$ com $\mathbb{P}(A_n) > 0$ e $\mathbb{P}(C) > 0$. Mostre que:

    (a) Se os A_n são disjuntos e $\mathbb{P}(B|A_n) \geq c$ para todo $n \in \mathbb{N}$, então $\mathbb{P}(B|\cup_{n \geq 1} A_n) \geq c$;

    (b) Se $A_{n+1} \subset A_n$ e $\mathbb{P}(A_{n+1}|A_n) \leq c < 1$ para todo $n \in \mathbb{N}$, então $\mathbb{P}(A_n) \to 0$ quando $n \to \infty$;

    (c) Se os eventos A_n são disjuntos e $\mathbb{P}(B|A_n) = \mathbb{P}(C|A_n)$ para todo $n \in \mathbb{N}$, então $\mathbb{P}(B|\cup_{n \geq 1} A_n) = \mathbb{P}(C|\cup_{n \geq 1} A_n)$.

19. Sejam A e B eventos de uma σ-álgebra $\mathcal{F}$, mostre que:

    (a) $\mathbb{1}_{A \cup B} = \max\{\mathbb{1}_A, \mathbb{1}_B\}$;

    (b) $\mathbb{1}_{A \cap B} = \min\{\mathbb{1}_A, \mathbb{1}_B\}$;

    (c) $\mathbb{1}_{\limsup_{n \to \infty} A_n} = \limsup_{n \to \infty} \mathbb{1}_{A_n}$;

    (d) $\mathbb{1}_{\liminf_{n \to \infty} A_n} = \liminf_{n \to \infty} \mathbb{1}_{A_n}$;

    (e) $\mathbb{1}_{\cup_{i=1}^{\infty} A_i} \leq \sum_{i=1}^{\infty} \mathbb{1}_{A_i}$;

20. Três prisioneiros são informados pelo carcereiro (que não mente), que um deles foi escolhido aleatoriamente para ser executado e que os outros dois serão libertados. Privadamente, o prisioneiro A pergunta ao carcereiro qual dos seus colegas será libertado, argumentando que essa informação é irrelevante desde que se conheça ao menos um dos dois que será libertado. O carcereiro recusa a responder tal questão pois se A conhecesse qual de seus companheiros será libertado, a sua própria probabilidade de ser executado passaria de $\frac{1}{3}$ para $\frac{1}{2}$. O que você pensa sobre o argumento do carcereiro?

21. (OBM) Quantos dados devem ser lançados ao mesmo tempo para maximizar a probabilidade de se obter exatamente um 2?

22. Distribuem-se, aleatoriamente, (n bolas idênticas) em n caixas distintas. calcule a probabilidade $\mathbb{P}_n$ de que exatamente uma caixa fique vazia.

    (a) Determine o valor de n para o qual essa probabilidade é máxima.

    (b) Mostre que $\lim_{n\to\infty} \mathbb{P}_n = \dfrac{1}{4}$.

23. Demonstre que dois eventos com probabilidade positiva e disjuntos nunca são independentes.

24. Prove que dois eventos independentes não são disjuntos, a menos que um deles tenha probabilidade zero.

25. Demonstre que o vazio é independente de qualquer outro evento.

26. Prove que se A e B têm probabilidade positiva e não são disjuntos, então $P(A) = P(B)$ se, e somente se, $P(A|B) = P(B|A)$.

27. Seja P uma probabilidade sobre os eventos (subconjuntos) de um espaço amostral Ω. Sejam A e B eventos tais que $P(A) = \frac{2}{3}$ e $P(B) = \frac{4}{9}$. Mostre que:

    (a) $P(A \cup B) \geq \frac{2}{3}$

    (b) $\frac{2}{9} \leq P(A \cap B^c) \leq \frac{5}{9}$

    (c) $\frac{1}{9} \leq P(A \cap B) \leq \frac{4}{9}$

28. Quantas pessoas você deve entrevistar para ter probabilidade igual ou superior a $0,50$ de encontrar pelo menos uma que aniversarie hoje?

29. Se um números $n \in \mathbb{N}$ é tal que $1 \leq n \leq 1000$ é escolhido aleatóriamente, qual a probabilidade de que $\log_2(n)$ seja inteiro?

30. (UFCG) Em um grupo racial, a probabilidade de uma pessoa ser daltônica é de 12%. São escolhidas, aleatoriamente, duas pessoas, A e B, pertencentes a esse grupo, de tal maneira que pelo menos uma delas seja daltônica. Supondo que os eventos {A é daltônica} e {B é daltônica} são independentes. Determine a probabilidade de ambas serem daltônicas.

31. (OMRJ-2005) Após passar por diversas etapas em um programa de auditório, Larissa foi convidada para sortear o seu prêmio (um carro zero quilômetro). O sorteio é realizado com uma roleta circular, dividida

em 6 setores de mesma área: três estão marcados como "carro", dois como "perde" e um como "gire novamente". Para descobrir qual prêmio ganhará, Larissa deve girar a roleta. Se a roleta parar em "Carro", Larissa ganha o carro; se ela parar em "Perde", Larissa volta para casa sem nada; se a roleta parar em "gire novamente", ela deve girar a roleta outra vez (não há limite no número de repetições permitidas). Qual é a probabilidade de Larissa ganhar o carro?

32. Distribuem-se, aleatoriamente, (n bolas distintas) em n caixas distintas. Calcule a probabilidade de que exatamente uma caixa fique vazia.

33. (O.Pessoensse-2012) Senhor Ptolomeu estava no centro da cidade e precisou ligar para um amigo. Percebeu que seu celular estava com a bateria descarregada e resolveu ligar usando um telefone público. Mas, não lembrava o último algarismo do número do telefone de seu amigo. Se ele só tem duas unidades, qual a probabilidade de que ele consiga conversar com seu amigo, tentando ligar do telefone público?

34. (OBM) Há 1002 balas de banana e 1002 balas de maçã numa caixa. Lara tira, sem olhar o sabor, duas balas da caixa. Seja p a probabilidade de as duas balas serem do mesmo sabor e seja q a probabilidade de as duas balas serem de sabores diferentes. Quanto vale a diferença entre p e q?

35. (OBM) Uma colônia de amebas tem inicialmente uma ameba amarela e uma ameba vermelha. Todo dia, uma única ameba se divide em duas amebas idênticas. Cada ameba na colônia tem a mesma probabilidade de se dividir, não importando sua idade ou cor. Qual é a probabilidade de que, após 2006 dias, a colônia tenha exatamente uma ameba amarela?

36. Uma moeda viciada tem $\frac{2}{3}$ de probabilidade de sair cara. Se esta moeda é lançada 50 vezes, qual a probabilidade de que o número total de caras seja par?

37. São efetuados lançamentos sucessivos e independentes de uma moeda perfeita (as probabilidades de cara e coroa são iguais) até que apareça cara pela segunda vez.

   (a) Qual é a probabilidade de que a segunda cara apareça no oitavo lançamento?

   (b) Sabendo-se que a segunda cara apareceu no oitavo lançamento, qual a probabilidade condicional de que a primeira cara tenha aparecido no terceiro?

38. (Profmat-Exame-2012.2) Uma moeda, com probabilidade 0,6 de dar cara, é lançada 3 vezes.

    (a) Qual é a probabilidade de que sejam observadas duas caras e uma coroa, em qualquer ordem?

    (b) Dado que foram observadas duas caras e uma coroa, qual é a probabilidade de que tenha dado coroa no primeiro lançamento?

39. Se n casais estão sentados numa mesa circular com cadeiras numeradas de 1 a $2n$, em que homens e mulheres estão em posições alternadas, e as mulheres ocupam as posições ímpares, qual a probabilidade de que nenhum casal sente em posições adjacentes?

40. Considere uma loteria na qual é selecionado 6 números de $\{1,\ldots,60\}$ para definir o bilhete premiado e cada aposta é feita escolhendo-se 6 destes 60 números. Considere que tanto os sorteios quanto as escolhas dos bilhetes são feitas de forma independentes. Pede-se:

    (a) Qual das situações maximiza a probabiidade de ganhar. Fazendo-se 10 apostas num mesmo sorteio ou apostando uma única vez durante 10 sorteios?

    (b) Considere o caso geral em que a loteria possui N bilhetes, um único premiado, e o apostador compra n bilhetes. É melhor fazer uma única aposta com os n bilhetes ou apostar um único bilhete em cada uma das n apostas?

41. Um grupo de $m + h$ pessoas está reunindo numa sorveteria, dos quais há m mulheres e h homens. Das m mulheres, a delas preferem sabor cajá e dos h homens, b deles preferem manga, sendo que os demais não tem preferência. Se m sorvetes de manga e h de cajá são distribuídos aleatoriamente, qual a probabilidade de que todas as preferências sejam atendidas?

42. Em um armário há 50 pares de sapatos. Retiram-se ao acaso 22 sapatos do armário. Qual a probabilidade de haver exatamente 3 pares de sapatos entre esses 22 sapatos retirados do armário?

43. Considere uma moeda honesta na qual os jogadores A e B fazem n e $n+1$ lançamentos, respectivamente, em que os n primeiros lançamentos são simultâneos. Mostre que a probabilidade de o jogador A obter mais caras que B é $\frac{1}{2}$.

44. Uma urna contém n bolas brancas e m bolas pretas. As bolas são retiradas uma de cada vez até que restem todas de uma mesma cor. Qual a probabilidade que só restem bolas brancas?

45. Um lago contém três diferentes espécies de peixe: v vermelhos, a azuis e p pretos. Admita que os peixes são removidos um a um do lago de maneira aleatória. Qual a probabilidade que os peixes vermelhos sejam os primeiros a serem extintos no lago?

46. Duas bolas de tamanhos diferentes são independentemente pintadas de preto ou amarelo com probabilidade $\frac{1}{2}$ e colocadas numa urna.

    (a) Se ao menos uma das bolas foi pintada de amarelo, qual a probabilidade de que ambas tenham a mesma cor?

    (b) Suponha agora que a urna vira e uma das bolas caiu fora e esta é amarela. Qual a probabilidade de que ambas as bolas sejam amarelas neste caso?

47. Qual a probabilidade de que em uma sequência de lançamentos independentes de uma moeda, na qual a probabilidade de ocorrer cara é p e coroa é $q = 1 - p$, tenhamos que n caras consecutivas ocorram antes de m coroas consecutivas.

48. (IIT-JEE-2000) Uma moeda tem probabilidade p de sair cara quando é aremessada. Esse moeda é jogada n vezes. Seja p_n a probabilidade de não ocorrerem duas ou mais caras quando essa moeda é arremessada n vezes. Prove que $p_1 = 1, p_2 = 1 - p^2$ e $p_n = (1-p).p_{n-1} + p(1-p)p_{n-2}$ para todo $n \neq 3$. Prove, por indução, que para todo n tem-se que

$$p_n = A.\alpha^n + B.\beta^n \text{ para todo } n \geq 1,$$

onde α e β são as raízes da equação

$$x^2 - (1-p)x - p(1-p) = 0, A = \frac{p^2 + \beta - 1}{\alpha\beta - \alpha^2} \text{ e } B = \frac{p^2 + \alpha - 1}{\alpha\beta - \beta^2}.$$

49. (IME-2018) João e Maria nasceram no século XX, em anos distintos. Qual a probabilidade de soma dos anos em que nasceram ser 3875.

50. (RPM) Considere o conjunto A de todas as combinações simples de 10 elementos em grupos de 5. Duas combinações distintas são escolhidas ao acaso no conjunto A. Determine a probabilidade de que elas:

(a) não tenham nenhum elemento em comum;

(b) Tenham exatamente 4 elementos em comum.

51. (OBM) 64 jogadores de níveis de habilidades diferentes, disputam um torneio de tênis em forma de eliminatória simples no qual não há resultados inesperados (em toda partida, ganha o melhor). Os jogadores são numerados em ordem de habilidades decrescentes (1 é o melhor, 64 é o pior) sabendo que a tabela é montada por sorteio, pergunta-se: qual é a probabilidade de o jogador número 2 ser um dos finalistas.

52. (UFC) Considerando o espaço amostral constituído pelos números de três algarismos distintos, formados pelos algarismos $2, 3, 4$ e 5. Se escolhermos um desses números aleatoriamente, qual a probabilidade de que ele seja múltiplo de 3?

53. (AIME-2003) Uma formiga move-se sobre os lados de um triângulo. Estando a formiga em um vértice, existe 50% de probabilidade da formiga se dirigir para para cada um dos outros dois vértices no próximo movimento. Qual é a probabilidade de que depois de 10 movimentos a formiga esteja no vértice inicial?

54. Uma fábrica tem 3 máquinas A, B e C que produzem o mesmo item. As máquinas A e B são responsáveis, cada uma por 40% da produção. Quanto à qualidade, as máquinas A e B produzem 10% de itens defeituosos cada uma, enquanto que a máquina C apenas 2%. Um item é selecionado ao acaso da produção dessa fábrica. Pergunta-se a probabilidade do item:

(a) Ser defeituoso?

(b) Em sendo defeituoso, ter sido produzido pela máquina A?

55. Ao escolheram as datas dos seus vestibulares, três instituições de ensino decidiram que suas provas seriam realizadas na primeira semana de um determinado mês. Qual a probabilidade de que essas provas não aconteçam em dias consecutivos?

56. Suponha que a ocorrência ou não de chuva dependa das condições do tempo no dia imediatamente anterior. Admita-se que se chove hoje, choverá amanhã com probabilidade $0,70$ e que se não chove hoje, então choverá amanhã com probabilidade $0,40$. Sabendo-se que choveu hoje, calcule a probabilidade de que choverá depois de amanhã.

Exercícios propostos

57. Sabe-se que a probabilidade de um jogador perder um pênalti é $\frac{1}{3}$. Em 10 tentativas independentes, qual a probabilidade desse jogador converter pelo menos um pênalti?

58. (Provão) Em certa cidade o tempo, bom ou chuvoso, é igual ao do dia anterior com probabilidade $\frac{2}{3}$. Se hoje faz bom tempo, a probabilidade de que chova depois de amanhã vale?

59. Uma urna contém três bolas vermelhas, quatro bolas brancas e duas bolas pretas. Três bolas são retiradas aleatoriamente da urna, sem reposição. Para cada bola vermelha retirada, você ganha R$10,00 e para cada bola preta retirada você perde R$15,00, finalmente para cada bola branca retirada você não ganha nem perde nada. Seja X o seu ganho líquido. Calcule:

    (a) $P(X = 0)$;
    (b) $P(X < 0)$;
    (c) O seu ganho líquido médio neste jogo.

60. Uma partícula caminha sobre o plano cartesiano, iniciando sobre a origem $(0,0)$ e a cada passo move-se para a direita uma unidade ou para cima uma unidade (com igual probabilidade). A Partícula para quando ela atinge a reta $x = n$ ou a reta $y = n$. Mostre que a esperança do comprimento do caminho percorrido por essa partícula é:

$$\mathbb{E} = 2n - n\binom{2n}{n}2^{1-2n}.$$

Capítulo 6
Sequências numéricas e relações de recorrência

6.1. Sequências numéricas

Neste capítulo estudaremos as sequências de números reais. Há duas direções bem claras para abordarmos o estudo das sequências; a primeira é estarmos interessados nos termos da sequência em si, utilizar sequências para resolver problemas de contagem, de probabilidade ou problemas de natureza recursiva cuja solução possa ser facilitada pela linguagem e as propriedades típicas de sequências numéricas específicas; uma outra linha é estudar as sequências (e séries) do ponto de vista da sua convergência, estabelecer critérios de convergência para as sequências (e séries) de números reais. Aqui estaremos interessados em trabalhar com a primeira direção do estudo das sequências. Neste capítulo consideraremos que $\mathbb{N} = \{1, 2, 3, \ldots\}$.

Definição 6.1. *Uma sequência de números reais é uma função $x : \mathbb{N} \to \mathbb{R}$ que associa cada número natural n um número real $x(n) = x_n$, chamado o n-ésimo termo da sequência. Escreve-se $(x_1, x_2, \ldots, x_n, \ldots)$ ou $(x_n)_{n \in \mathbb{N}}$ ou $\{x_n\}_{n \in \mathbb{N}}$ para representar os termos da sequência.*

Não se deve confundir a sequência $(x_1, x_2, \ldots, x_n, \ldots)$ com o conjunto cujos termos são seus elementos $\{x_1, x_2, \ldots, x_n, \ldots\}$. Por exemplo, a sequência cujo termo geral é dado por $x_n = (-1)^n$ é representada por $(-1, 1, -1, 1, \ldots)$, enquanto o conjunto cujos elementos são os seus termos é o conjunto $\{-1, 1\}$.

Há algumas nomenclaturas especiais para sequências que destacamos a seguir. Uma sequência $(x_n)_{n \in \mathbb{N}}$ é:

- **limitada superiormente** quando existe $c \in \mathbb{R}$ tal que $x_n \leq c$, para todo $n \in \mathbb{N}$;

- **limitada inferiormente** quando existe $c \in \mathbb{R}$ tal que $x_n \geq c$, para todo $n \in \mathbb{N}$;

- **limitada** quando existe $k \in \mathbb{R}$ tal que $|x_n| \leq k$, para todo $n \in \mathbb{N}$;

- **monótona** quando se tem $x_n \leq x_{n+1}$, para todo $n \in \mathbb{N}$ ou então $x_{n+1} \leq x_n$, para todo $n \in \mathbb{N}$;

- **periódica** quando existe $p \in \mathbb{N}$ tal que $x_{n+p} = x_n$ para todo $n \in \mathbb{N}$.

Em particular, se $x_n < x_{n+1}$, para todo $n \in \mathbb{N}$, diz-se que a sequência $(x_n)_{n \in \mathbb{N}}$ é **estritamente crescente**. No caso em que $x_{n+1} < x_n$, para todo $n \in \mathbb{N}$, diz-se que a sequência $(x_n)_{n \in \mathbb{N}}$ é **estritamente decrescente**. Por fim, se $x_n = x_{n+1}$, para todo $n \in \mathbb{N}$ diz-se que a sequência $(x_n)_{n \in \mathbb{N}}$ é **constante**.

Observação 6.1. *Representaremos por $I_n = \{1, 2, 3, \ldots, n\}$. Apesar de não ser o padrão da literatura do assunto, também vamos considerar funções $x : I_n \to \mathbb{R}$ como sendo* **sequências finitas**. *(O padrão é sempre considerear sequências infinitas).*

Por exemplo, $(x_n)_{n \geq 1}$, definida por $x_n = 2^n$ tem como primeiros termos $(2, 4, 8, 16, \ldots)$. Em muitas ocasiões as sequências podem ser definidas pelas chamadas **leis de recorrência**, onde são fixados os valores dos termos iniciais das sequências e os demais termos são obtidos a partir desses primeiros. Um dos exemplos mais conhecidos é a famosa **sequência de Fibonacci**, definida por $(f_n)_{n \in \mathbb{N}}$, definida por $f_1 = 1, f_2 = 1$ e $f_n = f_{n-1} + f_{n-2}$, $\forall n \geq 3$, ou seja, $(1, 1, 2, 3, 5, 8, 13, \ldots)$.

Na seção 6.2 faremos um estudo detalhado dessa sequência, partindo da sua motivação incial; um problema sobre a reprodução de coelhos, descrito pelo matemático italiano Leonardo de Fibonacci (1170 – 1250).

Exemplo 6.1. *Mostre que a sequência definida por $a_n = n^2 + n + 2$ para $n \geq 1$, contém apenas uma quantidade finita de quadrados perfeitos.*

Solução. Inicialmente, veja que $a_1 = 4$, que é um quadrado perfeito. Mas para $n > 1$, tem-se que

$$n^2 < \underbrace{n^2 + n + 1}_{=a_n} < n^2 + 2n + 1 = (n+1)^2 \Rightarrow n^2 < a_n < (n+1)^2,$$

ou seja, a_n esté situado entre 2 quadrados perfeitos consecutivos, e portanto, não pode ser um quadrado perfeito.

■

Exemplo 6.2. *Observe a distribuição dos números inteiros positivos a seguir:*

```
        1
     2  3  4
     5  6  7  8  9
    10 11 12 13 14 15 16
    17 18 19 20 21 22 23 24 25
```

Mantendo-se a disposição dos números acima, qual é o elemento que inicia a 31ª linha?

Solução. Numerando as linhas de cima para baixo, e denotando por a_n o último elemento da linha n, segue que:

$$a_1 = 1 = 1^2, a_2 = 4 = 2^2, a_3 = 9 = 3^2, a_4 = 16 = 4^2, a_5 = 25 = 5^2, \ldots$$

seguindo o mesmo padrão o último elemento da linha 30 será $a_{30} = 30^2 = 900$. Portanto o primeiro elemento da 31ª linha será 901.

∎

Exemplo 6.3. *A sequência dada por $x_0 = a, x_1 = b$ e $x_{n+1} = \frac{1}{2}\left(x_{n-1} + \frac{1}{x_n}\right)$ é periódica. Mostre que $ab = 1$.*

Solução. Multiplicando por $2x_n$ a expressão $x_{n+1} = \frac{1}{2}\left(x_{n-1} + \frac{1}{x_n}\right)$, segue que

$$2x_n x_{n+1} = x_{n-1}x_n + 1 \Rightarrow 2(x_n x_{n+1} - 1) = x_{n-1}x_n - 1.$$

Definindo $y_n = x_{n-1}x_n - 1$ para todo $n \in \mathbb{N}$, segue que

$$2(x_n x_{n+1} - 1) = x_{n-1}x_n - 1 \Rightarrow 2y_{n+1} = y_n \Rightarrow \frac{y_{n+1}}{y_n} = \frac{1}{2}.$$

Note que se a sequência $(x_n)_{n \in \mathbb{N}}$ é periódica de período p, então a sequência $(y_n)_{n \in \mathbb{N}}$ também o é, de fato

$$y_{n+p} = x_{n+p-1}x_{n+p} - 1 = x_{n-1+p}x_{n+p} - 1 = x_{n-1}x_n - 1 := y_n.$$

Acontece que $(y_n)_{n \in \mathbb{N}}$ ser periódica e $\frac{y_{n+1}}{y_n} = \frac{1}{2}$ ocorrem se, e somente se, $y_n = 0$ para todo $n \in \mathbb{N}$. Em particular, se $n = 1$ tem-se que

$$0 = y_1 = x_0 x_1 - 1 \Rightarrow ab - 1 = 0 \Rightarrow ab = 1.$$

∎

Exemplo 6.4 (OMRN-2018). *Uma sequência $(a_n)_{n \in \mathbb{N}}$ satisfaz:*

$$a_1 = -14, \quad a_2 = 14, \quad e, \quad \text{para } k \geq 3, \quad a_k = a_{k-2} + \frac{4}{a_{k-1}}.$$

qual o menor valor de k para o qual $a_k = 0$?

Solução. Observe que:

$$a_k = a_{k-2} + \frac{4}{a_{k-1}} \iff a_k a_{k-1} = a_{k-1} a_{k-2} + 4.$$

Chamando $b_k = a_k a_{k-1}$, podemos escrever que:

$$b_k = a_k a_{k-1} = a_{k-1} a_{k-2} + 4 = b_{k-1} + 4$$

Assim, podemos escrever

$$b_3 = b_2 + 4 = a_2 \cdot a_1 + 4 = 14 \cdot (-14) + 4 = -196 + (3-2) \cdot 4.$$

$$b_4 = b_3 + 4 = -196 + 4 + 4 = -196 + (4-2) \cdot 4$$

$$b_5 = b_4 + 4 = -196 + (4-2) \cdot 4 + 4 = -196 + (5-2) \cdot 4$$

$$\dots\dots\dots\dots\dots\dots\dots\dots\dots\dots\dots$$

$$b_k = -196 + (k-2) \cdot 4$$

Logo, temos

$$b_k = 0 \iff 4 \cdot (k-2) = 196 \iff k - 2 = 49 \iff k = 51.$$

Além disso, é fácil ver que $a_{50} a_{49} \neq 0$, mas $a_{51} a_{50} = 0$. Portanto a resposta é 51.

∎

Agora vamos dar um destaque especial a sequência de Fibonacci. Essa sequência possui uma quantidade gigantesca de propriedades muito belas e interessantes. Além disso, essa sequência aparece numa enorme variedade de situações dentro da Matemática e nas ciências em gerais.

6.2. A sequência de Fibonacci

No mundo ocidental, a sequência de Fibonacci apareceu pela primeira vez no livro "Liber Abaci" (1202) de Leonardo Fibonacci, [29] embora ela já tivesse sido descrita por gregos e indianos. Fibonacci considerou o crescimento de uma população idealizada (não realística biologicamente) de coelhos, como descreveremos a seguir: consideremos uma sequência $(f_n)_{n \geq 1}$ na qual f_n representa número de casais na população de coelhos no n-ésimo mês supondo as seguintes regras:

- No primeiro mês nasce apenas um casal;

A sequência de Fibonacci

- os casais amadurecem sexualmente (e reproduzem-se) apenas após o segundo mês de vida;

- não há problemas genéticos no cruzamento consanguíneo;

- todos os meses, cada casal fértil dá a luz a um novo casal;

- os coelhos nunca morrem.

A figura a seguir ilustra essa população imaginária de coelhos nos primeiros 4 meses do processo:

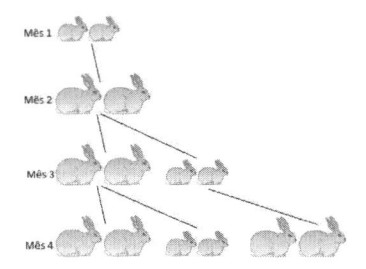

A população de coelhos evolui de acordo com a tabela a seguir:

Mês	Pares adultos	Pares jovens	Total de pares
1	0	1	1
2	1	0	1
3	1	1	2
4	2	1	3
5	3	2	5
6	5	3	8
7	8	5	13
8	13	8	21
9	21	13	34
10	34	21	55
11	55	34	89
12	89	55	144
13	144	89	233
14	233	144	377

A sequência de Fibonacci $(f_n)_{n\geq 1}$ é definida por $f_n :=$ número de casais de coelhos existentes ao final do mês n. Assim, $f_1 = 1, f_2 = 1, f_3 = 2, f_4 = 3, \ldots$, mais ainda $f_{n+2} = f_{n+1} + f_n$ para todo natural $n \geq 1$. Uma pergunta bastante natual nesse ponto é se podemos obter uma fórmula fechada para f_n em função de n. O teorema 6.1 revela que sim! É uma fórmula muitíssimo curiosa, pois nela aparece inesperadamente o **número de ouro** da geometria clássica $\varphi = \frac{1+\sqrt{5}}{2}$ e o seu inverso $-\frac{1}{\varphi} = \frac{1-\sqrt{5}}{2}$.

Exemplo 6.5. *Seja $f_1 = 1, f_2 = 1, f_n = f_{n-1} + f_{n-2}$ para $n \geq 3$, verifique a seguinte igualdade:*

$$f_1 + f_2 + f_3 + f_4 + f_5 + f_6 + f_7 + f_8 = f_{10} - 1$$

Solução. Temos que

$$f_1 = 1$$
$$f_2 = 1$$
$$f_3 = f_1 + f_2$$
$$f_4 = f_3 + f_2$$
$$f_5 = f_4 + f_3$$
$$f_6 = f_5 + f_4$$
$$f_7 = f_6 + f_5$$
$$f_8 = f_7 + f_6$$
$$f_9 = f_8 + f_7$$
$$f_{10} = f_9 + f_8$$

Adicionando membro a membro as igualdades acima, segue que

$$f_{10} = 1 + 1 + f_2 + f_3 + f_4 + f_5 + f_6 + f_7 + f_8$$

Ora, como $f_1 = 1$, segue que

$$f_{10} = 1 + 1 + f_2 + f_3 + f_4 + f_5 + f_6 + f_7 + f_8 \Rightarrow$$
$$f_{10} = 1 + f_1 + f_2 + f_3 + f_4 + f_5 + f_6 + f_7 + f_8 \Rightarrow$$
$$f_1 + f_2 + f_3 + f_4 + f_5 + f_6 + f_7 + f_8 = f_{10} - 1.$$

∎

Exemplo 6.6. *Mostre que:*

(a) $f_1 + f_3 + f_5 + \ldots + f_{2n-1} = f_{2n}$;

Solução. Note que

$$f_1 = f_2$$
$$f_3 = f_4 - f_2$$
$$f_5 = f_6 - f_4$$
$$\vdots$$
$$f_{2n-1} = f_{2n} - f_{2n-2}$$

Adicionando membro a membro as igualdades acima, segue que:
$$f_1 + f_3 + f_5 + \ldots + f_{2n-1} = f_{2n}.$$

∎

(b) $f_2 + f_4 + f_6 + \ldots + f_{2n} = f_{2n+1} - 1.$

Solução. Análogo ao que fizemos no item anterior, temos que:
$$f_2 = f_3 - f_1$$
$$f_4 = f_5 - f_3$$
$$f_6 = f_7 - f_5$$
$$\vdots$$
$$f_{2n} = f_{2n+1} - f_{2n-1}.$$

Adicionando membro a membro as igualdades acima, segue que:
$$f_2 + f_4 + f_6 + \ldots + f_{2n} = f_{2n+1} - 1.$$

∎

Exemplo 6.7. *Mostre que a soma dos quadrados dos primeiros n números de Fibonacci é igual a $f_n \cdot f_{n+1}$, i.e.,*

$$\sum_{k=1}^{n} f_k^2 = f_n \cdot f_{n+1}. \tag{6.1}$$

Solução. Para cada inteiro $k \geq 1$, tem-se que:
$$f_k^2 = f_k f_k = f_k(f_{k+1} - f_{k-1}) = f_k f_{k+1} - f_{k-1} f_k.$$

Assim, definindo $f_0 := 0$, segue-se que
$$f_1^2 = f_1 f_2 - f_0 f_1$$
$$f_2^2 = f_2 f_3 - f_1 f_2$$
$$f_3^2 = f_3 f_4 - f_2 f_3$$
$$\vdots$$
$$f_n^2 = f_n f_{n+1} - f_{n-1} f_n.$$

Adicionando membro a membro as igualdades acima, segue-se que
$$f_1^2 + f_2^2 + f_3^2 + \ldots + f_n^2 = f_n f_{n+1}.$$

∎

Exemplo 6.8. *Prove que:*

(a) Se 2 divide f_n, então 4 divide $f_{n+1}^2 - f_{n-1}^2$;

Solução. Note que

$$\begin{aligned}
f_{n+1}^2 - f_{n-1}^2 &= (f_{n+1} - f_{n-1})(f_{n+1} + f_{n-1}) \\
&= f_n(f_{n+1} + f_{n-1}) \\
&= f_n(f_n + f_{n-1} + f_{n-1}) \\
&= f_n(f_n + 2f_{n-1}).
\end{aligned}$$

Se f_n for par, então $f_n = 2k$ com $k \in \mathbb{Z}$ e segue-se que:

$$\begin{aligned}
f_{n+1}^2 - f_{n-1}^2 &= f_n(f_n + 2f_{n-1}) \\
&= 2k(2k + 2f_{n-1}) \\
&= 4k(k + f_{n-1}).
\end{aligned}$$

Portanto, se $2 \mid f_n$, segue que $4 \mid f_n^2 - f_{n-1}^2$.

∎

(b) Se 3 divide f_n, então 9 divide $f_{n+1}^3 - f_{n-1}^3$.

Solução. De modo completamente análogo ao que fizemos no item anterior,

$$\begin{aligned}
f_{n+1}^3 - f_{n-1}^3 &= (f_{n+1} - f_{n-1})(f_{n+1}^2 + f_{n+1}f_{n-1} + f_{n-1}^2) \\
&= f_n[(f_n + f_{n-1})^2 + (f_n + f_{n-1})f_{n-1} + f_{n-1}^2] \\
&= f_n[f_n^2 + 2f_nf_{n-1} + f_{n-1}^2 + f_nf_{n-1} + f_{n-1}^2 + f_{n-1}^2] \\
&= f_n(f_n^2 + 3f_nf_{n-1} + 3f_{n-1}^2).
\end{aligned}$$

Assim, se $3 \mid f_n$, i.e., se existe $k \in \mathbb{Z}$ tal que $f_n = 3k$, segue que

$$\begin{aligned}
f_{n+1}^3 - f_{n-1}^3 &= f_n(f_n^2 + 3f_nf_{n-1} + 3f_{n-1}^2) \\
&= 3k(9k^2 + 9kf_{n-1} + 3f_{n-1}^2) \\
&= 9k(3k^2 + 3kf_{n-1} + f_{n-1}^2).
\end{aligned}$$

Portanto, se $3 \mid f_n$, segue que $9 \mid f_n^3 - f_{n-1}^3$.

∎

Teorema 6.1 (Fórmula de Binet). *Se $(f_n)_{n \geq 1}$ é a sequência de Fibonacci, isto é, $f_1 = f_2 = 1$ e $f_{n+2} = f_{n+1} + f_n$ para todo natural $n \geq 1$, então*

$$f_n = \frac{1}{\sqrt{5}}\left[\left(\frac{1+\sqrt{5}}{2}\right)^n - \left(\frac{1-\sqrt{5}}{2}\right)^n\right], \quad \forall n \in \mathbb{N}.$$

Demonstração. Sejam α e β (com $\alpha > \beta$) as raízes da equação quadrática $x^2 - x - 1 = 0$. Nesse caso,

$$\alpha^2 - \alpha - 1 = 0 \Rightarrow \alpha^2 = \alpha + 1,$$

$$\beta^2 - \beta - 1 = 0 \Rightarrow \beta^2 = \beta + 1.$$

Multiplicando a primeira dessas igualdades por α^n e a segunda por β^n, obtemos:

$$\begin{cases} \alpha^{n+2} = \alpha^{n+1} + \alpha^n \\ \beta^{n+2} = \beta^{n+1} + \beta^n \end{cases} \Rightarrow \alpha^{n+2} - \beta^{n+2} = \alpha^{n+1} - \beta^{n+1} + \alpha^n - \beta^n.$$

Dividindo ambos os membros dessa última igualdade por $\alpha - \beta$, tem-se:

$$\frac{\alpha^{n+2} - \beta^{n+2}}{\alpha - \beta} = \frac{\alpha^{n+1} - \beta^{n+1}}{\alpha - \beta} + \frac{\alpha^n - \beta^n}{\alpha - \beta}. \qquad (6.2)$$

De (6.2) com $x_n := \frac{\alpha^n - \beta^n}{\alpha - \beta}$ segue-se que

$$x_{n+2} = x_{n+1} + x_n.$$

Além disso,

$$x_1 = \frac{\alpha^1 - \beta^1}{\alpha - \beta} = \frac{\alpha - \beta}{\alpha - \beta} = 1$$

$$x_2 = \frac{\alpha^2 - \beta^2}{\alpha - \beta} = \frac{(\alpha - \beta)(\alpha + \beta)}{\alpha - \beta} = \alpha + \beta = 1.$$

A sequência $(x_n)_{n \geq 1}$, cumpre as condições $x_1 = 1, x_2 = 1$ e $x_{n+2} = x_{n+1} + x_n$ para todo natural n (que são as mesmas condições que definem a sequência de Fibonacci). Diante do exposto, $f_n = x_n$ para todo natural n. Portanto,

$$f_n = x_n := \frac{\alpha^n - \beta^n}{\alpha - \beta} \Rightarrow f_n = \frac{1}{\alpha - \beta}(\alpha^n - \beta^n).$$

Como α e β (com $\alpha > \beta$) são as raízes da equação quadrática $x^2 - x - 1 = 0$, segue que

$$\alpha = \frac{1 + \sqrt{5}}{2} \quad \text{e} \quad \beta = \frac{1 - \sqrt{5}}{2} \Rightarrow \alpha - \beta = \sqrt{5}.$$

Logo,

$$f_n = \frac{1}{\alpha - \beta}(\alpha^n - \beta^n) \Rightarrow f_n = \frac{1}{\sqrt{5}}\left[\left(\frac{1+\sqrt{5}}{2}\right)^n - \left(\frac{1-\sqrt{5}}{2}\right)^n\right], \forall n \in \mathbb{N}.$$

∎

Nos exemplos (6.9), (6.10) (6.11) são apresentados problemas combinatórios que podem ser modelados via sequência de Fibonacci.

Exemplo 6.9. *De quantas formas distintas n pessoas pessoas que estão sentadas em n cadeiras numa fileira de um teatro podem regressar para a mesma fileira após o intervalo do espetáculo, respeitando-se a condição de que cada pessoa sente-se na mesma cadeira que estava antes ou numa cadeira que seja vizinha à cadeira que estava antes.*

Solução. Seja a_n o número de maneiras distintas de n pessoas pessoas que estão sentadas em n cadeiras numa fileira de um teatro regressarem para a mesma fileira após o intervalo do espetáculo, respeitando-se a condição de que cada pessoa sente-se na mesma cadeira que estava antes ou numa cadeira que seja vizinha à cadeira que estava antes.

Note que $a_1 = 1$, pois havendo apenas uma pessoa e uma cadeira, a pessoa necessariamente regressaria para a sua cadeira de origem, já que a cadeira é, neste caso, única. Além disso, $a_2 = 2$, visto que no caso de duas pessoas e duas cadeiras há 2 situações possíveis: a primeira é que cada uma das duas pessoas regressem ao seu lugar de origem; a outra é que essas duas pessoas troquem de lugar entre si. Consideremos então a situação em que temos $n + 2$ pessoas e $n + 2$ cadeiras. Podemos particionar as possíveis configurações em dois tipos, a saber:

- As configurações em que a pessoa 1 regressa para a sua cadeira original. Nesse caso ainda teremos que arrumar $n + 1$ pessoas satisfazendo as condições impostas pelo enunciado, o que pode ser feito de a_{n+1} modos distintos.

- As configurações em que a pessoa 1 não regressa ao seu lugar. Nesse caso, a pessoa 1 necessariamente terá que sentar na cadeira que era originalmente da pessoa 2 (pois essa é a única cadeira vizinha da cadeira que era originalmente ocupada pela pessoa 1). Já a pessoa 2 também necessariamente terá que ocupar a cadeira que era originalmente ocupada pela pessoa 1, pois nenhuma das demais pessoas tem a cadeira originalmente ocupada pela pessoa 1 como cadeira vizinha. Diante do exposto, segue que as pessoas 1 e 2 trocaram de lugar, restanto ainda n cadeiras para serem ocupadas por n pessoas, que respeitando as condições impostas pelo enunciado, pode ser feito de a_n maneiras distintas.

Logo, o número total de configurações distintas que respeitam as condições do enunciado é $a_{n+1} + a_n$. Portanto, $a_{n+2} = a_{n+1} + a_n$, para todo inteiro $n \geq 1$. Ora, como $a_1 = 1$ e $a_2 = 2$, segue que $a_n = f_{n+1}$, ou seja, o $n+1$-ésimo

A sequência de Fibonacci 285

número de Fibonacci.

$$a_n = f_{n+1} = \frac{1}{\sqrt{5}}\left[\left(\frac{1+\sqrt{5}}{2}\right)^{n+1} - \left(\frac{1-\sqrt{5}}{2}\right)^{n+1}\right].$$

∎

Exemplo 6.10. *De quantas formas distintas podemos pintar os n quadrados da faixa abaixo, utilizando as cores preto e vermelho sem que dois quadrados vizinhos fiquem pretos?*

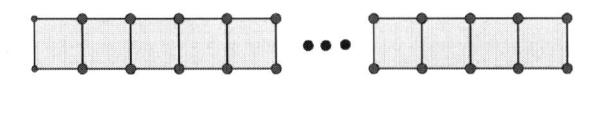

n quadrados

Solução. Seja x_n o número de maneiras distintas de pintarmos os n quadrados da faixa sem que dois quadrados vizinhos fiquem pretos. Para começar imagine que a faixa tivesse apenas 1 quadrado. Nesse caso, $x_1 = 2$, pois como temos apenas um quadrado poderíamos pintá-lo de preto ou de vermelho, pois em qualquer dos dois casos não teríamos dois quadrados vizinhos pretos, já que existe apenas um quadrado. Agora suponhamos que a faixa tivesse dois quadrados. Nesse caso as possíveis pinturas seriam:

$$PV, VP, VV$$

onde P =preto e V =vermelho, o que revela que $x_2 = 3$. No caso em que a faixa tivesse apenas 3 quadrados, as pinturas possíveis seriam:

$$PVP, VPV, VVV, VVP, PVV$$

ou seja, $x_3 = 5$. Obeservando os primeiros os termos da sequência $(x_n)_{n\in\mathbb{N}}$, eles são $x_1 = 2, x_2 = 3, x_3 = 5, \ldots$. Por outro, a bem conhecida sequência de Fibonacci $(f_n)_{n\in\mathbb{N}}$ tem os primeiros termos $f_1 = 1, f_2 = 1, f_3 = 2, f_4 = 3, f_5 = 5, \ldots$, temos que $x_1 = f_3, x_2 = f_4$ e $x_3 = f_5$, o que nos leva a seguinte conjectura:

$$x_n = f_{n+2}, \text{ para todo } n \in \mathbb{N}.$$

Para provarmos essa conjectura, vamos mostrar que $x_{n+1} = x_n + x_{n-1}$ para todo inteiro $n \geq 1$. De fato, considerando uma faixa com $n+1$ quadrados, o primeiro deles pode ser pintado de vermelho ou de preto. Se o primeiro quadrado for pintado de vermelho, ainda teremos que pintar os $n+1-1 = n$ quadrados restantes, sem que dois quadrados vizinhos fiquem pretos, o que pode der feito de x_n modos distintos. Por fim, se o primeiro quadrado for pintado de preto o segundo necessariamente terá que ser pintado de vermelho (pois não é permitido que dois quadrados vizinhos sejam pintados de preto). Nesse caso, ainda restam $n + 1 - 2 = n - 1$ quadrados para serem pintados, o que pode ser feito de x_{n-1} modos distintos. Diante do exposto, segue que $x_{n+1} = x_n + x_{n-1}$, que comprova que a nossa conjectura está correta. Logo,

$$x_n = f_{n+2} = \frac{1}{\sqrt{5}}\left[\left(\frac{1+\sqrt{5}}{2}\right)^{n+2} - \left(\frac{1-\sqrt{5}}{2}\right)^{n+2}\right].$$

■

Exemplo 6.11. *De quantas maneiras é possível subir uma escada com n degraus pisando em um ou dois degraus de cada vez?*

Solução. Considerando uma escada com n degraus, seja x_n o número de maneiras distintas de subir a escada com n degraus pisando em um ou dois degraus de cada vez. Vamos raciocinar indutivamente:

- se $n = 1$, segue que $x_n = 1$, pois nesse caso só existe uma única maneira de subir a escada, que é subir o seu único degrau;

- se $n = 2$, segue que $x_n = 2$, pois podemos subir a escada de duas maneiras: a primeira é subir os seus dois degraus de um em um e a segunda é subir seus dois degraus de uma só vez;

- se $n = 3$, segue que $x_3 = 3$, pois uma escada com 3 degraus pode ser subida de 3 modos: a primeira forma é subir os degraus um a um, a segunda forma é ir para o degrau 1 e depois pular dois degraus e ir diretamente para o degrau três; por fim, a terceira forma é ir inicialmente para o degrau dois e depois para o degrau 3.

Diante desses primeiros casos podemos ver que $x_1 = 1, x_2 = 2, x_3 = 3$, que são os termos f_2, f_3 e f_4 da sequência de Fibonacci. Motivado por esses valores iniciais conjecturamos que $x_n = f_{n+1}$ para todo inteiro $n \geq 1$. De fato, se considerarmos uma escada com $n + 1$ degraus, inicialmente podemos ir para o degrau 1 ou para o degrau 2. Se formos para o degrau 1, ainda teremos que subir $n + 1 - 1 = n$ degraus para atingir o topo da escada, o que poderá ser feito de x_n maneiras distintas; se inicialmente formos para o degrau 2, ainda teremos que subir $n + 1 - 2 = n - 1$ degraus para atingir o topo da escada, o que pode ser feito de x_{n-1} modos distintos. Assim, para cada inteiro $n \geq 3$ tem-se que $x_{n+1} = x_n + x_{n-1}$, com $x_1 = 1$ e $x_2 = 2$. Isso

A sequência de Fibonacci 287

revela que a sequência $(x_n)_{n\geq 1}$ é uma sequência tal que $x_n = f_{n+1}$ para todo $n \geq 1$. Portanto o número de maneiras distintas que podemos subir uma escada com n degraus pisando em um ou dois degraus de cada vez é igual a

$$x_n = f_{n+1} = \frac{1}{\sqrt{5}}\left[\left(\frac{1+\sqrt{5}}{2}\right)^{n+1} - \left(\frac{1-\sqrt{5}}{2}\right)^{n+1}\right].$$

■

Os próximos teoremas são muito úteis para resolver alguns problemas clássicos envolvendo a sequência de Fibonacci.

Teorema 6.2 (Identidade de Cassini). *Se $(f_n)_{n\in\mathbb{N}}$ é a sequência de Fibonacci, então $f_{n-1}f_{n+1} - f_n^2 = (-1)^n$.*

Demonstração. Na sequência de Fibonacci, considerando $f_0 = 0$ e a matriz $A = \begin{pmatrix} 0 & 1 \\ 1 & 1 \end{pmatrix}$, mostremos (por indução) que $A^n = \begin{pmatrix} f_{n-1} & f_n \\ f_n & f_{n+1} \end{pmatrix}$. De fato,

$$A^1 = \begin{pmatrix} f_{1-1} & f_1 \\ f_1 & f_{1+1} \end{pmatrix} = \begin{pmatrix} f_0 & f_1 \\ f_1 & f_2 \end{pmatrix} = \begin{pmatrix} 0 & 1 \\ 1 & 1 \end{pmatrix}.$$

Suponha que $A^n = \begin{pmatrix} f_{n-1} & f_n \\ f_n & f_{n+1} \end{pmatrix}$ para um certo inteiro positivo n (hipótese da indução).

Por fim, vamos mostrar que tal afirmação vale para $n+1$, isto é $A^{n+1} = \begin{pmatrix} f_n & f_{n+1} \\ f_{n+1} & f_{n+2} \end{pmatrix}$. De fato,

$$\begin{aligned}A^{n+1} &= A \cdot A^n \\ &= \begin{pmatrix} 0 & 1 \\ 1 & 1 \end{pmatrix}\begin{pmatrix} f_{n-1} & f_n \\ f_n & f_{n+1} \end{pmatrix} \\ &= \begin{pmatrix} f_n & f_{n+1} \\ f_{n-1}+f_n & f_n+f_{n+1} \end{pmatrix} = \begin{pmatrix} f_n & f_{n+1} \\ f_{n+1} & f_{n+2} \end{pmatrix},\end{aligned}$$

o que nos permite concluir que $A^n = \begin{pmatrix} f_{n-1} & f_n \\ f_n & f_{n+1} \end{pmatrix}$ para qualquer inteiro positivo n. Portanto,

$$A^n = \begin{pmatrix} f_{n-1} & f_n \\ f_n & f_{n+1} \end{pmatrix} \Rightarrow \det A^n = f_{n-1}f_{n+1} - f_n^2.$$

Por outro lado, desde que $\det A^n = (\det A)^n$ e $\det(A) = -1$, segue-se que

$$f_{n-1}f_{n+1} - f_n^2 = (-1)^n.$$

■

Exemplo 6.12. *Mostre que $f_n^2 + f_{n+1}^2 = f_{2n+1}$, i.e., a soma dos quadrados de dois números de Fibonacci consecutivos ainda é um número de Fibonacci.*

Solução. Na demonstração do teorema 6.2 vimos que $A^n = \begin{pmatrix} f_{n-1} & f_n \\ f_n & f_{n+1} \end{pmatrix}$.
Portanto,
$$A^{2n} = \begin{pmatrix} f_{2n-1} & f_{2n} \\ f_{2n} & f_{2n+1} \end{pmatrix}.$$

Por outro lado,

$$\begin{aligned} A^{2n} &= A^n.A^n \\ &= \begin{pmatrix} f_{n-1} & f_n \\ f_n & f_{n+1} \end{pmatrix} \begin{pmatrix} f_{n-1} & f_n \\ f_n & f_{n+1} \end{pmatrix} \\ &= \begin{pmatrix} f_{n-1}^2 + f_n^2 & f_{n-1}f_n + f_n f_{n+1} \\ f_n f_{n-1} + f_{n+1}f_n & f_n^2 + f_{n+1}^2 \end{pmatrix}. \end{aligned}$$

Assim,

$$\begin{pmatrix} f_{2n-1} & f_{2n} \\ f_{2n} & f_{2n+1} \end{pmatrix} = \begin{pmatrix} f_{n-1}^2 + f_n^2 & f_{n-1}f_n + f_n f_{n+1} \\ f_n f_{n-1} + f_{n+1}f_n & f_n^2 + f_{n+1}^2 \end{pmatrix} \Rightarrow$$

$$f_n^2 + f_{n+1}^2 = f_{2n+1} \tag{6.3}$$

e de (6.3) tem-se que $f_n^2 + f_{n+1}^2$ também é um número de Fibonacci.

■

Exemplo 6.13. *Prove que*

$$(f_n f_{n+3})^2 + (2f_{n+1}f_{n+2})^2 = (f_{2n+3})^2$$

e use isso para gerar 5 triplas pitagóricas, i. e., números que satisfazem o teorema de Pitágoras.

Solução. Se $(f_n)_{n\geq 0}$ é a sequência de Fibonacci, sabemos que:

$$f_n = f_{n+2} - f_{n+1} \text{ e } f_{n+3} = f_{n+2} + f_{n+1}.$$

Lembrando que se u e v são inteiros tais que $u > v$, então (a, b, c), onde

$$a = u^2 - v^2, b = 2uv \text{ e } c = u^2 + v^2$$

é um terno Pitagórico. Assim, tomando $u = f_{n+2}$ e $v = f_{n+1}$, segue que

$$a = f_{n+2}^2 - f_{n+1}^2, \; b = 2f_{n+2}f_{n+1}, \text{ e } c = f_{n+2}^2 + f_{n+1}^2$$

é um terno Pitagórico (a, b, c).

Mas segue da equação (6.3) do exemplo 6.12 que

$$c = f_{n+1}^2 + f_{n+2}^2 = f_{2(n+1)+1} = f_{2n+3},$$

ademais,

$$a = f_{n+2}^2 - f_{n+1}^2 = (f_{n+2} + f_{n+1})(f_{n+2} - f_{n+1}) = f_{n+3}f_n.$$

Portanto, $a^2 + b^2 = c^2 \Rightarrow (f_n f_{n+3})^2 + (2f_{n+1}f_{n+2})^2 = (f_{2n+3})^2$, como queríamos demonstrar!

Para finalizar, utilizando a igualdade $(f_n.f_{n+3})^2 + (2f_{n+1}.f_{n+2})^2 = (f_{2n+3})^2$, vamos obter 5 triplas Pitagóricas. Tomando a sequência de Fibonacci,

$$f_1 = 1, f_2 = 1, f_3 = 2, f_4 = 3, f_5 = 5, f_6 = 8, f_7 = 13, f_8 = 21, f_9 = 34,$$

$$f_{10} = 55, f_{11} = 89, f_{12} = 144, f_{13} = 233, f_{14} = 377, f_{15} = 610, \ldots$$

temos:

- Se $n = 1$, temos $(f_1.f_4)^2 + (2f_2.f_3)^2 = (f_5)^2 \Rightarrow (1.3)^2 + (2.1.2)^2 = 5^2 \Rightarrow 3^2 + 4^2 = 5^2$ e o terno Pitagórico $(3, 4, 5)$;

- Se $n = 2$, temos $(f_2.f_5)^2 + (2f_3.f_4)^2 = (f_7)^2 \Rightarrow (1.5)^2 + (2.2.3)^2 = 13^2 \Rightarrow 5^2 + 12^2 = 13^2$ e o terno Pitagórico $(5, 12, 13)$;

- Se $n = 3$, temos $(f_3.f_6)^2 + (2f_4.f_5)^2 = (f_9)^2 \Rightarrow (2.8)^2 + (2.3.5)^2 = 34^2 \Rightarrow 16^2 + 30^2 = 34^2$ e o terno Pitagórico $(16, 30, 34)$;

- Se $n = 4$, temos $(f_4.f_7)^2 + (2f_5.f_6)^2 = (f_{11})^2 \Rightarrow (3.13)^2 + (2.5.8)^2 = 89^2 \Rightarrow 39^2 + 80^2 = 89^2$ e o terno Pitagórico $(39, 80, 89)$;

- Se $n = 5$, temos $(f_5.f_8)^2 + (2f_6.f_7)^2 = (f_{13})^2 \Rightarrow (5.21)^2 + (2.8.13)^2 = 233^2 \Rightarrow 105^2 + 208^2 = 233^2$ e o terno Pitagórico $(105, 208, 233)$.

Exemplo 6.14. *Prove que o produto $f_n f_{n+1} f_{n+2} f_{n+3}$ de quaisquer quatro números de Fibonacci consecutivos é igual a área de um triângulo retângulo de lados inteiros (triângulo pitagórico).*

Solução. Do exemplo 6.13, sabemos que $(f_n f_{n+3})^2 + (2f_{n+1} f_{n+2})^2 = (f_{2n+3})^2$. Tomando $a = f_{2n+3}$, $b = f_n f_{n+3}$ e $c = 2f_{n+1} f_{n+2}$, segue-se que a, b e c são as medidas dos lados de um triângulo retângulo $\triangle ABC$ cuja área é:

$$(ABC) = \frac{1}{2} bc = \frac{1}{2} f_n f_{n+3} 2 f_{n+1} f_{n+2} = f_n f_{n+1} f_{n+2} f_{n+3}.$$

■

Exemplo 6.15. *Mostre que a diferença $f_{n+1}^2 - f_{n-1}^2$ é um número de Fibonacci para todo $n \geq 2$.*

Solução. Do exemplo 6.12 na equação (6.3) vimos que $f_n^2 + f_{n+1}^2 = f_{2n+1}$. Usando esse fato, segue-se que

$$\begin{aligned} f_{n+1}^2 - f_{n-1}^2 &= f_{n+1}^2 + (f_n^2 - f_n^2) - f_{n-1}^2 \\ &= (f_{n+1}^2 + f_n^2) - (f_n^2 + f_{n-1}^2) \\ &= f_{2n+1} - f_{2(n-1)+1} \\ &= f_{2n+1} - f_{2n-1} \\ &= f_{2n}. \end{aligned}$$

■

Exemplo 6.16. *Mostre que $f_1 f_2 + f_2 f_3 + \ldots + f_{2n-1} f_{2n} = f_{2n}^2$.*

Solução. De fato, para cada inteiro $k \geq 1$, tem-se que:

$$f_k f_{k+1} = (f_{k+1} - f_{k-1}) f_{k+1} = f_{k+1}^2 - f_{k-1} f_{k+1}.$$

Por outro lado, do teorema 6.2 tem-se que $f_{k-1} f_{k+1} = f_k^2 + (-1)^k$. Assim,

$$f_k f_{k+1} = f_{k+1}^2 - f_k^2 - (-1)^k. \qquad (6.4)$$

Assim, fazendo $k = 1, 2, 3, \ldots, 2n-1$ em (6.4), segue-se que:

$$f_1 f_2 = f_2^2 - f_1^2 + 1$$
$$f_2 f_3 = f_3^2 - f_2^2 - 1$$
$$\vdots$$
$$f_{2n-1} f_{2n} = f_{2n}^2 - f_{2n-1}^2 + 1$$

A sequência de Fibonacci

Adicionando membro a membro as igualdades acima, segue que

$$f_1 f_2 + f_2 f_3 + \ldots + f_{2n-1} f_{2n} = f_{2n}^2.$$

∎

Teorema 6.3. *Se $m, n \in \mathbb{N}$, então $f_{m+n} = f_m f_{n-1} + f_{m+1} f_n$.*

Demonstração. De fato, tomando a matriz $A = \begin{pmatrix} 0 & 1 \\ 1 & 1 \end{pmatrix}$. Do teorema 6.2 sabemos que:

$$A^m = \begin{pmatrix} f_{m-1} & f_m \\ f_m & f_{m+1} \end{pmatrix}, A^n = \begin{pmatrix} f_{n-1} & f_n \\ f_n & f_{n+1} \end{pmatrix} \text{ e } A^{m+n} = \begin{pmatrix} f_{m+n-1} & f_{m+n} \\ f_{m+n} & f_{m+n+1} \end{pmatrix}.$$

Por outro lado,

$$A^{m+n} = \begin{pmatrix} f_{m-1} & f_m \\ f_m & f_{m+1} \end{pmatrix} \begin{pmatrix} f_{n-1} & f_n \\ f_n & f_{n+1} \end{pmatrix}$$
$$= \begin{pmatrix} f_{m-1} f_{n-1} + f_m f_n & f_{m-1} f_n + f_m f_{n+1} \\ f_m f_{n-1} + f_{m+1} f_n & f_m f_n + f_{m+1} f_{n+1} \end{pmatrix}.$$

Diante do exposto,

$$\begin{pmatrix} f_{m+n-1} & f_{m+n} \\ f_{m+n} & f_{m+n+1} \end{pmatrix} = \begin{pmatrix} f_{m-1} f_{n-1} + f_m f_n & f_{m-1} f_n + f_m f_{n+1} \\ f_m f_{n-1} + f_{m+1} f_n & f_m f_n + f_{m+1} f_{n+1} \end{pmatrix}.$$

Igalando os elementos da segunda linha e primeira coluna dessas duas matrizes, segue-se que

$$f_{m+n} = f_m f_{n-1} + f_{m+1} f_n.$$

∎

Teorema 6.4. *Se $(f_n)_{n \in \mathbb{N}}$ é a sequência de Fibonacci, então para todo $n \geq 1$*

$$f_{2n+2} f_{2n-1} - f_{2n} f_{2n+1} = 1.$$

Demonstração. A fórmula de Binet nos diz que $f_n = \frac{1}{\sqrt{5}} (\alpha^n - \beta^n)$, em que

$$\alpha = \frac{1 + \sqrt{5}}{2}, \quad \beta = \frac{1 - \sqrt{5}}{2}, \quad \alpha.\beta = -1 \text{ e } \alpha + \beta = 1.$$

Assim,

$$f_{2n+2}\cdot f_{2n-1} = \tfrac{1}{\sqrt{5}}\left(\alpha^{2n+2} - \beta^{2n+2}\right)\tfrac{1}{\sqrt{5}}\left(\alpha^{2n-1} - \beta^{2n-1}\right)$$

$$f_{2n}\cdot f_{2n+1} = \tfrac{1}{\sqrt{5}}\left(\alpha^{2n} - \beta^{2n}\right)\tfrac{1}{\sqrt{5}}\left(\alpha^{2n+1} - \beta^{2n+1}\right).$$

Subtraindo membro a membro as igualdades acima, segue que

$$\begin{aligned}
f_{2n+2}\cdot f_{2n-1} - f_{2n}\cdot f_{2n+1} &= \tfrac{1}{5}(\alpha^{4n+1} - \alpha^{2n+2}\beta^{2n-1} - \beta^{2n+2}\alpha^{2n-1} + \beta^{4n+1} \\
&\quad -\alpha^{4n+1} + \alpha^{2n}\beta^{2n+1} + \beta^{2n}\alpha^{2n+1} - \beta^{4n+1}) \\
&= \tfrac{1}{5}\alpha^{2n}\beta^{2n}\left(-\alpha^2\beta^{-1} - \beta^2\alpha^{-1} + \beta + \alpha\right) \\
&= \tfrac{1}{5}(\alpha\beta)^{2n}\left(-\tfrac{\alpha^2}{\beta} - \tfrac{\beta^2}{\alpha} + 1\right) \\
&= \tfrac{1}{5}(-1)^{2n}\left(-\tfrac{\alpha^3 + \beta^3}{\alpha\beta} + 1\right) \\
&= \tfrac{1}{5}\left(-\tfrac{(\alpha+\beta)(\alpha^2 - \alpha\beta + \beta^2)}{\alpha\beta} + 1\right).
\end{aligned}$$

Por outro lado,

$$\alpha + \beta = 1 \Rightarrow (\alpha+\beta)^2 = 1^2 \Rightarrow \alpha^2 + \beta^2 = 1 - 2\alpha\beta = 1 - 2(-1) = 3.$$

Assim,

$$\begin{aligned}
f_{2n+2}\cdot f_{2n-1} - f_{2n}\cdot f_{2n+1} &= \tfrac{1}{5}\left(-\tfrac{(\alpha+\beta)(\alpha^2 - \alpha\beta + \beta^2)}{\alpha\beta} + 1\right) \\
&= \tfrac{1}{5}\left(-\tfrac{1.(3-(-1))}{(-1)} + 1\right) = 1.
\end{aligned}$$

∎

Teorema 6.5. *Se m e n são naturais, então $mdc(f_m, f_n) = f_{mdc(m,n)}$.*

Demonstração. Vamos utilizar a seguinte propriedade referente ao máximo divisor comum de dois inteiros:

$$mdc(m, n) = mdc(km + n, n), \ \forall \ k \in \mathbb{Z}.$$

Em particular, para $k = 1$, $mdc(m, n) = mdc(m + n, n)$. Assim, para todo $n \geq 1$, tem-se que:

$$mdc(f_{n+1}, f_n) = mdc(f_n + f_{n-1}, f_n) = mdc(f_{n-1}, f_n) = mdc(f_n, f_{n-1}).$$

Então,

$$mdc(f_{n+1}, f_n) = mdc(f_n, f_{n-1}) = \ldots = mdc(f_2, f_1) = mdc(1,1) = 1.$$

Ora, como $mdc(f_{n+1}, f_n) = 1$ para todo $n \geq 1$, segue que:

$$\begin{aligned}
mdc(f_m, f_n) &= mdc(f_{m-n-1}f_n + f_{m-n}f_{n+1}, f_n) \\
&= mdc(f_n, f_{m-n-1}f_n + f_{m-n}f_{n+1}) \\
&= mdc(f_n, f_{m-n}f_{n+1}) \\
&= mdc(f_n, f_{m-n}), \text{ pois } mdc(f_{n+1}, f_n) = 1 \\
&= mdc(f_{m-n}, f_n) \\
&= mdc(f_{m-2n}, f_n) \\
&\vdots \\
&= mdc(f_{mdc(m,n)}, f_n) \\
&= f_{mdc(m,n)}.
\end{aligned}$$

∎

Exemplo 6.17. *Calcule:*

(a) $mdc(f_{15}, f_{20})$;

(b) $mdc(f_{16}, f_{24})$.

Solução. Basta lembrar que se m e n são inteiros positivos, então $mdc(f_m, f_n) = f_{mdc(m,n)}$. Assim,

(a) $mdc(f_{15}, f_{20}) = f_{mdc(15,20)} = f_5 = 5$.

(b) $mdc(f_{16}, f_{24}) = f_{mdc(16,24)} = f_8 = 21$.

∎

Teorema 6.6. *Sejam m e n naturais. Se $m|n$, então $f_m|f_n$. Ademais, se $2 \leq m < n$ e $f_m|f_n$, então $m|n$.*

Demonstração. De fato, se $m|n$, existe $k \in \mathbb{Z}$ tal que $n = km$. Vamos fazer uma demonstração por indução em k.

Se $k = 1$, temos que $m = n$ e nesse caso é claro que $f_m|f_n$, visto que $f_m = f_n$.

Suponha que se $n = km$, com $k \in \mathbb{Z}$ então $f_m | f_{km}$, ou seja, $f_{km} = a.f_m$ (Hipótese da indução).

Vamos mostrar que se $n = (k+1)m$, então $f_m | f_n$, Com efeito,

$$f_n = f_{km+m} \stackrel{(teo\ 6.3)}{=} f_{km-1}.f_m + f_{km}.f_{m+1}$$
$$= f_{km-1}.f_m + a.f_m.f_{m+1} = f_m(f_{km-1} + a.f_{m+1}),$$

o que revela que $f_m | f_n$, como queríamos demonstrar na primeira parte do teorema.

Suponhamos agora $2 \leq m < n$ e que $f_m | f_n$, o que acarreta que $f_m = mdc(f_m, f_n)$. Do teorema 6.5 tem-se que $mdc(f_m, f_n) = f_{mdc(m,n)}$, e portanto,

$$f_m = f_{mdc(m,n)} \Rightarrow m = mdc(m,n) \Rightarrow m|n,$$

pois a partir de $n = 2$ a sequência é extritamente crescente.

■

Exemplo 6.18. *Seja* $(f_1 = 1, f_2 = 1, f_3 = 2, f_4 = 3, f_5 = 5, f_6 = 8, f_7 = 13\ldots)$ *a sequência de Fibonacci, satisfazendo de uma maneira geral:* $f_n = f_{n-1} + f_{n-2}$ *para* $n \geq 3$, *verifique que os termos* $f_3, f_6, f_9, \ldots, f_{3k}, \ldots$ *são todos pares.*

Solução. Desde que $3|3k$, do teorema 6.6 segue-se que $2 = f_3 | f_{3k}$.

■

Exemplo 6.19. *Verifique que:*

(a) 2 divide f_n se, e somente se, 3 divide n?

Solução. Pelo teorema 6.6 tem-se se $m \geq 2$ e n são inteiros positivos, então $m \mid n \Leftrightarrow f_m \mid f_n$. Segue-se que $3 \mid n \Leftrightarrow f_3 \mid f_n$ e como $f_3 = 2$, tem-se que $3 \mid n \Leftrightarrow 2 \mid f_n$.

■

(b) 3 divide f_n se, e somente se, 4 divide n?

Solução. Sim, pois desde que $f_4 = 3$ e utilizando mais uma vez o teorema 6.6, segue que

$$4 \mid n \Leftrightarrow f_4 \mid f_n \Leftrightarrow 3 \mid f_n.$$

■

(c) 4 divide f_n se, e somente se, 6 divide n?

Solução. Nesse caso, o fato de que $m \mid n \Leftrightarrow f_m \mid f_n$ não é o suficiente para provar que $4 \mid n \Leftrightarrow 6 \mid f_n$, pois $f_4 \neq 6$. Para esse caso temos que pensar um pouco diferente; considere os termos da sequência de Fibonacci, módulo 4, isto é, considere uma sequência formada pelos restos dos termos da sequência de Fibonacci por 4. Considerando $f_0 = 0$, segue que:

$$(f_n)_{n \geq 0} = (0, 1, 1, 2, 3, 5, 8, 13, 21, 34, 55, 89, \ldots)$$

$$(f_n \equiv r(mod\ 4))_{n \geq 0} = (0, 1, 1, 2, 3, 1, 0, 1, 1, 2, 3, 1, \ldots)$$

Perceba que nova essa sequência é periódica de período 6, isto é, seus termos repetem-se de 6 em 6. Assim, $4 \mid f_n$ se, e somente se, $6 \mid n$ (note que o 0 aparece nas posições $n = 0, 6, 12, \ldots$.

■

(d) 5 divide f_n se, e somente se, 5 divide n?

Solução. Sabemos que $f_5 = 5$. Utilizando mais uma vez o teorema 6.6, segue-se que
$$5 \mid n \Leftrightarrow f_5 \mid f_n \Leftrightarrow 5 \mid f_n.$$

■

Num primeiro contato com o assunto sequências numéricas, em geral ao nível do ensino médio, são estudados dois tipos especias de sequências; as progressões aritméticas e as progressões geométricas, que são dois tipos muito simples de sequências numéricas que apresentam uma enorme aplicabilidade dentro da própria matemática e nas áreas afins. Diante desse cenário, daremos um destaque especial a esses dois tipos de sequência nas seções seguintes.

6.3. Progressões aritméticas

Nesta seção apresentaremos as progressões aritméticas (P.A.) e suas principais propriedades. Essa sequências estão intimamente relacionadas com o crescimento ou decrescimento linear do ponto de vista discreto. Ao final dessa seção vamos estabelecer a íntima relação entre as progressões aritméticas e as funções afins.

Definição 6.2 (Progressão Aritmética). *Uma sequência numérica* $(a_n)_{n\geq 1}$ *é dita uma Progressão Aitmética ou simplesmente PA, quando existe uma constante real r chamada razão da progressão aritmética tal que*

$$\begin{cases} a_2 - a_1 = r \\ a_3 - a_2 = r \\ a_4 - a_3 = r \\ \quad \vdots \\ a_n - a_{n-1} = r \\ \quad \vdots \end{cases}$$

Por exemplo, a sequência cujos elementos são os números pares positivos $(2, 4, 6, 8, \ldots)$ é uma propressão aritmética cuja razão é $r = 2$. Um caso particular é o caso de uma sequência constante, como por exemplo $(2, 2, 2, 2 \ldots)$, cuja razão é $r = 0$ (essa progressão aritmética é dita constante). Na verdade, dependendo do sinal de r uma progressão aritmética pode ser classificada, respectivamente, como crescente, constante ou decrescente se $r > 0$, $r = 0$ ou $r < 0$.

Em problemas envolvendo progressões aritméticas é bastante comum a necessidade de encontrarmos um termo específico da sequência. Para isso estabeleceremos a seguir a chamada fórmula do termo geral ou do a_n. É simples, basta observar que numa progresssão aritmética para passarmos de um termo para o seguinte, basta adicionarmos o valor r da razão, conforme ilustramos a seguir:

$$a_1, a_2 = a_1 + r, a_3 = a_1 + 2r, \ldots, a_n = a_1 + (n-1)r, \ldots$$

Note que para "sairmos" do a_1 e chegarmos ao a_n basta avançarmos $n-1$ termos, o que equivale a adicionar a razão $n-1$ vezes, e portanto, justifica a igualdade $a_n = a_1 + (n-1)r$. Esse mesmo raciocínio se aplica para "sairmos" de um termo qualquer a_k e quisermos "chegar" a um termo a_s, ou seja, devemos nesse caso adicionar $s-k$ vezes a razão, o que explica a igualdade $a_s = a_k + (s-k)r$.

Proposição 6.1. *Se* a_p, a_k, a_s *e* a_q *são termos quaisquer de uma progressão aritmética* $(a_n)_{n\geq 1}$ *(de razão* $r \neq 0$*), então* $a_p + a_k = a_s + a_q \Leftrightarrow p + k = s + q$.

Demonstração.

$a_p + a_k = a_s + a_q \Leftrightarrow a_1 + (p-1)r + a_1 + (k-1)r = a_1 + (s-1)r + a_1 + (q-1)r \Leftrightarrow$

$$(p+k-2)r = (s+q-2)r \Leftrightarrow p+k-2 = s+q-2 \Leftrightarrow p+k = s+q.$$

ou seja, numa P.A. não constante, a soma de dois termos é igual a soma de outros dois termos se, e somente se, a soma dos índices desses termos é a mesma.

■

Uma outra necessidade muito comum em problemas cuja solução passa por uma progressão aritmética é calcular a soma de uma certa quantidade (finita) dos termos da sequência. Por exemplo, a soma dos n primeiros termos da progressão aritmética $(a_1, a_2, a_3, \ldots, a_n, \ldots)$ é dada por

$$S_n = a_1 + a_2 + \ldots + a_n.$$

Vamos deduzir uma fórmula fechada para o cálculo dessa soma S_n. Para isso vamos reescrever a mesma soma pondo seus termos em ordem contrária,

$$\begin{cases} S_n = a_1 + a_2 + \ldots + a_n \\ S_n = a_n + a_{n-1} + \ldots + a_1. \end{cases}$$

Adicionando membro a membro essas duas igualdades, segue-se que

$$2 \cdot S_n = (a_1 + a_n) + \underbrace{(a_2 + a_{n-1})}_{=a_1+a_n} + \ldots + \underbrace{(a_n + a_1)}_{=a_1+a_n} = n(a_1 + a_n) \Rightarrow$$

$$S_n = \frac{(a_1 + a_n)n}{2}.$$

Observação 6.2. *Há situações em que surge a necessidade de considerarmos apenas uma quantidade finita de termos de uma progressão aritmética. Há algumas notações especiais que podem agilizar a solução desses problemas em alguns casos particulares. Por exemplo, quando queremos considerar uma quantidade ímpar de termos em P.A., começamos pondo o termo central (digamos x) e a cada termo que avançamos para a direita adicionamos a razão r e para a esquerda subtraímos o mesmo valor r. Por exemplo, para considerar 3 ou 5 termos consecutivos de uma P.A. é conveniente usarmos as seguites representações: $(x-r, x, x+r)$ e $(x-2r, x-r, x, x+r, x+2r)$. Já para uma quantidade par de termos consecutivos em P.A., a notação conveniente é um pouco mais chata. Para 4 termos consecutivos de uma P.A., por exemplo, a notação conveniente é $(x-3y, x-y, x+y, x+3y)$, que estão em P.A. de razão $r = 2y$.*

Proposição 6.2. *Uma sequência $(a_n)_{n \in \mathbb{N}}$ é uma progressão aritmética se, e somente se, existem constantes A e B tais que $a_n = An + B$, para todo $n \in \mathbb{N}$.*

Demonstração. ($\Rightarrow$) Suponha que $(a_n)_{n\in\mathbb{N}}$ é uma progressão aritmética. Nesse caso,
$$a_n = a_1 + (n-1)r = a_1 + nr - r = rn + (a_1 - r) = An + B,$$
onde $A = r$ e $B = a_1 - r$.

($\Leftarrow$) Suponhamos agora que $a_n = An + B$, $\forall n \in \mathbb{N}$. Nesse caso,
$$a_n - a_{n-1} = An + B - (A(n-1) + B) = An + B - An + A - B = A.$$
Ora, como A é constante, segue que a sequência $(a_n)_{n\in\mathbb{N}}$ é uma progressão aritmética de razão A e primeiro termo $a_1 = A + B$.
∎

Proposição 6.3. *Uma sequência $(a_n)_{n\in\mathbb{N}}$ é uma progressão aritmética se, e somente se, existem constantes A e B tais que*
$$S_n = a_1 + a_2 + \ldots + a_n = An^2 + Bn, \ \forall n \in \mathbb{N}.$$

Demonstração. ($\Rightarrow$) Suponha que $(a_n)_{n\in\mathbb{N}}$ é uma progressão aritmética. Nesse caso,
$$\begin{aligned}S_n &= a_1 + a_2 + \ldots + a_n \\ &= \frac{n(a_1 + a_n)}{2} = \frac{n(a_1 + a_1 + (n-1)r)}{2} \\ &= \frac{2a_1 n + n^2 r - nr}{2} \\ &= \frac{r}{2}n^2 + \frac{1}{2}(2a_1 - r)n \\ &= An^2 + Bn, \text{ em que } A = \frac{r}{2} \text{ e } B = \frac{1}{2}(2a_1 - r).\end{aligned}$$

($\Leftarrow$) Agora suponhamos que $S_n = a_1 + a_2 + \ldots + a_n = An^2 + Bn$, $\forall n \in \mathbb{N}$. Nesse caso,

$a_1 = S_1 = A.1^2 + B.1 = A + B$
$a_1 + a_2 = A.2^2 + B.2 \Rightarrow (A+B) + a_2 = 4A + 2B \Rightarrow a_2 = 3A + B$
$a_1 + a_2 + a_3 = A.3^2 + B.3 \Rightarrow (4A + 2B) + a_3 = 9A + 3B \Rightarrow a_3 = 5A + B$
$$\vdots$$

isso sugere que $a_n = (2n-1)A + B$. Com efeito,
$$\begin{aligned}a_{n+1} &= S_{n+1} - S_n \\ &= A(n+1)^2 + B(n+1) - An^2 - Bn \\ &= An^2 + 2An + A + Bn + B - An^2 - Bn \\ &= (2n+1)A + B,\end{aligned}$$

isso revela que a sequência $(a_n)_{n\in\mathbb{N}}$ é uma progressão aritmética de primeiro termo $a_1 = A + B$ e razão $r = 2A$.

■

Observação 6.3 (Teorema Fundamental da Proporcionalidade). *Neste ponto vamos enunciar sem demonstrar um resultado sobre funções afins que será útil na demonstração do próximo teorema que relaciona as funções afins e as progressões aritméticas.*

Se $f : \mathbb{R} \to \mathbb{R}$ é uma função estritamente crescente, então as seguintes afirmações são equivalentes:
  (a) $f(nx) = nf(x)$ para todo $n \in \mathbb{Z}$ e todo $x \in \mathbb{R}$;
  (b) pondo $a = f(1)$, tem-se $f(x) = ax$ para todo $x \in \mathbb{R}$;
  (c) $f(x + y) = f(x) + f(y)$, para quaisquer $x, y \in \mathbb{R}$.

Não faremos a demonstração desse resultado aqui pois é mais diretamente ligado ao estudo das funções afins, mas a demonstração pode ser encontrada em [30].

Teorema 6.7 (Funções afins e Progressões Aritméticas). *Uma função $f : \mathbb{R} \to \mathbb{R}$ é afim, se, e somente se, transforma uma progressão aritmética $(a_n)_{n\in\mathbb{N}}$ numa progressão artimética $(f(a_n))_{n\in\mathbb{N}}$.*

Demonstração. ($\Rightarrow$) Sejam $f : \mathbb{R} \to \mathbb{R}$ uma função afim e $(a_n)_{n\in\mathbb{N}}$ uma progressão aritmética de razão r. Ora, como f é afim, existem $a, b \in \mathbb{R}$ tais que $f(x) = ax + b$ para todo $x \in \mathbb{R}$. Nesse caso,

$$\begin{aligned}f(a_{n+1}) - f(a_n) &= a(a_1 + nr) + b - (a(a_1 + (n-1)r) + b) \\ &= aa_1 + anr + b - aa_1 - a(n-1)r - b \\ &= ar(n - (n-1)) = ar,\end{aligned}$$

o que revela que a sequência $(f(a_n))_{n\in\mathbb{N}}$ é uma progressão artimética, visto que a diferença entre dois dos seus termos consecutivos é constante e igual a ar.

($\Leftarrow$) De fato, considere a função $g : \mathbb{R} \to \mathbb{R}$ dada por $g(x) := f(x) - f(0)$. Duas condições devem ser percebidas:

A primeira é que $g(0) = 0$, pois $g(0) = f(0) - f(0) = 0$;

A segunda é que g é linear.

Para provar isso, inicialmente note que se f transforma uma progressão aritmética $(a_n)_{n\in\mathbb{N}}$ numa progressão artimética $(f(a_n))_{n\in\mathbb{N}}$, então g também faz a mesma coisa. De fato, se $(a_n)_{n\in\mathbb{N}}$ é uma progressão artimética então $(g(a_n))_{n\in\mathbb{N}}$ também é uma progressão aritmética, pois para todo $n \in \mathbb{N}$, tem-se que:

$$g(a_n) - g(a_{n-1}) = (f(a_n) - f(0)) - (f(a_{n-1}) - f(0)) = f(a_n) - f(a_{n-1}) = r,$$

com $r \in \mathbb{R}$ constante, visto que $(f(a_n))_{n \in \mathbb{N}}$ é uma progressão aritmética.

Assim, para todo $x \in \mathbb{R}$ a função g transforma a progressão aritmética $(-x, 0, x)$ na progressão aritmética $(g(-x), g(0) = 0, g(x))$, e portanto,

$$g(x) - 0 = 0 - g(-x) \Leftrightarrow g(-x) = -g(x), \ \forall x \in \mathbb{R}.$$

Além disso, se $x \in \mathbb{R}$ e $n \in \mathbb{N}$, a progressão atirmética $(0, x, 2x, \ldots, nx)$ é transformada pela g na progressão aritmética $(g(0) = 0, g(x), g(2x), \ldots, g(nx))$ e essa progressão artimética tem razão $r = a_2 - a_1 = g(x) - g(0) = g(x) - 0 = g(x)$, então

$$a_{n+1} = a_1 + nr \Rightarrow g(nx) = 0 + ng(x) \Rightarrow g(nx) = ng(x).$$

Por fim se n é um inteiro negativo, $-n$ é um inteiro positivo. Nesse caso,

$$g(nx) = g(-(-nx)) = -g(-nx) = -(-n)g(x) = ng(x)$$

o que revela que $g(nx) = ng(x)$ para todo $x \in \mathbb{R}$ e $n \in \mathbb{Z}$. Pelo Teorema Fundamental da Proporcionalidade, segue-se que g é linear, ou seja, existe $a \in \mathbb{R}$ tal que $g(x) = ax$. Por fim, da definição da função g, resulta que

$$g(x) = f(x) - f(0) \Rightarrow f(x) = g(x) + \underbrace{f(0)}_{:=b} \Rightarrow f(x) = ax + b,$$

ou seja f é afim.

∎

Por exemplo, ao restrigirmos a função $f : \mathbb{R} \to \mathbb{R}$ tal que $f(x) = 2x - 1$ ao conjunto $\mathbb{N}$ temos que a sequência $(a_n)_{n \in \mathbb{N}}$ dada por $a_n = f(n)$ é uma progressão aritmética de razão 2. Geometricamente são pontos de coordenadas inteiras positivas localizados sobre o gráfico de f como ilustra a figura a seguir:

Exemplo 6.20 (UFRN-1994). *Considere a matriz* $A = \begin{pmatrix} 1 & 1 \\ 0 & 1 \end{pmatrix}$. *Seja* $A^k = A \cdot A \ldots \cdot A$, *produto com k fatores, onde k é um inteiro positivo. Verifique que:*
$$\det(A + A^2 + A^3 + \ldots + A^k) = k^2.$$

Solução. De fato, calculando as primeiras potências da matriz A, obtemos:

$$A^2 = A \cdot A = \begin{pmatrix} 1 & 1 \\ 0 & 1 \end{pmatrix} \begin{pmatrix} 1 & 1 \\ 0 & 1 \end{pmatrix} = \begin{pmatrix} 1 & 2 \\ 0 & 1 \end{pmatrix}.$$

$$A^3 = A \cdot A^2 = \begin{pmatrix} 1 & 1 \\ 0 & 1 \end{pmatrix} \begin{pmatrix} 1 & 2 \\ 0 & 1 \end{pmatrix} = \begin{pmatrix} 1 & 3 \\ 0 & 1 \end{pmatrix}.$$

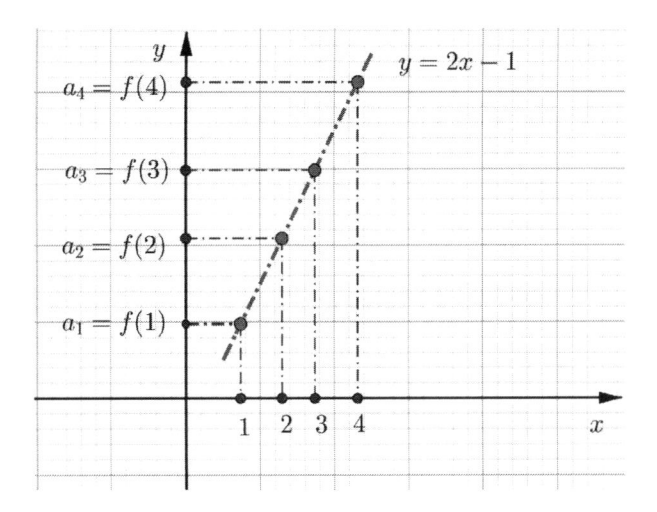

Figura 6.1: Gráfico da função $y = 2x - 1$

$$A^k = A \cdot A^{k-1} = \begin{pmatrix} 1 & 1 \\ 0 & 1 \end{pmatrix} \begin{pmatrix} 1 & k-1 \\ 0 & 1 \end{pmatrix} = \begin{pmatrix} 1 & k \\ 0 & 1 \end{pmatrix}.$$

Assim,

$$\det(A + A^2 + A^3 + \ldots + A^k) = \det\left[\begin{pmatrix} 1 & 1 \\ 0 & 1 \end{pmatrix} + \begin{pmatrix} 1 & 2 \\ 0 & 1 \end{pmatrix} + \ldots + \begin{pmatrix} 1 & k \\ 0 & 1 \end{pmatrix}\right]$$

$$= \det\begin{pmatrix} 1+1+\ldots+1 & 1+2+\ldots+k \\ 0+0+\ldots+0 & 1+1+\ldots+1 \end{pmatrix}$$

$$= \det\begin{pmatrix} k & \frac{k(k+1)}{2} \\ 0 & k \end{pmatrix} = k^2.$$

∎

Exemplo 6.21 (OMRN-2017). *Arruma-se uma coleção de 2016 bolas em linhas formando um triângulo, com uma bola na primeira linha, duas bolas no segunda, três bolas no terceira, etc. Removem-se todas as linhas com um número par de bolas. Ao final, qual a quantidade de bolas restantes?*

Solução. Por um lado a quantidade total de bolas é 2016 e por outro é $1+2+3+\ldots+n$, onde n é a quantidade de bolas na última linha do triângulo. Assim,

$$1+2+3+\ldots+n = 2016 \Rightarrow \frac{n(n+1)}{2} = 2016 \Rightarrow n = 63.$$

Por fim removendo-se todas as linhas com um número par de bolas, a quantidade de bolas remanescentes é

$$1 + 3 + 5 + \ldots + 63 = \frac{(1+63)32}{2} = 32^2.$$

∎

Exemplo 6.22. *Mostre que:*

$$1^2 + 2^2 + 3^2 + \ldots + n^2 = \frac{n(n+1)(2n+1)}{6}, \quad \forall n \in \mathbb{N}.$$

Solução. Sabemos que

$$(k+1)^3 = k^3 + 3k^2 + 3k + 1 \Rightarrow (k+1)^3 - k^3 = 3k^2 + 3k + 1.$$

Fazendo k assumir os valores $1, 2, 3, \ldots, n$, tem-se que:

$$2^3 - 1^3 = 3.1^2 + 3.1 + 1$$
$$3^3 - 2^3 = 3.2^2 + 3.2 + 1$$
$$4^3 - 3^3 = 3.3^2 + 3.3 + 1$$
$$\vdots$$
$$(n+1)^3 - n^3 = 3.n^2 + 3.n + 1.$$

Adicionando as igualdades acima, tem-se que:

$$(n+1)^3 - 1^3 = 3\left(1^2 + 2^2 + \ldots + n^2\right) + 3\left(1 + 2 \ldots + n\right) + \underbrace{(1 + 1 + \ldots + 1)}_{\text{n parcelas}} \Rightarrow$$

$$n^3 + 3n^2 + 3n + 1 - 1 = 3\left(1^2 + 2^2 + 3^2 + \ldots + n^2\right) + 3 \cdot \frac{n(n+1)}{2} + n \Rightarrow$$

$$3\left(1^2 + 2^2 + 3^2 + \ldots + n^2\right) = n^3 + 3n^2 + 2n - 3 \cdot \frac{n(n+1)}{2}.$$

Portanto,

$$\begin{aligned}
3\left(1^2 + 2^2 + 3^2 + \ldots + n^2\right) &= n^3 + n^2 + 2n^2 + 2n - 3 \cdot \frac{n(n+1)}{2} \\
&= n^2(n+1) + 2n(n+1) - 3 \cdot \frac{n(n+1)}{2} \\
&= (n+1)\left[\frac{2n^2 + 4n - 3n}{2}\right] \\
&= (n+1)\frac{2n^2 + n}{2} = \frac{n(n+1)(2n+1)}{2} \Rightarrow
\end{aligned}$$

$$1^2 + 2^2 + 3^2 + \ldots + n^2 = \frac{n(n+1)(2n+1)}{6}.$$

∎

Progressões aritméticas 303

Observação 6.4. *Uma outra maneira de demonstrar a identidade acima é olhar para o quociente* $\dfrac{1^2 + 2^2 + \ldots + k^2}{1 + 2 + \ldots + k}$ *para* $k = 1, 2, \ldots, n$.

$$k = 1 \Rightarrow \frac{1^2}{1} = 1 = \frac{3}{3}.$$

$$k = 2 \Rightarrow \frac{1^2 + 2^2}{1 + 2} = \frac{5}{3}.$$

$$k = 3 \Rightarrow \frac{1^2 + 2^2 + 3^2}{1 + 2 + 3} = \frac{7}{3}.$$

$$k = 4 \Rightarrow \frac{1^2 + 2^2 + 3^2 + 4^2}{1 + 2 + 3 + 4} = 3 = \frac{9}{3}.$$

$$\vdots$$

$$k = n \Rightarrow \frac{1^2 + 2^2 + \ldots + n^2}{1 + 2 + \ldots + n} = \frac{2n + 1}{3}.$$

Portanto,

$$\frac{1^2 + 2^2 + \ldots + n^2}{1 + 2 + \ldots + n} = \frac{2n + 1}{3} \Rightarrow$$

$$1^2 + 2^2 + 3^2 + \ldots + n^2 = \frac{2n + 1}{3} \underbrace{(1 + 2 + \ldots + n)}_{= \frac{n(n+1)}{2}} \Rightarrow$$

$$1^2 + 2^2 + 3^2 + \ldots + n^2 = \frac{n(n + 1)(2n + 1)}{6}.$$

Exemplo 6.23. *Mostre que:*

$$1^3 + 2^3 + 3^3 + \ldots + n^3 = \left[\frac{n(n + 1)}{2}\right]^2, \ \forall n \in \mathbb{N}.$$

Solução. Sabemos que

$$(k + 1)^4 = k^4 + 4k^3 + 6k^2 + 4k + 1 \Rightarrow (k + 1)^4 - k^4 = 4k^3 + 6k^2 + 4k + 1.$$

Fazendo k assumir os valores $1, 2, 3, \ldots, n$, tem-se que:

$$2^4 - 1^4 = 4.1^3 + 6.1^2 + 4.1 + 1$$
$$3^4 - 2^4 = 4.2^3 + 6.2^2 + 2.1 + 1$$
$$\vdots$$
$$(n + 1)^4 - n^4 = 4.n^3 + 6.n^2 + 4.n + 1.$$

Adicionando as igualdades acima, tem-se que:

$(n+1)^4 - 1^4 = 4(1^3+2^3+\ldots+n^3)+6(1^2+2^2+\ldots+n^2)+4(1+2+\ldots+n)+n \Rightarrow$

$(n+1)^4 - 1^4 - n = 4(1^3 + 2^3 + \ldots + n^3) + 6 \cdot \dfrac{n(n+1)(2n+1)}{6} + 4\dfrac{n(n+1)}{2}.$

Logo,

$$\begin{aligned}
4(1^3 + 2^3 + \ldots + n^3) &= (n+1)^4 - (n+1) - 6 \cdot \dfrac{n(n+1)(2n+1)}{6} - 4 \cdot \dfrac{n(n+1)}{2} \\
&= (n+1)\left[(n+1)^3 - 1 - n(2n+1) - 2n\right] \\
&= (n+1)(n^3 + 3n^2 + 3n + 1 - 1 - 2n^2 - n - 2n) \\
&= (n+1)(n^3 + n^2) = (n+1)n^2(n+1) = [n(n+1)]^2 \Rightarrow
\end{aligned}$$

$$1^3 + 2^3 + 3^3 + \ldots + n^3 = \left[\dfrac{n(n+1)}{2}\right]^2.$$

∎

Exemplo 6.24. *Qual a soma de todas as frações irreduíveis, da forma $\frac{p}{72}$, que pertencem ao intervalo $[4,7]$?*

Solução. Ora, como $\frac{p}{72} \in [4,7]$, tem-se que:

$$4 \leq \dfrac{p}{72} \leq 7 \Rightarrow 4 \cdot 72 \leq p \leq 7 \cdot 72 \Rightarrow 288 \leq p \leq 504.$$

Como queremos que a fração $\frac{p}{72}$ seja irredutível, além da condição $288 \leq p \leq 504$ devemos impor a condição adicional $mdc(p, 72) = 1$. Como $72 = 2^3 \cdot 3^2$, para que $mdc(p, 72) = 1$, o número p não pode possuir os fatores 2 e 3. Vamos analisar esses dois casos separadamente:

- Desde 288 até 504 os números que têm o fator 2 são os elementos do conjunto:

$$A = \{288, 290, 292, \ldots, 504\}.$$

Esses números são membros de uma progressão aritmética de razão 2. Assim,

$$a_n = a_1 + (n-1)r \Rightarrow 504 = 288 + (n-1).2 \Rightarrow n = 109 \Rightarrow |A| = 109.$$

A soma de todos eles é $S = \dfrac{109(288+504)}{2} = 43164.$

Progressões aritméticas 305

- Desde 288 até 504 os números que têm o fator 3 são os elementos do conjunto:
$$B = \{288, 291, 294, \ldots, 504\}$$
Esses números são membros de uma progressão aritmética de razão 3. Assim,
$$a_n = a_1 + (n-1)r \Rightarrow 504 = 288 + (n-1).3 \Rightarrow n = 73 \Rightarrow |B| = 73.$$
A soma de todos eles é $S = \frac{73(288+504)}{2} = 28908$.

- Note que existem números que apresentam o fator 2 e o fator 3 ao mesmo tempo, são os múltiplos de 6. Desde 288 até 504 os números que têm o fator 3 são os elementos do conjunto:
$$A \cap B = \{288, 294, 300, \ldots, 504\}$$
Esses números são membros de uma progressão aritmética de razão 6. Assim,
$$a_n = a_1 + (n-1)r \Rightarrow 504 = 288 + (n-1).6 \Rightarrow n = 37 \Rightarrow |A \cap B| = 37.$$
A soma de todos eles é $S = \frac{37(288+504)}{2} = 14652$.

Diante do exposto,
$$|A \cup B| = |A| + |B| - |A \cap B| = 109 + 73 - 37 = 145,$$

ou seja, existem 145 números de 288 até 504 que possuem fator 2 ou 3. Ora, como de 288 até 504 existem 217 números, segue que existem $217 - 145 = 72$ números que não possuem o fator 2 ou 3. Sejam $a_1, a_2, \ldots, a_{72}$ esses números. Diante do exposto, as frações

$$\frac{a_1}{72}, \frac{a_2}{72}, \ldots, \frac{a_{72}}{72}$$

são irredutíveis. A soma dessas frações é

$$S = \frac{a_1}{72} + \frac{a_2}{72} + \ldots + \frac{a_{72}}{2} = \frac{a_1 + a_2 + \ldots + a_{72}}{72}.$$

Por fim,

$$\begin{aligned}a_1 + a_2 + \ldots + a_{72} &= (288 + 289 + \ldots + 504) - (43164 + 28908 - 14652)\\&= \frac{217(288 + 504)}{2} - 57420\\&= 28512,\end{aligned}$$

O que revela que

$$S = \frac{a_1 + a_2 + \ldots + a_{72}}{72} = \frac{28512}{72} = 396.$$

∎

Exemplo 6.25. *Qual o primeiro termo e a razão de uma progressão aritmética cuja soma dos n primeiros termos $S_n = 2n^2 + n$?*

Solução. Como S_n é a soma dos n primeiros termos da progressão aritmética, segue que $S_1 = a_1 = 2.1^2 + 1 = 3$ e $S_2 = a_1 + a_2 = 2.2^2 + 2 = 10 \Rightarrow a_2 = 7$. Portanto, $r = a_2 - a_1 = 7 - 3 = 4$.

∎

Exemplo 6.26. *Mostre que não existe uma progressão aritmética (infinita) com razão diferente de zero em que todos os seus termos sejam números primos.*

Solução. Suponha, por absurdo, que exista uma progressão aritmética $(a_1, a_2, \ldots)$, de razão não nula, em que todos os seus termos fossem números primos. Nesse caso, se $a_1 = p$, com p primo, então

$$a_{p+1} = a_1 + (p+1-1)r = p + pr = p(1+r).$$

Mas ocorre que $p(1+r)$ não é primo, o que é uma contradição coma a nossa suposição inicial de que existisse uma progressão aritmética em que todos os seus termos fossem números primos. Logo, tal progressão não existe.

∎

Observação 6.5 (Progressões aritméticas e primos). *Apersar de não existir uma progressão aritmética (infinita) em que todos os seus termos sejam números primos, existem progressões aritméticas que possuem infinitos números primos. No século XIX O matemático alemão Johann Peter Gustav Lejeune Dirichlet (1805 – 1859) provou que se a e b são inteiros positivos tais que $mdc(a,b) = 1$, então a progressão aritmética cujo termos geral é dado por $a_n = a.n + b$ possui infinitos números primos. Mais recentemente, em 2004, os matemáticos Terence Tao (australiano de oriem chinesa) e Ben Green (inglês), provaram um resultado o qual afirma que a sequência de números primos contém progressões aritméticas arbitrariamente longas. Em outras palavras, para cada número natural k, existe um progressão aritmética formada por k números primos.*

Figura 6.2: Dirichlet

Figura 6.3: Terence Tao

Figura 6.4: Ben Green

Exemplo 6.27. *Se a e b são inteiros positivos tais que $mdc(a,b) = k > 1$, mostre que a progressão aritmética cujo termo geral é dado por $x_n = an + b$, com $n \in \mathbb{N}$ possui no máximo um número primo.*

Solução. De fato, como $mdc(a,b) = k$ segue que $k \mid a$ e $k \mid b$, o que implica que $k \mid (an + b)$ para todo $n \in \mathbb{N}$. Isso revela que existe no máximo um $n_0 \in \mathbb{N}$ tal que $a.n_0 + b$ seja primo, pois caso contrário teríamos um mesmo k dividindo mais que um primo, o que é impossível para $k > 1$. ∎

Exemplo 6.28. *Mostre que existe uma progressão artimética com infinitos termos que são números primos.*

Solução. A maneira mais direta de mostrar isso é tomar a sequência constituída por todos os números ímpares $(1, 3, 5, 7, \ldots, 2n + 1, \ldots)$ em que, evidentemente, todos os primos ímpares (que são infinitos) são elementos dessa progressão aritmética.

Um outro exemplo menos trivial é usar o Teorema de Dirichilet dos primos numa progressão aritmética. Por exemplo, como $mdc(3, 4) = 1$ a progressão aritmética cujo termo geral é dado por $a_n = 3n + 4$ possui infinitos números primos.

∎

Exemplo 6.29. *Sejam a e d inteiros positivos. Mostre que na sequência*

$$(a, a + d, a + 2d, \ldots, a + nd, \ldots)$$

ou não existe nenhum quadrado perfeito ou existem infinitos quadrados perfeitos.

Solução. De fato, vamos provar que se a sequência acima tem um quadrado perfeito, então ela possui infinitos quadrados perfeitos. Suponha que $a + kd = x^2$ para $k, x \in \mathbb{N}$. Agora considere o número

$$\begin{aligned}(x + d)^2 &= x^2 + 2xd + d^2 \\ &= x^2 + (2x + d)d \\ &= a + kd + (2x + d)d \\ &= a + \underbrace{(k + 2x + d)}_{=k'} d \\ &= a + k'd,\end{aligned}$$

ou seja, $(x + d)^2$ é um quadrado perfeito e termo da mesma progressão aritmética. Seguindo o mesmo raciocínio, os seguintes quadrados perfeitos $(x + 2d)^2, (x + 3d)^2, (x + 4d)^2, \ldots$ são termos da mesma progressão aritmética, o que revela que progressão aritmética possui infinitos quadrados perfeitos.

Por outro lado, é possível encontrar uma PA que não possua nenhum quadrado perfeito, por exemplo, $(5, 5, 5, \ldots)$.

∎

Exemplo 6.30. *Determine o maior valor que pode ter a razão de uma progressão aritmética constituída por números inteiros que admita 32, 227 e 942 como termos.*

Solução. Seja r a razão de uma tal progressão aritmética e suponha que nessa sequência $a_p = 32, a_k = 227$ e $a_s = 942$. Nesse caso,

$$\begin{cases} a_k - a_p = (k - p)r \\ a_s - a_p = (s - p)r \\ a_s - a_k = (s - k)r \end{cases} \Rightarrow \begin{cases} 227 - 32 = (k - p)r \\ 942 - 32 = (s - p)r \\ 942 - 227 = (s - k)r \end{cases} \Rightarrow \begin{cases} 195 = (k - p)r \\ 910 = (s - p)r \\ 715 = (s - k)r \end{cases}$$

Progressões aritméticas 309

isso revela que r é um divisor de $195, 910$ e 715. Como queremos o maior valor possível para r, segue-se que r é o $mdc(195, 910, 715) = 65$.

∎

Exemplo 6.31. *Quantos termos comuns têm as progressões*

$$(2, 5, 8, \ldots, 332) \ e \ (7, 12, 17, \ldots, 157)?$$

Solução. O termo geral da P.A. $(2, 5, 8, \ldots, 332)$ é $a_n = 2 + (n-1)3 = 3n - 1$. Como o primeiro e o último termos dessa sequência são, respectivamente, 2 e 332 segue que

$$2 \leq 3n - 1 \leq 332 \Rightarrow 3 \leq 3n \leq 333 \Rightarrow 1 \leq n \leq 111.$$

Já para a P.A. $(7, 12, 17, \ldots, 157)$ tem-se que $b_k = 7 + (k-1)5 = 5k + 2$. Nesse caso,

$$7 \leq 5k + 2 \leq 157 \Rightarrow 5 \leq 5k \leq 155 \Rightarrow 1 \leq k \leq 31.$$

Os termos comuns às duas sequências devem cumprir a seguinde condição:

$$3n - 1 = 5k + 2 \Rightarrow 3n - 5k = 3 \Rightarrow n = \frac{5k}{3} + 1.$$

Diante do exposto, para que n seja inteiro é preciso que k seja mútiplo de 3. Ora, como $k \in \{1, 2, 3, \ldots, 31\}$ segue que $k \in \{3, 6, 9, 12, 15, 18, 21, 24, 27, 30\}$, existindo 10 possisilidades para k e 10 possibilidades para n, com as duas sequências tendo 10 termos em comum.

$$\begin{cases} k = 3 \Rightarrow n = \frac{5 \cdot 3}{3} + 1 = 6 \Rightarrow a_6 = b_3 = 17. \\ k = 6 \Rightarrow n = \frac{5 \cdot 6}{3} + 1 = 11 \Rightarrow a_{11} = b_6 = 32. \\ \vdots \\ k = 30 \Rightarrow n = \frac{5 \cdot 30}{3} + 1 = 51 \Rightarrow a_{51} = b_{30} = 152. \end{cases}$$

∎

Exemplo 6.32. *Os inteiros de 1 até 1000 são escritos ordenadamente em torno de um círculo. Partindo de 1, a cada décimo-quinto termo é riscado (isto é, são riscados $(1, 16, 31, \ldots)$. O processo continua até atingir um número já previamente riscado. Quantos números sobrarão sem serem riscados?*

Solução. Na primeira volta os números riscados são os termos da progressão aritmética $(1, 16, 31, \ldots)$ cujo termo geral é $a_n = 1 + (n-1).15 = 15n - 14$. Ora, como $a_n \leq 1000$, segue que

$$15n - 14 \leq 1000 \Rightarrow 15n \leq 1014 \Rightarrow n \leq 67,6$$

o que revela que na primeira rodada são riscados 67 números e que o último riscado nessa rodada é $a_{67} = 15.67 - 14 = 991$.

No início da segunda rodada o primeiro número a ser riscado é $991 + 15 = 991 + 9 + 6 = 1000 + 6$, ou seja, é o 6. Como os números continuam a ser riscado em 15 e 15, os números riscados na segunda rodada são os termos da progressão aritmética $(6, 21, 36, \ldots)$. Essa sequência tem termo geral $a_n = 6 + (n-1)15 = 15n - 9$. Como $a_n \leq 1000$, segue que

$$15n - 9 \leq 1000 \Rightarrow 15n \leq 1009 \Rightarrow n \leq 67,26$$

o que revela que na segunda rodada são riscados 67 números e que o último riscado nessa rodada é $a_{67} = 15.67 - 9 = 996$.

No início da terceira rodada o primeiro número a ser riscado é $996 + 15 = 996 + 4 + 11 = 1000 + 11$, ou seja, é o 11. Como os números continuam a ser riscado em 15 e 15, os números riscados na terceira rodada são os termos da progressão aritmética $(11, 26, 41, \ldots)$. Essa sequência tem termo geral $a_n = 11 + (n-1).15 = 15n - 4$. Ora, como $a_n \leq 1000$, segue que:

$$15n - 4 \leq 1000 \Rightarrow 15n \leq 1004 \Rightarrow n \leq 66,93$$

o que revela que na terceiro rodada são riscados 66 números e que o último riscado nessa rodada é $a_{66} = 15.66 - 4 = 986$. Diante do exposto, o primeiro número a ser riscado na quarta dodada é $986 + 15 = 986 + 14 + 1 = 1000 + 1$, ou seja, é o 1 que já havia sido ricado na primeira rodada, o que faz com que o procedimento pare. Portanto foram riscados $67 + 67 + 66 = 200$ números, ficando então $1000 - 200 = 800$ números sem serem riscados. ∎

Exemplo 6.33. *Determine a_{2021} para a sequência $(a_n)_{n \in \mathbb{N}}$ definida por $a_1 = 1$ e $a_{n+1} = \dfrac{a_n}{1 + na_n}$ para todo $n \geq 1$.*

Solução. Como $a_1 = 1$ e $a_{n+1} = \dfrac{a_n}{1 + na_n}$ para todo $n \geq 1$, segue que $a_n \neq 0$ para todo $n \in \mathbb{N}$. Portanto,

$$a_{n+1} = \frac{a_n}{1 + na_n} \Rightarrow \frac{1}{a_{n+1}} = \frac{1 + na_n}{n} \Rightarrow \frac{1}{a_{n+1}} = \frac{1}{a_n} + n.$$

Portanto,
$$\frac{1}{a_2} = \frac{1}{a_1} + 1$$
$$\frac{1}{a_3} = \frac{1}{a_2} + 2$$
$$\vdots$$
$$\frac{1}{a_{2021}} = \frac{1}{a_{2020}} + 2020.$$

Adicionando membro a membros as igualdades acima, segue-se que
$$\frac{1}{a_{2021}} = \frac{1}{a_1} + 1 + 2 + \ldots + 2020 \Rightarrow \frac{1}{a_{2021}} = \frac{1}{1} + \frac{2020(1+2020)}{2} \Rightarrow$$
$$\frac{1}{a_{2021}} = 1 + 2041210 \Rightarrow \frac{1}{a_{2021}} = 2041211 \Rightarrow a_{2021} = \frac{1}{2041211}.$$
∎

Exemplo 6.34 (UERJ). *Moedas idênticas de 10 centavos de real foram arrumadas sobre uma mesa, obedecendo à disposição apresentada no desenho: uma moeda no centro e as demais formando camadas tangentes.*

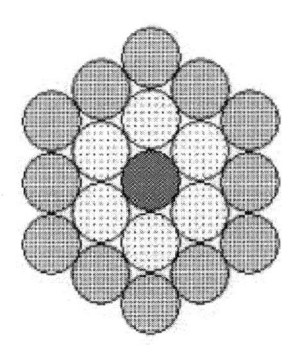

Considerando que a última camada é composta por 84 moedas, calcule a quantia, em reais, do total de moedas usadas nessa arrumação.

Solução. Para sabermos a quantia utilizada precisamos saber quantas moedas foram usadas para fazer a configuração quando a camada mais externa possuir 84 moedas. Para começar vamos descobrir o número de camadas. Note que cada uma das camadas forma um hexágono com as moedas formando os "lados" desse hexágono. Numerando as camadas de dentro para fora, seja a_n o número de moedas presentes na camada n, com $n \in \mathbb{N}$. Assim,

$$a_1 = 1, a_2 = 6.2 - 6, a_3 = 6.3 - 6, \ldots, a_n = 6.n - 6.$$

Portanto, para que $a_n = 84$ é preciso que

$$6.n - 6 = 84 \Rightarrow 6.n = 90 \Rightarrow n = 15,$$

ou seja, são necessárias 15 camadas para que a camada mais externa possua 84 moedas, com o total de moedas T e a quantia Q em reais dadas por

$$\begin{aligned} T &= a_1 + a_2 + a_3 + \ldots + a_{15} \\ &= 1 + 6 + 12 + \ldots + 84 \\ &= 1 + \frac{(6+84)14}{2} = 631 \Rightarrow Q = 631 \times 0,1 = 63,1. \end{aligned}$$

∎

Exemplo 6.35. *Um grande triângulo equilátero será construído com palitos de fósforos a partir de pequenos triângulos equiláteros congruentes e dispostos em linhas. Por exemplo, a figura abaixo descreve um triângulo equilátero $\triangle ABC$ construído com três linhas de pequenos triângulos equiláteros congruentes (a linha da base do triângulo ABC possui 5 pequenos triângulos equiláteros congruentes). Conforme o processo descrito, para que seja construído um triângulo grande com linha de base contendo 201 pequenos triângulos equiláteros congruentes, qual o total de palitos utlizados?*

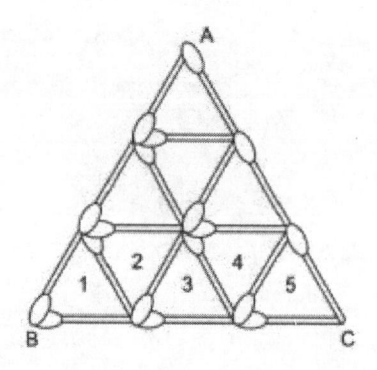

Solução. Seja T_n o número de triângulos presentes na linha n (numerando as linhas de cima para baixo). Assim,

$$T_1 = 1, T_2 = 3, T_3 = 5, \ldots, T_n = 201.$$

Essa sequência é uma progressão aritmética de primeiro termo 1 e razão 2. Assim,

$$T_n = T_1 + (n-1).r \Rightarrow 201 = 1 + (n-1).2 \Rightarrow n = 101,$$

Progressões aritméticas 313

ou seja, para que a linha da base tenha 201 triângulos é preciso que a configuração possua 101 linhas. Agora seja P_n o número de palitos presentes nos triângulos da linha n. Assim, $P_1 = 3, P_2 = 6, P_3 = 9, \ldots, P_k = 3.k, \ldots, P_{101} = 303$, e portanto, a quantidade de palitos utilizados foi

$$3 + 6 + 9 + \ldots + 303 = \frac{101(3 + 303)}{2} = 15453.$$

∎

Exemplo 6.36. *Considere a soma dos números inteiros ímpares positivos agrupados do seguinte modo:*

$$1 + (3+5) + (7+9+11) + (13+15+17+19) + (21+23+25+27+29) + \ldots$$

O grupo de ordem n é formado pela soma de n inteiros positivos ímpares e consecutivos. Qual a soma dos elementos do décimo primeiro grupo?

Solução. Note que para cada $n \in \mathbb{N}$, o grupo n possui n elementos. Além disso, os primeiros elementos de cada um dos grupos formam a sequência $(a_1 = 1, a_2 = 3, a_3 = 7, a_4 = 13, a_5 = 21, \ldots)$. Nesse contexto, o primeiro elemento do 11° grupo será o a_{11}, que podemos obtê-lo da seguinte forma:

$$\begin{cases} a_2 - a_1 = 2 \\ a_3 - a_2 = 4 \\ a_4 - a_3 = 6 \\ \vdots \\ a_{11} - a_{10} = 20. \end{cases}$$

Adicionando as igualdades acima, segue que

$$a_{11} - a_1 = 2+4+6+\ldots+20 \Rightarrow a_{11} = 1+2(1+2+3+\ldots+10) = 1+2\frac{10(1+10)}{2} = 111.$$

Como o grupo 11 tem primeiro elemento 111 e possui 11 elementos, a somas dos seus elementos é

$$111 + 113 + 115 + \ldots + \underbrace{(111 + (11-1).2)}_{=131} = \frac{11(111 + 131)}{2} = 1331.$$

∎

6.4. Progressões aritméticas de ordem superior

Neste ponto, vamos abordar as chamadas *progressões aritméticas de ordem superior*, que são sequências numéricas que surgem de modo natural em muitos problemas na Matemática e em áreas afins.

Definição 6.3 (Operador diferença). *Dada uma sequência* $(a_n)_{n\in\mathbb{N}}$, *definimos o operador diferença por* $\Delta a_n := a_{n+1} - a_n$.

O resultado a seguir costuma ser uma ferramenta bastante útil na resolução de problemas envolvendo somas de números reais.

Teorema 6.8 (Teorema Fundamental da Somação). *Se* $(a_n)_{n\in\mathbb{N}}$ *é uma sequência numérica, então*

$$\sum_{k=1}^{n} \Delta a_k = a_{n+1} - a_1.$$

Demonstração. Com efeito,

$$\sum_{k=1}^{n} \Delta a_k = \sum_{k=1}^{n}(a_{k+1} - a_k)$$
$$=(a_2 - a_1) + (a_3 - a_2) + \ldots + (a_{n+1} - a_n)$$
$$=a_{n+1} - a_1.$$

■

Um outro resultado bastante últil é o chamado *teorema da somação por partes* que exibimos logo a seguir.

Teorema 6.9 (Teorema da Somação por Partes). *Se* $(a_n)_{n\in\mathbb{N}}$ *e* $(b_n)_{n\in\mathbb{N}}$ *são sequências numéricas, então*

$$\sum_{k=1}^{n} a_{k+1}\Delta b_k = a_{n+1}b_{n+1} - a_1 b_1 - \sum_{k=1}^{n} b_k \Delta a_k.$$

Demonstração. De fato,

$$\Delta(a_k b_k) = a_{k+1}b_{k+1} - a_k b_k$$
$$= a_{k+1}b_{k+1} - a_{k+1}b_k + a_{k+1}b_k - a_k b_k$$
$$= a_{k+1}(b_{k+1} - b_k) + b_k(a_{k+1} - a_k)$$
$$= a_{k+1}\Delta b_k + b_k \Delta a_k,$$

e portanto,
$$\Delta(a_k b_k) = a_{k+1}\Delta b_k + b_k \Delta a_k \Rightarrow a_{k+1}\Delta b_k = \Delta(a_k b_k) - b_k \Delta a_k.$$

Por fim,
$$\sum_{k=1}^{n} a_{k+1}\Delta b_k = \sum_{k=1}^{n}[\Delta(a_k b_k) - b_k \Delta a_k]$$
$$= \sum_{k=1}^{n} \Delta(a_k b_k) - \sum_{k=1}^{n} b_k \Delta a_k$$
$$= a_{n+1} b_{n+1} - a_1 b_1 - \sum_{k=1}^{n} b_k \Delta a_k.$$

∎

Exemplo 6.37. *Qual o valor da soma* $\sum_{k=1}^{n} k.2^k$?

Solução. Façamos $a_{k+1} = k$ e $\Delta b_k = 2^k$. Nesse caso,

$$k = n-1 \Rightarrow a_{n-1+1} = n-1 \Rightarrow a_n = n-1 \Rightarrow \begin{cases} a_1 = 0 \\ a_{n+1} = n \\ \Delta a_k = 1 \end{cases}.$$

$$\Delta b_k = b_{k+1} - b_k \Rightarrow 2^k = b_{k+1} - b_k \Rightarrow b_{k+1} - b_k = 2^{k+1} - 2^k \Rightarrow b_k = 2^k.$$

Desde que $a_{k+1} = k$, $b_1 = 2$, $b_{n+1} = 2^{n+1}$ e $\Delta b_k = 2^k$, segue-se pelo teorema 6.9 que

$$\sum_{k=1}^{n} k.2^k = n.2^{n+1} - 0.2^1 - \sum_{k=1}^{n} 2^k.1$$
$$= n2^{n+1} - \sum_{k=1}^{n} 2^k$$
$$= n2^{n+1} - (2 + 2^2 + 2^3 + \ldots + 2^n)$$
$$= n2^{n+1} - \frac{2(2^n - 1)}{2-1} = 2^{n+1}(n-1) + 2.$$

∎

Note que a sequência $(a_n)_{n \in \mathbb{N}}$ é uma progressão aritmética se, e somente se, a sequência $(\Delta a_n)_{n \in \mathbb{N}}$ é uma sequência de termos constantes. Evidentemente pode ocorrer que a sequência $(\Delta a_n)_{n \in \mathbb{N}}$ seja uma progressão aritmética não constante. Por exemplo, se $(a_n)_{n \in \mathbb{N}} = (1, 2, 4, 7, 11, \ldots)$ implica que $(\Delta a_n)_{n \in \mathbb{N}} = (1, 2, 3, 4, \ldots)$. Isso motiva a seguinte definição.

Definição 6.4 (PA de segunda ordem). *Dizemos que uma sequencia* $(a_n)_{n\in\mathbb{N}}$ *é uma progressão aritmética de segunda ordem (ou de ordem 2) quando* $(\Delta^2 a_n)_{n\in\mathbb{N}}$ *é uma progressão artimética constante, i.e,*

$$(\Delta^2 a_n)_{n\in\mathbb{N}} = (r, r, \ldots, r, \ldots).$$

Exemplo 6.38. *A sequência* $(a_n)_{n\in\mathbb{N}} = (1, 2, 4, 7, 11, \ldots)$ *é uma progressão aritmética de segunda ordem, visto que* $(\Delta^2 a_n)_{n\in\mathbb{N}} = (1, 1, 1, 1, \ldots)$ *é uma progressão aritmética constante.*

Podemos generalizar essa noção de progressão artimética de segunda ordem para ordens maiores. Para isso, definimos,

$$\Delta^2 a_n := \Delta(\Delta a_n) = \Delta a_{n+1} - \Delta a_n$$

e, de maneira mais geral,

$$\Delta^k a_n = \Delta(\Delta^{k-1} a_n).$$

Com isso, temos a seguinte definição:

Definição 6.5 (PA de ordem k). *Dizemos que* $(a_n)_{n\in\mathbb{N}}$ *é uma progressão aritmética de ordem k, com $k \geq 2$, quando* $(\Delta^k a_n)_{n\in\mathbb{N}}$ *é uma progressão artimética constante, i.e,* $(\Delta^k a_n)_{n\in\mathbb{N}} = (r, r, \ldots, r, \ldots).$

Observação 6.6. *Se* $(a_n)_{n\geq 1}$ *é uma PA de ordem k, então* $(\Delta a_n)_{n\in\mathbb{N}}$ *é uma PA de ordem $k-1$,* $(\Delta^2 a_n)_{n\in\mathbb{N}}$ *é uma PA de ordem $k-2$,...,* $(\Delta^{k-1} a_n)_{n\in\mathbb{N}}$ *é uma PA de ordem 1.*

Exemplo 6.39. *Mostre que a sequência* $(a_n)_{n\in\mathbb{N}} = (1, 8, 27, 64, 125, \ldots)$ *é uma progressão aritmética de terceira ordem.*

Solução. A sequência $(\Delta^3 a_n)_{n\in\mathbb{N}}$ é uma progressão aritmética constante. De fato,

$$(\Delta a_n)_{n\in\mathbb{N}} = (7, 19, 37, 61, \ldots), \quad (\Delta^2 a_n)_{n\in\mathbb{N}} = (12, 18, 24, \ldots),$$
$$(\Delta^3 a_n)_{n\in\mathbb{N}} = (6, 6, 6, \ldots).$$

■

Exemplo 6.40 (Números figurados). *O número triangular T_n é definido como a soma dos n primeiros termos da progressão artimética $1, 2, 3, \ldots$. O número quadrangular Q_n é definido como a soma dos n primeiros termos da progressão aritmética $1, 3, 5 \ldots$. Analogamente são definidos os números pentagonais, hexagonais, etc... Mostre que a sequências dos números triangulares, quadrangulares e pentagonais cujos n-ésimos termos são dados, respectivamente, por* $T_n = \frac{n(n+1)}{2}$, $Q_n = n^2$ *e* $P_n = \frac{n(3n-1)}{2}$ *constituem uma PA de ordem 2.*

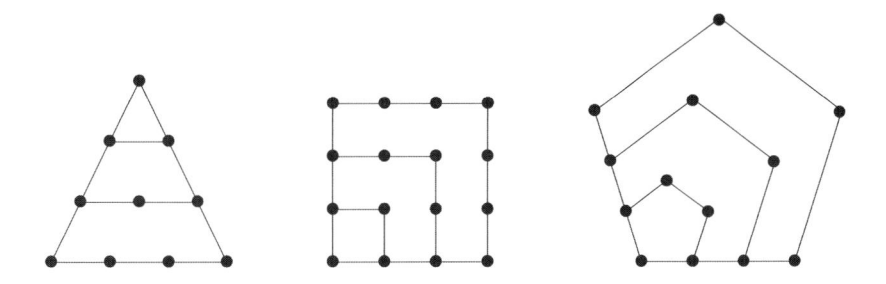

Progressões aritméticas de ordem superior 317

Solução. Devemos mostrar que $(\Delta^2 T_n)_{n\in\mathbb{N}}$, $(\Delta^2 Q_n)_{n\in\mathbb{N}}$ e $(\Delta^2 P_n)_{n\in\mathbb{N}}$ são sequências constantes. De fato, tem-se que $(\Delta^2 T_n)_{n\in\mathbb{N}} = (1,1,\ldots)$, $(\Delta^2 Q_n)_{n\in\mathbb{N}} = (2,2,\ldots)$ e $(\Delta^2 P_n)_{n\in\mathbb{N}} = (3,3,\ldots)$.

∎

Teorema 6.10. *Se* $(a_n)_{n\in\mathbb{N}}$ *é uma progressão aritmética de ordem* k, *então*

$$\Delta^k a_n = \binom{k}{0} a_{n+k} - \binom{k}{1} a_{n+k-1} + \binom{k}{2} a_{n+k-2} + \ldots + (-1)^k \binom{k}{k} a_n.$$

Demonstração. Vamos apresentar uma demonstração por indução em k. De fato, para $k = 1$, a igualdade acima nos diz que

$$\Delta^1 a_n = \binom{1}{0} a_{n+1} + (-1)^1 \binom{1}{1} a_n = 1.a_{n+1} - 1.a_n = a_{n+1} - a_n,$$

o que é verdadeiro, pela própria definição de $\Delta^1 a_n$, revelando que o resultado proposto é válido para $k = 1$.

Agora suponhamos que o resultado proposto seja verdadeiro para algum $k > 1$, ou seja, suponhamos que

$$\Delta^k a_n = \binom{k}{0} a_{n+k} - \binom{k}{1} a_{n+k-1} + \binom{k}{2} a_{n+k-2} + \ldots + (-1)^k \binom{k}{k} a_n.$$

Essa é a nosa hipótese da indução.

Por fim vamos provar que o resultado é válido para $k + 1$, ou seja,

$$\Delta^{k+1} a_n = \binom{k+1}{0} a_{n+k+1} - \binom{k+1}{1} a_{n+k} + \ldots + (-1)^{k+1} \binom{k+1}{k+1} a_n.$$

De fato,
$$\Delta^{k+1}a_n = \Delta^k a_{n+1} - \Delta^k a_n =$$
$$= \binom{k}{0}a_{n+1+k} - \binom{k}{1}a_{n+1+k-1} + \ldots + (-1)^k\binom{k}{k}a_{n+1}$$
$$- \left[\binom{k}{0}a_{n+k} - \binom{k}{1}a_{n+k-1} + \ldots + (-1)^{k-1}\binom{k}{k-1}a_{n+1} + (-1)^k\binom{k}{k}a_n\right]$$
$$= \underbrace{\binom{k}{0}}_{=\binom{k+1}{0}} a_{n+k+1} - \underbrace{\left[\binom{k}{1} + \binom{k}{0}\right]}_{=\binom{k+1}{1}} a_{n+k} + \ldots + (-1)^k \underbrace{\left[\binom{k}{k} + \binom{k}{k-1}\right]}_{=\binom{k+1}{k}} a_{n+1} -$$
$$(-1)^k \underbrace{\binom{k}{k}}_{\binom{k+1}{k+1}} a_n = \binom{k+1}{0}a_{n+k+1} - \binom{k+1}{1}a_{n+k} + \ldots + (-1)^k\binom{k+1}{k}a_{n+1}$$
$$+ (-1)^{k+1}\binom{k+1}{k+1}a_n,$$

o que prova a veracidade do resultado para $k+1$. ∎

Numa progressão aritmética de primeira ordem $(a_n)_{n\in\mathbb{N}}$, tem-se que $a_n = a_1 + (n-1)r$ e essa expressão pode ser reescrita como
$$a_n = \binom{n-1}{0}a_1 + \binom{n-1}{1}\Delta a_1, \quad \Delta a_1 = r.$$

Para o caso geral temos o seguinte teorema.

Teorema 6.11. *Se $(a_n)_{n\in\mathbb{N}}$ é uma progressão aritmética de ordem k, então*
$$a_n = \binom{n-1}{0}a_1 + \binom{n-1}{1}\Delta^1 a_1 + \ldots + \binom{n-1}{k-1}\Delta^{k-1}a_1 + \binom{n-1}{k}\Delta^k a_1.$$

Demonstração.

Para a sequência $(a_n)_{n\in\mathbb{N}}$ consideremos os seus k primeiros termos $a_1, a_2, \ldots, a_k$ e montemos uma estrutura semelhante ao Triângulo de Pascal em que o elemento da linha n e coluna h é a soma dos elementos contidos na linha $n-1$ das colunas $h-1$ e h.

a_1	a_2	a_3	$\ldots$	a_{k-1}	a_k
a_1	a_1+a_2	a_2+a_3	$\ldots$	$a_{k-2}+a_{k-1}$	$a_{k-1}+a_k$
a_1	$2a_1+a_2$	$a_1+2a_2+a_3$	$\ldots$	$\ldots$	$a_{k-2}+2a_{k-1}+a_k$
a_1	$3a_1+a_2$	$3a_1+3a_2+a_3$	$\ldots$	$\ldots$	$\ldots$

Nesta configuração, observe os coeficientes do a_1 nas 4 priemiras linhas:

$1a_1$	a_2	a_3	a_4
$1a_1$	$1a_1 + a_2$	$a_2 + a_3$	$a_3 + a_4$
$1a_1$	$2a_1 + a_2$	$1a_1 + 2a_2 + a_3$	$a_2 + 2a_3 + a_4$
$1a_1$	$3a_1 + a_2$	$3a_1 + 3a_2 + a_3$	$1a_1 + 3a_2 + 3a_3 + a_4$

$\binom{0}{0} = 1$

$\binom{1}{0} = 1 \quad \binom{1}{1} = 1$

$\binom{2}{0} = 1 \quad \binom{2}{1} = 2 \quad \binom{2}{2} = 1$

$\binom{3}{0} = 1 \quad \binom{3}{1} = 3 \quad \binom{3}{2} = 3 \quad \binom{3}{3} = 1$

ou seja, os coeficientes do a_1 nas 4 primeiras linhas são exatamente os mesmos do Triângulo de Pascal, o que nos sugere que o coeficiente do a_1 na coluna h e linha n é $\binom{n}{h}$.

No caso do elemento a_2, o triângulo e os coeficientes para as 4 primeiras linhas estão mostrados na configuração a seguir:

a_1	$1a_2$	a_3	a_4	a_5
a_1	$a_1 + 1a_2$	$1a_2 + a_3$	$a_3 + a_4$	$a_4 + a_5$
a_1	$2a_1 + 1a_2$	$a_1 + 2a_2 + a_3$	$1a_2 + 2a_3 + a_4$	$a_3 + 2a_4 + a_5$
a_1	$a_1 + 1a_2$	$3a_1 + 3a_2 + a_3$	$a_1 + 3a_2 + 3a_3 + a_4$	$1a_2 + 3a_3 + 3a_4 + a_5$

$0 \quad \binom{0}{0} = 1$

$0 \quad \binom{1}{0} = 1 \quad \binom{1}{1} = 1$

$0 \quad \binom{2}{0} = 1 \quad \binom{2}{1} = 2 \quad \binom{2}{2} = 1$

$0 \quad \binom{3}{0} = 1 \quad \binom{3}{1} = 3 \quad \binom{3}{2} = 3 \quad \binom{3}{3} = 1$

Note que esses coeficientes formam um "Triângulo de Pascal deslocado" à direita. Nesse caso, o coeficiente de a_2 na coluna h e linha n é $\binom{n}{h-1}$.

De maneira similar, analisando o coeficiente de a_3 nas três primeiras linhas do triângulo a seguir tem-se

$$
\begin{array}{ccccc}
a_1 & a_2 & 1a_3 & a_4 & a5 \\
a_1 & a_1+a_2 & a_2+1a_3 & 1a_3+a_4 & a_4+a_5 \\
a_1 & 2a_1+a_2 & a_1+2a_2+1a_3 & a_2+2a_3+a_4 & 1a_3+2a_4+a_5
\end{array}
$$

$$
\begin{array}{ccccc}
0 & 0 & \binom{0}{0} & & \\
0 & 0 & \binom{1}{0} & \binom{1}{1} & \\
0 & 0 & \binom{2}{0} & \binom{2}{1} & \binom{2}{2}
\end{array}
$$

um Triângulo de Pascal deslocado à direita com as duas primeiras colunas sendo nulas e o coeficiente de a_3 na linha n e coluna h sendo dado por $\binom{n}{h-2}$.

Essas verificações iniciais nos sugerem que $C_{a_j}(n,h)$ o coeficiente de a_j na coluna h e linha n é obtido a partir do Triângulo de Pascal (coeficientes de a_1) "deslocado" nos quais as $j-1$ primeiras colunas são nulas com

$$C_{a_j}(n,h) = \binom{n}{h-(j-1)} = \binom{n}{h+1-j}. \tag{6.5}$$

De fato, os coeficientes de a_1 formam o Triângulo de Pascal e se supusermos (6.5) válido para um certo n, também é válido para $n+1$ pois

$$
\begin{aligned}
C_{a_j}(n+1,h) &:= C_{a_j}(n,h-1) + C_{a_j}(n,h) \\
&= \binom{n}{h-1-(j-1)}a_j + \binom{n}{h-(j-1)}a_j \\
&= \left[\binom{n}{h-j} + \binom{n}{h-j+1}\right] a_j \\
&= \binom{n+1}{h-j+1}a_j = \binom{n+1}{h-(j-1)}a_j.
\end{aligned}
$$

Diante do exposto, por (6.5), tem-se que na configuração original do Triângulo o elemento $e(n,h)$ que está na linha n e coluna h é

$$
\begin{aligned}
e(n,h) &= \sum_{j=1}^{h+1} C_{a_j}(n,h)a_j = \sum_{j=1}^{h+1} \binom{n}{h-(j-1)} a_j \\
&= \binom{n}{h}a_1 + \binom{n}{h-1}a_2 + \binom{n}{h-2}a_3 + \ldots + \binom{n}{1}a_h + \binom{n}{0}a_{h+1}.
\end{aligned}
\tag{6.6}
$$

Observação 6.7. *Estamos considerando os valores da linha n e colunas h numeradas a partir do 0. Assim, o elemento $e(n, h)$ definido acima refere-se a um elemento do triângulo que se encontra na $(n + 1)$-ésima linha e $(h + 1)$-ésima coluna. Assim, o elemento $e^*(n, h)$ que se encontra na n-ésima linha e h-ésima coluna é obtido substituindo-se n por $n - 1$ e h por $h - 1$ em $e(n, h)$.*

$$e^*(n, h) = e(n - 1, h - 1)$$
$$= \sum_{j=1}^{h} C_{a_j}(n - 1, h - 1) a_j = \sum_{j=1}^{h} \binom{n-1}{h-1-(j-1)} C_{a_j}(n - 1, h - 1) a_j \quad (6.7)$$
$$= \binom{n-1}{h-1} a_1 + \binom{n-1}{h-2} a_2 + \ldots + \binom{n-1}{1} a_{h-1} + \binom{n-1}{0} a_h.$$

Para finalizar, consideremos o caso particular em que a sequência $(a_n)_{n \in \mathbb{N}}$ é uma progressão aritmética de ordem k e construímos a partir dela a seguinte configuração:

a_1	$\Delta^1 a_1$	$\Delta^2 a_1$	$\Delta^3 a_1$	$\Delta^4 a_1$	$\ldots$	$\Delta^{k-2} a_1$	$\Delta^{k-1} a_1$	$\Delta^k a_1$
a_1	a_2	$\Delta^1 a_2$	$\Delta^2 a_2$	$\Delta^3 a_2$	$\ldots$	$\ldots$	$\Delta^{k-2} a_2$	$\Delta^{k-1} a_2$
a_1	$a_1 + a_2$	a_3	$\Delta^1 a_3$	$\Delta^2 a_3$	$\ldots$	$\ldots$	$\Delta^{k-3} a_3$	$\Delta^{k-2} a_3$

Perceba que na construção "triangular" acima usamos o fato de que para todo $k \in \mathbb{N}$,

$$\Delta^{k-1} a_{n+1} = \Delta^{k-1} a_n + \Delta^k a_n,$$

a qual obedece ao mesmo tipo de construção empregada no Triângulo de Pascal. Ademais, o elemento a_n está na coluna $h = n - 1$ da linha $n - 1$ (não esqueça que as linha e colunas são enumeradas a partir do 0) pode ser obtido a partir de (6.6), em que a primeira linha do "triângulo" é dada por $a_1 = a_1$, $a_2 = \Delta^1 a_1$, $a_{k+1} = \Delta^k a_1$. Assim,

$$a_n = e(n-1, n-1) = \sum_{j=1}^{n} \binom{n-1}{n-1-(j-1)} a_j = \sum_{j=1}^{n} \binom{n-1}{n-j} a_j$$

$$= \binom{n-1}{n-1} a_1 + \binom{n-1}{n-2} \Delta^1 a_1 + \ldots + \binom{n-1}{n-k} \Delta^{k-1} a_1 + \binom{n-1}{n-(k+1)} \Delta^k a_1 +$$

$$\underbrace{\sum_{j=k+2}^{n} \binom{n-1}{n-j} \Delta^{j-1} a_1}_{=0}$$

$$= \binom{n-1}{0} a_1 + \binom{n-1}{1} \Delta^1 a_1 + \ldots + \binom{n-1}{k-1} \Delta^{k-1} a_1 + \binom{n-1}{k} \Delta^k a_1.$$

como queríamos demonstrar!

∎

Teorema 6.12. *Se $(a_n)_{n \in \mathbb{N}}$ é uma progressão aritmética de razão diferente de zero, então $a_1^k + a_2^k + \ldots + a_n^k$ é um polinômio de grau $k+1$ em n.*

Demonstração. Numa progressão atirmética,

$$a_j = a_{j-1} + r \Rightarrow a_j^{k+1} = (a_{j-1} + r)^{k+1}.$$

Então,

$$a_j^{k+1} = (a_{j-1} + r)^{k+1}$$

$$= a_{j-1}^{k+1} + \binom{k+1}{1} a_{j-1}^k . r^1 + \ldots + \binom{k+1}{i} a_{j-1}^{k+1-i} . r^i + \ldots + \binom{k+1}{k+1} r^{k+1},$$

ou seja,

$$a_j^{k+1} - a_{j-1}^{k+1} = \binom{k+1}{1} a_{j-1}^k r + \ldots + \binom{k+1}{i} a_{j-1}^{k+1-i} . r^i + \ldots + \binom{k+1}{k+1} r^{k+1}.$$

Fazendo $j = 2, \ldots, n+1$, segue que:

$$a_2^{k+1} - a_1^{k+1} = \binom{k+1}{1} a_1^k r + \ldots + \binom{k+1}{i} a_1^{k+1-i} . r^i + \ldots + \binom{k+1}{k+1} r^{k+1}.$$

$$a_3^{k+1} - a_2^{k+1} = \binom{k+1}{1} a_2^k r + \ldots + \binom{k+1}{i} a_2^{k+1-i} . r^i + \ldots + \binom{k+1}{k+1} r^{k+1}.$$

$$\vdots$$

$$a_{n+1}^{k+1} - a_n^{k+1} = \binom{k+1}{1} a_n^k r + \ldots + \binom{k+1}{i} a_n^{k+1-i} . r^i + \ldots + \binom{k+1}{k+1} r^{k+1}.$$

Progressões aritméticas de ordem superior   323

Adicionando membro a membro as igualdades acima, segue que:

$$a_{n+1}^{k+1} - a_1^{k+1} = \binom{k+1}{1} r(a_1^k + a_2^k + \ldots + a_n^k) + f(a_1, a_2, \ldots, a_n, r),$$

onde $f(a_1, a_2, \ldots, a_n, r)$ é um polinômio (em $n+1$ variáveis) que depende de $a_1, a_2, \ldots, a_n$ e r, onde as variáveis $a_1, a_2, \ldots, a_n$ aparecem com expoentes no máximo igual a $k-1$. Na verdade, como todos os termos $a_2, a_3, \ldots, a_n$ podem ser escritos em funcção do a_1 e de r, tem-se que $f(a_1, a_2, \ldots, a_n, r) = f(a_1, n, r)$. Por fim,

$$a_{n+1}^{k+1} - a_1^{k+1} = \binom{k+1}{1} r(a_1^k + a_2^k + \ldots + a_n^k) + f(a_1, n, r) \Rightarrow$$

$$a_1^k + a_2^k + \ldots + a_n^k = \frac{1}{r(k+1)} \left(a_{n+1}^{k+1} - a_1^{k+1} - f(a_1, n, r) \right).$$

Mas numa progressão aritmética, $a_j = a_1 + (j-1) + r$. Portanto,

$$a_1^k + a_2^k + \ldots + a_n^k = \frac{1}{r(k+1)} \left((a_1 + nr)^{k+1} - a_1^{k+1} - f(a_1, a_2, \ldots, a_n, r) \right).$$

Além disso,

$$(a_1 + nr)^{k+1} = a_1^{k+1} + \binom{k+1}{1} a_1^k \cdot nr + \ldots + \binom{k+1}{i} a_1^{k+1-i}(nr)^i + \ldots + (nr)^{k+1}$$

$$= r^{k+1} n^{k+1} + \ldots + \ldots + \binom{k+1}{i} a_1^{k+1-i}(nr)^i + \ldots + a_1^{k+1}$$

$$= r^{k+1} n^{k+1} + g(n, r, a_1),$$

onde $g(a_1, n, r)$ é um polinômio em que a variável n aparece com expoente no máximo k, o que revela que

$$a_1^k + a_2^k + \ldots + a_n^k = \frac{1}{r(k+1)} \left(r^{k+1} n^{k+1} + g(n, r, a_1) - a_1^{k+1} + f(a_1, n, r) \right)$$

$$= \frac{r^{k+1}}{r(k+1)} n^{k+1} + h(a_1, n, r),$$

onde $h(a_1, n, r) = \frac{g(n,r,a_1) - a_1^{k+1} + f(a_1,n,r)}{r(k+1)}$ é um polinômio em que a variável n aparece com expoente no máximo igual a k. Como $r \neq 0$ podemos concluir que $a_1^k + a_2^k + \ldots + a_n^k$ é um polinômio de grau $k+1$ em n, visto que o coeficiente de n^{k+1} é igual a $\frac{r^k}{k+1}$.

∎

Observação 6.8. *O teorema que acabamos de provar, revela que, em particular, se $k \in \mathbb{N}$, então $1^k + 2^k + 3^k + \ldots + n^k$ é um polinômio de grau $k+1$ em n.*

Corolário 6.1. *Se P é um polinômio de grau k, então $\sum_{j=1}^{n} P(j)$ é um polinômio de grau $k+1$ em n.*

Demonstração. Seja $p(x) = a_k x^k + a_{k-1} x^{k-1} + \ldots + a_1 x + a_0$ um polinômio de grau k e coeficientes complexos. Nesse caso,

$$\sum_{j=1}^{n} p(j) = p(1) + p(2) + p(3) + \ldots + p(n)$$
$$= (a_k 1^k + a_{k-1} 1^{k-1} + \ldots + a_1 x + a_0) + \ldots$$
$$+ (a_k n^k + a_{k-1} n^{k-1} + \ldots + a_1 n + a_0)$$
$$= a_k(1^k + 2^k + \ldots + n^k) + \text{termos de menor grau que } k.$$

Logo, pela observação acima de que $1^k + 2^k + \ldots + n^k$ é um polinômio de grau $k+1$ em n, fazendo com que o mesmo ocorra para o somatório $\sum_{j=1}^{n} p(j)$. ∎

Exemplo 6.41. *Use o teorema 6.12 para mostrar que*

$$1^2 + 2^2 + 3^2 + \ldots + n^2 = \frac{n(n+1)(2n+1)}{6}, \ \forall n \in \mathbb{N}.$$

Solução. Desde que $(1, 2, 3, \ldots, n)$ é um progressão aritmética, então $1^2 + 2^2 + 3^2 + \ldots + n^2$ é um polinômio de grau 3 em n, ou seja,

$$1^2 + 2^2 + 3^2 + \ldots + n^2 = An^3 + Bn^2 + Cn + D, \ \forall n \in \mathbb{N}.$$

Fazendo n assumir os valores $n = 1, 2, 3$ e 4, segue que:

$$\begin{cases} 1^2 = A.1^3 + B.1^2 + C.1 + D \\ 1^2 + 2^2 = A.2^3 + B.2^2 + C.2 + D \\ 1^2 + 2^2 + 3^2 = A.3^3 + B.3^2 + C.3 + D \\ 1^2 + 2^2 + 3^2 + 4^2 = A.4^3 + B.4^2 + C.4 + D \end{cases} \Rightarrow \begin{cases} A + B + C + D = 1 \\ 8A + 4b + 2C + D = 5 \\ 27A + 9B + 3C + D = 14 \\ 64A + 16B + 4C + D = 30 \end{cases}$$

Resolvendo esse sistema de equações lineares, encontramos:

$$A = \frac{1}{3}, B = \frac{1}{2}, C = \frac{1}{6} \text{ e } D = 0.$$

Portanto,

$$1^2 + 2^2 + 3^2 + \ldots + n^2 = \frac{1}{3}n^3 + \frac{1}{2}n^2 + \frac{1}{6}n$$
$$= \frac{2n^3 + 3n^2 + n}{6}$$
$$= \frac{2n^3 + 2n^2 + n^2 + n}{6}$$
$$= \frac{2n^2(n+1) + n(n+1)}{6}$$
$$= \frac{(n+1)(2n^2 + n)}{6}$$
$$= \frac{n(n+1)(2n+1)}{6}$$

∎

Teorema 6.13. *Uma sequência $(a_n)_{n \in \mathbb{N}}$ é uma progressão aritmética de ordem k se, e somente se, a_n é um polinômio de grau k em n.*

Demonstração. ($\Rightarrow$) Vamos fazer a demonstração por indução sobre k. O Teorema 6.7 mostra que o resultado é válido para $k = 1$. Suponhamos agora que o resultado seja verdadeiro para $k \in \{2, 3, \ldots s\}$ (hipótese da indução forte). Por fim, vamos provar que o resultado é válido para $k = s + 1$. De fato, se $(a_n)_{n \geq 0}$ é uma progressão artimética de ordem $s+1$, segue que $(b_n)_{n \geq 0} = (\Delta a_n)_{n \geq 0}$ é uma progressão aritmética de ordem s e pela hipótese da indução, $b_n = \Delta a_n$ é um polinômio de grau s na variável n, ademais o corolário 6.1 implica que $\sum_{k=1}^{n-1} b_k$ é um polinômio do grau $s+1$ em $n-1$. Por fim,

$$\sum_{k=1}^{n-1} b_k = a_n - a_1$$

é um polinômio de grau $s + 1$ na variável n.

($\Leftarrow$) Se a_n é um polinômio de grau $s + 1$ em n, ou seja,

$$a_n = b_{s+1}n^{s+1} + b_s n^s + \ldots + b_1 n + b_0, \text{ com } b_{s+1}, \ldots, b_s \in \mathbb{R}.$$

Assim,

$$\begin{aligned}\Delta a_n &= a_{n+1} - a_n \\ &= (b_{s+1}(n+1)^{s+1} + b_s(n+1)^s + \ldots + b_1(n+1) + b_0) \\ &\quad - (b_{s+1}n^{s+1} + b_s n^s + \ldots + b_1 n + b_0) \\ &= \left[\binom{s+1}{1}b_{s+1} + \binom{s}{1}b_s + b_s\right]n^s + \text{termos de grau} < s,\end{aligned}$$

o que revela que Δa_n é um polinômio de grau s em n. Pela hipótese da indução a sequência $(\Delta a_n)_{n \in \mathbb{N}}$ é uma progressão aritmética de ordem s, o que nos garante que a sequência $(a_n)_{n \in \mathbb{N}}$ é uma progressão atirmética de ordem $s+1$, finalizando a demonstração. ∎

Proposição 6.4. *Dada uma progressão aritmética $(a_n)_{n \in \mathbb{N}}$ de ordem k, se p é um polinômio de grau k e coeficiente dominante c tal que $a_n = p(n)$ para todo $n \in \mathbb{N}$, então $\Delta^k a_n = k!c$.*

Demonstração. Ora, como estamos supondo que a sequência $(a_n)_{n \in \mathbb{N}}$ é uma progressão artimética de ordem k, pelo Teorema (6.13), existe um polinômio p de grau k tal que $a_n = p(n)$ pata todo $n \in \mathbb{N}$. Suponha que

$$p(x) = cx^k + bx^{k-1} + \text{(termos de menor grau)}.$$

Nesse caso,
$$a_n = cn^k + bn^{k-1} + \text{(termos de menor grau)}.$$

Portanto,

$$\begin{aligned}\Delta^1 a_n &= a_{n+1} - a_n \\ &= p(n+1) - p(n) \\ &= c[(n+1)^k - n^k] + b[(n+1)^{k-1} - n^{k-1}] + \text{(termos de menor grau)} \\ &= ckn^{k-1} + \text{(termos de menor grau)},\end{aligned}$$

ou seja, $\Delta^1 a_n = p_1(n)$, onde $p_1(n) = ckn^{k-1} + \text{(termos de menor grau)}$ é um polinômio de grau $k-1$ e coeficiente dominante kc. De modo completamente análogo, podemos calcular $\Delta^2 a_n = \Delta^1 a_{n+1} - \Delta^1 a_n$. Nesse caso chagaremos que $\Delta^2 a_n p_2(n)$, onde $p_2(n)$ é uma polinômio de grau $k-2$ e coeficiente dominante $ck(k-1)$. Repetindo esse mesmo processo por mais $k-2$ vezes, chegaremos a conclusão que $\Delta^k a_n = ck!$. ∎

Exemplo 6.42. *Mostre que para todo $k \in \mathbb{N}$, a sequência $(1^k, 2^k, 3^k, \ldots, n^k, \ldots)$ é uma progressão aritmética de ordem k. Além disso, mostre que $\Delta^k a_n = k!$ para todo $k \in \mathbb{N}$.*

Progressões aritméticas de ordem superior 327

Solução. De fato, note que $a_n = p(n)$, onde $p(x) = x^k$. Como nesse caso o coeficiente dominante do polinômio $p(n)$ é igual a 1, segue pela Proposição (6.4) que para essa sequência temos que $\Delta^k a_n = k!$. ■

Exemplo 6.43. *Determine o termo a_n para a progressão aritmética de ordem 4 definida por*

$$(a_n)_{n \in \mathbb{N}} = (1, 6, 20, 50, 105, 196, 336, \ldots).$$

Solução. Inicialmente, determinemos as sequências $(\Delta a_n)_{n\in\mathbb{N}}$, $(\Delta^2 a_n)_{n\in\mathbb{N}}$, $(\Delta^3 a_n)_{n\in\mathbb{N}}$ e $(\Delta^4 a_n)_{n\in\mathbb{N}}$.

$$(\Delta a_n)_{n\in\mathbb{N}} = (5, 14, 30, 55, 91, 140, \ldots)$$
$$(\Delta^2 a_n)_{n\in\mathbb{N}} = (9, 16, 25, 36, 49, \ldots)$$
$$(\Delta^3 a_n)_{n\in\mathbb{N}} = (7, 9, 11, 13, \ldots)$$
$$(\Delta^4 a_n)_{n\in\mathbb{N}} = (2, 2, 2, 2, \ldots).$$

Pelo teorema 6.11 segue-se que

$$a_n = \binom{n-1}{0} a_1 + \binom{n-1}{1} \Delta^1 a_1 + \ldots + \binom{n-1}{1} \Delta^4 a_1$$
$$= \binom{n-1}{0}.1 + \binom{n-1}{1}.5 + \binom{n-1}{2}.9 + \binom{n-1}{3}.7 + \binom{n-1}{1}.2$$
$$= \frac{1}{12}(n^4 + 4n^3 + 5n^2 + 2n).$$

■

Observação 6.9. *Uma alternativa seria a seguinte: $(a_n)_{n \geq \mathbb{N}}$ é uma progressão aritmética de ordem 4, segue do teorema 6.13 que a_n é dado por um polinômio de grau 4 em n. Ou seja, existem $a, b, c, d, e \in \mathbb{R}$ tais que $a_n = an^4 + bn^3 + cn^2 + dn + e$. Assim,*

$$\begin{cases} a_1 = 1 \\ a_2 = 6 \\ a_3 = 20 \\ a_4 = 50 \\ a_5 = 105 \end{cases} \Rightarrow \begin{cases} a.1^4 + b.1^3 + c.1^2 + d.1 + e = 1 \\ a.2^4 + b.2^3 + c.2^2 + d.2 + e = 6 \\ a.3^4 + b.3^3 + c.3^2 + d.3 + e = 20 \\ a.4^4 + b.4^3 + c.4^2 + d.4 + e = 50 \\ a.5^4 + b.5^3 + c.5^2 + d.5 + e = 1 \end{cases} \Rightarrow \begin{cases} a = \frac{1}{12} \\ b = \frac{1}{3} \\ c = \frac{5}{12} \\ d = \frac{1}{6} \\ e = 0. \end{cases}$$

Portanto

$$a_n = \frac{1}{12} n^4 + \frac{1}{3} n^3 + \frac{5}{12} n^2 + \frac{1}{6} n.$$

Exemplo 6.44 (AIME). *Sejam $x_1, x_2, \ldots, x_7$ números reais tais que*

$$\begin{cases} x_1 + 4x_2 + 9x_3 + 16x_4 + 25x_5 + 36x_6 + 49x_7 = 1 \\ 4x_1 + 9x_2 + 16x_3 + 25x_4 + 36x_5 + 29x_6 + 64x_7 = 12 \\ 9x_1 + 16x_2 + 25x_3 + 36x_4 + 49x_5 + 64x_6 + 81x_7 = 123 \end{cases}$$

Determine o valor de $16x_1 + 25x_2 + 36x_3 + 49x_4 + 64x_5 + 81x_6 + 100x_7$.

Solução. Defina o polinômio p de grau 2 da seguinte forma:

$$p(x) = (x+1)^2 x_1 + (x+2)^2 x_2 + (x+3)^2 x_3 + \ldots + (x+7)^2 x_7.$$

Note que:

$$\begin{aligned} p(0) &= (0+1)^2 x_1 + (0+2)^2 x_2 + (0+3)^2 x_3 \ldots + (0+7)^2 x_7 \\ &= x_1 + 4x_2 + 9x_3 + 16x_4 + 25x_5 + 36x_6 + 49x_7 \\ &= 1 \end{aligned}$$

$$\begin{aligned} p(1) &= (1+1)^2 x_1 + (1+2)^2 x_2 + (1+3)^2 x_3 \ldots + (1+7)^2 x_7 \\ &= 4x_1 + 9x_2 + 16x_3 + 25x_4 + 36x_5 + 29x_6 + 64x_7 \\ &= 12 \end{aligned}$$

$$\begin{aligned} p(2) &= (2+1)^2 x_1 + (2+2)^2 x_2 + (2+3)^2 x_3 \ldots + (2+7)^2 x_7 \\ &= 9x_1 + 16x_2 + 25x_3 + 36x_4 + 49x_5 + 64x_6 + 81x_7 \\ &= 123 \end{aligned}$$

$$p(3) = 16x_1 + 25x_2 + 36x_3 + 49x_4 + 64x_5 + 81x_6 + 100x_7.$$

Por outro lado, como p é um polinômio de grau 2, pelo Teorema 6.13 segue que a sequência $(p(0), p(1), p(2), p(3), \ldots) = (1, 12, 123, p(3), \ldots)$ é uma progressão aritmética de ordem 2. Assim, a sequência $(12 - 1, 123 - 12, p(3) - 123, \ldots) = (11, 111, p(3) - 123, \ldots)$ é uma progressão aritmética de ordem 1. A razão dessa progressão aritmética é $r = 111 - 11 = 100$. Portanto,

$$p(3) - 123 = 111 + 100 \Rightarrow p(3) = 334,$$

o que revela que $16x_1 + 25x_2 + 36x_3 + 49x_4 + 64x_5 + 81x_6 + 100x_7 = 334$. ∎

Exemplo 6.45 (OBMEP). *A Figura abaixo mostra castelos de cartas de 1, 2 e 3 andares. De quantos baralhos de 52 cartas precisamos, no mínimo, para construir um castelo de 10 andares?*

Figura 6.5

Solução. Seja a_n o número de cartas necessárias para montarmos um castelo com n andares. Enumerando os andares de cima para baixo, segue que $a_1 = 2$, $a_2 = 7$, $a_3 = 15$ conforme indicado na figura 6.5. Para determinar o próximo termo da sequência, basta notar que $a_4 = a_3 + 3 + 2.4 = 26$ (são acrescentadas 3 cartas na base do triângulo da etapa anterior e mais 4 triângulos, sem base, com duas castas cada um). De um modo geral, $a_{n+1} = a_n + n + 2(n+1) = a_n + 3n + 2$, para todo $n \in \mathbb{N}$. Isso nos permite concluir que $a_{n+1} - a_n = 3n + 2$, para todo $n \in \mathbb{N}$. Ora, como $b_n = 3n + 2$ é o termo geral de uma progressão aritmética, segue que a sequência $(a_n)_{n \in \mathbb{N}}$ é uma progressão aritmética de segunda ordem. Assim,

$$a_n = \binom{n-1}{0} a_1 + \binom{n-1}{1} \Delta a_1 + \binom{n-1}{2} \Delta^2 a_1$$
$$= \binom{n-1}{0}.2 + \binom{n-1}{1}.5 + \binom{n-1}{2}.3$$
$$= 1.2 + (n-1).5 + \frac{(n-1)(n-2)}{2}.3$$
$$= \frac{n(3n+1)}{2}.$$

Portanto, num castelo de 10 andares existem $a_{10} = \frac{10(3.10+1)}{2} = 155$ cartas. Ora, como cada baralho possui 52 cartas, concluímos que 3 baralhos são suficientes.

∎

6.5. Progressões geométricas

Nesta seção apresentaremos as *Progressões Geométricas* (PG) e suas principais propriedades. Essa sequências estão intimamente relacionadas com o crescimento ou decrescimento exponencial do ponto de vista discreto. Ao final dessa seção vamos estabelecer a íntima relação entre as progressões geométricas e as funções exponenciais. Essas sequências também servem de ferramenta natural para abordarmos várias questões relacionadas com os rudimentos da *Matemática* Financeira, como mostraremos a partir de vários exemplos no final desta seção.

Definição 6.6. *Uma sequência numérica* $(a_n)_{n\geq 1}$ *é dita uma progressão geométrica quando existe uma constante real q tal que para todo* $n \in \mathbb{N}$ *tem-se que* $\frac{a_n}{a_{n-1}} = q$. *Essa constante q é dita a* razão *da progressão geométrica.*

Por exemplo, a sequência cujos elementos são as potências de 3 com expoentes positivos $(3, 9, 27, 81 \ldots)$ é uma progressão geométrica cuja razão é $r = 3$. Um caso particular é o caso de uma sequência constante como, por exemplo, $(3, 3, 3, 3 \ldots)$, cuja razão é $q = 1$ (essa progressão geométrica é dita constante). Na verdade, dependendo do valor do seu primeiro termo a_1 e da sua razão q, uma progressão geométrica pode ser classificada como *crescente* se à medida que n avança no conjunto dos números naturais os valores dos seus termos a_n vão ficando cada vez maiores; *decrescente*, se n avança no conjunto dos números naturais os valores dos seus termos a_n vão ficando cada vez menores e constante se todos os seus termos a_n são iguais ou ainda *oscilante*, se à medida que n avança no conjunto dos números naturais seus termos a_n alternam de sinal.

Por exemplo, a PG $(3, 9, 27, 81 \ldots)$ é crescente; $\left(1, \frac{1}{3}, \frac{1}{9}, \frac{1}{27}, \ldots\right)$ é decrescente; $(3, 3, 3, 3 \ldots)$ é uma PG constante e por fim $(-1, 2, -4, 8, \ldots)$ é uma P.G. oscilante de razão $q = -2$.

Analogamente ao que ocorreu nas progressões aritméticas, nos problemas relacionados com as progressões geométricas é bastante comum a necessidade de encontrarmos um termo específico da sequência. Para isso estabeleceremos a seguir a chamada fórmula do termo geral ou do a_n. É simples, basta observar que numa progresssão geométrica para passarmos de um termo para o seguinte, basta multiplicarmos pelo valor q da razão da P.G., conforme ilustramos a seguir:

$$a_1, \ a_2 = a_1 \cdot q, \ a_3 = a_1 \cdot q^2, \ldots, \ a_n = a_1 \cdot q^{n-1}, \ldots$$

Note que para "sairmos" do a_1 e chegarmos ao a_n basta avançarmos $n - 1$ termos, o que equivale a multiplicarmos a razão $n - 1$ vezes, o que justifica a igualdade $a_n = a_1 \cdot q^{n-1}$. Esse mesmo raciocínio se aplica para "saírmos" de um termo qualquer a_k e quisermos "chegar" a um termo a_s, ou seja, devemos nesse caso, multiplicar $s - k$ vezes a razão, o que explica a igualdade $a_s = a_k \cdot q^{s-k}$.

Progressões geométricas

Observação 6.10. *Como consequência direta dessa fórmula podemos estabelecer a seguinte propriedade: Se a_p, a_k, a_s e a_t são termos quaisquer de uma progressão geométrica $(a_n)_{n\geq 1}$ de razão $q \neq 1$, então*

$$a_p \cdot a_k = a_s \cdot a_t \Leftrightarrow p + k = s + t.$$

De fato,

$$a_p \cdot a_k = a_s \cdot a_t \Leftrightarrow a_1 \cdot q^{p-1} \cdot a_1 \cdot q^{k-1} = a_1 \cdot q^{s-1} \cdot a_1 \cdot q^{t-1} \Leftrightarrow$$

$$q^{p+k-2} = q^{s+t-2} \Leftrightarrow p+k-2 = s+t-2 \Leftrightarrow p+k = s+t.$$

ou seja, numa P.G. não constante, o produto de dois termos é igual ao produto de outros dois termos se, e somente se, a soma dos índices desses termos é a mesma.

Da mesma forma que no caso das progressões aritméticas, uma outra necessidade muito comum em problemas cuja solução passa por uma progressão geométrica é calcular a soma de uma certa quantidade (finita) dos termos da sequência.

Se $q = 1$, todos os termos da P.G. são iguais a a_1. Nesse caso,

$$S_n = a_1 + a_2 + \ldots + a_n = na_1.$$

Se $q \neq 1$, tem-se que

$$S_n = a_1 + a_2 + \ldots + a_n$$
$$= a_1 + a_1q + a_1q^2 + \ldots + a_1q^{n-1}.$$

Multiplicando essa última igualdade pela razão q, obtemos:

$$\begin{cases} S_n = a_1 + a_1q + a_1q^2 + \ldots + a_1q^{n-1} \\ qS_n = a_1q + a_1q^2 + a_1q^3 + \ldots + a_1q^n \end{cases}$$

subtraindo membro a membro essas duas igualdades, segue que:

$$qS_n - S_n = a_1q^n - a_1 = a_1(q^n - 1) \Rightarrow S_n = \frac{a_1(q^n - 1)}{q - 1}.$$

Resumindo, a soma dos n primeiros termos de uma P.G. é dada por

$$S_n = \begin{cases} na_1, & \text{se } q = 1; \\ \dfrac{a_1(q^n - 1)}{q - 1}, & \text{se } q \neq 1. \end{cases}$$

Observação 6.11. *Mais uma vez, como no caso das progressões aritméticas, há situações em que surge a necessidade de considerarmos apenas uma quantidade finita de termos de uma progressão geométrica. Há algumas notações especiais que podem agilizar a solução desses problemas em alguns casos particulares. Por exemplo, quando queremos considerar uma quantidade ímpar de termos em P.G., começamos pondo o termo central (digamos x) e a cada termo que avançamos para a direita multiplicamos pela a razão q e para a esquerda dividimos pelo o mesmo valor q. Por exemplo, para considerar 3 ou 5 termos consecutivos de uma P.G. é conveniente usarmos as seguintes representações: $(\frac{x}{q}, x, xq)$ e $(\frac{x}{q^2}, \frac{x}{q}, x, xq, xq^2)$. Já para uma quantidade par de termos consecutivos em P.G., a notação conveniente é um pouco mais chata. Para 4 termos consecutivos de uma P.G., por exemplo, a notação conveniente é $(\frac{x}{y^3}, \frac{x}{y}, xy, xy^3)$, que estão em P.G. de razão $q = y^2$.*

6.5.1. Soma dos termos de uma progressão geométrica infinita

Agora vamos tratar da chamada soma dos termos de uma P.G. infinita. Vamos mostrar que no caso em que uma P.G. (infinita) com razão q, tal que $|q| < 1$, a soma dos seus termos $S = a_1 + a_2 + a_3 + \ldots$, apesar de ter infinitos termos, converge (se "aproxima") de um número real, chamado de soma da P.G. infinita.

Teorema 6.14 (Soma de uma P.G. infinita). *Se a sequência $(a_1, a_2, a_3, \ldots,)$ é uma P.G. infinita cuja razão é q, com $|q| < 1$, então a soma S de todos os seus termos é dada por*

$$S = \frac{a_1}{1-q}.$$

Demonstração. Dada uma sequência $(a_1, a_2, a_3, \ldots,)$, podemos construir a partir dela uma nova sequência $(S_n)_{n \geq 1}$ cujos termos são chamados de *soma parciais* da sequência original. Mais explicitamente,

$$\begin{aligned} S_1 &= a_1 \\ S_2 &= a_1 + a_2 \\ S_3 &= a_1 + a_2 + a_3 \\ &\vdots \\ S_n &= a_1 + a_2 + a_3 + \ldots + a_n \end{aligned}$$

Definimos a soma dos termos da sequência original como sendo o limite quando n tende ao infinito da sequência $(S_n)_{n \geq 1}$ das somas parciais, isto é, $S = \lim_{n \to \infty} S_n$.

No caso de uma P.G., já sabemos que $S_n = \frac{a_1(q^n-1)}{q-1}$. Portanto,

$$S = \lim_{n\to\infty} S_n = \lim_{n\to\infty} \frac{a_1(q^n-1)}{q-1} = \frac{a_1}{1-q}.$$

Note que usamos o fato de que $|q| < 1$ para concluir que $\lim_{n\to\infty} q^n = 0$.

∎

No início deste capítulo mostramos que as funções afins e as progressões aritméticas estão intimamente relacionas. Para finalizar esta seção vamos mostrar uma íntima relação existente entre as funções do tipo exponencial e as progressões geométricas.

Inicialmente note que uma função do tipo exponencial, ou seja, uma função $f : \mathbb{R} \to \mathbb{R}$ dada por $f(x) = ba^x$, com $a, b \in \mathbb{R}, b \neq 0$ e $0 < a \neq 1$ transforma uma progressão aritmética $(x_1, x_2, \ldots, x_n, \ldots)$ de razão r numa progressão geométrica $(f(x_1), f(x_2), \ldots, f(x_n), \ldots)$ de razão a^r. De fato,

$$\frac{f(x_{n+1})}{f(x_n)} = \frac{ba^{x_{n+1}}}{ba^{x_n}} = a^{x_{n+1}-x_n} = a^r.$$

Para finalizar vamos mostrar que as funções do tipo exponencial são as únicas funções que transformam progressões aritméticas em progressões geométricas. Para isso precisaremos do teorema a seguir.

Teorema 6.15 (Teorema de caracterização das funções exponenciais). *Considere que $f : \mathbb{R} \to \mathbb{R}^+$ seja uma função monótona e injetiva (isto é, estritamente crescente ou estritamente decrescente). As seguintes afirmações são equivalentes:*
  (a) $f(nx) = (f(x))^n$ para todo $x \in \mathbb{Z}$ e para todo $x \in \mathbb{R}$;
  (b) $f(x) = a^x$ para todo $x \in \mathbb{R}$, onde $a = f(1)$;
  (c) $f(x+y) = f(x) \cdot f(y)$ para quaisquer $x, y \in \mathbb{R}$.

Por ser um teorema tipicamente de funções reais que exige noções de continuidade e fugir do nosso enfoque, que é o estudo das progressões geométricas não vamos demonstrar esse teorema aqui (vamos apenas usá-lo como ferramenta). Mas a sua demonstração pode ser encontrada em [30].

Teorema 6.16 (Funções exponenciais × Progressões geométricas). *Considere que $f : \mathbb{R} \to \mathbb{R}^+$ seja uma função montótona injetiva (isto é estritamente crescente ou estritamente decrescente) que transforma toda progressão aritmética $(x_1, x_2, \ldots, x_n, \ldots)$ numa progressão geométrica $(f(x_1), f(x_2), \ldots, f(x_n), \ldots)$ de razão q. Definindo $b = f(0)$ e $a = \frac{f(1)}{f(0)}$, teremos $f(x) = ba^x$ para todo $x \in \mathbb{R}$.*

Demonstração. Considere que $b = f(0)$. Como f é monótona e injetiva, segue que a função $g : \mathbb{R} \to \mathbb{R}^+$ dada por $g(x) = \frac{f(x)}{b}$ também é monótona e injetiva. Além disso, se $(x_1, x_2, \ldots, x_n, \ldots)$ é uma progressão aritmética de razão r, segue que

$$\frac{g(x_{n+1})}{g(x_n)} = \frac{\frac{f(x_{n+1})}{b}}{\frac{f(x_n)}{b}} = \frac{f(x_{n+1})}{f(x_n)} = q,$$

onde q é a razão da progressão geométrica $(f(x_1), f(x_2), \ldots, f(x_n), \ldots)$, que revela que a sequência $(g(x_1), g(x_2), \ldots, g(x_n), \ldots)$ também é uma progressão geométrica de razão q, ou seja, a função g também transforma progressões aritméticas em progressões geométricas. Dado $x \in \mathbb{R}$, $(-x, 0, x)$ é uma progressão aritmética, o que implica que $(g(-x), g(0), g(x))$ é uma progressão geométrica. Ora, como $g(0) = \frac{f(0)}{b} = \frac{ba^0}{b} = \frac{b.1}{b} = 1$, segue que

$$q = \frac{g(x)}{g(0)} = \frac{g(0)}{g(-x)} \Rightarrow \frac{g(x)}{1} = \frac{1}{g(-x)} \Rightarrow g(-x) = \frac{1}{g(x)}.$$

Se $n \in \mathbb{N}$, a sequência $(0, x, 2x, \ldots, nx)$ é uma progressão artimética, o que nos permite concluir que $(g(0) = 1, g(x), g(2x), \ldots, g(nx))$ é uma progressão geométrica de razão $q = \frac{g(x)}{g(0)} = \frac{g(x)}{1} = g(x)$. Usando a fórmula do termo geral de uma progressão geométrica $a_{n+1} = a_1.q^n$, tem-se que

$$g(nx) = g(0).(g(x))^n \Rightarrow g(nx) = (g(x))^n.$$

Por fim, se n é um inteiro negativo, então tem-se que $-n$ é um inteiro positivo e lembrando que $g(-x) = \frac{1}{g(x)}$ para todo $x \in \mathbb{R}$, segue-se que:

$$g(-nx) = \begin{cases} \frac{1}{g(nx)} \\ (g(x))^{-n} \end{cases} \Rightarrow \frac{1}{g(nx)} = (g(x))^{-n} \Rightarrow$$

$$\frac{1}{g(nx)} = \frac{1}{(g(x))^n} \Rightarrow g(nx) = (g(x))^n.$$

Portanto $g(nx) = (g(x))^n$ para todo $x \in \mathbb{R}$ e $n \in \mathbb{Z}$. Por fim, pelo Teorema 6.16 segue que $g(x) = a^x$, onde $a = g(1) = \frac{f(1)}{f(0)}$. Ora, como $g(x) = \frac{f(x)}{b}$, segue que $f(x) = bg(x) \Rightarrow f(x) = ba^x$ para todo $x \in \mathbb{R}$.

∎

Note que, ao restrigirmos a função $f : \mathbb{R} \to \mathbb{R}^+$ tal que $f(x) = ba^x$, com $a, b \in \mathbb{R}$, $b \neq 0$, $0 < a \neq 1$ ao conjunto $\mathbb{N}$ temos que a sequência $(a_n)_{n \in \mathbb{N}}$ dada por $a_n = f(n)$ é uma progressão geométrica. Geometricamente os pontos $(n, a_n = f(n))$ estão localizados sobre o gráfico de f como ilustra a figura a seguir:

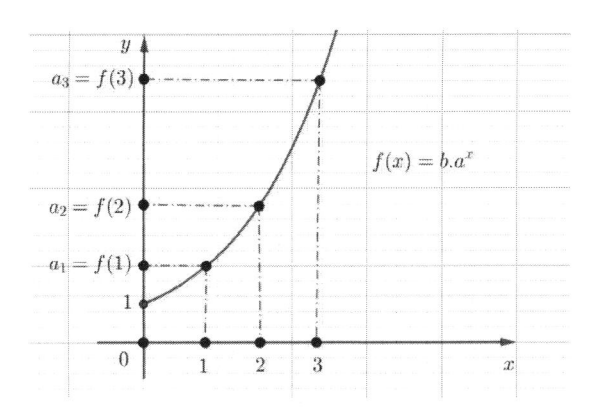

Figura 6.6: Gráfico da função $f(x) = b.a^x$

Exemplo 6.46. *Calcule a soma* $S = 1 + \frac{2}{2} + \frac{3}{4} + \frac{4}{8} + \frac{5}{16} + \ldots$

Solução. Podemos obervar os termos que compõe a soma da seguinte forma:

$$1 \longrightarrow 1$$
$$\frac{2}{2} \longrightarrow \frac{1}{2} + \frac{1}{2}$$
$$\frac{3}{4} \longrightarrow \frac{1}{4} + \frac{1}{4} + \frac{1}{4}$$
$$\frac{4}{8} \longrightarrow \frac{1}{8} + \frac{1}{8} + \frac{1}{8} + \frac{1}{8}$$
$$\frac{5}{16} \longrightarrow \frac{1}{16} + \frac{1}{16} + \frac{1}{16} + \frac{1}{16} + \frac{1}{16}$$
$$\vdots \longrightarrow \vdots$$

Adicionando as colunas, (que formam P.G.'s infinitas de razão $\frac{1}{2}$), segue que:

$$S = \frac{1}{1-\frac{1}{2}} + \frac{1/2}{1-\frac{1}{2}} + \frac{1/4}{1-\frac{1}{2}} + \frac{1/8}{1-\frac{1}{2}} + \ldots = 2 + 1 + \frac{1}{2} + \frac{1}{4} + \frac{1}{8} + \ldots$$

$$= \frac{2}{1-\frac{1}{2}} = 4.$$

∎

Exemplo 6.47 (OMRN-2017). *Seja A o conjunto dos inteiros positivos que possuem (em sua decomposição) os fatores primos distintos de 2, 3 ou 5. A soma dos inversos dos elementos de A é*

$$S = \frac{1}{1} + \frac{1}{2} + \frac{1}{3} + \frac{1}{4} + \frac{1}{5} + \frac{1}{6} + \frac{1}{8} + \frac{1}{10} + \frac{1}{12} + \frac{1}{15} + \frac{1}{16} + \frac{1}{18} + \frac{1}{20} + \ldots$$

e pode ser expressa na forma $\frac{a}{b}$, com a e b números inteiros postivos relativamente primos, isto é, que satisfazem $mdc(a, b) = 1$. Qual o valor de $a + b$?

Solução. Note que nos denominadores das frações dessa soma com infinitas parcelas são números naturais cujos fatores são 2, 3 ou 5. Assim,

$$S = \frac{1}{1} + \frac{1}{2} + \frac{1}{3} + \frac{1}{4} + \frac{1}{5} + \frac{1}{6} + \frac{1}{8} + \frac{1}{10} + \frac{1}{12} + \frac{1}{15} + \frac{1}{16} + \frac{1}{18} + \frac{1}{20} + \ldots$$
$$= \sum_{a,b,c \geq 0} \frac{1}{2^a} \cdot \frac{1}{3^b} \cdot \frac{1}{5^c} = \sum_{a \geq 0} \frac{1}{2^a} \cdot \sum_{b \geq 0} \frac{1}{3^b} \cdot \sum_{c \geq 0} \frac{1}{5^c} = \frac{1}{1-\frac{1}{2}} \cdot \frac{1}{1-\frac{1}{3}} \cdot \frac{1}{1-\frac{1}{5}} = \frac{15}{4}.$$

Assim $\frac{a}{b} = \frac{15}{4}$, i.e., $a = 15$ e $b = 4$, o que revela que $a + b = 19$. ■

Exemplo 6.48 (UFRN-1992). *Uma bola de borracha atinge 60% da altura em que foi largada, após bater no chão. Se ele for solta de uma altura de 2 metros, que distância ela percorrerá até parar?*

Solução. A primeira distância percorrida pela bola é, evidentemente, 2 metros. Ao sofrer a primeira colisão contra o solo, ela sobre até a altura de $0,60 \times 2m = 1,2m$. A seguir ela desce essa mesma altura de $1,2m$ até colidir novamente com o solo e em seguida sobre até a altura de $0,60 \times 1,2 = 0,72m$, desce essa mesma altura até colidir com o solo novamante e assim sucessivamente. Diante do exposto, a distência total percorrida pela bola até parar é

$$d = 2 + 2 \cdot 1,2 + 2 \cdot 0,72 + \ldots = 2 + 2(1,2 + 0,72 + \ldots)$$
$$= 2 + 2\frac{1,2}{1 - 0,60} = 8m.$$

■

Exemplo 6.49. *Calcule o valor da soma*

$$S = 1 + 11 + 111 + \ldots + \underbrace{111\ldots1}_{n \text{ algarismos}}.$$

Solução. Podemos escrever:

$$S = 1 + 11 + 111 + \ldots + \underbrace{111\ldots 1}_{n \text{ algarismos}}$$

$$= \frac{10^1 - 1}{9} + \frac{10^2 - 1}{9} + \frac{10^3 - 1}{9} + \ldots + \frac{10^n - 1}{9}$$

$$= \frac{1}{9}\left[10^1 + 10^2 + 10^3 + \ldots + 10^n - \underbrace{(1 + 1 + \ldots + 1)}_{n \text{ parcelas}}\right]$$

$$= \frac{1}{9}\left[\frac{10(10^n - 1)}{10 - 1} - n\right] = \frac{1}{9} \cdot \frac{10^{n+1} - 10 - 9n}{9} = \frac{10^{n+1} - 9n - 10}{81}.$$

∎

Exemplo 6.50. *Número perfeito é aquele que é igual à metade da soma dos seus divisores positivos. Por exemplo, 6 é perfeito, pois a soma dos seus divisores positivos é $1 + 2 + 3 + 6 = 12$. Prove que, se $2^p - 1$ é um número primo, então $2^{p-1}(2^p - 1)$ é um número perfeito.*

Solução. De fato, se $2^p - 1$ é um número primo, seus únicos divisores positivos são o 1 e $2^p - 1$. Com isso, os divisores do número $2^{p-1}(2^p - 1)$ são os números

$$1, 2, \ldots, 2^{p-1}, 2^p - 1, 2(2^p - 1), \ldots, 2^{p-1}(2^p - 1).$$

A soma te todos esses divisores é:

$$1 + 2 + \ldots + 2^{p-1} + (2^p - 1)(1 + 2 + \ldots + 2^{p-1}) =$$
$$(1 + 2 + \ldots + 2^{p-1})(1 + 2^p - 1) = \frac{1(2^p - 1)}{2 - 1} \cdot 2^p =$$
$$= 2.2^{p-1}(2^p - 1),$$

o que revela que $2^{p-1}(2^p - 1)$ é um número perfeito, visto que a soma dos seus divisores positivos é o dobro dele mesmo.

∎

Exemplo 6.51. *A espessura de uma folha de estanho é de $0,1mm$. Forma-se uma linha dessas folhas colocando-se uma folha na primeira vez e, em cada uma das vezes seguintes, tantas quantas já houverem sido colocadas anteriormente. Depois de quantas vezes a altura dessa pilha ultrapassará a altura de um edifício de 20 andares, que possui cerca de 60 metros?*

Solução. Na primeira etapa coloca-se $a_1 = 1$ folha, na segunda etapa mais 1 folha, ficando então com $a_2 = 1 + 1 = 2$ folhas. Na terceira etapa coloca-se $1 + 1 = 2$ folhas, ficando-se então com $a_3 = 2 + 2 = 4$ folhas, na quarta etapa coloca-se $1 + 1 + 2 = 4$, ficando-se então com $a_4 = 4 + 4 = 8$ folhas. Ora, como em cada etapa acrescenta-se exatamente o mesmo número de folhas que ja existiam, segue que em cada etapa o número de folhas é multiplicado por 2, revelando que a sequência $(1, 2, 4, 8, \ldots, a_n, \ldots)$ é uma progressão geométrica de razão 2 e primeiro termo 1. Assim,

$$a_n = a_1 q^{n-1} = 1.2^{n-1} = 2^{n-1}.$$

Como cada folha em expessura de $0,1mm = 0,1 \times 10^{-3}m = 10^{-4}m$, segue que a altura da pilha de papel após n etapas é $2^{n-1}10^{-4}$. Para que essa altura ultrapesse 60 metros é preciso que

$$2^{n-1}10^{-4} > 60 \Rightarrow log 2^{n-1}10^{-4} > log 60 \Rightarrow$$

$$(n-1)log2 - 4 > log60 \Rightarrow (n-1)0,30 > log60 + 4 \Rightarrow$$

$$n > \frac{log60 + 4}{0,30} + 1 \Rightarrow n > 20,26 \Rightarrow n = 21.$$

∎

Exemplo 6.52. *Uma formiga sai do ponto $(0,0)$ do plano cartesiano, caminha diretamente sobre o eixo x (no sentido positivo) até o ponto $(2,0)$. Ao chegar nesse ponto ela gira sua trajetória $90°$ e começa a caminhar na direção do eixo y até atingir o ponto $(2,1)$. Ao atingir esse ponto, ela gira novamente a sua trajetória em $90°$ passando a caminhar numa reta paralela ao eixo x, mas agora para a esquerda (sentido negativo do eixo x) até atingir o ponto de coordenadas $(\frac{3}{2}, 1)$. Se ela continuar com esse mesmo comportamento de sempre percorrer a metade da distância que havia percorrido no trecho enterior e sempre girando a sua trajetória em $90°$, conforme ilustra a figura 6.7. Se esse movimento continuar ilimitadamente, a formiga irá se aproximar de um certo ponto do plano cartesiano. Determine as coordenadas desse ponto.*

Solução. As abscissas dos pontos em que a formiga alterou a direção do seu movimento formam a seguinte sequência:

$$(2, 2 - \frac{1}{2}, 2 - \frac{1}{2} + \frac{1}{8}, 2 - \frac{1}{2} + \frac{1}{8} - \frac{1}{32}, \ldots).$$

As ordenadas dos pontos em que a formiga alterou a direção do seu movimento formam a seguinte sequência:

$$(0, 1, 1 - \frac{1}{4}, 1 - \frac{1}{4} + \frac{1}{16}, 1 - \frac{1}{4} + \frac{1}{16} - \frac{1}{64}, \ldots).$$

Progressões geométricas

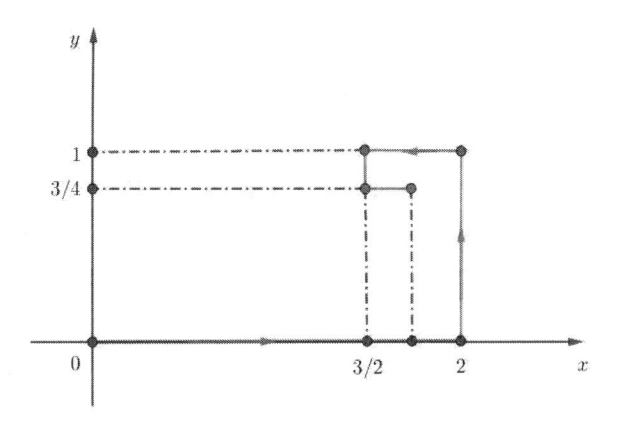

Figura 6.7

Lembrando que a soma dos infinitos termos de uma progressão geométrica de primeiro termo a_1 e razão q, com $|q| < 1$ é dada por $S = \frac{a_1}{1-q}$, segue que o ponto $P = (x, y)$ para o qual o movimento da formiga converge tem coordenadas

$$x = 2 - \frac{1}{2} + \frac{1}{8} - \frac{1}{32} + \ldots = 2 - \left(\frac{1}{2} - \frac{1}{8} + \frac{1}{32} - \ldots\right) = 2 - \frac{\frac{1}{2}}{1 - \left(-\frac{1}{4}\right)} = \frac{8}{5}.$$

$$y = 1 - \frac{1}{4} + \frac{1}{16} - \frac{1}{64} + \ldots = 1 - \left(\frac{1}{4} - \frac{1}{16} + \frac{1}{64} - \ldots\right) = 1 - \frac{\frac{1}{4}}{1 - \left(-\frac{1}{4}\right)} = \frac{4}{5}.$$

■

Exemplo 6.53. *Uma pessoa deposita inicialmente R\$1.000,00 numa poupança que rende 6% ao ano, com juros computados mensalmente, e além disso ela deposita no primeiro dia de cada mês, a partir do mês seguinte ao depósito inicial, R\$200,00.*

(a) Para cada inteiro não negativo n, seja A_n o montante acumulado na conta após n meses. Para cada inteiro positivo n, determine uma relação entre A_n e A_{n-1}.

Solução. Vamos inicialmente calcular a taxa de juros mensal. Sabemos que:

$$(1 + T_a)^{\frac{1}{12}} - 1 = T_m$$

onde, T_a é a taxa anual e T_m é a taxa mensal. Assim,

$$(1 + 0,06)^{\frac{1}{12}} - 1 = T_m$$

$$(1,06)^{\frac{1}{12}} - 1 = T_m$$

$$T_m \simeq 0,0049$$

Utilizando o raciocínio recorrente observamos que:

$$A_1 = 1000$$

$$A_2 = A_1.1,0049 + 200$$

$$A_3 = A_2.1,0049 + 200$$

$$A_4 = A_3.1,0049 + 200$$

$$\vdots$$

$$A_{n-2} = A_{n-3}.1,0049 + 200$$

$$A_{n-1} = A_{n-2}.1,0049 + 200$$

Dessa forma, encontramos assim a seguinte relação:

$$A_n = A_{n-1}.1,0049 + 200$$

∎

(b) Determine um fórmula explícita para A_n, em função de n.

Solução. Tem-se que

$$1,0049^{n-1} A_1 = 1000.1,0049^{n-1}$$

$$1,0049^{n-2}.A_2 = A_1.1,0049^{n-2} + 200.1,0049^{n-2}$$

$$1,0049^{n-3}.A_3 = A_2.1,0049^{n-2} + 200.1,0049^{n-3}$$

$$1,0049^{n-4}.A_4 = A_3.1,0049^{n-3} + 200.1,0049^{n-4}$$

$$\vdots$$

$$1,0049^2.A_{n-2} = A_{n-3}.1,0049^3 + 200.1,0049^2$$

$$1,0049.A_{n-1} = A_{n-2}.1,0049^2 + 200.1,0049^1$$

$$A_n = A_{n-1}.1,0049 + 200.1,0049^0$$

Adicionando membro a membro e fazendo as simplificações necessárias obtemos:

$$A_n = 1000.1,0049^{n-1} + 200.(1,0049^{n-2} + 1,0049^{n-1} + ... + 1,0049^0)$$

Perceba que $(1,0049^{n-2} + 1,0049^{n-1} + ... + 1,0049^0)$ é uma Progressão Geométrica de razão 1,0049 portanto:

$$A_n = 1000 \cdot 1,0049^{n-1} + 200 \cdot \left(\frac{1,0049^{n-1} - 1}{0,0049}\right)$$

∎

(c) Quantos anos serão necessários para que o saldo presente na conta ultrapasse R\$10.000,00?

Solução. Vamos utilizar $A_n = 1000 \cdot 1,0049^{n-1} + 200 \cdot \left(\frac{1,0049^{n-1}-1}{0,0049}\right)$ para calcular o tempo necessário para que o saldo presente ultrapasse 10.000 reais.

$$0,0049 \cdot 10000 = 0,0049 \cdot 1000 \cdot 1,0049^{n-1} + 200 \cdot 1,0049^{n-1} - 200 \Rightarrow$$
$$249 = (4,9 + 200) \cdot 1,0049^{n-1} \Rightarrow n \simeq 41.$$

Logo o tempo necessário precisa ser superior a 41 meses ou seja, 3,42 anos.

∎

Exemplo 6.54 (Curva de Koch - Curva de perímetro infinito e área finita). *A curva de Koch é obtida a partir de um triângulo equilátero de lado 1 da seguinte forma:*

- *No estágio 0 ela é uma triângulo equilátero de lado 1;*

- *o estágio $n+1$ é obtido a partir do estágio n, dividindo-se cada lado em n partes iguais, construindo externamente sobre a parte central um triângulo equilátero e suprimindo então a parte central.*

A figura a seguir ilustra essa construção:

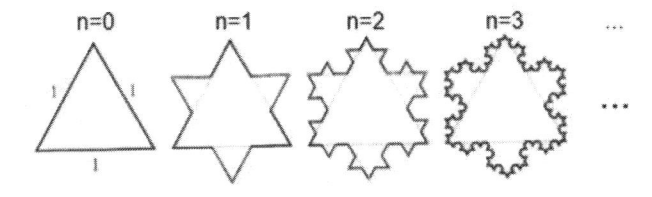

Mostre que a curva de Koch tem perímetro infinito, mas tem área finita.

Solução. Sejam P_n e A_n o perímetro a a área da curva de Koch no estágio n. A tabela abaixo resume várias informaçãoes sobre a curva em vários estágios:

Estágio n	N° de segmentos	P_n	A_n
0	3	$3 \cdot 1 = 3$	$A_0 = \frac{1^2\sqrt{3}}{4}$
1	12	$12 \cdot \frac{1}{3} = 4$	$A_1 = A_0 + 3 \cdot \frac{(1/3)^2\sqrt{3}}{4}$
2	48	$48 \cdot \frac{1}{6} = \frac{16}{3}$	$A_2 = A_1 + 12\frac{(1/9)^2\sqrt{3}}{4}.$
$\vdots$	$\vdots$	$\vdots$	$\vdots$
n	3.4^n	$3.\left(\frac{4}{3}\right)^n$	$A_n = A_{n-1} + \frac{\sqrt{3}}{12}\left(\frac{4}{9}\right)^{n-1}$

Diante do exposto, quando $n \to \infty$, segue-se que

$$\lim_{n\to\infty} P_n = \lim_{n\to\infty} 3.\left(\frac{4}{3}\right)^n = \infty.$$

Por outro lado, como para cada $n \in \mathbb{N}$, tem-se que:

$$A_n = A_{n-1} + \frac{\sqrt{3}}{12}\left(\frac{4}{9}\right)^{n-1},$$

segue que

$$\begin{cases} A_1 = A_0 + \frac{\sqrt{3}}{12}\left(\frac{4}{9}\right)^0 \\ A_2 = A_1 + \frac{\sqrt{3}}{12}\left(\frac{4}{9}\right)^1 \\ \vdots \\ A_n = A_{n-1} + \frac{\sqrt{3}}{12}\left(\frac{4}{9}\right)^{n-1}. \end{cases}$$

Adicionando membro a membro as igualdades acima, segue-se que

$$A_n = \frac{2\sqrt{3}}{5} - \frac{3\sqrt{3}}{20}\left(\frac{4}{9}\right)^n,$$

e portanto,

$$\lim_{n\to\infty} A_n = \lim_{n\to\infty} \left(\frac{2\sqrt{3}}{5} - \frac{3\sqrt{3}}{20}\left(\frac{4}{9}\right)^n\right) = \frac{2\sqrt{3}}{5}.$$

∎

Exemplo 6.55 (Veja [30]). *João e Maria lançam sucessivamente um par de dados até que um deles obtenha soma de 7 pontos, caso em que a disputa termina e o vencedor é o jogador que obteve soma 7. Se João é o primeiro a jogar, qual a probabilidade de João ser o vencedor?*

Solução. Dos 36 resultados possíveis para um lançamento de um par de dados, a soma 7 ocorre em $(1,6), (6,1), (2,5), (5,2), (3,4)$ e $(4,3)$, ou seja, em

6 possibilidades. Assim a probabilidade de se obter soma 7 é $\frac{6}{36} = \frac{1}{6}$. Diante do exposto, a probabilidade de não se obter soma 7 é $1 - \frac{1}{6} = \frac{5}{6}$. João, sendo o primeiro a jogar só pode ganhar na primeira tentativa ou na terceira, ou na quinta, etc. A probabilidade de ele ganhar na primeira rodada é $\frac{1}{6}$. A probabilidade de ele só vir a ganhar na terceira rodada é

$$\frac{5}{6}\frac{5}{6}\frac{1}{6} = \left(\frac{5}{6}\right)^2 \frac{1}{6},$$

visto que para ele ganhar o jogo na terceira rodada ele tem que perder nas duas primeiras rodadas, o que ocorre com probabilidade $\frac{5}{6}\frac{5}{6}$, e ganhar na terceira rodada, o que ocorre com probabilidade $\frac{1}{6}$. De modo análogo, a probabilidade de João ganhar apenas na quinta rodada é

$$\frac{5}{6}\frac{5}{6}\frac{5}{6}\frac{5}{6}\frac{1}{6} = \left(\frac{5}{6}\right)^4 \frac{1}{6}.$$

Portanto a probabilidade de que João seja o ganhador do jogo é:

$$\frac{1}{6} + \left(\frac{5}{6}\right)^2 \frac{1}{6} + \left(\frac{5}{6}\right)^4 \frac{1}{6} + \ldots = \frac{\frac{1}{6}}{1 - \left(\frac{5}{6}\right)^2} = \frac{6}{11}.$$

∎

6.6. Recorrências

Nesta seção vamos trabalhar com as chamadas sequências recorrentes, isto é, sequências que são definidas a partir dos valores de alguns dos seus temos iniciais acompanhados de uma relação que permite determinar os demais termos da sequência a partir dos termos iniciais fixados. As sequências recursivas consistem de uma ferramenta matemática bastante poderosa para resolver problemas de Matemática Discreta e problemas de muitas outras áreas tais como Engenhraria, Computação, Biologia, Estatística, entre outras.

Iniciaremos, propondo um exemplo de contagem, de enunciado muito simples, cujos métodos tradicionais da Análise Combinatória se mostram no mínimo ineficientes para resolvê-lo, motivando então a necessidade de uma nova ferramenta mais adequada para atacá-lo.

Exemplo 6.56. *Quantas são as sequências de n termos, todos pertencentes ao conjunto* $\{0, 1, 2\}$, *que não possuem dois termos consecutivos iguais a 0?*

Apesar da simplicidade do seu enunciado, as técnicas usuais da Análise Combinatória, mostram-se ineficientes para se chegar a uma solução. Isso pode ser mais evidente quando olhamos para a resposta desse problema, que é

$$\frac{3+2\sqrt{3}}{6}\left(1+\sqrt{3}\right)^n + \frac{3-2\sqrt{3}}{6}\left(1-\sqrt{3}\right)^n,$$

que é completamente não intuitiva. Não devemos esperar que os métodos tradicionais da Análise Combinatória (arranjos, combinações, permutações...) nos levem à essa resposta. No final da nossa discussão vamos retomar à resolução desse exemplo.

Diante do exposto, é clara a necessidade de estudarmos outras ferramentas que sejam eficientes para tratar problemas como o proposto no exemplo acima. Essas ferramentas são as chamadas recorrências lineares, que através de um teoria simples e elegante nos leva à solução de problemas desse tipo.

Um outra situação onde as recorrências são utilizadas é na definição de certas operações e expressões, como por exemplo, na potenciação (com exponente natural ou na definição de fatorial de um inteiro não negativo, como ilustramos a seguir.

Exemplo 6.57. *Dados $a \in \mathbb{R}^*$ e $n \in \mathbb{N} \cup \{0\}$, definimos*

$$a^n = \begin{cases} 1, & se\ n=0; \\ a \cdot a^{n-1}, & se\ n > 1. \end{cases}$$

No caso do fatorial,

$$n! = \begin{cases} 1, & se\ n=0; \\ n(n-1)!, & se\ n > 1. \end{cases}$$

Agora definiremos de modo mais preciso, o que vem a ser uma (lei de) recorrência.

Definição 6.7. *Dada uma sequência $(a_n)_{n\geq 1}$, uma recorrência de ordem k é uma expressão da forma $a_n = \varphi(a_{n-1}, a_{n-2}, \ldots, a_{n-k}, n)$, onde o n-ésimo termo a_n é uma função φ dos k termos precedentes a ele (e possivelmente de n). Além disso, diz-se que a recorrência de ordem k é* **linear** *quando existem funções $c_1, \ldots, c_k, f : \mathbb{N} \to \mathbb{R}$, chamadas de* **coeficientes da recorrência**, *tais que*

$$a_n = c_1(n)a_{n-1} + \ldots + c_k(n)a_{n-k} + f(n).$$

Em particular, quando $f(n) \equiv 0$, diz-se que a recorrência é **homogênea**.

Se conhecemos os valores $a_{n-1}, \ldots, a_{n-k}$, então o valor de a_n está unicamente determinado e, consequentemente, por indução, existe uma única

Recorrências 345

sequência $(a_n)_{n\geq 0}$ satisfazendo à recorrência se são dados os valores iniciais dos seus k primeiros termos.

De acordo com a definição acima, uma solução para uma recorrência $a_n = \varphi(a_{n-1}, a_{n-2}, \ldots, a_{n-k}, n)$ é uma sequência $(x_n)_{n\geq 1}$ que cumpre a recorrência.

Praticamente em todos os textos que tratam do assunto há alguns exemplos que são obrigatórios: a pizza de Stein, a Torre de Hanoi, a reprodução de coelhos (sequência de Fibonacci).

Exemplo 6.58 (O problema da pizza de Steiner). *O grande geômetra alemão Jacob Steiner (1796 − 1863) propôs e resolveu, em 1926, o seguinte problema: Qual é o maior número de partes em que se pode dividir o plano com n cortes retos? Pensando o plano como se fosse uma grande pizza, temos uma explicação para o nome do problema. A figura a seguir ilustra o início do processo.*

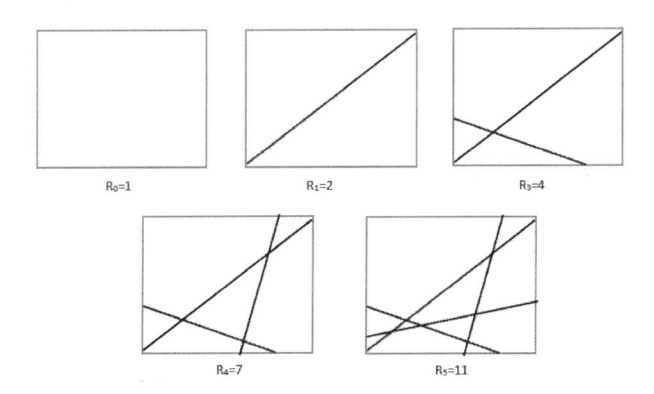

Denotando o número máximo de pedaços obtidos a partir de n cortes por R_n, mostre que

$$R_n = \frac{n(n+1)}{2} + 1.$$

Solução. Seja R_n o número máximo de regiões em que n retas dividem um plano. Imagine a situação em que há $n-1$ retas dividindo o plano em R_n regiões. Ao adicionarmos uma nova reta a essa configuração (nesse caso o plano está dividido em R_{n-1} regiões), essa nova reta intrsecta cada uma das $n-1$ retas já existentes em exatamente um ponto, gerando então $n-1$ pontos de interseção. A inclusão dessa nova reta incrementa o número de regiões em

n, ou seja, $R_n = R_{n-1} + n$. Dessa forma,

$$R_1 = 2$$
$$R_2 = R_1 + 2$$
$$R_3 = R_2 + 3$$
$$\vdots$$
$$R_{n-1} = R_{n-2} + (n-1)$$
$$R_n = R_{n-1} + n.$$

Adicionando membro a membro as igualdades acima, segue que:

$$R_1 + R_2 + R_3 + \ldots + R_n = 2 + R_1 + R_2 + \ldots + R_{n-1} + 2 + 3 + \ldots + n \Rightarrow$$

$$R_n = 2 + 2 + 3 + \ldots + n = 1 + 1 + 2 + 3 + \ldots + n = 1 + \frac{n(n+1)}{2}.$$

■

Exemplo 6.59 (O queijo de Steiner). *Para fazer a sua pizza, Steiner teve que cortar, primeiro, o queijo. Imaginando que o espaço é um enorme queijo, qual é o número máximo de pedaços que poderíamos obter ao cortá-lo por n planos?*

Solução. Nesse caso tridimensional o problema é uma pouquinho mais delicado, mas segue a mesma linha de raciocínio do problema da pizza de Steiner. Neste caso, suponhamos que P_n seja o número máximo de regiões em que o espaço tridimensional pode ser dividido por n planos. Vamos mostrar que:

$$P_{n+1} = P_n + R_n, \forall \in \mathbb{N},$$

em que $R_n = 1 + \frac{n(n+1)}{2}$ é a solução do problema da pizza de Steiner.

De fato, suponha que já existam n planos dividindo o espaço tridimensional em P_n regiões. Agora suponha que adicionemos um novo plano, isto é, um $n+1$-éssimo plano sem que intersecte uma reta que seja comum a dois planos já existentes ou que seja paralelo a qualquer um dos planos já existentes. Dessa forma cada um dos n planos já existentes irá intersectar o novo plano em n retas que dividem o novo plano em R_n regiões. Mas isso significa que o novo plano corta exatamente R_n das P_n regiões já existentes (dividindo cada uma delas em duas regiões). Isso cria R_n novas regiões do espaço tridimensional, fazendo que que hajam $P_n + R_n$ regiões nesse momento, ou seja, $P_{n+1} = P_n + R_n$, $\forall n \in \mathbb{N}$. Assim,

$$\begin{cases} P_1 = 2 \\ P_2 = P_1 + R_1 \\ P_3 = P_2 + R_2 \\ \vdots \\ P_n = P_{n-1} + R_{n-1}. \end{cases}$$

Adiciomando membro a membro as igualdades acima, segue-se que:

$$\begin{aligned} P_n &= 2 + R_1 + R_2 + \ldots + R_{n-1} \\ &= 2 + \sum_{k=1}^{n-1} R_k = 2 + \sum_{k=1}^{n-1} \left[1 + \frac{k(k+1)}{2}\right] \\ &= 2 + (n-1) + \sum_{k=1}^{n-1} \left[\frac{1}{2}k^2 + \frac{1}{2}k\right] \\ &= 2 + (n-1) + \frac{1}{2}\sum_{k=1}^{n-1} k^2 + \frac{1}{2}\sum_{k=1}^{n-1} k \\ &= 2 + (n-1) + \frac{1}{2}\frac{(n-1)(n-1+1)(2(n-1)+1)}{6} + \frac{1}{2}\frac{(n-1)(n-1+1)}{2} \\ &= \frac{n^3 + 5n + 6}{6}. \end{aligned}$$

∎

Observação 6.12. *Em 1826, Jacob Steiner analisou esse problema até o caso tridimensional que acabamos de mostrar. Em 1840, Ludwig Schlafli imaginou um "queijo" d-dimensional e provou que nesse caso o número máximo de regiões em que o espaço d-dimensional ficaria dividido por n hiperplanos de dimensão d − 1 é dado por:*

$$f_d(n) = \binom{n}{0} + \binom{n}{1} + \binom{n}{2} + \ldots + \binom{n}{d}.$$

Exemplo 6.60 (Supercatalan)**.** *Se m e n são inteiros não negativos, mostre que o número*

$$S(n,m) = \frac{(2m)!(2n)!}{m!n!(m+n)!}, \quad \text{chamado de Supercatalan,}$$

é inteiro.
Sugestão: Mostre que $S(n+1,m) + S(n,m+1) = 4S(n,m)$ ou, equivalentemente, $S(n+1,m) = 4S(n,m) - S(n,m+1)$ e use indução sobre n a partir do fato que $S(0,m) = \binom{2m}{m}$ é inteiro, conclua que $S(n,m)$ é sempre inteiro.

Solução.

$$S(n+1, m) = \frac{(2m)! \ (2(n+1))!}{m!(n+1)!(m+n+1)!}$$

$$S(n, m+1) = \frac{(2(m+1))! \ (2n)!}{(m+1)! \ n! \ (m+1+n)!}$$

Fazendo a soma membro a membro obtemos:

$$S(n+1,m)+S(n,m+1) = \frac{1}{(m+n+1)!}\left(\frac{(2m)! \ (2(n+1))!}{m!(n+1)!} + \frac{(2(m+1))!(2n)!}{(m+1)!n!}\right)$$

$$= \frac{1}{(m+n+1)!}\left(\frac{(m+1).(2m)!+(2(n+1))!+(n+1).(2n)!(2(m+1))!}{(m+1)!.(n+1)!}\right)$$

$$= \frac{1}{(m+n+1).(m+n)!} \cdot$$
$$\cdot \left(\frac{(m+1).(2m)!(2n+2).(2n+1).(2n)!+(n+1).(2n)!(2m+2).(2m+1).(2m)!}{(m+1)m!.(n+1)n!}\right)$$

$$= \frac{(2m)!(2n)!}{(m+n+1)(m+n)!n!m!} \cdot$$
$$\cdot \left(\frac{(m+1)(2n+2)(2n+1)+(n+1)(2m+2)(2m+1)}{(n+1)(m+1)}\right)$$

Mas,

$$(m+1)\underbrace{(2n+2)}_{=2.(n+1)}(2n+1) + (n+1)\underbrace{(2m+2)}_{=2.(m+1)}(2m+1) =$$

$$(m+1)(n+1)(4n+2+4m+2) = (m+1)(n+1) \ 4.(m+n+1)$$

$$= \frac{(2m)!(2n)!}{(m+n+1)(m+n)! \ n! \ m!} \cdot \left(\frac{4(m+1)(n+1)(m+n+1)}{(n+1)(m+1)}\right)$$

$$= 4.\frac{(2m)!(2n)!}{(m+n)! \ m! \ n!} = 4.S(n,m)$$

como $S(n+1,m) + S(n,m+1) = 4S(n,m)$, segue que $S(n+1,m) = 4S(n,m) - S(n,m+1)$. Além disso,

$$S(0,m) = \frac{0!(2m)!}{0!\ m!\ m!} = \frac{(2m)!}{m!\ m!} = \binom{2m}{m},$$

que é inteiro $\forall\ m \in \mathbb{N}$.

Usando a recorrência $S(n+1,m) = 4S(n,m) - S(n,m+1)$ e indução sobre n, segue que:

$$S(1,m) = \underbrace{4S(0,m) - S(0,m+1)}_{\text{são inteiros}} \Rightarrow S(1,m) \text{ é inteiro}.$$

Suponha que $S(n-1,m) \in \mathbb{Z}$, qualquer que seja $m \in \mathbb{Z}$ (Hipótese de indução).

Por fim, vamos mostrar que $S(n,m) \in \mathbb{Z}$. De fato,

$$S(n,m) = 4.\underbrace{S(n-1,m) - S(n-1,m+1)}_{\text{são inteiros}} \Rightarrow S(n,m) \in \mathbb{Z}.$$

∎

Observação 6.13. *Esse problema surgiu por volta de 1874 pelas mãos do matemático Belga Eugène Charles Catalan (1814 − 1894). É curioso que até hoje não se tem notícia de que alguém tenha demonstrado que esse número é inteiro por um argumento combinatório, isto é, propondo um problema de contagem, cuja resposta seja exatamente esse número.*

O Supercatalan é um caso particular do número Catalan estudado na seção 4.3 e do número Binomial Médio conforme descrito na observação 4.9.

Exemplo 6.61 (Permutações caóticas). *Resolva a recorrência*

$$x_n = (n-1)(x_{n-1} + x_{n-2}),\ para\ n \geq 2,\ com\ x_0 = 1\ e\ x_1 = 0.$$

Solução. Podemos reescrever a lei de recorrência $x_n = (n-1)(x_{n-1} + x_{n-2})$ da seguinte forma:

$$x_n = (n-1)(x_{n-1} + x_{n-2}) \Rightarrow x_n = nx_{n-1} - x_{n-1} + (n-1)x_{n-2} \Rightarrow$$

$$\underbrace{x_n - nx_{n-1}}_{:=a_n} = -\underbrace{(x_{n-1} - (n-1)x_{n-2})}_{a_{n-1}} \Rightarrow a_n = -a_{n-1},\ \forall n \geq 2.$$

Ora, como $x_0 = 1$ e $x_1 = 0$, segue que

$$a_1 = x_1 - 1.x_0 = 0 - 1.1 = -1$$

Por outro lado, como $a_n = -a_{n-1}$ para todo inteiro $n \geq 2$, segue que:

$$a_1 = -1, a_2 = -a_1 = -(-1) = 1, \ldots, a_n = (-1)^n.$$

Assim,
$$a_n = x_n - nx_{n-1} \Rightarrow x_n - nx_{n-1} = (-1)^n.$$

Agora dividindo a expressão $x_n - nx_{n-1} = (-1)^n$ por $n!$, segue que:

$$\frac{x_n}{n!} - \frac{nx_{n-1}}{n!} = \frac{(-1)^n}{n!} \Rightarrow \frac{x_n}{n!} - \frac{nx_{n-1}}{n(n-1)!} = \frac{(-1)^n}{n!} \Rightarrow \frac{x_n}{n!} - \frac{x_{n-1}}{(n-1)!} = \frac{(-1)^n}{n!}$$

definindo $b_n = \frac{x_n}{n!}$, podemos escrever

$$\frac{x_n}{n!} - \frac{x_{n-1}}{(n-1)!} = \frac{(-1)^n}{n!} = \frac{(-1)^n}{n!} \Rightarrow b_n = b_{n-1} + \frac{(-1)^n}{n!}.$$

Assim,
$$\begin{cases} b_2 = b_1 + \frac{(-1)^2}{2!} \\ b_3 = b_2 + \frac{(-1)^3}{3!} \\ \vdots \\ b_n = b_{n-1} + \frac{(-1)^n}{n!} \end{cases}$$

Adicionando membro a membro as igualdades acima, obtemos:

$$b_2 + b_3 + \ldots + b_n = b_1 + b_2 + \ldots + b_{n-1} + \frac{(-1)^2}{2!} + \frac{(-1)^3}{3!} + \ldots + \frac{(-1)^n}{n!} \Rightarrow$$

Portanto,
$$\begin{aligned} b_n &= b_1 + \frac{(-1)^2}{2!} + \frac{(-1)^3}{3!} + \ldots + \frac{(-1)^n}{n!} \\ &= \frac{x_1}{1!} + \frac{1}{2!} - \frac{1}{3!} + \ldots + \frac{(-1)^n}{n!} \\ &= \frac{0}{1!} + \frac{1^2}{2!} - \frac{1}{3!} + \ldots + \frac{(-1)^n}{n!} \\ &= \frac{1}{2!} - \frac{1}{3!} + \ldots + \frac{(-1)^n}{n!} \end{aligned}$$

Por fim, como $b_n = \frac{x_n}{n!}$, segue que:

$$\frac{x_n}{n!} = \frac{1}{2!} - \frac{1}{3!} + \ldots + \frac{(-1)^n}{n!} \Rightarrow$$

$$x_n = n!\left(\frac{1}{2!} - \frac{1}{3!} + \ldots + \frac{(-1)^n}{n!}\right)$$

Como $\frac{1}{0!} = \frac{1}{1!} = 1$, podemos escrever:

$$x_n = n!\left(\frac{1}{0!} - \frac{1}{1!} + \frac{1}{2!} - \frac{1}{3!} + \ldots + \frac{(-1)^n}{n!}\right).$$

■

Da análise combinatória, sabemos que essa expressão é justamente o número de permutações caóticas de n elementos distintos, ou seja, $x_n = D_n$ para todo inteiro $n \geq 1$. Na seção 3.4 são analisadas várias destas permutações.

Nesse ponto surge naturalmente a seguinte questão: dada sequência de números reais $(x_n)_{n \in \mathbb{N}}$ definida por uma equação de recorrência

$$x_{n+k} = f(x_{n+k-1}, x_{n+k-2}, \ldots, x_{n+1}, x_n),$$

onde $f : \mathbb{R}^k \to \mathbb{R}$ é uma função, como obter uma fórmula explicita para o x_n, em função do n? Essa é a principal questão que vamos tratar nas próximas seções.

6.7. Recorrências lineares

Como mencionamos anteriormente, uma sequência $(x_n)_{n \in \mathbb{N}}$ é uma sequência recorrente linear de ordem k (onde k é um inteiro positivo) se existem constantes (reais ou complexas) $C_1, C_2, \ldots, C_k$ e uma função $\varphi : \mathbb{N} \to \mathbb{R}$, $n \mapsto \varphi(n)$, tais que:

$$x_{n+k} = \sum_{j=1}^{k} C_j x_{n+k-j} + \varphi(n) = C_1 x_{n+k-1} + C_2 x_{n+k-2} + \ldots + C_k x_n + \varphi(n) \ \forall n \in \mathbb{R}.$$

Nesta seção vamos mostrar a teoria básica das sequências rocorrentes lineares de primeira e segunda ordens e algumas aplicações dessa teoria.

6.7.1. Recorrências lineares de 1ª ordem

Uma recorrência de primeira ordem que expressa x_{n+1} em função de x_n é dita linear quando a função que relaciona cada termo aos anteriores é uma função de primeiro grau. Além disso, para que uma recorrência seja caracterizada como primeira ordem, cada termo da sequência deve ser obtido a partir do termo imediatamente anterior a ele, ou seja, x_n em função de x_{n-1}.

Uma recorrência linear de primeira ordem pode ser ainda classificada como recorrência linear homogênea de primeira ordem (recorrências do tipo $x_{n+1} = f(n)x_n$ com $f(n)$ e x_n não nulos) ou ainda como recorrência linear não homogênea de primeira ordem (recorrências de tipo $x_{n+1} = f(n)x_n + g(n)$ com $f(n)$ e $g(n)$ não nulos).

Exemplo 6.62. *As recorrências $x_{n+1} = nx_n$ e $x_n = 3x_n - 2n$ são linerares (seguinda a definição (6.7). No primeiro caso $c_1(n) = n$ e $f(n) \equiv 0$, no segundo caso, $c_1(n) = 3$ e $f(n) = -2n$. Já a recorrência $x_{n+1} = 3x_n^2$ não é linear (pois o x_n possui expoente 2), apesar de ser de primeira ordem, pois para determinar o x_{n+1} usamos apenas um termo imediatamente anterior a ele, o x_n. Além disso, a recorrência $x_{n+1} = nx_n$ é homogênea (pois $f(n) \equiv 0$), já a recorrência $x_n = 3x_n - 2n$ não é homogênea, pois apresenta o termo $f(n) = -2n$ que é independente de x_n.*

Ao resolver uma equação de recorrência encontramos uma fórmula fechada, ou seja, encontramos uma expressão que fornece cada termo a partir de n e não necessariamente a partir de termos anteriores. Essa expressão é denominada solução da recorrência.

6.7.2. Resolução de recorrências lineares

Agora vamos ver métodos para resolver alguns tipos especiais de recorrências lineares. Para começar vamos estudar as chamadas **Recorrências lineares de primeira ordem** e exibir o alcance dessa teoria mostrando alguns exemplo bem interessantes. Sempre estaremos pensando numa sequência de números reais $(x_n)_{n\geq 0}$.

Pelo que definimos, um relação de recorrência linear de primeira ordem é aquela em que existem funções $c_1, c_2 : \mathbb{N} \to \mathbb{R}$ tais que $x_{n+1} = c_1(n)x_n + c_2(n)$.

Os resultados a seguir revelam como resolver dois casos particulares de recorrências lineares de primeira ordem, que têm uma larga aplicabilidade.

Proposição 6.5 (Recorrência linear de primeira ordem homogênea). *Se $x_{n+1} = g(n)x_n$ é uma recorrência linear de primeira ordem, onde $g : \mathbb{N} \to \mathbb{R}$ é uma função qualquer, e todos os termos da sequência $(x_n)_{n\geq 1}$ são não nulos, então*

$$x_n = \prod_{i=1}^{n-1} g(i) x_1.$$

Demonstração. De fato,
$$x_2 = g(1)x_1$$
$$x_3 = g(2)x_2$$
$$x_4 = g(3)x_3$$
$$\vdots$$
$$x_n = g(n-1)x_{n-1}$$

Multiplicando membro a membro as igualdades anteriores, obtemos:
$$x_2 \cdot x_3 \cdot \ldots \cdot x_n = g(1) \cdot g(2) \cdot g(3) \cdot \ldots \cdot g(n-1) \cdot x_2 \cdot x_3 \cdot \ldots \cdot x_{n-1}.$$

Como estamos supondo que todos os termos da sequência $(x_n)_{n \geq 1}$ são não nulos, segue que
$$x_n = g(1) \cdot g(2) \cdot g(3) \cdot \ldots \cdot g(n-1) \cdot x_1 = \prod_{i=1}^{n-1} g(i)x_1.$$
■

Observação 6.14 (Recorrência linear de primeira ordem não homogênea). *De modo completamente análogo, se $x_{n+1} = x_n + g(n)$, onde $g : \mathbb{N} \to \mathbb{R}$ é uma função qualquer, podemos concluir que*
$$x_n = x_1 + \sum_{i=1}^{n-1} g(i).$$

De fato,
$$x_2 = x_1 + g(1)$$
$$x_3 = x_2 + g(2)$$
$$\vdots$$
$$x_n = x_{n-1} + g(n-1).$$

Adicionando, membro a membro as igualdades acima, segue que
$$x_n = x_1 + g(1) + g(2) + \ldots + g(n-1) = x_1 + \sum_{i=1}^{n-1} g(i).$$

Exemplo 6.63. *Resolva a recorrência $x_{n+1} = x_n + 3^n$, $x_1 = 1$.*

Solução. Pela observação 6.14, segue-se que
$$x_n = x_1 + \sum_{i=1}^{n-1} g(i), \text{ com } g(i) = 3^i$$
$$= 1 + (3 + 3^2 + 3^3 + \ldots + 3^{n-1})$$
$$= \frac{1(3^n - 1)}{3 - 1} = \frac{1}{2}(3^n - 1).$$

Exemplo 6.64 (Veja [31]). *Seja Q_n a quantidade de subconjuntos de um conjunto finito com n elementos. Mostre que $Q_n = 2Q_{n-1}$, conclua a partir daí que um conjunto finito com n elementos possui 2^n subconjuntos.*

Solução. Sejam $A_n = \{a_1, a_2, \ldots, a_n\}$ e Q_n a quantidade de subconjuntos de A. Assim, $A_{n-1} = \{a_1, a_2, \ldots, a_{n-1}\}$ possui Q_{n-1} subconjuntos, a saber:

$$X_1, X_2, \ldots, X_{Q_{n-1}}$$

Ora, como $A_n = A_{n-1} \cup \{a_n\}$ segue, $A_{n-1} \subset A_n$ e que $X_1, X_2, \ldots, X_{Q_{n-1}}$ são subconjuntos de A_n. Note que os demais subconjuntos de A_n são aqueles que tem a_n como elemento.

Note que esses subconjuntos podem ser obtidos de $X_1, X_2, \ldots, X_{Q_{n-1}}$ fazendo um a um a união com o conjunto $\{a_n\}$, ou seja, os subconjuntos de A_n que não são subconjuntos A_{n-1} são os Q_{n-1} conjuntos:

$$X_1 \cup \{a_n\}, X_2 \cup \{a_n\}, \ldots, X_{Q_{n-1}} \cup \{a_n\}.$$

Diante do exposto, a quantidade Q_n de subconjuntos de A_n é dada por:

$$Q_n = Q_{n-1} + Q_{n-1} = 2Q_{n-1}.$$

Assim:
$$\begin{cases} Q_2 = 2Q_1 \\ Q_3 = 2Q_2 \\ \quad \vdots \\ Q_n = 2Q_{n-1}. \end{cases}$$

Multiplicando membro a membro as igualdades acima, segue que:
$Q_2 \cdot Q_3 \cdot \ldots \cdot Q_{n-1} \cdot Q_n = 2^{n-1} \cdot Q_1 \cdot Q_2 \cdot \ldots \cdot Q_{n-1} \Rightarrow Q_n = 2^{n-1} Q_1$.

Mas, $Q_1 = 2$, visto que o conjunto $A_1 = \{a_1\}$ possui dois subconjuntos, portanto, $Q_n = 2^{n-1} \cdot Q_1 = 2^{n-1} \cdot 2 = 2^n$, $\forall\, n \geq 0$.

∎

Exemplo 6.65. *Quando uma taxa de juros anual i é computada m vezes por ano, a taxa por período é igual a $\frac{i}{m}$. Por exemplo, se $3\% = 0,03$ é uma taxa anual computada quadrimestalmente, então a taxa paga por quadrimeste é de $\frac{0,03}{4} = 0,0075$. Para cada inteiro $k \geq 1$, seja P_k o montante acumulado ao final do k-ésimo período. Assim, os juros acumulados durante o k-ésimo período*

Recorrências lineares

são iguais ao montante acumulado no período anterior, P_{k-1}, multiplicado pela taxa de juros correspondente ao k-ésimo período, ou seja,

$$\text{Juros adquiridos no k-ésimo período} = P_{k-1}\left(\frac{i}{m}\right)$$

Portanto, suponto uma taxa de juros i computada m vezes ao ano, segue que

$$P_k = P_{k-1} + P_{k-1}\left(\frac{i}{m}\right) = P_{k-1}\left(1 + \frac{i}{m}\right).$$

De acordo com a modelagem acima, mostre que:

(a) $P_m = P_0\left(1 + \frac{i}{m}\right)^m$;

  Solução. De fato, como $P_k = P_{k-1}\left(1 + \frac{i}{m}\right)$, segue que:

$$P_1 = P_0\left(1 + \frac{i}{m}\right)$$
$$P_2 = P_1\left(1 + \frac{i}{m}\right)$$
$$\vdots$$
$$P_m = P_{m-1}\left(1 + \frac{i}{m}\right)$$

  Multiplicando esses m igualdades membro a membro, segue que:

$$P_1.P_2.\ldots.P_{m-1}.P_m = P_0.P_1.\ldots.P_{m-1}\underbrace{\left(1 + \frac{i}{m}\right)\ldots\left(1 + \frac{i}{m}\right)}_{m \text{ fatores}} \Rightarrow$$

$$P_m = P_0\left(1 + \frac{i}{m}\right)^m.$$

∎

(b) Se $i = 1$, então $\lim\limits_{m \to \infty} P_0\left(1 + \frac{1}{m}\right)^m = eP_0$.

  Solução. Se $i = 1$, segue que

$$P_m = P_0\left(1 + \frac{i}{m}\right)^m \Rightarrow \lim_{m \to \infty} P_m = P_0 \lim_{m \to \infty}\left(1 + \frac{1}{m}\right)^m = P_0 e.$$

∎

A seguir mostraremos um teorema que revela que qualquer recorrência linear não homogênea de primeira ordem pode ser transformada numa recorrência da forma $x_{n+1} = x_n + g(n)$, cuja solução geral é $x_n = x_1 + \sum_{i=1}^{n-1} g(i)$, como vimos acima.

Teorema 6.17. *Se a_n é uma solução não-nula de $x_{n+1} = g(n)x_n$, então a substituição $x_n = a_n y_n$, transforma a recorrência*

$$x_{n+1} = g(n)x_n + h(n) \text{ em } y_{n+1} = y_n + \varphi(n), \text{ onde } \varphi(n) = \frac{h(n)}{a_n g(n)}.$$

Demonstração. Com efeito, substituindo $x_n = a_n y_n$ em $x_{n+1} = g(n)x_n + h(n)$, obtemos:

$$a_{n+1} y_{n+1} = g(n) a_n y_n + h(n).$$

Mas ocorre que $a_{n+1} = g(n)a_n$, pois a_n é uma solução não-nula de $x_{n+1} = g(n)x_n$. Portanto,

$$\begin{cases} a_{n+1} y_{n+1} = g(n) a_n y_n + h(n) \\ a_{n+1} = g(n) a_n \end{cases} \Rightarrow g(n) a_n y_{n+1} = g(n) a_n y_n + h(n) \Rightarrow$$

$$y_{n+1} = y_n + \varphi(n), \quad \varphi(n) = \frac{h(n)}{a_n g(n)}.$$

∎

A partir do teorema 6.17 usando o mesmo método da observação 6.14, pode-se obter uma fórmula explícita para y_n e, consequentemente para x_n, a partir da relação $x_n = a_n y_n$.

Para fixar as ideias desenvolvidas no teorema acima, observe atentamente o exemplo a seguir:

Exemplo 6.66. *Resolva a recorrência $x_{n+1} = 3x_n + 1$, $x_1 = 3$.*

Solução. Considerando a recorrência homogênea $x_{n+1} = 3x_n$, pela Proposição (6.5), segue que $a_n = 3^{n-1}$ é uma solução dessa recorrência homogênea. Pelo Teorema (6.17), fazendo a substituição $x_n = a_n y_n = 3^{n-1} y_n$ transforma a recorrência $x_{n+1} = 3x_n + 1$ em $y_{n+1} = y_n + \frac{1}{3^n}$. Ora, como $x_1 = 3^{1-1} y_1$ e $x_1 = 3$, segue que $y_1 = 3$. Assim,

$$\begin{cases} y_1 = 3 \\ y_2 - y_1 = \frac{1}{3} \\ y_3 - y_2 = \frac{1}{3^2} \\ \vdots \\ y_n - y_{n-1} = \frac{1}{3^{n-1}} \end{cases}$$

Adicionando membro a membro essas igualdades segue que

$$y_n = 3 + \frac{1}{3} + \frac{1}{3^2} + \ldots + \frac{1}{3^{n-1}}$$

$$= 3 + \frac{\frac{1}{3}\left(\left(\frac{1}{3}\right)^{n-1} - 1\right)}{\frac{1}{3} - 1}$$

$$= \frac{5 + 3^{n-1}}{2}.$$

Por fim, como $x_n = 3^{n-1} y_n$, segue que $x_n = \frac{5 \cdot 3^{n-1} + 3^{n-2}}{2}$, para todo $n \in \mathbb{N}$. ■

Exemplo 6.67 (A Torre de Hanói). *Você provavelmente já conhece esse jogo, pois trata-se de um jogo bstante popular que pode ser facilmente fabricado ou ainda encontrado em lojas de brinquedos de madeira. O quebra-cabeça foi inventado pelo matemático francês Édouard Lucas. Há uma lenda que Brama supostamente havia criado uma torre com 64 discos de ouro e mais duas estacas equilibradas sobre uma plataforma. Brama ordenara-lhes que movessem todos os discos de uma estaca para outra segundo as suas instruções. Segundo a lenda, quando todos os discos fossem transferidos de uma estaca para a outra, o templo iria desmoronar e o mundo desapareceria. Já seu nome foi inspirado na torre símbolo da cidade de Hanói, no Vietnã. O jogo é formado por n discos de diâmetros distintos com um furo no seu centro e uma base onde estão fincadas três hastes. Numa das hastes, estão enfiados os discos, de modo que nenhum disco esteja sobre um outro de diâmetro menor, conforme ilustra figura a seguir*

O jogo consiste em transferir a pilha de discos para uma outra haste, deslocando um disco de cada vez, de modo que, a cada passo, a regra acima seja

observada. Mostre, por indução, que o número mínimo de movimentos necessários para a transferência dos discos de uma haste para outra, respeitando as regras expostas, é $x_n = 2^n - 1$.

Solução. Para facilitar o entendimento chamemos as torres de A, B e C. Agora consideremos que a torre A está com $n+1$ discos. Além disso, suponhamos que queremos mover os discos, por exemplo, para a torre C. Suponhamos que os discos tenham sido numerados de cima para baixo: $1, 2, \ldots, n+1$. O menor disco é o 1, e o maior é o $n+1$. Para remover o disco $n+1$ é preciso tirar todos de cima, ou seja, tirar todos os n discos que estão acima dele, lembrando-se que queremos mover os discos todos para a haste C, e que o disco $n+1$ é o que deve ficar mais embaixo nesta haste. Então é necessário colocar os outros n discos na haste B, ou seja, devemos mover os n discos menores, de A para B um de cada vez respeitando as regras. Feito isso removemos o disco $n+1$ para a haste C. Agora, para mover os n discos para C, só é possível se for repetindo o jogo, de modo a passar todos os discos (um a um) de B para C.

Podemos observar que teremos que fazer o jogo com n discos duas vezes: primeiro movemos os n discos menores de A para B (usando C como intermediário). Esse procedimento deixa o disco $n+1$ livre para ser movimentado. Movemos então o disco $n+1$ para C. Agora jogamos com os n discos menores mais uma vez: de B para C, usando a torre A como intermediária e com isso empilhamos todos em C sem violar as regras. Vamos então verificar qual é o número mínimo de movimentos. Para facilitar, vamos dizer que o número mínimo de movimentos necessários para completar o jogo de $n+1$ discos é x_{n+1}. Como não há como chegar ao disco $n+1$ sem mover os n de cima, o número de movimentos que fizemos para isso é x_n. Como movemos os n menores para a haste B, a haste C está livre, logo podemos mover o disco $n+1$ para C, ou seja, o número de movimentos desde o começo do jogo é de $x_n + 1$. Neste ponto ainda falta mover os n discos menores de B para C, para ficarem em cima do disco $n+1$. O número mínimo de movimentos para fazer isto é, por hipótese, x_n. Diante do exposto, número mínimo de movimentos para transferirmos os $n+1$ discos da torre A para a torre C obedece à igualdade

$$x_{n+1} = (x_n + 1) + x_n \Rightarrow x_{n+1} = 2x_n + 1.$$

Além disso, perceba que $x_1 = 1$ (com apenas um disco, apenas um único movimento é necessário para passar esse disco de A para C). Por outro lado, considerando a recorrência homogênea $x_{n+1} = 2x_n$, pela proposição 6.5, segue

Recorrências lineares

que

$$x_n = \prod_{i=1}^{n-1} 2x_1 = \underbrace{2 \cdot 2 \cdot 2 \cdot \ldots \cdot 2}_{(n-1) \text{ fatores}} .1 = 2^{n-1}.$$

Pelo Teorema 6.17, segue que a mudaça de variáveis $x_n = 2^{n-1}y_n$, transforma a recorrência $x_{n+1} = 2x_n + 1$ em

$$y_{n+1} = y_n + \varphi(n), \text{ onde } \varphi(n) = \frac{1}{2^{n-1}2} = \frac{1}{2^n}.$$

Mas,
$$x_n = 2^{n-1}y_n \Rightarrow x_1 = 2^0 y_1 \Rightarrow 1 = 1.y_1 \Rightarrow y_1 = 1.$$

Por fim, pela observação 6.14, a solução da recorrência acima é dada por

$$\begin{aligned} y_n &= y_1 + \sum_{i=1}^{n-1} \frac{1}{2^n} \\ &= 1 + \frac{1}{2} + \frac{1}{2^2} + \ldots + \frac{1}{2^{n-1}} \\ &= \frac{1\left(\left(\frac{1}{2}\right)^n - 1\right)}{\frac{1}{2} - 1} \\ &= 2(1 - 2^{-n}) \end{aligned}$$

Finalmente,

$$x_n = 2^{n-1}y_n \Rightarrow x_n = 2^n(1 - 2^{-n}) \Rightarrow x_n = 2^n - 1.$$

∎

6.7.3. Recorrências lineares de 2ª ordem

Agora trataremos do caso particular das recorrências lineares de segunda ordem com coeficientes constantes. Nesse caso, a lei de recorrência é da forma $a_n = c_1(n)a_{n-1} + c_2(n)a_{n-2} + f(n)$, onde $c_1, c_2, f : \mathbb{N} \to \mathbb{R}$ são funções constantes. Para começar trabalharemos especificamente com o caso homogêneo, isto é, o caso em que $f(n) \equiv 0$. Nesse caso podemos escrever recorrência da seguinte forma:

$$a_n = c_1(n)a_{n-1} + c_2(n)a_{n-2} + \underbrace{f(n)}_{\equiv 0} \Rightarrow$$

$$a_n - c_1(n)a_{n-1} - c_2(n)a_{n-2} = 0.$$

Sendo c_1 e c_2 funções constantes, existem números reais p e q tais que $-c_1(n) = p$ e $-c_2(n) = q$, o que nos permite escrever

$$a_n - c_1(n)a_{n-1} - c_2(n)a_{n-2} = 0 \Rightarrow a_n + pa_{n-1} + qa_{n-2} = 0.$$

Uma primeira tentativa para determinar soluções para recorrêmcias do tipo $a_n + pa_{n-1} + qa_{n-2} = 0$ é procurar soluções do tipo $a_n = r^n$, onde r é uma constante real. Se considerarmos que $a_n = r^n$ é uma solução da recorrência $a_n + pa_{n-1} + qa_{n-2} = 0$, segue que

$$r^n + pr^{n-1} + qr^{n-2} = 0 \Rightarrow r^{n-2}(r^2 + pr + q) = 0 \Rightarrow \begin{cases} r^{n-2} = 0 \\ r^2 + pr + q = 0 \end{cases}.$$

No primeiro caso, $r^{n-2} = 0 \Rightarrow r = 0 \Rightarrow a_n = r^n = 0^n = 0$, $\forall n \in \mathbb{N}$. No segundo caso, $r^2 + pr + q = 0$, o que revela que r é uma raiz da equação quadrática $\lambda^2 + p\lambda + q = 0$. Mas será que vale a recíproca, isto é, se r é uma raiz da equação quadrática $\lambda^2 + p\lambda + q = 0$ então $a_n = r^n$ é uma solução da recorrência $a_n + pa_{n-1} + qa_{n-2} = 0$? Essas são as únicas soluções dessa recorrência? Os teoremas a seguir irão esclarecer essas e outras questões relacionadas com esse tipo de recorrência.

Teorema 6.18. *Se as raízes da equação $\lambda^2 + p\lambda + q = 0$ são λ_1 e λ_2, então*

$$a_n = C_1\lambda_1^n + C_2\lambda_2^n.$$

é solução da recorrência linear homogênea de segunda ordem $a_{n+2} + pa_{n+1} + qa_n = 0$, quaisquer que sejam as constantes C_1 e C_2.

Demonstração. De fato, substituindo $a_n = C_1\lambda_1^n + C_2\lambda_2^n$ em $a_{n+2} + pa_{n+1} + qa_n$, obtemos:

$$\begin{aligned}a_{n+2} + pa_{n+1} + qa_n =& C_1\lambda_1^{n+2} + C_2\lambda_2^{n+2} + p(C_1\lambda_1^{n+1} + C_2\lambda_2^{n+1}) + \\ & + q(C_1\lambda_1^n + C_2\lambda_2^n) \\ =& C_1\lambda_1^n\underbrace{(\lambda_1^2 + p\lambda_1 + q)}_{=0} + C_1\lambda_2^n\underbrace{(\lambda_2^2 + p\lambda_2 + q)}_{=0} = 0.\end{aligned}$$

∎

Mas será que todas as soluções sejam do tipo $a_n = C_1\lambda_1^n + C_2\lambda_2^n$? O teorema a seguir mostra que sim!

Teorema 6.19. *Se p e q são números reais e não nulos, então todas as soluções da recorrência linear homogênea de segunda ordem $a_{n+2} + pa_{n+1} + qa_n = 0$, são da forma*

$$a_n = C_1\lambda_1^n + C_2\lambda_2^n.$$

Recorrências lineares 361

em que C_1 e C_2 são constantes e λ_1 e λ_2 são as raízes da equação $\lambda^2+p\lambda+q=0$ (*essa equação é dita a* **equação característica** *da recorrência*).

Demonstração. De fato, se $(y_n)_{n\geq 1}$ é uma solução da relação de recorrência $a_{n+2} + pa_{n+1} + qa_n = 0$, com $p, q \neq 0$, segue que

$$y_{n+2} + py_{n+1} + qy_n = 0.$$

Considere a sequência $(z_n)_{n\geq 1}$, definida por $z_n = y_n - (C_1\lambda_1^n + C_2\lambda_2^n)$. Mostraremos que $z_n = 0, \forall n \in \mathbb{N}$. De fato,

$$z_{n+2} + pz_{n+1} + qz_n = y_{n+2} - (C_1\lambda_1^{n+2} + C_2\lambda_2^{n+2}) + p\left[y_{n+1} - (C_1\lambda_1^{n+1} + C_2\lambda_2^{n+1})\right]$$
$$+ q\left[y_n - (C_1\lambda_1^n + C_2\lambda_2^n)\right] = \underbrace{(y_{n+2} + py_{n+1} + qy_n)}_{=0} - C_1\lambda_1^n\underbrace{(\lambda_1^2 + p\lambda_1 + q)}_{=0}$$
$$- C_2\lambda_2^n\underbrace{(\lambda_2^2 + p\lambda_2 + q)}_{=0} = 0.$$

Ademais, $z_1 = y_1 - (C_1\lambda_1^n + C_2\lambda_2^n)$ e $z_2 = y_2 - (C_1\lambda_1^n + C_2\lambda_2^n)$. Vamos mostrar que existem constantes C_1 e C_2 tais que $z_1 = z_2 = 0$. Com efeito,

$$\begin{cases} z_1 = 0 \\ z_2 = 0 \end{cases} \Leftrightarrow \begin{cases} y_1 - (C_1\lambda_1^1 + C_2\lambda_2^1) = 0 \\ y_2 - (C_1\lambda_1^2 + C_2\lambda_2^2) = 0 \end{cases} \Leftrightarrow \begin{cases} C_1\lambda_1^1 + C_2\lambda_2^1 = y_1 \\ C_1\lambda_1^2 + C_2\lambda_2^2 = y_2 \end{cases}.$$

Ora, como λ_1 e λ_2 são não nulos (pois são as raízes da equação quadrárica $\lambda^2 + p\lambda + q = 0$, com $q \neq 0$), e $\lambda_1 \neq \lambda_2$, podemos resolver o sistema acima para obter:

$$C_1 = \frac{\lambda_2^2 y_1 - \lambda_2 y_2}{\lambda_1 \lambda_2 (\lambda_2 - \lambda_1)} \text{ e } C_2 = \frac{\lambda_1 y_2 - \lambda_1^2 y_1}{\lambda_1 \lambda_2 (\lambda_2 - \lambda_1)}.$$

Com essas contantes, tem-se que $z_1 = z_2 = 0$. Como $z_{n+2} + pz_{n+1} + qz_n$, $\forall n \in \mathbb{N}$, segue que $z_n = 0, \forall n \in \mathbb{N}$. Portanto,

$$z_n = y_n - (C_1\lambda_1^n + C_2\lambda_2^n) = 0, \forall n \in \mathbb{N} \Rightarrow y_n = C_1\lambda_1^n + C_2\lambda_2^n = 0, \forall n \in \mathbb{N}.$$

∎

Exemplo 6.68. *Resolva a recorrência* $a_{n+2} + 5a_{n+1} - 6a_n = 0$.

Solução. A equação característica dessa recorrência é $\lambda^2 + 5\lambda - 6 = 0$. As raízes dessa equação são $\lambda_1 = 2$ e $\lambda_2 = 3$. Pelo teorema 6.19, segue que as soluções da recorrência são as sequências $(a_n)_{n\geq 1}$ tais que $a_n = C_1 2^n + C_2 3^n$, $\forall n \in \mathbb{N}$, onde C_1 e C_2 são constantes reais.

∎

Observação 6.15. *Numa recorrência linear homogênea de segunda ordem, se foram dados os valores dos dois primeiros termos da sequência $(a_n)_{n\geq 1}$ que deve satisfazer a recorrência, podemos obter os valores explícitos das constantes C_1 e C_2. Por exemplo, se no exemplo acima, além da recorrência tivéssemos as condições $a_1 = 5$ e $a_2 = 13$, teríamos o seguinte sistema*

$$\begin{cases} C_1.2^1 + C_2.3^1 = 5 \\ C_2.2^2 + C_2.3^2 = 13 \end{cases} \Rightarrow C_1 = 1 \ e \ C_2 = 1.$$

Assim, nas condições impostas no teorema (6.18) quando temos apenas a recorrência, não existe uma solução única, isto é, não existe uma única sequência $(a_n)_{n\geq 1}$ que a recorrência. Mas, fixados os dois primeiros termos da sequência, a solução passa a ser única.

Observação 6.16 (Raízes complexas). *Tudo que dissemos no teorema 6.18 continua a valer, mesmo que as raízes λ_1 e λ_2 da equação característica $\lambda^2 + p\lambda + q = 0$ sejam números complexos (que, nesse caso, são conjugados, visto que os coeficientes da equação característica são números reais). Todas as soluções são, como vimos, da forma $a_n = C_1\lambda_1^n + C_2\lambda_2^n$. Escrevendo λ_1 e λ_2 na forma trigonométrica, segue que:*

$$\lambda_1 = \rho(\cos\theta + i.\operatorname{sen}\theta), \ e \ \lambda_2 = \rho(\cos\theta - i.\operatorname{sen}\theta).$$

Nese caso,

$$\lambda_1^n = \rho^n(\cos(n\theta) + i.\operatorname{sen}(n\theta)), \ e \ \lambda_2 = \rho^n(\cos(n\theta) - i.\operatorname{sen}(n\theta)).$$

Portanto,

$$\begin{aligned} a_n &= C_1\lambda_1^n + C_2\lambda_2^n \\ &= C_1\rho^n(\cos(n\theta) + i.\operatorname{sen}(n\theta)) + C_2\rho^n(\cos(n\theta) - i.\operatorname{sen}(n\theta)) \\ &= \rho^n\left[(C_1 + C_2)\cos(n\theta) + i(C_1 - C_2)\operatorname{sen}(n\theta)\right] \\ &= \rho^n\left[C_1'.\cos(n\theta) + C_2'.\operatorname{sen}(n\theta)\right] \end{aligned}$$

onde $C_1' = C_1 + C_2$ e $C_2' = i(C_1 - C_2)$ são constantes. Nessas condições, a solução geral da recorrência é dada por

$$a_n = \rho^n\left[C_1'\cos(n\theta) + C_2'\operatorname{sen}(n\theta)\right].$$

Exemplo 6.69. *Resolva a recorrência $a_{n+2} + a_{n+1} + a_n = 0$.*

Solução. Nesse caso a equação característica é $\lambda^2 + \lambda + 1 = 0$ cujas raízes são

$$\lambda_1 = -\frac{1}{2} + i\frac{\sqrt{3}}{2} \text{ e } \lambda_1 = -\frac{1}{2} - i\frac{\sqrt{3}}{2}.$$

Esses dois números complexos têm o mesmo módulo $\rho = \sqrt{\left(-\frac{1}{2}\right)^2 + \left(\pm\frac{\sqrt{3}}{2}\right)^2} = 1$. Os seus argumentos (principais) são $\theta = \pm\frac{\pi}{3}$. (podemos tomar qualquer um desses dois valores!). Nesse caso a solução geral da recorrência é

$$\begin{aligned} a_n &= \rho^n \left[C_1 \cos(n\theta) + C_2 \sen(n\theta) \right] \\ &= 1^n \left[C_1 \cos(n\frac{\pi}{3}) + C_2 \sen(n\frac{\pi}{3}) \right] \\ &= C_1 \cos\frac{n\pi}{3} + C_2 \sen\frac{n\pi}{3}. \end{aligned}$$

Note que não faria diferença se tomássemos $\theta = -\frac{\pi}{3}$, pois nesse caso apenas teríamos

$$\begin{aligned} a_n &= 1^n \left[C_1' \cos(-n\frac{\pi}{3}) + C_2 \sen(-n\frac{\pi}{3}) \right] \\ &= C_1 \cos(n\frac{\pi}{3}) + (-C_2) \sen(n\frac{\pi}{3}) \\ &= C_1 \cos\frac{n\pi}{3} + C_2' \sen\frac{n\pi}{3} \end{aligned}$$

mudaria apenas o valor da constante C_2, mas o conjunto de valores descritos por essa nova fórmula seria igual ao conjunto dos valores descritos pela primeira fórmula. ∎

Exemplo 6.70. *Em um jogo, em cada etapa João pode fazer 1 ou 2 pontos. De quantos modos ele pode totalizar n pontos?*

Solução. Seja a_n a quantidade de modos distintos de João fazer n pontos. Ora, como em cada etapa João faz 1 ou 2 pontos segue que:

- $a_1 = 1$;

- $a_2 = 2$ (pode ser $1+1$ ou simplesmente 2);

Para que João obtenha $n+2$ pontos existem 2 possibilidades:

1. marcar 1 ponto na primeira etapa e $n+1$ pontos nas etapas seguintes, o que pode ser feito de a_{n+1} modos distintos;

2. marcar 2 pontos na primeira etapa e n pontos nas etapas seguintes, o que pode ser feito de a_n modos distintos.

Diante do exposto segue que,

$$a_{n+2} = a_{n+1} + a_n \Rightarrow a_{n+2} - a_{n+1} - a_n = 0.$$

A equação característica associada a essa recorrência é $\lambda^2 - \lambda - 1 = 0$, cujas raízes são

$$\lambda_1 = \frac{1+\sqrt{5}}{2} \quad \text{e} \quad \lambda_2 = \frac{1-\sqrt{5}}{2}.$$

Portanto, a equação geral da recorrência é:

$$a_n = C_1 \lambda_1^n + C_2 \lambda_2^n = C_1 \left(\frac{1+\sqrt{5}}{2}\right)^n + C_2 \left(\frac{1-\sqrt{5}}{2}\right)^n$$

Usando o fato que $a_1 = 1$ e $a_2 = 2$ obtemos $C_1 = -C_2 = \frac{1}{\sqrt{5}}$. Logo,

$$a_n = \frac{1}{\sqrt{5}} \left(\frac{1+\sqrt{5}}{2}\right)^n - \frac{1}{\sqrt{5}} \left(\frac{1-\sqrt{5}}{2}\right)^n,$$

ou seja, $a_n = f_n$ (n-ésimo número de Fibonacci).

■

Exemplo 6.71. *Para todo $n \in \mathbb{N}$, mostre que $(3+\sqrt{5})^n + (3-\sqrt{5})^n$ é par.*

Solução. A ideia é mostrar que para todo $n \in \mathbb{N}$ o número $(3+\sqrt{5})^n + (3-\sqrt{5})^n$ é solução de uma recorrência em que todos os termos da sequência são números pares.

Para todo $n \in \mathbb{N}$, seja $a_n = (3+\sqrt{5})^n + (3-\sqrt{5})^n$. Note que:

$$\begin{cases} a_1 = (3+\sqrt{5})^1 + (3-\sqrt{5})^1 = 6 \\ a_2 = (3+\sqrt{5})^2 + (3-\sqrt{5})^2 = 28 \end{cases}$$

Por outro lado, definindo $\lambda_1 = (3+\sqrt{5})$ e $\lambda_2 = (3-\sqrt{5})$, segue que:

$$\begin{cases} \lambda_1 + \lambda_2 = 6 \\ \lambda_1 \cdot \lambda_2 = 4 \end{cases},$$

o que revela que λ_1 e λ_2 são as raízes da equação quadrárica $\lambda^2 - 6\lambda + 4 = 0$. Mas, essa equação é a equação característica da equação de recorrência

Recorrências lineares 365

$x_{n+2} - 6x_{n+1} + 4x_n = 0$, com $n \in \mathbb{N}$. Mas ocorre que para todo $n \in \mathbb{N}$ tem-se que

$$x_{n+2} - 6x_{n+1} + 4x_n = 0 \Rightarrow x_{n+2} = 6x_{n+1} - 4x_n \Rightarrow x_{n+2} = 2.(3x_{n+1} - 2x_n)$$

Perceba que se x_1 e x_2 forem pares, então a igualdade $x_{n+2} = 2.(3x_{n+1} - 2x_n)$ nos garantirá que x_n será par para todo $n \in \mathbb{N}$. Então se conseguirmos fazer com que $a_n = x_n$ para todo $n \in \mathbb{N}$, isso mostrará que a_n é par para todo $n \in \mathbb{N}$. Mas como fazer isso? vejamos:

Ora, como $\lambda_1 = (3 + \sqrt{5})$ e $\lambda_2 = (3 - \sqrt{5})$ são as raízes da equação característica da recorrência $x_{n+2} - 6x_{n+1} + 4x_n = 0$, segue que a solução geral dessa recorrência é da forma

$$\begin{aligned} x_n &= C_1\lambda_1^n + C_2\lambda_2^n \\ &= C_1(3+\sqrt{5})^n + C_2(3-\sqrt{5})^n \end{aligned}$$

Ora, como $a_n = (3+\sqrt{5})^n + (3-\sqrt{5})^n$, $\forall n \in \mathbb{N}$, para que $a_n = x_n$ para todo $n \in \mathbb{N}$ basta que $C_1 = 1$ e $C_2 = 1$.

Dessa forma, se tomarmos $C_1 = C_2 = 1$, para todo $n \in \mathbb{N}$ teremos que:

$$x_n = 1.(3+\sqrt{5})^n + 1.(3-\sqrt{5})^n = (3+\sqrt{5})^n + (3-\sqrt{5})^n.$$

Nesse caso, como os dois primeiros termos da sequência $(x_n)_{n \in \mathbb{N}}$ são $x_1 = 6$ e $x_2 = 28$, e $x_{n+2} = 2.(3x_{n+1} - 2x_n)$ para todo $n \in \mathbb{N}$, podemos então garantir que $a_n = x_n$ é par para todo $n \in \mathbb{N}$.

∎

Exemplo 6.72. *Considere a sequência $(x_n)_{n \in \mathbb{N} \cup \{0\}}$ tal que $x_0 = 0, x_1 = 1$ e $x_{n+2} = 3x_{n+1} - 2x_n$ para $n = 1, 2, 3, \ldots$. Seja $(y_n)_{n \in \mathbb{N} \cup \{0\}}$, definida por $y_n = x_n^2 + 2^{n+2}$. Mostre que y_n é o quadrado de um inteiro ímpar para todo inteiro $n \geq 0$.*

Solução. Temos que $x_{n+2} = 3x_{n+1} - 2x_n \Rightarrow x_{n+2} - 3x_{n+1} + 2x_n = 0$. A equação característica dessa recorrência é $\lambda^2 - 3\lambda + 2 = 0$, cujas raízes são $\lambda_1 = 1$ e $\lambda_2 = 2$. Porando, pelo teorema anterior, segue que

$$x_n = C_1.\lambda_1^n + C_2.\lambda_2^n \Rightarrow x_n = C_1.2^n + C_2.1^n \Rightarrow x_n = C_1.2^n + C_2, \forall n \in \mathbb{N} \cup \{0\}.$$

Mas, $x_0 = 0$ e $x_1 = 1$, o que nos leva ao sistema

$$\begin{cases} C_1 + C_2 = 0 \\ 2.C_1 + C_2 = 1 \end{cases} \Rightarrow C_1 = 1 \text{ e } C_2 = -1 \Rightarrow x_n = C_1.2^n + C_2 \Rightarrow x_n = 2^n - 1.$$

Por fim,

$$\begin{aligned} y_n &= x_n^2 + 2^{n+2} \\ &= (2^n - 1)^2 + 2^{n+2} \\ &= (2^n)^2 - 2 \cdot 2^n + 1 + 4 \cdot 2^n \\ &= (2^n)^2 + 2 \cdot 2^n + 1 \\ &= (2^n + 1)^2 \end{aligned}$$

∎

Trataremos agora o caso em que as raízes da equação característica da recorrência $a_{n+2} + pa_{n+1} + qa_n = 0$, com p e q reais não nulos, possui apenas uma raiz real (raiz dupla), isto é, $\lambda_1 = \lambda_2 = \lambda$.

Teorema 6.20. *Se a equação característica da recorrência $a_{n+2} + pa_{n+1} + qa_n = 0$, com p e q números reais não nulos, possui apenas uma raiz real λ, então a solução da recorrência é*

$$a_n = C_1 \lambda^n + C_2 n \lambda^n, \quad C_1,\ C_2 \in \mathbb{R}.$$

Demonstração. De fato, a equação característica da recorrência $a_{n+2} + pa_{n+1} + qa_n = 0$ é $\lambda^2 + p\lambda + q = 0$. Se essa equação tem apenas uma raiz real, segue que essa raiz é $\lambda = -\frac{p}{2}$. Nesse caso, substituindo $a_n = C_1 \lambda^n + C_2 n \lambda^n$ na recorrência $a_{n+2} + pa_{n+1} + qa_n = 0$, obtém-se

$$a_{n+2} + pa_{n+1} + qa_n =$$
$$= C_1 \lambda^{n+2} + C_2(n+2)\lambda^{n+2} + p(C_1 \lambda^{n+1} + C_2(n+1)\lambda^{n+1}) + q(C_1 \lambda^n + C_2 n \lambda^n)$$
$$= C_1 \lambda^n \underbrace{(\lambda^2 + p\lambda + q)}_{=0} + C_2 n \lambda^n \underbrace{(\lambda^2 + p\lambda + q)}_{=0} + C_2 \lambda^{n+1} \underbrace{(2\lambda + p)}_{=0} = 0.$$

∎

Mas será que todas as soluções dessa recorrência são desse tipo? O teorema a seguir revela que sim!

Teorema 6.21. *Se a equação característica da recorrência $a_{n+2} + pa_{n+1} + qa_n = 0$, com p e q reais não nulos, possui apenas uma raiz real λ, então todas as soluções dessa recorrância são da forma $a_n = C_1 \lambda^n + C_2 n \lambda^n$, com C_1 e C_2 constantes reais.*

Demonstração. Com efeito, se y_n é uma solução qualquer da recorrência $a_{n+2} + pa_{n+1} + qa_n = 0$ e λ é a única solução da equação característica $r^2 + pr + q = 0$, o sistema

$$\begin{cases} C_1 \lambda^1 + C_2 \lambda^1 = y_1 \\ C_1 \lambda^2 + C_2 2\lambda^2 = y_2 \end{cases}$$

possui solução única, a saber $C_1 = 2\frac{y_1}{\lambda} - \frac{y_2}{\lambda^2}$ e $C_2 = \frac{y_2 - r y_1}{\lambda^2}$ (note que $\lambda \neq 0$ pois $q \neq 0$, visto que a recorrência é de segunda ordem). Para cada $n \in \mathbb{N}$, seja $z_n = y_n - C_1 \lambda^n - C_2 n \lambda^n$. Vamos mostrar que $z_n = 0$, para todo $n \in \mathbb{N}$. Adicionando membro a membro as igualdades a seguir

$$\begin{cases} z_{n+2} = y_{n+2} - C_1 \lambda^{n+2} - C_2(n+2)\lambda^{n+2} \\ p z_{n+1} = p y_{n+1} - p C_1 \lambda^{n+1} - C_2(n+1)p\lambda^{n+1} \\ q z_n = q y_n - q C_1 \lambda^n - q C_2 n \lambda^n \end{cases}$$

segue-se que

$$z_{n+2} + p z_{n+1} + q z_n = (y_{n+2} + p y_{n+1} + q y_n) - C_1 \lambda^n (\lambda^2 + p\lambda + q) + \\ - C_2 n \lambda^n (\lambda^2 + p\lambda + q) - C_2 \lambda^{n+1}(2\lambda + p).$$

Perceba que $z_{n+2} + p z_{n+1} + q z_n = 0 \ \forall n \in \mathbb{N}$, pois cada uma das quatro parcelas é nula, de fato: desde que y_n é uma solução da recorrência $a_{n+2} + p a_{n+1} + q a_n = 0$, tem-se que $y_{n+2} + p y_{n+1} + q y_n = 0$; as parcelas $C_1 \lambda^n (\lambda^2 + p\lambda + q)$ e $C_2 n \lambda^n (\lambda^2 + p\lambda + q)$ também são nulas, pois $\lambda^2 + p\lambda + q = 0$, dado que estamos supondo λ é a única raiz da equação característica $r^2 + pr + q = 0$; e a última parcela também é nula, pois $2\lambda + p = 0$.

Por fim,

$$C_1 \lambda^1 + C_2 \lambda^1 = y_1 \Rightarrow z_1 = y_1 - (C_1 \lambda + C_2 \lambda) = 0$$

$$C_1 \lambda^2 + 2 C_2 \lambda^2 = y_2 \Rightarrow z_2 = y_2 - (C_1 \lambda^2 + 2 C_2 \lambda^2) = 0$$

Ora, se $z_1 = z_2 = 0$ e $z_{n+2} + p z_{n+1} + q z_n = 0$, $\forall n \in \mathbb{N}$, podemos concluir que $z_n = 0$, $\forall n \in \mathbb{N}$ ou seja, $y_n - C_1 \lambda^n - C_2 n \lambda^n = 0$, $\forall n \in \mathbb{N}$, o que equivale a dizer que:

$$y_n = C_1 \lambda^n + C_2 n \lambda^n = 0, \ \forall n \in \mathbb{N}.$$

∎

A sequência de Fibonacci, $f_n = f_{n-1} + f_{n-2}$, é definida por uma equação de recorrência linear homgênea de 2ª ordem, portanto podemos utilizar a teoria desenvolvida anteriormente para estabelecer um fórmula fechada para o seu n-ésimo termo, que será feito no exemplo a seguir.

Exemplo 6.73. *Usando a teoria das recorrências lineares de segunda ordem, deduza a famosa Fórmula de Binet para o n-ésimo termo da sequência de Fibonacci, isto é, se $(f_n)_{n \geq 0}$ é definida por*

$$f_n = \begin{cases} 1, & se \ n = 0 \ ou \ 1; \\ f_{n-1} + f_{n-2}, & se \ n \geq 2, \end{cases}$$

então
$$f_n = \frac{1}{\sqrt{5}}\left[\left(\frac{1+\sqrt{5}}{2}\right)^n - \left(\frac{1-\sqrt{5}}{2}\right)^n\right].$$

Solução. A equação característica é dada por $r^2 = r+1$, ou seja, $r^2 - r - 1 = 0$ desse modo, suas raízes serão:
$$r_1 = \frac{1+\sqrt{5}}{2} \text{ e } r_2 = \frac{1-\sqrt{5}}{2}.$$

Pelo teorema 6.19 tem-se que
$$f_n = C_1\left(\frac{1+\sqrt{5}}{2}\right)^n + C_2\left(\frac{1-\sqrt{5}}{2}\right)^n$$

Para determinar C_1 e C_2, vamos usar, por ser mais conveniente, $f_0 = 0$ e $f_1 = 1$ obtendo assim o sistema:
$$\begin{cases} C_1 + C_2 = 0 \\ C_1\frac{1+\sqrt{5}}{2} + C_2\frac{1-\sqrt{5}}{2} = 1 \end{cases}$$

Resolvendo o sistema de equações, encontramos $C_1 = -C_2 = \frac{1}{\sqrt{5}}$. Portanto:
$$f_n = \frac{1}{\sqrt{5}}\left[\left(\frac{1+\sqrt{5}}{2}\right)^n - \left(\frac{1-\sqrt{5}}{2}\right)^n\right].$$

∎

Agora vamos resolver o exemplo 6.56 que citamos no início deste capítulo.

Exemplo 6.74. *Quantas são as sequências de n termos, todos pertencentes ao conjunto $\{0,1,2\}$, que não possuem dois termos consecutivos iguais a 0?*

Solução. Seja x_n a quantidade de sequências de n termos, todos pertencentes ao conjunto $\{0,1,2\}$, que não possuem dois termos consecutivos iguais a 0. Note que $x_1 = 3$, pois com apenas um termo qualquer sequência não terá dois termos consecutivos iguais a 0, visto que com um termo só temos três opções, a saber: $(0), (1)$ ou (2) que são sequências com apenas um termo e em nenhuma delas há dois termos consecutivos iguais a 0. No caso em que $n = 2$, isto é, sequências com dois termos, temos as seguintes possibilidades para que a sequência não possua dois termos consecutivos iguais a 0:

$$(0,1); (0,2); (1,0), (1,1); (1,2); (2,0); (2,1) \text{ e } (2,2),$$

o que revela que $x_2 = 8$. Agora consideremos uma sequência com $n \geq 3$ termos. Temos duas possibilidades, a saber:

- O primeiro termo da sequência é igual a 0. Nesse caso, o segundo termo da sequência não pode ser igual a 0 (já que estamos interessados nas sequências em que não há dois 0's consecutivos. Desse forma existem duas possibilidades para o segundo termo da sequência (pode ser igual a 1 ou 2). Uma vez colocado o segundo termo da sequência ainda existem $n-2$ termos a serem colocados, que ainda devem respeitar a condição de não apresentarem dois 0'sconsecutivos, mas isso pode ser feito de x_{n-2} modos distintos. Pelo princípio fundamental da contagem, existem $2x_{n-2}$ sequências desse tipo.

- O primeiro termo da sequência não é igual a 0. Nesse caso, existem 2 possibilidades para o primeiro termo (pode ser igual a 1 ou 2). Uma vez preenchido o primeir termo, ainda precisamos preencher os $n-1$ termos restantes da sequência, o que pode ser feito de de x_{n-1} modos distintos. Pelo Princípio Fundamental da Contagem, existem $2x_{n-1}$ sequências desse tipo.

Diante do exposto, tem-se que $x_1 = 3, x_2 = 8$ e $x_n = 2x_{n-1} + 2x_{n-2}$ para $n \geq 3$. Ora, como essa lei é de uma recorrência linear de segunda ordem homogênea, podemos utilizar a teoria apresentada neste capítulo para exibir uma solução explícita para ela. Com efeito, neste caso, a equação característica da equação de recorrência linear de segunda ordem $x_n - 2x_{n-1} - 2x_{n-2} = 0$ é $\lambda^2 - 2\lambda - 2 = 0$, cujas raízes são $\lambda_1 = 1 + \sqrt{3}$ e $\lambda_2 = 1 - \sqrt{3}$. Pelo teorema 6.19 segue que existem constantes C_1 e C_2 tais que

$$x_n = C_1 \lambda_1^n + C_2 \lambda_2^n$$
$$= C_1(1+\sqrt{3})^n + C_2(1-\sqrt{3})^n$$

Por fim, como $x_1 = 3$ e $x_2 = 8$, segue-se que

$$\begin{cases} C_1(1+\sqrt{3})^1 + C_2(1-\sqrt{3})^1 = 3 \\ C_1(1+\sqrt{3})^2 + C_2(1-\sqrt{3})^2 = 8. \end{cases} \Rightarrow \begin{cases} C_1 = \frac{3+2\sqrt{3}}{6} \\ C_2 = \frac{3-2\sqrt{3}}{6} \end{cases}$$

Portanto, para todo $n \geq 3$, tem-se que:

$$x_n = C_1(1+\sqrt{3})^n + C_2(1-\sqrt{3})^n$$
$$= \frac{3+2\sqrt{3}}{6}\left(1+\sqrt{3}\right)^n + \frac{3-2\sqrt{3}}{6}\left(1-\sqrt{3}\right)^n.$$

∎

Para finalizar a subseção 6.7.3 e a teoria básica das recorrências lineares de segunda ordem apresentaremos o teorema 6.22, segundo o qual a solução geral de uma recorrência linear de segunda ordem não homogênea é a soma de uma solução particular com a solução geral da rcorrência homogênea associada a ela.

Teorema 6.22. *Se a_n é uma solução particular da recorrência*

$$x_{n+2} + px_{n+1} + qx_n = f(n),$$

então a sua solução geral é dada por $x_n = a_n + y_n$, onde y_n é a solução geral da recorrência homogênea associada, isto é, da recorrência

$$x_{n+2} + px_{n+1} + qx_n = 0.$$

Demonstração. Inicialmente mostremos que $x_n = a_n + y_n$ é uma solução. Vejamos:

$$\begin{aligned}x_{n+2} + px_{n+1} + qx_n &= (a_{n+2} + y_{n+2}) + p(a_{n+1} + y_{n+1}) + q(a_n + y_n)\\&= \underbrace{a_{n+2} + pa_{n+1} + qa_n}_{=f(n)} + \underbrace{y_{n+2} + py_{n+1} + qy_n}_{=0}\\&= f(n).\end{aligned}$$

Agora vamos demonstrar que toda solução da recorrência $x_{n+2} + px_{n+1} + qx_n = f(n)$ é da forma $x_n = a_n + y_n$, onde a_n é uma solução particular da mesma recorrência e y_n é uma solução da recorrência homogênea associada. De fato, se x_n é a solução geral e a_n é uma solução particular da recorrência $x_{n+2} + px_{n+1} + qx_n = f(n)$, vamos mostrar que $y_n = x_n - a_n$ é uma solução da recorrência homogênea associada. Com efeito,

$$\begin{aligned}(x_{n+2} - a_{n+2}) &+ p(x_{n+1} - a_{n+1}) + q(x_n - a_n) =\\&= \underbrace{(x_{n+2} + px_{n+1} + qx_n)}_{=f(n)} - \underbrace{(a_{n+2} + pa_{n+1} + qa_n)}_{=f(n)} = f(n) - f(n) = 0.\end{aligned}$$

Logo $y_n = x_n - a_n$ é solução da equação geral da recorrência homogênea $x_{n+2} + px_{n+1} + qx_n = 0$, e portanto, $y_n = x_n - a_n \Rightarrow x_n = a_n + y_n$ é a solução geral da recorrência $x_{n+2} + px_{n+1} + qx_n = f(n)$.

■

Exemplo 6.75. *Resolva a recorrência $x_n - 5x_{n-1} + 6x_{n-2} = 2n^2$, sujeita às condições iniciais $x_1 = 28$ e $x_2 = 34$.*

Solução. A recorrência homogêna associada é $x_n - 5x_{n-1} + 6x_{n-2} = 0$ cuja equação característica é $r^2 - 5r + 6 = 0$ que tem como raízes os números reais

$\lambda_1 = 2$ e $\lambda_2 = 3$. Diante do exposto, a solução geral da equação homogêna é $y_n = C_1 2^n + C_2 3^n$. Pelo teorema 6.22, sabemos que a solução geral da recorrência $x_n - 5x_{n-1} + 6x_{n-2} = 2n^2$ é da forma $x_n = a_n + y_n$, onde a_n é uma solução particular dessa recorrência e y_n é a solução da recorrência homogênea que já encontramos. Para determinar uma solução particular da recorrência $x_n - 5x_{n-1} + 6x_{n-2} = 2n^2$, podemos raciocinar da seguinte forma: ora, como no segundo membro aparece o polinômio do segundo grau $f(n) = 2n^2$, podemos procurar uma solução particular do mesmo tipo, isto é, $a_n = An^2 + Bn + C$. Sendo a_n uma solução particular da recorrência $x_n - 5x_{n-1} + 6x_{n-2} = 2n^2$, segue que:

$$a_n - 5a_{n-1} + 6a_{n-1} = 2n^2 \Rightarrow$$

$$(An^2+Bn+C)-5(A(n-1)^2+B(n-1)+C)+6(A(n-2)^2+B(n-2)+C) = 2n^2 \Rightarrow$$

$$2An^2+(-14A+2B)n+(19A-7B+2C) = 2n^2 \Rightarrow \begin{cases} 2A = 2 \\ -14A + 2B = 0 \\ 19A - 7B + 2C = 0 \end{cases} \Rightarrow$$

$$A = 1, B = 7, C = 15 \Rightarrow a_n = n^2 + 7n + 15.$$

Por fim,

$$x_n = y_n + a_n \Rightarrow x_n = C_1.2^n + C_2.3^n + n^2 + 7n + 15.$$

Mas ocorre que

$$x_1 = 28 \text{ e } x_2 = 34 \Rightarrow \begin{cases} 2C_1 + 3C_2 + 23 = 28 \\ 4C_1 + 9C_2 + 33 = 34 \end{cases} \Rightarrow C_1 = 7 \text{ e } C_2 = -3.$$

Logo a solução geral da recorrência é $x_n = 7.2^n - 3.3^n + n^2 + 7n + 15$ para todo $n \in \mathbb{N}$.

∎

6.7.4. Outros exemplos envolvendo recorrências

Exemplo 6.76. *Em economia, o comportamento econômico de um período para o período seguinte é geralmente modelado via relações de recorrência. Seja X_n a renda num período n e C_n o consumo nesse mesmo período. Num modelo econômico, a renda em qualquer período é assumida como sendo a soma entre consumo e o investimento governamental E (que é assumido constante em todos os períodos em que o modelo é aplicado). Além disso,* *o consumo é assumido como uma função afim da renda correspondente ao período anterior, isto é,*

$$X_n = C_n + E, \text{ onde } E \text{ é o investimento governamental}$$

$$C_n = c + mX_{n-1}, \text{ onde } c \text{ e } m \text{ são constantes reais}$$

Com base no modelo descrito acima responda os itens abaixo:

(a) Mostre que $X_n = (E+c)\left(\frac{m^n-1}{m-1}\right) + mX_0, \; \forall n \in \mathbb{N}$;

Solução. Pelo enunciado,

$$\begin{cases} X_n = C_n + E \\ C_n = c + mX_{n-1} \end{cases} \Rightarrow X_n = mX_{n-1} + c + E.$$

Considerando a recorrência homogênea de primeira ordem $X_n = mX_{n-1}$, segue que:

$$\begin{cases} X_1 = mX_0 \\ X_2 = mX_1 \\ \vdots \\ X_n = mX_{n-1} \end{cases}$$

Multiplicando membro a membro as igualdades acima, obtemos $X_n = m^n X_0$. Fazendo a mudança de variáveis $X_{n-1} = m^n X_0 . Y_{n-1}$ na recorrência

$$X_n = mX_{n-1} + c + E,$$

segue que:

$$m^{n+1} X_0 Y_n = mm^n X_0 Y_{n-1} + c + E \Rightarrow Y_n = Y_{n-1} + \frac{c+E}{m^{n+1} X_0}$$

Fazendo n variar em $\mathbb{N}$, segue que:

$$\begin{cases} Y_1 = Y_0 + \frac{c+E}{X_0} \frac{1}{m^2} \\ Y_2 = Y_1 + \frac{c+E}{X_0} \frac{1}{m^3} \\ \vdots \\ Y_n = Y_{n-1} + \frac{c+E}{X_0} \frac{1}{m^{n+1}} \end{cases}$$

Adicionando as igualdades acima, segue que:

$$Y_n = Y_0 + \frac{c+E}{X_0}\left(\frac{1}{m^2} + \frac{1}{m^3} + \ldots + \frac{1}{m^3}\right)$$

$$= Y_0 + \frac{c+E}{X_0}\left[\frac{\frac{1}{m^2}\left(\left(\frac{1}{m}\right)^n - 1\right)}{\frac{1}{m} - 1}\right]$$

$$= Y_0 + \frac{c+E}{m^{n+1}X_0}\left(\frac{m^n - 1}{m - 1}\right)$$

Lembrando que $X_{n-1} = m^n X_0 . Y_{n-1}$, segue que $Y_n = \frac{X_n}{m^{n+1}X_0}$. Em particular,
$Y_0 = \frac{X_0}{mX_0}$. Portanto,

$$Y_n = Y_0 + \frac{c+E}{m^{n+1}X_0}\left(\frac{m^n - 1}{m - 1}\right) \Rightarrow$$

$$\frac{X_n}{m^{n+1}X_0} = \frac{X_0}{mX_0} + \frac{c+E}{m^{n+1}X_0}\left(\frac{m^n - 1}{m - 1}\right) \Rightarrow$$

$$X_n = (E+c)\left(\frac{m^n - 1}{m - 1}\right) + mX_0.$$

■

(b) supondo que $0 < m < 1$, mostre que $\lim_{n\to\infty} X_n = \left(\frac{E+c}{1-m}\right) + mX_0$.

Solução. De fato, como $0 < m < 1$, segue que $\lim_{n\to\infty} m^n = 0$. Assim,

$$\lim_{n\to\infty} X_n = \lim_{n\to\infty}\left[(E+c)\left(\frac{m^n - 1}{m - 1}\right) + mX_0\right]$$

$$= (E+c)\left(\frac{0 - 1}{m - 1}\right) + mX_0$$

$$= (E+c)\left(\frac{-1}{m - 1}\right) + mX_0$$

$$= \left(\frac{E+c}{1-m}\right) + mX_0.$$

■

Exemplo 6.77. *O salário de um trabalhador num mês n é $S_n = a + bn$. Sua renda mensal é formada pelo salário e pelos juros de suas aplicações financeiras. Atualmente, ele poupa (a cada mês) o mesmo que ele aplicou no mês anterior acrescido de $\frac{1}{p}$ de sua renda naquele mês e investe sua poupança a juros mensais de taxa i. Determine a renda desse trabalhador no mês n.*

Solução. Sejam x_n, s_n e y_n a renda, o salário e o montante das suas aplicações no mês n. Ora, como sua renda mensal é formada pelo salário e pelos juros de suas aplicações financeiras, segue que

$$x_{n+1} = S_{n+1} + iy_n.$$

Por outro lado, como ele poupa (a cada mês) o mesmo que ele aplicou no mês anterior acrescido de $\frac{1}{p}$ de sua renda naquele mês, segue que:

$$y_n = y_{n-1} + \frac{1}{p}x_n.$$

Diante do exposto, temos o seguinte sistema de equações de recorrência:

$$\begin{cases} x_{n+1} = S_{n+1} + iy_n \\ y_n = y_{n-1} + \frac{1}{p}x_n \end{cases}.$$

Da primeira equação, segue que $y_n = \frac{x_{n+1} - S_{n+1}}{i}$. Assim,

$$y_n = y_{n-1} + \frac{1}{p}x_n \Rightarrow \frac{x_{n+1} - S_{n+1}}{i} = \frac{x_n - S_n}{i} + \frac{1}{p}x_n \Rightarrow$$

$$x_{n+1} - \left(1 + \frac{i}{p}\right)x_n = S_{n+1} - S_n \Rightarrow x_{n+1} - \left(1 + \frac{i}{p}\right)x_n = (a + b(n+1) - a - bn) \Rightarrow$$

$$x_{n+1} - \left(1 + \frac{i}{p}\right)x_n = b,$$

que é uma equação de recorrência linear não homogênea de primeira ordem. Considerando a equação de recorrência homogênea correspondente, ou seja, $x_{n+1} - \left(1 + \frac{i}{p}\right)x_n = 0$, pelo teorema 6.5, segue que $a_n = \left(1 + \frac{i}{p}\right)^{n-1}$ é uma solução dessa equação de reocrrência linear e homogênea.

Fazendo a mudança de variáveis $x_n = a_n z_n$ em $x_{n+1} - \left(1 + \frac{i}{p}\right)x_n = b$, segue que

$$z_n = z_{n-1} + \frac{b}{\left(1 + \frac{i}{p}\right)^{n-1}}.$$

Por outro lado, $x_0 = a$ (no mês 0 a renda é $S_0 = a$). Assim,

$$x_n = a_n z_n \Rightarrow x_0 = \left(1 + \frac{i}{p}\right)^{0-1} z_0 \Rightarrow z_0 = \frac{a}{\left(1 + \frac{i}{p}\right)^{-1}} = a\left(1 + \frac{i}{p}\right).$$

Fazendo $k = \left(1 + \frac{i}{p}\right)$ segue que:

$$z_0 = a.k$$
$$z_1 = z_0 + b$$
$$\vdots$$
$$z_n = z_{n-1} + \frac{k}{k^{n-1}}$$

Adicionando, membro a membro, tem-se que:

$$z_n = ak + b \cdot \frac{1 - k^n}{k^{n-1}(1 - k)}.$$

Ora, como $x + n = a_n z_n$, e $k = 1 + \frac{i}{p}$, finalmente tem-se que:

$$x_n = \left(a + \frac{pb}{i}\right)\left(1 + \frac{i}{p}\right) - \frac{pb}{i}.$$

∎

Exemplo 6.78. *A cada ano $\frac{1}{3}$ dos habitantes de uma cidade A mudam-se para uma cidade B os $\frac{2}{3}$ restantes permanecem em A. Por outro lado, a cada ano $\frac{1}{4}$ dos habitantes da cidade B mudam-se para a cidade A e os $\frac{3}{4}$ restantes permanecem na cidade B. Considere que o fato de um habitante ter se mudado de uma cidade para outra num determinado ano não influencia em nada a sua mudança ou permanência numa dada cidade no ano seguinte. Inicialmente Marina mora na cidade A. Seja p_n a probabilidade de que após n anos Marina esteja morando na cidade A. (Note que ela pode ter permanecido em A ao longo dos anos ou pode ter mudado de cidade várias vezes ao longo dos n anos). Mostre que $\lim_{n \to \infty} p_n = \frac{3}{7}$.*

Solução. Seja o evento $A_n := \{$Marina mora na cidade A após n anos$\}$ com $p_n = \mathbb{P}(A_n)$. Notemos que

$$\begin{aligned}\mathbb{P}(A_{n+1}) &= \mathbb{P}(A_n)\mathbb{P}(A_{n+1}|A_n) + \mathbb{P}(A_n^c)\mathbb{P}(A_{n+1}|A_n^c) \\ &= p_n \cdot \tfrac{2}{3} + (1 - p_n) \cdot \tfrac{1}{4}\end{aligned}$$

Assim,

$$p_{n+1} = \frac{5}{12}p_n + \frac{1}{4}$$

Seja c tal que

$$p_{n+1} - c = \frac{5}{12}(p_n - c), \text{ em que } a_n := p_n - c$$

De (6.7.4) em (6.7.4) segue-se que

$$\frac{5}{12}p_n + \frac{1}{4} - c = \frac{5}{12}(p_n - c) \Rightarrow c = \frac{3}{7}$$

Assim, de (6.7.4) com $p_1 = \frac{2}{3}$ tem-se $a_1 = p_1 - \frac{3}{7} = \frac{2}{3} - \frac{3}{7} = \frac{5}{21}$ e

$$a_n = \frac{5}{21}\left(\frac{5}{12}\right)^{n-1} \Rightarrow p_n = \frac{3}{7} + \frac{5}{21}\left(\frac{5}{12}\right)^{n-1} \Rightarrow \lim_{n\to\infty} p_n = \frac{3}{7}.$$

∎

Exemplo 6.79 (Problema da Ruína do Jogador). *[32] Dois jogadores A e B apostam em cada um dos resultados do lançamento de uma moeda cuja probabilidade de resultar a face cara em um lançamento é p, independentemente do lançamento considerado. Se o jogador A ganha 1 real de B se aparecer cara, e este ganha 1 real de A se aparecer coroa, qual a probabilidade de A terminar o jogo com todo o dinheiro, se ele começou com i reais e B com N − i reais?*

Solução. Seja o evento $E_i = \{$o jogador A terminar o jogo com todo o dinheiro dado que ele começou com i reais$\}$ e $p_i = \mathbb{P}(E_i)$. Notemos que $p_0 = 0$ e $p_N = 1$. Calcularemos $p_i = \mathbb{P}(E_i)$ condicionando no resultado do primeiro lançamento, C ou K, se tal resultado for cara ou coroa, respectivamente.

$$\begin{aligned}p_i = \mathbb{P}(E_i) &= \mathbb{P}(C)\mathbb{P}(E_i|C) + \mathbb{P}(K)\mathbb{P}(E_i|K) \\ &= p \cdot \mathbb{P}(E_i|C) + (1-p) \cdot \mathbb{P}(E_i|K).\end{aligned} \quad (6.8)$$

Acontece que se a primeira aposta resultar em cara (ou coroa), o jogo seguirá nas mesmas condições iniciais com o jogador A com $i+1$ (ou $i-1$) reais. Assim, $\mathbb{P}(E_i|C) = p_{i+1}$ e $\mathbb{P}(E_i|K) = p_{i-1}$. Portanto de (6.8), com $q = 1 - p$, segue-se que

$$p_i = p \cdot p_{i+1} + q \cdot p_{i-1}, \quad \forall i \in \{1, 2, ..., N-1\}.$$

Desde que $p + q = 1$, podemos reescrever a equação acima como:

$$(p+q) \cdot p_i = p \cdot p_{i+1} + q \cdot p_{i-1} \Leftrightarrow (p_{i+1} - p_i)p = q(p_i - p_{i-1}), \text{ e portanto,}$$

$$p_{i+1} - p_i = \frac{q}{p}(p_i - p_{i-1}) \quad (6.9)$$

Recorrências lineares

Da condição de que $p_0 = 0$ e de (6.9), segue-se que para todo $i \in \{1, 2, \ldots, N\}$

$$p_2 - p_1 = \frac{q}{p}(p_1 - p_0) = \frac{q}{p}p_1$$

$$p_3 - p_2 = \frac{q}{p}(p_2 - p_1) = \frac{q}{p}\frac{q}{p}p_1 = \left(\frac{q}{p}\right)^2 p_1$$

$$\vdots \qquad \vdots \qquad \vdots$$

$$p_i - p_{i-1} = \left(\frac{q}{p}\right)^{i-1} p_1$$

(6.10)

Das equações (6.10) resulta que

$$p_i - p_1 = p_1\left[\frac{q}{p} + \left(\frac{q}{p}\right)^2 + \ldots + \left(\frac{q}{p}\right)^{i-1}\right] \Rightarrow$$

$$p_i = p_1\left[1 + \frac{q}{p} + \left(\frac{q}{p}\right)^2 + \ldots + \left(\frac{q}{p}\right)^{i-1}\right]$$

(6.11)

Segue-se então de (6.11) que

$$p_i = \begin{cases} p_1 \dfrac{\left(\frac{q}{p}\right)^i - 1}{\frac{q}{p} - 1} & \text{se } q \neq p \\ \\ ip_1 & \text{se } q = p \end{cases}$$

(6.12)

Usando a condição de $p_N = 1$ em (6.12)

$$p_1 = \begin{cases} \dfrac{\frac{q}{p} - 1}{\left(\frac{q}{p}\right)^N - 1} & \text{se } q \neq p \\ \\ \dfrac{1}{N} & \text{se } q = p \end{cases}$$

(6.13)

De (6.13) em (6.12) segue-se finalmente que

$$p_i = \begin{cases} \dfrac{\left(\frac{q}{p}\right)^i - 1}{\left(\frac{q}{p}\right)^N - 1} & \text{se } q \neq p \\ \\ \dfrac{i}{N} & \text{se } q = p \end{cases}$$

Exemplo 6.80. *[32] Seja P_n a probabilidade de que em n ensaios de Bernoulli, ocorra um número par de sucessos. Prove que $P_n = \dfrac{1 + (1 - 2p)^n}{2}$.*

Solução.
Seja o evento $A := \{$ocorrer um número par de sucessos$\}$. Se n é par, então

$$\mathbb{P}(A) = \binom{n}{0} p^0 q^n + \binom{n}{2} p^2 q^{n-2} + \ldots + \binom{n}{n} p^n q^0$$

$$\mathbb{P}(A^c) = \binom{n}{1} p^1 q^{n-1} + \binom{n}{3} p^3 q^{n-3} + \ldots + \binom{n}{n-1} p^{n-1} q^1$$

Pelo teorema binomial segue-se que:

$$\begin{aligned}(q - p)^n &= \sum_{k=0}^{n} \binom{n}{k} (-p)^k q^{n-k} \\ &= \binom{n}{0} p^0 q^n - \binom{n}{1} p^1 q^{n-1} + \ldots - \binom{n}{n-1} q p^{n-1} + \binom{n}{n} q^0 p^n \quad (6.14)\\ &= \mathbb{P}(A) - \mathbb{P}(A^c) = 2\mathbb{P}(A) - 1.\end{aligned}$$

De (6.14) segue-se que

$$P_n = \mathbb{P}(A) = \frac{(q-p)^n + 1}{2} = \frac{1 + (1 - 2p)^n}{2}.$$

O caso n ímpar segue de maneira análoga.

Solução 2: (veja [33]) Calculemos P_n condicionando no resultado do primeiro lançamento, para tanto seja o evento $C_1 = \{$o primeiro lançamento resulta em cara$\}$. Se C_1 ocorre, então precisamos de um número ímpar de caras nos $(n-1)$ lançamentos seguintes, a probabilidade deste evento é $1 - P_{n-1}$. Por outro lado, se C_1^c ocorrer, então será necessário que ocorra um número par de caras nos $(n-1)$ lançamentos seguintes, cuja probabilidade é P_{n-1}. Pelo teorema da probabilidade total tem-se que

$$P_n = p(1 - P_{n-1}) + (1 - p) P_{n-1} = (1 - 2p)P_{n-1} + p, \text{ com } P_0 = 1 \quad (6.15)$$

Sejam $a = 1 - 2p$ e $b = p$, então de (6.15) segue-se que:

$$P_1 = aP_0 + b = a + b.$$
$$P_2 = aP_1 + b = a(a + b) + b = a^2 + b(a + 1).$$
$$P_3 = aP_2 + b = a(a^2 + ab + b) + b = a^3 + b(a^2 + a + 1).$$
$$\vdots$$
$$P_n = a^n + b(a^{n-1} + a^{n-2} + \ldots + a + 1) \qquad (6.16)$$

De P_n dado em (6.16) segue-se que

$$P_n = a^n + b\left(\frac{a^{n-1}a - 1}{a - 1}\right) = (1 - 2p)^n + p\left(\frac{(1 - 2p)^n - 1}{-2p}\right) = \frac{1 + (1 - 2p)^n}{2}.$$

∎

Exemplo 6.81 (O Problema da Eleição). *[5] Considere uma eleição em que há $n + m$ votantes com os candidatos C_1 e C_2 recebendo n e m votos, respectivamente, em que $n > m$. Seja $p_{n,m}$ a probabilidade de que C_1 está sempre a frente de C_2 na contagem dos votos.*

(a) Calcule $p_{n,1}$;

Solução. O total de apurações possíveis corresponde as permutações dos $n + 1$ votos, nos quais n deles são para o candidato C_1 e 1 para C_2, havendo portanto $\binom{n+1}{n}$. Para o candidato C_1 estar sempre em vantagem, os dois primeiros votos devem ser necessariamente para ele. Dado que C_2 obteve apenas 1 voto e os dois primeiros votos sendo de C_1, quaisquer uma das $\binom{n-2+1}{n-2}$ permutações dos $n - 2$ votos restantes de C_1 e 1 voto de C_2 deixará o candidato C_1 sempre em vantagem. Assim,

$$p_{n,1} = \frac{\binom{n-2+1}{n-2}}{\binom{n+1}{n}} = \frac{\binom{n-2+1}{1}}{\binom{n+1}{1}} = \frac{n-1}{n+1}. \qquad (6.17)$$

∎

(b) Calcule $p_{n,2}$;

Solução. C_1 permanecerá sempre em vantagem tendo C_2 obtido 2 votos, se e somente se, os dois primeiros votos são para C_1 e pelo menos um dos dois próximos votos também seja de C_1. Sejam $A = \{$os dois primeiros votos são de $C_1\}$ e $B = \{C_1$ tem ao menos um voto no terceiro e quarto votos apurados$\}$. Assim,

$$p_{n,2} = \mathbb{P}(A \cap B) = \mathbb{P}(A)\mathbb{P}(B|A) = \mathbb{P}(A)\left(1 - \mathbb{P}(B^c|A)\right). \tag{6.18}$$

Os dois primeiros votos são para C_1, se e somente se, dos n votantes seguintes, $n-2$ votam em C_1 e outros dois em C_2. O evento $B^c|A$ ocorre, se e somente se, o terceiro e quarto votos são para C_2 e os demais $n-2$ votos são para C_1, dado que os dois primeiros votos são de C_1. Logo,

$$\mathbb{P}(A) = \frac{\binom{n}{n-2}}{\binom{n+2}{n}} = \frac{\binom{n}{2}}{\binom{n+2}{2}} = \frac{n(n-1)}{(n+2)(n+1)} \quad \text{e}$$

$$\mathbb{P}(B^c|A) = \frac{1}{\binom{n}{2}} = \frac{2}{n(n-1)}. \tag{6.19}$$

De (6.19) em (6.18) segue-se que

$$\begin{aligned} p_{n,2} &= \frac{n(n-1)}{(n+2)(n+1)}\left(1 - \frac{2}{n(n-1)}\right) = \frac{n^2 - n - 2}{(n+2)(n+1)} \\ &= \frac{(n-2)(n+1)}{(n+2)(n+1)} = \frac{n-2}{n+2}. \end{aligned}$$

∎

(c) Expresse $p_{n,m}$ em função de $p_{n-1,m}$ e $p_{n,m-1}$;

Solução. Seja $p_{n,m} = \mathbb{P}(F)$, em que $F = \{C_1$ está sempre à frente de C_2 na contagem dos votos$\}$. Calcularemos $\mathbb{P}(F)$ pelo teorema da probabilidade total a partir do condicionamento no evento $U := \{$ o último voto é para o candidato C_1 $\}$.

$$\mathbb{P}(F) = \mathbb{P}(U)\mathbb{P}(F|U) + \mathbb{P}(U^c)\mathbb{P}(F|U^c). \tag{6.20}$$

O total de possíveis apurações é $\binom{n+m}{m}$, sendo que o total delas em que o último voto é para o candidato C_1 é $\binom{n-1+m}{n-1} = \binom{n-1+m}{m}$, pois basta permutarmos $n-1+m$ elementos em que $n-1$ são de um tipo, votos do candidato C_1, e m de um outro tipo, votos de C_2. Assim,

$$\mathbb{P}(U) = \frac{\binom{n-1+m}{m}}{\binom{n+m}{m}} = \frac{n}{n+m} \qquad \mathbb{P}(F|U) = p_{n-1,m}$$

$$\mathbb{P}(F|U^c) = p_{n,m-1}. \tag{6.21}$$

De (6.21) em (6.20) com $\mathbb{P}(U^c) = 1 - \mathbb{P}(U)$, segue-se que

$$p_{n,m} = \frac{n}{n+m} p_{n-1,m} + \frac{m}{n+m} p_{n,m-1}. \qquad (6.22)$$

∎

(d) Determine $p_{n,m}$.

Solução. Por indução em $n+m$ a partir da recorrência dada em (6.22).

Dos itens a) e b) conjecturamos que para todo j e $k \in \mathbb{N}$ com $j > k$

$$p_{j,k} = \frac{j-k}{j+k} \qquad (6.23)$$

Se $j = 1$ e $k = 0$, então $p_{1,0} = 1 = \dfrac{1-0}{1+0}$ e verificamos (6.23) para $j+k = 1$.

Admitamos como hipótese de indução que (6.23) é válido $j+k = m+n-1$ e mostremos que vale para $j+k = m+n$. De fato, por (6.22) e pela hipótese de indução tem-se que

$$\begin{aligned}
p_{n,m} &= \frac{n}{n+m} p_{n-1,m} + \frac{m}{n+m} p_{n,m-1} \\
&= \frac{n}{n+m} \left(\frac{n-1-m}{n-1+m} \right) + \frac{m}{n+m} \left(\frac{n-m+1}{n+m-1} \right) \\
&= \frac{n^2 - n - nm + nm - m^2 + m}{(n+m)(n+m-1)} = \frac{(n-m)(n+m) - (n-m)}{(n+m)(n+m-1)} \\
&= \frac{n-m}{n+m}.
\end{aligned}$$

Solução 2: Pelo Princípio da Reflexão, veja capítulo 3 teorema 3.1. O número total de possíveis apurações é $\binom{n+m}{m}$.

Para que o candidato C_1 permaneça sempre a frente do candidato C_2, temos que necessariamente o primeiro voto deve ser para C_1. Desde que o candidato B obteve m votos, tem-se que dos $n-1+m$ votos apurados após o primeiro voto, $n-1$ são para o candidato C_1. O total de possíveis apurações é $\binom{n-1+m}{m}$.

Devemos desconsiderar do total de $\binom{n-1+m}{m}$ apurações aquelas nas quais o candidato C_1 está empatado ou em desvantagem em relação a C_2. Utilizemos o Princípio da Reflexão e para tanto consideraremos a representação das configurações de apurações no plano cartesiano em que no eixo das abscissas é representado o total de votos apurados e no eixo das ordenadas a vantagem do candidato C_1, assim o ponto $P = (x, y)$ nos indica que foram apurados x votos e que o candidato C_1 tem uma vantagem de y votos. Calculemos então o total de trajetórias que tem origem em $P = (1, 1)$, pois o primeiro voto deve ser necessariamente para C_1, e extremidade em $Q = (n + m, n - m)$ que cruzam ou tocam o eixo das abscissas, ou seja, as apurações em que o candidato C_1 está em desvantagem ou empatado cem relação a C_2, respectivamente. Pelo Princípio da Reflexão, o total destes caminhos é igual ao número de caminhos que tem origem em $P' = (1, -1)$ e extremidade em $Q = (n+m, n-m)$, sendo o total destes últimos $\binom{n-1+m}{n}$. Segue-se portanto que

$$p_{n,m} = \frac{\binom{n-1+m}{m} - \binom{n-1+m}{n}}{\binom{n+m}{m}} = \frac{\dfrac{(n-1+m)!}{m!(n-1)!}}{\dfrac{(n+m)!}{m!n!}} - \frac{\dfrac{(n-1+m)!}{n!(m-1)!}}{\dfrac{(n+m)!}{m!n!}}$$
$$= \frac{n}{n+m} - \frac{m}{n+m} = \frac{n-m}{n+m}.$$

■

Exemplo 6.82 (Amigo secreto). *[32] Numa confraternização entre os n funcionários de uma empresa, cada um deles leva um brinde para ser sorteado e cada um dos participantes recebe apenas um único brinde no sorteio.*

(a) Calcule a probabilidade p_n que nenhum dos participantes receba o seu próprio presente.

Solução. Consideremos as pessoas numeradas de 1 a n, com o i-ésimo brinde pertencente a pessoa com número i. Seja E o evento que nenhum dos participantes sorteie o seu próprio brinde. Calcularemos a probabilidade de E condicionando na escolha de um participante qualquer, o de número 1 por exemplo, escolher ou não o seu próprio brinde. Seja M o evento de que o participante de número 1 escolha o brinde de número 1, ademais consideremos para todo i e $j \in \{1, \ldots, n\}$ a notação $f(i) = j$ se o participante i escolheu o brinde j. Temos:

$$E = E \cap (M \cup M^c) = (E \cap M) \cup (E \cap M^c).$$

Como os eventos $E \cap M$ e $E \cap M^c$ são disjuntos, segue-se que

$$\mathbb{P}(E) = \mathbb{P}(E \cap M) + \mathbb{P}(E \cap M^c) = \mathbb{P}(M)\mathbb{P}(E|M) + \mathbb{P}(M^c)\mathbb{P}(E|M^c). \quad (6.24)$$

Acontece que $E \cap M = \emptyset$, portanto da equação (6.24), com $p_n := \mathbb{P}(E)$, segue-se que:

Recorrências lineares

$$p_n = \mathbb{P}(E) = \mathbb{P}(M^c)\mathbb{P}(E|M^c). \tag{6.25}$$

Note que M^c corresponde ao evento de que o participante 1 não escolhe o brinde de número 1, $f(1) \neq 1$, cuja probabilidade é

$$\mathbb{P}(M^c) = \mathbb{P}(f(1) \neq 1) = 1 - \mathbb{P}(f(1) = 1) = 1 - \frac{(n-1)!}{n!} = \frac{n-1}{n}. \tag{6.26}$$

Calculemos $\mathbb{P}(E|M^c) = \mathbb{P}(E|f(1) \neq 1)$, isto é, a probabilidade que nenhum participante sorteie o seu próprio brinde dado que o participante 1 sorteou um brinde diferente do seu. Consideremos então, sem perda de generalidade, que o participante 1 escolheu o brinde 2, $f(1) = 2$. Ou seja, temos agora os participantes $2, 3, ..., n-1, n$ e os presentes $1, 3, ..., n-1, n$. Há duas possibilidades, mutuamente exclusivas, de troca de brindes na qual nenhum dos participantes recebe o seu próprio brinde, ei-las: i) o participante 2 sorteia o brinde 1, $f(2) = 1$, ou ii) o participante 2 sorteia um brinde diferente do brinde 1, $f(2) \neq 1$:

i) O participante 2 escolhe o brinde 1, $f(2) = 1$, dado que $f(1) = 2$. Como já havíamos suposto que o participante 1 escolheu o presente 2, $f(1) = 2$, resta aos demais $n-2$ participantes $(3, ..., n)$ escolherem $n-2$ presentes diferentes $(3, ..., n)$. Segue-se que $\mathbb{P}(f(2) = 1|f(1) = 2) = \frac{1}{n-1}$ e $\mathbb{P}(f(i) \neq i|f(1) = 2, f(2) = 1) = p_{n-2}$ para todo $i \in \{3, 4, ..., n\}$. Assim, usando a relação $\mathbb{P}(AB|C) = \mathbb{P}(B|C)\mathbb{P}(A|BC)$, tem-se

$$\begin{aligned}\mathbb{P}(f(2) = 1, f(i) \neq i|f(1) = 2) &= \\ = \mathbb{P}(f(2) = 1|f(1) = 2)\mathbb{P}(f(i) \neq i|f(2) = 1, f(1) = 2) &= \\ = \frac{1}{n-1} \cdot p_{n-2}.& \end{aligned} \tag{6.27}$$

ii) O participante 2 não escolhe o brinde 1, $f(2) \neq 1$, dado que $f(1) = 2$. Como já havíamos suposto que o participante 1 escolheu o brinde 2, a fim de que nenhum participante (2,3,...n) escolha o brinde que comprou (1,3,...,n), devemos considerar o conjunto das funções bijetoras $f : \{2, 3, ..., n\} \to \{1, 3, ..., n\}$ tal que $f(2) \in \{3, 4, ..., n\}$ e para todo $i \geq 3$ $f(i) \in \{1, ..., n\} \setminus \{i, 2\}$, ou seja, permutar caoticamente $n-1$ elementos, cuja probabilidade de termos tal configuração entre $n-1$ elementos é p_{n-1}.

$$\mathbb{P}(f(2) \neq 1, f(i) \neq i|f(1) = 2) = p_{n-1}. \tag{6.28}$$

De (6.27) e (6.28) segue-se que

$$\mathbb{P}(E|M^c) = \frac{1}{n-1} \cdot p_{n-2} + p_{n-1}. \tag{6.29}$$

De (6.26) e (6.29) em (6.25) obtemos

$$p_n = \frac{n-1}{n}\left[\frac{1}{n-1}\cdot p_{n-2} + p_{n-1}\right] = \frac{n-1}{n}p_{n-1} + \frac{1}{n}p_{n-2}$$

$$\Leftrightarrow p_n - p_{n-1} = -\frac{1}{n}(p_{n-1} - p_{n-2}). \tag{6.30}$$

De (6.30) para $n = 3, 4, \ldots$ e como $p_1 = 0$ e $p_2 = \frac{1}{2}$, tem-se que

$$p_3 - p_2 = -\frac{p_2 - p_1}{3} = -\frac{1}{3}(p_2 - p_1) = -\frac{1}{3}\frac{1}{2} = -\frac{1}{3!} \Rightarrow p_3 = \frac{1}{2!} - \frac{1}{3!}$$

$$p_4 - p_3 = -\frac{p_3 - p_2}{4} = -\frac{1}{4}(p_3 - p_2) = -\frac{1}{4}\left(-\frac{1}{3!}\right) = \frac{1}{4!} \Rightarrow p_4 = \frac{1}{2!} - \frac{1}{3!} + \frac{1}{4!}$$

$$\vdots \qquad \vdots \qquad \vdots$$

$$p_n = \frac{1}{2!} - \frac{1}{3!} + \frac{1}{4!} - \frac{1}{5!} + \ldots + \frac{(-1)^n}{n!} = \sum_{k=0}^{n}\frac{(-1)^k}{k!}.$$

∎

(b) calcule a probabilidade de que todos recebem brindes de pessoas diferentes com João e Pedro não trocando presentes entre si.

Solução. Sejam os eventos: A:={todos recebem brindes de pessoas diferentes com João e Pedro não trocando presentes entre si}, F:={todos os participantes trocam presentes entre si e nenhum escolhe o próprio presente}, B:={todos recebem brindes de pessoas diferentes com Pedro recebendo brinde de João e o João não recebe o brinde de Pedro}, C:={todos recebem brindes de pessoas diferentes com João recebendo brinde de Pedro e o Pedro não recebe o brinde de João} e D:={todos recebem brindes de pessoas diferentes com João recebendo o brinde de Pedro e o Pedro recebendo o brinde de João}.

Os eventos B, C e D são subconjuntos próprios de F, logo $(B \cup C \cup D) \subset F$, ademais

$$A = F \setminus (B \cup C \cup D) \Rightarrow \mathbb{P}(A) = \mathbb{P}(F) - \mathbb{P}(B \cup C \cup D). \tag{6.31}$$

Desde que os eventos B, C e D são disjuntos, tem-se que

$$\mathbb{P}(B \cup C \cup D) = \mathbb{P}(B) + \mathbb{P}(C) + \mathbb{P}(D). \tag{6.32}$$

Recorrências lineares 385

Do resultado obtido no item a) e de (6.31) e (6.32) tem-se que

$$\mathbb{P}(A) = \mathbb{P}(F) - \mathbb{P}(B) - \mathbb{P}(C) - \mathbb{P}(D) = p_n - p_{n-1} - p_{n-1} - p_{n-2}.$$

∎

Exemplo 6.83 (OBM). *José tem três pares de óculos, um magenta, um amarelo e um ciano. Todo dia de manhã ele escolhe um ao acaso, tendo apenas o cuidado de nunca usar o mesmo que usou no dia anterior. Se dia primeiro de agosto ele usou o magenta, qual a probabilidade de que dia 31 de agosto ele volte a usar o magenta?*

Solução. Sejam m_n, a_n e c_n as probabilidades de que no dia n ele use óculos magenta, amarelo e ciano, respectivamente. Ora, como no dia 1 de agosto temos certeza que José usou os óculos magenta, segue que a probabilidade de que no dia 1 de agosto ela tenha usado os óculos manega é igual a 1 (e consequantemente a probabilidade de que ele tenha usado outros óculos é 0), ou seja, $m_1 = 1, a_1 = 0$ e $c_1 = 0$.

Além disso, como a cada dia José escolhe ao acaso uma das cores que ele não usou no dia anterior, segue que ele escolhe cada uma das opções disponíveis para o dia com probabilidade $\frac{1}{2}$. Por exemplo, no dia 2 de agosto a probabilidade de que ele escolha os óculos magenta é $m_2 = 0$ (ele não pode usar a mesma cor do dia anterior), a probabilidade de que ele escolha os óculos amarelo é $a_2 = \frac{1}{2}$ e probabilidade de que ele escolha os óculos ciano é $c_2 = \frac{1}{2}$. De um modo geral, no dia $n+1$ do mês de agosto existem três configurações possíveis, a saber:

- Para que no dia $n+1$ ele escolha os óculos magenta é preciso que no dia anterior (dia n) ele tenha usado óculos amarelo ou ciano. Mas a probabilidade de que no dia n ele tenha usado óculos amarelo é a_n e a probabilidade de que ele tenha usado óculos ciano é c_n. Assim, a probabilidade m_{n+1} de que no dia $n+1$ ele use os óculos magenta é a probabilidade de que no dia anterior (o dia n) ele tenha usado óculos amarelo ou ciano. Como no dia em que ele vai usar os óculos amarelo ou ciano ele escolhe um deles com probabilidade $\frac{1}{2}$, segue que:

$$m_{n+1} = \frac{1}{2}a_n + \frac{1}{2}c_n.$$

- Para que no dia $n+1$ ele escolha os óculos amarelo é preciso que no dia anterior (dia n) ele tenha usado óculos magenta ou ciano. Mas a probabilidade de que no dia n ele tenha usado óculos magenta é m_n e a probabilidade de que ele tenha usado óculos ciano é c_n. Assim, a probabilidade a_{n+1} de que no dia $n+1$ ele use os óculos amarelo é a prabilidade de que no dia anterior (o dia n) ele tenha usado óculos magenta ou ciano. Como no dia em que ele vai usar os óculos magenta ou ciano ele escolhe um deles com probabilidade $\frac{1}{2}$, segue que:

$$a_{n+1} = \frac{1}{2}m_n + \frac{1}{2}c_n.$$

- Por fim, para que no dia $n+1$ ele escolha os óculos ciano é preciso que no dia anterior (dia n) ele tenha usado óculos magenta ou amarelo. Mas a probabilidade de que no dia n ele tenha usado óculos magenta é m_n e a probabilidade de que ele tenha usado óculos amarelo é a_n. Assim, a probabilidade c_{n+1} de que no dia $n+1$ ele use os óculos ciano é a prabilidade de que no dia anterior (o dia n) ele tenha usado óculos magenta ou amarelo. Como no dia em que ele vai usar os óculos magenta ou amarelo ele escolhe um deles com probabilidade $\frac{1}{2}$, segue que:

$$c_{n+1} = \frac{1}{2}a_n + \frac{1}{2}m_n.$$

Como $m_n + a_n + c_n = 1$, tem-se que

$$\begin{cases} m_{n+1} = \frac{1}{2}a_n + \frac{1}{2}c_n \\ a_{n+1} = \frac{1}{2}m_n + \frac{1}{2}c_n \\ c_{n+1} = \frac{1}{2}a_n + \frac{1}{2}m_n \\ m_n + a_n + c_n = 1 \end{cases} \Rightarrow m_{n+1} = \frac{a_n + c_n}{2} = \frac{1 - m_n}{2} \Rightarrow m_{n+1} + \frac{1}{2}m_n = 1.$$

Resolvendo essa recorrência,

$$m_n = \frac{1 - (-2)^{2-n}}{3}.$$

Portanto, em 31 de agosto a probabilidade de que ele volte a usar o magenta é igual a $m_{31} = \frac{1+2^{-29}}{3}$.

∎

6.8. Exercícios propostos

1. Mostre que uma sequência $(a_n)_{n \in \mathbb{N}}$ é uma progressão aritmética se, e somente se, $a_{n+2} - 2a_{n+1} + a_n = 0$ para todo $n \in \mathbb{N}$.

2. (UFRJ)

			n	
	65			
				130
		75		
0				

A figura acima apresenta 25 retângulos. Observe que quatro desses retângulos contêm números e um deles, a letra n. Podem ser escritos, em todos os outros retângulos, números inteiros positivos, de modo que, em cada linha e em cada coluna, sejam formadas progressões aritméticas de cinco termos. Calcule:

(a) A soma dos elementos da quarta linha da figura;

(b) O número que deve ser escrito no lugar de n.

3. (PERU) Todos os inteiros positivos são ordenados em três oclunas como mostra a tabela a seguir

1	2	3
6	5	4
7	8	9
12	11	10
113	14	15
⋮	⋮	⋮

Seguindo esse padrão, qual o número que está imediatamente acima do número 240?

4. (OBM) Considere a sequência oscilante:

$$1, 2, 3, 4, 5, 4, 3, 2, 1, 2, 3, 4, 5, 4, 3, 2, 1, 2, 3, 4, \ldots$$

Determine o 2003° termo desta sequência.

5. Prove que para qualquer progressão aritmética $(a_n)_{n \in \mathbb{N}}$, tem-se que:

$$a_1 - 2a_2 + a_3 = 0$$
$$a_1 - 3a_2 + 3a_3 - a_4 = 0$$
$$a_1 - 4a_2 + 6a_3 - 4a_4 + a_5 = 0$$
$$\vdots \quad \vdots \quad \vdots$$
$$a_1 - \binom{n}{1}a_2 + \binom{n}{2}a_3 - \ldots + (-1)^n \binom{n}{n} a_{n+1} = 0.$$

6. (EUA) Defina uma sequência de números reais $(a_n)_{n\geq 1}$ por $a_1 = 1$ e $a_{n+1}^3 = 99 \cdot a_n^3$, $\forall n \in \mathbb{N}$. Determine o valor de a_{100}.

7. Dada uma progressão aritmética $(a_n)_{n\in\mathbb{N}}$, mostre que:
$$a_1 - \binom{n}{1}a_3^2 + \ldots + (-1)^n \binom{n}{n}a_{n+1}^2 = 0, \ \forall \ n \geq 3.$$

8. Os números $x_1, x_2, \ldots, x_n$ formam uma progressão aritmética. Determine essa progressão dado que
$$x_1 + x_2 + \ldots + x_n = a \text{ e } x_1^2 + x_2^2 + \ldots + x_n^2 = b^2.$$

9. Um quadrado $ABCD$ tem lado 9. Seus lados foram divididos em 9 partes iguais, e pelos pontos de divisão, traçaram-se paralelas à diagonal AC.

Qual a soma dos comprimentos dessas paralelas, incluindo AC?

10. O número triangular T_n é definido como a soma dos n primeiros termos da progressão artimética $1, 2, 3, \ldots$. O número quadrangular Q_n é definido como a soma dos n primeiros termos da progressão aritmética $1, 3, 5 \ldots$. Analogamente são definidos os números pentagonais, hexagonais, etc...

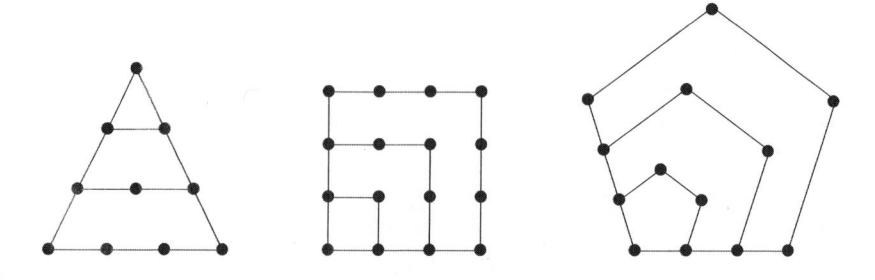

   (a) Determine T_n;
   (b) Determine Q_n;

(c) Determine P_n, o número pentagonal de ordem n;

(d) Determine H_n, o número hexagonal de ordem n;

(e) Determine J_n, o número j-gonal de ordem n.

11. Mostre que
$$\frac{1}{a_1 \cdot a_2} + \frac{1}{a_2 \cdot a_3} + \ldots + \frac{1}{a_{n-1} \cdot a_n} = \frac{n-1}{a_1 \cdot a_n}$$
se, e somente se, $(a_n)_{n \in \mathbb{N}}$ é uma progressão aritmética de termos não nulos.

12. Prove que qualquer sequência de números $a_1, a_2, \ldots, a_n$ satisfazendo a condição
$$\frac{1}{a_1 \cdot a_2} + \frac{1}{a_2 \cdot a_3} + \ldots + \frac{1}{a_{n-1} \cdot a_n} = \frac{n-1}{a_1 \cdot a_n}, \text{ para } n \geq 3,$$
é uma progressão aritmética.

13. (OBM) Determine o máximo divisor comum de todos os termos da sequência cujos termos são definidos por $a_n = n^3 - n$.

14. (a) Determine o primeiro termo e a razão de uma progressão aritmética cuja soma dos seus n primeiros termos é dada por $S_n = n^2 + 2n$;

(b) numa P.A., tem-se que $\frac{S_m}{S_n} = \frac{m^2}{n^2}$, onde S_m e S_n são as somas dos m e dos n primeiros termos dessa P.A., respectivamente, com $m \neq n$. Prove que a razão dessa P.A. é o dobro do seu primeiro termo.

15. Os números inteiros positivos são agrupados em partes disjuntas, da seguinte maneira:
$$\{1\}, \{2, 3\}, \{4, 5, 6\}, \{7, 8, 9, 10\}, \{11, 12, 13, 14, 15\}, \ldots$$
Seja S_n a soma dos elementos do n-ésimo conjunto dessa sequência. Determine uma fórmula fechada para S_n.

16. Qual a soma de todas as frações irredutíveis, positivas menores do que 10 de denominador 4?

17. Uma quadrado mágico $n \times n$ é uma tabela onde todos os inteiros
$$1, 2, 3, \ldots, n^2$$
são dispostos em n linhas e n colunas de modo que a soma dos elementos em qualquer linha, coluna ou diagonal seja mesma. O valor dessa soma é chamada de **constante mágica**. Determine o valor dessa constante em função de n.

18. Mostre que os números $\sqrt{2}, \sqrt{3}$ e $\sqrt{5}$ não podem pertencer a uma mesma progressão aritmética.

19. A razão entre as somas dos n primeiros termos de duas progressões aritméticas é $\frac{2n+3}{4n-1}$, para todo $n \in \mathbb{N}$. Quanto vale a razão dos seus termos de ordem n?

20. Calcule a soma $\displaystyle\sum_{k=1}^{n} \frac{1}{(k+1)\sqrt{k} + k\sqrt{k+1}}$.

21. Prove que se as medidas dos lados de um triângulo são termos consecutivos de uma progressão geométrica crescente, então a razão q dessa sequência é tal que
$$1 < q < \frac{1+\sqrt{5}}{2}.$$

22. Um garrafão contém 100 litros de vinho. Retira-se 1 litro de vinho do garrafão e acrescenta-se 1 litro de água, obtendo-se uma mistura homogênea; retira-se, a seguir 1 litro da mistura e acrescenta-se um litro de água e assim por diante. Qual a quantidade de vinho que ainda permanecerá no garrafão após n dessas operações?

23. Determine a soma da série infinita
$$1 + \frac{1}{2} + \frac{1}{3} + \frac{1}{4} + \frac{1}{6} + \frac{1}{8} + \frac{1}{9} + \frac{1}{12} + \ldots$$

onde os termos são os inversos dos inteiros cujos únicos divisores primos são 2 ou 3.

24. Sejam $a = 111\ldots1$ (n dígitos iguais a 1) e $b = 100\ldots05$ ($n-1$ dígitos iguais a 0). Prove que $ab+1$ é um quadrado perfeito e determine sua raiz quadrada.

25. Numa progressão geométrica $(a_n)_{n\in\mathbb{N}}$, sabe-se que $a_{m+n} = A \neq 0$ e que $a_{m-n} = B$. Detemrine a_m e a_n.

26. Seja $A = \begin{pmatrix} 1 & 2 \\ 2 & 4 \end{pmatrix}$. Determine A^n.

27. Suponha que S_n seja a soma dos n primeiros termos de uma progessão geométrica de razão não nula. Se $S_n \neq 0$, demonstre que:

$$\frac{S_n}{S_{2n} - S_n} = \frac{S_{2n} - S_n}{S_{3n} - S_{2n}}.$$

28. Uma progressão aritmético-geométrica é uma sequência de números reais $(a_n)_{n\geq 1}$ tal que
$$a_{n+1} = qa_n + r, \ \forall n \geq 1,$$
onde q e r são números reais fixados, com $q \neq 1$.

(a) Mostre que $a_n = a_1 \cdot q^{n-1} + \frac{q^{n+1}-1}{q-1} \cdot r$;

(b) Se $S_n = a_1 + a_2 + \ldots + a_n$, então
$$S_n = \frac{q^{n-1}-1}{(1-q)^2} \cdot qr - \frac{q^n-1}{1-q} \cdot a_1 + \frac{n-1}{1-q} \cdot r;$$

(c) mostre que
$$1 \cdot 3 + 2 \cdot 3^2 + 3 \cdot 3^3 + \ldots + n \cdot 3^n = \frac{3}{4}\left((2n-1)3^n + 1\right).$$

29. Determine o valor da soma $\sum_{k=1}^{\infty} \frac{k^2}{2^k}$.

30. Mostre que

(a) $S_n(x) = x + 2x^2 + 3x^3 + \ldots + nx^n = \dfrac{x^{n+1}(nx - n - 1) + x}{(x-1)^2}$;

(b) $\sum_{i=1}^{n} i 2^{i-1} = (n-1)2^n + 1.$

31. (IME) Mostre que os números $49, 4489, 444889, 44448889, \ldots$ obtidos colocando-se 48 no meio do número anterior, são quadrados de números inteiros.

32. Mostre que:

(a) Se $|x| < 1$, então $S(x) = x + 2x^2 + 3x^3 + 4x^4 + \ldots = \dfrac{x}{(1-x)^2}$.

(b) $\sum_{i=1}^{\infty} \dfrac{i}{4^{2i-2}} = \dfrac{256}{225}.$

33. Mostre que se n é ímpar, então a soma de n termos consecutivos de uma progressão aritmética sempre é divisível por n.

34. (APICS-1990) Determine todos os valores reais de m para que a equação $x^4 - (3m+2)x^2 + m^2 = 0$ possua quatro raízes sendo termos consecutivos de uma progressão aritmética.

35. Mostre que se $(a_n)_{n\in\mathbb{N}}$ é uma progressão aritmética de ordem k existe é uma constante real não nula c, tal que

$$a_{n+k} - \binom{k}{1}a_{n+k-1} + \binom{k}{2}a_{n+k-2} - \ldots + (-1)^k \binom{k}{k}x_n = c.$$

36. Em um cidade de 1.000.000 de habitantes, alguém resolve espalhar um boato. Considerando que a cada 10 minutos, uma pessoa é capaz de contar o boato para 2 novas pessoas, determine em quanto tempo toda cidade ficará sabendo do boato.

37. Qual o próximo termo da sequência $(1, 11, 21, 1211, 111221, \ldots)$?

38. (PERU) Definimos a sequência $(x_n)_{n\in\mathbb{N}}$ da seguinte forma: $x_1 = 2^7, x_2 = 3^7$ e $x_{n+2} = x_n \cdot x_{n+1}$ para todo $n \in \mathbb{N}$. Determine o resto da divisão de x_{1000} por 49.

39. Sabendo-se que $x_0 = 3, x_1 = 1$ e $x_{n+1} = x_{n-1}^2 - nx_n$ para todo $n \in \mathbb{N}$. Encontre a fórmula do termo geral para a sequência x_n.

40. Seja $(a_n)_{n\in\mathbb{N}}$ a sequência tal que $a_1 = 1$ e $3a_{n-1} = 3a_n - 1$, para todo inteiro $n \geq 1$. Determine a_{2002}.

41. (OMRN) Considere uma progressão artimética com infinitos números naturais. Mostre que os termos dessa progressão não podem ser todos números primos, a não ser que todos os termos dessa progressão sejam todos iguais.

42. Uma certa cidade tem hoje p_0 habitantes. A taxa anual de natalidade é i, a tara de mortalidade é j (com $i > j$) e, além disso, todo ano um número fixo de R pessoas emigram de vez da cidade. Qual será a população da cidade daqui a n anos?

43. Mônica e Fátima disputam uma série de partidas. Quam vence uma partida tem o direito de iniciar a partida seguinte. Não há empates e a probabilidade de um partida ser ganha por quem a iniciou é $0,60$. Se Mônica iniciou a primeira partida, qual é a probabilidade de Mônica vencer a n-ésima partida?

44. Em cada etapa de um jogo Olavo pode fazer 1 ou 2 pontos. De quantos modos ele pode totalizar n pontos?

45. (OMRN) Os inteiros maiores que 1 são agrupados em cinco colunas como segue:

	2	3	4	5
9	8	7	6	
	10	11	12	13
17	16	15	14	
...	...	...	...	...

Em que coluna se encontra o número 2200?

46. (POTI) O pagamento de um certo pintor aumenta de acordo com o dias em que ele trabalha. No primeiro dia ele recebeu 1 real, no segundo dia ele recebeu o que tinha ganho no primeiro dia mais 2 reais, no terceiro dia ele recebeu o que tinha recebido no segundo dia mais 3 reais. Desse modo, quanto o pintor irá receber no centésimo dia?

47. (OMRN) Se a sequência (a_n) satisfaz $a_1 + 2a_2 + 3a_3 + \ldots + na_n = \frac{n+1}{n+2}$, então a soma $S_n = a_1 + a_2 + a_3 + \ldots + a_n$ vale?

48. (Profmat-Exame-2012.2) Considere a sequência a_n definida como indicado abaixo:
$$a_1 = 1$$
$$a_2 = 1 + 2$$
$$a_3 = 2 + 3 + 4$$
$$a_4 = 4 + 5 + 6 + 7$$
$$\vdots$$

   (a) O termo a_{10} é a soma de 10 inteiros consecutivos. Qual é o menor e o maior desses inteiros? Calcule a_{10}.

   (b) Forneça uma expressão geral para o termo a_n.

49. (Profmat-Exame-2013.2) Considere um triângulo equilátero de lado 3 e seja A_1 sua área. Ao ligar os pontos médios de cada lado, obtemos um segundo triângulo equilátero de área A_2 inscrito no primeiro. Para este segundo triângulo equilátero, ligamos os pontos médios de seus lados e obtemos um terceiro triângulo equilátero de área A_3 inscrito no segundo e assim sucessivamente, gerando uma sequência de áreas (A_n); $n = 1, 2, 3, \ldots$. Usando o Princípio de Indução Finita, mostre que todo $n \geq 1$ natural tem-se que $A_n = \dfrac{9\sqrt{3}}{4^n}$.

50. (Profmat-Exame-2013.2) A sequência (a_n) com $n \geq 0$, é tal que $a_0 = 4$, $a_1 = 6$ e $a_{n+1} = \frac{a_n}{a_{n-1}}$, $n \geq 1$. Determine:

(a) a_7;

(b) a soma dos primeiros 2013 termos da sequência.

51. (Profmat-Exame-2015.2)

    (a) (Desigualdade de Bernoulli) Se $x \in \mathbb{R}$, $x > -1$ e $n \geq 1$, então $(1+x)^n \geq 1 + nx$;

    (b) Prove que a sequência $a_n = \left(1 + \frac{1}{n}\right)^n$ é crescente, ou seja, que $a_n < a_{n+1}$, para todo $n > 1$.
    (Sugestão: Mostre que $\frac{a_{n+1}}{a_n} = \frac{(n+2)}{(n+2)} \cdot \left[\frac{(n+1)^2 - 1}{(n+1)^2}\right]^n$ e use o item (a).)

52. (Profmat-Exame-2016.1) A sequência $(a_n)_{n \in \mathbb{N}}$ é tal que $a_1 = \frac{1}{2}$ e para todo $n \geq 2$ $\sum_{i=1}^{k} a_i = n^2 a_n$. Determine:

    (a) a_2, a_3 e a_4;

    (b) conjecture uma expressão para o termo geral a_n, em função de n;

    (c) Prove, por indução em n, a fórmula obtida no item (b).

53. (Profmat-Exame-2017.2) Considere as sequências p_n e q_n definidas recursivamente por $p_1 = q_1 = 1$; $p_{n+1} = p_n^2 + 2q_n^2$; $q_{n+1} = 2p_n q_n$, para $n > 1$.

    (a) Prove que $p_n^2 - 2q_n^2 = 1$, para $n > 2$;

    (b) use o item (a) para concluir que as frações $\frac{p_n}{q_n}$ são irredutíveis para todo $n > 2$.

54. (Profmat-Exame-2018.1) Sejam $(a_n)_{n \in \mathbb{N}}$ uma progressão aritmética e $(b_n)_{n \in \mathbb{N}}$ a sequência definida por $b_n = a_{n+1}^2 - a_n^2$, para todo $n > 1$. Mostre que (b_n) é uma progressão aritmética e calcule o primeiro termo e a razão de (b_n) em função do primeiro termo e da razão de (a_n).

55. (Profmat-Exame-2019.1) Resolva as seguintes recorrências:

    (a) $a_{n+2} - 5a_{n+1} + 4a_n = 0$, $a_0 = 1$, $a_1 = 3$;

    (b) $a_{n+2} - 4a_{n+1} + 4a_n = 2^n$, $a_0 = -1$, $a_1 = 6$.

56. No ano 1 Papai Noel viajou sozinho para entregar seus presentes na noite de Natal. No ano seguinte, ele percebeu que precisava de um ajundante e contratou um Matesito (típico habitante do Pólo Norte). A cada ano, ele sempre precisava dobrar a quantidade de Matesitos

e contratava mais Matesitos para guiar as renas. Quantos Matesitos Papai Noel vai precisar contratar no ano de 2021?

57. Um modelo para o número de lagostas capturadas por ano é baseado que o número de lagostas pescadas capturadas num certo ano é igual a média aritmética do número de lagostas capturadas nos dois anos interiores. Sendo L_n o número de lagostas capturadas no ano n, determine:

    (a) uma relação de recorrência que seja satisfeita pela sequência $(L_n)_{n \geq 1}$;

    (b) uma fórmula explícita para L_n se no primeiro ano de observação foram capturadas 10.000 lagostas e no segundo ano 30.000 lagostas.

58. Um depósito de $R\$1.000,00$ foi realizado numa aplicação bancária no início de um certo ano. A cada ano dois dividendos são acrescidos ao capital inicial investido; o primeiro correspondente a 20% do saldo inicial da aplicação naquele ano e um segundo correspondente a 30% correspondente ao saldo inicial da apicação dois anos antes. Sendo S_n o saldo dessa aplicação bancária após n anos, determine:

    (a) uma relação de recorrência satisfeita para a sequência $(S_n)_{n \geq 1}$;

    (b) uma fórmula explícita para S_n.

59. Qual é a fórmula geral da solução de uma recorrência linear homogênea cuja equação característica possui raízes $-1, 2, 2, 3, 3, 3$ e 5.

60. Sejam A e B constantes reais tais que $A_n = A.n + B$ seja uma solução da recorrência $a_n = 2a_{n-1} + n + 5$. Determine:

    (a) A e B;

    (b) Se $a_1 = 4$, determine a solução da recorrência $a_n = 2a_{n-1} + n + 5$.

61. Quantas são as sequências de n termos, todos pertencentes a $\{0, 1\}$, que possuem um número ímpar de termos iguais a zero?

62. Quantas são as sequências de n termos, todos pertencentes a $\{0, 1, 2\}$, que possuem um número ímpar de termos iguais a zero?

63. Cinco times de igual força disputarão todo ano um torneio. Uma taça será ganha pelo primeiro time que vencer três vezes consecutivas. Qual a probabilidade de a taça não ser ganha nos n primeiros torneios?

64. Um casal de coelhos adultos gera mensalmente um casal de coelhos, que se tornam adultos dois meses após o nascimento. Supondo que os coelhos não morram, começando no mês 0 com um casal adulto (que terá prole apenas no mês 1), quantos casais serão gerados no mês n?

65. Quantas n-uplas podemos firmar com os elementos do conjunto $A = \{0, 1, 2\}$, sem que hajam dois algarismos 0 consecutivos?

66. Mostre que a mudança de variável $x_n = a^n y_n$ transforma a equação $x_{n+1} - ax_n = g_n$ em $y_{n+1} - y_n = g_n a^{-(n+1)}$ e use este fato para resolver a recorrência $x_{n+1} - 3x_n = 4$ com $x_0 = 1$.

67. (Fórmula de Binet) A sequência de Fibonacci é definida por $f_1 = f_2 = 1$ e $f_n = f_{n-1} + f_{n-2}$ para $n \in \mathbb{N}$, com $n \geq 3$. Mostre que:
$$f_n = \frac{1}{\sqrt{5}} \cdot \left[\left(\frac{1+\sqrt{5}}{2}\right)^n - \left(\frac{1-\sqrt{5}}{2}\right)^n\right]$$

68. Mostre que se $n \in \mathbb{N}$ é composto, então f_n (n-ésimo termo da sequência de Fibonacci) é composto.

69. Mostre que se f_n é o n-ésimo número de Fibonacci, então
$$\lim_{n \to \infty} \frac{f_{n+1}}{f_n} = \frac{1+\sqrt{5}}{2}.$$

70. Para todo $n \in \mathbb{N} \cup \{0\}$, mostre que o n-ésimo termo da sequência de Fibonacci (f_n) é dado por
$$f_{n+1} = \sum_{k=0}^{\lfloor n/2 \rfloor} \binom{n-k}{k} = \binom{n}{0} + \binom{n-1}{1} + \binom{n-2}{2} + \ldots + \binom{n-k}{k}.$$
Sugestão: para cada $n \in \mathbb{N}$, defina
$$a_n = \binom{n}{0} + \binom{n-1}{1} + \binom{n-2}{2} + \ldots + \binom{n-k}{k}$$
e mostre que a sequência $(a_n)_{n \geq 1}$ satisfaz às mesmas realções que definem a sequência de Fibonacci.

71. Use a fórmula de Binet e o Binômio de Newton para provar que:

(a) Se $n \in \mathbb{N}$ é ímpar, então $f_n = \dfrac{\sum\limits_{p=0}^{(n-1)/2} \binom{n}{2p+1} 5^p}{2^{n-1}}$.

(b) Se $n \in \mathbb{N}$ é par, então $f_n = \dfrac{\sum_{p=0}^{(n-2)/2} \binom{n}{2p+1} 5^p}{2^{n-1}}$.

(c) Se $n \in \mathbb{N}$, então $f_n = \dfrac{\sum_{p=0}^{\lfloor (n-1)/2 \rfloor} \binom{n}{2p+1} 5^p}{2^{n-1}}$, onde $\lfloor (n-1)/2 \rfloor$ representa a parte inteira de $(n-1)/2$.

72. (EUA) A Sequência de Fibonacci $1, 1, 2, 3, 5, 8, 13, 21, \ldots$ começa com dois $1'$s e cada termo seguinte é a soma de seus dois antecessores. Qual dos dez dígitos (do sistema de numeração decimal) é o último a aparecer na posição das unidades na sequênncia de Fibonacci?

73. Se f_n é o n-ésimo termo da sequência de Fibonacci, então
    (a) $f_n < 2^n$, para todo $n \in \mathbb{N}$;
    (b) $f_n > \left(\frac{3}{2}\right)^{n-1}$, para todo $n \in \mathbb{N}$ tal que $n \geq 6$.

74. Mostre que
$$f_{n+2} = \sqrt{\dfrac{f_n f_{n+1}^2 (3f_n + 4f_{n+1}) + 1}{f_n^2 + f_{n+1}^2}}.$$

75. A fórmula de Binet é uma fórmula fechada para n-ésimo número da sequência de Fibonacci:
$$f_n = \dfrac{1}{\sqrt{5}} \left[\left(\dfrac{1+\sqrt{5}}{2}\right)^n - \left(\dfrac{1-\sqrt{5}}{2}\right)^n \right], \forall n \in \mathbb{N}.$$

Uma outra questão interessante é a seguinte: dado um número natural n, determinar se ele é ou não um dos termos da sequência de Fibonacci, ou seja, saber se existe $m \in \mathbb{N}$ tal que $f_m = n$. Além disso, se tal m existe, qual o seu valor? Com respeito a esse problema:

(a) Mostre que um inteiro positivo n é um termo da sequência de Fibonacci se, e somente se, $5n^2 - 4$ ou $5n^2 + 4$ é um quadrado perfeito;

(b) Se f_n é o n-ésimo termo da sequência de Fibonacci, mostre a **fórmula inversa de Binet**:
$$\lfloor n \rfloor = \log_{\left(\frac{1+\sqrt{5}}{2}\right)} \left(\dfrac{f_n \sqrt{5} + \sqrt{5 f_n^2 + 4(-1)^n}}{2} \right),$$

onde $\lfloor n \rfloor$ representa a parte inteira de n.

(c) Dado o número 1597, verifique se ele pertence à sequência de Fibonacci e, em caso afirmativo, determine a sua posição na sequência;

(d) Dado o número 2020, verifique se ele pertence à sequência de Fibonacci e, em caso afirmativo, determine a sua posição na sequência.

76. Um número Tribonacci assemelha-se a um número de Fibonacci, mas em vez de começarmos com dois termos pré-definidos, a sequência é iniciada com três termos pré-determinados, e cada termo posterior é a soma dos três termos precedentes. Os primeiros números de uma pequena sequência Tribonacci são:

$$1, 1, 2, 4, 7, 13, 24, 44, 81, 149, 274, 504, 927, 1705, 3136, 5768, 10609, \ldots$$

De modo semelhante à sequência de Fibonacci, é possível obter a fórmula explícita de um número Tribonacci $(T_n)_{n \geq 1}$.

$$T_1 = T_2 = 1, \ T_3 = 2, \ \text{e} \ T_n = T_{n-1} + T_{n-2} + T_{n-3}, \ \forall n \geq 4.$$

Sendo α, β e γ as raízes da equação cúbica $x^3 - x^2 - x - 1 = 0$, mostre que:

$$T_n = \frac{\alpha^{n+1}}{(\alpha - \beta)(\alpha - \gamma)} + \frac{\beta^{n+1}}{(\beta - \alpha)(\beta - \gamma)} + \frac{\gamma^{n+1}}{(\gamma - \alpha)(\gamma - \beta)} \Leftrightarrow$$

$$T_n = \frac{\alpha^n}{-\alpha^2 + 4\alpha - 1} + \frac{\beta^n}{-\beta^2 + 4\beta - 1} + \frac{\gamma^n}{-\gamma^2 + 4\gamma - 1}.$$

77. (Teorema de Zeckendorf) Prove que todo número inteiro positivo pode ser representado unicamente como a soma de números de Fibonacci de índices não consecutivos e maiores que 1.

78. Definindo $a_n = \sqrt{f_n^2 + f_{n+2}^2}$, demonstre que os números a_n, a_{n+1} e a_{n+2} são as medidas de comprimento dos lados de um triângulo cuja área é $\frac{1}{2}$.

79. De modo semelhante aos resultados obtidos sobre a sequência de Fibonacci apresentados acima, é possível descobrir, por raciocínios semelhantes, propriedades de sequências da forma $x_n = ax_{n-1} + bx_{n-2}$, onde a e b são números reais. Por exemplo, se $x_n = 2x_{n-1} + x_{n-2}$, com $x_1 = x_2 = 1$, obteremos a sequência $(1, 1, 3, 7, 17, 41, 99, 239, 577, \ldots)$.

(a) Mostre que de modo semelhante à sequência de Fibonacci, ao dividirmos um de seus termos pelo seu antecessor, o resultado também tenderá a um número real, só que neste caso é

$$\lim_{n \to \infty} \left(\frac{x_n}{x_{n-1}} \right) = 1 + \sqrt{2} = 2,41421356237309\ldots$$

A propósito, o número $1 + \sqrt{2}$ é conhecido como "Razão de Prata" ou "Silver Ratio";

(b) Para a sequência $(x_n)_{n \geq 1}$ definina no item anterior, mostre que $x_n^2 + x_{n+1}^2 = x_{2n+1} - x_{2n}$;

(c) Para cada inteiro $n > 20$, mostre que:

$$x_n = \frac{(1+\sqrt{2})^n + (1-\sqrt{2})^n}{2(1+\sqrt{2})} \text{ ou } x_n = \frac{(1+\sqrt{2})^n - (1-\sqrt{2})^n}{2(1+\sqrt{2})}.$$

Além disso, se $n \in \{1, 2, 3, \ldots, 20\}$, mostre que as fórmulas acima oferecem valores cada vez mais precisos para x_n a medida que n aumenta.

80. Seja a sequência $(b_n)_{n \geq 1}$ definida por $b_1 = a$, $b_2 = b$ e $b_{n+2} = b_{n+1} + b_n$, para todo $n \in \mathbb{N}$. Sendo f_n o n-ésimo termo da sequência de Fibonacci, mostre que:

$$b_n = f_n\left(a\phi^{-2} + b\phi^{-1}\right), \text{ onde } \phi = \left(\frac{1+\sqrt{5}}{2}\right).$$

81. Um certo investimento numa bolsa de valores tem hoje um saldo de Q_0 reais. A taxa anual de rendimentos é i e a de depreciação é j e, além disso, no final da cada ano um certo valor fixo de R reais é extraído do saldo presente naquele dia. Se $i > j$, determine o saldo do investimento daqui a n anos. O investimento está destinado à extinção?, ou seja, após um longo tempo a tendência da conta é zerar?

82. Seja A_n uma matriz $n \times n$ com todos os elementos da diagonal principal iguais a 2, todos os elementos vizinhos a diagonal principal iguais a 1 e todos os demais elementos são iguais a 0. Sendo $d_n = \det(A_n)$, determine uma relação de recorrência para d_n e obtenha uma fórmula explícita para d_n.

83. Resolva o sistema de recorrências $\begin{cases} a_n = 3a_{n-1} + 2b_{n-1} \\ b_n = a_{n-1} + 2b_{n-1} \end{cases}$ com $a_1 = 1$ e $b_2 = 2$.

84. De quantas formas distintas podemos cobrir um retângulo de dimensões $2 \times n$ com dominós 1×2 e 2×2, podendo usar as peças de um ou dos dois tipos?

85. (APICS-1978) Para um número real x, definimos $\{x\} = x - \lfloor x \rfloor$, onde $\lfloor x \rfloor$ representa a parte inteira de x. Mostre que $\lim_{n \to \infty} \left\{ (2 + \sqrt{3})^n \right\} = 1$.

86. (APICS-1981) Seja $D_n = \det(A_n)$, onde

$$A_n = \begin{pmatrix} 1 & 1 & 0 & \cdot & \cdot & \cdot & \cdot & 0 \\ -1 & 1 & 1 & 0 & \cdot & \cdot & \cdot & 0 \\ 0 & -1 & 1 & 1 & \cdot & \cdot & \cdot & 0 \\ \cdot & \cdot & \cdot & \cdot & \cdot & \cdot & \cdot & \cdot \\ \cdot & \cdot & \cdot & \cdot & \cdot & \cdot & \cdot & \cdot \\ \cdot & \cdot & \cdot & \cdot & 0 & -1 & 1 & 1 \\ 0 & \cdot & \cdot & \cdot & \cdot & 0 & -1 & 1 \end{pmatrix}$$

Assumindo que o limite existe, determine $\lim_{n \to \infty} \dfrac{D_n}{D_{n-1}}$.

87. (APICS-1985) Calcule o determinante da matriz $n \times n$

$$A_n = \begin{pmatrix} n & 1 & 1 & \ldots & 1 \\ 1 & n-1 & 1 & \ldots & 1 \\ 1 & 1 & n-2 & \ldots & 1 \\ \vdots & \vdots & \vdots & \ddots & \vdots \\ 1 & 1 & \ldots & \ldots & 1 \end{pmatrix}$$

88. (APICS-1990) Seja $(a_n)_{n \geq 0}$, definida por

$$a_0 = 0, \quad a_{n+1} = 1 + a_n + \sqrt{1 + 4.a_n}.$$

Determine a_{1990}.

89. Se $a_1, a_2, a_3, \ldots$ são números inteiros, o símbolo

$$x = a_0 + \cfrac{1}{a_1 + \cfrac{1}{a_2 + \cfrac{1}{a_3 + \cfrac{1}{a_4 + \ldots}}}}$$

é chamado de *fração contínua*, a qual associamos a sequência $(x_n)_{n \geq 0}$

de somas parciais, a saber:

$$x_0 = a_0$$
$$x_1 = a_0 + \frac{1}{a_1}$$
$$x_2 = a_0 + \frac{1}{a_1 + \frac{1}{a_2}}$$
$$x_3 = a_0 + \frac{1}{a_1 + \frac{1}{a_2 + \frac{1}{a_3}}}$$
$$\vdots$$

Se $x_n = \frac{p_n}{q_n}$ com p_n e q_n inteiros positivos, então

(a) $p_n = a_n p_{n-1} + p_{n-2}$ e $q_n = a_n q_{n-1} + q_{n-2}$, onde $n \geq 2$;

(b) $x_n = x_{n-1} + \frac{(-1)^{n-1}}{q_{n-1} q_n}$;

(c) $x_n = x_{n-2} + \frac{(-1)^n a_n}{q_n q_{n-2}}$.

90. Determine o número máximo de regiões em que n círculos podem dividir o plano.

91. Um modelo simplificado para previsão do tempo supõe que o tempo (seco ou molhado) que fará amanhã é o mesmo que o tempo de hoje com probabilidade p. Mostre que se o tempo estava seco em 1º de janeiro, então P_n, a probabilidade de que o tempo esteja seco n dias depois, satisfaz seguinte relação:

$$P_n = (2p-1)P_{n-1} + (1-p), \quad \text{com} \quad n \geq 1, P_0 = 1$$

Mostre que:
$$P_n = \frac{1}{2} + \frac{1}{2}(2p-1)^n, \quad \text{com } n \geq 0.$$

92. Jogadores igualmente habilidosos tem probabilidade igual a $\frac{1}{2}$ de vencer qualquer um dos seus adversários num jogo de tênis. Se o grupo possui 2^n jogadores e eles são emparelhados dois a dois e em seguida os 2^{n-1} vencedores são novamente emparelhados aleatoriamente e assim sucessivamente até que seja definido o campeão do torneio. Consedere dois determinados jogadores A e B, e os eventos A_i, $i \in \{1, 2, \ldots, n\}$, definidos por:
A_i: A joga exatamente com i outros jogadores;
E: A e B jogam um com o outro.

(a) Determine $P(A_i)$, com $i \in \{1, 2, \ldots, n\}$;
(b) Determine $P(E)$;

(c) Se $p_n = P(E)$, então
$$p_n = \frac{1}{2^n - 1} + \frac{2^n - 2}{2^n - 1}\left(\frac{1}{2}\right)^2 p_{n-1}.$$

93. A probabilidade de obtermos uma CARA ao lançarmos uma determinada moeda é igual a p. Considere que A começa e continua arremessando a moeda até que uma COROA apareça, donde então B começa a arremessar a moeda. B continua arremessando a moeda até que sai uma nova COROA, donde então A repete o mesmo processo inicial e assim por diante. Seja $P_{m,n}$ a probabilidade de que A acumule um total de n CARAS antes que B acumule m CARAS. Mostre que:
$$P_{m,n} = p \cdot P_{n-1,m} + (1-p)(1 - P_{m,n}).$$

94. (OBMU-2007) Joãozinho joga repetidamente uma moeda comum e honesta. Quando a moeda dá cara ele ganha 1 ponto, quando dá coroa ele ganha 2 pontos. Encontre a probabilidade (em função de n) de que Joãozinho em algum momento tenha exatamente n pontos.

95. Seja P_n a probabilidade de que em n lançamentos de uma moeda comum não apareçam 3 caras consecutivas. Mostre que:
$$P_n = \frac{1}{2}P_{n-1} + \frac{1}{4}P_{n-2} + \frac{1}{8}P_{n-3}$$
Além disso, se $P_0 = P_1 = P_2 = 1$, então calcule P_{100}.

96. Considere duas urnas, cada uma contendo bolas pretas e bolas brancas. As probabilidades de extrairmos inicialmente bolas brancas das duas urnas são p e p', respectivamente. Bolas são sequencialmente extraídas com reposição da seguinte maneira: com probabilidade α é escolhida a primeira urna e com probabilidade $1 - \alpha$ é escolhida a segunda urna. As extrações subsequentes são feitas de acordo com a seguinte regra: quando uma bola branca é retirada (e em seguida devolvida a urna) uma bola será retirada da mesma urna; mas quando uma bola preta é retirada (e em seguida devolvida a urna) uma bola é retidada da outra urna. Seja α_n a probabilidade de que a n-ésima bola seja escolhida da primeira urna. Mostre que:
$$\alpha_{n+1} = \alpha_n(p + p' - 1) + 1 - p', \text{ com } n \geq 1$$
Use essa recorrência para provar que:
$$\alpha_n = \frac{1 - p'}{2 - p - p'} + \left(\alpha - \frac{1 - p'}{2 - p - p'}\right)(p + p' - 1)^{n-1}$$

Seja P_n a probabilidade de que a n-ésima bola seja branca. Determine P_n e também $\lim_{n\to\infty} P_n$.

97. Seja x_n o número de maneiras distintas de arremessarmos uma moeda comum n vezes e que nunca aparecem 2 caras consecutivas. Mostre que

$$x_n = x_{n-1} + x_{n-2}, \text{ para } n \geq 2, x_0 = 1, x_1 = 2$$

Se p_n denota a probabilidade que nunca apareçam duas caras sucessivas quando a moeda é arremessada n vezes, determine p_n (em termos de x_n) supondo que todos os possíveis resultados são igualmente prováveis. Obtenha uma fórmula explícita para p_n em função de n.

98. João e Maria disputam uma série de partidas. Cada partida é iniciada por quem venceu a partida anterior. Em cada partida, quem a iniciou tem probabilidade $0,6$ de ganhá-la e probabilidade $0,4$ de perdê-la. Se Maria inciou a primeira partida, qual é a probabilidade de João ganhar a n-ésima partida?

99. Cinco times de igual força disputarão todo ano um torneio. Uma taça será ganha pelo primeiro time que vencer três vezes consecutivas. Qual é a probabilidade da taça ser ganha nos n primeiros torneiros.

100. Um modelo simplificado para previsão do tempo supõe que o tempo do tempo permanecer e amanhã é o mesmo que do terrmpo permanecer seco após n dias satisfaz a seguinte relação:

$$P_n = (2p-1)P_{n-1} + (1-p), \text{ com } n \geq 1$$

Mostre que $P_0 = 1$ e $P_n = \frac{1}{2} + \frac{1}{2}(2p-1)^n$, com $n \geq 0$.

101. (IMPA-2016) Considere a matriz $A = \begin{pmatrix} -4 & 18 \\ -3 & 11 \end{pmatrix}$.

   (a) Determine uma matriz invertível P tal que $P^{-1}AP$ seja uma matriz diagonal.

   (b) Determine uma fórmula fechada para A^n, com $n \in \mathbb{N}$, onde A^n é o resultado da multiplicação de A por si mesma n vazes.

   (c) Considere as sequências de números $(a_0, a_1, \ldots)$ e $(b_0, b_1, \ldots)$ dadas por:

   $$a_0 = 1; \quad b_0 = 0; \quad a_{n+1} = -4a_n + 18b_n; \quad b_{n+1} = -3a_n + 11b_n$$

   Determine uma fórmula fechada para a_n e para b_n.

102. A função Gama Γ é uma das funções mais importantes na matemática, foi introduzida por Euler em 1730, resultado de uma pesquisa sobre uma forma de interpolação do fatorial de um número. Posteriormente, foi estudada por outros matemáticos, incluindo Adrian Marie Legendre, que, em 1809, a denominou função gama. Hoje essa função é definida para todo $x > 0$ por:

$$\Gamma(x) = \int_0^\infty e^{-t} t^{x-1} dt.$$

Mostre que:

(a) $\Gamma(x+1) = x\Gamma(x), \ \forall x > 0$;

(b) Definindo a sequência $(a_n)_{n \in \mathbb{N}}$ definida por $a_n = \Gamma(n+1)$ para todo $n \in \mathbb{N}$, mostre que $\Gamma(n+1) = n!$ para todo $n \in \mathbb{N}$.

103. Considere a sequência $(a_n)_{n \in \mathbb{N}}$ definida por

$$a_n = \int_0^1 x^n e^x dx$$

Mostre que:

(a) $a_n = e - na_{n-1}$, para todo $n \in \mathbb{N}$;

(b) Mostre que $a_0 = e - 1$ e determine $\lim_{n \to \infty} a_n$.

Capítulo 7
Funções geradoras

7.1. Introdução

Em algumas áreas da Matemática, como por exemplo em Combinatória e Teoria dos Números é muito fácil de encontrarmos questões fáceis de enunciar, mas que são difíceis de responder. Neste capítulo apresentaremos uma importante ferramenta para atacar problemas de contagem: as funções geradoras. Esse técnica foi originalmente desenvolvida pelo eminente matemático suíço Leonard Euler no século XVIII para atacar problemas em que as técnicas clássicas não se mostravam eficientes.

Por exemplo, imagine que você irá produzir uma salada com exatamente 20 frutas contendo, necesssariamente, maçãs, bananas, laranjas e pêras supondo que:

- O número de maçãs deve ser par;

- O número de bananas deve ser um múltiplo de 5;

- Deve conter no máximo quatro laranjas;

- Deve contar no máximo três pêras.

Quantas saladas distintas você pode formar? Ou ainda, se 5 dados comuns e honestos são lançados simultaneamente, de quantas formas distintas a soma dos resultados obtidos pode ser igual a 18?

Apesar da clareza e da simplicidade dos enunciados das questões acima, as técnicas tradicionais de contagem não se mostram muito eficientes para responder tais questões. Ao longo deste capítulo vamos mostrar como as chamadas *funções geradoras* podem nos auxiliar a responder essas e muitas outras questões de contagem.

As chamadas *funções geradoras*, grosso modo, são objetos que transformam problemas de sequências em problemas de funções. Qual a vantagem disso? A vantagem está no fato de que podemos usar toda a álgebra disponível no âmbito das funções para manipular "as contas" e depois regressar ao problema original de uma maneira surpreendentemente eficiente. Além dos problemas de contagem, também podemos utilizar as funções geradoras para atacar problemas de obter certas somas, assim como problemas que utilizam recorrências, como mostraremos ao longo deste capítulo.

Antes de introduzirmos formalmente as funções geradoras, vale a pena lembrar o Teorema Binomial Generalizado, que em muitas ocasiões será uma ferramente útil para questões referentes às funções geradoras.

Teorema 7.1 (Teorema binomial). *Sejam $u, x \in \mathbb{R}$. Se $|x| < 1$, tem-se que:*

$$(1+x)^u = 1 + ux + \cdots + \frac{u(u-1)\cdots(u-n+1)}{n!}x^n + \cdots$$

No caso em que $n \in \mathbb{N}$, tem-se a expansão com os coeficientes binomiais generalizados dada por

$$(1+x)^u = \sum_{n=0}^{\infty} \binom{u}{n} x^n.$$

7.2. Funções geradoras

Originalmente, as funções geradoras foram introduzidas nos trabalhos de Abrahan De Moivre (1718). As funções geradoras também foram utilizadas por Leonhard Euler (1746) no estudo da partição de números inteiros positivos como soma de outros inteiros positivos. Nicolau Bernoulli (1730) utilizou este método no estudo das permutações caóticas. O desenvolvimento dessa teoria deve-se principalmente aos trabalhos do matemático francês Pierre Simon de Laplace (1812) sobre o cálculo das probabilidades, num livro onde ele desenvolveu o estudo das funções geradoras, especialmente as funções geradoras de momento. Em virtude desse trabalho Laplace é considerado o pai da teoria das funções geradoras. Por volta de 1915, P. MacMahon usou extensivamente as funções geradoras no seu tratado sobre Análise Combinatória. Os fundamentos do chamado "Cálculo Simbólico" foram estabelecidos nos trabalhos de E. B. Bell (1940) e num famoso livro de J. Riordan (1958). Mais recentemente (1978), R. P. Stanley, publicou um artigo dando um excelente panorama do desenvolvimento das funções geradoras. A seguir vamos estudar as ideias básicas dessa bela e potente teoria.

Definição 7.1 (Função geradora). *Dada uma sequência numérica $(a_n)_{n \geq 0}$, definimos a função geradora (ordinária) dessa sequência como sendo a série de potências formal*

$$f(x) = \sum_{n=0}^{\infty} a_n x^n = a_0 + a_1 x + a_2 x^2 + a_3 x^3 + \ldots$$

Funções geradoras

Paramos aqui para falar um pouco sobre a palavra "formal" que apareceu na definição acima. Essa palavra significa que não estamos interessados em questões de convergência da série de potências $\sum_{n=0}^{\infty} a_n x^n$, isto é, não estamos interessados nos valores de x para os quais essa série torna-se convergente. Ao contrário disso, estamos interessados apenas nessa série como um objeto algébrico.

Exemplo 7.1. *A seguir mostramos algumas sequências numéricas e suas respectivas funções geradoras:*

$$(0,0,0,0,\ldots) \mapsto f(x) = 0 + 0x + 0x^2 + 0x^3 + \ldots \equiv 0.$$
$$(1,1,1,1,\ldots) \mapsto f(x) = 1 + x + x^2 + x^3 + \ldots$$
$$(1,1,\tfrac{1}{2!},\tfrac{1}{3!},\ldots) \mapsto f(x) = 1 + x + \tfrac{1}{2!}x^2 + \tfrac{1}{3!}x^3 + \ldots$$
$$(1,1,2,3,\ldots) \mapsto f(x) = 1 + 1x + 2x^2 + 3x^3 + \ldots$$

note que se indexarmos a sequência a partir do 0 o coeficiente de x^k na função geradora da sequência $(a_n)_{n\geq 0}$ é exatamente igual a a_k.

Observação 7.1. *Quando $|x| < 1$, sabemos que*

$$1 + x + x^2 + x^3 + \ldots = \frac{1}{1-x}$$

Apesar dessa igualdade não ser verdadeira quando $|x| \geq 1$, como estamos trabalhando com as séries de potências formais, isto é, não estamos levando em consideração os intervalos de convergência das séries de potências em questão, vamos "fechar os olhos" e considerar que a função garadora da sequência $(1,1,1,1,\ldots)$ seja

$$f(x) = 1 + x + x^2 + x^3 + \ldots = \frac{1}{1-x}.$$

De modo completamente análogo vamos considerar que:

$(1,-1,1,-1,\ldots) \mapsto f(x) = 1 - x + 1x^2 - 0x^3 + \ldots = \frac{1}{1-(-x)} = \frac{1}{1+x}.$

$(1,a,a^2,a^3,\ldots) \mapsto f(x) = 1 + ax + a^2 x^2 + a^3 x^3 + \ldots = \frac{1}{1-ax}$

$(1,0,1,0,1\ldots) \mapsto f(x) = 1 + x^2 + x^4 \ldots = \frac{1}{1-x^2}$

De um modo mais geral, se f é uma função tal que

$$f(x) = a_0 u_0(x) + a_1 u_1(x) + a_2 u_2(x) + \ldots + a_n u_n(x) + \ldots,$$

onde $a_0, a_1, a_2, \ldots$ são números reais e $u_1(x), u_2(x), u_3(x), \ldots$ são funções reais, dizemos que f é a função geradora da sequência $(a_n)_{n\geq 0}$ com respeito à sequência de funções $(u_n(x))_{n \geq 0}$.

Exemplo 7.2. *Encontre a a função geradora ordinária para a sequência*

$$(a_n)_{n\geq 0} = \left(\frac{2^n}{n!}\right)$$

Solução. Como

$$e^x = 1 + \frac{x}{1!} + \frac{x^2}{2!} + \frac{x^3}{3!} + \ldots + \frac{x^n}{n!} + \ldots$$

Trocando-se x por $2x$ segue-se que:

$$\begin{aligned}e^{2x} &= 1 + 2x + \frac{(2x)^2}{2!} + \frac{(2x)^3}{3!} + \frac{(2x)^4}{4!} + \ldots \frac{(2x)^n}{n!} + \ldots \\ &= 1 + \left(\frac{2^1}{1!}\right)x + \left(\frac{2^2}{2!}\right)x^2 + \left(\frac{2^3}{3!}\right)x^3 + \ldots + \left(\frac{2^n}{n!}\right)x^n + \cdots\end{aligned}$$

O que nos mostra que $f(x) = e^{2x}$ é a função geradora da referida sequência.
∎

Exemplo 7.3. *Qual a a função geradora da sequência $(a_n)_{n\geq 0}$ definida por*

$$a_n = \begin{cases} \binom{k}{n}, & \text{se } 0 \leq n \leq k \\ 0, & \text{se } n > k \end{cases},$$

onde k é um inteiro não negativo?

Solução. Por definição, a função geradora da sequência $(a_n)_{n\geq 0}$ definida acima é a série de potências (formal)

$$\begin{aligned}f(x) &= \sum_{n=0}^{\infty} a_n x^n = \sum_{n=0}^{\infty} \binom{k}{n} x^n \\ &= \binom{k}{0} + \binom{k}{1}x + \binom{k}{2}x^2 + \ldots + \binom{k}{k}x^k \\ &= (1+x)^k.\end{aligned}$$

∎

Exemplo 7.4. *Qual a função geradora para a sequência abaixo?*

$$(a_n)_{n\geq 0} = (0, 0, 1, 1, 1, \ldots)$$

Funções geradoras

Solução. É claro que, pela definição, a função geradora da sequência acima é:
$$f(x) = 0 + 0x + x^2 + x^3 + x^4 + x^5 \ldots$$
Mas, sempre que pedirmos a função geradora (ordinária) de uma dada sequência estaremos interessados numa "fórmula fechada" para a resposta. Neste caso,
$$f(x) = x^2 + x^3 + x^4 + x^5 + \ldots = \frac{x^2}{1-x}.$$

■

Exemplo 7.5. *Dê exemplo de uma sequência $(a_n)_{n \geq 0}$ cuja função geradora seja dada por $f(x) = \frac{1}{1-x^2}$.*

Solução. Sabemos que:
$$\frac{1}{1-x} = 1 + x + x^2 + x^3 + x^4 + \cdots$$
Na igualdade acima substituindo x por x^2, obtemos:
$$f(x) = \frac{1}{1-x^2} = 1 + x^2 + x^4 + x^6 + x^8 + \cdots$$
Portanto $f(x)$ é a função geradora da sequência
$$(a_n)_{n \geq 0} = (1, 0, 1, 0 \ldots)$$

■

Exemplo 7.6. *Qual a função geradora para a sequência abaixo?*
$$(a_n)_{n \geq 0} = \left(1, \frac{1}{1!}, \frac{1}{2!}, \frac{1}{3!}, \frac{1}{4!}, \ldots\right)$$

Solução. Dos cursos de Cálculo, sabemos que:
$$e^x = 1 + \frac{x}{1!} + \frac{x^2}{2!} + \frac{x^3}{3!} + \cdots + \frac{x^n}{n!} + \ldots$$
Assim a função geradora da sequência
$$(a_r) = \left(1, \frac{1}{1!}, \frac{1}{2!}, \frac{1}{3!}, \frac{1}{4!}, \ldots\right)$$
é dada por $f(x) = e^x$.

■

Exemplo 7.7. *Encontre a sequência cuja função geradora ordinária seja* $f(x) = x^2 + x^3 + e^x$.

Solução. Como

$$x^2 + x^3 + e^x = x^2 + x^3 + \left(1 + \tfrac{1}{1!}x + \tfrac{1}{2!}x^2 + \tfrac{1}{3!}x^3 + \cdots\right)$$
$$= 1 + x + \left(1 + \tfrac{1}{2!}\right)x^2 + \left(1 + \tfrac{1}{3!}\right)x^3 + \tfrac{x^4}{4!} + \cdots$$

A sequência gerada por esta função é:

$$(a_r) = \left(1, 1, 1 + \frac{1}{2!}, 1 + \frac{1}{3!}, \frac{1}{4!}, \frac{1}{5!}, \cdots\right)$$

■

Exemplo 7.8. *Mostre que coeficiente de x^p na expansão*

$$\left(1 + x + x^2 + x^3 + \cdots\right)^n$$

é igual a $\binom{n+p-1}{p}$.

Solução. Note que

$$\left(1 + x + x^2 + x^3 + \cdots\right)^n = \left(\frac{1}{1-x}\right)^n = (1-x)^{-n}$$

Aplicando o Teorema 7.1,

$$(1-x)^{-n} = \sum_{r=0}^{\infty} \binom{-n}{r} 1^{-n-r} (-x)^r = \sum_{r=0}^{\infty} \binom{-n}{r} (-1)^r x^r$$

Utilizando a definição do coeficiente binomial generalizado temos que o coeficiente de x^p é igual a:

$$\binom{-n}{p}(-1)^p = \frac{(-n)(-n-1)(-n-2)\cdots(-n-p+1)(-1)^p}{p!}$$
$$= \frac{(-1)^p (n)(n+1)(n+2)\cdots(n+p-1)(-1)^p}{p!}$$
$$= \frac{n(n+1)(n+2)\cdots(n+p-1)}{p!}$$
$$= \frac{(n+p-1)(n+p-2)\cdots(n+1)n(n-1)!}{p!(n-1)!}$$
$$= \frac{(n+p-1)!}{p!(n-1)!}$$
$$= \binom{n+p-1}{p}.$$

Observação 7.2. *O número $\binom{n+p-1}{p}$ corresponde ao número total de maneiras de selecionarmos p objetos dentre n objetos distintos, onde cada objeto pode ser tomado até p vezes ou conforme mostrado no exemplo 3.12 o número de soluções em inteiros não negativos de $x_1 + x_2 + \ldots + x_n = p$ ou conforme visto no exemplo 3.10 quantidade de permutações com repetição de $n + p - 1$ símbolos dos quais p são de um tipo e $n - 1$ de um outro tipo ou do exemplo 3.13 o número de funções não decrescentes $f : I_p \to I_n$.*

Exemplo 7.9. *Uma moeda não equilibrada apresenta uma probabilidade p de resultar "cara" com a face voltada para cima após ser arremessada numa mesa horizontal e uma probabilidade $q = 1 - p$ de apresentar "coroa" com a face voltada para cima após ser arremessada sobre a mesma mesa. Se essa moeda for arremessada k vezes e em cada vez for observada a face voltada para cima, considere que a_n seja a probabilidade de que exatamente n desses resultados tenha aparecido o resultado "cara". Qual a função geradora da sequência $(a_n)_{n \geq 0}$?*

Solução. A probabilidade de que em exatamente n dos k arremessos saia o resultado "cara" é $a_n = \binom{k}{n} p^n q^{k-n}$. Assim, a função geradora da sequência $(a_n)_{n \geq 0}$ é dada por

$$f(x) = \sum_{n=0}^{\infty} a_n x^n = \sum_{n=0}^{\infty} \binom{k}{n} p^n q^{k-n} x^n$$
$$= (q + px)^k$$

Note que a função geradora $f(x) = (q + px)^k$ é igual a

$$\underbrace{(q+px)(q+px)(q+px)\ldots(q+px)}_{k \text{ vezes}},$$

ou seja, corresponde a multiplicar k vezes a função geradora correspondente a um único arremesso da moeda. Veremos posteriormente, que como neste caso, é possível obter a função geradora de situações mais complexas a partir de funções geradoras de situações mais simples.

7.2.1. Operações com funções geradoras

As funções geradoras podem ser multiplicadas por constantes, adicionadas, subtraídas e multiplicadas como mostraremos logo a seguir. Consideremos as

sequências numéricas $(a_n)_{n\geq 0}$ e $(b_n)_{n\geq 0}$ cujas funções geradoras são, respectivamente:
$$f(x) = a_0 + a_1 x + a_2 x^2 + a_3 x^3 + \ldots$$
$$g(x) = b_0 + a_1 x + b_2 x^2 + b_3 x^3 + \ldots$$
e uma constante $\lambda \in \mathbb{R}$. Nessas condições, definimos as sequintes operações formais.

- **Multiplicação por escalar.**
$$\lambda \cdot f(x) = \lambda \cdot a_0 + \lambda \cdot a_1 x^1 + \lambda \cdot a_2 x^2 + \lambda \cdot a_3 x^3 + \ldots$$

Em particular, se $\lambda = -1$, temos que $(-1) \cdot f(x) = -f(x)$. Assim,
$$-f(x) = -a_0 - a_1 x^1 - a_2 x^2 - a_3 x^3 + \ldots$$

- **Adição.**
$$f(x) + g(x) = (a_0 + b_0) + (a_1 + b_1)x + (a_2 + b_2)x^2 + (a_3 + b_3)x^3 + \ldots$$

- **Subtração.**
$$\begin{aligned} f(x) - g(x) &= f(x) + (-g(x)) \\ &= (a_0 + (-b_0)) + (a_1 + (-b_1))x + (a_2 + (-b_2))x^2 + \ldots \\ &= (a_0 - b_0) + (a_1 - b_1)x + (a_2 - b_2)x^2 + (a_3 - b_3)x^3 + \ldots \end{aligned}$$

- **Multiplicação.**
$$\begin{aligned} f(x) \cdot g(x) &= \left(a_0 + a_1 x + a_2 x^2 + a_3 x^3 + \ldots\right)\left(b_0 + b_1 x + b_2 x^2 + b_3 x^3 + \ldots\right) \\ &= c_0 + c_1 x + c_2 x^2 + c_3 x^3 + \ldots \end{aligned}$$

onde $c_n = \sum_{i=0}^{n} a_i b_{n-i} = a_0 b_n + a_1 b_{n-1} + \ldots + a_n b_0$.

- **Deslocamento para a direita.**

  Para motivar as ideias vamos determinar a função geradora da sequência $(\underbrace{0, 0, \ldots, 0}_{k \text{ termos}}, 1, 1, \ldots)$ a partir da função geradora da sequência $(1, 1, 1, \ldots,)$

que, como sabemos é $f(x) = \frac{1}{1-x}$.

Por definição, função geradora da sequência $(0, 0, \overbrace{\ldots, 0}^{k \text{ termos}}, 1, 1, \ldots)$ é

$$\begin{aligned}
g(x) &= \sum_{i=0}^{\infty} a_i x^i \\
&= 0 + 0x + 0x^2 + \ldots + 0x^{k-1} + 1x^k + 1x^{k+1} + x^{k+2} + \ldots \\
&= x^k + x^{k+1} + x^{k+2} + \ldots \\
&= x^k(1 + x + x^2 + \ldots) \\
&= x^k \frac{1}{1-x} = \frac{x^k}{1-x}.
\end{aligned}$$

De um modo mais geral, se $f(x)$ é a função geradora da sequência

$$(a_0, a_1, a_2, \ldots, a_n, \ldots),$$

então a função geradora da sequência $(\overbrace{0, 0, \ldots, 0}^{k \text{ termos}}, a_0, a_1, a_2 \ldots)$ é dada por $g(x) = x^k f(x)$. De fato, por definição, a função geradora da sequência $(\overbrace{0, 0, \ldots, 0}^{k \text{ termos}}, a_0, a_1, a_2 \ldots)$ é

$$\begin{aligned}
g(x) &= \sum_{i=0}^{\infty} a_i x^i \\
&= 0 + 0x + 0x^2 + \ldots + 0x^{k-1} + a_0 x^k + a_1 x^{k+1} + a_2 x^{k+2} + \ldots \\
&= a_0 x^k + a_1 x^{k+1} + a_2 x^{k+2} + \ldots \\
&= x^k(a_0 + a_1 x + a_2 x^2 + \ldots) \\
&= x^k f(x).
\end{aligned}$$

Teorema 7.2. *Sendo $f(x)$ e $g(x)$, respectivamente, as funções geradoras das sequências $(a_n)_{n \geq 0}$ e $(b_n)_{n \geq 0}$ temos:*

(i) $\alpha f(x) + \beta g(x)$ *é a função geradora da sequência* $(\alpha a_n + \beta b_n)_{n \geq 0}$, *com* $\alpha, \beta \in \mathbb{R}$;

(ii) *A função geradora para* $(a_0 + a_1 + \ldots + a_n)_{n \geq 0}$ *é* $(1 + x + x^2 + \ldots) f(x)$;

(iii) *A função geradora para* $(n a_n)_{n \geq 0}$ *é* $x f'(x)$;

(iv) A função gerdora da sequência $\left(\frac{a_n}{n+1}\right)_{n\geq 0}$ é dada por $\dfrac{\int f(x)dx}{x}$.

Demonstração. Suponhamos que as funções geradoras das sequências $(a_n)_{n\geq 0}$ e $(b_n)_{n\geq 0}$ sejam

$$f(x) = \sum_{n=0}^{\infty} a_n x^n = a_0 + a_1 x + a_2 x^2 + \ldots + a_k x^k + \ldots$$

$$g(x) = \sum_{n=0}^{\infty} b_n x^n = b_0 + b_1 x + b_2 x^2 + \ldots + b_k x^k + \ldots,$$

respectivamente.

(i) Por definição, a função geradora (ordinária) da sequência $(\alpha a_n + \beta b_n)_{n\geq 0}$, com $\alpha, \beta \in \mathbb{R}$ é dada por

$$\begin{aligned}h(x) &= \sum_{n=0}^{\infty}(\alpha a_n + \beta b_n)x^n \\ &= \sum_{n=0}^{\infty} \alpha a_n x^n + \sum_{n=0}^{\infty} \beta b_n x^n \\ &= \alpha \sum_{n=0}^{\infty} a_n x^n + \beta \sum_{n=0}^{\infty} b_n x^n \\ &= \alpha f(x) + \beta g(x).\end{aligned}$$

(ii) Por definição, a função geradora (ordinária) da sequência $(b_n)_{n\geq 0}$, onde $b_n = a_0 + a_1 + \cdots + a_n$ é dada por

$$\begin{aligned}h(x) &= \sum_{n=0}^{\infty} b_n x^n \\ &= \sum_{n=0}^{\infty}(a_0 + a_1 + \cdots + a_n)x^n \\ &= a_0 + (a_0 + a_1)x + (a_0 + a_1 + a_2)x^2 + (a_0 + a_1 + a_2 + a_3)x^3 + \ldots\end{aligned}$$

Por outro lado, a função geradora da sequência $(a_n)_{n\geq 0}$ é dada por:

$$f(x) = \sum_{n=0}^{\infty} a_n x^n = a_0 + a_1 x + a_2 x^2 + \ldots + a_n x^n + \ldots$$

Assim,

$$f(x) = a_0 + a_1 x + a_2 x^2 + \ldots + a_n x^n + \ldots$$
$$xf(x) = a_0 x + a_1 x^2 + a_2 x^3 + \ldots + a_n x^{n+1} + \ldots$$
$$x^2 f(x) = a_0 x^2 + a_1 x^3 + a_2 x^4 + \ldots + a_n x^{n+2} + \ldots$$
$$\vdots \qquad \vdots \qquad \vdots$$

Adicionando, membro a membro, as igualdades acima, segue que:

$$(1 + x + x^2 + \cdots) f(x) = a_0 + (a_0 + a_1) x + (a_0 + a_1 + a_2) x^2 + \ldots$$
$$= h(x);$$

(iii) Suponha que a função geradora da sequência $(a_n)_{n \geq 0}$ é dada por:

$$f(x) = \sum_{n=0}^{\infty} a_n x^n = a_0 + a_1 x + a_2 x^2 + \ldots + a_n x^n + \ldots$$

Nesse caso,

$$f'(x) = \sum_{n=0}^{\infty} n a_n x^{n-1} = a_1 + 2 a_2 x + 3 a_3 x^2 + \ldots + n a_n x^{n-1} + \ldots$$

Multiplicando ambos os membros por x, segue que:

$$x f'(x) = a_1 x + 2 a_2 x^2 + 3 a_3 x^3 + \ldots + n a_n x^n + \ldots$$

Por outro lado, a função geradora da sequência $(n a_n)_{n \geq 0}$ é dada por

$$g(x) = \sum_{n=0}^{\infty} n a_n x^n$$
$$= 0 a_0 + 1 a_1 x + 2 a_2 x^2 + 3 a_3 x^3 + \ldots$$
$$= a_1 x + 2 a_2 x^2 + 3 a_3 x^3 + \ldots + a_n x^n + \ldots = x f'(x).$$

(iv) Suponha que a função geradora da sequência $(a_n)_{n \geq 0}$ é dada por:

$$f(x) = \sum_{n=0}^{\infty} a_n x^n = a_0 + a_1 x + a_2 x^2 + \ldots + a_n x^n + \ldots$$

Nesse caso,

$$\int f(x)dx = \int (a_0 + a_1 x + a_2 x^2 + \ldots + a_n x^n + \ldots)dx$$
$$= a_0 x + \frac{a_1}{2}x^2 + \frac{a_2}{3}x^3 + \ldots$$
$$= \sum_{n=0}^{\infty} \frac{a_n}{n+1} x^{n+1} = x \sum_{n=0}^{\infty} \frac{a_n}{n+1} x^n. \text{ Logo,}$$

$$\sum_{n=0}^{\infty} \frac{a_n}{n+1} x^n = \frac{\int f(x)dx}{x}.$$

O que revela que a função geradora da sequência $\left(\frac{a_n}{n+1}\right)_{n\geq 0}$ é $\dfrac{\int f(x)dx}{x}$, como queríamos demonstrar! ∎

Exemplo 7.10. *Encontre a função geradora para a sequência*
$$(a_n)_{n\geq 1} = (1, 2, 3, 4, \ldots, n, \ldots)$$

Solução. Lembrando que a função geradora para a sequência $(1, 1, 1, \ldots)$ é
$$f(x) = \frac{1}{1-x} = 1 + x + x^2 + x^3 + \ldots + x^n + \ldots$$
segue que a função geradora da sequência (na_n) é $xf'(x)$, ou seja,
$$f'(x) = \frac{1}{(1-x)^2} = 1 + 2x + 3x^2 + \ldots + nx^{n-1} + \ldots$$
logo,
$$xf'(x) = \frac{x}{(1-x)^2} = x + 2x^2 + 3x^3 + \ldots + nx^n + \ldots$$
possui n como coeficiente de x^n, sendo portanto, a função geradora para a sequência
$$(a_n)_{n\geq 1} = (1, 2, 3, 4, \ldots, n, \ldots).$$
∎

Observação 7.3. *Uma alternativa para determinar a função geradora para a sequência*
$$(a_n)_{n\geq 1} = (1, 2, 3, 4, \ldots, n, \ldots)$$

Funções geradoras 417

seria usarmos o Teorema Binomial Generalizado. De fato,

$$\begin{aligned}
x(1-x)^{-2} &= x\sum_{k=0}^{\infty}\binom{-2}{k}(-x)^k(1)^{2-k} \\
&= x\sum_{k=0}^{\infty}\binom{k-(-2)-1}{k}(-1)^k(-1)^k x^k \\
&= x\sum_{k=0}^{\infty}\binom{k+1}{k}x^k \\
&= x(1+2x+3x^2+\ldots+(k+1)x^k+\ldots) \\
&= x+2x^2+3x^3+\ldots+(k+1)x^{k+1}+\ldots
\end{aligned}$$

Exemplo 7.11. *Encontre a função geradora para a sequência*

$$(b_n)_{n\geq 0} = \left(1^2, 2^2, 3^2, 4^2, \ldots, n^2, \ldots\right).$$

Solução. Como vimos no exemplo anterior,

$$\frac{x}{(1-x)^2} = x + 2x^2 + 3x^3 + \ldots + nx^n + \ldots$$

Assim, para que o coeficiente de x^n fique igual a n^2, basta tomarmos a derivada desta função e multiplicá-la por x, isto é,

$$\begin{aligned}
x\frac{d}{dx}\frac{x}{(1-x)^2} &= x\left(1 + 2^2 x + 3^2 x^2 + 4^2 x^3 + \ldots + n^2 x^{n-1} + \ldots\right) \\
&= 1^2 x + 2^2 x^2 + 3^2 x^3 + 4^2 x^4 + \ldots + n^2 x^n + \ldots
\end{aligned}$$

Como

$$x\frac{d}{dx}\frac{x}{(1-x)^2} = \frac{x(1+x)}{(1-x)^3}$$

temos que a função geradora para a sequência $a_n = n^2$ é dada por:

$$f(x) = \frac{x(1+x)}{(1-x)^3}.$$

∎

Exemplo 7.12. *Encontre a função geradora para a sequência* $(a_n)_{n\geq 0}$, *tal que* $a_n = 2n + 3n^2$.

Solução. Já vimos que as funções geradoras para as sequências $a_n = n$ e $a_n = n^2$ são, respectivamente,

$$f(x) = \frac{x}{(1-x)^2} \quad \text{e} \quad g(x) = \frac{x(1+x)}{(1-x)^3}.$$

Segue que a função geradora da sequência $a_n = 2n + 3n^2$ é dada por

$$h(x) = 2f(x) + 3g(x) = \frac{2x}{(1-x)^2} + \frac{3x(1+x)}{(1-x)^3}.$$

∎

Exemplo 7.13. *Encontre a função geradora para a sequência $(a_n)_{n \geq 1}$, tal que $a_n = \frac{1}{n}$.*

Solução. Precisamos encontrar uma série de potências em que o coeficiente de x^n seja $\frac{1}{n}$. Sabemos que

$$\frac{1}{1-x} = 1 + x + x^2 + x^3 + \ldots + x^n + \ldots$$

Se integrarmos em relação e x ambos os lados a igualdade acima, obtemos:

$$\int \frac{1}{1-x} dx = x + \frac{1}{2}x^2 + \frac{1}{3}x^3 + \ldots + \frac{1}{n}x^n + \ldots$$

Como $\int \frac{1}{1-x} dx = -\ell n(1-x)$, segue que

$$f(x) = -\ell n(1-x)$$

é a função geradora procurada. ∎

Teorema 7.3. *Se $f(x) = a_0 + a_1 x + a_2 x^2 + a_3 x^3 + \ldots$ é a função geradora da sequência $(a_n)_{n \geq 0}$, então*

$$a_n = \frac{f^{(n)}(0)}{n!}, \quad \forall n \geq 0$$

Demonstração. De fato,

$$f(x) = a_0 + a_1 x + a_2 x^2 + a_3 x^3 + \ldots \Rightarrow a_0 = f(0)$$

$$f'(x) = a_1 + 2a_2 x + 3a_3 x^2 + \ldots \Rightarrow a_1 = f'(0)$$

Funções geradoras; funções que contam!

$$f''(x) = 2!a_2 + 3.2a_3 x + \ldots \Rightarrow a_2 = \frac{f''(0)}{2!}$$

$$\vdots$$

$$a_n = \frac{f^{(n)}(0)}{n!}, \ \forall n \geq 0$$

∎

Exemplo 7.14. *Use o resultado do teorema anterior para obter os valor de $\binom{n}{k}$, onde n e k são inteiros não negativos tais que $k \leq n$.*

Solução. Pelo Binômio de Newton, a função geradora dos números binomiais é dada por

$$\begin{aligned} f(x) &= (1+x)^n \\ &= \binom{n}{0} + \binom{n}{1}x + \binom{n}{2}x^2 + \ldots + \binom{n}{k}x^k + \ldots + \binom{n}{n}x^n \end{aligned}$$

Pelo Teorema 7.3, tem-se que $a_k = \frac{f^{(k)}(0)}{k!}$, $\forall k \geq 0$. Mas ocorre que

$$f(x) = (1+x)^n \Rightarrow f^{(k)}(x) = n(n-1)\ldots(n-(k-1))(1+x)^{n-k},$$

o que revela que

$$f^{(k)}(0) = n(n-1)\ldots(n-(k-1))(1+0)^{n-k} = n(n-1)\ldots(n-k+1).$$

Assim,

$$a_k = \frac{f^{(k)}(0)}{k!} = \frac{n(n-1)\ldots(n-k+1)}{k!} = \frac{n!}{(n-k)!k!} = \binom{n}{k}.$$

∎

7.3. Funções geradoras; funções que contam!

Nesta seção vamos mostrar como as funções geradoras podem ser usadas para resolver problemas de contagem. Para motivar as primeiras ideias nessa direção, vamos discutir o seguinte exemplo.

Exemplo 7.15. *Quantas soluções inteiras e não negativas possui a equação $x_1 + x_2 + x_3 = 9$, onde $x_1 \in \{2,3\}$, $x_2 \in \{1,4\}$ e $x_3 \in \{3,4,5\}$?*

Solução. Definamos três polinômios, um para cada variável x_i, com $1 \leq i \leq 3$ da seguinte forma:
$$x_1 \in \{2,3\} \Rightarrow p_1(x) = x^2 + x^3$$
$$x_2 \in \{1,4\} \Rightarrow p_2(x) = x + x^4$$
$$x_3 \in \{3,4,5\} \Rightarrow p_3(x) = x^3 + x^4 + x^5$$

Agora defina o polinômio $p(x) = p_1(x)p_2(x)p_3(x)$ que é:

$$\begin{aligned} p(x) &= p_1(x)p_2(x)p_3(x) \\ &= \left(x^2 + x^3\right)\left(x + x^4\right)\left(x^3 + x^4 + x^5\right) \\ &= x^{12} + 2x^{11} + 2x^{10} + 2x^9 + 2x^8 + 2x^7 + x^6. \end{aligned}$$

Para obtermos o número soluções inteiras e não negativas que possui a equação $x_1 + x_2 + x_3 = 9$, onde $x_1 \in \{2,3\}$, $x_2 \in \{1,4\}$ e $x_3 \in \{3,4,5\}$, basta observarmos o coeficiente de x^9 no polinômio p, ou seja 2. Mas por que isso funciona? Note que:

$$x^9 = x^2 x^4 x^3 \quad \text{e} \quad x^9 = x^3 x^1 x^5;$$

além disso, os ternos $(2,4,3)$ e $(3,1,5)$ são soluções inteiras e não negativas da equação $x_1 + x_2 + x_3 = 9$, onde $x_1 \in \{2,3\}$, $x_2 \in \{1,4\}$ e $x_3 \subset \{3,4,5\}$.

Assim, o número de soluções inteiras e não negativas da equação $x_1 + x_2 + x_3 = 9$, onde $x_1 \in \{2,3\}$, $x_2 \in \{1,4\}$ e $x_3 \in \{3,4,5\}$ corresponde ao número de maneiras de obtermos x^9 quando multiplicamos três fatores, a saber:

- um do polinômio $p_1(x) = x^2 + x^3$;

- outro do polinômio $p_2(x) = x + x^4$;

- e outro do polinômio $p_3(x) = x^3 + x^4 + x^5$.

Portanto o número de maneiras distintas de obter x^9 efetuando-se o produto

$$\begin{aligned} p(x) &= p_1(x)p_2(x)p_3(x) \\ &= \left(x^2 + x^3\right)\left(x + x^4\right)\left(x^3 + x^4 + x^5\right) \end{aligned}$$

corresponde a quantidade de soluções inteiras e não negativas da equação $x_1 + x_2 + x_3 = 9$, onde $x_1 \in \{2,3\}$, $x_2 \in \{1,4\}$ e $x_3 \in \{3,4,5\}$.

■

Funções geradoras; funções que contam!

Observação 7.4. *No exemplo anterior, dizemos que o polinômio*

$$p(x) = p_1(x)p_2(x)p_3(x)$$

é a função geradora associada ao problema, visto que gera as respostas para o seguinte problema combinatório: Quantas soluções inteiras e não negativas possui a equação $x_1+x_2+x_3 = m$, onde $x_1 \in \{2,3\}$, $x_2 \in \{1,4\}$ e $x_3 \in \{3,4,5\}$ e $m \in \{6,7,8,9,10,11,12\}$?

Como

$$\begin{aligned} p(x) &= p_1(x)p_2(x)p_3(x) \\ &= \left(x^2+x^3\right)\left(x+x^4\right)\left(x^3+x^4+x^5\right) \\ &= x^{12} + 2x^{11} + 2x^{10} + 2x^9 + 2x^8 + 2x^7 + x^6 \end{aligned}$$

a resposta será o coeficiente de p no termo x^m.

Exemplo 7.16. *De quantas formas distintas 30 bolas de tênis idênticas podem ser distribuídas entre 6 tenistas, de modo que cada tenista receba pelo menos 3 bolas?*

Solução. Seja x_i a quantidade de bolas que o tenista i recebe, com $i = 1, 2, \ldots, 6$, onde $3 \leq x_i \leq 30$. Ora, como serão distribuídas 30 bolas, segue que

$$x_1 + x_2 + \ldots + x_6 = 30, \text{ com } 3 \leq x_i \leq 30.$$

A função geradora correspondente ao número de soluções dessa equação com as restrições impostas é:

$$\begin{aligned} f(x) &= (x^3 + x^4 + x^5 + \ldots)^6 = \left(\frac{x^3}{1-x}\right)^6 \\ &= \frac{x^{18}}{(1-x)^6} \\ &= x^{18}(1-x)^{-6} = x^{18} \sum_{k=0}^{\infty} \binom{-6}{k}(-x)^k(1)^{-6-k} \\ &= x^{18} \sum_{k=0}^{\infty} \binom{-6}{k}(-1)^k x^k \end{aligned}$$

Do exemplo 4.15 do capítulo 4 tem-se que

$$\binom{-6}{k} = \binom{k-(-6)-1}{k}(-1)^k = \binom{k+5}{k}(-1)^k.$$

Assim,

$$\begin{aligned}
f(x) &= (x^3 + x^4 + x^5 + \ldots)^6 = \left(\frac{x^3}{1-x}\right)^6 \\
&= x^{18} \sum_{k=0}^{\infty} \binom{-6}{k}(-1)^k x^k \\
&= x^{18} \sum_{k=0}^{\infty} \binom{k+5}{k}(-1)^k(-1)^k x^k \\
&= x^{18} \sum_{k=0}^{\infty} \binom{5+k}{k} x^k \\
&= x^{18} \left(\binom{5}{0} + \binom{6}{1}x + \ldots + \binom{17}{12}x^{12} + \ldots\right) \\
&= \binom{5}{0}x^{18} + \binom{6}{1}x^{19} + \ldots + \binom{17}{12}x^{30} + \ldots
\end{aligned}$$

Agora basta tomarmos o coeficiente de x^{30}, que é $\binom{17}{12} = 6.188$.

∎

Exemplo 7.17. *Uma moeda é arremessada 20 vezes, aparecendo cara em 13 vezes e coroa nas outras 7 vezes. Qual a probabilidade de que não tenham ocorrido 5 caras consecutivas.*

Solução. Existem $\binom{20}{7} = 77.520$ modos distintos de terem ocorrido 7 coroas nos 20 lançamentos. Agora vamos determinar em quantas dessas configurações não existem 5 caras consecutivas. Para isso, seja x_1 o número de caras antes da primeira coroa, x_2 o número de caras depois da primeira e antes da segunda coroa,..., x_7 o número de caras depois da sexta e antes da sétima coroa e x_8 o número de caras após a sétima coroa. Ora, como o número total de caras é 13, segue que

$$x_1 + x_2 + \ldots + x_8 = 13, \ 0 \leq x_i \leq 4$$

Para determinarmos o número de soluções inteiras da equação acima, com as restrições impostas, consideremos a função geradora

$$f(x) = (1 + x + x^2 + x^3 + x^4)^8$$
$$= \left(\frac{1-x^5}{1-x}\right)^8 = (1-x^5)^8(1-x)^{-8}$$
$$= \left(1 - \binom{8}{1}x^5 + \binom{8}{2}x^{10} + \cdots\right) \sum_{k=0}^{\infty} \binom{-8}{k}(-x)^k$$
$$= \left(1 - \binom{8}{1}x^5 + \binom{8}{2}x^{10} + \cdots\right) \sum_{k=0}^{\infty} \binom{k-(-8)-1}{k}(-1)^k(-1)^k x^k$$
$$= \left(1 - \binom{8}{1}x^5 + \binom{8}{2}x^{10} + \cdots\right) \sum_{k=0}^{\infty} \binom{k+7}{k} x^k.$$

O número procurado corresponde ao coeficiente de x^{13} na expansão de $f(x)$, que é igual a

$$\binom{13+7}{7} - \binom{8}{1}\binom{8+7}{7} + \binom{8}{2}\binom{3+7}{7} = 29.400.$$

Diante do exposto a probabilidade de que não tenham ocorrido 5 caras consecutivas é $\mathbb{P} = \frac{29.400}{77.520} = 0,38$.

∎

Exemplo 7.18 (OBM). *Quantas soluções inteiras e não negativas possui a equação $25x + 10y + 5z + w = 37$?*

Solução. Inicialmente façamos as seguintes mudanças de variáveis:

$$x_1 = 25x, \ y_1 = 10y, \ z_1 = 5z$$

Como $x, y, z \in \mathbb{Z}_+$ e $0 \leq x \leq 37$, $0 \leq y \leq 37$ e $0 \leq z \leq 37$, segue-se que: $x_1 \in \{0, 25\}$, $y_1 \in \{0, 10, 20, 30\}$, $z_1 \in \{0, 5, 10, 15, 20, 25, 30, 35\}$ e $w \in \{0, 1, 2, 3, \cdots, 37\}$.

Construindo um polinômio para cada uma das quatro variáveis, tem-se:

$$x_1 \mapsto p_1(x) = 1 + x^{25}$$
$$y_1 \mapsto p_2(x) = 1 + x^{10} + x^{20} + x^{30}$$
$$z_1 \mapsto p_3(x) = 1 + x^5 + x^{10} + x^{15} + x^{20} + x^{25} + x^{30} + x^{35}$$
$$w \mapsto p_4(x) = 1 + x + x^2 + x^3 + \ldots + x^{37}.$$

A função geradora para esse problema combinatório é o polinômio

$$p(x) = p_1(x) \cdot p_2(x) \cdot p_3(x) \cdot p_4(x)$$
$$= (1+x^{25})(1+\cdots+x^{30})\cdots(1+x+\cdots+x^{37})$$

Expandindo $p(x)$, obtemos:

$p(x) = x^{127}+x^{126}+x^{125}+x^{124}+x^{123}+2x^{122}+2x^{121}+2x^{120}+2x^{119}+2x^{118}+$
$4x^{117}+4x^{116}+4x^{115}+4x^{114}+4x^{113}+6x^{112}+6x^{111}+6x^{110}+6x^{109}+6x^{108}+9x^{107}+$
$9x^{106}+9x^{105}+9x^{104}+9x^{103}+13x^{102}+13x^{101}+13x^{100}+13x^{99}+13x^{98}+18x^{97}+$
$18x^{96}+18x^{95}+18x^{94}+18x^{93}+24x^{92}+24x^{91}+24x^{90}+23x^{89}+23x^{88}+28x^{87}+$
$28x^{86}+28x^{85}+27x^{84}+27x^{83}+33x^{82}+33x^{81}+33x^{80}+31x^{79}+31x^{78}+36x^{77}+$
$36x^{76}+36x^{75}+34x^{74}+34x^{73}+40x^{72}+40x^{71}+40x^{70}+37x^{69}+37x^{68}+42x^{67}+$
$42x^{66}+42x^{65}+38x^{64}+38x^{63}+42x^{62}+42x^{61}+42x^{60}+37x^{59}+37x^{58}+40x^{57}+$
$40x^{56}+40x^{55}+34x^{54}+34x^{53}+36x^{52}+36x^{51}+36x^{50}+31x^{49}+31x^{48}+33x^{47}+$
$33x^{46}+33x^{45}+27x^{44}+27x^{43}+28x^{42}+28x^{41}+28x^{40}+23x^{39}+23x^{38}+\mathbf{24x^{37}}+$
$24x^{36}+24x^{35}+18x^{34}+18x^{33}+18x^{32}+18x^{31}+18x^{30}+13x^{29}+13x^{28}+13x^{27}+$
$13x^{26}+13x^{25}+9x^{24}+9x^{23}+9x^{22}+9x^{21}+9x^{20}+6x^{19}+6x^{18}+6x^{17}+6x^{16}+6x^{15}+$
$4x^{14}+4x^{13}+4x^{12}+4x^{11}+4x^{10}+2x^9+2x^8+2x^7+2x^6+2x^5+x^4+x^3+x^2+x+1$

O coeficitente de x^{37} é 24, o que revela que a equação $25x+10y+5z+w=37$ possui 24 soluções inteiras e não negativas. ∎

Exemplo 7.19. *Determine a quantidade de soluções inteiras e não negativas da equação* $x_1+x_2+2x_3+3x_4=10$, *sujeita às condições:*

$$-1 \leq x_1 \leq 9, \quad -2 \leq x_2 \leq 4, \quad -3 \leq x_3 \leq 11 \quad e \quad 0 \leq x_4 \leq 7.$$

Solução. Para cada uma das variáveis x_1, x_2, x_3 e x_4 associamos uma expressão algébrica da seguinte forma:

$$x_1 \mapsto p_1(x) = x^{-1}+x^0+x^1+x^2+\ldots+x^9;$$
$$x_2 \mapsto p_2(x) = x^{-2}+x^{-1}+x^0+\ldots+x^4;$$
$$x_3 \mapsto p_3(x) = x^{-6}+x^{-4}+x^{-2}+x^0+x^2+x^4+\ldots+x^{22};$$
$$x_4 \mapsto p_4(x) = x^0+x^3+x^6+\ldots+x^{21}.$$

A função geradora associada às condições impostas pelo enunciado é:

$$f(x) = (x^{-1}+x^0+x^1+x^2+\ldots+x^9) \cdot (x^{-2}+x^{-1}+x^0+\ldots+x^4) \cdot$$
$$\cdot (x^{-6}+x^{-4}+x^{-2}+x^0+x^2+x^4+\ldots+x^{22}) \cdot (^0+x^3+x^6+\ldots+x^{21}).$$

cujo coeficiente de x^{10} é igual a 173, revelando então que a equação dada possui 173 soluções respeitanto as condições impostas pelo enunciado. ∎

Funções geradoras; funções que contam!

Exemplo 7.20. *Suponha que 20 balas iguais irão ser distribuídas para duas crianças, Antônio e Beatriz. Supondo que Antônio quer receber uma quantidade de balas que é um múltiplo de 3 e que a quantidade de balas que Beatriz quer receber seja um número primo, de quantas formas distintas podemos fazer essa distrubuição de modo que pelo menos uma dessas retrições seja satisfeita?*

Solução. Sejam A e B os conjuntos de todas as meneiras de fazer a distribuição das 20 balas de modo que o desejo de Antônio e Beatriz sejam atendidos, respectivamente. Nesse contexto o que queremos determinar é $|A \cup B|$. Ora, como

$$|A \cup B| = |A| + |B| - |A \cap B|$$

precisamos determinar os valores de $|A|, |B|$ e $|A \cap B|$. Como o número de balas que Antônio quer receber é um múltiplo de 3, a função geradora associada a essa distribuição é

$$f_A(x) = 1 + x^3 + x^6 + \ldots + x^{18}.$$

Como queremos que pelo menos uma das condições seja satisfeita, no caso de Antônio ser satisfeito, Beatriz poderá receber qualquer quantidade de balas, sem restrições. Nesse caso, a função geradora associada a Beatriz é

$$f_B(x) = 1 + x + x^2 + \ldots + x^{20},$$

o que faz com que a função geradora para satisfazer Antônio seja

$$\begin{aligned} f(x) &= f_A(x) \cdot f_B(x) \\ &= (1 + x^3 + x^6 + \ldots x^{18})(1 + x + x^2 + \ldots + x^{20}) \\ &= 1 + x + \ldots + 7x^{20} + \ldots + x^{38}. \end{aligned}$$

Como o coeficente de x^{20} em $f(x)$ é 7, segue que existem 7 maneiras de distribuir as 20 balas, satisfazendo o desejo de Antônio, ou seja $|A| = 7$.

De modo completamente análogo, a função geradora associada à distribuição satisfendo às condições de Beatriz é

$$\begin{aligned} g(x) &= f_A(x) f_B(x) \\ &= (1 + x + x + \ldots x^{20})(x^2 + x^3 + x^5 \ldots + x^{19}) \\ &= x^2 + \ldots + 8x^{20} + \ldots + x^{39}. \end{aligned}$$

Como o coeficente de x^{20} em $g(x)$ é 8, segue que existem 8 maneiras de distribuir as 20 balas satisfazendo o desejo de Beatriz, ou seja $|B| = 8$.

Por fim, para que as expectativas de Antônio e Beatriz sejam atendidas basta considerarmos a função geradora

$$\begin{aligned} h(x) &= f_A(x) \cdot f_B(x) \\ &= (1 + x^3 + x^6 + \ldots x^{18})(x^2 + \ldots + x^{19}) \\ &= x^2 \ldots + 4x^{20} + \ldots + x^{37}. \end{aligned}$$

Como o coeficente de x^{20} em $h(x)$ é 4, seque que existem 4 maneiras de distribuir as 20 balas, satisfazendo o desejo de Antônio e Beatriz, ou seja $|A \cap B| = 4$.

Diante do exposto,

$$|A \cup B| = |A| + |B| - |A \cap B| = 7 + 8 - 4 = 11.$$

■

Agora responderemos uma das questões que propusemos no início deste capítulo.

Exemplo 7.21. *Quantas saladas distintas podem ser formadas com exatamente 20 frutas contendo, necesssariamente, maçãs, bananas, laranjas e pêras com as seguintes restrições:*

- O número de maçãs deve ser par;
- O número de bananas deve ser um múltiplo de 5;
- Deve conter no máximo quatro laranjas;
- Deve contar no máximo três pêras.

Solução. Sejam m, b, l e p os números de maçãs, bananas, laranjas e peras, respectivamente. Ora, como as saladas que queremos formar deve ter obrigatoriamente 20 frutas, segue que

$$m + b + l + p = 20,$$

onde m é par, b é múltiplo de 5, $l \in \{1, 2, 3, 4\}$ e $p \in \{1, 2, 3\}$. Para cada uma das variáveis podemos associar uma expressão algébrica, a saber:

$$\begin{aligned} m &\mapsto p_1(x) = x^2 + x^4 + \ldots + x^{20} \\ b &\mapsto p_2(x) = x^5 + x^{10} + x^{15} + x^{20} \\ l &\mapsto p_3(x) = x + x^2 + x^3 + x^4 \\ p &\mapsto p_4(x) = x + x^2 + x^3 \end{aligned}$$

Funções geradoras; funções que contam! 427

Nesse caso, a função geradora associada às condições impostas pelo enunciado é dada por

$$\begin{aligned} f(x) &= p_1(x) \cdot p_2(x) \cdot p_3(x) \cdot p_4(x) \\ &= (x^2 + x^4 + \ldots + x^{20}) \cdot (x^5 + x^{10} + x^{15} + x^{20}) \cdot \\ &\quad \cdot (x + x^2 + x^3 + x^4) \cdot (x + x^2 + x^3) \end{aligned}$$

Expandindo a expressão acima com o software Maxima, segue que
$f(x) = x^{47} + 2x^{46} + 4x^{45} + 5x^{44} + 6x^{43} + 7x^{42} + 8x^{41} + 10x^{40} + 11x^{39} + 12x^{38} + 13x^{37} + 14x^{36} + 16x^{35} + 17x^{34} + 18x^{33} + 19x^{32} + 20x^{31} + 22x^{30} + 23x^{29} + 24x^{28} + 23x^{27} + 22x^{26} + 20x^{25} + 19x^{24} + 18x^{23} + 17x^{22} + 16x^{21} + 14x^{20} + 13x^{19} + 12x^{18} + 11x^{17} + 10x^{16} + 8x^{15} + \mathbf{7x^{14}} + 6x^{13} + 5x^{12} + 4x^{11} + 2x^{10} + x^9$

em que identificamos o coeficiente de x^{20} como sendo 14, o que revela que existem 14 saladas de frutas cumprindo as condições impostas pelo enunciado.

∎

Exemplo 7.22. *Se 5 dados comuns e honestos são lançados simultaneamente, de quantas formas distintas a soma dos resultados obtidos pode ser igual a 18?*

Solução. Sejam x_1, x_2, x_3, x_4 e x_5 os resultados obtidos em cada um dos 5 dados. Como queremos que a soma dos cinco resultados obtidos seja 18, devemos ter:

$$x_1 + x_2 + x_3 + x_4 + x_5 = 18.$$

Lembrando que num dado comum os resultados possíveis são $1, 2, 3, 4, 5$ ou 6, segue que $1 \leq x_i \leq 6$ para $i = 1, 2, 3, 4, 5$. Assim, usando o método das funções geradoras segue que

$$f(x) = \left(x + x^2 + x^3 + x^4 + x^5 + x^6\right)^5.$$

Ou seja, $f(x) = x^{30} + 5x^{29} + 15x^{28} + 35x^{27} + 70x^{26} + 126x^{25} + 205x^{24} + 305x^{23} + 420x^{22} + 540x^{21} + 651x^{20} + 735x^{19} + \mathbf{780x^{18}} + 780x^{17} + 735x^{16} + 651x^{15} + 540x^{14} + 420x^{13} + 305x^{12} + 205x^{11} + 126x^{10} + 70x^9 + 35x^8 + 15x^7 + 5x^6 + x^5$.

Como o coeficiente de x^{18} é 780, segue que existem 780 maneiras distintas para que a soma dos resultados obtidos nos 5 dados seja igual a 18.

∎

Exemplo 7.23. *Determine o número de soluções inteiras e não negativas do sistema*

$$\begin{cases} x_1 + x_2 + x_3 + x_4 = 10 \\ x_1 + 2x_2 + 3x_3 + 4x_4 = 20 \end{cases}$$

Solução. Nesse caso vamos usar uma função geradora com duas variáveis x e y (uma para cada equação do sistema). O expoente da primeira variável x estará associado ao valor de cada x_i na primeira equação do sistema, enquanto que o expoente da variável y estará associado ao valor de cada x_i na segunda equação. De modo mais preciso, vamos associar à variável x_1 a função

$$f_1(x, y) = 1 + xy + x^2y^2 + \ldots,$$

visto que a variável x_1 apresenta o mesmo coeficiente 1 nas duas equações. Já a variável x_2 tem coeficiente 1 na primeira equação e coeficiente 2 na segunda equação, o que faz com que associemos a ela a função geradora $f_2(x, y) = 1 + xy^2 + x^2y^4 + \ldots$. De modo completamente análogo associamos às variáveis x_3 e x_4 as seguinte funções geradoras:

$$f_3(x, y) = 1 + xy^3 + x^2y^6 + \ldots \quad \text{e} \quad f_4(x, y) = 1 + xy^4 + x^2y^8 + \ldots,$$

respectivamente. Diante do exposto, a função geradora associada ao número de soluções inteiras e não negativas do sistema acima é:

$$\begin{aligned} f(x,y) =& f_1(x,y) \cdot f_2(x,y) \cdot f_3(x,y) \cdot f_4(x,y) \\ & (1 + xy + x^2y^2 + \ldots) \cdot (1 + xy^2 + x^2y^4 + \ldots) \cdot \\ & \cdot (1 + xy^3 + x^2y^6 + \ldots) \cdot (1 + xy^4 + x^2y^8 + \ldots) \\ =& \frac{1}{1-xy} \cdot \frac{1}{1-xy^2} \cdot \frac{1}{1-xy^3} \cdot \frac{1}{1-xy^4} \\ =& \frac{1}{(1-y)(1-xy^2)(1-xy^3)(1-xy^4)} \end{aligned}$$

Usando um programa de manipulação algébrica (Maxima), podemos obeservar que o coeficiente de $x^{10}y^{20}$ é 14, revelando que o sistema em questão possui 14 soluções inteiras e não negativas. ∎

Exemplo 7.24. *Qual a função geradora para determinarmos o número de k-subconjuntos de um conjunto com n elementos?*

Solução. Como sabemos a quantidade de k-subconjuntos de um conjunto com n elementos é dada por $\binom{n}{k}$. Assim, a função geradora para este problema combinatório é dada por:

Função Geradora Exponencial

$$f(x) = \binom{n}{0} + \binom{n}{1}x + \binom{n}{2}x^2 + \ldots + \binom{n}{k}x^k + \ldots + \binom{n}{n}x^n$$

a qual, como sabemos é igual a $f(x) = (1+x)^n$, visto que, pelo binômio de Newton,

$$(1+x)^n = \binom{n}{0} + \binom{n}{1}x + \binom{n}{2}x^2 + \ldots + \binom{n}{k}x^k + \cdots + \binom{n}{n}x^n.$$

∎

Exemplo 7.25. *De quantas maneiras distintas podemos escolher 12 latas de refrigerante se existem 5 marcas diferentes?*

Solução. Como o número de refrigerantes que serão escolhidos de cada marca é um inteiro de 0 a 12, segue que a função geradora para esse problema é:

$$f(x) = \left(1 + x + x^2 + x^3 + \cdots + x^{12}\right)^5$$

Então, pelo exemplo 7.8, o coeficiente de x^{12} em $f(x)$ é:

$$\binom{5+12-1}{12} = \binom{16}{12} = \frac{16!}{4!12!} = 1820.$$

∎

7.4. Função Geradora Exponencial

Nesta seção estudaremos de modo mais preciso a chamada *função geradora exponencial*. Antes de formalizar esse conceito, iniciaremos com um exemplo concreto que nos ajudará a introduzir algumas ideias.

Exemplo 7.26. *Dispondo de três tipos diferentes de livros a, b e c, de quantos modos distintos podemos retirar quatro livros, colocando-os em ordem numa prateleira, sendo que o livro a pode ser escolhido no máximo uma vez, o livro b no máximo três vezes e o c no máximo duas vezes?*

Solução. Vamos associar à retidada dos livros do tipo a ao polinômio

$$p_1(x) = 1 + ax$$

à retirada do tipo b,

$$p_2(x) = 1 + bx + b^2x^2 + b^3x^3$$

e à retirada dos livros do tipo c ao polinômio

$$p_3(x) = 1 + cx + c^2x^2$$

Agora definamos o polinômio $p(x)$ por:

$$\begin{aligned}p(x) :=\ & p_1(x)p_2(x)p_3(x) \\ =\ & (1+ax)\left(1+bx+b^2x^2+b^3x^3\right)\left(1+cx+c^2x^2\right) \\ =\ & 1 + (a+b+c)\,x + \left(b^2+ab+bc+ac+c^2\right)x^2 \\ +\ & \left(b^3+ab^2+ac^2+b^2c+abc+bc^2\right)x^3 \\ +\ & \left(ab^3+b^3c+ab^2c+b^2c^2+abc^2\right)x^4 \\ +\ & \left(ab^3c+b^3c^2+ab^2c^2\right)x^5 + ab^3c^2x^6.\end{aligned}$$

Observe que no polinômio $p(x)$, o coeficiente de x é

$$(a+b+c)$$

corresponde a lista de todas as possíveis escolhas de um só livro.

Já o coeficiente de x^2, $(b^2+ab+bc+ac+c^2)$ corresponde a lista de todas as possibilidades de escolher dois livros e assim por diante. Assim, o coeficiente de x^4, ou seja,

$$\left(ab^3+b^3c+ab^2c+b^2c^2+abc^2\right)$$

corresponde a lista de todas as 5 possibilidades de escolhermos 4 livros.

Mas queremos um pouco mais! Queremos ordenar os 4 livros escolhidos numa prateleira. Assim, por exemplo, quando retiramos ab^3, isto é um livro do tipo a e três livros do tipo b, temos então $\frac{4!}{1!3!}$ maneiras distintas de ordená-los numa prateleira. Diante do exposto as possibilidades de arrumar as outras possíveis retiradas de 4 livros numa prateleira são:

$$\begin{aligned} b^3c &\longmapsto \tfrac{4!}{1!3!} \\ ab^2c &\longmapsto \tfrac{4!}{1!2!1!} \\ b^2c^2 &\longmapsto \tfrac{4!}{2!2!} \\ abc^2 &\longmapsto \tfrac{4!}{1!1!2!} \end{aligned}$$

Portanto, o número de maneiras de escolher 4 livros e arrumá-los numa prateleira é:

$$\left(\underbrace{\frac{4!}{1!3!}}_{ab^3} + \underbrace{\frac{4!}{1!3!}}_{b^3c} + \underbrace{\frac{4!}{1!2!1!}}_{ab^2c} + \underbrace{\frac{4!}{2!2!}}_{b^2c^2} + \underbrace{\frac{4!}{1!1!2!}}_{abc^2} \right)$$

Função Geradora Exponencial

Mas como poderíamos obter uma função geradora cujo coeficiente do x^4 fosse justamente esse?

Isso motiva a seguinte definição:

Definição 7.2 (Função geradora exponencial). *A série (formal) de potências*

$$f(x) = a_0 + a_1 \frac{x}{1!} + a_2 \frac{x^2}{2!} + \ldots + a_n \frac{x^n}{n!} + \ldots$$

é a função geradora exponencial da sequência $(a_n)_{n\geq 0}$.

Observação 7.5. *Esse nome "exponencial" vem do fato de que a função geradora exponencial da sequência* $(1, 1, 1, \ldots)$ *é igual a* $f(x) = e^x$, *visto que nos cursos de cálculo prova-se que*

$$e^x = \sum_{k=0}^{\infty} \frac{x^k}{k!} = 1 + x + \frac{1}{2!}x^2 + \frac{1}{3!}x^3 + \ldots + \frac{1}{n!}x^n + \ldots$$

No caso da função geradora (ordinária), sempre estaremos trabalhando com a função geradora da sequência $(a_n)_{n\geq 0}$ *com respeito à sequência* $1, x, x^2, \ldots$, *isto é,*

$$f(x) = a_0 + a_1 x + a_2 x^2 + a_3 x^3 + \ldots$$

Utilizamos a função geradora exponencial quando a ordem dos objetos retirados deve ser considerada. Quando a ordem dos objetos é irrelevante, utilizamos, como vimos nos vários exemplos anteriores, a função geradora ordinária.

Exemplo 7.27. *Encontre a função geradora exponencial para a sequência:*

$$(3, 3, 3, 3, \cdots)$$

Solução. Sabemos que:

$$e^x = 1 + x + \frac{x^2}{2!} + \frac{x^3}{3!} + \frac{x^4}{4!} + \cdots + \frac{x^n}{n!} + \ldots$$

Multiplicando membro a membro por 3, obtemos:

$$3e^x = 3 + 3x + 3\frac{x^2}{2!} + 3\frac{x^3}{3!} + 3\frac{x^4}{4!} + \cdots + 3\frac{x^r}{r!} + \ldots$$

Como na expressão acima o coeficiente de $\frac{x^r}{r!}$ para $r = 0, 1, 2, \ldots$ é sempre 3, segue que a função geradora procurada é dada por $f(x) = 3e^x$.

Exemplo 7.28. *Quantas sequências de 3 letras podemos formar com as letras a, b e c, onde a letra a ocorre no máximo uma vez, a letra b no máximo duas vezes e a letra c no máximo três vezes?*

Solução. Como queremos formar sequências, a ordem em que as letras deve ser levada em consideração, o que revela que a função geradora apropriada é do tipo exponencial. Ora, como as letras a, b e c devem aparecer no máximo $1, 2$ e 3 vezes, respectivamente, segue que as funções geradoras (exponencias) associadas a cada uma dessas letras são dadas por:

$$f_a(x) = 1 + x$$
$$f_b(x) = 1 + x + \frac{x^2}{2!}$$
$$f_c(x) = 1 + x + \frac{x^2}{2!} + \frac{x^3}{3!}$$

Portantp, a função geradora exponencial do problema é;

$$\begin{aligned} f(x) &= (1+x)\left(1 + x + \frac{x^2}{2!}\right)\left(1 + x + \frac{x^2}{2!} + \frac{x^3}{3!}\right) \\ &= 1 + 3\frac{x}{1!} + 8\frac{x^2}{2!} + 19\frac{x^3}{3!} + 80\frac{x^4}{4!} + 60\frac{x^5}{5!} + 120\frac{x^6}{6!} \end{aligned}$$

Como o coeficiente do termo $\frac{x^3}{3!}$ é igual a 19, isto significa que existem 19 sequências de três letras que podem ser formadas respeitando as exigências do enunciado.

∎

Exemplo 7.29. *Encontre o número de n-uplas formadas apenas pelos digitos $0, 1, 2$ e 3 que contém um número par de zeros.*

Solução. A função geradora exponencial para o dígito 0 é

$$f_0(x) = 1 + \frac{x^2}{2!} + \frac{x^4}{4!} + \frac{x^6}{6!} + \ldots + \frac{x^{2n}}{(2n)!} + \ldots = \frac{1}{2}\left(e^x + e^{-x}\right).$$

Para cada um dos outros dígitos 1, 2 ou 3 a função geradora é:

$$f_1(x) = f_2(x) = f_3(x) = e^x = 1 + x + \frac{x^2}{2!} + \frac{x^3}{3!} + \ldots + \frac{x^n}{n!} + \ldots$$

A função geradora exponencial para este problema é

$$\begin{aligned} f(x) &= f_0(x)f_1(x)f_2(x)f_3(x) \\ &= \tfrac{1}{2}\left(e^x + e^{-x}\right)e^{3x} \\ &= \tfrac{1}{2}e^{4x} + \tfrac{1}{2}e^{2x} \\ &= \tfrac{1}{2}\sum_{n=0}^{\infty} \frac{(4x)^n}{n!} + \frac{1}{2}\sum_{n=0}^{\infty} \frac{(2x)^n}{n!} \\ &= \sum_{n=0}^{\infty} \frac{1}{2}(4^n + 2^n)\frac{x^n}{n!}. \end{aligned}$$

Função Geradora Exponencial 433

Portanto, o número de n-úplas formadas apenas pelos digitos $0, 1, 2$ e 3 que contém um número par de zeros é igual ao coeficiente de $\frac{x^n}{n!}$ que vale

$$\frac{1}{2}(4^n + 2^n).$$

∎

Exemplo 7.30. *De quantas formas distintas podemos acomodar 9 pessoas em 4 quartos diferentes sem que nenhum quarto fique vazio?*

Solução. Como são 4 quartos e 9 pessoas, para que nenhum quarto fique vazio nenhum quarto pode receber mais que 6 pessoas; de fato, se um quarto recebesse 7 pessoas, sobrariam apenas 2 pessoas para serem colocadas em 3 quartos, ficando dessa forma um quarto necessariamente vazio. Diante do exposto, a função geradora exponencial do problema é:

$$f(x) = \left(x + \frac{x^2}{2!} + \ldots + \frac{x^6}{6!}\right) \cdot \left(x + \frac{x^2}{2!} + \ldots + \frac{x^6}{6!}\right) \cdot \left(x + \frac{x^2}{2!} + \ldots + \frac{x^6}{6!}\right) \cdot$$

$$\cdot \left(x + \frac{x^2}{2!} + \ldots + \frac{x^6}{6!}\right) = \left(x + \frac{x^2}{2!} + \frac{x^3}{3!} + \frac{x^4}{4!} + \frac{x^5}{5!} + \frac{x^6}{6!}\right)^4.$$

Assim, a resposta do nosso problema combinatório é o coeficiente de $\frac{x^9}{9!}$ na função geradora acima. Como

$$\left(x + \frac{x^2}{2!} + \frac{x^3}{3!} + \ldots + \frac{x^6}{6!} + \ldots\right)^4 = (e^x - 1)^4$$

tem-se que:

$$f(x) = (e^x - 1)^4 = e^{4x} - 4e^{3x} + 6e^{2x} - 4e^x + 1$$

é a função geradora associado ao problema. Por fim, lembrando que vale a igualdade $e^x = \sum_{k=0}^{\infty} \frac{x^k}{k!}$, $\forall x \in \mathbb{R}$, segue que:

$$e^{4x} = \sum_{k=0}^{\infty} \frac{(4x)^k}{k!} = 1 + 4x + \ldots + \frac{(4x)^9}{9!} + \ldots$$

$$-4e^{3x} = -4\sum_{k=0}^{\infty} \frac{(3x)^k}{k!} = -4.1 - 4.(3x) - \ldots - 4.\frac{(3x)^9}{9!} + \ldots$$

$$6e^{2x} = 6\sum_{k=0}^{\infty} \frac{(2x)^k}{k!} = 6.1 + 6(2x) + \ldots + 6\frac{(2x)^9}{9!} + \ldots$$

$$-4e^x = -4\sum_{k=0}^{\infty} \frac{x^k}{k!} = -4.1 - 4.x - \ldots - 4\frac{x^9}{9!} + \ldots$$

Portanto, o coeficiente de $\frac{x^9}{9!}$ em $f(x)$ é obtido combinando-se os coeficientes de $\frac{x^9}{9!}$ em cada uma das séries acima, ou seja, o coefciente de $\frac{x^9}{9!}$ em $f(x)$ é $4^9 - 4.3^9 + 6.2^9 - 4 = 186480$.

∎

Observação 7.6. *Note que o problema acima corresponde ao número de funções sobrejetivas (exemplo 3.21 do capítulo 3) de um conjunto A com 9 elementos num conjunto B que possui 4 elementos que é igual a*

$$T(9,4) = \sum_{i=0}^{4}(-1)^i \binom{4}{i}(4-i)^9.$$

7.5. Avaliando somas

Nesta seção vamos mostrar como utilizar as funções geradoras para obter certas identidades algébricas usuais que envolvem somas de parcelas inteiras positivas. Para isso, vale a pena lembrar as seguindes identidades envolvendo séries formais:

$$1 + x + x^2 + x^3 + \ldots + x^n + \ldots = \frac{1}{1-x}$$

$$1 + 2x + 3x^2 + \ldots + nx^{n-1} + \ldots = \frac{1}{(1-x)^2}$$

$$2 + 3.2x + 4.3x^2 + \ldots + n(n-1)x^{n-2} + \ldots = \frac{1}{(1-x)^3} \qquad (7.1)$$

$$\vdots \qquad \vdots \qquad \vdots$$

$$\sum_{k=0}^{\infty} \binom{n-1+k}{k} x^k = \frac{1}{(1-x)^n}.$$

em que todas elas são obtidas da primeira por derivações sucessivas. Note também que a partir do Teorema Binomial e Coeficiente Binomial Generalizados temos que

$$\frac{1}{(1-x)^n} = (1-x)^{-n} = \sum_{k=0}^{\infty} \binom{-n}{k}(-x)^k (1)^{n-k}$$

$$= \sum_{k=0}^{\infty} \binom{k-(-n)-1}{k}(-1)^k(-1)^k x^k$$

$$= \sum_{k=0}^{\infty} \binom{n-1+k}{k} x^k.$$

Avaliando somas 435

Relembradas essas identidades, vamos aos exemplos.

Exemplo 7.31. *Mostre que:*

$$1 + 2 + 3 + \ldots + n = \frac{n(n+1)}{2}, \text{ para todo } n \in \mathbb{N}.$$

Solução. Por definição, a função geradora para a sequência $(a_n = n)_{n \geq 0}$ é dada por

$$f(x) = \sum_{n=0}^{\infty} nx^n = 1x^1 + 2x^2 + 3x^3 + \ldots + nx^n + \ldots$$

Por outro lado, já provamos no Exemplo 7.10 que a função geradora da sequência $(a_n = n)_{n \geq 0}$ é dada por

$$f(x) = \frac{x}{(1-x)^2}.$$

Agora, definindo a sequência $(s_n)_{n \geq 1}$ tal que $s_n := 1 + 2 + \ldots + n$ e $g(x)$ a sua função geradora. Segue pelo item (ii) do Teorema 7.2 que a função geradora $g(x)$ para essa sequência $(s_n)_{n \geq 1}$ é dada por

$$\begin{aligned}
g(x) &= (1 + x + x^2 + \ldots) f(x) \\
&= (1 + x + x^2 + \ldots) \frac{x}{(1-x)^2} = \frac{1}{1-x} \frac{x}{(1-x)^2} \\
&= \frac{x}{(1-x)^3} = x(1-x)^{-3} \\
&= x \sum_{n=0}^{\infty} \binom{-3}{n} (-x)^n 1^{-3-n} \\
&= x \sum_{n=0}^{\infty} \binom{n - (-3) - 1}{n} (-1)^n (-x)^n 1^{-3-n} \quad \text{(exemplo 4.15)} \\
&= x \sum_{n=0}^{\infty} \binom{n+2}{n} x^n \\
&= x \left[\binom{2}{0} x^0 + \binom{3}{1} x^1 + \ldots + \binom{n+1}{n-1} x^{n-1} + \ldots \right] \\
&= \binom{2}{0} x + \binom{3}{1} x^2 + \ldots + \binom{n+1}{n-1} x^n + \ldots
\end{aligned}$$

Portanto,

$$g(x) = \sum_{i=0}^{\infty} s_i x^i = \binom{2}{0} x^1 + \binom{3}{1} x^2 + \ldots + \binom{n+1}{n-1} x^n + \ldots$$

e que $s_n := 1 + \ldots + n$ é o coeficiente do termo em x^n que vale

$$\binom{n+1}{n-1} = \binom{n+1}{2} = \frac{n(n+1)}{2}.$$

∎

Exemplo 7.32. *Mostre que*

$$1^2 + 2^2 + 3^2 + \ldots + n^2 = \frac{n(n+1)(2n+1)}{6}, \text{ para todo } n \in \mathbb{N}.$$

Solução. Por definição, a função geradora para a sequência $(n^2)_{n \geq 0}$ é dada por

$$f(x) = \sum_{n=0}^{\infty} n^2 x^n.$$

Por outro lado,

$$n^2 = n(n-1) + n = 2\binom{n}{2} + \binom{n}{1}.$$

Assim,

$$f(x) = \sum_{n=0}^{\infty} n^2 x^n = \sum_{n=1}^{\infty} \left[2\binom{n}{2} + \binom{n}{1} \right] x^n$$

$$= 2 \sum_{n=2}^{\infty} \binom{n}{2} x^n + \sum_{n=1}^{\infty} \binom{n}{1} x^n \quad \left(\text{pois } \binom{0}{1} = \binom{1}{2} = 0 \right)$$

$$= 2 \frac{x^2}{(1-x)^3} + \frac{x}{(1-x)^2} \quad \text{(de 7.1)}$$

$$= \frac{x(1+x)}{(1-x)^3}$$

Por outro lado, pelo item (iii) do Teorema 7.2, segue que a função geradora da sequência $(s_n)_{n \geq 1}$ tal que $s_n = 1^2 + 2^2 + \ldots + n^2$ é

$$g(x) = \sum_{n=1}^{\infty} s_n x^n = \frac{\frac{x(1+x)}{(1-x^3)}}{1-x} = \frac{x + x^2}{(1-x)^4}$$

Além disso,

$$h(x) = 1 + x + x^2 + x^3 + x^4 + \ldots = \frac{1}{1-x} \Rightarrow h^{(4)}(x) = \binom{3}{3} + \binom{4}{3} x + \ldots = \frac{1}{(1-x)^4}.$$

Por outro lado, o valor de $s_n = 1^2 + 2^2 + \ldots + n^2$ é o coeficiente de x^n em $g(x)$. Assim,

$$g(x) = \frac{x + x^2}{(1-x)^4} = (x + x^2)(1-x)^{-4}$$

$$= (x + x^2)\left(1 + 4x + 10x^2 + \ldots + \binom{k+3}{k}x^k + \ldots\right)$$

$$= (x + x^2)\sum_{k=0}^{\infty}\binom{k+3}{3}x^k$$

$$= \binom{3}{3}x + \left[\binom{4}{3} + \binom{3}{3}\right]x^2 + \ldots + \left[\binom{n+2}{3} + \binom{n+1}{3}\right]x^n + \ldots$$

Portanto,
$$s_n = \binom{n+2}{3} + \binom{n+1}{3} = \frac{n(n+1)(2n+1)}{6}.$$

∎

Observação 7.7. *Note que no exemplo acima usamos o fato de que $\binom{k+3}{k} = \binom{k+3}{3}$, pois são números binomiais complementares.*

7.6. Funções Geradoras e Recorrências

Uma outra utilidade das funções geradoras é resolver relações de recorrência. Para ilustrar esse fato, vamos iniciar com um exemplo bem simples.

Exemplo 7.33. *Resolva a relação de recorrência linear $a_n = 2a_{n-1} - a_{n-2}$, com $a_0 = 0$ e $a_1 = 1$.*

Solução. Seja

$$f(x) = \sum_{n=0}^{\infty} a_n x^n = a_0 + a_1 x + a_2 x^2 + \ldots$$

a função geradora da sequência $(a_n)_{n \geq 0}$ que satisfaz à recorrência dada. Podemos reescrever a lei de recorrência $a_n = 2a_{n-1} - a_{n-2}$ da seguinte forma:

$$a_n - 2a_{n-1} + a_{n-2} = 0 \quad \forall n \geq 2. \tag{7.2}$$

Note que os coeficientes dessa equação são $1, -2$ e 1. Esses coeficientes correspondem aos coeficientes pelos quais devemos multiplicar x^0, x^1 e x^2 para obter $1, -2x$ e x^2, que serão os fatores (apropriados) pelos quais devemos multiplicar $f(x)$ para que possamos obter uma fórmula explícita para essa função. Vejamos:

Multiplicando $f(x)$ por 1, $-2x$ e x^2 obtemos:

$$\begin{cases} f(x) = a_0 + a_1 x + a_2 x^2 + \ldots + a_n x^n + \ldots \\ -2xf(x) = -2a_0 x - 2a_1 x^2 - \ldots - 2a_{n-1} x^n + \ldots \\ x^2 f(x) = a_0 x^2 + a_1 x^3 + \ldots + a_{n-2} x^n + \ldots \end{cases}$$

Adicionando as igualdades acima, obtemos:

$$(1 - 2x + x^2) f(x) = a_0 + (a_1 - 2a_0)x + (a_2 - 2a_1 + a_0)x^2 + \ldots$$
$$+ (a_n - 2a_{n-1} + a_{n-2})x^n + \ldots$$
$$\stackrel{(7.2)}{=} a_0 + (a_1 - 2a_0)x = x \quad (\text{pois } a_0 = 0 \text{ e } a_1 = 1).$$

Portanto,

$$(1 - 2x + x^2) f(x) = x \Rightarrow f(x) = \frac{x}{(1-x)^2}.$$

Por outro lado, pelo Exemplo 7.10, tem-se que

$$f(x) = \frac{x}{(1-x)^2}$$
$$= x + 2x^2 + 3x^3 + \ldots + nx^n + \ldots$$

o que revela que $a_n = n$ para todo inteiro $n \geq 0$.

∎

Agora vamos mostrar como podemos utilizar uma função geradora para determinar uma fórmula fechada para o n-ésimo termo da sequência de Fibonacci (fórmula de Binet).

Exemplo 7.34 (A sequência de Fibonacci). *Use funções geradoras para obter uma fórmula fechada para o n-ésimo termo da sequência de Fibonacci $(f_n)_{\geq 0}$, definida por*

$$f_0 = 0, f_1 = 1 \text{ e } f_n = f_{n-1} + f_{n-2}, \text{ para } n \geq 2.$$

Solução. Por definição a função geradora da sequência $(f_n)_{\geq 0}$ é dada por

$$f(x) = f_0 + f_1 x + f_2 x^2 + f_3 x^3 + \ldots + f_n x^n + \ldots.$$

Multiplicando a expressão acima por $-x$ e por $-x^2$, obteremos:

$$\begin{cases} f(x) = f_0 + f_1 x + f_2 x^2 + f_3 x^3 + \ldots + f_n x^n + \ldots \\ -x f(x) = -f_0 x - f_1 x^2 - f_2 x^3 - \ldots - f_n x^{n+1} - \ldots \\ -x^2 f(x) = -f_0 x^2 - f_1 x^3 - f_2 x^4 + \ldots - f_n x^{n+2} - \ldots \end{cases}$$

Adicionando essas três últimas igualdades, segue que

$$(1 - x - x^2) f(x) = f_0 + (f_1 - f_0)x + \underbrace{[f_2 - (f_1 + f_0)]}_{=0} x^2 + \underbrace{[f_3 - (f_1 + f_2)]}_{=0} x^3 + \ldots$$

$$+ \ldots \underbrace{[f_n - (f_{n-1} + f_{n-2})]}_{=0} x^n + \ldots = x \Rightarrow f(x) = \frac{x}{1 - x - x^2}.$$

Por outro lado, as raízes da equação quadrática $1 - x - x^2 = 0$ são $\frac{-1-\sqrt{5}}{2}$ e $\frac{-1+\sqrt{5}}{2}$. Denotando essas raízes por $-\alpha$ e $-\beta$, segue que $\alpha\beta = -1$ e

$$f(x) = \frac{x}{1 - x - x^2} = \frac{x}{(-1)(x - (-\alpha))(x - (-\beta))}$$
$$= -\frac{x}{(x + \alpha)(x + \beta)} = -\frac{x}{\alpha \left(1 + \frac{1}{\alpha}x\right) \beta \left(1 + \frac{1}{\beta}x\right)}$$
$$= -\frac{x}{\underbrace{\alpha\beta}_{=-1}(1 - \beta x)(1 - \alpha x)}$$
$$= \frac{x}{(1 - \beta x)(1 - \alpha x)}$$

Utilizemos agora o método das frações parciais para decompor a fração

$$\frac{x}{(1 - \beta x)(1 - \alpha x)}$$

como a soma de duas frações, a saber:

$$\frac{x}{(1 - \beta x)(1 - \alpha x)} = \frac{A}{(1 - \beta x)} + \frac{B}{(1 - \alpha x)} \Rightarrow \begin{cases} A = -\frac{1}{\alpha - \beta} \\ B = \frac{1}{\alpha - \beta} \end{cases}.$$

Assim,

$$f(x) = \frac{x}{(1-\beta x)(1-\alpha x)} = \frac{A}{(1-\beta x)} + \frac{B}{(1-\alpha x)}$$

$$= \frac{-\frac{1}{\alpha-\beta}}{1-\beta x} + \frac{\frac{1}{\alpha-\beta}}{1-\alpha x}$$

$$= \frac{1}{\alpha-\beta}\left(\frac{1}{1-\alpha x} - \frac{1}{1-\beta x}\right)$$

$$= \frac{1}{\alpha-\beta}\left(\sum_{n=0}^{\infty}(\alpha x)^n - \sum_{n=0}^{\infty}(\beta x)^n\right)$$

$$= \sum_{n=0}^{\infty} \frac{\alpha^n - \beta^n}{\alpha - \beta} x^n$$

$$= \frac{1}{\sqrt{5}}\left[\left(\frac{1+\sqrt{5}}{2}\right)^n - \left(\frac{1-\sqrt{5}}{2}\right)^n\right] x^n$$

Como $f(x) = f_0 + f_1 x + f_2 x^2 + f_3 x^3 + \ldots + f_n x^n + \ldots$, segue que

$$f_n = \frac{1}{\sqrt{5}}\left[\left(\frac{1+\sqrt{5}}{2}\right)^n - \left(\frac{1-\sqrt{5}}{2}\right)^n\right] x^n, \forall n \geq 0.$$

∎

Exemplo 7.35. *Use funções geradoras para mostrar que o número de combinações completas (combinações com repetição) de r objetos tomados n a n é dado por $f(r,n) = \binom{r+n-1}{n}$.*

Solução. De fato, consideremos r objetos $x_1, x_2, \ldots, x_r$. Qualquer combinação de m desses objetos inclui um elemento específico (por exemplo x_1) ou não. Assim,

$$f(r,m) = f(r,m-1) + f(r-1,m),$$

visto que $f(r,m-1)$ é o número de combinações de m elementos incluindo x_1, enquanto que $f(r-1,m)$ é o número de combinações de m objetos não incluindo o x_1. Fixando r, a sequência $(a_m)_{m\geq 0}$, onde $a_m = f(r,m)$ tem a seguinte função geradora:

$$f_r(x) = \sum_{m=0}^{\infty} a_m x^m = \sum_{m=0}^{\infty} f(r,m) x^m.$$

Por outro lado, se $m < 0$, consideramos que $f(r,m) = 0$ (pois não há nenhuma maneira de escolhermos (com repetição) quantidade negativa de elementos, entre r elementos dados). Assim,

$$\begin{aligned}
f_r(x) &= \sum_{m=0}^{\infty} a_m x^m = \sum_{m=0}^{\infty} f(r,m) x^m \\
&= \sum_{m=0}^{\infty} \left[f(r, m-1) + f(r-1, m) \right] x^m \\
&= \sum_{m=0}^{\infty} f(r-1, m) x^m + \sum_{m=0}^{\infty} f(r, m-1) x^m \\
&= \sum_{m=0}^{\infty} f(r-1, m) x^m + x \sum_{m=1}^{\infty} f(r, m-1) x^{m-1} \\
&= f_{r-1}(x) + x f_r(x).
\end{aligned}$$

Assim,

$$f_r(x) = f_{r-1}(x) + x f_r(x) \Rightarrow (1-x) f_r(x) = f_{r-1}(x) \Rightarrow f_r(x) = \frac{f_{r-1}(x)}{1-x}.$$

Considerando que $f_0(x) = 1$, segue que

$$f_1(x) = \frac{f_0(x)}{1-x} = \frac{1}{1-x} = (1-x)^{-1}.$$

Fazendo uma indução sobre r, pode-se provar que $f_r(x) = (1-x)^{-r}$. Pelo Teorema do Binômio generalizado, segue que:

$$f_r(x) = (1-x)^{-r} = \sum_{m=0}^{\infty} \binom{m+r-1}{m} x^r$$

Ora, como

$$f_r(x) = f(r,0) + f(r,1)x + f(r,2)x^2 + \ldots + f(r,n)x^n + \ldots,$$

segue que $f(r,n) = \binom{n+r-1}{n}$. ∎

7.7. Funções geradoras × identidades combinatórias

As funções geradoras podem ser utilizadas para provar certas identidades combinatórias. A ideia central para usá-las com esse propósito é baseada no seguinte fato:

$$\sum_{n=0}^{\infty} a_n x^n = \sum_{n=0}^{\infty} b_n x^n \iff a_n = b_n \; \forall n = 0, 1, 2, \ldots$$

Exemplo 7.36. *Mostre que* $\sum_{k=0}^{\infty}(-1)^{r+k}\binom{n}{k}\binom{k}{r} = \delta_{nr}$, *onde* $\delta_{nr} = \begin{cases} 1, & se\ n = r \\ 0, & se\ n \neq r \end{cases}$
é o delta de Kronecker.

Solução. Consideremos n fixado. A função geradora da sequência $(\delta_{nr})_{r\geq 0}$ é dada por
$$f(x) = \sum_{r=0}^{\infty} \delta_{nr} x^r = x^n,$$
pois $\delta_{nr} = 0$ nos casos em que $n \neq r$. Por outro lado, se considerarmos a sequência $(a_r)_{r\geq 0}$ tal que $a_r = \sum_{k=0}^{n}(-1)^{r+k}\binom{n}{k}\binom{k}{r}$, segue que a função geradora dessa sequência é:

$$\begin{aligned}
g(x) &= \sum_{r=0}^{\infty} a_r x^r = \sum_{r=0}^{\infty}\left[\sum_{k=0}^{n}(-1)^{r+k}\binom{n}{k}\binom{k}{r}\right]x^r \\
&= \sum_{k=0}^{n}(-1)^k \binom{n}{k}\left[\sum_{r=0}^{\infty}\binom{k}{r}(-1)^r x^r\right] \\
&= \sum_{k=0}^{n}(-1)^k \binom{n}{k}(1-x)^k \\
&= \sum_{k=0}^{n}\binom{n}{k}(x-1)^k \cdot (1)^{n-k} \\
&= [1+(x-1)]^n = x^n = f(x).
\end{aligned}$$

Ora, como $f(x) = \sum_{r=0}^{\infty} \delta_{nr} x^r = \sum_{r=0}^{\infty}\left[\sum_{k=0}^{n}(-1)^{r+k}\binom{n}{k}\binom{k}{r}\right]x^r$, segue que
$$\sum_{k=0}^{\infty}(-1)^{r+k}\binom{n}{k}\binom{k}{r} = \delta_{nr}.$$

∎

Exemplo 7.37 (Teorema das colunas - Triângulo de Pascal). *Se p e k são inteiros não negativos tais que $k \leq p$, mostre que:*
$$\sum_{n=0}^{p}\binom{n}{k} = \binom{0}{k} + \binom{1}{k} + \ldots + \binom{p}{k} = \binom{p+1}{k+1}.$$

Solução. Da fato, considere a sequência $(a_k)_{k\geq 0}$ tal que
$$a_k = \binom{0}{k} + \binom{1}{k} + \ldots + \binom{p}{k} = \sum_{n=0}^{p}\binom{n}{k}.$$

Funções geradoras × identidades combinatórias

A função geradora dessa sequência é dada por

$$f(x) = \sum_{k=0}^{\infty} a_k x^k = \sum_{k=0}^{\infty} \left(\sum_{n=0}^{p} \binom{n}{k} \right) x^k$$

$$= \sum_{n=0}^{p} \left[\sum_{k=0}^{\infty} \binom{n}{k} x^k \right] = \sum_{n=0}^{p} (1+x)^n$$

$$= \frac{(1+x)^{p+1} - 1}{(1+x) - 1} = \frac{1}{x}\left[(1+x)^{p+1} - 1\right]$$

$$= \frac{1}{x}\left[\sum_{r=0}^{p+1} \binom{p+1}{r} x^r - 1 \right]$$

$$= \sum_{r=1}^{p+1} \binom{p+1}{r} x^{r-1}.$$

Por fim, fazendo a mudança de variáveis $k = r-1$ em $f(x) = \sum_{r=1}^{p+1} \binom{p+1}{r} x^{r-1}$ obtemos

$$f(x) = \sum_{r=1}^{p+1} \binom{p+1}{r} x^{r-1} = \sum_{k=0}^{p} \binom{p+1}{k+1} x^k.$$

Temos então

$$f(x) = \sum_{k=0}^{\infty} a_k x^k = \sum_{k=0}^{p} \binom{p+1}{k+1} x^k \Leftrightarrow a_k = \binom{p+1}{k+1}.$$

∎

Exemplo 7.38 (Binomial médio). *Determine uma fórmula fechada para a função geradora da sequência $(a_n)_{n \geq 0}$ definida por $a_n = \binom{2n}{n}$, com n inteiro positivo e $a_0 = 1$.*

Solução. Note que

$$a_{n+1} = \binom{2n+2}{n+1} = \frac{(2n+2)!}{(n+1)!(n+1)!} = \frac{(2n+2)(2n+1)(2n)!}{(n+1)^2 n! n!}$$

$$= \frac{2(n+1)(2n+1)(2n)!}{(n+1)^2 n! n!} = \frac{4n+2}{n+1}\binom{2n}{n} = \frac{4n+2}{n+1} a_n.$$

Mas ocorre que

$$a_{n+1} = \frac{4n+2}{n+1} a_n \Rightarrow (n+1)a_{n+1} = (4n+2)a_n.$$

Por outro lado a função geradora dessa sequência é

$$f(x) = \sum_{n=0}^{\infty} a_n x^n$$

Mas ocorre que:

$$(n+1)a_{n+1} = (4n+2)a_n \Rightarrow (n+1)a_{n+1}x^n = 4na_n x^n + 2a_n x^n \Rightarrow$$

$$\sum_{n=0}^{\infty}(n+1)a_{n+1}x^n = 4\sum_{n=0}^{\infty} na_n x^n + 2\sum_{n=0}^{\infty} a_n x^n. \tag{7.3}$$

Acontece que $\sum_{n=0}^{\infty}(n+1)a_{n+1}x^n = f'(x)$ e pelo teorema 7.2 item (iii) tem-se que $\sum_{n=0}^{\infty} na_n x^n = x f'(x)$, ou seja,

$$f'(x) = 4x f'(x) + 2f(x) \Rightarrow \frac{f'(x)}{f(x)} = \frac{2}{1-4x}.$$

Integrando ambos os membros em realçao a x, segue que

$$\int \frac{f'(x)}{f(x)} dx = \int \frac{2}{1-4x} dx \Rightarrow \ln f(x) = -\frac{1}{2}\ln(1-4x) + C.$$

Mas, para $x = 0$ tem-se que $f(0) = a_0 = 1$, o que revela que $C = 0$. Por fim,

$$\ln f(x) = -\frac{1}{2}\ln(1-4x) \Rightarrow \ln f(x) = \ln(1-4x)^{-\frac{1}{2}} \Rightarrow f(x) = (1-4x)^{-\frac{1}{2}}.$$

∎

Exemplo 7.39 (Números Catalan). *Os números* $C_n = \frac{1}{n+1}\binom{2n}{n}$, *com n inteiro não negativo são chamados de* Números de Catalan *em homenagem ao matemático Belga Eugene C Catalan (1814 − 1894). Determine a função geradora para os números de Catalan.*

Solução. Pelo exemplo 7.38, sabemos que a função geradora dos números binomiais médios $\binom{2n}{n}$ é dada por $f_B(x) = (1-4x)^{-\frac{1}{2}}$. Por outro lado, a função geradora para os números de Catalan é dada por:

$$f(x) = \sum_{n=0}^{\infty} C_n x^n = \sum_{n=0}^{\infty} \frac{1}{n+1}\binom{2n}{n} x^n \tag{7.4}$$

Note que o lado direito de (7.4) é a função geradora da sequência $\left(\frac{b_n}{n+1}\right)_{n\geq 0}$ em que $b_n = \binom{2n}{n}$. Pelo item (iv) do Teorema 7.2 tem-se que

Funções geradoras × identidades combinatórias 445

$$x\sum_{n=0}^{\infty}\frac{1}{n+1}\binom{2n}{n}x^n = \int\sum_{n=0}^{\infty}b_n x^n dx \overset{(ex\ 7.38)}{=} \int(1-4x)^{-\frac{1}{2}}dx \qquad (7.5)$$

Assim, resulta de (7.5) que

$$x\sum_{n=0}^{\infty}\frac{1}{n+1}\binom{2n}{n}x^n = -\frac{(1-4x)^{\frac{1}{2}}}{2} + k \qquad (7.6)$$

Da condição $f(0) = C_0 = 1$ resulta que $0.f(0) = -\frac{1}{2} + k \Rightarrow k = \frac{1}{2}$, e portanto,

$$f(x) = \frac{1-(1-4x)^{\frac{1}{2}}}{2x}.$$

∎

Exemplo 7.40 (Permutações caóticas). *Use funções geradoras para mostrar que para cada inteiro $n \geq 0$, o número de permutações caóticas de n elementos distintos é dado por*

$$D_n = n!\sum_{k=0}^{n}\frac{(-1)^k}{k!} = n!\left(\frac{1}{0!} - \frac{1}{1!} + \frac{1}{2!} + \ldots + \frac{(-1)^n}{n!}\right).$$

Solução. De fato, a função geradora para a sequência $\left(\frac{D_n}{n!}\right)_{n\geq 0}$, por definição, é dada por:

$$f(x) = \sum_{n=0}^{\infty}\frac{D_n}{n!}x^n$$
$$= D_0 + \frac{D_1}{1!}x + \frac{D_2}{2!}x^2 + \frac{D_3}{3!}x^3 + \ldots$$

Por outro lado D_n satisfaz a recorrência $D_n = nD_{n-1} + (-1)^n$. Assim,

$$f(x) = \sum_{n=0}^{\infty} \frac{D_n}{n!} x^n = \frac{D_0}{0!} + \sum_{n=1}^{\infty} \frac{D_n}{n!} x^n$$

$$= 1 + \sum_{n=1}^{\infty} \frac{nD_{n-1} + (-1)^n}{n!} x^n$$

$$= 1 + \sum_{n=1}^{\infty} \frac{nD_{n-1}}{n!} x^n + \sum_{n=1}^{\infty} \frac{(-1)^n}{n!} x^n$$

$$= 1 + x \sum_{n=1}^{\infty} \frac{D_{n-1}}{(n-1)!} x^{n-1} + \sum_{n=0}^{\infty} \frac{(-1)^n}{n!} x^n - 1$$

$$= x \sum_{n=1}^{\infty} \frac{D_{n-1}}{(n-1)!} x^{n-1} + \sum_{n=0}^{\infty} \frac{(-1)^n}{n!} x^n$$

fazendo a mudança de variáveis $i = n-1$ no primeiro somatório, obteremos:

$$f(x) = x \sum_{i=0}^{\infty} \frac{D_i}{i!} x^i + \sum_{n=0}^{\infty} \frac{(-1)^n}{n!} x^n.$$

Coma letra usada índice do somatório é irrelevante, segue que:

$$\sum_{i=0}^{\infty} \frac{D_i}{i!} x^i = \sum_{n=0}^{\infty} \frac{D_n}{n!} x^n.$$

Portanto,

$$f(x) = x \sum_{n=0}^{\infty} \frac{D_n}{n!} x^n + \sum_{n=0}^{\infty} \frac{(-1)^n}{n!} x^n$$

$$= xf(x) + \sum_{n=0}^{\infty} \frac{(-1)^n}{n!} x^n$$

Além disso, como $e^{-x} = \sum_{n=0}^{\infty} \frac{(-x)^n}{n!} = \sum_{n=0}^{\infty} \frac{(-1)^n}{n!} x^n$, segue que:

$$f(x) = xf(x) + \sum_{n=0}^{\infty} \frac{(-1)^n}{n!} x^n$$

$$= xf(x) + e^{-x} \Rightarrow f(x) = \frac{e^{-x}}{1-x}.$$

Por fim, para encontrarmos uma fórmula explícita para $\frac{D_n}{n!}$, basta manipular um pouco a função geradora $f(x) = \frac{e^{-x}}{1-x}$ da seguinte forma:

$$f(x) = \frac{e^{-x}}{1-x} = e^{-x}\frac{1}{1-x}$$
$$= \left(\sum_{n=0}^{\infty}\frac{(-1)^n}{n!}x^n\right)\left(\sum_{n=0}^{\infty}x^n\right)$$
$$= \sum_{n=0}^{\infty}\left(\sum_{k=0}^{n}\frac{(-1)^k}{k!}\right)x^n$$

Assim,
$$f(x) = \sum_{n=0}^{\infty}\frac{D_n}{n!}x^n = \sum_{n=0}^{\infty}\left(\sum_{k=0}^{n}\frac{(-1)^k}{k!}\right)x^n,$$

o que revela que $\frac{D_n}{n!} = \sum_{k=0}^{n}\frac{(-1)^k}{k!}$, ou seja,

$$D_n = n!\sum_{k=0}^{n}\frac{(-1)^k}{k!} = n!\left(\frac{1}{0!} - \frac{1}{1!} + \frac{1}{2!} + \ldots + \frac{(-1)^n}{n!}\right)$$

■

7.8. Partições de um inteiro

Para finalizar esse capítulo, vamos tratar de um outro problema, simples de enunciar, mas que não é tão simples de responder: *o problema das partições de um inteiro*. Por exemplo, de quantas formas distintas podemos escrever o número 3 como a soma de um ou mais inteiros positivos?

Essa simples questão é bastante curiosa! Se considerarmos a ordem das parcelas, a solução do problema é:

$$3$$
$$1+2$$
$$2+1$$
$$1+1+1.$$

Já no caso em que não consideramos a ordem das parcelas, as únicas partições do inteiro positivo 3 seriam

$$3$$
$$1+2$$
$$1+1+1.$$

Já para o número 6 as partições (em que não fazemos distinção na ordem das parcelas) são:

$$6$$
$$4+1+1$$
$$3+1+1+1$$
$$5+1$$
$$3+2+1$$
$$2+2+1+1$$
$$4+2$$
$$2+2+2$$
$$2+1+1+1+1$$
$$3+3$$
$$1+1+1+1+1+1.$$

O que é curioso nessa questão é que se considerarmos as partições em que a ordem das parcelas são levadas em conta o número de partições de um inteiro positivo n é facilmente determinado conforme a proposição a seguir.

Proposição 7.1. *O número de partições do inteiro positivo n, em que consideramos as ordens das parcelas é 2^{n-1}.*

Demonstração. De fato, considere n algarismos iguais a 1, conforme ilustra a figura abaixo:

$$\underbrace{1\ 1\ 1\ 1\ \ldots 1}_{n \text{ algarismos}}.$$

Em cada espaço entre os algarismos 1 podemos ou não colocar um sinal +. Por exemplo,

$$1\ +\ 1\ +\ \underbrace{1\ 1\ \ldots 1}_{n-2 \text{ algarismos}}$$

irá representar a partição

$$1 + 1 + (n-2) = n.$$

um outro exemplo,

$$1\ 1\ +\ 1\ 1\ +\ \underbrace{1+\ldots 1}_{n-4 \text{ algarismos}}$$

irá representar a partição

$$2 + 2 + (n-4) = n.$$

ou seja, para cada configuração onde podemos ou não colocar um sinal + entre os n algarismos iguais a 1 corresponde uma partição do inteio positivo

n (em que a ordem das parcelas é levada em condireração) e reciprocamente, para cada partição do inteiro positivo n podemos associar uma lista de n algarismos iguais a 1 com alguns sinais de $+$ entre eles. Portanto, o número de partições do inteiro positivo n (em que a ordem das parcelas é levada em consideração) pode ser calculada pelo Princípio Fundamental da Contagem da seguinte forma:

- Entre os dois primeiros algarismos 1, há 2 opções, a saber: podemos ou não colocar um sinal $+$;

- Entre o segundo e o terceito algarismos 1, há 2 opções, a saber: podemos ou não colocar um sinal $+$;

- Entre o penúltimo e o último algarismos 1, há 2 opções, a saber: podemos ou não colocar um sinal $+$.

Como há $n - 1$ espaços entre os n algarismos 1, segue pelo princípio fundamental da contagem que a quantidade de maneiras distintas de colocar ou não sinais $+$ entre os n algarismos 1 é igual a

$$\underbrace{2 \times 2 \times 2 \times \cdots \times 2}_{n-1 \text{ fatores}} = 2^{n-1},$$

que é exatamente igual ao número de partições do inteiro positivo n em que a ordem das parcelas é levada em consideração.

∎

No caso em que a ordem das parcelas não é levada em consideração, o problema é muito mais difícil. Apenas no início do século XX, mais precisamente em 1918, que o famoso Matemático inglês G.H. Hardy e o não menos famoso matemático indiano S. Ramanujam encontraram uma fórmula assintótica para o número $p(n)$ de partições de um inteiro positivo n. Eles provaram que

$$p(n) \simeq \frac{e^{\pi\sqrt{\frac{2n}{3}}}}{4n\sqrt{3}}, \text{ quando } n \to \infty.$$

Em 1920 o matemático russo James Victor Uspensky provou o mesmo resultado de forma completamente diferente. Em 1937, Hans Rademacher também ofereceu novas contribuições para tal fórmula, encontrando uma fórmula fechada (bem sofisticada) para $p(n)$. O valor de $p(n)$ cresce absurdamente rápido, com o crescimento de n. Apenas para que o leitor tenha uma ideia,

$p(100) = 190.569.292$
$p(200) = 3.972.999.029.388$
$p(1000) = 24.061.467.864.032.622.473.692.149.727.991$

Apesar do fato de que a fórmula fechada para $p(n)$ ser bastante complicada, vamos mostrar a seguir é é relativamente simples obter a função geradora para a sequência $(p(n))_{n\geq 0}$, como revela o seguinte teorema.

Teorema 7.4 (Euler). *A função geradora para a sequência $(p(n))_{n\geq 0}$, onde $p(n)$ é a quantidade de partições (não ordenadas) do inteiro n é dada por*

$$f(x) = \sum_{n=0}^{\infty} p(n)x^n = \prod_{k=1}^{\infty} \frac{1}{1-x^k},$$

onde $p(0) = 1$.

Demonstração. De fato, sabemos que

$$1 + x + x^2 + x^3 + x^4 + \ldots = \frac{1}{1-x}$$

$$1 + x^2 + x^4 + x^6 + \ldots = \frac{1}{1-x^2}$$

$$\vdots$$

$$1 + x^m + x^{2m} + x^{3m} + \ldots = \frac{1}{1-x^m}$$

$$\vdots$$

Assim,

$$\prod_{k=1}^{\infty} \frac{1}{1-x^k} = (1 + x + x^2 + x^3 + x^4 + \ldots)(1 + x^2 + x^4 + x^6 + \ldots)$$

$$= (1 + x^3 + x^6 + x^9 + \ldots) \cdots$$

Note que o coeficiente de x^n no segundo membro (após as multiplicações indicadas) corresponde exatamente a $p(n)$. De fato, para obtermos x^n devemos tomar uma parcela x^{α_1} em $1+x+x^2+x^3+x^4+\ldots$, x^{α_2} em $1+x^2+x^4+x^6+\ldots$, x^{α_3} em $1+x^3+x^6+x^9+\ldots$ e assim sucessivamente, até que devemos tomar a parcela x^{α_j} em $1+x^j+x^{2j}+x^{3j}+\ldots$ de tal forma que $\alpha_1 + \alpha_2 + \ldots + \alpha_j = n$. (Note que α_1 representa a quantidade de parcelas iguais a 1 na partição; α_2 representa a quantidade de parcelas iguais a 2 na partição, ... e α_j representa a quantidade de parcelas iguais a j na partição do inteiro positivo n. ∎

Exemplo 7.41. *Determine a função geradora do número de partições (não ordenadas) do inteiro $n \geq 0$ em que cada parcela não supera 6?*

Solução. Como só podemos escolher os algarismos $1, 2, 3, 4, 5$ e 6 como parcelas da partição de n, a função geradora corespondente ao número de partições do inteiro $n \geq 1$ em que cada parcela não supera 6 é

$$f(x) = (1 + x + x^2 + \ldots)(1 + x^2 + x^4 + \ldots) \ldots (1 + x^6 + x^{12} + \ldots)$$
$$= \frac{1}{1-x} \frac{1}{1-x^2} \cdots \frac{1}{1-x^6}$$
$$= \frac{1}{(1-x)(1-x^2)\ldots(1-x^6)}$$

∎

Exemplo 7.42. *Detemrine a função geradora do número de partições (não ordenadas) do intero $n \geq 1$, onde as parcelas são todas distintas.*

Solução. Nesse cada cada inteiro $i \geq 1$ será (ou não) parcela da partição uma única vez. Assim, para cada inteiro i associamos o polinômio $p_i(x) = 1 + x^i$, o que faz com que a função geradora procurada seja

$$f(x) = (1+x)(1+x^2)(1+x^3)\ldots(1+x^n)$$

já que em nenhuma partição do inteiro n aparece uma parcela maior que o próprio n.

∎

7.9. Exercícios propostos

1. Considere uma faixa $n \times 3$ constituída de quadrados unitários. Seja a_n o número de maneiras distintas de cobrir essa faixa com peças de 1×1 e 3×3 formada por quadrados unitários. Determine explicitamente a função geradora $f(x) = \sum_{n=0}^{\infty} a_n x^n$.

2. (a) Considere a função geradora $f(x) = \sum_{n=0}^{\infty} a_n x^n$. Supondo que uma fórmula fechada para f seja

$$f(x) = \frac{2 + 2x}{1 - 2x - x^2}$$

Determine uma fórmula explícita para a_n, com $n \geq 0$ (inteiro).

(b) A partir dessa função geradora, encontre uma lei de recorrência para a_n e condições iniciais para tal lei de recorrência.

3. Três dados comuns (honestos) distintos são arremessados simultaneamente sobre uma mesa. Construa a função geradora da sequência $(a_n)_{n\geq 0}$, onde a_n representa o número de possibilidades de que a soma dos três resultados obtidos seja igual a n. Obtenha explicitamente o valor de a_{10}.

4. Use funções geradoras para provar a *relação de Stifel*
$$\binom{n}{r} + \binom{n}{r-1} = \binom{n+1}{r}.$$

5. Se $A(x) = a_0 + a_1 x + a_2 x^2 + \ldots + a_n x^n + \ldots$, é a função geradora da sequência $(a_n)_{n\in \mathbb{N}}$, então mostre que $f(x) = \frac{A(x)}{1-x}$ é a função geradora da sequência $(s_n)_{n\geq 0}$ dada por $s_n = \sum_{i=0}^{n} a_i$.

6. Use funções geradoras para provar que $\sum_{r=0}^{k} \binom{a}{r}\binom{b}{k-r} = \binom{a+b}{k}$.

7. Use funções geradoras para provar que $\sum_{j=0}^{r} \binom{n}{r-j}(-1)^j = \binom{n-1}{r}$.

8. Use funções geradoras para resolver a recorrência
$$a_{n+2} - 2a_{n+1} + a_n = 2^n, \quad a_0 = a_1 = 1.$$

9. Use funções geradoras para resolver a recorrência
$$a_n = \sum_{k=1}^{n-1} a_k a_{n-k}, \quad a_0 = a_1 = 1.$$

10. Mostre que $\sum_{r=0}^{n} \binom{2r}{r}\binom{2n-2r}{n-r} = 4^n$.

11. Construa a função geradora para a sequência $(a_n)_{n\geq 0}$, onde a_n é o número de maneiras distintas de selecionar n objetos a apartir de:

    (a) Quatro bolas brancas, seis amarelas e quatro bolas vermelhas (distinguíveis apenas pela cor).

(b) Cinco bolas brancas, quatro bolas amarelas e dez bolas verdes (distinguiveis apenas pela cor), consirerando que devemos escolher pelo menos uma de cada cor.

(c) Uma quantidade ilimitada de moedas de $0,01; 0,05; 0,10; 0,25; 0,50$ e $1,00$.

12. Determine a função geradora para o número de inteiros positivos cuja soma dos seus dígitos é igual a n, considerando

    (a) Inteiros de 0 até 9999.

    (b) Inteiros de quatro dígitos.

13. De quantas formas podemos selecionar 30 brinquedos a partir de 10 tipos de brinquedos diferentes se:

    (a) Pelo menos dois briquedos de cada tipo devem ser selecionados.

    (b) Pelo menos dois, mas não mais que cinco briquedos de cada tipo devem ser selecionados.

14. Determine a função geradora para o número de maneiras distintas de obter n centavos a partir de moedas de $0,01; 0,05$ e de $0,10$.

15. Determine a função geradora para o número de maneiras distintas de distrubuirmos n cédulas de $R\$100,00$ para quatro pessoas, snedo que cada uma delas deve receber pelo menos cinco cédulas.

16. Determine a função geradora da sequência $(a_n)_{n \geq 0}$ onde a_n representa o número de triângulos distintos com perímetro igual ao inteiro n.

17. Considere as soluções inteiros da equação $x_1 + x_2 + \ldots + x_{10} = n$. Determine a função geradora para o números de soluções inteiras consistindo de

    (a) Inteiros não negativos.

    (b) Inteiros positivos.

    (c) Inteiros x_i, onde $0 \leq x_i \leq i$.

18. Determine a função geradora para o número de soluções inteiras positivas de

    (a) $2x_1 + 3x_2 + 4x_3 + 5x_4 = n$.

    (b) $x_1 + x_2 + x_3 + x_4 = n$, onde cada x_i satisfaz à condição $2 \leq x_i \leq 5$.

19. Quantas soluções possui a equação $x_1 + x_2 + x_3 + \ldots + x_n = r$, se cada variável é igual a 0 ou 1?

20. O sistema de inequações lineares

$$\begin{cases} x_1 + 3x_2 + 2x_3 + x_4 \leq 11 \\ x_1 + 2x_2 + 5x_3 + 7x_4 \leq 23 \end{cases}$$

possui quantas soluções inteiras e não negativas?

21. Seja $p(n, k)$, o número de partições do inteiro positivo n em exatamente k parcelas.

    (a) Mostre que $p(n, k)$ corresponde ao número de maneiras distintas de distribuírmos n objetos idênticos em k caixas idênticas.

    (b) Mostre que a função geradora associada com $p(n, k)$ é dada por:

    $$f(x, y) = \frac{1}{(1 - xy)(1 - x^2 y) \cdots} = \prod_{i=1}^{\infty} \left(\frac{1}{1 - x^i y} \right)$$

22. Quantas n-úplas de 0's e 1's podem ser formadas usando-se um número par de 0's e um número par de 1's?

23. Suponha que 30 balas identicas serão distribuídas entre Arnaldo, Bernaldo, Cernaldo, Dernaldo e Ernaldo. Sendo que Arnaldo deverá receber no mínimo 3 e no máximo 8 balas. Bernaldo, deverá receber no mínimo 5 e no máximo 10 balas. Cernaldo deverá receber no mínimo 6 e no máximo 15 balas. Dernaldo deverá receber um número par de balas e Ernaldo deverá receber exatamente uma bala a mais que Arnaldo. Determine o número de maneiras distintas para realizarmos a distribuição solicitada.

24. Determine a função geradora para o número de soluções inteiras da equação $x_1 + x_2 + \ldots + x_{10} = n$, consistindo de inteiros x_i satisfazendo $-2 \leq x_i \leq 2$, para cada $i = 1, 2, \ldots, 10$.

25. Suponha que n bolas idênticas serão distribuídas em k caixas distintas. Determine a função geradora para o número de distribuições nos seguintes casos:

    (a) Se no máximo duas bolas são distribuídas em cada uma das duas primeiras caixas.

Exercícios propostos 455

(b) Se não mais que duas bolas são distribuídas (no total) nas duas primeiras caixas

26. Encontrar a função geradora (ordinária) para o número de partições do inteiro positivo n em que todas as partes são ímpares e nenhuma supera 7.

27. Mostre que o número de partições de $n + k$ (onde n e k são inteiros positivos) em exatamente k parcelas é igual ao número de partições de n cujas parcelas não são maiores que k.

28. Dar uma interpretação, em termos de partições, para:

   (a) O coeficiente de x^{12} na expansão de
   $$f(x) = (1 + x^2 + x^4 + x^6 + x^8 + x^{10} + x^{12}) \cdot (1 + x^4 + x^8 + x^{12}) \cdot \\ \cdot (1 + x^6 + x^{12}) \cdot (1 + x^8) \cdot (1 + x^{10})(1 + x^{12})$$

   (b) O coeficiente de x^{15} na expansão de
   $$f(x) = (1 + x^3 + x^6 + x^9 + x^{12} + x^{15})(1 + x^6 + x^{12})(1 + x^9).$$

   (c) Quais os valores dos coeficientes citados nos itens anteriores?

29. Seja $(a_n)_{n \geq 0}$ uma sequência de números reais tais que $a_0 = 1$ e a_n é igual ao número de matrizes simétricas de ordem n com exatamente um 1 e $n - 1$ elementos iguais a 0 em cada linha e em cada coluna.

   (a) Mostre que $a_{n+1} = a_n + n a_{n-1}$.

   (b) Se $f(x) = \sum_{n=0}^{\infty} a_n \dfrac{x^n}{n!}$, é a função geradora (exponencial) da sequência $(a_n)_{n \geq 0}$, mostre que $f(x) = e^{x + \frac{1}{2}x^2}$.

30. Mostre que a função geradora para a quantidade de partições do inteiro $n \geq 0$ em parcelas distintas é dada por
$$f(x) = \prod_{k=1}^{\infty}(1 + x^k).$$

31. Mostre que a função geradora para a quantidade de partições do inteiro $n \geq 0$ em parcelas que são números primos é dada por
$$f(x) = \prod_{p \text{ primo}} \frac{1}{1 - x^p}.$$

32. Use funções geradoras para provar que todo inteiro positico pode ser expresso de modo único como soma de potências distintas de 2.

33. (a) Para cada inteiro $n \geq 1$ seja $d(n)$ a quantidade de partições (não ordenadas) de n em parcelas distintas. Determine a função geradora da sequência $(d(n))_{n \geq 0}$.

    (b) Para cada inteiro $n \geq 1$ seja $o(n)$ a quantidade de partições (não ordenadas) de n em parcelas ímpares. Determine a função geradora da sequência $(o(n))_{n \geq 0}$.

    (c) Mostre que $d(n) = o(n)$ para todo inteiro $n \geq 1$.

34. Use funções geradoras para provar que para todo inteiro positivo n, tem-se que:
$$1^3 + 2^3 + 3^3 + \ldots + n^3 = \left(\frac{n(n+1)}{2}\right)^2.$$

35. Use funções geradoras para provar que a quantidade de funções sobrejetivas $f: \{1, 2, \ldots, n\} \to \{1, 2, \ldots, k\}$, com $k \leq n$ é dada por
$$T(n, k) = \sum_{i=0}^{k} (-1)^i \binom{k}{i} (k-i)^n.$$

36. As $n!$ permutações de n objetos distintos podem ser particionadas de acordo com o número de elementos que são fixados em cada uma dessas permutações.

    (a) Sendo D_k o número de parmutações caóticas de k elementos, mostre que existem $\binom{n}{k} D_k$ que deixam $n-k$ elementos fixados, onde $k = 0, 1, 2, \ldots, n$. A partir adí conclua que $n! = \sum_{k=0}^{n} \binom{n}{k} D_k$.

    (b) Mostre que existem $\binom{n}{k} D_{n-k}$ permutações que possuem exatamente k pontos fixos.

    (c) Sabendo que a função geradora da sequência $\left(\frac{D_n}{n!}\right)_{n \geq 0}$ é dada explicitamente por $f(x) = \frac{e^{-x}}{1-x}$, mostre que $D_n = nD_{n-1} + (-1)^n$ para todo inteiro $n \geq 1$.

    (d) A partir do item anterior, mostre que $D_{n+1} = n(D_n + D_{n-1})$ para todo inteiro $n \geq 1$.

(e) Se $\mu_n = \frac{1}{n!} \sum_{k=0}^{n} k \binom{n}{k} D_{n-k}$ é a média do número de pontos fixos nas $n!$ permutações, mostre que $\mu_n = 1$ para todo $n \geq 1$.

(f) Se $\sigma_n^2 = \frac{1}{n!} \sum_{k=0}^{n} (k - \mu_n)^2 \binom{n}{k} D_{n-k}$ é o desvio padrão do número de pontos fixos nas $n!$ permutações, mostre que

$$\sigma_n = \begin{cases} 0, & \text{se } n = 1 \\ 1, & \text{se } n \geq 2 \end{cases}.$$

37. O para cada inteiro $n \geq 1$ *número de Bell* $B(n)$ representa a quantidade de manirasdsitintas de particionar um conjunto de n elementos distintos emsubconjuntos não vazios (define-se $B(0) = 1$). Por exemplo, $B(1) = 1$, visto é a única maneira de particionar o conjunto $\{a\}$ como um subconjunto não vazio é o próprio $\{a\}$; $B(2) = 2$, pois o conjunto $\{a, b\}$ possui duas partições, a saber: $\{a, b\}$ ou $\{a\} \cup \{b\}$.

   (a) Verifique que $B(3) = 5$ e que $B(4) = 15$.

   (b) Use um argumento combinatório para provar que

   $$B(n+1) = \sum_{k=0}^{n} \binom{n}{k} B(k).$$

   (c) Seja $f(x) = \sum_{k=0}^{n} \frac{B(n)}{n!} x^n$ a função geradora expenencial para os números de Bell. Mostre que $f'(x) = e^x f(x)$.

   (d) Conclua que $f(x) = e^{e^x - 1}$.

38. Seja C_n a quantidade de maneiras distintas para que n pessoas sentem-se em mesas circulares indistinguíveis (suponha que a quantidade de mesas disponíveis é arbitrariamente grande). Além disso, defina $C_0 = 1$. Por exemplo, $C_1 = 1$ (há apenas uma maneira para que uma pessoa sente-se numa das mesas, ja que todas as mesas são indistnguíveis) e $C_2 = 2$ (nesse caso, há duas possibilidades, a saber: cada pessoa senta numa mesa diferente ou as duas pessoas sentam-se numa mesma mesa).

   (a) Verifique que $C_3 = 6$.

   (b) Mostre que $C_{n+1} = \sum_{k=0}^{n} \binom{n}{k} C_k (n-k)!$.

(c) Seja $C(x)$ a função geradora exponencial da sequência $(C_n)_{n\geq 0}$. Mostre que
$$C'(x) = \frac{C(x)}{1-x}.$$

(d) Determine uma fórmula explícita para $C(x)$.

(e) Use o item anterior para deduxir uma fórmula explícita para C_n.

39. Uma *inversão* de uma permutação $\sigma : \{1, 2, \ldots, n\} \to \{1, 2, \ldots, n\}$ é um par (i,j) tal que $i < j$, mas $\sigma(i) > \sigma(j)$. Por exemplo, na permutação

$$\sigma = \begin{pmatrix} 1 & 2 & 3 & 4 & 5 & 6 & 7 & 8 & 9 \\ 4 & 9 & 2 & 5 & 8 & 1 & 6 & 7 & 3 \end{pmatrix},$$

existem 19 inversões, que são os pares $(4,2), (4,1), \ldots, (7,3)$. Seja $b(n,k)$ o número de permutações de do conjunto $\sigma : \{1, 2, \ldots, n\} \to \{1, 2, \ldots, n\}$ que possuem etatamente k inversões. Determine uma fórmula fechada para a função geradora $B_n(x) = \sum_{k=0}^{\infty} b(n,k)x^k$. Além disso, determine os valores de $b(n,k)$ para $n \leq 5$.

40. Moste que as funções geradoras para os números de Stirling do primeiro e do segundo tipos são dadas por:

(a) $\sum_{k=0}^{\infty} \begin{bmatrix} n \\ k \end{bmatrix} x^k = x(x+1)(x+2)\ldots(x+n-1)$.

(b) $\sum_{k=0}^{\infty} \begin{Bmatrix} n \\ k \end{Bmatrix} x^n = \dfrac{x^k}{(1-x)(1-2x)\ldots(1-kx)}$.

Apêndice A
Distribuição de bolas em urnas

A.1. Introdução

Como muitas vezes ocorre em combinatória, o problema de determinar o número de maneiras distintas de distribuirmos n bolas em r urnas é fácil de enunciar mas não é tão simples de responder. Há quatro situações distintas, a saber:

1. Distribuir n bolas distintas em r urnas distintas.

2. Distribuir n bolas idênticas em r urnas distintas.

3. Distribuir n bolas distintas em r urnas idênticas.

4. Distribuir n bolas idênticas em r urnas distintas.

Neste apêndice mostraremos como solucionar cada um desses casos, mostraremos alguns exemplos particulares com o intuito de facilitar o entendimento e ao final abordaremos alguns fatos interessantes relacionados com esses problemas.

A.2. Bolas distintas em urnas distintas

Nesta seção trataremos de determinar a quantidade de maneiras distintas de distribuirmos n bolas distintas em r urnas distintas. Como todas as n bolas e as r urnas são distintas vamos enumerá-las por $B_1, B_2, \ldots, B_n$ e $C_1, C_2, \ldots, C_r$, respectivamente. Nesse caso, para cada uma das n bolas existem r possibilidades distintas para escolher a urna que ela será depositada. Assim, pelo Princípio Fundamental da Contagem, a quantidade de maneiras disitintas de distribuir as n bolas distintas nas r urnas distintas é:

$$\underbrace{r \times r \times \ldots \times r}_{n \text{ fatores}} = r^n.$$

A.3. Bolas idênticas em urnas distintas

Nesta seção trataremos de determinar a quantidade de maneiras distintas de distribuirmos n bolas idênticas em r urnas distintas.

Como as r urnas são distintas vamos enumerá-las por $C_1, C_2, \ldots, C_r$. Nesse caso, como as bolas são idênticas, uma distribuição será distinguida de outra apenas pela quantidade de bolas presentes em cada urna. Nesse caso, sejam $x_1, x_2, \ldots, x_r$ as quantidades de bolas que irão ocupar as urnas $C_1, C_2, \ldots, C_r$, respectivamente. Ora, como o total de bolas é n, segue que:

$$x_1 + x_2 + \ldots + x_r = n.$$

Portanto, a quantidade de maneiras distintas de distrubuírmos n bolas iguais em r urnas distintas corresponde a quantidade de soluções inteiras e não negativas da equação $x_1 + x_2 + \ldots + x_r = n$, que é $\binom{n+r-1}{n}$ ou $\binom{n+r-1}{r-1}$, que são binomiais complementares.

A.4. Bolas distintas em urnas idênticas

Nesta seção trataremos de determinar a quantidade de maneiras distintas de distribuirmos n bolas distintas em r urnas idênticas. Neste caso, o que difere uma distribuição da outra são duas coisas, a saber: a quantidade de bolas presentes em cada urna e uma vez fixadas essas quantidades, quais bolas estão presentes em cada urna.

Na subseção 4.4.2 estudamos os números de Stirling do tipo II e $\left\{{n \atop k}\right\}$ foi definido em 4.13 como sendo o número de maneiras distintas de particionar um conjunto de n elementos em k subconjuntos não vazios; ademais, vimos que o total de partições era dado pelo número de Bell $B_n = \sum_{k=0}^{n} \left\{{n \atop k}\right\}$ e no teorema 4.15 é mostrado que $\left\{{n \atop k}\right\}$ é dado pelo quociente entre o número de funções sobrejetoras e $k!$.

Se pensarmos os n elementos do conjunto como as bolas e os subconjuntos da partição como urnas indistinguíveis tem-se então que $\left\{{n \atop k}\right\}$ é o número de maneiras de distribuir n bolas numeradas em k urnas; logo o total de maneiras de distribuir n bolas distinguíveis em r urnas idênticas pode ser particionado em relação ao total $k \in \{1, \ldots, r\}$ de urnas não vazias e é dado por

$$B_r = \sum_{k=1}^{r} \left\{{n \atop k}\right\} \overset{(4.92)}{=} \sum_{k=1}^{r} \frac{1}{k!} \sum_{i=0}^{k} (-1)^i \binom{k}{i} (k-i)^n.$$

A.5. Bolas idênticas em urnas idênticas

Nesta seção trataremos o problema de determinar a quantidade de maneiras distintas de distribuirmos n bolas idênticas em r urnas idênticas.

Esse é o caso mais delicado. Para tratá-lo vamos introduzir a noção de partição de um inteiro positivo n, uma noção que mostraremos está intimamente relacionada com esse problema de distribuir n boas idênticas em r urnas idênticas.

Definição A.1 (Partição de um Inteiro). *Uma partição de um inteiro positivo n em k parcelas é uma lista de inteiros positivos $(n_1, n_2, \ldots, n_k)$ tal que*

$$n_1 + n_2 + \ldots + n_k = n.$$

Além disso, não consideramos como partições distintas quando permutamos as parcelas $n_1, n_2, \ldots, n_k$.

Por exemplo, o inteiro 6 pode ser particionado em 3 parcelas das 3 maneiras a seguir:
$$6 = 4+1+1, \quad 6 = 3+2+1, \quad 6 = 2+2+2.$$
No exemplo acima, as partições $(4,1,1), (1,4,1)$ e $(1,1,4)$ não são consideradas distintas.

Definição A.2. *Vamos representar por $P(n,k)$ a quantidade de partições de um inteiro positivo n em k parcelas inteiras positivas, isto é, $P(n,k)$ representará a quantidade de maneiras distintas de escrever um inteiro positivo como soma de exatamente k inteiros positivos.*

Com essa notação, $P(6,3) = 3$, como revela o exemplo acima.

Teorema A.1. *Para n e k e inteiros positivos, os números $P(n,k)$ podem ser calculados a partir da seguinte relação de recorrência*

$$P(n,k) = P(n-k, k) + P(n-1, k-1). \tag{A.1}$$

Além disso, $P(n,1) = P(n, n-1) = P(n,n) = 1$ e $P(n,k) = 0$, se $n < k$.

Demonstração. Para os casos em que $k = 1$, $k = n$ ou $n < k$ tem-se que (A.1) é trivialmente verdadeira. De fato $P(n,1) = 1$, pois n é a única maneira de escrever n como a "soma" de uma única parcela. Por outro lado,

$$n = \underbrace{1 + 1 + \ldots + 1}_{(n-2) \text{ parcelas}} + 2,$$

é a única partição de n em exatamente $n-1$ parcelas, o que revela que $P(n, n-1) = 1$. Note que

$$n = \underbrace{1 + 1 + \ldots + 1}_{n \text{ parcelas}},$$

é a única partição de n em exatamente n parcelas, revelando que $P(n,n) = 1$. Por fim, se $n < k$ não há nenhuma maneira de escrevermos o inteiro positivo n como a soma de k parcelas inteiras e positivas, o que justifica a igualdade $P(n, k) = 0$, se $n < k$.

Consideremos agora as partições de n em exatamente k partes com $k \in \{2, \ldots, n-1\}$ e particionemos o conjunto dessas partições nos casos em que (a) algumas delas não possuem o algarismo 1 e (b) as que possuem.

(a) Partições que não possuem o algarismo "1". Tomando uma dessas partições

$$n = n_1 + n_2 + \ldots + n_k,$$

se subtrairmos uma unidade em cada uma dessas parcelas obteremos uma partição de $n - k$, pois

$$n = n_1 + n_2 + \ldots + n_k \Rightarrow n - k = (n_1 - 1) + (n_2 - 1) + \ldots + (n_k - 1).$$

(b) O restante das partições de n contém o algarismo 1. Por outro lado, a quantidade de partições do inteiro positivo n com exatamente k parcelas inteiras positivas onde pelo menos uma delas é igual a 1 é $P(n-1, k-1)$, pois dada uma partição de $n-1$ com exatamente $k-1$ inteiros positivos, a saber:

$$n - 1 = n_1 + n_2 + \ldots + n_{k-1} \Rightarrow n = 1 + n_1 + n_2 + \ldots + n_{k-1},$$

o que revela que $(1, n_1, n_2, \ldots, n_{k-1})$ é uma partição de n em exatamente k parcelas. Reciprocamente, se $(n_1, n_2 \ldots, n_k)$ é uma partição de n em exatamente k parcelas, onde pelo menos uma delas é igual a 1, isto é, $n_i = 1$ para pelo menos um $i \in \{1, 2, \ldots, k\}$, segue que

$$n = n_1 + n_2 + \underbrace{n_i}_{=1} + \ldots + n_k \Rightarrow n - \underbrace{1}_{=n_i} = \underbrace{n_1 + n_2 + \ldots + n_k}_{\text{sem a parcela } n_i},$$

que é uma partição do $n-1$ em exatamente $k-1$ parcelas.

Diante do exposto, para n e k e inteiros positivos, os números $P(n,k)$ podem ser calculados a partir da seguinte relação de recorrência

$$P(n, k) = P(n-k, k) + P(n-1, k-1).$$

■

Corolário A.1. *Para n e k e inteiros positivos, os números $P(n,k)$ podem ser calculados pela relação*

$$P(n+k,k) = P(n,1) + P(n,2) + \ldots + P(n,k).$$

A tabela a seguir mostra alguns valores particulares de $P(n,k)$.

(n,k)	1	2	3	4	5	6	7
1	1						
2	1	1					
3	1	1	1				
4	1	2	1	1			
5	1	2	2	1	1		
6	1	3	3	2	1	1	
7	1	3	4	3	2	1	1
8	1	4	5	5	3	2	1
9	1	4	7	6	5	3	2
10	1	5	8	9	7	5	3

Observação A.1. *Há dois casos particulares ($k = 2, 3$) em que podemos calcular $P(n,k)$ utilizando a função parte inteira:*

$$P(n,2) = \left\lfloor \frac{n}{2} \right\rfloor \quad e \quad P(n,3) = \left\lfloor \frac{n^2}{12} \right\rfloor,$$

onde $\lfloor \cdot \rfloor$ é a função parte inteira. A demonstração desse fato pode ser encontrada em [34].

Teorema A.2. *A quantidade de maneiras distintas de distribuirmos n bolas idênticas em r urnas idênticas é $P(n,r)$.*

Demonstração. Basta obervar que há uma correspondência binuívoca entre cada maneira de distrubuir n bolas idênticas em r urnas idênticas e as partições do inteiro positivo n em exatamente r parcelas. De fato, se $n_1, n_2, \ldots, n_r$ representam as quantidades de bolas em cada uma da r urnas, segue que $n_1 + n_2 + \ldots + n_r = n$, que consiste numa partição de inteiro positivo n em exatamente r parcelas. Reciprocamente, dada uma partição $n = n_1 + n_2 + \ldots + n_r$ do inteiro positivo n em exatamente r parcelas, podemos associar a essa partição a distribuição de n bolas idênticas em r urnas idênticas onde $n_1, n_2, \ldots, n_r$ são as quantidades de bolas presentes nas r urnas.

∎

A teoria das partições de inteiros positivos é bastante interessante e com uma litaratura bem vasta. Apenas para motivar o leitor a seguir mais adiante, vamos tocar em mais dois pontos dessa teoria, a saber: as partições com parcelas distintas e o número total de partições de um inteiro positivo.

Definição A.3. *Sendo n e k inteiros positivos, representaremos por $Q(n,k)$ o número de maneiras distintas de particionar um inteiro positivo n em exatamente k* **inteiros positivos distintos**.

Proposição A.1. *Sendo n e k inteiros positivos, os números $Q(n,k)$ satisfazem a seguinte relação de recorrência:*

$$Q(n,k) = Q(n-k,k) + Q(n-k, k-1),$$

com $Q(n,1) = Q(1,1) = 1$ e $Q(n,0) = 0$. Além disso, $P(n,k)$ e $Q(n,k)$ satisfazem a seguinte relação

$$Q(n,k) = P\left(n - \binom{k}{2}, k\right).$$

Observação A.2. *Um problema mais geral é determinar a quantidade de partições distintas de um inteiro positivo n (sem fixar o número de parcelas). Para o número 6, por exemplo, as quantidades possíveis partições são:*

$$\begin{aligned}
6 &= 1+1+1+1+1+1 \\
&= 1+1+1+1+2 \\
&= 1+1+1+3 \\
&= 1+1+2+2 \\
&= 1+1+4 \\
&= 1+2+3 \\
&= 2+2+2 \\
&= 1+5 \\
&= 2+4 \\
&= 3+3 \\
&= 6
\end{aligned}$$

Para uma melhor visualização, podemos organizar as partições do número 6 da seguinte forma:

Bolas idênticas em urnas idênticas

```
        111111
          │
        21111
        ╱    ╲
     2211    3111
      │      ╱  ╲
    222   321   411
           │   ╱  ╲
          33  42  51
               │
               6
```

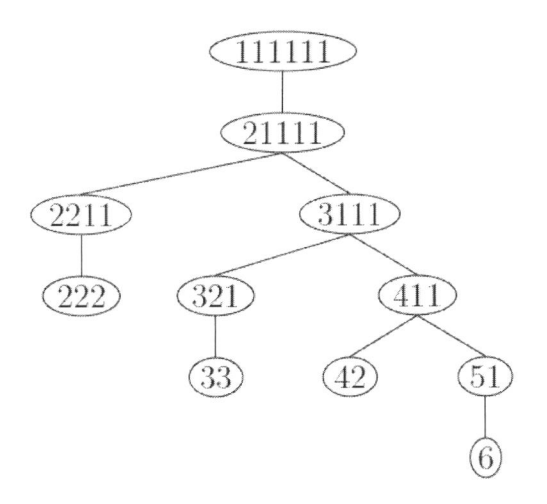

A quantidade de partições de um inteiro positivo n é representada por $p(n)$. Note que um inteiro positivo n pode ser escrito como uma soma de no máximo n parcelas inteiras positivas, segue que $p(n) = \sum_{k=1}^{n} p(n,k)$.

Em 1918, matemático inglês G. H. Hardy em parceria como matemático indiano S. Ramanujam chegaram uma fórmula assintótica para $p(n)$. Essa mesma fórmula foi demonstrada independentemente pelo matemático russo J. V. Uspensky.

$$p(n) \sim \frac{1}{4n\sqrt{3}} e^{\pi\sqrt{\frac{2n}{3}}}.$$

Figura A.1: G.H. Hardy

Figura A.2: S. Ramanujam

G. H. Hardy, S. Ramanujam e H. Rademacher obtiveram uma fórmula fechada para o número de partições de um inteito positivo n, a saber:

Figura A.3: J. V. Uspensky

Figura A.4: H. Rademacher

$$p(n) = \frac{1}{\pi\sqrt{2}} \sum_{k=1}^{\infty} A_k(n) \sqrt{k} \frac{d}{dx} \left(\frac{\operatorname{senh}\left(\frac{\pi}{k}\sqrt{\frac{2}{3}\left(x - \frac{1}{24}\right)}\right)}{\sqrt{\left(x - \frac{1}{24}\right)}} \right)$$

onde

$$A_k(n) = \sum_{h=1}^{k} \delta_{mdc(h,k),1} \exp\left[\pi i \sum_{j=1}^{k-1} \frac{j}{k}\left(\frac{hj}{k} - \left\lfloor \frac{hj}{k} \right\rfloor - \frac{1}{2}\right) - \frac{2\pi i h n}{k}\right],$$

onde δ é o delta de Kronecker.

Apêndice B
A fórmula de Stirling

B.1. Introdução

Neste apêndice vamos apresentar uma demonstração da famosa Fórmula de Stirling assim denominada em homenagem ao matemático escocês James Stirling (1692-1770). A fórmula de Stirling é bastante utlilizada para dar uma aproximação para o fatorial de um inteiro positivo n, especialmente para grandes valores de n. A aproximação de Stirling é escrita como $n! \sim \sqrt{2\pi n}\left(\frac{n}{e}\right)^n$.

Figura B.1: James Stirling

Para ser mais preciso, o que ocorre é $\lim\limits_{n\to+\infty} \dfrac{n!}{\sqrt{2\pi n}\left(\frac{n}{e}\right)^n} = 1$, o que pode parecer num primeiro momento equivalente a dizer que os números $n!$ e $\sqrt{2\pi n}\left(\frac{n}{e}\right)^n$ são muito próximos quando $n \to +\infty$, mas que não é verdade. Por exemplo, sejam $f, g : \mathbb{R} \to \mathbb{R}$ definidas por $f(x) = x + 1.000.000$ e $g(x) = x$, segue que $f(x) - g(x) = 1.000.000$, $\forall\, x \in \mathbb{R}$, mas

$$\lim_{x\to+\infty} \frac{f(x)}{g(x)} = \lim_{x\to+\infty} \frac{x + 1.000.000}{x}$$
$$= \lim_{x\to+\infty} \left(1 + \frac{1.000.000}{x}\right) = 1.$$

Portanto não devemos confundir a notação $n! \sim \sqrt{2\pi n}\left(\frac{n}{e}\right)^n$, a qual significa, na verdade, que

$$\lim_{n\to+\infty} \frac{n!}{\sqrt{2\pi n}\left(\frac{n}{e}\right)^n} = 1,$$

e não $n! \simeq \sqrt{2\pi n}\left(\frac{n}{e}\right)^n$.

Temos a (ousada) intenção de preencher uma lacuna: boa parte dos textos básicos consideram a justificativa dessa fórmula técnica demais para apresentar naquele nível. Por outro lado, boa parte dos textos mais avançados, quando apresentam essa fórmula, oferecem uma justificativa formal e correta, mas omitem muitos detalhes da prova, o que muitas vezes impossibilita a leitura por parte de um leitor interessado, mas menos experiente, fazendo com que ele desista antes do entendimento completo da demonstração. Vamos apresentar todos os detalhes, de forma bem explícita, para que, mesmo um leitor menos experiente possa entender não apenas a demonstração, mas também algumas sutilezas inerentes ao resultado.

O matemático francês Abraham de Moivre (1667-1754) além de ser um dos primeiros a lançar os fundamentos da Distribuição Normal a partir do estudo de probabilidades em jogos de azar foi o primeiro a trabalhar com a ideia de oferecer uma aproximação para o fatorial de um inteiro positivo n em que estabeleceu o resultado:

$$n! \simeq C n^{n+1/2} e^{-n}, \text{ onde } C \text{ é uma constante real não nula.}$$

Figura B.2: Abraham de Moivre

Stirling completou a demonstração calculando o valor de $C = \sqrt{2\pi}$. Ao final deixaremos uma lista de referências onde o leitor poderá encontrar outras demonstrações para a fórmula de Stirling.

B.2. A fórmula de Stirling

Para mostrarmos que $\lim_{n\to+\infty} \dfrac{n!}{\sqrt{2\pi n}\left(\frac{n}{e}\right)^n} = 1$, vamos seguir um roteiro composto por vários lemas que ao final irão nos auxiliar a compreender perfeitamente esse resultado seguindo o roteiro proposto em [35].

Lema B.1. *Se $f : (0, +\infty) \to \mathbb{R}$, é definida por $f(x) = \ln x$, então*

$$\int_1^n f(x)dx = n.\ln n - n + 1.$$

Demonstração. De fato, via integração por partes com $u = \ln(x)$ e $v = x$ tem-se que

$$\begin{aligned}\int_{i=1}^n \ln(x)dx &= \int_1^n 1.\ln(x)dx \\ &= (x\ln(x) - x)|_1^n - \int_1^n x\frac{1}{x}dx \\ &= n\ln(n) - n + 1.\end{aligned}$$

∎

Lema B.2. *Traçando o gráfico da função $f : (0, +\infty) \to \mathbb{R}$, definida por $f(x) = \ln x$ e construindo a figura B.3 formada por*

1. *Dois retângulos com bases nos segmentos $\left[1, \frac{3}{2}\right]$ e $\left[n - \frac{1}{2}, n\right]$ do eixo x e com alturas 2 e $\ln n$, respectivamente;*

2. *$n - 2$ trapézios cujos lados paralelos são paralelos ao eixo dos y e cujos lados não paralelos são os segmentos da forma $\left[k - \frac{1}{2}, k + \frac{1}{2}\right]$ sobre o eixo dos x e os segmentos inclinados tangentes à curva $y = \ln x$ no ponto $(k, \ln k)$, para $k = 2, \ldots, n - 1$.*

A área S da figura B.3 é dada por

$$S = 1 + \ln n! - \frac{1}{2}\ln n. \tag{B.1}$$

Demonstração. A área S_1 dos dois trapézios definidos no item 1. vale

$$S_1 = \frac{1}{2}2 + \frac{1}{2}\ln n. \tag{B.2}$$

Já no item 2., note que para qualquer $k \in \{2, \ldots, n-1\}$ a base média do k-ésimo trapézio é o segmento paralelo ao eixo dos y de comprimento $\ln k$, de fato o ponto $P_k(k, 0)$ é ponto médio do segmento de extremos $(k - \frac{1}{2}, 0)$ e $(k + \frac{1}{2}, 0)$ e o outro extremo da base média é, por construção, o ponto $Q_k(k, \ln k)$. Ademais, desde que a base média é igual a semisoma das bases, tem-se que a área do k-ésimo trapézio é dada por $\frac{h_k(B_k + b_k)}{2} = 1 . \ln k$ e cuja soma das áreas vale

$$\sum_{k=2}^{n-1} \ln k \tag{B.3}$$

Assim, de (B.2) e (B.3) tem-se que a área S da figura B.3 é dada por

$$\begin{aligned}
S &= \frac{1}{2}2 + \sum_{k=2}^{n-1} \ln k + \frac{1}{2}\ln n \\
&= 1 + \sum_{k=2}^{n-1} \ln k + \ln n - \frac{1}{2}\ln n \\
&= 1 + \ln(2\ldots(n-1)n) - \frac{1}{2}\ln n \\
&= 1 + \ln n! - \frac{1}{2}\ln n.
\end{aligned}$$

∎

Lema B.3. *Se $(a_n)_{n \geq 1}$ é uma sequência de números reais tal que $a_n = \frac{\sqrt{n}.n^n.e^{-n}}{n!}$ para todo inteiro $n \geq 1$, então:*

(a) *Para todo inteiro $n \geq 1$, tem-se que $a_n < 1$;*

Demonstração. *Dos lemas B.1 e B.2 tem-se que*

A fórmula de Stirling

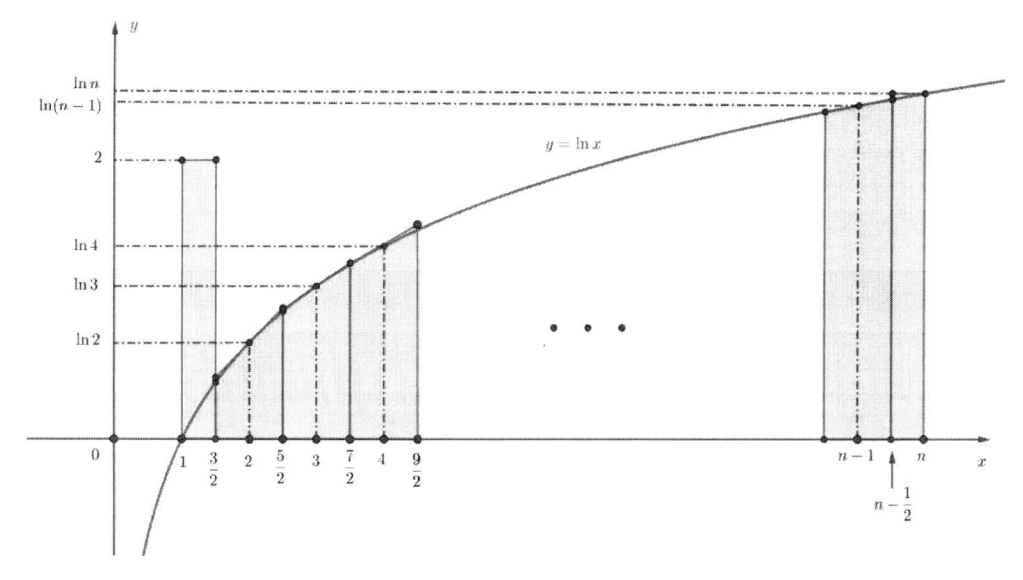

Figura B.3

$$\int_1^n \ln x\,dx < \underbrace{1 + \ln n! - \frac{1}{2}\ln n}_{\text{área da figura B.3}} \Rightarrow$$

$$n\ln n - n + 1 < 1 + \ln n! - \frac{1}{2}\ln n \Rightarrow$$

$$\ln n^n + \ln e^{-n} - \ln n! + \frac{1}{2}\ln n < 0 \Rightarrow$$

$$\ln\left(\frac{n^n e^{-n}\sqrt{n}}{n!}\right) < 0 \Rightarrow \ln\left(\frac{n^n e^{-n}\sqrt{n}}{n!}\right) < \ln 1 \Rightarrow$$

$$a_n := \frac{\sqrt{n}\,n^n e^{-n}}{n!} < 1 \;\forall n \geq 1 \Rightarrow (a_n)_{n\geq 1} \text{ é limitada.}$$

∎

(b) *A sequência $(a_n)_{n\geq 1}$ é monótona crescente;*

Demonstração. *Tem-se para todo $n \geq 1$ que*

$$\frac{a_{n+1}}{a_n} = \frac{\frac{\sqrt{n+1}(n+1)^{n+1}e^{-(n+1)}}{(n+1)!}}{\frac{\sqrt{n}\,n^n e^{-n}}{n!}} = \sqrt{\frac{n+1}{n}}\left(1+\frac{1}{n}\right)^n e^{-1}. \qquad (B.4)$$

Seja $\varphi : [1, \infty) \to \mathbb{R}$ definida em x por

$$\varphi(x) = \sqrt{\frac{x+1}{x}} \left(1 + \frac{1}{x}\right)^x e^{-1}. \tag{B.5}$$

Para mostrarmos que $(a_n)_{n \geq 1}$ é crescente é suficiente mostrarmos que $\varphi(x) > 1$. De fato, tem-se que:

1. $\varphi(1) = \frac{2\sqrt{2}}{e} > 1$;

2. $\lim\limits_{x \to \infty} \varphi(x) = \lim\limits_{x \to \infty} \left(\sqrt{\frac{x+1}{x}} \left(1 + \frac{1}{x}\right)^x e^{-1} \right) = 1.e.e^{-1} = 1$;

3. $\varphi' < 0$.

Prova de 3. Tem-se que

$$\ln \varphi(x) = \frac{1}{2} \ln\left(\frac{x+1}{x}\right) + x \ln\left(1 + \frac{1}{x}\right) - 1$$
$$- \frac{1}{2} (\ln(x+1) - \ln(x)) + x \ln\left(1 + \frac{1}{x}\right) - 1 \Rightarrow$$

$$\frac{\varphi'(x)}{\varphi(x)} = -\frac{(1+2x)}{2x(x+1)} + \ln\left(1 + \frac{1}{x}\right) \Rightarrow$$
$$\varphi'(x) = \varphi(x) \left[\ln \exp\left\{ -\frac{(1+2x)}{2x(x+1)} \right\} + \ln\left(1 + \frac{1}{x}\right) \right]$$
$$\varphi'(x) = \underbrace{\varphi(x)}_{>0} \left[\ln \left(\exp\left\{ -\frac{(1+2x)}{2x(x+1)} \right\} \cdot \left(1 + \frac{1}{x}\right) \right) \right]. \tag{B.6}$$

De (B.6), para mostrarmos que $\varphi' < 0$ é suficiente mostrarmos que

$$\exp\left\{ -\frac{(1+2x)}{2x(x+1)} \right\} \cdot \left(1 + \frac{1}{x}\right) < 1. \tag{B.7}$$

Da desigualdade $1 + u \leq e^u$ em (B.7) segue-se que

$$\exp\left\{-\frac{(1+2x)}{2x(x+1)}\right\} \cdot \left(1 + \frac{1}{x}\right) \leq \exp\left\{-\frac{(1+2x)}{2x(x+1)} + \frac{1}{x}\right\}$$
$$= \exp\left\{\frac{1}{2x(x+1)}\right\}. \tag{B.8}$$

Finalmente, observe que $2x(x+1)$ assume valor mínimo global de $-\frac{1}{2}$, e portanto

$$\exp\left\{\frac{1}{2x(x+1)}\right\} \leq e^{-2} \tag{B.9}$$

De (B.9), (B.8), (B.7) em (B.6) segue-se que

$$\varphi'(x) \leq \underbrace{\varphi(x)}_{>0} \ln(e^{-2}) < 0.$$

∎

(c) *Existe o limite $\lim_{n\to\infty} a_n$.*

Demonstração. *Do fato que toda sequência crescente e limitada superiormente ter limite, o resultado segue dos itens (a) e (b).*

∎

Lema B.4. *Se $(S_n)_{n\geq 1}$ é uma sequência de números reais definida por $S_n = \int_0^{\pi/2} (\operatorname{sen} x)^n dx$ para todo inteiro $n \geq 0$, então:*

(a) *Para todo inteiro $n \geq 2$, tem-se que $S_n = \frac{n-1}{n} S_{n-2}$;*

Demonstração. *De fato,*

$$S_n = \int_0^{\frac{\pi}{2}} (\operatorname{sen} x)^n dx = \int_0^{\frac{\pi}{2}} \operatorname{sen} x (\operatorname{sen} x)^{n-1} dx$$

Fazendo a integração por partes com $u = (\operatorname{sen} x)^{n-1}$ e $dv = \operatorname{sen} x dx$, tem-se que

$$S_n = \int_0^{\frac{\pi}{2}} (senx)^n dx =$$
$$= -cosx(senx)^{n-1}\Big|_0^{\frac{\pi}{2}} - \int_0^{\frac{\pi}{2}} (-cosx)(n-1)(senx)^{n-2}cosx dx$$
$$= (n-1)\int_0^{\frac{\pi}{2}} (1-(senx)^2)(senx)^{n-2} dx$$
$$= (n-1)\int_0^{\frac{\pi}{2}} (senx)^{n-2} dx - (n-1)\int_0^{\frac{\pi}{2}} (senx)^n dx$$
$$= (n-1)S_{n-2} - (n-1)S_n \Rightarrow$$
$$S_n = \frac{n-1}{n}S_{n-2}. \tag{B.10}$$

■

(b) Calcule $S_1 = 1, S_2, S_3, S_4$ e S_5.

Solução. Da definição de S_n segue-se imediatamente para $n=0$ e $n=1$ que

$$S_0 = \int_0^{\frac{\pi}{2}} (senx)^0 dx = x\Big|_0^{\frac{\pi}{2}} = \frac{\pi}{2}.$$
$$S_1 = \int_0^{\frac{\pi}{2}} (senx)^1 dx = (-cosx)\Big|_0^{\frac{\pi}{2}} = 1 \tag{B.11}$$

De (B.11) e (B.10) podemos obter todos os demais valores de $(S_n)_{n \geq 2}$:

$$S_2 = \frac{2-1}{2}S_0 = \frac{1}{2}\frac{\pi}{2};$$
$$S_3 = \frac{3-1}{3}S_1 = \frac{2}{3};$$
$$S_4 = \frac{4-1}{4}S_2 = \frac{1}{2}\frac{3}{4}\frac{\pi}{2};$$
$$S_5 = \frac{5-1}{5}S_3 = \frac{2}{3}\frac{4}{5}.$$

■

(c) Prove que para todo inteiro $n \geq 1$, tem-se que

$$S_{2n} = \frac{1.3\ldots(2n-1)}{2.4\ldots(2n)}\frac{\pi}{2}. \tag{B.12}$$

A fórmula de Stirling

Demonstração. A prova será feita por indução em n. Os casos $n = 1$ e $n = 2$ foram verificados no item (b). Suponhamos que o resultado seja válido para um certo k, i.e.,

$$S_{2k} = \frac{1.3\ldots(2k-1)}{2.4\ldots(2k)}\frac{\pi}{2}. \qquad (B.13)$$

Vamos provar que (B.13) vale para $k+1$. De fato,

$$S_{2(k+1)} = S_{2k+2} \stackrel{(B.10)}{=} \frac{2k+2-1}{2k+2}S_{2k+2-2} = \frac{2k+1}{2k+2}S_{2k} \stackrel{(B.13)}{=}$$
$$= \left(\frac{2k+1}{2(k+1)}\right)\frac{1.3\ldots(2k-1)}{2.4\ldots(2k)}\frac{\pi}{2}$$
$$= \frac{1.3\ldots(2k-1).(2(k+1)-1)}{2.4\ldots(2k)(2(k+1))}\frac{\pi}{2}$$

∎

(d) Prove que para todo inteiro $n \geq 1$, tem-se que

$$S_{2n+1} = \frac{2.4\ldots(2n)}{1.3\ldots(2n+1)} \qquad (B.14)$$

Demonstração. Novamente a prova será feita por indução e os casos $n = 1$ e $n = 3$ já foram verificados no item (b). Suponhamos que o resultado seja válido para um certo k, i.e.,

$$S_{2k+1} = \frac{2.4\ldots(2k)}{3.5\ldots(2k+1)}. \qquad (B.15)$$

De fato,

$$S_{2(k+1)+1} = S_{2k+3} \stackrel{(B.10)}{=} \frac{2k+3-1}{2k+3}S_{2k+3-2} = \frac{2k+2}{2k+3}S_{2k+1} \stackrel{(B.15)}{=}$$
$$= \left(\frac{2k+2}{2k+3}\right)\frac{2.4\ldots(2k)}{3.5\ldots(2k+1)} = \frac{2.4\ldots(2k)(2k+2)}{3.5\ldots(2k+1)(2k+3)}.$$

∎

(e) Mostre que

$$\lim_{n\to\infty} \frac{S_{2n+1}}{S_{2n}} = 1. \tag{B.16}$$

Solução. Tem-se de (B.10) que

$$\lim_{n\to\infty} \frac{S_{2n+1}}{S_{2n}} = \lim_{n\to\infty} \frac{\frac{2n+1-1}{2n+1} S_{2n+1-2}}{S_{2n}}$$

$$= \lim_{n\to\infty} \left[\frac{2n}{2n+1} \frac{S_{2n-1}}{S_{2n}}\right]$$

$$= 1 \cdot \lim_{n\to\infty} \frac{S_{2n-1}}{S_{2n}} \Rightarrow$$

$$\lim_{n\to\infty} \frac{S_{2n+1}}{S_{2n}} = \lim_{n\to\infty} \frac{S_{2n-1}}{S_{2n}} := L. \tag{B.17}$$

Da definição do limite L dado em (B.17) e do fato que a sequência $\left(\frac{S_{n+1}}{S_n}\right)_{n\geq 1}$ ser constituída somente de termos positivos, segue-se que

$$L = \lim_{n\to\infty} \frac{S_{2n+1}}{S_{2n}} = \lim_{n\to\infty} \left(\frac{1}{\frac{S_{2n}}{S_{2n-1}}}\right) = \frac{1}{\lim_{n\to\infty} \frac{S_{2n}}{S_{2n-1}}} = \frac{1}{L} \Rightarrow$$

$$L^2 = 1 \Rightarrow L = 1.$$

∎

Lema B.5. *Se $(W_n)_{n\geq 1}$ é uma sequência de números reais definida por*

$$W_n = \frac{2.2.4.4\ldots(2n).(2n)}{3.3.5.5\ldots(2n-1).(2n-1).(2n+1)} = \prod_{j=1}^{n}\left(\frac{2j}{(2j-1)}\frac{2j}{(2j+1)}\right). \tag{B.18}$$

então a sequência $(W_n)_{n\geq 1}$ é crescente e limitada superiormente com

$$\lim_{n\to\infty} W_n = \prod_{j=1}^{\infty}\left(\frac{2j}{(2j-1)}\frac{2j}{(2j+1)}\right) = \frac{\pi}{2}. \ (\textit{Produto de Wallis}) \tag{B.19}$$

Demonstração. Mostremos inicialmente que $(W_n)_{n\geq 1}$ é crescente. De B.18 tem-se que

A fórmula de Stirling

$$\frac{W_{n+1}}{W_n} = \frac{\dfrac{2.2\ldots(2n).(2n).(2(n+1))(2(n+1))}{3.3\ldots(2n-1).(2n-1).(2(n+1)-1)(2(n+1)-1)(2(n+1)+1)}}{\dfrac{2.2.4.4\ldots(2n).(2n)}{3.3.5.5\ldots(2n-1).(2n-1).(2n+1)}}$$

$$= \frac{(2n+2)(2n+2)}{(2n+1)(2n+3)} > 1, \text{ pois}$$

$$\frac{(2n+2)(2n+2)}{(2n+1)(2n+3)} > 1 \iff 4k^2 + 8k + 4 > 4k^2 + 8k + 3 \iff 4 > 3.$$

Logo, de $\frac{W_{n+1}}{W_n} > 1$ tem-se que $(W_n)_{n \geq 1}$ é crescente.

Mostremos agora que $(W_n)_{n \geq 1}$ é limitada superiormente. Desde que a sequência é crescente, é suficiente mostrarmos que ela apresenta limite finito quando n tende a infinito. De fato, de (B.12) e (B.14) tem-se que

$$\frac{S_{2n+1}}{S_{2n}} = \frac{\dfrac{2.4\ldots(2n)}{3.5\ldots(2n+1)}}{\dfrac{1.3\ldots(2n-1)}{2.4\ldots(2n)}\dfrac{\pi}{2}} = \frac{2.2.4.4\ldots(2n)(2n)}{1.3.3.5.5\ldots(2n-1)(2n-1)(2n+1)}\frac{2}{\pi}$$

$$\stackrel{(B.18)}{=} W_n \frac{2}{\pi} \implies \lim_{n \to \infty} W_n = \frac{\pi}{2} \lim_{n \to \infty} \frac{S_{2n+1}}{S_{2n}} \stackrel{(B.16)}{=} \frac{\pi}{2}.$$

∎

Lema B.6. *Seja $(b_n)_{n \geq 1}$ é uma sequência de números reais.*

$$Se\ b_n = \frac{(n!)^2 2^{2n}}{(2n)!\sqrt{n}}, \ então\ \lim_{n \to \infty} b_n = \sqrt{\pi}. \tag{B.20}$$

Demonstração. De (B.19) tem-se que

$$\lim_{n\to\infty} \frac{2.2.4.4\ldots(2n)(2n)}{3.3.5.5\ldots(2n-1)(2n-1)(2n+1)} = \frac{\pi}{2} \Rightarrow$$

$$\lim_{n\to\infty} \frac{2^n 2^n n! n!}{3.3.5.5\ldots(2n-1)(2n-1)(2n+1)} = \frac{\pi}{2} \Rightarrow$$

$$\lim_{n\to\infty} \frac{2^n 2^n n! n! 2.2.4.4\ldots(2n)(2n)}{(2.2)(3.4)(3.4)\ldots(2n-1)(2n)(2n-1)(2n)(2n+1)} = \frac{\pi}{2} \Rightarrow$$

$$\lim_{n\to\infty} \frac{(2^{2n})^2 (n!)^4}{((2n)!)^2 (2n+1)} = \frac{\pi}{2} \Rightarrow \lim_{n\to\infty} \left(\frac{(2^{2n})(n!)^2}{(2n)!\sqrt{2n+1}}\right)^2 = \frac{\pi}{2} \Rightarrow$$

$$\frac{1}{2}\lim_{n\to\infty} \left(\frac{(2^{2n})(n!)^2}{(2n)!\sqrt{n}\sqrt{1+\frac{1}{2n}}}\right)^2 = \frac{\pi}{2} \Rightarrow \left(\lim_{n\to\infty} \frac{(2^{2n})(n!)^2}{(2n)!\sqrt{n}\sqrt{1+\frac{1}{2n}}}\right)^2 = \pi \Rightarrow$$

$$\left(\lim_{n\to\infty} \frac{(2^{2n})(n!)^2}{(2n)!\sqrt{n}} \cdot \lim_{n\to\infty} \frac{1}{\sqrt{1+\frac{1}{2n}}}\right)^2 = \pi \Rightarrow \lim_{n\to\infty} \frac{(2^{2n})(n!)^2}{(2n)!\sqrt{n}} = \sqrt{\pi}.$$

∎

Teorema B.1 (Fórmula de Stirling). *Se* $(a_n)_{n\geq 1}$ *é uma sequência de números reais definida por* $a_n = \frac{\sqrt{n}.n^n.e^{-n}}{n!}$, *então*

$$\lim_{n\to\infty} \frac{\sqrt{2\pi n} n^n e^{-n}}{n!} = 1. \tag{B.21}$$

Demonstração. Mostremos inicialmente que

$$\lim_{n\to+\infty} \frac{a_n^2}{a_{2n}} = \frac{1}{\sqrt{2\pi}}. \tag{B.22}$$

De fato tem-se que

$$\lim_{n\to\infty} \frac{a_n^2}{a_{2n}} = \lim_{n\to\infty} \left(\frac{n.n^{2n}.e^{-2n}}{(n!)^2} \frac{(2n)!}{\sqrt{2n}(2n)^{2n}e^{-2n}}\right)$$

$$= \lim_{n\to\infty} \frac{\sqrt{n}\sqrt{n}n^{2n}(2n)!}{\sqrt{2}\sqrt{n}2^{2n}n^{2n}(n!)^2} = \frac{1}{\sqrt{2}} \lim_{n\to\infty} \frac{\sqrt{n}(2n)!}{2^{2n}(n!)^2} =$$

$$= \frac{1}{\sqrt{2}} \lim_{n\to\infty} \left(\frac{1}{\frac{2^{2n}(n!)^2}{\sqrt{n}(2n)!}}\right) = \frac{1}{\sqrt{2}} \left(\frac{1}{\lim_{n\to\infty} \frac{2^{2n}(n!)^2}{\sqrt{n}(2n)!}}\right) \stackrel{(B.20)}{=} \frac{1}{\sqrt{2\pi}}.$$

A fórmula de Stirling   479

Do fato que se uma sequência converge para l, então qualquer subsequência dela converge para o mesmo valor l, veja [3], desde que $(a_{2n})_{n\geq 1}$ é uma subsequência de $(a_n)_{n\geq 1}$ (a qual converge, conforme mostrado no item (c) do lema B.3), então tem-se que

$$\frac{1}{\sqrt{2\pi}} \stackrel{(B.22)}{=} \lim_{n\to\infty} \frac{a_n^2}{a_{2n}} = \frac{\left(\lim_{n\to\infty} a_n\right)^2}{\lim_{n\to\infty} a_{2n}} = \frac{\left(\lim_{n\to\infty} a_n\right)^2}{\lim_{n\to\infty} a_n} = \lim_{n\to\infty} a_n \Rightarrow$$

$$\lim_{n\to+\infty} a_n = \frac{1}{\sqrt{2\pi}} \Rightarrow \lim_{n\to\infty} \frac{\sqrt{2\pi n}\, n^n e^{-n}}{n!} = 1.$$

∎

Observação B.1. *Como comentamos no início deste apêndice, a partir do limite* $\lim_{n\to+\infty} \frac{n!}{\sqrt{2\pi n}\left(\frac{n}{e}\right)^n} = 1$, *é comum as pessoas prensarem que* $n! \simeq \sqrt{2\pi n}\left(\frac{n}{e}\right)^n$, *o que não é verdade. O fato de tal limite ser igual a 1 não significa que para n suficientemente grande, os números $n!$ e $\sqrt{2\pi n}\left(\frac{n}{e}\right)^n$ sejam valores próximos. Na verdade a diferença entre esses dois números aumenta, com o aumento de n. O que é verdade é que*

$$\lim_{n\to+\infty} \frac{n! - \sqrt{2\pi n}\left(\frac{n}{e}\right)^n}{n!} = 0.$$

O que é realmente importante é que o erro relativo cometido ao usarmos $\sqrt{2\pi n}\, n^n e^{-n}$ para aproximar o valor de $n!$ diminui quando $n \to \infty$, conforme ilustra a tabela a seguir:

Aproximações de Stirling para $n!$.

n	$n!$	$\sqrt{2\pi n}\, n^n e^{-n}$	Erro percentual
1	1	0,922	8%
2	2	1,919	4%
5	120	118,019	2%
10	$3,6288.10^6$	$3,5986.10^6$	0,8%
100	$9,3326.10^{157}$	$9,3249.10^{157}$	0,08%

Apêndice C
Paradoxos e Problemas Curiosos

Nesta seção apresentaremos alguns problemas famosos no estudo ou desenvolvimento da teoria das probabilidades ou que muitas vezes vão de encontro à nossa intuição.

C.1. Paradoxo de Bertrand

Considere uma circunferência de raio unitário e um triângulo equilátero nela inscrito. Qual a probabilidade que uma corda escolhida ao acaso tenha comprimento maior que o lado do triângulo?

O matemático e divulgador científico Joseph Louis François Bertrand (1822 – 1900) apresentou esse problema ao qual, aparentemente, pode nos conduzir a três resultados diferentes, mas de fato, a falta de precisão na definição de como a escolha da corda é feita, conduz a determinação de diferentes espaços amostrais, e consequentemente, diferentes probabilidades ao evento de interesse associado a cada um dos espaços amostrais.

Figura C.1: François Bertrand

Situação 1: **Escolhemos primeiramente um dos extremos da corda e depois o outro**.

Seja ABC um triângulo equilátero inscrito na circunferência de raio 1 e, sem perda de generalidade, consideremos A e D os pontos que definem a corda. Tem-se que os lados do triângulo dividem a circunferência em 3 setores de iguais comprimentos e que a corda terá comprimento maior $\sqrt{3}$ se, e somente se, a outra extremidade D da corda, estiver compreendida no arco $\widehat{BC}$ que não contém o vértice A, veja figura C.2. Neste caso, o espaço amostral Ω consiste de todos os arcos $\widehat{AD}$ no intervalo $[0, 2\pi)$, a sigma-álgebra $\mathcal{F}$ todos os subconjuntos mensuráveis de Ω e a probabilidade de o ponto D pertencer a um arco como sendo o comprimento do arco dividido por 2π. Assim, se tomamrmos o ponto A como origem, as cordas que terão comprimento maior que $\sqrt{3}$ são aquelas em que o outro extremo D está no arco hachurado $\widehat{BC}$ cujo comprimento é $\frac{2\pi}{2}$. Logo,

$$\mathbb{P}(\text{corda maior que } \sqrt{3}) = \mathbb{P}(D \in \widehat{BC}) = \frac{\frac{2\pi}{3}}{2\pi} = \frac{1}{3}.$$

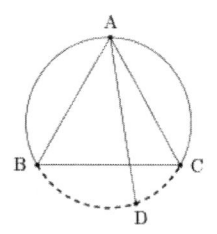

Figura C.2

Situação 2: **Escolhemos uma direção e depois a distância ao centro da circunferência**

Consideremos a direção determinada pelo lado BC (poderia ser qualquer um dos outros dois lados) do triângulo ABC. Sejam O o centro da circunferência, AP o diâmetro perperdicular ao lado BC com M o ponto médio de BC e N o antípoda de M em relação ao centro O, veja figura C.3. Tem-se que M e N pertencem ao segmento AP e as distâncias de M e N até o centro O valem $\frac{1}{2}$. Assim, qualquer sequência de cordas perpendiculares a AP e com extremidades nos arcos hachurados KB e LC apresentam comprimento maior que $\sqrt{3}$. O espaço amostral Ω consiste no conjunto dos pontos do segmento AP, a σ-álgebra $\mathcal{F}$ todos os subconjuntos de AP mensuráveis e para todo evento $E \in \mathcal{F}$ a probabilidade de E é dada pelo comprimento de E dividida por 2 (tamanho do diâmetro AP). Logo,

$$\mathbb{P}(\text{corda maior que } \sqrt{3}) = \frac{\overline{OM} + \overline{ON}}{2} = \frac{\frac{1}{2} + \frac{1}{2}}{2} = \frac{1}{2}.$$

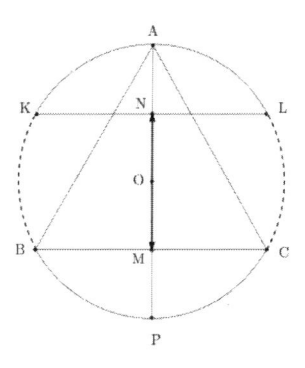

Figura C.3

Situação 3: **Escolhemos o ponto médio da corda**

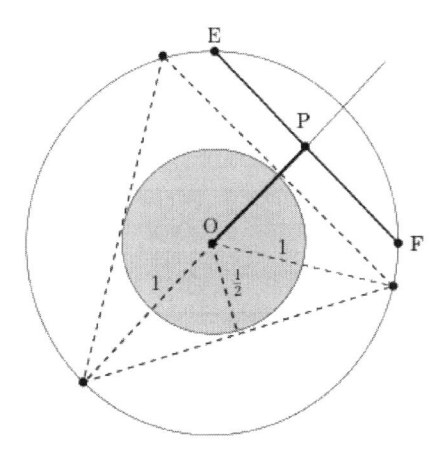

Figura C.4: $d(O, P) > \frac{1}{2}$

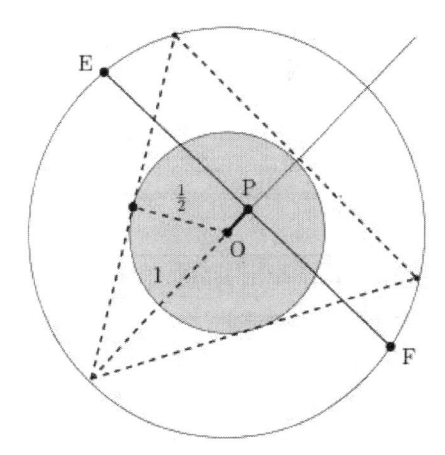

Figura C.5: $d(O, P) < \frac{1}{2}$

Seja P um ponto do interior da circunferência de centro O de tal forma que P é o ponto médio de uma corda com extremidades nos pontos E e F. Se $d(O, P) = 1$, então a corda EF é o lado do triângulo equilátero escrito na circunferência de raio 1; ademais, se $\frac{1}{2} < d < 1$ (ou $0 \leq d(O, P) < \frac{1}{2}$), então, respectivamente, a corda EF tem comprimento menor (ou maior) que o lado do triângulo inscrito na circunferência de raio 1, veja as representações nas figuras C.4 e C.5. Logo, qualquer ponto P tal que $d(O, P) < \frac{1}{2}$, determina conforme a dinâmica descrita uma corda cujo comprimento é maior que o lado do triângulo inscrito.

Assim, se considerarmos o espaço amostral Ω como sendo o conjunto das cordas cujos pontos médios distam no máximo 1 da origem (o que equivale ao conjunto dos pontos de um círculo de raio 1 centrado em O), a σ-álgebra $\mathcal{F}$ como sendo todos os subconjuntos mensuráveis contidos no círculo e a medida de probabilidade de um evento como sendo a área deste evento dividida pela área da circunferência de raio unitário, segue-se que

$$\mathbb{P}(\text{corda maior que } \sqrt{3}) = \frac{\pi \left(\frac{1}{2}\right)^2}{\pi 1^2} = \frac{1}{4}.$$

C.2. Problema dos dados

Em um lançamento com 3 dados, é mais provável que a soma seja 9 ou 10 ?

Este problema foi estudado inicialmente pelo matemático, médico, astrônomo e filósofo italiano Girolamo Cardano (1501 − 1576) em "Livro Sobre Jogos de Azar" e também pelo físico, matemático, astrônomo e filósofo italiano Galileu Galilei (1564 − 1642) em "Considerações sobre os Jogos dos Dados".

Figura C.6: Cardano

Figura C.7: Galileu

Soma 9	Possibilidades	Soma 10	Possibilidades
1+2+6	6	1+3+6	6
1+3+5	6	1+4+5	6
1+4+4	3	2+2+6	3
2+2+5	3	2+3+5	6
2+3+4	6	2+4+4	3
3+3+3	1	3+3+4	3
Total	25	Total	27

Tabela C.1: Total de possibilidades no lançamento de 3 dados.

Problema dos Aniversários 485

Uma aparente contradição surge ao pensar que ambos os resultados são igualmente prováveis, pois tanto a soma 9 quanto a soma 10 pode ser particionada de 6 maneiras com parcelas inteiras variando de 1 a 6, entretanto veja na tabela C.1 que há, respectivamente, 25 e 27 possibilidades cuja soma resulta 9 e 10, sendo portanto o evento soma ser 10 mais provável.

C.3. Problema dos Aniversários

Qual a probabilidade de que em um grupo de n pessoas, ao menos duas façam aniversário no mesmo dia?

Esse problema fere um pouco a intuição de muitas pessoas, pois para $n = 23$ temos que há aproximadamente $50,73\%$ de chance e para $n = 50$ esta probabilidade é de aproximadamente $97,04\%$. Uma eventual falha na intuição, possivelmente, se deva ao fato de se pensar como uma coincidência apenas para uma data específica, mas não para o total de possíveis combinações de pessoas e datas.

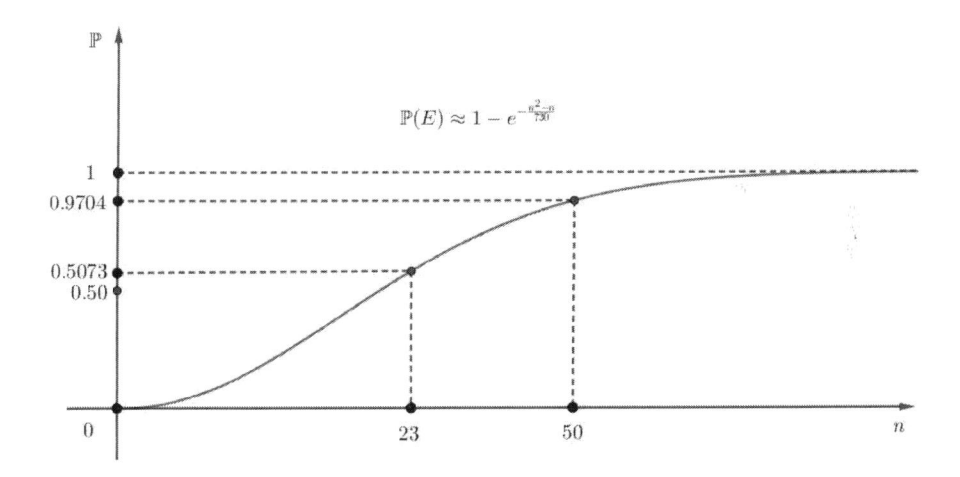

Figura C.8: probabilidades de coincidências de aniversários

Suponhamos a distribuição de n bolas (no caso as pessoas) em 365 urnas (os dias do ano) e seja o evento E^c que duas pessoas não aniversariam no mesmo dia, tem-se que para $2 \leq n \leq 365$ que

$$\mathbb{P}(E^c) = \frac{365(365-1)(365-2)\ldots(365-(n-1))}{365^n}$$

$$= 1\left(1 - \frac{1}{365}\right)\left(1 - \frac{2}{365}\right)\ldots\left(1 - \frac{n-1}{365}\right) \qquad \text{(C.1)}$$

Usando o fato de que $1 - x \approx e^{-x}$ para x "pequeno", tem-se de (C.1) que

$$\mathbb{P}(E^c) \approx e^{-\frac{1}{365}} e^{-\frac{2}{365}} \ldots e^{-\frac{n-1}{365}} = e^{-\frac{n^2-n}{730}}$$

e portanto,

$$\mathbb{P}(E) \approx 1 - e^{-\frac{n^2-n}{730}} \tag{C.2}$$

C.4. O problema de Monty Hall

Atrás de três portas há um carro e dois bodes. Inicialmente uma pessoa escolhe uma das portas sem saber o que se encontra atrás da porta. Um apresentador, conhecendo o que há atrás de cada uma delas, abre uma das portas que contém o bode e pergunta ao candidato se ele prefere trocar de porta. Qual a melhor estratégia para o candidato?

Possibilidades	Porta A	Porta B	Porta C	Resultado
escolhe A e não troca	prêmio	bode	bode	ganha
escolhe A e troca	prêmio	bode	bode	perde
escolhe A e não troca	bode	prêmio	bode	perde
escolhe A e troca	bode	prêmio	bode	ganha
escolhe A e não troca	bode	bode	prêmio	perde
escolhe A e troca	bode	bode	prêmio	ganha

Figura C.9: espaço amostral considerando-se a escolha da porta A e os prêmios em cada uma das portas.

Esse problema ficou famoso ao ser apresentado num programa televisivo "Lets Make a Deal" de 1963 a 1976. No início dos anos 90 foi perguntado a Marilyn Vos Savant, colunista e escritora que escreve aos seus leitores sobre matemática e ciência, se era melhor trocar de porta ou não. Ela, que até já foi registrada no Livro dos Recordes por ter apresentado o maior registro de quociente de inteligência, disse que a melhor estratégia era trocar de porta, passando a partir disso a receber uma série de críticas de diversos matemáticos profissionais. Mostraremos a seguir que a melhor estratégica é trocar de porta, aumentando em duas vezes a chance de ganhar o prêmio.

Observe na figura C.10 que ao se escolher a opção de trocar de porta, tem-se sempre 2 possibilidades de ganhar o prêmio em 3, ao passo que ao

O problema de Monty Hall

Possibilidades	Porta A	Porta B	Porta C	Resultado
escolhe A e não troca	prêmio	bode	bode	ganha
escolhe A e troca	prêmio	bode	bode	perde
escolhe B e não troca	prêmio	bode	bode	perde
escolhe B e troca	prêmio	bode	bode	ganha
escolhe C e não troca	prêmio	bode	bode	perde
escolhe C e troca	prêmio	bode	bode	ganha

Figura C.10: espaço amostral considerando-se o prêmio na porta A e as possíveis escolhas de porta.

escolher a opção de não se trocar de porta, apenas em 1 situação de 3 que o candidato fica com o prêmio, sendo portanto que a probabilidade de ganhar após a troca é $\frac{2}{3}$ e a troca de portas faz dobrar a chance inicial de ganhar que era $\frac{1}{3}$. De fato, condicionando ao evento de que o apresentador abre a porta que contém um dos bodes, se o candidato realizar uma mudança de porta ele só não ganhará se na etapa inicial tiver escolhido a porta premiada.

De maneira mais formal, consideremos o espaço amostral descrito na figura C.10 em que o prêmio está na porta A e definamos os eventos A, B e C, respectivamente, se a porta escolhida pelo candidato foi A, B e C, T se ele trocou de porta e G ganhar o prêmio. Calculemos $\mathbb{P}(G|T)$.

Os eventos A, B e C além de serem disjuntos, também formam uma partição de Ω, assim tem-se que

$$G = G \cap (A \dot\cup B \dot\cup C) = (G \cap A) \dot\cup (G \cap B) \dot\cup (G \cap C). \qquad (C.3)$$

De (C.3), desde que os eventos $G \cap A$, $G \cap B$ e $G \cap C$ são disjuntos e da propriedade da aditividade finita da probabilidade condicional (exemplo 5.31) tem-se que

$$\mathbb{P}(G|T) = \mathbb{P}(G \cap A|T) + \mathbb{P}(G \cap B|T) + \mathbb{P}(G \cap C|T) \qquad (C.4)$$

Ademais, da definição de probabilidade condicional segue-se que

$$\begin{aligned} \mathbb{P}(G \cap A|T) &= \mathbb{P}(A|T)\mathbb{P}(G|A \cap T) \\ \mathbb{P}(G \cap B|T) &= \mathbb{P}(B|T)\mathbb{P}(G|B \cap T) \\ \mathbb{P}(G \cap C|T) &= \mathbb{P}(C|T)\mathbb{P}(G|C \cap T) \end{aligned} \qquad (C.5)$$

De (C.5) em (C.4) e desde que a escolha da porta é independente de escolher trocá-la ou não, ou seja; $\mathbb{P}(A|T) = \mathbb{P}(A)$, $\mathbb{P}(B|T) = \mathbb{P}(B)$ e $\mathbb{P}(C|T) = \mathbb{P}(C)$, segue-se que

$$\mathbb{P}(G|T) = \mathbb{P}(A)\mathbb{P}(G|A \cap T) + \mathbb{P}(B)\mathbb{P}(G|B \cap T) + \mathbb{P}(C)\mathbb{P}(G|C \cap T) \quad (C.6)$$

Assumindo que as portas são igualmente prováveis de serem escolhidas pelo candidato e que o prêmio está atrás da porta A (suposemos isso anteriormente), tem-se que

$$\mathbb{P}(G|A \cap T) = 0 \quad \mathbb{P}(G|B \cap T) = 1 \quad \mathbb{P}(G|C \cap T) = 1, \quad (C.7)$$

e portanto, de (C.7) em (C.6) segue-se que

$$\mathbb{P}(G|T) = \frac{1}{3}.0 + \frac{1}{3}.1 + \frac{1}{3}.1 = \frac{2}{3} > \frac{1}{3} = \mathbb{P}(G)$$

C.5. Problema dos Casamentos Não Desfeitos

Considere uma urna com $2n$ cartões numerados (dois deles marcados 1, dois deles marcados 2,..., dois deles marcados n). Um total de m cartões são retirados da urna. Qual é o valor esperado do número de pares de cartões que permanecem na urna?

Este problema foi resolvido pelo matemático suíço Daniell Bernoulli (1700–1782) em 1768 para modelar o número de casamentos remanescentes a partir de um conjunto inicial de n casais após m mortes (veja [27]).

Consideremos variáveis aleatórias indicadores para cada um dos n casais assim definidas. Para todo $i \in \{1, \ldots, n\}$

$$X_i := \begin{cases} 1 & \text{se o i-ésimo casal não é desfeito;} \\ 0 & \text{caso contrário.} \end{cases}$$

As variáveis aleatórias X_i não são independentes, mas são identicamente distribuídas. Assim, se $X = X_1 + \ldots + X_n$, então pela linearidade da tem-se que

$$\mathbb{E}(X) = \mathbb{E}(X_1 + \ldots + X_n) = n\mathbb{E}(X_1) = n\mathbb{P}(X_1 = 1)$$
$$= n\frac{\binom{2n-2}{m}}{\binom{2n}{m}} = \frac{n(2n-m)(2n-m-1)}{(2n)(2n-1)}.$$

Figura C.11: Daniel Bernoulli

C.6. Cinco prisioneiros e um dado

Cinco prisioneiros estão num barco e um deles será libertado. Para escolher quem será libertado, o carcereiro ulizará um dado comum (e honesto) de 6 faces. Para isso cada um dos prisioneiro escolhe exatamente um dos números $1, 2, 3, 4, 5, 6$ que estão presentes nas faces do dado. Como proceder para que cada um dos prisioneiros tenha a mesma probabilidade, igual a $\frac{1}{5}$, para ser libertado?

Para que cada um dos prisioneiros tenha probabilidade $\frac{1}{5}$ de ser libertado podemos proceder da seguinte forma:

- Pode-se para cada um dos cinco prisioneiro escolha exatamente um dos números $1, 2, 3, 4, 5, 6$ que estão presentes na face do dado;

- Feito isso, um dos números entre $1, 2, 3, 4, 5, 6$ não será escolhido. Sem perda de generalidade, você pode pensar que o número não escolhido seja, por exemplo, o 6;

- O Carcereiro estabelece então a seguinte regra: ao jogar o dado e surgir o resultado, se o resultado for 1, 2, 3, 4 ou 5, o prisioneiro que escolheu anteriormente o número sorteado será libertado; se o resultado do sorteio for o número que não foi escolhido por nenhum dos prisioneiros, (estamos imaginando, por exemplo, ser o número 6) sortearemos novamente um novo resultado até que saia um dos números escolhidos por um dos prisioneiros.

Com esse procedimento, a probabilidade de ser sorteado cada um dos números escolhidos pelos prisioneiros, isto é, 1, 2, 3, 4 ou 5 é igual a $\frac{1}{5}$. De fato, vamos calcular, por exemplo, a probabilidade do número sorteado ser o 1. Para isso, consideremos os eventos:

$A_i = \{$o número sorteado no lançamento i é igual a 1$\}$.

$B_i = \{$o número sorteado no lançamento i é igual a 6$\}$.

$E_1 = \{$o prisioneiro sorteado será o que escolheu o número 1$\}$.

Ao realizar o experimento, o resultado 1 pode sair no 1° lançamento, ou sair o resultado 6 no 1° lançamento e sair o resultado 1 no 2° lançamento ou sair o resultado 6 no 1° e 2° lançamentos e sair o resultado 1 no 3° lançamento, e assim sucessivamente. Assim,

$$\mathbb{P}(E_1) = \mathbb{P}[A_1 \cup (B_1 \cap A_2) \cup (B_1 \cap B_2 \cap A_3) \cup \ldots]$$
$$= \frac{1}{6} + \frac{1}{6} \cdot \frac{1}{6} + \frac{1}{6} \cdot \frac{1}{6} \cdot \frac{1}{6} + \ldots$$
$$= \frac{1}{6} + \left(\frac{1}{6}\right)^2 + \left(\frac{1}{6}\right)^3 + \ldots$$
$$= \frac{\frac{1}{6}}{1 - \frac{1}{6}} = \frac{\frac{1}{6}}{\frac{5}{6}} = \frac{1}{5}$$

Analogamente, definindo

$E_i = \{$o prisioneiro sorteado será o que escolheu o número $i\}$, para $i = 2, 3, 4, 5$,

segue que $\mathbb{P}(E_i) = \frac{1}{5}$, o que revela que o procedimento acima permite que cada um dos 5 prisioneiros tem a mesma probabilidade $\frac{1}{5}$ de ser o libertado.

C.7. Liberdade × Probabilidade

Um prisioneiro recebe 50 bolas brancas e 50 bolas pretas. O prisioneiro deve distribuir, do modo que preferir, as bolas em duas urnas, mas de modo que nenhuma das duas urnas fique vazia. As urnas serão embaralhadas e o prisioneiro deverá, de olhos fechados, escolher uma urna e, nesta urna, uma bola. Se a bola for branca, ele será libertado; caso contrário, ele será condenado. De que modo o prisioneiro deve distribuir as bolas nas urnas para que a probabilidade de ele ser libertado seja máxima? Qual é essa probabilidade?

Vamos mostrar que a melhor estratégia é colocar apenas 1 bola branca numa das urnas e as demais 99 bolas na outra urna. De fato, se na primeira urna colocarmos k bolas das quais b são brancas, a probabilidade de que o prisioneiro seja libertado é

$$\mathbb{P}(k,b) = \frac{1}{2}\left[\frac{b}{k} + \frac{50-b}{100-k}\right] = \frac{1}{2} \cdot \frac{50k + b(100-2k)}{k(100-k)}.$$

Note que quando $k = 50$, tem-se que

$$\mathbb{P}(k,b) = \frac{1}{2} \cdot \frac{50.50 + b(100 - 2.50)}{50(100-50)} = \frac{1}{2} \cdot 1 = \frac{1}{2},$$

idependente do valor de b.

Vamos estudar o caso em que $k < 50$ (note que basta estudar esse caso, pois se $k \neq 50$, uma das urnas necessariamente terá menos que 50 bolas). Nesse caso, fixando o valor de $k \in \{1, 2, \ldots 50\}$ (número de bolas na primeira urna), quanto maior for o valor de b, maior será o valor de $\mathbb{P}(k,b)$, visto que, fixado o valor de k o númerador $50k + b(100-2k)$, é uma função crescente de b e o denominador $k(100-k)$ é constante. Mas $b \leq k$ (pois b é o número de bolas brancas na primeira urna, que possui k bolas no total). Diante do exposto, a probabilidade $\mathbb{P}(k,b)$ será máxima quando $b = k$. Portanto temos a seguinte expressão:

$$\mathbb{P}(k, b=k) = \frac{1}{2} \cdot \frac{50k + k(100-2k)}{k(100-k)} = \frac{75-k}{100-k} = 1 - \frac{25}{100-k},$$

que será máxima quando k for mínimo, ou seja, quando $k = 1$. Nesse caso a probabilidade (máxima de libertação) é

$$\mathbb{P}(1,1) = 1 - \frac{25}{100-1} = \frac{74}{99}.$$

C.8. Equação Quadrática e Probabilidade

Considerando as equações quadráticas da forma $x^2 + ax + b = 0$, com $a, b \in [-100, 100]$, qual a probabilidade de que essa equação possua raízes reais?

Como $a, b \in [-100, 100]$, segue que o par ordenado (a, b) pertence ao quadrado $\Omega \subset \mathbb{R}^2$, centrado na origem e de lado 200, como ilustra a figura C.12.

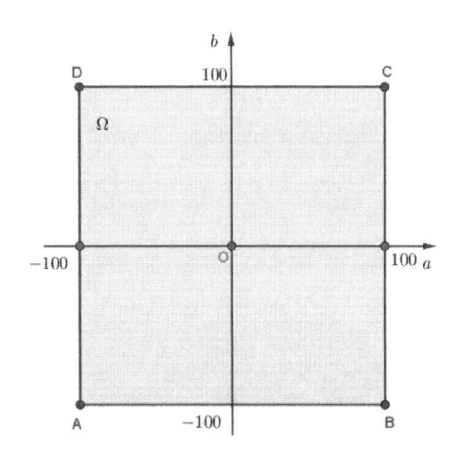

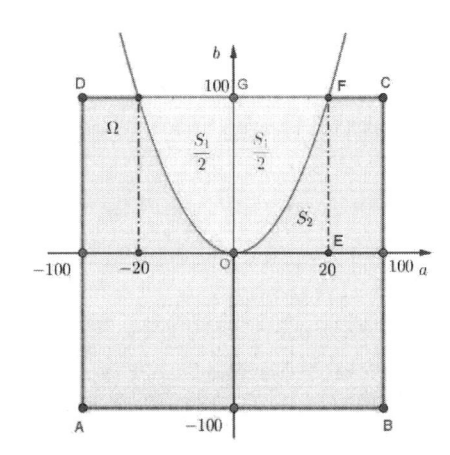

Figura C.12   Figura C.13: $b > \frac{a^2}{4}$

Consideremos o seguinte evento:

$A = \{x^2 + ax + b = 0, \text{ com } a, b \in [-100, 100] \text{ possui soluções reais}\}$

Vamos calcular $\mathbb{P}(A^c)$ e então obter $\mathbb{P}(A)$ usando a relação $\mathbb{P}(A) = 1 - \mathbb{P}(A^c)$.

Sabemos que a equação quadrática $x^2 + ax + b = 0$ não possui soluções reais se, e somente se,

$$\Delta = a^2 - 4.1.b < 0 \Leftrightarrow a^2 < 4b \Leftrightarrow b > \frac{1}{4}a^2.$$

Os pontos (a, b) que correspondem a condição $b > \frac{1}{4}a^2$ são aqueles que estão na área haruchada em vermelho acima da parábola $b = \frac{1}{4}a^2$, conforme ilustra a figura C.13

Diante do exposto, segue que $\mathbb{P}(A^c) = \frac{S_1}{S}$, onde S_1 é medida da área da região localizada acima da parábola de equação $b = \frac{1}{4}a^2$ e interior ao quadrado Ω, e S é a medida da área do quadrado Ω. Mas,

$$S = \text{área}(\Omega) = 200^2 = 40.000.$$

Os pontos em que a parábola $b = \frac{1}{4}a^2$ intersecta o quadrado $ABCD$ têm coordenadas $(-20, 100)$ e $(20, 100)$. De fato,

$$b = \frac{1}{4}a^2 \Rightarrow 100 = \frac{1}{4}a^2 \Rightarrow a = \pm 20.$$

A área $\frac{S_1}{2}$ pode ser calculada como sendo a diferença entre as áreas do retângulo $OEFG$ e a área S_2 limitada superiormente pela parábola, inferiormente pelo eixo horizontal à direita pela reta vertical $a = 20$, isto é,

$$\begin{aligned}\frac{S_1}{2} &= (OEFG) - S_2 \\ &= 20 \times 100 - \int_0^{20} \frac{1}{4}a^2 da \\ &= 2000 - \frac{1}{4}\left(\frac{20^3}{3} - \frac{0^3}{3}\right) \\ &= 2000 - \frac{2000}{3} \\ &= \frac{4000}{3} \\ &\Rightarrow S_1 = \frac{8000}{3}.\end{aligned}$$

Portanto,

$$\mathbb{P}(A^c) = \frac{S_1}{S} = \frac{\frac{8000}{3}}{40000} = \frac{1}{15} \Rightarrow$$
$$\mathbb{P}(A) = 1 - \mathbb{P}(A^c) = 1 - \frac{1}{15} = \frac{14}{15}.$$

C.9. O Último Teorema de Fermat × Probabilidade

Duas urnas contêm o mesmo número total de bolas, algumas brancas e outras pretas. Em cada uma dessas urnas são extraídas n, com $(n > 2)$ bolas com reposição. Determine o número n de extrações para que a probabilidade de que todas as bolas extraídas na primeira urna sejam brancas seja igual a probabilidade de que nas n extrações na segunda urna, as n bolas sejam todas brancas ou sejam todas pretas.

O problema acima foi proposto em 1965, por E.C. Molina. Vale a pena lembrar que nessa época, o Último Teorema de Fermat não havia sido provado, o que só ocorreu em 1995, pelo matemático inglês Andrew Wiles.

Sejam z o número de bolas brancas na primeira urna, x e y os números de bolas brancas e pretas (respectivamente) na segunda urna. Assim,

$$\mathbb{P}(\text{as } n \text{ bolas extraídas na primeira urna sejam brancas}) = \left(\frac{z}{x+y}\right)^n.$$

$$\mathbb{P}(\text{as } n \text{ bolas extraídas na segunda urna sejam brancas}) = \left(\frac{x}{x+y}\right)^n.$$

$$\mathbb{P}(\text{as } n \text{ bolas extraídas na segunda urna sejam pretas}) = \left(\frac{y}{x+y}\right)^n.$$

Pelo enunciado,

$$\left(\frac{z}{x+y}\right)^n = \left(\frac{x}{x+y}\right)^n + \left(\frac{y}{x+y}\right)^n \Leftrightarrow z^n = x^n + y^n.$$

Ora, como x, y e z são inteiros estritamente positivos (pois são quantidades de bolas nas urnas), segue pelo Último Teorema de Fermat, que não exite um inteiro $n > 2$ que cumpra a igualdade $z^n = x^n + y^n$.

C.10. Loteria e Probabilidade

Uma loteria possui N bilhetes, um único premiado, e um apostador compra n bilhetes. É melhor apostar os n bilhetes num único sorteio ou apostar um único bilhete em cada um dos n sorteios? (veja [9])

Definamos:

- $\Omega_1 = \{\text{Os } N \text{ bilhetes da loteria}\}$;

- $A_n = \{\text{ser premiado fazendo-se } n \text{ apostas num único sorteio}\}$ em que $A_n \subset \Omega_1$;

- $\Omega_n := \Omega_1{}^n = \underbrace{\Omega_1 \times \ldots \times \Omega_1}_{n \text{ vezes}}$. Todas as sequências de resultados possíveis em n sorteios;

- $B_i = \{\text{ser premiado no i-ésimo sorteio}\}$ com $i \in \{1, ..., n\}$;

- $B = \cup_{i=1}^n B_i \subset \Omega_n$. Ser premiado em algum dos n sorteios.

Segue-se portanto que

$$\mathbb{P}(A_n) = \frac{|A_n|}{|\Omega_1|} = \frac{n}{N} \text{ e } \mathbb{P}(B) = 1 - (\prod_{i=1}^n \mathbb{P}(B_i^c)) = 1 - \left(1 - \frac{1}{N}\right)^n.$$

Tem-se que se $x > -1$ e $n \in \mathbb{N}$, então $(1+x)^n \geq 1 + nx$. Assim

$$\left(1 - \frac{1}{N}\right)^n = \left(1 + \left(-\frac{1}{N}\right)\right)^n \geq 1 + n\left(-\frac{1}{N}\right) = 1 - \frac{n}{N} \text{ , e portanto,}$$

$$\mathbb{P}(A_n) = \frac{n}{N} \geq 1 - \left(1 - \frac{1}{N}\right)^n = \mathbb{P}(B).$$

C.11. O Problema do Colecionador de Figurinhas

Considere um álbum de figurinhas em que há n diferentes tipos na coleção completa. Admitindo que há um número infinito de cada um dos tipos de figurinhas, qual o valor esperado da quantidade de figurinhas que devem ser compradas até completar o álbum?

Seja $\{X_k\}_{k\geq 1}$ uma sequência de variáveis aleatórias independentes e identicamente distribuídas em $\{1, \ldots, n\}$. Defina $T_j(n) := \inf\{m : |\{X_1, \ldots, X_m\}| = j\}$ com $j \in \{1, \ldots, n\}$ o primeiro instante em que j diferentes tipos de figurinhas são amostrados. Prove que $T_n(n) := \inf\{m : |\{X_1, \ldots, X_m\}| = n\}$, tempo em que os n diferentes tipos são amostrados (coleção é completada), é tal que

$$\mathbb{E}(T_n(n)) = n \sum_{i=1}^{n} \frac{1}{i} \approx n \log(n).$$

Para todo $k \in \{2, \ldots, n\}$ seja $G_k(n) := T_k(n) - T_{k-1}(n)$ o número de tentativas até se obter o k-ésimo tipo após o $k-1$-ésimo tipo ser amostrado, com $G_1(n) = 1$. Assim,

$$\mathbb{P}(G_2(n) = 1) = \mathbb{P}(T_2(n) - T_1(n) = 1) = \frac{n-1}{n}$$

$$\mathbb{P}(G_2(n) = 2) = \mathbb{P}(T_2(n) - T_1(n) = 2) = \left(1 - \frac{n-1}{n}\right)\frac{n-1}{n}$$

$$\mathbb{P}(G_2(n) = x) = \mathbb{P}(T_2(n) - T_1(n) = x) = \left(1 - \frac{n-1}{n}\right)^{x-1}\frac{n-1}{n}\mathbb{1}_{\mathbb{N}^*}(x)$$

De maneira similar,

$$\mathbb{P}(G_3(n) = x) = \mathbb{P}(T_3(n) - T_2(n) = x) = \left(1 - \frac{n-2}{n}\right)^{x-1}\frac{n-2}{n}\mathbb{1}_{\mathbb{N}^*}(x)$$

$$\mathbb{P}(G_k(n) = x) = \mathbb{P}(T_k(n) - T_{k-1}(n) = x)$$
$$= \left(1 - \frac{n-(k-1)}{n}\right)^{x-1}\frac{n-(k-1)}{n}\mathbb{1}_{\mathbb{N}^*}(x)$$

$$\mathbb{P}(G_n(n) = x) = \mathbb{P}(T_n(n) - T_{n-1}(n) = x) = \left(1 - \frac{1}{n}\right)^{x-1}\frac{1}{n}\mathbb{1}_{\mathbb{N}^*}(x)$$

Logo para todo $k \in \{2, \ldots, n\}$

$$G_k(n) \sim \text{Geométrica}\left(\frac{n - (k-1)}{n}\right). \tag{C.8}$$

Ademais $T_n(n) = G_1(n) + G_2(n) + \ldots + G_n(n)$, assim

$$\mathbb{E}(T_n(n)) = 1 + \sum_{k=2}^{n} \mathbb{E}(G_k(n)) = 1 + \sum_{k=2}^{n} \frac{n}{n+1-k} = \frac{n}{n} + \sum_{w=1}^{n-1} \frac{n}{w} = n \sum_{l=1}^{n} \frac{1}{l}$$

$$\mathbb{E}(T_n(n)) = n \sum_{l=1}^{n} \frac{1}{l} \approx n \ln(n).$$

Em [36] é mostrado que T_n converge em probabilidade para $n \log(n)$, i.e.,

$$\frac{T_n}{n \log n} \xrightarrow{\mathbb{P}} 1.$$

C.12. O Problema da Agulha de Buffon

Seja uma região particionada por retas horizontais e paralelas entre si cuja distância vale d. Se lançarmos ao acaso uma agulha de comprimento L sobre essa região, qual a probabilidade que ela intercepte uma das retas?

O problema acima foi apresentado e resolvido pelo naturalista, historiador, filósofo e matemático George Louis Leclerc (1707 − 1788), o conde de Buffon, precursor dos trabalhos científicos de Lamarck e Darwin.

A solução do problema é feita considerando-se dois casos: quando o comprimento L da agulha é menor ou igual a distância d entre as retas horizontais ($L \leq d$) e quando é maior ($L > d$).

- **Caso $L \leq d$.**

Sejam M o ponto médio da agulha, X a distância entre M e a fronteira (reta mais próxima do feixe de retas paralelas), P o ponto mais próximo da agulha à fronteira e θ o ângulo formado pela perpendicular à fronteira passando por M e o segmento MP (veja figura C.15).

De acordo com a figura C.16, para que agulha intercepte a fronteira é suficiente que $X < \frac{L}{2}\cos(\theta)$; ademais X é no máximo $\frac{d}{2}$ e $\theta \in \left[0, \frac{\pi}{2}\right]$, com θ e X independentes. O espaço amostral do nosso experimento é

$$\Omega_1 = \left\{(\theta, X) \in \mathbb{R}^2 : 0 \leq \theta \leq \frac{\pi}{2}, 0 \leq X \leq \frac{d}{2}\right\} \tag{C.9}$$

Figura C.14: Georges Luis Leclerc: O Conde de Buffon

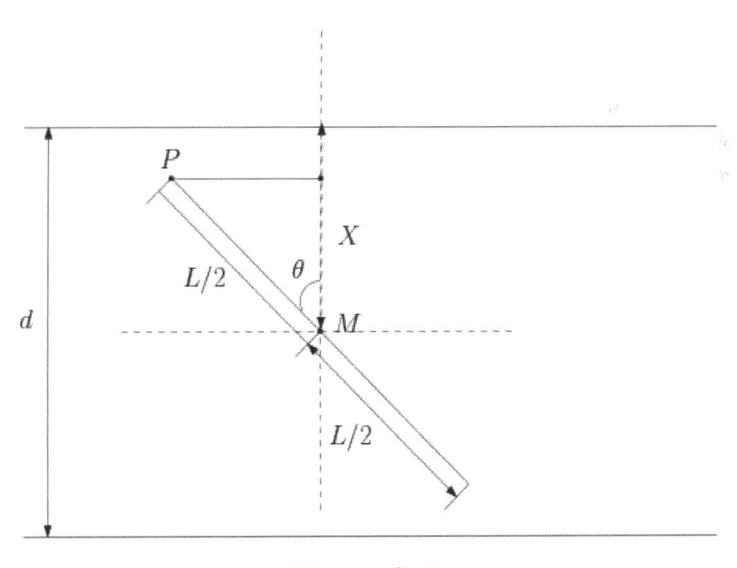

Figura C.15

e o evento de interesse $E := \{$a agulha cruza a fronteira$\}$ é caculado pela área hachurada abaixo da curva na figura C.17 dividida pela área total correspondente ao espaço amostral Ω. Assim

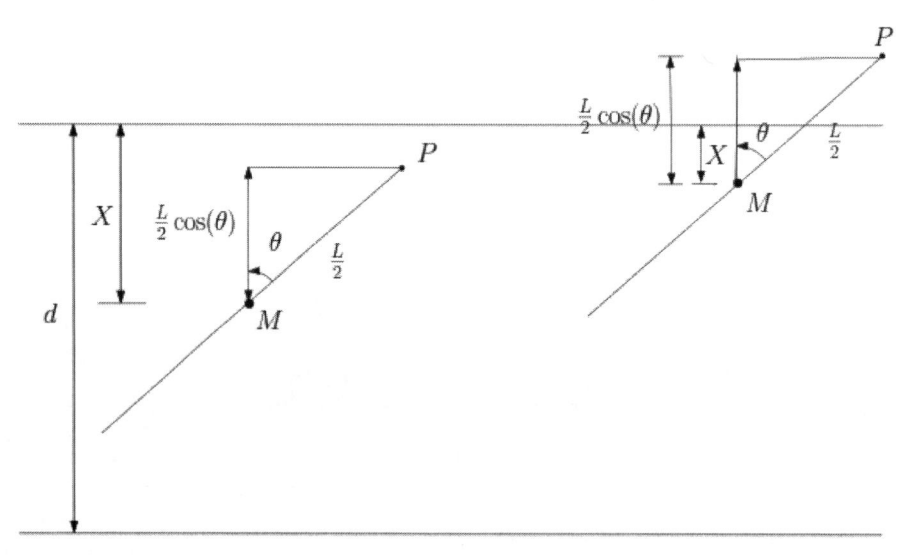

Figura C.16: Caso $L \leq d$ e representações para: $X > \frac{L}{2}\cos(\theta)$ e $x < \frac{L}{2}\cos(\theta)$.

$$\mathbb{P}(E) = \frac{\int_0^{\frac{\pi}{2}} \frac{L}{2}\cos(\theta)d\theta}{\frac{\pi}{2}\frac{d}{2}} = \frac{2L}{\pi d}. \tag{C.10}$$

Podemos definir outras variáveis para esse probelma e calcular a probabilidade do evento de interesse a partir delas. Sejam Y a distância do ponto médio M da agulha até a fronteira inferior e θ a direção (com orientação positiva no sentido anti-horário) formada com o eixo horizontal e a agulha, veja figura C.18. O espaço amostral é

$$\Omega_2 = \left\{(Y,\theta) \in \mathbb{R}^2 : 0 \leq Y \leq L, 0 \leq \theta \leq \pi\right\} \tag{C.11}$$

e para que a agulha não intercepte nenhuma das fronteiras é suficiente, veja figura C.18, que $\frac{L}{2}\sin(\theta) \leq Y$ e $Y + \frac{L}{2}\sin(\theta) \leq d$, ou seja, $\frac{L}{2}\sin(\theta) \leq Y \leq d - \frac{L}{2}\sin(\theta)$ com $\theta \in [0,\pi]$, região representada em verde na figura C.19. Assim,

O Problema da Agulha de Buffon

Caso $L < d$.

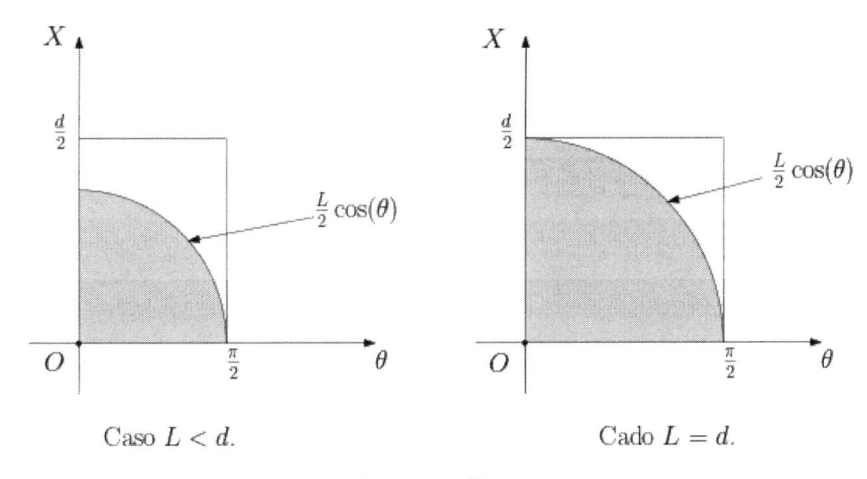

Cado $L = d$.

Figura C.17

$$\mathbb{P}(E^c) = \frac{\int_0^\pi \left(d - \frac{L}{2}\sin(\theta) - \frac{L}{2}\sin(\theta)\right) d\theta}{\pi d} = \frac{\pi d - 2L}{\pi d} \Rightarrow$$

$$\mathbb{P}(E) = \frac{2L}{\pi d} \qquad (C.12)$$

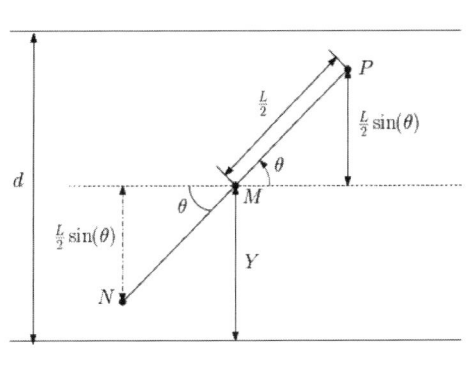

Figura C.18

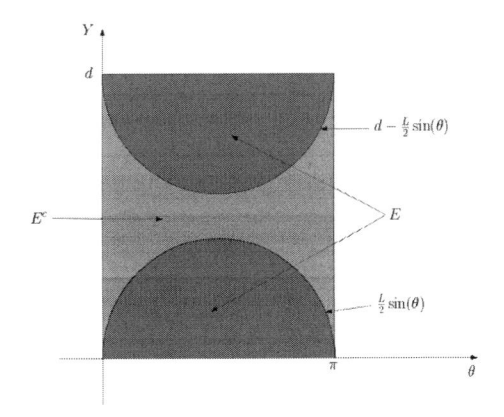

Figura C.19

Observação C.1. *A definição de diferentes variáveis para a solução do problema dado na seção C.12 induz a diferentes espaços amostrais, Ω_1 e Ω_2, na primeira e segunda soluções, respectivamente, mas independente de onde o nosso evento de interesse E estiver contido em Ω_1 ou Ω_2, a probabilidade será* a mesma, conforme calculada em C.10 e C.12. Entretanto, diferentemente do "Paradoxo de Bertrand" apresentado na seção C.1 em que a partir de três espaços amostrais diferentes são encontradas três probabilidades, tínhamos que aquelas probabilidades eram diferentes em virtude de o evento de como obter a corda ter sido definido de maneira diferente em cada uma das situações, não sendo portanto os mesmos eventos.

- **Caso $L > d$.**

De maneira similar ao feito no caso $L \leq d$, com as mesmas definições para X e θ, tem-se no caso $L > d$ o mesmo espaço amostral

$$\Omega = \left\{ (\theta, X) \in \mathbb{R}^2 : 0 \leq \theta \leq \frac{\pi}{2}, 0 \leq X \leq \frac{d}{2} \right\}.$$

O evento que nos interessa E, a agulha cruza a fronteira, está representado pela região hachurada na figura C.20, pois como já vimos no caso $L \leq d$, a agulha cruza uma das fronteiras se, e somente se, a distância X entre o ponto médio M da agulha e o ponto mais próximo da margem oposta for menor que $\frac{L}{2}\cos(\theta)$. Observe, figura C.20, que quando $L > d$ é possível ter um ângulo de abertura máxima θ_1 de tal forma que independentemente de $X \in \left[0, \frac{d}{2}\right]$, a agulha sempre cruzará a fronteira; por exemplo, o caso $\theta = 0$, em que a agulha está perpendicular as margens, isso é trivialmente verdadeiro. À medida que a agulha vai tomando posições cada vez menos íngremes $\theta \in \left(\theta_1, \frac{\pi}{2}\right)$, devoremos ter um maior controle de X, i.e., o ponto médio da agulha tem que estar "suficientemente próximo" da fronteira ($X < \frac{L}{2}\cos(\theta)$) para que a agulha a cruze.

A área hachurada S na figura C.20 é dada pela soma das áreas hachuradas, S_1 cinza claro e S_2 cinza escuro, na figura C.21. Tem-se que a área do retângulo $ORSQ$ é dada por $\theta_1 \frac{d}{2}$ e do triângulo ORS tem-se que $\cos(\theta_1) = \frac{\frac{d}{2}}{\frac{L}{2}}$, ou seja, $\theta_1 = \arccos\left(\frac{d}{L}\right)$. Assim

$$S_1 = \frac{d}{2} \arccos\left(\frac{d}{L}\right). \tag{C.13}$$

e

$$S_2 = \int_{\theta_1}^{\frac{\pi}{2}} \frac{L}{2} \cos(\theta) d\theta = \frac{L}{2}\left(1 - sen(\theta_1)\right). \tag{C.14}$$

Do triângulo OSQ, figura C.21, tem-se $\sin(\theta_1) = \frac{\sqrt{L^2 - d^2}}{L}$, e portanto, de (C.13) e (C.14) tem-se que

$$S = S_1 + S_2 = \frac{d}{2}\arccos\left(\frac{d}{L}\right) + \frac{L}{2} - \frac{\sqrt{L^2 - d^2}}{2}$$

com

$$\mathbb{P}(E) = \frac{S}{\frac{d}{2}\frac{\pi}{2}} = \frac{2d\arccos\left(\frac{d}{L}\right) + 2L - 2\sqrt{L^2 - d^2}}{\pi d}.$$

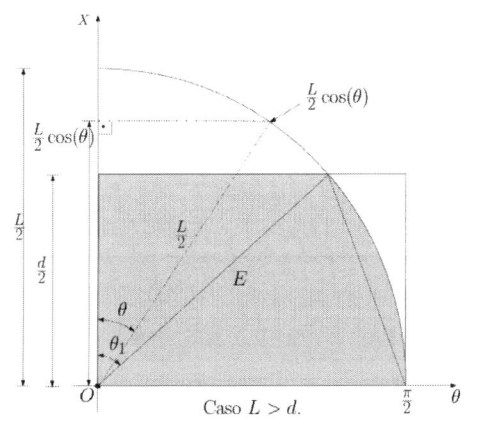

Figura C.20

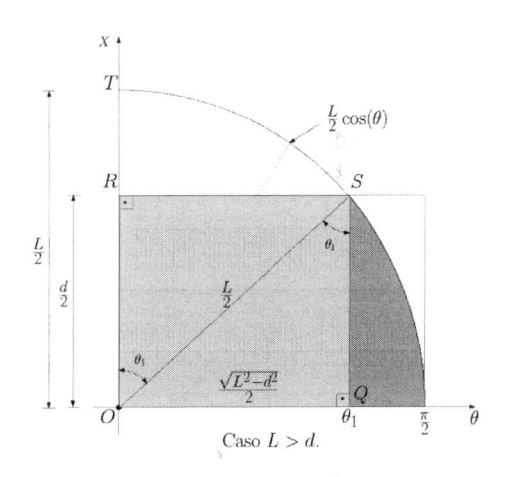

Figura C.21

Sobre os autores:

Carlos Alexandre Gomes da Silva possui graduação em Bacharelado em Matemática pela Universidade Federal do Rio Grande do Norte (2000) e mestrado em Matemática Aplicada e Estatística pela Universidade Federal do Rio Grande do Norte (2010). Doutorado em Matemática no IME-USP (2017). É professor do departamento de Matemática da Universidade Federal do Rio Grande do Norte e coordenador regional da OBM-Olimpíada Brasileira de Matemática. Tem experiência na área de Matemática e Probabilidade, com ênfase em Matemática, interesse principalmente nos seguintes temas: Álgebras Lie, Módulos de peso, Módulos de Gelfand-Tsetlin, Teoria das representações, Grupos de Lie, Teoria dos números e Olimpíadas de Matemática. e-mail: cgomesmat@gmail.com

Iesus Carvalho Diniz possui graduação em Estatística pela Universidade Federal do Ceará (2002), mestrado (2004) e doutorado (2009) em Probabilidade pela Universidade de São Paulo. Professor Associado da Universidade Federal do Rio Grande do Norte, Brasil. e-mail: iesus_diniz@yahoo.com.br

Roberto Teodoro Gurgel de Oliveira possui doutorado em Matemática pelo Instituto Nacional de Matemática Pura e Aplicada, Brasil(2014) Professor Adjunto da Universidade Federal do Rio Grande do Norte, Brasil. e-mail: robteodoro@gmail.com

Carlos Gomes    Iesus Diniz    Roberto Teodoro

Referências Bibliográficas

[1] Ivan Niven. A simple proof that π is irrational. *Bulletin of the American Mathematical Society*, 53(6):509 – 509, 1947.

[2] L. J. Lander and T. R. Parkin. Counterexample to Euler's conjecture on sums of like powers. *Bulletin of the American Mathematical Society*, 72(6):1079 – 1079, 1966.

[3] Elon Lages Lima. *Análise Real Funções de Uma Variável*, volume 1. SBM.

[4] *https://anuragbishnoi.wordpress.com/2015/06/25/discrete-version-of-the-intermediate-value-theorem/*.

[5] William Feller. *An Introduction to Probability Theory and Its Applications*, volume 1. Wiley, January 1968.

[6] Z. Andreescu, T.; Feng. *Mathematical olympiads 2000-2001: Problems and solutions from around the world*. Number 2. ed. Mathematical Association of America, 2003.

[7] *United States of America Mathematical Olympiad (USAMO)*.

[8] Alan Tucker. *Applied combinatorics*. Wiley & Sons, 3rd ed edition, 1995.

[9] A. C. Morgado. *Analise combinatória e probabilidade: com as soluções dos exercícios*. Coleção do professor de matemática. SBM, 2006.

[10] *XIV Olimpíada Internacional de Matemática. Cracóvia, Polônia*. 1972.

[11] *All Russian Olympiad 2004*.

[12] John Stillwell. *Infinity in Greek Mathematics*. Springer New York, New York, NY, 1989.

[13] Richard P. Stanley. *Catalan Numbers*. Cambridge University Press, 2015.

[14] Ira Gessel. Super ballot numbers. *Journal of Symbolic Computation*, 14:179–194, 08 1992.

[15] Marcelo Aguiar and Sam Hsiao. Canonical characters on quasi-symmetric functions and bivariate catalan numbers. *Electronic Journal of Combinatorics*, 11, 09 2004.

[16] L.E. Dickson. *History of the Theory of Numbers.* Number v. 2-3 in History of the Theory of Numbers. AMS Chelsea Publishing, 1999.

[17] Ira Gessel and Guoce Xin. A combinatorial interpretation of the numbers 6(2n)!/n!(n+2)! *Journal of Integer Sequences*, 8:23–, 04 2005.

[18] Ian Tweddle (auth.). *James Stirling's Methodus Differentialis : An Annotated Translation of Stirling's Text.* Sources and Studies in the History of Mathematics and Physical Sciences. Springer-Verlag London, 1 edition, 2003.

[19] Niels Nielsen. *Die Gammafunktion.* Chelsea, NewYork., 1965.

[20] Stanley R.P. *Enumerative Combinatorics.* 1986.

[21] David Burton. *Elementary number theory.* McGraw-Hill Higher Education, 6th ed edition, 2005.

[22] Oren Patashnik Ronald L. Graham, Donald E. Knuth. *Concrete mathematics: a foundation for computer science.* Addison-Wesley, 2nd ed edition, 1994.

[23] I.C. Diniz and J.C. S. Miranda. Paridade do número binomial médio. *Eureka!*, 1:18–28, 2012.

[24] *XXII Olimpíada Internacional de Matemática. Washington, Estados Unidos.* 1981.

[25] I.C. Diniz and J.A. R. Cruz. Duas provas probabilísticas para o teorema das colunas. *É matemática, Oxente!*, 8:1–6, 2018.

[26] A. N. Kolmogorov. *Grundbegriffe der Wahrscheinlichkeitsrechnung.* Springer, Berlin, 1933.

[27] E. Lebensztayn. *Exercícios de Probabilidade.* 2012.

[28] R. Durrett. *Probability: Theory and Examples.* The Wadsworth & Brooks/Cole Statistics/Probability Series. Duxbury Press, 1996.

[29] Laurence E. (trad.) (2002) Sigler. *Fibonacci's Liber Abaci. [S.l.].* ISBN 0-387-95419-8 Capítulo II.12. Springer-Verlag, 2002.

[30] Elon Lages Lima, Paulo Cezar Pinto Carvalho, Eduardo Wagner, and Augusto César Morgado. *A matemática do ensino médio*, volume 1. SBM, 1997.

REFERÊNCIAS BIBLIOGRÁFICAS

[31] David James Hunter. *Fundamentos da matemática discreta*. LTC, 2011.

[32] Sheldon M. Ross. *A First Course in Probability*. Prentice Hall, Upper Saddle River, N.J., fifth edition, 1998.

[33] I. C. Diniz and J.A.R. Cruz. *Exercício Comentados em Probabilidade Vol 1*. Livraria da Física USP, 2017.

[34] Ross Honsberger. *Mathematical Gems III*. Dolciani Mathematical Expositions, No.9. Mathematical Assn of Amer, maa edition, 1985.

[35] D.G. de Figueiredo. *Análise I*. LTC, 1996.

[36] I. C. Diniz and J.A.R. Cruz. *Exercício Comentados em Probabilidade Vol 2*. Livraria da Física USP, 2019.